MINGUO JIANZHU GONGCHENG QIKAN HUIBIAN

民國建築工程期刊匯編

19

《民國建築工程期刊匯編》編寫組 編

廣西師範大学出版社
GUANGXI NORMAL UNIVERSITY PRESS

·桂林·

第十九册目录

工

程

工程

第十五卷　第三期

中華民國三十一年六月一日出版

第十屆年會榮譽提名論文專號

目 錄 提 要

中 國 工 程 師 學 會 發 行

粵漢鐵路行車時刻表

30年11月15日起實行

74次 混合三等客廚	72次 混合三等客廚	22次 普快各等發臥	曲金聯通各等發臥	金潭聯通各等發臥	6次 特快各等發臥	站名	6次 特快各等發臥	潭金聯通各等發臥	金曲聯通各等發臥	21次 普快各等發臥	71次 混合三等客廚	73次 混合三等客廚
	14.35	23.25	開往金城江↑	4.10	8.40	湘潭	15.00	0.20	自金城江開來↓	5.20	16.30	
	13.26	22.20		3.04	7.43	株州	16.04	1.42		6.37	18.10	
	12.23	21.27		2.10	7.11	淥口	16.35	2.20		7.13	19.09	
		9.35	19.15	0.20	5.34	衡山	18.20	4.35		9.39	22.09	
5.40	7.30	17.40	7.00 6.39	22.20 20.30	4.18	衡陽	19.45	6.05 7.00	20.30 21.00	11.30	23.45	5.00
3.45		15.20	4.50		2.23	耒陽	21.27		22.42	13.29		7.34
0.20		12.35	2.20		23.55	郴縣	23.50		1.20	16.25		11.30
19.59		9.35	23.38	自金城江開來	21.13	坪石	2.23	開往金城江	4.01	19.07		05.29
17.38		7.50	21.55		19.25	樂昌	4.05		5.50	21.05		18.00
15.30		6.00	20.30		18.00	曲江	5.20		7.05	22.30		19.40

黔桂鐵路行車時刻表

31年1月1日起實行

51次 普客各等客車	11次 特快各等客車	站名	12次 特快各等客車	52次 普客各等客車
10.35	7.40	柳州城↑	19.10	14.45
11.07	8.12	河西村	18.48	14.23
12.01	9.01	洛滿	17.48	13.05
13.24	10.15	三岔	16.43	12.11
15.06	11.43	宜山	15.17	10.33
16.02	12.34	懷遠	14.19	9.30
16.59	13.29	穩勝	13.32	8.38
18.25	14.59	↓金城江	12.00	7.00

川滇鐵路公司行車時刻表

30年6月1日起實行

71次 混合	41次 旅客	站名	42次 旅客	72次 混合
	8.45	曲靖↑	18.00	
	19.29	鷄頭村	16.33	
12.30	14.30	小新街	12.45	11.19
13.15	15.10	四營	11.40	10.40
14.09	15.50	楊林	11.12	10.12
16.09	17.45	大板橋	9.19	8.19
16.38	18.28	楊方凹	8.30	7.30
17.09	18.45	↓昆明總站	8.00	7.00

湘桂鐵路行車時刻表　31年2月1日起實行

75次	43次	1次	41次	21次	11次	站名	12次	22次	42次	2次	44次	76次
混合三等客	普客各等客	特快各等客臥	普客三等客	尋快各等客臥	特快各等客臥		特快各等客臥	尋快各等客臥	普客三等客	特快各等客臥	普客各等客臥	混合三等客
			9.40	6.00	18.50	衡陽西↑	7.45	23.05	13.45			
			12.00	8.25	21.00	洪　橋	6.05	21.10	11.50			
			13.29	9.50	22.13	黎家坪	4.45	19.37	9.44			
			15.30	11.40	23.50	冷水灘	3.15	17.54	7.50			
			18.20	13.30	1.30	東　安	1.40	15.50	5.20			
			20.20	15.26	3.15	全　縣	23.55	13.30	3.30			
			22.45	17.44	5.20	興　安	21.35	11.00	1.15			
17.10	8.30	20.55	1.05	20.15	7.15	桂林北	19.10	8.35	22.35	7.00	17.15	4.30
17.55	9.00	21.30	1.20	20.30	7.30	桂林南	18.45	8.00	22.00	6.45	16.50	4.15
21.35	11.00	23.25				永　福				5.00	14.55	1.00
0.58	13.55	2.05				黃　冕				3.30	12.04	21.20
4.08	15.20	3.17				鹿　寨				0.48	10.16	18.50
5.15	16.30	4.10				雒　容				0.03	9.25	16.10
7.50	18.15	5.45				柳江北				22.40	7.40	13.45
9.05	19.50	6.00				柳江南				22.00	7.00	12.30
13.00						↓來　賓						7.30

隴海鐵路行車時刻表　31年3月8日起實行

91次	13次	73/75次	81次	71次	1次	站名	2次	72次	82次	74/76次	14次	92次
混合各等客	特快各等客臥	混合三等客	交通車各等客	混合各等客	特快各等客臥		特快各等客臥	混合各等客	交通車各等客	混合三等客	特快各等客臥	混合各等客
			11.00		13.00	洛陽東↑	9.05	11.30				
			11.17		13.16	洛陽西	8.58	11.23				
			13.26		14.46	新安縣	7.47	10.01				
			16.05		16.49	澠　池	6.25	8.13				
			18.06		17.38	觀音堂	5.37	7.15				
			19.56		19.19	張　茅	4.30	5.39				
			21.28		20.33	陝　州	2.02	2.42				
			22.30	21.55	20.55	大　營	1.30	2.00	1.00			
			1.10			閺鄉縣			23.10			
	7.00	15.30	3.52		18.00	東泉店	6.00		19.51	13.20	20.00	
	7.40	16.21	4.15		18.40	華　陰	5.40		19.30	12.55	19.40	
	8.55	18.10			19.46	華　縣	4.15			11.03	17.55	
	10.02	19.43			20.50	渭　南	3.22			9.45	17.00	
	11.31	22.36			22.10	臨　潼	2.07			7.48	15.51	
7.00	13.10	24.00 / 11.00			23.40	長　安	0.50			6.00 / 19.50	14.30	17.00
8.28	14.08	12.36			0.36	咸　陽	22.32			18.45	12.40	16.00
	15.43	16.06			2.06	普集鎮	20.52			15.35	10.54	
	16.07	16.45			2.30	武　功	20.20			14.21	10.22	
	17.38	19.10			4.08	郿　縣	19.20			12.06	9.19	
	19.14	21.11			5.19	虢　鎮	17.48			9.55	7.50	
	20.00	22.30			6.00	↓寶　雞	17.00			8.20	7.00	

91次：↓開往耀縣　　92次：↑耀縣開來

9227

中國工程師學會會刊

工程

總編輯 吳承洛

第十五卷第三期目錄

第十屆年會榮譽提名論文專號

(民國三十一年六月一日出版)

中國工程師學會發行

9230

工程師應德術兼修

陳立夫

總理留給我們的遺教，是以生存爲進化之中心，建設爲生存之條件，怎樣謂之建設，歸納言之，可以包括兩方面，一方面是就物質上言，一方面是就精神上言，遺教中是心物兼備，故能中正不偏，過了二十年，遺嶄新的稱爲世界上最完備的學說，而爲吾民族奉作建國的指南針，　總裁訓示我們抗戰建國的言論，一方面是努力建設，一方面是精神動員，也是心物兼賅的，與　總理學說完全一致。

我們今天要抗戰建國，就要遵從　總裁的訓示，奉行　總理的實業建設計劃，那計劃是一件極有體系的大工程，而我們工程師就是完成這件大工程的中堅人物，所以工程師的修養，也一定要兼顧到心物兩方面，一方是技術上的修養，一方是道德上的修養。

當中國古代，工程是和其他部門並重的，周禮上說：「國有六職，百工與居其一。」大學中，修身齊家治國平天下之道，歸根於致知格物。中庸說，天下國家有九經，也是由「修身」到「來百工」又說：「能容人之性則能容物之性。」可見技能和道德，都是同一樣的重視，未嘗偏廢一方，所以古時有道德的哲人，也常常有工藝的造作，如罘罳網罟相傳是伏羲創造的，宮室是有巢氏創造的，衣裳、車船、兵器、貨幣……是軒轅和他的臣子所創造的，他們可以算得是那時代的工程師，對於後代貢獻之偉大，更是不可諱言，但到後世，就漸漸不然了，一般士大夫們專主張坐而論道，不注重手足之勞，而一般做工的人，又多愚魯不學，結果「匠人」之稱，遂爲人們所輕視，以致於工業退步，國力衰微，不能與他族爭生存，前清同治以後，纔知道提倡工業，與辦學校，然而已經緩不濟急，及革命成功，風氣轉變，投考工科者日多，數字亦日加衆，到了最近，倭寇侵入，仰賴　領袖偉大人格，將士用命，抗戰四年才使醜虜疲困折馘日趨崩潰，然而這是因爲工業落後，防不健全交通不便利，而後倭寇才能乘隙侵入，又不能短期驅逐，這都是工業技術上的缺憾！而爲我們今日應加深省的，前年八屆年會，曾將工程教育的三個困難問題提出，希望我們能夠打破，而躋工程前途於偉大光明的領域，今日之願望，亦復如是，所以我們工程師，應該有技術上的修養。

工程師對於技術問題，自然是首要的一事，但是有了技術，而無道德，則其技術亦歸於無用，因爲工程師有了技術之後，第一要能忠誠爲國，如墨翟之全宋，那一種公忠赤忱，才是爲工程師的楷模，而爲千載所崇仰，如果工程師們都能具有此種精神，則任何敵人無有不被摧破的，第二要能專一精神，始終如一，我國古代的大工程師，要算治洪水，那工程師就是大禹，他在外十三年，三過其門而不入，終能治水成功，像這樣堅忍的毅力，是值得後人效法的，若果我們具備了這種精神，無論工程如何的大，總可以擔任起來，阻力如何之強，總可以克服下去，如此，一切建設無有不成功的，有恆乃爲成功之本，第三要能繼往開來，中國有兩項大工程，其一爲長城，其一爲運河，但兩項都不是一時成功的，長城開始於戰國，完成於始皇，代歷明清，曾有修補；運河開始於吳王夫差，修鑿於隋、唐，北宋，貫通於元，疏濬於明清，而後規模始備，可見偉大的工程，不是短期間可以成功，必須創始者有久遠的計劃，使後來者易於繼續，繼起者

1

能盧心循率，乃可事半功倍，反之，則經濟時間，兩受其害，為害不可勝言，第四要能講求節約，省減物力，　總理建國方略中，曾以「免除浪費」為戒，　總裁在第八屆年會的訓示，亦以「節約消費，增進效力」為勉，當此抗戰建國期中，物資之困難，更百倍於平常，我們必須精密計劃，重視公物，才能夠應付當前的困難，達到建國的目的，而為現代工程師的重大責任，但如何才能做到，便於平日道德素養有關，所以工程師有了技術，更應該有道德的修養。

由上所言，我們明白了物質建設的重要性，也明白了完成此項建設的人——工程師——的重要性，假使每一個工程師，都能夠在正心的方面致力於道德的修養，成物方面致力於技術的精進，了解建設為民生之始基，修德是成德的根本，一方努力於科學知識的輸入，一面注意到固有道德的涵濡，那必定能成為一個德術兼修的良好工程師，示建國前途以無上的光明。

三十年來我國工程事業之檢討

淩　鴻　勛

我國古代工程事業，殆與一般文化同時演進，而近代工程科學之發揚與事業之建設，則自最近數十年始。晚清之末，歐西學術東漸，工程科學，始漸爲國人所注意，我國亦自設學，培養專才。我工程先進詹天佑先生，完成京張鐵路之後，於民國元年創立中國工程師學會，自此工程業務，與工程學術，乃發生聯繫，而相得益彰。今工程師學會，開十屆年會於貴陽，恰值學會三十週年之紀念，吾溯昔以三十年爲一世，此三十年來，工程事業之進步何如，有足加檢討者。

國家政治環境，與工程事業之興替，極有密切關係，蓋一方旣大有影響於工款及材料之來源，一方復足左右工程人才之意志而確定其職業之趨向。溯由民元迄今，吾國政治環境變遷，大別之可劃爲三時期，一北方政府時期，二抗戰前時期，三抗戰以來時期，今卽依此時期分段而略述工程事業經過之概況。

一、北方政府時期　在此期內，工程事業之足述者，可謂僅有鐵路一項，計完成之路線，屬於國有者，有平綏之張家口至包頭，粵漢之武昌至長沙，隴海之開封至海州，並洛陽至靈寶，四洮洮昂全線，及滬杭甬與吉長之一部份。（該兩線在前清時卽已開工，吉長全線及滬杭甬之滬杭曹甬兩段，至民元年底始完成），屬於商辦者，則有各礦之專用鐵路，不下十餘線，此外國有之經計劃而未着手，及着手而歸於停頓者，爲數亦復不少。至於其他工程事業，則導淮及黃河水利，已有機關之設立，尚少具體之工作，而當時所有之電、礦、機械、等業，亦大抵因襲前清以來原有之成局，甚少發展，原其故推，政府對工程事業尚未十分注重，而社會

方面尚感專門人材之缺少，且以政局遷攝，國家用人無定，多有捨所學而從事他業者。至鐵路之所以尚有相當進展者，仍不外列強權利競爭之關係，試就上述國有各路而觀，除平綏之張包外，餘均出於借用外債，及工程由客卿主辦而成，我國人才大抵僅居輔佐或屬僚地位而已。

二、抗戰前時期　國府奠都南京以來，全國統一，中央及地方政府，咸努力建設，勇往邁進，所需之工程人才，亦均取給國內，而不復藉才異邦，一時工程事業之成就，頗有可觀。鐵路則有京贛、浙贛、江南、蘇嘉、各線，及粵漢之株韶段，隴海之靈潼、潼西、西寶、各段，滬杭甬路之杭曹段，暨首都輪渡，並錢塘江大橋之完成。公路則有國道省道之經營，而各省商辦之公路，亦紛紛並起。電機則有國際電臺，國內各處電力廠，無線電報並廣播電臺之設立。航空則有中國歐亞兩公司之航線，開民用航空之紀元，其餘機械、礦、化等業，亦俱有若干之發展。總之，此時之工程事業，可謂百尺竿頭。蒸蒸日上，惜爲時未久，而國難發生。

三、抗戰以來時期　抗戰以來，海疆封鎖，工款材料，俱感缺乏，工程事業宜乎一蹶不振，然而吾人爲開闢後方交通，充實抗戰資源，及補救民生日用必需品之缺乏，全國朝野，一致奮鬥，各項新興工程事業反較蓬勃，舉其犖犖大者，如鐵路於材料竭蹶之下，猶努力完成湘桂之衡陽至柳州，賓陽，黔桂之柳州至宜山河池，而敍昆、滇緬、天成、成渝、各線，及隴海之寶天段，亦均在分別建築及測量中。他若西南西北公路網，近已幾將完成；各省長途有線無線電話之設置，各重要都市，多已溝通；資源委員會所

辦之電氣、機械、化工各廠，對於工業所需之器材，類能供給；經濟部主辦之礦、冶等業，對於開發資源，頗有相當貢獻；中國汽車公司之桐油汽車，及大中公司之煤氣汽車，則均屬抗戰中之應運而生者；至於各省官辦商辦之硫酸鉀硝，酒精，造紙，紡織等廠，爲數頗多，不勝列舉；凡此成就，固出於政府之規劃提倡，要亦非工程學術之進步，與工程人才之蔚起，不克以臻此。

三十年來，工程事業之檢討旣如上述，今後之發展如何，吾人有不得不寄其期望於政府及工程人員。所期望於政府者，爲建設政策之確定，與工程人才之善用。全國建設事業浩繁，宜如何察酌國情，分別緩急輕重，次第舉行，自宜有確定之政策，屬於目前急需者，固宜立時着手，關於永遠大計者，亦不宜紆遠而緩圖，政策旣定，步驟方不致紊亂，而工程人士，知所景從。現中央已有設計局之設立，統籌建設，規劃配合，此後成效，必有可觀。至於工程人才，爲建設必需之要素，一方宜於敎育，訓練，待遇，及

保障諸端，加以注意；一方對於銓用及任使，務須令各適所長，並久專其業，業專則學精而宏才不難蔚出，語曰十年樹木，百年樹人，言人才之不易養成也，尤望政府對此三致意焉！

所期望於工程人員者爲何？工程人員，在此抗戰期中，已有其相當之貢獻，然而事業之待舉者，方與未艾，而科學之進步，本無止境，關於目前抗戰所缺之外洋材料，宜如何研求以國產代替或自造，今後工程設施，宜如何本其抗戰中所得之敎訓加以改進，免蹈以往之覆轍，均爲工程人員所應運用其科學技能，精心籌維，似供獻於國家社會者。至於實施　總理實業計劃，有待於工程人員之設計或負責擔任者，使命尤爲繁重。處此大時代之中，怵國家處境之艱危，念建國關係之重要，發展工程事業，宏大工程學術，整齊步伐，一致邁進，繼往開來，追蹤歐美，是則工程師之責也。吾人努力何如，將於工程師學會第四十週年紀念時覘之矣。

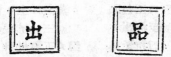

三十年來之中國工程師學會

吳 承 洛

中國工程師學會，爲民國以來，三十年間，我國工程事業與工業建設之原動力。蓋事業之推動在乎人才，中國工程學會全體會員，參加我國各種工程事業與工業建設，隨着各該專業與建設之發展。換言之：即所有從事於我國各種工程事業與工業建設之重要份子，莫非中國工程師學會會員，而各種工程事業與工業建設之推動力量，亦莫非直接或間接由於中國工程師學會會員之努力；個人之力量有限，團體之力量無窮，偉大之中國工程事業與工業建設，不獨有賴於各個工程師之努力，尤有賴與整個中國工程學術團體之力量。

中國工程師學會，爲我國唯一工程學術團體，與我中華民國同時誕生，迄今適屆三十週年，爰將三十年來之中國工程師學會歷史及其動態，分述於后：

一，中華工程學會 中國工程師學會導始於民國元年之中華工程師學會等，當時有三個團體組織，詹天佑主辦粵漢鐵路時，在廣州約集同志，創立廣東中華工程師學會，而顏德慶吳健居慰曾等，又在上海創立中華工學會，各鐵路工程同人因各路工程頻定，盛集上海，乃由徐文炯等組織路工同人共濟會，廣蓄兼收，以補學會之缺憾；前一會詹先生本任會長，後二會顏徐兩老先生分任會長，并推詹先生爲名譽會長，蓋當時滬會竟不知廣州已先有工程師會之發起也。

此三個工程團體，雖命名組織，略有不同，而所抱宗旨，均欲求工程師學術之發展及工程人員之集中，以互助精神爲國家效力；當時深感與其分道而馳，何如合力以進，於是遂有三會合併之議，當由各會召集大會，結果全體會員一致贊成，命名曰中華工程師

會，原有各會會員均爲新會之發起會員。

三會合併成立新會，由三會會員及公呈教育交通農林工商陸軍海軍各部，先後准予立案，先在上海廣州暫設辦事處，於二年二月一日在漢口開會，議決暫以漢口爲總會地點，是年八月，復在漢口舉行學會成立大會，公舉詹天佑爲正會長，顏德慶徐文炯爲副會長，時有會員一百四十八人。三年十一月舉行第二次常年大會，會員增至二百四十九人。四年二月成立北平分會，七月易名爲中華工程師學會。五年七月，議決遷總會事務所於北平，六年二月，購定西單牌樓報子街七十六號基地，並建會所，是時已有會員四百餘人。自五年至九年，每年在舉行常年大會，時期均在十月中旬。

八年四月，詹會長病故，開會追悼，並於十年三月爲詹故會長建立銅像於詹公手造之平綏路八達嶺青龍橋車站，並建小銅像於總會會所，以資紀念。自詹會長故後，繼由沈洪顏德慶鄺孫謀等，先後任正會長。十年前，以國外另有中國工程學會之組織，並在國內開展會務，一時工程人員紛起加入，中華工程師學會之進展，所受影響甚鉅。故自十年以後至二十年之十年間，雖會員人數未見激增，但仍本既定之宗旨，按一貫之方針，從事各項工作，固未嘗稍有間斷也。

二、中國工程學會之誕生及其歷史 民國以後，留學歐美之學子，習工程者日衆，而歐戰影響，一般工程人才，需要尤殷，新的工業化潮流，產生了新的工程運動；不獨國內工程人才力求團結，即留學之工學人才，亦感有互相聯絡之必要。時在民國六年，歐洲戰事正酣，我國工科學生之在美國紐約及其附近工廠與工程事務所，或化工實驗所

，担任職務，或從事實習，或在大學研究所作高深之研究者，於耶穌誕節集合同志二十餘人，討論進行組設中國工程學會。至七年三月，有土木化工電機機械採冶等學科八十四人，聯名為中國工程學會，由發起會員，擬定學會總章十一章四十四條，以聯絡各項工程人才，協助提倡中國工程事業，及研究工程之應用為宗旨。是年四月，經會員公舉陳體誠為首任會長，張貽志副之，此外並舉董事及書記會計等職員；八月在康奈爾大學舉行第一次年會；翌年九月，復在紐約色倫利爾大學舉行第二次年會；並與全國科學社聯合舉行，時會員囘國者漸多，率皆從事各項工程實際工作，會員頗見增加，會務亦日見興盛。

第三屆年會於九年八月在紐諧色省澄合斯頓大學舉行，議決設立美洲分會。第四屆年會於十年九月在康諧的克脫省之一小鎮霍去凱斯湖村學校舉行，五屆年會於十一年九月仍在康奈爾大學舉行。每屆年會均有美國著名大學工科敎授各大工廠主要工程師及我國游美之敎育實業工程之名人，參加演講，至第六屆年會始在國內舉行。

中國工程學會自十年以後總會移歸國內，而美國僅設分會，會長吳承洛奔走上海北平天津，最先成立上海支部，分設會員會序及學術三股，每月舉行常會，有學術演講及座談會等，二年來頗引起工商學術各界之同情。同時北平支會亦相繼成立。十二年七月七日在滬舉行國內第一次年會時，本會巳有會員三百五十人，總會及美洲分會每月均有會務報告。此後會務日趨發達，復先後成立英國，天津，青島，濟南，南京，蘇州，杭州，梧州，唐山，武漢，太原，洛陽，葫蘆島等分會。十三年在上海開年會，奠定本會在國內發展之基礎。十四年杭州年會，使本會與江南各省工程事業與敎育，更為接近，十五年北平年會，使本會與北方工程事及工業建設切實聯絡，並與中華工程師學會以後

合併之先聲。十六年上海年會，使本會與上海工商業之關係，更趨密切。十七年南京年會，適值訓政開始之際，頗予社會人事以深刻之印象。十八年青島年會，使本與北方工程工業區域親切攜手。而十九年濟南年會，在九一八事變前一年，正證明並喚起我工程師在國防上的責任，是為本會之十三屆年會，亦即國內之第八次年會。歷任會長為陳體誠，吳承洛，周明衡，徐佩璜，李廉身，胡庶華等。

三、中國工程師學會之統一　中華工程師學會與中國工程學會之宗旨及事業，旣如上述，類多相同，而兩會會員在社會上之地位，亦日趨接近，故兩會合併之要求，愈趨愈高。二十年三月，中華工程師學會正式推舉韋廷儆夏光宇為代表，中國工程學會推舉惲震徐恩曾為代表，經六個月之討論，提出合併具體辦法及新會章程草案，於二十八年八月，在南京舉行兩會聯合年會，於二十七年正式通過合併，並議決以我國最初組織工程師團體之民國元年，為本會創始之年，並以同一立場，抱同一志願，正式合併，以期組織愈形周密，力量愈形集中。

會章通過後，現在之中國工程師學會乃正式產生，選舉韋以儆為正會長，胡庶華為副會長，是時中華工程師學會有會員四百九十九人，前中國工程學會有會員一千七百六十六人，合併以後，共有會員二千一百六十九人。

本會於二十一年開年會於天津，二十二年及二十三年分別第二及第三屆年會於武漢及濟南，會容均盛。二十四年與中國科學社，中國化學會，中國動物學會，中國植物學會，及中國地理學會，合開四屆年會於南甯，是為本會在西南舉行年會之始。二十五年與中華化學工業會，中國化學工程學會，中國自動機工程學會，開聯合年會於杭州，是為本會聯絡各專門工程學術團體舉行年會之始。第六屆年會又聯合中華實業協會及土木

械電機學工等工程學會，與中紡織學會，原決定在太原舉行，適值七七事變，臨時停止。二十七年本會亦隨國都移遷重慶，爰於十月八日在重慶舉行臨時大會，此次臨時大會各方希冀本會之迫切，爲空前所未有，二十八年一月一日，本會乃正式宣佈遷渝辦公，是年十二月在昆明舉行八屆年會，以中國應如何實行計劃經濟，中國應如何促進工業化如何解決技術員工缺乏，如何使技術員工與軍事聯繫配合等問題，爲討論之中心，而委員長年會訓詞之六點綱要，尤爲工程界同人之工作南針。二十九年十月在成都舉行第九屆年會，到會會員達三百餘人之多，委員長並有剴切訓示，會議中，對推進會務及戰時工業建設，均有縝密之研討與重要之決定：並議決第十屆年會在貴陽舉行，同時紀念本會成立三十週年，年會論文以工業標準化爲研究中心。

　　本會歷任正會長爲詹天佑，顏德慶，薩鎮冰，徐琪，曾養甫，陳立夫，凌鴻勛等。此係本會三十年來經過歷史之概紀。

　　本會歷史，旣如上述：自中華工程師學會與中國工程學會合併爲中國工程師學會以後，最近十年來，仍本已往之方針，如繼續發刊工程雜誌，至二十六年六月，計刊至十二卷第三期；又改前會務月刊爲工程月刊，至二十六年五月，計刊至第八期共二十六號：並成立　總理實業計劃實施研究委員會，分設十三組，以有關民生國防急要建設爲研究總目標，先擬五年計劃，次則繼續推動各項建設工程，設立各委員會，從事各種工作

之活動。尙有足述者：如工程材料試驗所之成就，對工業界貢獻甚鉅，全國學術團體聯合會所之建築，於二十三年由本會請南京市政府指撥基地，在中山路爲總會建築地，於二十六年五月與工，至七七事變發生，建築已由底層至三樓，因戰局關係，總會遷至陪都，復積極進行建築會所，業已募得基地。本會領導全國學術界，與各專門工程學術團體，密切聯絡，二十五年，聯絡五工程學術團體舉行聯合年會，是年會在上海舉行聯席會議三次，至二十六年舉行第四次聯席會議時，議決本會與各專門工程學會聯絡辦法草案，計十一條，二十八年昆明年會又議決補充意見六點，從此本會與各專門工程學會，聯絡愈爲密切。本會對於服務建設事業之工程界，有特殊貢獻者，贈以金牌，第一次得榮譽金牌者爲侯德榜，第二次得榮譽金牌者爲凌鴻勛，並設立朱母獎學金，石渠獎學金，浙大工程獎學金等。本會爲謀會員互相研究起見，於二十八年一月，在重慶發行工程月刊戰時特刊，繼復發行會務特刊於香港。本會並應川桂等省之邀請先後組織四川，廣西及西康考察團，愼選專門人才，分組考察，撰有專書及報告，藉供地方施政之採納，兩年來又先後設立　國父實業計劃研究會與工程標準協進會以從事於國家建設之基本工作。從新訂定中國工程師信條，以爲全國工程師之南針，確定六月六日大禹誕辰爲工程師節，以喚起全國工程師負起工業化之責任。此係本會三十年來主要動態之概紀。

9238

近代城市規劃原理及其對於我國城市復興之應用

朱　泰　信

提　要

城市規劃有其實用與美觀兩方面。從實用方面立論，近代城市可視爲一座偉大機器，用以產生各種人生價值，如經濟，便利，美觀，道德，乃至國防均屬之。此類「價值」之產生，英國安文氏以爲不繫於實物本身，而繫於實物與實物間之配置關係，配置得當，乃生價值。故謂今後城市規劃之新觀念，應不復以城市界線以內之地爲其背景，而須以曠野綠地爲底，而交織「合宜大小」城市之「花樣」於其上。所謂「花樣」者，即謂民居，工廠，商場等等建築物與其周圍空隙之地，佈置配合在近於理想之關係中，乃產生預期之價值是也。從美觀方面立論，近代城市規劃之作風約有三派。一曰法國派，以形式對稱與「規則美」爲尙，其規劃則屬於開展式。二曰德國派，係沿守歐洲中古世紀之城市特徵，以無對稱，「不規則美」爲尙，其規劃則屬於遮阴式者。三曰英國派，或可稱爲綜合派，如其「園林城市」所表現者，一方面固係接受前兩派之優點，另一方面，亦可見英國人愛好鄉野之習慣，對於其本土過度城市化之反響也。按近代城市之分類，蓋德斯敎授，曾列爲「古機械時期」與「新機械時期」兩類。屬於前者，大都爲十九世紀遺產，城市龐大，笨重，污穢而紛亂。屬於後者，則多爲二十世紀初期之產物，城市較小，前項，清潔而安靜。故近代城市規劃，對於城市大小之限制。最爲重視。於是大城之「疏散」，與小城市之建立，以及中級城市之劃定範圍，乃爲近代城市規劃原理之最基本者也。韋爾斯嘗稱十九世紀爲「大城市世紀」，但二十世紀，乃又復將爲「小城市世紀」矣。我國今後城市之復興問題，千頭萬緒，但扼要言之，不外四端，即（一）建立新城市，（二）改造舊城市（三）疏散大城市（四）恢復抗戰毀壞之城市。尤以最後者爲刻不容緩，同時亦供給吾人以復興城市之最佳機會也。吾人除須儘量活用上述之新原則外，同時尤當注意引進工程概念於城市規劃中，「如大規模」，如「分工」如「網道系統」等，其最著者也。關於應用之實例，載在本文，茲不登述。

（一）近代城市之特徵

近代城市者，一產生經濟利益之偉大機構也。英文流行語中常以 "City" 代表經濟市場，較之古時以此字爲政敎中心者，大不相同，其故可思已！

近代城市之成長，原以實業革命與交通工具之機械化，爲其背景。「實業革命」所以使古代農業之市場，化而爲近代工業之生產機關。交通工具機械化，縮短時間與距離，因而增加一城市之有效影響範圍。試就農業時代之城市而言，其較重要者散佈於一國之內，相距率在百里內外，蓋爲其四鄉居民最遠者來往一日之路程也，換言之，卽農業時代之城市，其影響範圍，約爲半徑五十里之圓圈，彼此互相割切，而各能自給自足。故古代國家除其都城市而外，城市人口不多者，正因其影響範圍，甚爲有限。今則以火車輪船速率大增，兼之日夜陰晴無限，故一具有近代交通工具之城市，其一日夜之有效影響範圍所及，則大於古代者，可在四五十倍以上。此兩重因子，遂便近代城市之人口集中現象爲亙古所未有，英儒韋爾斯氏嘗稱十九世紀爲「大城市世紀」，良有以也。

一切城市問題，起於人口集中，誠以大多數人口集中於甚小面積地皮之上，實爲「逆天行事」之一例！故其形勢極爲危險，稍一不慎，卽有衰歇崩潰之虞。美儒孟祿氏以爲城市居民之生活水準，必須提高，過于其週圍四鄉者，方能發榮滋長。舉凡近代城市之物質享受，亚非完全可以「奢侈」「繁華」等字樣所可抹殺，而實爲城市所賴以爲城市之必要條件也。試以市政工程之基本工作，如街道，水管，溝渠三者而言，何一非城市生活之必需？正以此種種需要，因城市人口之集中，始由零星各自爲政者，一變而爲大規模與有組織之事業耳。規模宏大，方能避免浪費；組織嚴密，方能担保效率，因之而能減低成本費用，便利各種工作，乃使城市本身，化而爲一種經濟利益之倉庫(A Reservoir of Econmic Benefis)，任人挹取，而不至枯竭，所謂城市之眞正繁榮者，以此。

近代城市爲維持其複雜微妙之生存，必須利用機械。始足以使其規模宏大，組織嚴密，乃能控制環境，欣欣向榮。故近代城市之特徵，厥爲機械之利用，自電車，汽車，電燈電話乃至蒸汽引擎，抽水機器，何一非近代城市之必備工具。然細按之，則可分爲兩種趨勢焉。英儒蓋德斯敎授嘗稱之爲「古機械時代」與「新機械時代」是也。

「古機械時代」（"Paeotechnic Era"）以水蒸氣及煤碳爲其主要動力之來源，其典型，則爲「集中」，「笨重」與「污穢」。至於「新機械時代」（"Neotechnic Era"）則以電力與煤油爲主，其特徵適與前者相反，卽「分散」，「輕便」與「清潔」是也。蓋以煤與水，均爲體積甚大而價值甚小之物資，機器工業之發展，必須就其天然出產地，遂形成一種集中性之趨勢焉，如十九世紀之英國實業城市，是其例也。而「新機械時代」之城市，如在歐洲小國瑞士方面所習見者，則以汽車，電機，電訊之發明，容許其人口分散而自成爲較小單位，仍可以享受近代城市文明之賜予。至於近代一般文明國家之城市，介於此二者之間，而或偏於「古」或偏於「新」，趨勢成分不一，而在脫古就新，則一也。

十九世紀爲城市集中時代，二十世紀則爲城市分散時代，吾人討論城市規劃問題，必須認淸此點，方不至犯時代錯誤之病耳！如十九世紀之文人，固常以詛呪城市著稱矣。或描寫城市如「生人之墳墓」，或稱之爲「國力之漏巵」！於是有所謂「返歸自然」「新村運動」種種口號與設施。然自今日之事觀之，此輩眼光原亦不較其同時營私貿利之徒，爲更遠大也，特其爲人道正義之立場，爲不容訾議者耳。

近代城市爲近代人生所必需之生活工具，已爲不容再辯之事實。居今之世，論今之事，今日之問題，不在城市對於人類利弊如何，而在如何能運用之，成爲吾人今後生活之利器耳。良以近代生活所需，無論平時戰時，精神物質，無不惟城市是賴。其有忽

覩此利器者，其結果之悲慘，殆有不忍賭者！

（二）近代城市規劃問題之癥結

近代城市規劃問題之癥結，乃在城市人口之集中，無限制也。過去一般談市政者，似均未免有一種兒童想念，以為城市愈大愈好。如英美兩國人士，常爭論倫敦抑或紐約之人口，居世界城市之第一位。而其餘國家，則彼此以大城市相尚，其國有最大之城市，似可為國之光者！噫，亦惑矣！

人口之集中，固為城市之起源，而人口所以集中，使城市生活優於其鄰近鄉野者，即係服從一種自然經濟大律，即容許分工專精，合作有效，乃能作大規模之生產耳。若以一萬人平均分配在一百處生活者，不過為一百小村落而已；合在一地，即形成一萬人口之「小城市」，而具有近代城市文明之雛形矣。由此類推而上之，十萬人口在十處，僅為十個「小城市」，放在一處，即為一種「繁榮城市」矣。但此項類推論法，並不如一般兒童所習知易能者，即無限制引申，至謂一百萬人口之大城市，優於十個「十萬人口城市」，或甚至謂「一千萬人口大城市」，如現在倫敦紐約即將達到者，優於十個「一百萬人口城市」也，何則？各種事業，均有其最合宜之大小，不及此者不足以發展其効能，過乎此者反足以促其崩潰。城市之存在，原為近代事業之一，何能作為例外。經濟學中所謂「收獲漸減律」者，固同樣適用於城市發展之現象也。近代城市規劃學家，所精思極慮者，即在如何於「龐大城市」尚未崩潰之前，而即代之以一種合理疏散與建立較小之新城市耳。因之城市人口之限制，以若干人口為最合於城市生活之圓滿發展，所謂城市「最佳人口密度」者（Optimum Population）乃為近代城市規劃學家所最注意之問題也。

試思近代一般城市，尤其在龐大城市中，所發生之種種困難問題，自教育，衛生，乃至交通，居住，等等，何一不以人口問題為其中心乎？

城市人口究以若干數目為合理極限乎？此一問題，至今尚無人敢於作肯定回答。良以城市究竟為城市，而非機器，斯其需要條件，複雜微妙，難於捉摸。但此問題之解答輪廓，則可待而言也。

德國昔日之城市分類，嘗以二十萬人口城市為「大城市」。然據英國政治哲學家卜賴司（Bryce）之意見，則以城市人口達二十萬，已犯「過大」之病。歐戰前英國皇家統計學會學報，嘗發表「城市行政經費」與「城市人口數目」之關係，而示出城市人口在九萬十萬之間者，其平均每口所擔負之經費為最少。英國「園林城市」之創始者皓華氏，則以三萬至五萬人口之城市，為其理想。但英國著名城市規劃學家，如亞伯克倫比教授，首倡「城市系統論」者（"System of Towns"）以為城市人口達到十萬，即可容許「城市生活」（"City Life"）發展至其飽滿程度矣，即謂凡近代大城市，所能供予吾人以種種便利，機會，享受，繁華等等，均可在一「十萬人口城市」中尋得之云。

按諸近代研究人口問題之理論，如美國卜爾教授嘗以其再度發見之「合理曲線律」（Logistic Curve）應用之於解釋一切「羣居生物學」現象（"Group Biology"）大自世界國家，小至其實驗所用之「蒼蠅集中瓶」以為在某一定生活環境之下，「人口」增加之現象，初則甚緩，繼則甚快，終則漸慢，而達其飽和狀態矣。故其曲線，乃為S形者。該謂「人口」增加之速度，乃與其當時人口總數，成立一種數量關係，可以微分方程式表示之也。英國倫敦大學城市規劃教授，阿德萊氏所述倫敦之新京都市區，人口之變動情形，即吻合於S式之曲線。故余進研究各城市所供給之人口增加曲線，或可

將一比較可靠之根據，以推定城市人口之合理極限也。

英國在二十世紀初葉，關於城市社會調查工作，頗有足稱者，如布斯氏之倫敦調查，即曲氏之約克調查，其最著者也。此類調查所供給之數字結論，以爲當時之大城市，其人民在「貧窮線」下者，竟達全人口數目之三分之一云！準斯以談，則城市人口至飽滿狀態，如 S 形之最上一段者，殆已包含無限愁苦罪惡於其中，城市人口乃無法再加耳！故余意「最佳人口密度」，乃在 S 形曲線之中段，反射點之上下者，其時人口增加勢力仍強，表示其生活環境之優美，果能予以合理限制，應可保持其最佳狀態也。故從 S 曲線，可將城市，按照其人口數目分爲三類，即：

(一)「過小城市」——人口約在五萬以下者，（相當於 S 曲線之下段）

(二)「中庸城市」——人口約在十萬左右者，（相當於 S 曲線之中段）

(三)「過大城市」——人口在二十萬人以上者，（相當於 S 曲線之上段）

對於第一類「過小城市」，城市規劃之工作，自以「如何發展擴充之」，爲第一要義。第二類「中庸城市」，則在如何維持其城市人口於平衡，如限制城市沿其近郊大路作「飄帶式之房屋建築」，(Restriction of Ribbon Development) 如近在英國城市規劃法律上所規訂者，是其一例。至於第三類「過大城市」則須在澈底疏散之列。此在城市規劃與民居工程上(Town Planning and Housing)，尤應特別注意其發展之式樣，如「衞星城市」之建設("Satellite Towns")與「城市系統」之形成，乃爲不可或緩之舉也。但在此三類城市兩端之外者，小而鄉村大而「龐大都會」(Metropolitan Citis) 當然均爲近代城市規劃學術之對象。如最近英國所施行之「城市與鄉間規劃法案」，(Town and Country Planning Act) 與

夫美國大城市周圍廣大區域之規劃，如「紐約廣域規劃報告」之鉅製（"New York Regional Planning Report"）其分「調查測景」及「規劃建議」兩部，前一部只分八大册，後一部分兩大册，一共十册約四千頁），尤爲顯著之例也。然此類規劃之主要目標，均不外如何調整人口之集中問題，因而使「民居」，「工廠」，「交通路線」，「塋隙地段」等等，有較合理想之配置與分佈耳。

總之，今後之城市規劃問題，乃成爲一國之人口問題，即在如何審行分配其人口於各自然區域，使各自成爲近代城市社會單位，足以利用其物質資源至最大效率，而有以提高人民之生活水準也。

(三)城市規劃原理之新發展

「城市規劃」在過去，僅被視爲一般建築師之副業，其主要工作乃似爲本身之一種「內科治療」或「外科手術」而已——即以爲城市規劃之問題可在城市範圍之內，覓得其解決途徑，無待外求是也。城市交通不便！則拆房屋，放寬街道，或甚至敷設高架及地下鐵道以便之。民居不足，或卑陋汚穢不堪！則加築層樓，拆毀所謂「廁術地段」(Slum Areas)，而代之以「新住宅區」。諸如此類，在過去一般城市當局，蓋莫不以爲「盡心焉而已矣」！即自所謂「城市規劃家」視之，亦以爲利用近代科學之發明，能事已畢。然按諸近代規劃之新原理，則有如蓋德斯教授所詛呪者：現代何曾有「眞正城市」，偉大，壯麗，而清潔，不過一遍「廁術」與「高等廁術」耳，（"Slums and Super-slums"）何則？十九世紀之城市問題，旣因其人口過度集中而起，各市當局不知用釜底抽薪之法，而盲目以種種新式機器，益促進其人口集中，是亦何異於「以水益水」，「以火益火」哉！馴至城市內部爲人工建造所填塞，而至於擁擠不堪，市民乃無

轉身之餘地——街道爲車輛所充塞，公園爲遊人所充塞，乃至一間稍大寢室上可爲兩家以上之眷屬所充塞，此其情形之慘痛愁苦，爲何如也！此在，我國現在抗戰時期，自屬數見不鮮，而在泰西工業國家，過去承平之際，尤以在十九世紀中葉，所謂「工業革命」者，其影響惡劣及於民衆者，試亦無異於流血革命也！雖然，此並非由於天定之不可逭，乃繫於人謀之未臧耳。此「城市規劃」，作一支新興學術，所以昌明於二十世之紀之初，駸駸然有領導一切之勢也歟。英國社會心理學家瓦勒斯敎授固嘗稱之爲二十世紀之「宗主科學」矣，（"Master Science"）

「城市規劃」在昔雖爲建築師之職業，但正與其他職業相同，新發展之醞釀，原不在其行家之內，而在其行外之偉大學者，對之發生深切興趣，乃有獨到見解，因而有劃時代之新貢獻焉；正如近代醫學之新發展，不創始於醫師，而爲法國化學家巴斯德氏；近代城市規劃學術之新發展，亦不創始於建築師，而爲蘇格蘭生物學家蓋德斯敎授也。

蓋德斯敎授原爲生物學名家，老赫胥黎之弟子而生物學家湯姆孫（J. A. Thomson）之師也。渠於一九〇四至一九〇七年發表其偉著「文事學」作爲「應用社會學」（"Civics as Applied Sociology"）於倫敦社會學會刊上（Sociological Papers）初將「城市規劃」之學術，放置於博大精深之社會哲學基礎上。近代城市規劃之泰斗安文氏（Sir Raymond Unwin）按渠本人爲名建築師）嘗謂近代倘無蓋德斯敎授其人者，吾輩操是業者，眞將感到無事可做矣。蓋德斯敎授其後參加實際城市規劃工作，其生物學家之名，反爲其城市規劃學家之名所掩。凡習近代城市規劃者，直接或間接，蓋莫不受其哲學影響也。

蓋德斯敎授對於近代城市規劃之最大貢，卽在能以其生物哲學概念，所謂「生物

，作用，環境」（"organism, Function, Fnvironment" 或簡寫爲 "o.f.e."）不可分性者，應用之於城市規劃上，使吾人對於城市之概念，根本改變，是也。蓋德斯敎授嘗稱「城市爲一幕時間地方之人生話劇」，（"The town is a time-place Drama"）渠意一城市之存在，在「時間」上，包括以往各時代；在「空間」上，包括各地方，形形色色，或爲精華，或爲精粕，故吾人對於城市之新認識，欲求其正確合於事實者，必不能僅限於城市界限以內，及其現時片段之情形，以爲已足；而須古往今來，上下四方，放眼觀察，城市乃爲一眞正小宙宇也。故爲使其思想更具體化，蓋德斯敎授會闡發法國社會學家拉卜內（Le Play）氏之地方社會工作調查方法，而形成其本人之「文事測量法」（Civic Survey），其子繼之而發展爲「廣域測量」之新技術（Regfional Survey），「城市規劃」至是乃脫離一般建築師之專門行業，而蔚爲一種新綜合之學術系統矣。

「近代城市規劃學」實又可稱之爲「應用文事學」（"Applied Civics"）蓋德斯敎授曾解釋 "Civics" 之意義曰："Social Survey for Social Service" 可譯之爲「以社會調查作根據，而爲社會服務也」。按此義實爲近代城市規劃之根基及其理想，故也。近代城市規劃學家，倘接受蓋德斯敎授之理論，必須承認其所待規劃之城市，爲一種集體生物（"Collective organism"）生存至今，必有待於其周圍所以生存之環境矣。如英京倫敦，素以車輛交通困難，著稱於世者，近聚其各方面專家研究結果之意見，均承認此問題之解決，尚不能在大倫敦市範圍內求得之（面積已約七百方英里），而須在「更大倫敦」之區域，面積二千方英里之地皮上，作一週盤籌劃，始可尋出解決途徑云！交通問題如此，其餘如民居，如給水，如溝渠，乃至最近倫敦防空問題，均莫不如此，

於是倫敦之規劃者，乃一變而爲倫敦所在區域之規劃者矣。換言之，「近代城市規劃」，必不能僅顧其城市界限以內之規劃，而須同時規劃其所在之外圍環境，所謂「廣域規劃」者，是也。（"Regional Planning"）

「廣域規劃」在英國，自上一次歐戰以後，在其著名城市規劃學家亞伯克倫比教授領導之下，曾盛行一時，不特英倫本土上之各「自然區域」（Natural Regions），幾均有其「廣域規劃」之報告建議，甚至已有所設施。即在歐洲大陸上，如德國之「魯爾區域」規劃；在新大陸上，美國之「紐約區域」規劃與吞立西流域之「廣域規劃」，均爲著名之例也。

（四）新理論與新藝術

城市規劃，既由蓋德斯教授奠定其新理論基礎後。近代建築師方於其上建立新城市藝術焉。良以理論之實現，必爲種種形式，形式乃產生美學問題。近代城市規劃學術之泰斗，安文氏初由其建築師專行入手，故特別注重於城市內部之美學問題。安文氏於其名著實際城市規劃術（"Town Planning in Practice" 按此書第一版能在一九〇九年，至今仍爲此科學術之經典。蓋德斯教授嘗稱費此書爲「宗匠之作」"Master Technigue"）曾示出近代城市規劃之藝術作風，有兩大派別，即法國派與德國派是也。

近代法國派城市規劃之作風，原脫胎於文藝復興時代。法國現代之建築家拉高比西野嘗稱魯易十四大帝，爲「近代城市規劃」之鼻祖，以其最初應用幾何圖形於城市平面圖上，故也。桌以爲凡爾塞宮苑及其附屬城市之圖形，可爲「合理」規劃之標準云。其後經郝斯曼之巴黎改造工作，與亨拉爾所刊行之「巴黎改造研究專冊」（Eugine Henard: Etude Sur les Transformations de Paris, 1903—1909，共八冊）至歐戰後拉高比西野所著之「城市規劃學」（Le Corbusier:

L'urbanisme, 美國人譯意爲「明日之城市」。）均足以表示法國派作風之特色，即注重於「開展」，「雄壯」，「對稱」，「嚴整」等美學因子而引用「放射街道」與「幾何線跡」是也，安文稱之爲「規律美」（"Formal Beauty"）。

德國派之作風，則係承襲歐洲中古世紀之城市建築意境，經奧國建築師卡密祿西特在其名著城市規劃之美術原理上，加以闡發，（Camillo Sitte: Der Stadtebau nach Scinen kunslerischen Gremdsatzen. 法國人曾將此書名譯意爲「城市建築美術」，）以爲歐洲中古世紀所留下之「中古城市」（"Medieval Cities"），如現在德國境內所常見到者，其美妙入畫，並非偶然。蓋由歐洲在中古世紀，美術最爲發達，當時建築家，善用其美術眼光，作爲城市佈置，無待於紙上圖案，故能寓曲折幽靜之美於外表漫無規律之中。殊不知其迴環藏閉，均有匠意存焉。安文氏則稱之爲「不規律美」（"Informal Beauty"），德國近代城市規劃家，既奉此種美學理論爲圭臬，乃注重於彎曲街道與無對稱，不合幾何圖形之市術，同時主張引用狹窄街道，相交務在避免「十」字街口而偏錯之爲「丁」字街口，所以保持其「遮藏意景」也。（"Sense of Enclosure"）

至於英國在文化史上，於歐洲大陸國家，原爲晚進。故其城市生活，初不見重要。因之在城市規劃進化史上，過去英國僅爲摹仿者，並無獨到之處可言。特自十九世紀工業革命，起於英國，其人民乃從其習於野外生活環境中，硬爲經濟鐵腕，拉入禁錮於煤煙水汽之城市四圍！英國人民對於此種無情壓迫，已藉其大文學家如拉斯金荻更司等人，發表其反抗性之怒吼。故英國之近代城市規劃，所以日益見其重要者，正可視爲英國人民反抗經濟壓迫之結果也。英國派之城市規劃家，如安文氏所能代表者，一方面吸收

德法兩派之作風，兼容並包，而不爲調和折衷之計。安文氏在其名著上所主張之第三條路，並非德法兩派「中間之路」（"Via Media"）而係一種包括兩派之「寬宏大道」，（"Via latior"）是也。另一方面，則以英國人民對於城市生活之不習慣，而引種樹木花草於城市之中，所謂使之「鄉野化」者，終至形成「園林城市」運動，與美國之「公園系統」計劃焉。（"Park System"）英美派之城市規劃家，正因其特別注意公園與空敞綠地，遂得擴展其城市範圍，易於兼容並包德法兩派之規劃作風，故余又稱之爲「綜合派」也。

按英美城市注重公園敞地，實爲近代城市與古昔城市之重要區別所在。蓋以過去苑囿之樂，僅爲皇室貴族所專有。且其時城市範圍甚小，行路不遠，即可出城出入郊野，似亦無需乎有城中公園敞地耳。但十九世紀之大城市，既相繼長成而後，城中居民乃似與自然野外隔絕。於是「返歸田園」之內衷呼聲，早借當時之文人墨客筆端發出，而過去城市規劃者初以囿於建築師專行之見解，同時又爲「實利主義」所眩惑，僅能在城市界限以內，設法添置空敞園地，始如「素底上雕空花」，難能而未必可貴耳！但自廣域規劃之理論既已成立，於是公園敞地，不復被視爲城中點綴品。反之，而謂城市，須以綠地曠野爲背景，而應由規劃家交織「花樣」（"Pattern"）於其上矣。

今後之城市發展，應就其所在自然區域爲素底，而形成各式「花樣」交織於其上，所謂「城市發展之花樣論」者（"Pattern Theory of City Development"）據余所知，安文氏在一九三〇年所著「大倫敦區域規劃報告」上初發表之。此論對於近代城市規劃藝術之新貢獻，至爲偉大，將來影響於世界各處城市發展，至如何程度，尚無人敢於斷定。惟今後之城市規劃問題，其重要所在，

地，乃由城內轉而向外。城市外圍環境中之佈置配合，乃爲其內部藝術處理之根本，此則爲近代城市規劃學術中之新概念也。

由此觀之，稍一回味過去一般自詡爲有極新見地之規劃學者，雖高明曠達如法國之拉高比西野氏，亦復未能免俗。渠卽欲求解決城市規劃問題於城市本身之內，而建議以「豎立式街道」代替「橫平式」者，將過去之平面地址，擴至立體空間。然而，並未能解決城市人口之過度集中問題也。實則，過去一般城市規劃家，均認城市人口之過度集中，爲無法避免之災害，彼輩所主張之規劃云者，乃在如何救急治標，僅求有以減輕其惡劣影響耳。殊不知，愈欲減輕，愈形加重，如近代龐大城市所表現之「過擠現象」者（"Overcrowding"）此則爲安文氏大聲急呼，所亟欲根本治療之者也。

安文氏於一九三七年，在美國哥倫比亞大學演講「居民與規劃」（"Housing and Town Planning"）對於上述「城市發展之花樣理論」曾有如下之解釋：

「余願鄭重宣稱，城市之範圍，如計劃保留「空地」得法，並不因之而發生嚴重影響也。吾輩規劃者，所應引以爲目的者，乃在對於空隙地址，重新糾正其觀念耳。目前吾人所想像者，係以全部地址，可爲建造房屋之用；吾輩乃須就此建築地基爲背景，而規劃出「一種促稀少之空地花樣」。（"a Meagre Pattern of open spaces"）實則建築地基與空隙地址相比，極爲微細。如此設計，不智孰甚！故正當途徑，乃在就空地爲背景，而佈置「一般建築基地之花樣」耳。（"A pattern of building areas on a background of open space."）」安文氏更舉出此種「花樣理論」之實例如下：（暫以一城市建築基地之主要用途成分爲例）。

建築基地種類	麗池華斯	威爾林	波士頓本城
商業用地	3.56%	6.48%	1.95%
工業用地	15.15%	27.09%	10.45%
住宅用地	81.27%	65.04%	70.00%
未列類者	0.02%	1.39%	17.60%
	100.00%	100.00%	100.00%

按麗池華斯（Letclworth）與威爾林（Welwyn）均為英國的「園林城市」（"Garden City"）。麗池華斯之地皮利用實在畝數，分列如下：

地皮利用之分類	英畝數（acres）	加積英畝數
商　　業	31	31
工　　業	132	163
住　　宅	708	871
公共空地	106	
租出空地	162	
園　　圃	14	1183
小農場	230	1413
大農場	2887	3000

安文氏謂大倫敦如照麗池華斯之「花樣」發展，則容一千萬居民，所需之面積，不過等於半徑21.65英里之圓圈，此面積即可允許有百分之二十「空隙地址」，並可使每一千人口，可享有十五英畝之空地云。（安文氏估計每一千城市人口，至少須有七英畝空地，作為遊息運動之用）。

安文氏又解釋「花樣設計」之意義曰：「設計之精義，在創造新價值，使直接起於已存事物間之「部位關係」，及其「配合比例」是也。凡此價值，原不在各部份事物本身之內，乃完全由於其間相互關係，而產生者也。其種類甚夥，如「實用」，「便利」，「舒適」，「愉快」，「美觀」等皆屬之……夫一切價值，起於和諧關係，此一事實，足使吾人料到其中應無矛盾之存在也。賢明設計者，固將使種種關係，全數包括於其概念之內，以備將來，能在其完美設計中，各各滿足其需要也」。又曰：「人類社會之結構，必須為「個人品格」與「社會生活」，留有餘地，使之均能發展，故城市規劃者之能事，即在設計「花樣」，足以表現此「個性」與「社會」間之種種關係耳」。

（五）我國城市復興之途徑

我為為農業國家，同時亦為世界農業文明最成熟之國家。如在上數章內所論列者，歐美城市規劃家，津津以為創見者，不過在引入「農業文明」於其過度工業化之城市中，作為調節之用，庶使陽光與綠蔭，重見於煤煙水汽籠罩之下耳。我之城市則以其具有成熟農業文明之資格，以待「工業化」之來臨，此其可以知所取捨，明矣，然而不幸自海禁大開以後，我之通商口岸，尤以上海天津漢口等處，乃為一般外寇貿利之徒所盤據，彼輩挾其國家之暴惡勢力，並其傳統習尚，加以對我之歷史莊無所知，乃形成一種畸形「租界城市」，為我之近代生命上之惡瘤！無奈社會一般人士，眩於所謂「物質文明」之奇巧繁華，乃竟不惜取法於此類租界城市，以為可以媲美近代文明國家，可笑亦很可恥！但無論如何，我之過去城市有些許改良發展者，皆受租界影響甚鉅，無疑也！

余在今日敢於鄭重宣稱者，租界旣爲我國國恥之結果，其爲畸形城市，不特不足以效法，尤當在使之「內向正常化」之列。黃帝子孫原爲世界歷史上之「偉大建城民族」，（a great city-building race）我輩不可以偶在文化低潮之時，自甘暴棄也。試以貴州爲例，在王陽明先生撰瘞旅文時代，猶爲瘴癘不可嚮邇之區，今則大小城市林立，前衞生實驗處某君謂余：在貴陽以東，已不復發見有惡性瘧疾之蚊類矣。須知古代所謂瘴氣者，卽係惡性瘧疾，原爲野蠻地帶之病，人類每年死於此病者至今仍爲其總死亡數之半額。瘴氣之消滅，卽表示城市文明之擴展也。

我國今後之城市復興問題，當然不外下列四端：

(一)疏散過大城市
(二)建造新城市
(三)改造舊城市
(四)恢復戰事毀壞之城市

此外尚有一端，卽上述「使租界畸形城市內向正常化」，以其牽涉國際政治，暫置不論。

就單位城市規劃而言，自以上列（三）（四）兩端，最關重要；尤以後者爲急切，實則吾人正可藉恢復毀壞城市，作爲合理規劃之實驗與示範也，如重慶，如長沙，是爲最合宜之實例。舉凡近代城市規劃原理所需要之條件，均易於在恢復此兩大城市工作中，而一一實現之也。今意工程師學會似可仿美國土木工程師學會之先例，分設「城市規劃組」（"City Planning Section"），對於此類實際問題，先作一番具體實地之研究，再向政府貢獻意見，或可得較圓滿之結果。

至於前二項問題，則有關於整個「國家規劃」（National Planning）與「國防大計」，茲爲略加申論於下：

城市之建設，在古卽爲國家戰守之工具；在今對於國防之重要性，尤爲近年來歐洲戰爭所詳示無遺！自馬德里之固守，巴黎之放棄，倫敦柏林之互相轟炸，乃至最近蘇德戰爭中列寧格勒之圍攻，在在示出大城市之存亡，對於一國之生命有何關係！良以近代戰爭爲「工業生產戰」近代城市卽爲工業生產之偉大機器，故也，但此次大戰，仍爲十九世紀「大城市時代」之遺毒，余意經過此次大戰後，各國或將深感過去人口集中過度之痛苦，而以大規模疏散人口，與重行分配工業生產機關，爲補牢之計。行將見一般進步國家，引用工程學術中「網狀分佈系統」之概念（"Network" or "grid system"），而將其全國滿佈，「城市網」矣。按此種辦法原非新奇，如日本在一九二五年之人口調查統計，城市人口爲百分之五五、八，但其分類係以五千人口以上爲城市者，倘照英國之分類根據，以二千人口爲城鄉分界線者，則日本城市人口，佔總數百分之九三、五，換言之，卽日本之城市人口成份，較之世界最城市化之英國（約佔百分之八十）爲尤大也！實則，日本之「城市化」現象，原爲一種「小城市化」，或可謂爲以農業國家接受新機械時代文明之一例。而日本在第一次歐戰以後，所以能以商品賤價傾銷，在輕工業方面，有獨占世界市場之勢者，則不能不歸功於此類「小城市分佈網」也。

英國對於此種「城市分佈網」之概念，當然早已有所瞭解，尤以其全國「電力網」工作完成之後，卽有工程師建議作全國「水管網」（"Water grid"），而英國任何處居民在人口四百以上者，卽已享受近代城市文明，如電燈，自來水，下水道，良好街道等，應有盡有矣，在此兩次大戰中間二十年內，英國公私投資建築平民住宅達三百萬所，並有建造一百五十個小城以爲疏散大城市之計劃。凡此種種均足示明英國不僅有此「城市分佈網」之概念，且在此牛刀一整之時，儘量利用之，以爲其「民間國防」

（“Civil Defense”）之基礎，如「疏散城市人口」，「收容難民」「搜索傘兵」等等重要工作均賴之而能收效也。（按照英國陸軍手册所估計城鄉對於駐兵之收容量數字，食住均資在一星期內者約爲其平時居民之一倍，如僅供住宿，而食糧自帶者，則在富饒農業區域，每名居民可容駐兵十人，至於在城市及工業區域者，則每名僅能容駐兵五人云）。實則，英倫此次爲應付德國之凶擊轟炸（“Blitz”）對於其地方及市政府，已有澈底改革之實施，如最近成立一種「廣域市」之搶救組織，而以「廣域委員會」，一方面執行中央政府職權，一方面聯合其區域內鄉市政府單位，使彼此易得互助保險之利，此種事實尤足以表示「城市網」之作用及其理想也。

我國原有「大亂居鄉，小亂居城」，之格言，但如此次抗戰經驗所示，淪陷區域內，城固不可居，而鄉間亦復不可居，其比較安全之處所，乃爲半城半鄉之市鎮，人口率在一千至一萬之間者，故余意今後我國各級政府與社會人士，應對此類市鎮或小城市，多加注意，引進近代市政衛生工程手術，使爲「近代城市」，則對外對內，將均有其絕大之安定勢力也。

（六）應用之例

從以上五章所陳述者，可得城市規劃新原則四條如下：

一、城市之大小，必須有其限制。

二、城市空際地皮與其建築基址，應保持相當比例，並有其合宜配置，以形成所謂「花樣」設計。

三、街道用途，應嚴加分工，須使「車運」與「民居」分開。

四、實用與美觀，不可偏廢，城市應能表示其國家文化之特點。

就第一條原則而論，我國城市，尤其是民有城牆之城市，應於有利地位，良以我國

內地城市，通商口岸除外，傷爲農業文明之結晶，芒人口均未超過理想之極限，至如北平西安等城市，則因其歷史關係，即維持其過多人口，藉以表見其特別發展，原無不可。此類歷史古城之城牆，率皆嚴整壯偉，乃能作爲一種最合理想之人工界限，而將城鄉完全分開。故凡沿城牆或城門外大道之建築，均應一律拆除，以顯示其嚴不可犯之氣象。但倘遇此類建築房屋，業已過多，則須另想辦法，如添設「新開口」，或「環城林蔭大道」，或甚至建築新城牆以圍之，可也。惟須在此新人工界限以外，留有相當寬廣之農業地帶，如五公里或十公里內，不准有任何類似街市之建築，方可限制此類城市耳。其較小城市之城牆，或拆或否，須視其地方情形與城牆現狀而定。較小城市，大概可分爲三大類，即：（一）城包街式（二）街包城式（三）無圍牆之大市鎮，是也。在第一類城市，城牆之工程，相當偉大，尤以一面或三面臨水者，爲最饒畫意，均應在保留繕營之列，旣以作城鄉之分界，亦所以示先民之遺烈，有時且爲其市內之防水圍堤也。第二類之城市，重要市街率在城外，城牆在尋常，即不易看出，故一方面阻礙城市內外之交通，一方面則變而爲藏垢納污之所在地，尤宜在拆除之列，使其城基化爲林蔭環道，原有城門，如富於歷史或美術意義者，仍當保留，作爲古蹟，而此類城市之外圍，仍當加以新限制，如在前一段所述者也。第三類，原無圍牆者，一方面應限制其沿單方向作線帶式之發展，一方面引進近代「園林城市」發展方式（“Garden City” Development），而以農園地帶圍繞之。

故第一原則，倘能應用得當，可使我國今後之城市發展，不踏歐美龐大城市之覆轍，而可有多數「城市個體」，分佈於各自然區域中，逐形成種種「城市系統」（“System of Towns”），在每一系統內，可以某一二主要城市作爲中心，而彼此間

互相建立其適宜關係焉。

第二條原則之應用在我國城市，亦無困難。蓋以內地城市住宅，高度有限，而前後留有園地甚多。西人昔嘗美稱北平為世界最偉大之「園林城市」，實則，我國各地城市，蓋美其有此「先天」性優點也。正因有此優點，過去反將城市公園之建設，視為無足輕重。國人此種愛好園林之風尚，尤宜予以鼓勵，尤以對私家有較大花園者，政府應一律注意愛護。其在昔名人之花園別墅，常因其子孫窮困，任其頹廢或變賣改作他種建築物者，公家對之，尤不應熟視若無視也。良以此類花園之修營，保護或收買歸公，不僅為城市保留有價值之空際地帶，且為地方歷史之榮光，而因之保有奇花異草之珍貴種品，猶可化而為附帶之金錢收入也。

在我國江南一帶商業繁盛之城市，市中心區域，最為狹窄不堪，大半由於舊日利用水運，以城中運河代替陸上街道所致，或則由於此類城市沿河岸伸延發展，利用近河岸之地段，上下貨物，汲水洗滌，均較便利，故此類城市中心，引入空際地皮，最為困難，一方面固有待於新式市政工程，如給水，溝渠等之手術，另一方面則須待時機之許可也。如蘇州無錫城內，實為半街半河之系統，此與歐洲中古世紀沿海平原地帶之城市，初無二致，比利時北部之淦城（Gand），至今仍留有「運河城市」之稱，是其一例。余嘗對於城中運河之處置，如何進行船舶者，自以疏濬保留為上策，同時尤須注意使其彼此貫通，而無停滯「死水盡頭」（Dead End）之虞，以免腐臭或滋生蚊蟲之弊。但如舊有河道已淤塞不堪，廢置不用，均以填成「林蔭遊道」或「綠形公園」為宜（Linear Park）。按城市內部河道，化為街市，原為城市進化過程中之自然步驟。良以近代機械化運輸工具發達，知短雄之運輸，自以陸上為主，故也。至於抗戰以來，遭受兵燹之區，正好予以「土地整理」之機會，

重行分配產權，劃定建築基地，可將在中心區域者，向外圍移動，則如安文氏所計算者，增加城市面積之半徑，不必甚大，即可容納甚多之「空際地皮」矣。如環境許可，引用放射式之長條花園，聯絡市中心區與其外圍綠地，則不僅平時便於居民休憩，戰時尤為防空襲與火患之安全保障也。此外建築與空際地皮之比率，可採用英國「建築密度分區」辦法（Density Zoning），即在各區域，限制其一畝地皮上所能建築房屋之所數是也。如英國現時所採用者，以每英畝上房屋在八至十二所，為合於住宅區之規定，郊外之農圍地帶，則限制每英畝在四所之下，城市中心區域則可容許每英畝所數在十六至二十之間云。設以住宅房屋而論，每英畝上劃出十二所建築基地者，則每塊基地深度者為一百五十呎，寬度即可為二十四呎有餘，以基地面積六分之一，作為建屋之用，可得一二十四呎見方之地基，每層即可容四間房間，一樓一底，可容八間，尋常八口之家居之，自屬綽有餘裕，所剩園地可達一百二十呎之長，無論放置在屋前後，或作花園或作菜圃，均無不可。至於建築房屋所數之密度在每英畝二十所者，即用一百呎之邊深，祇可容二十二呎（弱）之寬度，留出牆厚及走道，所餘剩者適可改被為一大間店鋪門面也。此在我國一般街市住家與店鋪不能分開之情形下，尤為適用。

第三原則，關於街道用途之分工者，在我國今後城市規劃問題上，尤須嚴格注意，何則？蓋以農業城市之街道，均無「分工」意義存在其間，即以街道為「住」與「行」之公共工具，是也。因而有一種錯誤成見，以為街道必須一方供給建築房屋之門面，一方面則為來往車運之孔道。如過去一般城市建築附律，規定街道之全寬度在四五十呎，中間鋪築車道路而為二十四呎，意即容許兩行車運可以同時來往駛行無阻。但自「園林城市」之規劃原理採見以後，坊地之設置......

街道之建築費及其鋪墊寬度，以增加園地之面積，方有人注意及街道用途之分工，而對於過去建築附律加以非議矣。故從合理之規劃立場，可將城市街道分爲兩大類，即（一）「車運孔道」與（二）「非車運」街道（"Traffic arteries" and "Non-traffic" Sheets），前者之主要作用爲通行車輛，而後者則在爲居民留「住宅」，「市場」等綏行出入之途徑。須以能避免不需要之車輛經過，擾亂居民之安靜與興趣也。尤以近十年來，汽車超速公路，盛行於世，於是此種分工辦法，成爲必要之圖，蓋不僅保留住宅區域之安靜清潔，減少路上禍事，增加車運速率而不至傷生害命，胥賴此者矣。故應用第三原則，將見我國今後之城市規劃能事，並不在拆房屋放寬街道，而在放眼至城圈以外之郊野，一方而籌築新式「車運孔道」，將經過該城而不必至其市中心之車輛，完全分開，便不映入市內；另一方而則在應用衛生工程手術，處理改善舊日街道，使其整潔合於衛生標準，街道狹窄，原無害其爲「住宅」或「商場」之用也。實則，今日歐洲一般古老城市之改造結果，有所謂「新城」「舊城」之分者，「舊城」中所屬街道狹窄，饒有古趣，至其清潔程度則與新城無異，故能招徠遊人，入其中者，祇覺身在畫境，而無復厭惡之感矣。而「新城」多在居宅區域，街道固屬寬敞清靜，然不免過於荒涼寂寞。有時遊人兜風汽車駛過，嘵雜之聲聒耳，令人頓覺神經緊張，反不如在「舊城」中，閒熱而諧和，殊有魚知忘於江湖之樂趣，德國在上次大戰失敗後，極力招徠美洲遊客者，並不以其大柏林，而以其國境內之中古城市，表有以也。（須知古老城市，苟能以近代衛生工程之手術，使其不爲臭窮惡厭者，即刻可爲世界最珍貴之「古董」，古色古香，自有其財富價值也。）

按照前章所示之數字，城市地皮利用之成分，以住宅區域估去百分之七八十，故對

住宅道路，尤應特別注意其發展專爲住宅之用，不使車運入內。比類道路，不僅不須太寬，且其鋪墊部份窄至可容一輛車出入即可。至於一般車運孔道，則不妨集中於少數路線，沿着一二主要方向，用寬敞「分開式」之鋪墊，如近代「超速公路」(Super-Highway)之例，應使其完全與住宅或商場區域分開。過去沿城郊大路建築房屋之傳統辦法，應在禁止之列；而代以支路曲徑，從大路本身引入於其鄰旁地帶至一公里半公里之距離，擇相當點，計劃一種「甕底式」新村或市鎮（"Cul-de-sac Sevelopment"），可容一千乃至一萬人者。則對於疏散城市人口，形成園林城市以及解決平民住宅問題，均可有絕大之貢獻。同時主要公路上，可完全免去地方性車運與行人之紛擾矣。

就第四原則而言，近代一般城市確有偏重於實用之弊。如英國十九世紀中有所謂「實用主義城市規劃」者(Utilitarian Blan)造成實業窳術地帶(Industrial Slum area)，如在上海閘北一帶所常見者，是也，英國文人嘗稱之爲「磚箱式住宅」（"Brick Boxes"）我國人士則稱之爲「鴿籠式」，尤可表現其「非人所居」之情態也。城市原爲人所居，方因偏重「實用」之故，而變爲「非人所居」，實用云乎哉！誠以美觀之需要，原含於人性之內，不容謨視故也。近代研究美學者(aesthetics)，有照美學需要，爲一種自外而起之生理刺激現象者，頗爲近理，凡有實用者，即不能不形諸外；凡形諸外者爲各種式樣，即有其表現程度至完美與否之問題，是生美學上之公案矣。上述英德法三派之城市規劃作風，原爲三國之生活文化表現，各各不同，乃有其特點耳。我國今後之城市規劃，自亦不能不注意於我國生活文化之表現，而保持其固有之作風。綏我國城市之有規劃，而爲有規律之圖形，由來已久，古代埃及而外，無與比肩。但埃及之古代文化，現已不復存在，不若吾國之巍然獨立

發展至今猶存也。西洋城市規劃史家，有稱我國城市規劃之作風為「井田式」者，不無根據。良以我國旣為農業文明最成熟之國家，應用幾何線跡，作經緯直街，象徵欽獻，注重方向，表示欽崇天象，始為自然之步驟。（按美國之棋盤式城市圖形，卽由其國境內土地劃分作為矩形所致，大矩形之內，祇有佈置小矩形，方為合式，是一旁證。）其餘如注重城門樓之玲瓏建築以及鮮明顏色之諧和配用，均表示我國人心靈之「精細性」（"Fineness"）為外國人所永未夢見者也！故余意，我國今後之城市美學，應以外國作風為借鏡，以復與我國固有之格調。我國城市歷史由來旣久，其獨特超卓之個性，早巳形成。如北平在五六百年前之規劃，今能以世界美稱之雄都巴黎，與之相比，仍有「吳楚眼中無物」之慨也！從知我民族在明初革命旣成功之後，表現於建築創造者，莊嚴雄偉，為何如哉！

不過，從美學方面論我國城市之復興，現在暫時有兩實際問題須注意者，卽（一）財政枯窘與（二）不講衛生是也。我國現在城市，正如其居民，均在貧病交煎之下掙扎耳！如何解決此兩大問題，自非本文範圍所能及。所謂「注意」云者，卽在考慮實施時，不忽視此兩因子耳，如「財政艱窘」，卽

須集中運用其有限之財力，於最有効力之事業中，是也。設以一城市需要「市場」「公園」，「圖書館」等，而所有財力僅夠建設一事者，卽須在此三者之中，按照其城市情形，擇其最合需要者如「市場」，而加意建築，使其完美，不必分其財力於圖書館或公園之裝璜點綴也。良以分散其財力於各處建設，均不完美，乃至城市滿目破爛醜陋不堪，吁可嘆也。「不講衛生」，遂使我國城市，原為農業文明之結晶者，乃有「西子蒙不潔」之痛，如南京之秦淮河，秋冬水涸之季，卽發生惡臭，西湖外湖之水混褐帶黑色，南昌百花洲之名勝，水乃腥臭刺鼻，均其例也！但「西子」天生麗質，自屬不可否認之事實，不潔旣去，美貌斯彰，此余年來所以主張市政建設之基礎，必須豎立於衛生工程之上者也。

總之，我國歷史文化，源遠流長，波瀾壯闊無比，故可溶化一切外國文化點滴，而不自失其特性，今後我國城市之美學問題，卽在如何包容上述三派之作風，而作更廣大寬宏之綜合，有以充分表見我民族之人生理想，復與我國城市，使合於「近代化」之條件，則在將來世界上，「中國近代城市」仍可恢復其固有之領導地位也。

總　裁　語　錄

（三十年三月十二日精神總動員三週年廣播詞）

『特別發展國防科學運動，增加國民的科學知識，普及科學方法的運用，改進生產方法，增加生產總量，以積蓄國防的力量，使國民經濟迅速地達到工業化，一切工業達到標準化的地步。』

9252

四十種著名酒精酵母發酵力之比較研究

A Comparative Study on the Fermentation Power of Forty Famous Species of Alcoholic Fermentation Yeasts

金 培 松

P. S. King. Eng.

Abstracts

In this paper, the aulher presented the fermentation power of forty famous species of alcoholic fermentation yeasts which have been collected and cultured for several years in this Bureau. In preliminary experiment, the apparent fermentation degree and real fermentation degree of these species are carried out. And secondary. takiny some species of stronger fermentation degree as the samples, following G. A. Nadson 's and Mayer 's gravimetric method, the accurate results are determined. The resuelts thus obtained may be eancluded as follows:

(1) The fermentation power of some species of these yeasts in a mash of sugary materials added some quantities of $(NH_4)_2SO_4$ and $K_2H\ PO_4$, is stronger than that of the same species in a mash of starchy materials in which no mineral salts are added. Thus results may be especially showed by the yeasts N.B. I.R. 1045 Sac. magine, N.B.I.R. 1048 Sac. formosensis, N.B.I.R. 1052 Kefer yeast, N.B.I.R. 1059 Logas yeast and N.B.I.R. 1211 Sac. sakė V. Therefore, the mineral salts $(NH_4)_2SO_4$ and KH_2PO_4 are always the necessaries for alcohol fermentation when molasses is used as raw materials.

(2) In sugary mash added some quantities of mineral salts the yeast N.B.I. R. 1048 Sac. formosensis, N.B.I.R. 1052 Kefer yeast and N.B.I.R. 1211 Sac. sakė V. have strong fermentation power. But in the mash of starchy materials which is saccharified with malt, their fermentative power is grately decreased.

(3) As a result, the yeast N.B.I.R. 1528 Sac. sp. has strong fermentation power either in the mash of starchy materials saccharified with malts, or in that of sugary materials added mineral salts.

(4) Both of the yeast Rassė II and Rassė XII have relatively strong fermentaive power; but in the mash of starchy materials, Rassė II has stronger power than Rassė XII. And the latter one seems only fitted for sugary mash (molosses).

(5) Although in some literatures, the yeasts N.B.I.R. 1055 schizosac. Pombe I. and N.B.I.R. 1056 Schizosac. Pombe Ⅱ. have relatively strong power, but in this experiment, it is not confirmed.

一 前言

酒精爲酵母菌代謝作用時之生成物，酵母菌代謝作用時所產生之酵素使糖類轉變爲酒精與炭酸氣。此種轉變經過數步化學變化但總稱之曰酒精發酵作用。是酵母之代謝作用愈強，則酒精發酵作用亦愈旺盛，酒精之產量亦愈多。反之，酵母菌之代謝作用愈弱，則酒精發酵作用不完全，糖類之殘留，副發酵作用愈多，酒精之產量亦愈少。故酵母菌品種之優良與否培養之適宜與否，直接影響於酒精工業之經濟條件甚大。

我國後方約有四十家之公私立之酒精工廠，每日統計約有三萬加侖之酒精產量，各家所用之酵母菌大多自中央工業試驗所傳播，亦有少數自各學校接種者，亦有廠與廠互相交換者，其中已得有優良之酵母菌者固多，其有未得優良菌種或培養使用未得適宜方法者，當亦不少。各酒精廠之工程師使用情形每多自秘而不宣，不願以經驗與結果告人，孰優孰劣，無從比較。本所研究菌類有年，培養有酵母菌123種，茲選擇其中著名之酒精酵母菌四十種（見表工）作比較研究，以供我國酒精工廠之工程師及留心酒精工業者之參考。

測定酵母菌發酵力之方法以 Einhorn 氏發酵管法，Lindner 氏凹片發酵法爲較簡單，至精密之測定法以 G. A. Nadson 氏之炭酸氣重量測定法與 Harden, Tompson 及 U. young 三氏之炭酸氣容量測定法二法爲佳，工業上之試驗爲簡便計發酵度之測定法亦常使用。本實驗採用發酵度測定法與 G. A. Nadson 氏之炭酸氣重量測定法。

二 試驗方法

本實驗之試驗方法，先測定外觀發酵度，次蒸溜酒精，依法測定其發酵度與酒精量以作初步比較。然後選擇發酵力之較強者數種依 G. A. Nadson 氏法精密測其發酵力，以作最後比較。

所用之發酵液對於酵母菌之發酵力關係甚大，如發酵液中銨鹽之含量，磷酸鹽之有無及其他維生素類之存在與否，對於酵母菌之生殖力與發酵力關係極大。同一種酵母菌對於不同之環境，其發酵力卽不相同，有此原因，本實驗乃確定二種發酵液分別試驗如次：

第一次比較發酵試驗

第一次比較發酵試驗所用之發酵液如次：

蔗 糖	四 市斤
$(NH_4)_2SO_4$	100 公分
KH_2PO_4	30 公分
$MgSO_4$	10 公分
水	13 公升

上列原料配合後經煮沸溶化，濾過，調節其酸度爲 $PH_{6.0}$ 濃度爲 Balling 氏表18度，分盛若干瓶，每瓶700公撮，以滅菌之燒瓶裝盛，消毒之棉栓封塞。再經蒸汽滅菌三次，秤重。另以同種發酵液分裝試管中每管裝10撮，預備多管，經蒸氣滅菌後，種入預備試驗之各種酵母，放置溫度25℃.下培養三日，分別注入所預備之各瓶發酵液中，另留一瓶不種酵母以作比較。放置於溫度25°—28°c.下同時使之發酵，發酵時間，每日秤重，則可得炭酸氣與水分酒精揮發損失之重量。再取其中400公撮發酵液於20℃時測其比重以 Balling 氏表計可得外觀發酵度。又將此400公撮發酵液蒸溜出酒精可得純酒精量。將蒸出酒精後之殘留液注加蒸溜水至原容量於溫度20°c. 時測定之得眞發酵度。又於原發酵液中取一定量用 $\frac{1}{10}N.NaOH$ 液滴定之計算其總酸量，以醋酸表示之卽得酸量。試驗結果

列如表II.

第二次比較發酵試驗

第二次比較發酵試驗所用之發酵液爲碎米麥芽糖化汁，取碎米十斤浸水漬之，蒸煮成飯，加綠麥芽二斤，溫水二十公升，保持溫度 60°C. 糖化五小時後濾過，得糖化液酌加開水調節其濃度爲 Balling 18度；酸度調節爲 $PH_{6.0}$，經蒸汽滅菌分裝於乾熱滅菌之燒瓶，每瓶 400 公撮，然後如第一次試驗方法測定得炭發氣與揮發物之重量，外觀發酵度，與發酵度，酒精，及酸量等，其結果列如表III

第三次比較發酵試驗

第三次比較發酵試驗依照G.A. Nadson 氏之發酵試驗法與裝置試驗之。G.A. Nadson 氏之發酵力試驗裝置：爲一容量 200 公撮之三角瓶，其瓶口附着一U字形玻管，玻管之另一端插入一試管中沒入於試管內所盛之硫酸液約 1 公分。硫酸之配合爲濃硫酸五份，水七．五份，硫酸液之用量約盛至試管之四分之一高。如此則發酵液所發生之炭酸氣能經過硫酸液而逸出空中所揮發之水分與酒精而爲硫酸液所吸收而無影響於重量。如圖。

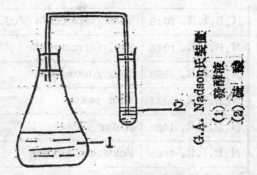

G.A. Nadson 氏裝置
(1) 發酵液
(2) 硫酸

第三次比較發酵所用之發酵液依照 Mayer 氏所規定發酵力測定試料，配合如次：

糯蔗糖	400 公分
磷酸銨	25 公分
酸性磷酸鉀	25 公分

上列試料配合後，硏磨混和，取其中之混合物 4.5 公分，加非水50公撮溶化之，加酵母一公分，放置於 30°C. 之極溫箱中，發酵六小時，秤重。依照Mayer 氏之規定，在六小時內發生炭酸氣1.75公分者其發酵力爲100，由炭酸氣之發生量依次式計算出酵母菌之發酵力。

$$炭酸氣重量 \times \frac{100}{1.75} = 發酵力$$

此次實驗，僅選擇上列二次實驗中發酵力較強之酵母菌數種試之，其試驗結果列如表 IV。

三　試驗結果

表I.　試驗用之酵母菌

本所號數	菌　　　名	備　　　註
N.B.I.R. 1001	Rasse II	本所培養七年
N.B.I.R. 1002	Sac. Wanching	本所培養七年
N.B.I.R. 1020	Sac. yomo.	德國原種，本所培養七年
N.B.I.R. 1027	Sac. Aake I	日本種，本所培養七年
N.B.I.R. 1043	Rasse 12	日本萬上味淋廠，本所培養七年
N.B.I.R. 1044	Sac. sp.	日本朝日酒廠，本所培養七年
N.B.I.R. 1045	Sac. magine (Dr. Owen)	美國種，本所培養七年

N.B.I.R. 1046	Yeast Wisconsin V.S.A	
N.B.I.R. 1048	Sac. formosensis	日本台灣種，本所培養七年
N.B.I.R. 1050	Sac. Anamensis	日本接來，本所培養五年
N.B.I.R. 1051	Sooz yeast	美國交換，本所培養七年
N.B.I.R. 1052	Kefer yeast	美國交換，本所培養七年
N.B.I.R. 1055	Schizosac Pombe Ⅰ	美國交換，本所培養七年
N.B.I.R. 1056	Schizosac Pombe Ⅱ	美國交換，本所培養七年
N.B.I.R. 1059	Logas yeast	德國交換，本所培養七年
N.B.I.R. 1060	Sac. yomo	德國交換，本所培養七年
N.B.I.R. 1061	American whisky yeast	美國交換，本所培養七年
N.B.I.R. 1062	Albin brewery yeast	美國交換，本所培養七年
N.B.I.R. 1261	Sac. cartilagenosis	日本釀試所
N.B.I.R. 1205	Sac. mexianns	日本釀試所
N.B.I.R. 1207	Sac. mandshuricus	日本釀試所
N.B.I.R. 1209	Rasse 12	日本釀試所
N.B.I.R. 1210	Sac. Anka Ⅱ	日本釀試所
N.B.I.R. 1211	Sac. Anka Ⅴ	日本釀試所
N.B.I.R. 1212	Wine hefe Zenda A	德國種，本所培養五年
N.B.I.R. 1213	Wine hefe Zenda C.	德國種，本所培養五年
N.B.I.R. 1214	Albin yeast top (London)	英國種，本所培養五年
N.B.I.R. 1215	Wine hefe Pharenaberg	日本釀試所，本所培養五年
N.B.I.R. 1216	Awamori yeast fenda	日本釀試所，本所培養五年
N.B.I.R. 1217	American whisky yeast	日本釀試所，本所培養五年（美國種）
N.B.I.R. 1219	Takara yeast	日本釀試所，本所培養五年
N.B.I.R. 1222	Bread yeast	日本釀試所，本所培養五年
N.B.I.R. 1223	V.S. yeast	日本釀試所，本所培養五年
N.B.I.R. 1224	Brenuri hefe Denmark	日本釀試所，本所培養五年

N.B.I.R. 1227	Dis yeast Denmark	日本釀試所，本所培養五年
N.B.I.R. 1248	合川酵母	合川，本所培養一年
N.B.I.R. 1504	Beer yeast. (Bottom)	上海，本所培養七年
N.B.I.R. 1505	Sac. shaoshing	紹興，本所培養七年
N.B.I.R. 1528	Sac. sp.	紹興，本所培養七年
N.B.I.R. 1529	Sac. sp.	南京，本所培養七年

表Ⅱ．　第一次試驗結果

號　　　數	700c.c.發酵液中之CO_2及揮發物	外觀發酵度	真發酵度	400c.c.中之純酒精	酸 %（照醋酸計）	附記
N.B.I.R. 1001	46	84	75	22	0.37	
N.B.I.R. 1002	44	80	75	21	0.37	
N.B.I.R. 1044						
N.B.I.R. 1045	44.5	90	72.0	19.5	0.35	
N.B.I.R. 1048	55.8	100	80	23.7	0.39	
N.B.I.R. 1051	44.5	79.0	—	—	0.39	
N.B.I.R. 1052	55.8	100	81	23.8	0.39	
N.B.I.R. 1055	20	40	—	—	0.36	
N.B.I.R. 1056	12.4	30	—	—	0.36	
N.B.I.R. 1059	40.5	80	64	19.5	0.32	
N.B.I.R. 1060	49.8	90	75	21	0.36	
N.B.I.R. 1061	44.5	85	71	19.5	0.40	
N.B.I.R. 1201	18.7	30	—	—	—	
N.B.I.R. 1209	44.5	87	70	19.5	0.36	
N.B.I.R. 1210	46.8	90	74	20.5	0.35	
N.B.I.R. 1211	55.8	100	89	24	0.37	
N.B.I.R. 1216	46.5	82	66	19.5	0.36	
N.B.I.R. 1217	44.5	85	71	19.0	0.40	

號　　　數	400c.c.發酵液中之CO_2及揮發物	外觀酵度	真發酵度	300c.c.中之純酒精	酸 %（照醋酸計）	附記
N.B.I.R. 1505	38.0	78	64	18.5	0.38	
N.B.I.R. 1528	48.6	88	76	23.2	0.36	
N.B.I.R. 1529	48.8	88	76	20.3	0.40	

表Ⅲ.　第二次試驗結果

號　　　數	400c.c.發酵液中之CO_2及揮發物	外觀酵度	真發酵度	300c.c.中之純酒精	酸 %（照醋酸計）	附記
N.B.I.R. 1020	24.5	70	57	15.2		
N.B.I.R. 1027	26	70	56	16.5		
N.B.I.R. 1043	24	60	—	—		
N.B.I.R. 1044	28	80	64	17.0		
N.B.I.R. 1045	26	70	55	16.5		
N.B.I.R. 1048	28	72	58	16.5		
N.B.I.R. 1050	24	60	—	—		
N.B.I.R. 1052	26	65				
N.B.I.R. 1059	26.5	70	56	16.5		
N.B.I.R. 1062	32	89	64	16.8		
N.B.I.R. 1205	26	71	57	15.4		
N.B.I.R. 1207	20	50	—	—		
N.B.I.R. 1211	27	73	60	—		
N.B.I.R. 1212	26	72	58	15.1		
N.B.I.R. 1213	27.5	74	59.5	15.5		
N.B.I.R. 1214	24	62	—	—		
N.B.I.R. 1215	24	62	—	—		
N.B.I.R. 1217	30	80	64	—		
N.B.I.R. 1219	24	60	—	—		
N.B.I.R. 1222	23	60	—	—		
N.B.I.R. 1223	24	64	—	—		

N.B.I.R. 1224	23.5	58	—	—
N.B.I.R. 1227	23.5	58	—	—
N.B.I.R. 1248	30	70	56	16.1
N.B.I.B. 1528	32	84	68	18.2
N.B.I.R. 1529	31	85	68	17.8

表IV. 第三次試驗結果

菌 之 號 數	發 酵 力	菌 之 號 數	發 酵 力
N.B.I.R. 1001	70	N.B.I.R. 1059	73
N.B.I.R. 1043	73	N.B.I.R. 1060	71
N.B.I.R. 1044	70	N.B.I.R. 1211	76
N.B.I.R. 1045	69	N.B.I.R. 1528	77
N.B.I.R. 1048	76	N.B.I.R. 1529	73
N.B.I.R. 1952	73		

四　結論

1. 上列四十種酵母菌爲釀造學上較名之酵母菌，本實驗取作比較研究；其中有三種酵母菌名字相同而該菌之來源不相同，本實驗分別試之，如 N.B.I.R. 1020 Sac. yomo, 與 N.B.I.R. 1060 Sac. yomo, N.B.I.R. 1043 Sac. Rasse XII. 與 N.B.I.R. 1209 Sac. Rasse XII. 及 N.B.I.R. 1061 Am. whisky yeast 與 N.B.I.R. 1217 Am. whisky yeast. 結果稍有高低。

2. 有多數酵母菌在蔗糖溶液中添加硫酸銨及磷酸鹽者，其發酵度較高，在碎米糖化液中未添加硫酸銨及磷酸鹽者，其發酵度較低。尤以 N.B.I.R. 1045 S. magine, N.B.I.R. 1048 Sac. formosensis, N.B.I.R. 1052 Kefer yeast, N.B.I.R. 1059 Logas yeast, N.B.I.R. 1211 Sac. sake V 五種酵母差別更大。故以糖蜜製造酒精時用此五種酵母菌發酵者，常須使用硫酸銨與磷酸鹽或其他含氮物。

3. 以粗糖（或糖蜜）爲原料之酒精發酵並有硫酸銨及磷酸鹽等之添加情形下，用 N.B.I.R. 1048 Sac. formosensis, N.B.I.R. 1052 Kefer yeast, 及 N.B.I.R. 1211 Sac. sake V 三種酵母菌，其發酵力最強。但在用澱粉原料製造之發酵液並無硫酸銨與磷酸鹽之添加情形下，此三種酵母菌之發酵力頓弱，其酒精之生產量銳減。

4. 含澱粉原料製造酒精時，以本所酵母 N.B.I.R. 1528 Sac. sp. 爲佳，此種酵母菌，在蔗糖發酵液中其發酵力雖不甚強。但在澱料原料製造之醪中以麥芽或麩麴等糖化者其發酵力特強，對硫酸銨之添加與否，無大影響。

5. 德國酵母菌 Rasse II 與 Rasse XII. 之發酵力，皆可稱強，在粗糖（包括糖蜜）之發酵液添加適量硫酸銨與磷酸鹽之情形下，Rasse II 之發酵力並不高於 Rasse XII, 但在澱粉原料之糖化液中則不如 Rasse II 發

酵力之強。

　　6.在許多文獻上Schizosac. Pomb'e I.
與 Schizosac. Pombe II. 皆稱爲強壯之酵
母菌，適於酒精工業之應用，在此次實驗中
結果不良，原因未敢遽斷。

　　7.本實驗對於複菌發酵，乳酸之關係，
溫度之關係，含氮鹽與磷酸鹽之用量，麩麴
麥芽對於發酵之促進作用等，未有詳細分別
試驗，暫不論列，容待他日繼續。

參考文獻

一．G. A. Nadson: Wochenchr. Brau 1925. 42

二．橋谷義孝，白井虎之助：日本麥酒
株式會研究報告

三．本所：釀造研究

四．金培松：本所歷年分離檢定及貯發
之微生物。

附　錄

本所發酵菌之傳播於後方各酒精工廠

酒　精　廠　名	發　　　　酵　　　　菌　　　　名
四　川　酒　精　廠	Sac. formosensis, Sac. yomo, Sac. magine, Asp. oryzae, Rh. japonicus. Rh. tonkinensis.
軍政部第一酒精廠	Rasse II. Rasse XII, Sac. formesensis, Asp. oryzae, Rh. tonkinensis, Rh. japonicus.
廣　安　酒　精　廠	Sac. formosensis, Sac. yomo, Asp. oryzae.
軍政部第二酒精廠	Rasse II. Rasse XII
甘　蔗　酒　精　廠	Rasse II. Sac. formosensis. Asp. oryzaecohn.
資中合力化工酒精廠	Sac. Rasse II. Rasse XII.
軍政部第五十工廠	Sac. formosensis, Rasse. II.
蜀豐公司酒精廠	Sac. formosensis, Logas yeast, Sac. yomo, Rasse II Rasse XII.
資　中　酒　精　廠	Rasse II. Sac. formosensis,
開　遠　酒　精　廠	Asp. oryzae sake II. Asp. oryzae Aold. Asp. oryzae Cohn.　　Asp. oryzae 64
德　華　酒　精　廠	Asc. formosensis, Sac. magine.
合　川　酒　精　廠	Aap. oryzae, Rh. Delemar.
金　川　酒　精　廠	Sac. Wanching, Rasse II.
溫　州　酒　精　廠	Sac. formosensis. Sac. magine.

新 中 國 汽 油 廠	Rassé II. Sac. formosensis.
雍 興 實 業 公 司 動 力 酒 精 廠	Sac. yomo, Sac. formosensis.
資 中 合 力 化 學 工 業 社	Sac. magine, Sac. formosensis.
前 國 民 化 學 工 業 社	Sac. yomo, Rassé II.
北 泉 酒 精 廠	

中國工程師學會各地分會一覽表

(1) 重慶分會　重慶中央廣播事業管理處錢風章轉

(2) 成都分會　成都走馬街四十九號盛紹章轉

(3) 昆明分會　昆明西南聯合大學莊前鼎轉

(4) 貴陽分會　貴陽貴州公路局姚世頋轉

(5) 嘉定分會　四川樂山武漢大學楊先乾轉

(6) 瀘縣分會　四川瀘縣西門外冶廠吳欽烈轉

(7) 桂林分會　桂林銅鼓山交通部電政特派員辦事處胡瑞祥轉

(8) 蘭州分會　甘肅蘭州建設廳張心禮轉

(9) 平越分會　貴州平越唐山工學院顧宜孫轉

(10) 西昌分會　西昌西康技藝專科學校雷寶華轉

(11) 全州分會　廣西全州交通部全州機器廠張名藝導

(12) 城固分會　陝西城固西北工學院顧建轉

(13) 麗水分會　浙江麗水浙江省電話局趙曾珏轉

(14) 江西分會　江西大庾江西硫酸室洪中轉

(15) 江西分會大庾支會　江西大庾鎢業管理處程義法轉

(16) 江西分會贛縣支會　江西贛縣江西省工業專科學校張澤堯轉

(17) 遵義分會　貴州遵義浙江大學工學院楊耀德轉

(18) 柳州分會　廣西柳州交通部柳江機器廠麥以新轉

(19) 自流井分會　四川自流井川康鹽務管理局工程處朱寶岑轉

(20) 耒陽分會　湖南耒陽湖南建設廳余籍傳轉

(21) 祁陽分會　湖南祁陽新中工程公司支少炎轉

(22) 大渡口分會　重慶二〇九號信箱張連科轉

(23) 宜賓分會　四川宜賓電業廠鮑國寶轉

(24) 內江分會　四川內江成渝鐵路第二總段高步昆轉

(25) 永安分會　福建永安廈門大學蔡本林轉

(26) 宜山分會　廣西宜山黔桂鐵路工程局裴益祥轉

(27) 衡陽分會　湖南衡陽湘桂鐵路局石志仁轉

(28) 西安分會　陝西西安隴海鐵路局孫權丁轉

(29) 辰谿分會　辰谿湖南大學胡庶華轉

(30) 天水分會　天水寶天鐵路工程局凌鴻勛轉

9262

壓熱對於木油分解之關係

李壽恆 李盤生

I 引言

木油得自柏樹之種子，與桐油同爲我國特產，柏原產於熱帶，故好溫暖氣候，我國各省，均可種植，如江蘇浙江福建湖北四川廣東湖南貴州等省皆有種植，尤以江浙一帶爲多。據云昔時臨安郡中每田十數畝，田畔必種柏樹數株，田主歲收柏子，便可完糧，如是則租額輕，佃戶樂於承種，名曰熟田；若無此樹，糧出於租，則租額重，名曰生田，故無不師之者。

木油之壓熱分解乃在壓熱器(Autoclave)中利用高壓蒸汽作用於木油使起水解生成甘油及混合脂肪酸之謂也。甘油之應用，範圍至廣，可製炸藥，爲軍防上之必需品。故油脂之分解，至爲重要，固不獨木油爲然也。甘油在醫藥上又恆用於外科與他藥相和，作敷傷之用，又可用於洗滌用藥水。此外，甘油常用於防止藥物變壞與分解，增加紙之彈性，製皀製革及化粧品工業等等，其應用範圍之廣，實不勝枚舉。至於脂肪酸，我人已確知木油爲油酸及軟脂酸等之甘油醚，水解後卽得此種脂肪酸之混合物，可用以製造藥品，化粧品及洋燭等或與炭酸鈉作用以製皀。炭酸鈉價格低於氫氧化鈉，又能與脂肪酸直接作用以製皀，成本可以減輕，此乃利用甘油外之又一利也。混合脂肪酸，設能分開，又可分別利用，油酸多用於浸漬木塊及防水之織物，皮革之製造，化粧品，肥皀，淨燭，使金屬表面潔淨及作塗料中之乾燥劑等；軟脂酸可用於製皀工業等。

木油本身僅用於製皀及製燭工業，經分解後，其產物應用範圍之廣，對天富實已作最大之利用。外人對油脂分解之研究，已有悠久之歷史，但常以牛油及棕櫚油爲分解之對象，其產品則大部用諸製皀及製燭工業。至於其他各種油脂之分解，尚少見諸實施。故本文首在利用本國天產，期對木油之壓熱分解，有所貢獻。至此先就前人對一般油脂之分解工作，略加敍遮，以明其利弊：

（一）壓熱法(Autoclave Process)——乃利用壓熱器中高壓水蒸汽使與油脂相接觸而達分解之目的，有時可利用少量金屬氧化物作觸媒，以促進分解。爲求作用之迅速與完全，壓熱器之構造，所用觸媒，及應用之壓力均因以異。前人所用觸媒多屬鹼金屬或鹼土金屬氧化物，其分解力量固各不同，而又各有其利弊，工業上之應用卽在抉擇一最有利之條件以達分解之目的。

此法實係石灰鹼化法(Lime Saponification Process)之改良。後法中所得鈣肥皀，欲使脂肪酸游離，須有多量硫酸之加入，使其分解，殊不經濟，故今多爲前法所代。

（二）硫酸法（Sulfuric acid process）——濃硫酸有促進油脂分解之功，並有副反應之發生。故由硫酸法製出之脂肪酸融點高於他法所製得者。通常硫酸濃度在60％以下，不復有促進油脂分解之能力。

（三）特韋拆爾氏法(Tuitchell process)——此法中用於油脂水解之促進劑得自以過量之硫酸作用於油酸在芳香族炭氫化合物之溶液。芳香族炭氫化合物如用苯，據Twitchell氏云所製出者爲$C_6H_4(SO_3H)(C_{18}H_{35}O_2)$如用萘，則得$C_{10}H_6(SO_3H)C_{18}H_{35}O_2$，如用石炭酸，則得$C_6H_3(OH)(SO_3H)C_{18}H_{35}O_2$，其他種似之水解劑尚多，茲不贅述。

（四）酵素法（Fermentation process）

——植物之種子，有含能促進油脂分解之油脂分解酵素（lipase）者，如蓖麻子是。其他植物種子含之者亦有，第水解能力一般均弱。動物器官中有時亦含類似之酵素，惟來源有限，不適工業上之應用。

II 木油之定義及其採取

木油得自柏樹之種子，已見前述。如以柏樹之種子置木製搗臼中，用木楮搗碎，蒸之使熟，以草包裹，踏之成餅，置榨車中榨取其油。將油煮後，倒入容器，待其冷却，乃凝成白色塊狀，是卽木油。如以種子置上述搗臼中，輕輕搗碎，然後用篩篩之，使黑子與白肉分離，取其外層，白肉，按木油製法卽得柏油（Chinese vegetable tallow）亦稱白油（Pi-yu），可直接用於製燭及製皂工業。又將黑子置鍋中，燃火炒之，倒入牛車中，輾成碎末，亦蒸之使熟，再榨取其油，毋須加熱，卽得清油（Stillingia oil or tingoil），可以燃燈，光極明亮。以上爲我國榨取木油或分取柏油及清油之一般方法；國外所用方法，原理上大率類似，唯多用機器，少用人工，以其無關宏旨，茲不贅述。

（木油不耐久藏，如遇天暖，極易熔化，其熔點低於純粹之柏油，柏古稱烏柏，俗稱木子樹，高三四丈，葉具長葉柄，闊卵形。萼部成三角形，至秋時則變爲鮮紅色。六月着花，花單性，黃色，謝後結蒴果，每樹年能產果25—30公斤，果實略呈圓形，長十二糎，闊十五糎，至冬初老熟，作黑褐色，有三室，每室含種子一枚，開裂後露出種子，種子外敷白色臘質一層，卽是柏油。

由於上述製法，可知木油爲柏油及清油之混合物，國人對木油之成分，尚少研究，外人則對柏油及清油已作定性的研究，至於各個成分之含量尚付缺如也。據Maskelyne氏之研究，柏油中含軟脂酸鹽（Palmitin）及油酸鹽（Olein）。其後Hener及Mitchell兩氏亦未得有硬脂酸之結晶（其所用柏油之碘值爲22.87）。此後Klimont自柏油僅得有軟脂酸及油酸（其所用柏油之碘值爲27.6）。

Klimont氏將柏油自丙酮（Acetone）作數度結晶，彼得Oleodipalmitin。故氏以爲柏油含Oleodipalmitin最多，而tripalmitin則僅屬少數。

Zay及Musciacco云：柏油中不溶性脂酸之平均分子量爲231.4。彼等並分離出揮發性脂肪酸（Volatile fatty acid），其分子量爲132.8。此項低值之分子量，表示月桂酸之存在，至於231.4之值，尚待證實。

清油之成分，不甚明瞭，但其碘值較高（碘值＝160.6）足證不飽和鍵（Unsaturated bond）之存在。清油經分解後，當生有不飽和之脂肪酸。

木油爲柏油及清油之混合物，柏油及清油之成分既已臚述如上，木油之成分，亦可知已。本文所論，乃指木油（Mou-yu），爲便於明瞭計，姑暫用Vegetabletallow一詞以代Mou-yu焉。

III 油脂水解之理論

當油脂水解或皀化（Saponify）時，其所起變化，可以下式表之：

$$C_3H_5\begin{cases}OR\\OR\\OR\end{cases} + 3\,MOH \longrightarrow C_3H_5\begin{cases}OH\\OH\\OH\end{cases} + 3\,ROH \cdots\cdots(a)$$

式中R代表任何脂肪酸根，M代表氫或一價金屬。如代表二價金屬則須書成：

$$2\,C_3H_5\begin{cases}OR\\OR\\OR\end{cases} + 3\,Ca(OH)_2 \longrightarrow 2\,C_3H_5\begin{cases}OR\\OR\\OR\end{cases} + 3\,Ca(OR)_2$$

由上方程式，我人可得一結論：油脂如僅用水分解，則所得產物在理論上必多於原有脂肪之

最，兹舉例以明之：

甘 油 醋 (glyceride)	分　子　式	分子量	100份油脂水解後之結果		大於100份之數
			脂肪酸	甘　油	
軟脂酸醋 (palmitin)	$C_3H_5(O.C_{16}H_{31}O)_3$	806	95.29	11.42	6.71
硬脂酸醋 (stearin)	$C_3H_5(O.C_{18}H_{35}O)_3$	890	95.73	10.34	6.07
油酸醋 (olein)	$C_3H_5(O.C_{18}H_{35}O)_3$	884	95.70	10.41	6.11

據 Geitel 及 Lewkowitsch 分別研究之結果，上述方程式所表示者實係綜合下列三方程式而成：

$$C_3H_5 {\small \begin{array}{c} -OR \\ -OR \\ -OR \end{array}} + MOH \longrightarrow C_3H_5 {\small \begin{array}{c} -OH \\ -OR \\ -OR \end{array}} + ROM \cdots\cdots (a_1)$$

$$C_3H_5 {\small \begin{array}{c} -OH \\ -OR \\ -OR \end{array}} + MOH \longrightarrow C_3H_5 {\small \begin{array}{c} -OH \\ -OH \\ -OR \end{array}} + ROM \cdots\cdots (a_2)$$

$$C_3H_5 {\small \begin{array}{c} -OH \\ -OH \\ -OR \end{array}} + MOH \longrightarrow C_3H_5 {\small \begin{array}{c} -OH \\ -OH \\ -OH \end{array}} + ROM \cdots\cdots (a_3)$$

以上各式昭示我人：水解（或鹼化）作用分三步進行；當水解或鹼化進行之際，欲此三步按步進行為不可能。換言之，當作用之起，並非全部三醋甘油醋（triglycerides）先分解成二醋甘油醋（diglyceride）（即如方程式 a_1 所示者），然後全部成一醋甘油醋（monoglyceride）又復全部成甘油及脂肪酸。實際上所得者為上述三作用（$a_1 a_2$ 及 a_3）同時進行後之產物。故二醋甘油醋可水解成脂肪酸及一醋甘油醋；一醋甘油醋亦可如 a_3 式之分解，然同時可有三醋甘油醋不起作用，或僅起方程式 a_1 所表示之情形。儻或水解進行極速，此種中間的過渡情形，殊難觀察；反之，如水解或鹼化進行極緩，則在此部分水解之容體中當含有：（ⅰ）未鹼化之三醋甘油醋，（ⅱ）二醋甘油醋，（ⅲ）一醋甘油醋，（ⅳ）甘油，（ⅴ）游離脂肪酸。

Ⅳ 試驗方法

本實驗中，木油在壓熱器內藉少量鹼金屬或鹼土金屬氧化物之觸媒作用而分解。目標凡二：一在增減所用鹼金屬或鹼土金屬之量，而壓力時間相同，以視其對木油分解之影響；一在比較各種金屬氧化物對木油分解之影響，而其為量及壓力時間等因素保持不變。

壓熱器之運用如下：作用物以預定比例在玻杯調勻後，即置小型壓熱內（約5—6立升），中宜水三分之一，玻杯須與水面遠離，以免加熱時水由四周冲入。及壓熱器裝置完畢，在器底加熱，使生蒸汽。因蒸汽與水面相接觸，成平衡狀態，故水蒸汽之壓力與其本身之溫度相當。由器上壓力表讀出壓力，即可自飽和蒸汽之性質表查出與之相當的蒸汽溫度。以下所稱應用之時間均以達到所需壓力後算起。通常欲昇高壓力至七、八氣壓，在小型壓熱器中至少需15—30分鐘。及作用至所希望之時間後，蒸汽即由安全瓣排出，約需時10分鐘。

為比較產物之多寡起見，此處暫用酸值（acid value）或直接算至或換算至所相當之油酸量，以資比較。

酸值之決定法如下：—— 秤小於5克之產物於200 c.c. Erlenmeyer 瓶，加50 c.c. 之中和酒精，上裝一逆溜空氣冷凝管，然後在蒸汽鍋上熱半小時。取下冷之，加酚酞試劑二、三滴，然後以 $\frac{N}{2}$ 左右之 KOH 水溶液滴定之，由此可算出酸值 A：

$$A = \frac{N \times cc. \times 56.1}{樣品之重} \times 100,$$

N＝KOH 之克當量濃度（normality）

CC.＝KOH 之容積（立方糎）

樣品之重＝weight sample。

或可直接算至相當於含某百分數之油酸（分子量＝282）：

$$\% 油酸 = \frac{cc. \times N \times 0.282}{樣品之重} \times 100$$

V 實驗結果

在第一列實驗中，取木油100克，加下列各分量之 MgO（須先與25 c.c. 之水調成漿狀），調拌使勻，然後置玻杯於壓熱內，熱至八個氣壓，保持六小時，（在本實驗中，係分二次完成，每次工作三小時，）其結果如下：—— 表一

表一： 不同分量 MgO 在相同情況下對木油分解之影響。

樣 品 Sample	MgO之量	產物之酸值	產物內所含之脂酸量（以油酸表示之），%	脂酸顏色	淡甘油液顏色
A	5克	195.2	98.18%	棕色	微黃色
B	3克	175.1	88.08%	棕色	微黃色
C	1克	164.9	82.90%	棕色	微黃色
D	0.5克	141.9	71.02%	棕色	微黃色

上列結果可以產物中脂酸量爲縱坐標，MgO之量爲橫坐標，繪成曲線，以示不同分量 MgO 對木油分解之影響，（圖一）。由該圖即見 MgO 之量少時，木油之分解程度隨觸媒之量而激增；以後則每單位分量 MgO 之加入所促使木油之分解量漸減。

產物內所含之脂酸量（以油酸表出之），%

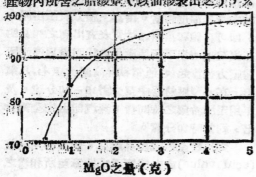

MgO之量（克）

圖一：不同分量觸媒對木油分解之影響。

由表一，我人知氧化鎂之量相差雖大，然在六小時之作用後，木油之分解量，其益相差不遠。故可推想如借用0.5%之 MgO，將加熱之時間延長，產物有增加之可能。又在此實驗中，脂酸與甘油之色澤不因所加氧化鎂分量之不同而生任何影響。至於甘油之量不測定亦無大妨，因脂酸之產量決定後，甘油如不起副反應，則其產量應與脂酸之產量作正比。

在第二列實驗中，所用金屬氧化物有氧化鋅、氧化鋇、氫氧化鈉、氫氧化鉀四種。在本列實驗，各用木油100克，然後以上述化合物各三克溶於25cc.水中，拌入木油。將此玻杯置壓熱器熱至七大氣壓後保持二小時，所得結果如下：—— 表二

表二 各種金屬氧化物在相同情况下對木油分解之影響。

所用觸媒	產物之酸值	產物內所含脂酸量（以油酸表示之），%	脂酸顏色	淡甘油液顏色	其 他
ZnO	153.1	77.00%	深棕色	微黃色	脂酸較硬
BaO	39.56	19.90%	棕色	微黃色	
KOH	45.20	22.70%	棕色	微黃色	
NaOH	50.63	24.40%	棕色	微黃色	

在此列實驗中有一特點，即所得淡甘油液之色澤相近，不以觸媒之不同而受影響。最可注意者為氧化鋅，其促進水解能力之特强，其他各物難與比擬，在二不時之作用後，其產物中竟含脂酸77.00%。關於此點，歷史上似未提及，又由此所生之脂酸較硬，亦堪注意。故有副反應參雜其間之可能。

又由表二，可見本實驗所用之觸媒，其促進水解能力，除推ZnO為最外，NaOH，KOH，BaO依次遞減。

至於CaO為價廉之鹹類，其對木油之水解能力，應有一估計；但當CaO與木油作用時，泡沫四溢，在此小型壓氣內不便操作，故上表中並未列入。

VI 結論

在上列各實驗中，用氧化鋅作觸媒其產物之熔點較高，最堪注意。此或係副反應產生，亦未可知，且或與硫酸對油酸之作用相類似。然此點尚須對產物之內容加以分析始可斷言也。

VII 總結

木油在壓熱器中分解之結果如下：

1. 木油之壓熱分解如在壓熱器中行之，事實上可能實施，祗須水蒸汽之壓力（故亦同時包括溫度）作用之時間與所用觸媒選擇得當，即可完成此項使命。

2. 第一列實驗，旨在觀察不同分量觸媒對木油分解之影響。作者等以氧化鎂作實驗，在八個氣壓下作用六小時，氧化鎂之濃度由0.5%增至5%，木油之分解程度，雖隨之增加，但當觸媒分量少時，分解最為多，以後則每單位分量MgO之加入所促使木油之分解量漸減。

3. 在第二列實驗中，知氧化鋅，氧化鋇，氫氧化鈉，氫氧化鉀均可用作觸媒，以促進木油之水解，第其力量固各不相同；在七大氣壓下，如用3%之觸媒作用二小時，則氧化鋅之水解能力特强，所生脂酸亦最硬。至於氧化鋇，氫氧化鈉，氫氧化鉀在此種作用情况下，其促進水解之能力殊弱。

4. 所產生之脂酸，顏色相近，均作棕色，而淡甘油之顏色均呈微黃色，此為利用壓熱法所得之普遍結果。

VIII 參考文獻：

（1）Analyst, 1896, 328.

（2）Monatsch, f. Chem, 1903, 408.

（3）Journ. Soc. Chem Ind, 1897 (55), 429.

（4）Journ. Soc. Chem Ind, 1898, 1107; Proc. Chem. Soc. 1899, 190; Berichte 1900, 89.

（5）French Patent 339 385.

（6）English Patent 6582, 1885.

（7）English Patent 5183, 1825.

（8）English Patent 1624, 1854. Cp also Gwynne, English Patent 8681, 1840

（9）English Patent 5985, 1888.

（10）Simpson, French Patent, 384 53

7; Harvey and Simpson, English patents, 26917, 1905; 175, 1906. Cp also Magnier, Bragnier, and Tissier "Conversion of Oleic Acid into Candle Material" —Lewkowitsch: Chemical Technology of Oils Fats and Waxes, Vol IV

(11) French patent, 464248.

(12) German patent, 155108.

(13) French patent, 366460.

(14) L. Riviere, French patent 10495 (3rd edition fo French Patent 374179) patents the employment of sodium bisulfate (nitre cake) in place of sulfuric acid

(15) Seifen sieder zeit, 1902, 312

(16) Barbe, Garelli, and de paoli protect the use of ammonia by French patent 372341 and 1st Addition No. 9255; Cp also Glatz, United States patent 819646.

(17) Journ. f. prakt. Chem, 1888 [53], 218.

(18) Journ. Soc. Chem. Ind, 1903, 63.

(19) Lewkowitsch: Chem. Technology and Analysis of Oil Fats and Waxes, Vol J. Six edition, 1921)

(20) Journ. Amer. Chem. Soc. 1899, 22

(21) English patent 749, 1912; French patent 1058633 & German Patent of and February.

(22) Chem. Zentralbl, 1919, 90, ii, 365.

(23) French patent 437336; English patent 27244, 1912 Cp. also Happach, German patent 310455.

(24) E. Grimlund, Zeits f. angew, Chem, 1912, 1326; Bull. Soc. Chim. de Fronce, 1909, Conference Xv.

(25) Compt rend, 1855, 605; Ann. de Chim. et de phys, 1855(45), 319.

(26) Etude comparee, du pignent dn ricin duL Inde, Nancy, 1880.

(27) Proc. Roy. Soc, 1890, 370; Cp also Green & Jackson, Proc. Roy Soc, 1905, 69. Nature, 1909[82], 100. In Greents Opinion the view that enzymes initiate and maintain the Process of germination appears to be errcnous. this does not, of course affect the view of the present author that the enzymes act as catalysts, whichonly do their work if favourable conditin pregent tlenselves.

(28) Monatsch, f. Chem, 1890, 272.

(29) Berichte, 1902, 3989.

(30) Bull. Soc. Chim. 1904(31), 1194.

(31) Zeits. f. phys. Chem, 1907[50], 414.

(32) Journ. of the colledge of Engin. tokyo, 1910(v), 25.

(33) Chem. Revuc: 1904:45, 69, 91, cp. also Schimanski, Chem. Zert. 1911, 1376.

(34) Proc Roy. Soc, 1903(72), 31. Cp also Lewkowitsch; Report on v. Internat Congress, Berlin, Vol ii, 6544; Fokin chem Rev, 1904; 244; Warburg, Chem. Zentralb, 1906 (ii) 1784; E. Bour, Zeits. f. angew. Chem, 1909, 97; E.F. Jerroine, Biochem. Zeits. angew Chem, 1909, 97; E.F. Jerroine, Biochem. Zeits, 1910 [23], 404; E. Fernandez, Chem. Zeit, 1910, 3313 M.E. Rennington & J.S. Hepburn, Journ. Amer. Chem. Soc. 1912(34), 210

(35) Hoppe—Seylor's Zeit. f physiol. Chem, 1905(46), 482; cp aleo A Fomme, Zeits. f. die gesamte Bicchem. 1905, 51

(63) Lamborn; Modern Soabs, Candles & Glycerine (1920, London.)

十年來動力用酒精之試驗與研究

顧　毓　珍

一、引言

液體燃料之中，除石油精煉品外，其次要者當為酒精。在民國廿年以前，我國酒精之輸入，每年恆在三百萬至五百萬英加侖之數，價值數百萬元之鉅。迨廿年以後，國內廣西省廣東省酒精工廠之次第成立，以及前實業部與僑商黃江泉氏在上海於二十五年成立之中國酒精廠，該廠每年產量，即達三百萬加侖，於是酒精之輸入量逐漸減少，每年僅有一百餘萬加侖，賴諸國外輸入。惟其時酒精之銷路，僅在工業上與醫藥上用，尚未顧及其可為汽油代用品之新用途。

本所自民國二十一年起，在前實業部籌辦中國酒精廠時期，即開始研究酒精代替汽油問題。（註一、註二、註三、註四）從該時起，前任所長歐陽崚峯與現任顧所長一泉，即相繼不斷的將酒精代替汽油問題，引起社會的注意，並領導多次化學方面動力部分以及酒精代替汽油之實際行車試驗。為實際

明瞭國外施行辦法起見，本所於民國二十五年七月派筆者前赴菲列濱調查該處酒精代替汽油之實施情形（註五）俾供我國推行時之參考。二十六年九月行政院公佈酒精混合燃料辦法決定採用濃度百分之九十八以上（從容量）之酒精為動力酒精，其配合成份為百分之八十汽油與百分之二十酒精，採用98％濃度之酒精與其配合成份即係本所根據歷年試驗結果而建議者。

抗戰以後，行政院組織液體燃料管理委員會，統籌前方後方液體燃料之供應。在技術方面本所無不盡量提供該會或其他有關機關之參考。液體燃料管理委員會，亦以動力酒精及其他液體燃料之鑑別與檢驗，委託本所油脂試驗室擔任之。在後方因汽油供給之困難，故動力酒精一躍而為主要交通燃料，官商各界無不競用酒精，以替代汽油。抗戰之初，在後方往往利用一部份之酒精，以代汽油，普通為百分之二十五至三十。亦有利用乙醚酒精混合體，或稱人造汽油與代汽油

39

9269

○在後方較早成立之酒精製造工廠當推四川酒精廠，新中國人造汽油廠，新民代汽油廠與國民化學工業社，均曾經本所派員作技術上之指導與協助。

最近兩年來，液體燃料之供給更難，一般交通車輛則恆直接採用酒精為動力燃料，而無乙醚等加入。於是後方酒精之需要日增，因之酒精工廠之建立有如雨後春筍。內江區域，以糖蜜原料之豐富，成為製造酒精工廠集中區域，重慶次之，成都又次之，其他出產高粱或乾酒縣份，亦振々有酒精工廠之創設。酒精工業，至此可稱已到最發達之時期。尤可貴者，所有酒精工廠之機械設備，無不由國內工程界自行設計與機械工廠自行監製，實為我國酒精工業在此抗戰時期樹立一鞏固之基礎。至論產量，則後方較大酒精廠二十餘家，在二十九年每月可產二十餘萬加侖，三十年度可增至四十萬加侖，每年可達五百萬加侖之多云。

以上已將酒精工業在抗戰前後之地位，與其引為動力用之經過述其梗概。茲將本所歷年來關於動力用酒精各個問題之研究所得，分別扼要述之如下。

二、酒精代汽油在各國實施情形

在歐洲各國及歐洲以外不產石油之國家酒精代替汽油之實施早由政府強迫施行，規定酒精由國家專賣，凡油商出售汽油時，必先將酒精摻入後，方得出售，茲將各國施行實況（註六）擇要分述於後。

（甲）德國　自一九二〇年起，德國即實行酒精與汽油混合使用，用政府統理。一九三二年十月起，政府限定油商必須購買酒精合汽油消售量百分之二十。出售之汽油中必須含有酒精百分之二十以上。故德國國內在一九三一年之酒精產量為五萬噸，至一九三二年則增至八萬噸，約合三千萬美加侖。德國所用之汽油百分之七十五，與酒精百分

之二十五之混合體俗稱"Monopolin"或"Bevaulin"

（乙）法國　法國為實施酒精代汽油之主要國，自一九三一年六月起，汽油中混合酒精成份，由百分之十增至百分之二十五至三十五，其中主要混合燃料稱 Carburant national 為一半汽油與一半酒精之配合成份。一九三〇年，法國代替汽油之酒精數量為八十五萬美加侖，一九三一年後激增，一九三二年全國酒精生產量為八千七百萬美加侖。

（丙）意大利　政府規定生產及進口酒精數量之百分之二十五必須用以加入汽油。販賣汽油商人，必須購進規定數量之酒精，其濃度規定為99.6%，其與汽油之配合成份為一與四之比。

（丁）瑞典　所用汽油，規定加入五分之一至四分之一酒精稱為"Lattbantyl"一九三一年，瑞典由木漿廢液中製成之酒精為四百萬美加侖，其中二百五十萬加侖（合百分之六十二強），係用諸於代汽油。

（戊）英國　在英國雖未強迫執行酒精混入汽油，惟已有兩種商業化之酒精混燃料，一稱"Koolmotno"一稱 Clevolanb Discol"

（己）奧國與匈牙利　奧國所產酒精由政府酒精管理局統制，所售汽油須含酒精四分之一，所用酒精濃度，規定為99.5%，奧國一九三一年之無水酒精產量為十八萬加侖。匈牙利一九三〇年生產酒精量為一千一百萬美加侖，其中三百七十五加侖，係用諸於代汽油（約合百分之三十三）俗稱"Matolko"

（庚）捷克　自一九二三年起，捷克已推行酒精代汽油之辦法，每年由酒精專賣局發售充作燃料用之酒精數量，自六萬至二百萬英加侖之多。一九三〇年捷克酒精生產量為二千萬加侖，其中十分之一，係供作代汽油用。"Dyuackol"為普通在捷克使用之混合燃料，其中含有百分之五十無水酒精，百分

之三十汽油，以及百分之二十甲崙（Benzole）從一九三二年九月起，凡進口汽油之比重，在攝氏十五度時小於0.79%者，必須混入百分之二十至三十之酒精，酒精之配合成份為百分之九十五無水乙醇與百分之五甲醇。

（辛）南菲洲　南菲洲聯邦現採用"Natalite"為汽車燃料，其中含有十分之六酒精，十分之四之汽油與乙醚混合物。

（壬）其他各國　其他歐洲各國如波蘭，巨哥斯拉夫，西班牙，拉脫維亞，以及南美洲之阿根廷及古巴，均有同樣或類似之酒精代汽油辦法。至於菲列濱酒精代汽油辦法之實施情況，於下段詳述之。

三、菲列濱酒精代替汽油辦法之調查

本所受上海中國酒精廠之委託，於二十五年七月，由作者前赴菲列濱，實際調查該島酒精代汽油辦法之實施情況，俾供我國推行此項辦法之借鏡，爰該時國內酒精之銷路，僅限於醫藥及化裝品用，而尚未推行至代

替汽油之途徑。

菲列濱之液體燃料（註五）以汽油為主，酒精輔之。汽油向由美國供給，每年在四千萬美加崙之數，僅有極少數（約千分之七）由荷印供給。酒精之充作液體燃料，在菲島始自一九二三年，而盛於一九三〇年以後，查菲列濱之酒精工業，本極發達，其主要原料為棕樹（Nipe Palm）之汁，其次為製糖工業中膳餘之糖漿（Molasses）蓋糖漿在糖廠中幾視為廢物，既能利用以製酒精，則成本自廉。一九三三年菲島之酒精製造工廠，共有七十家，而以糖漿為原料者有十四廠。每年酒精產量，若以無水酒精計，約在七百萬英加崙以上，其中百分之八十係供作代替汽油之用，於此可見酒精代汽油在菲島成功之一斑。茲將一九三一年後，菲島酒精產量，用作液體燃料量，以及汽油銷費量，錄入第一表與第二表。由第一表，可明酒精充作燃料之消費量，逐年增加。由第二表，可明汽油與酒精銷費之比例，在一九三一年為十與一之比，至一九三五年則增至四與一之比。

第一表　菲列濱酒精產量及用作燃料量之統計（以無水酒精計）

（年份）	（酒精總產量千英加崙）	（用作燃料量千英加崙）	（百分率）
1931	3,475	2,010	57.9
1932	4,455	3,075	69.0
1933	5,885	4,270	72.5
1934	8,060	6,455	80.1
1935	9,910	8,670	87.8

第二表　汽油與動力酒精銷費之比較表

（年份）	（汽油銷費量千美加崙）	（動力用酒精銷費量千美加崙）	（比率）
1931	38,400	2,415	6.28
1932	31,860	3,630	11.60
1933	24,200	5,125	21.20
1934	27,150	7,750	28.56
1935	41,900	7,290	17.40

菲列濱之酒精燃料用以代替汽油者，計分兩類：第一類為酒精汽油混合燃料，即以酒精百分之六十以上加入汽油，以充小汽車

公共汽車及大客車等燃料之用，第二類為完全酒精燃料，僅加入變性劑，以與普通酒精有所區別，大都用於運貨汽車及港區內運

拖重機（Tractor）中。茲將兩類動力用酒精之配合成份，濃度（以容量計）及每年銷費量等，列入第三表及第四表。

第三表 酒精汽油混合燃料之成份

（燃料名稱）	1,Gasanol		2,Gassetl	
（配合成份）				
	酒精(98%)	65	酒精(96%)	60
	汽油	25	汽油	35
	乙醚	5	苯（Benzol）	5
	燈油(Kenoseme)	5		
（每年銷售量）	1,000,000英加侖		660,000英加侖	

第四表 完全酒精燃料之成份

（燃料名稱）	1,Alkohl		2,Mctosrful A	
（配合成份）	酒精(96%)	98	酒精(96%)	95
	汽油（作變性劑用）	2	乙醚（作變性劑用）	5
（每年銷售量）	4,000,000英加侖		500,000英加侖	

由上可明酒精代替汽油辦法，在菲列濱已經實施成功。菲列濱每年之酒精產量爲七百萬英加侖，其中十份之八以上，係充作液體燃料之用。計供完全代替汽油用，有五百萬加侖，與汽油混合使用者有一百餘萬加侖。酒精充作燃料用之數量，每年在六百萬英加侖以上與汽油之銷費量，適成四與一之比。其採用混合燃料，酒精成份，合百分之六十至六十五，酒精濃度爲百分之九十六至九十八（從容量言）

菲政府獎勵酒精代替汽油之實施，不遺餘力－凡經過變性之酒精，用於內燃機中者，均可免稅，由政府規定之變性劑，係汽油或乙醚，均爲有價值之燃料。關於酒精汽油混合燃料使用時之技術問題，在菲列濱大學農業工程系有梯尾獨拉教授（Prof.A.L.Teoboro）關於引擎與行車方面之試驗，以及該校機械工程系伊登教授（Prot.L.S.Eaton）關於酒精燃料腐蝕性之研究，均爲極有價值而足以輔助政府提倡酒精之推行。菲政府雖無強制執行之法令，而酒精代替汽油在菲列濱實施之成功，已爲無可諱言之事實矣。

第五表 汽油（比重(a)15/15°c＝0.743）在酒精中之溶解度

乙醇濃度
汽油溶解度

四、汽油與酒精混合之研究

欲研究酒精代替汽油問題，不得不先注意汽油與酒精之相互溶解度。蓋用無水酒精可與汽油任意混合，卽在任何溫度下，用任何配合成份，兩者均不致發生分離現象。若酒精內含有少量水份，則與汽油不易混和，卽使能在普通室溫時混和，迨遇較低溫度，酒精及水卽與汽，油分離成爲兩層，上層爲汽油與極少量之酒精，下層則爲水與酒精及極少量之汽油。此種分離現象，與酒精中含水成份之多寡有密切關係，水份愈多，分離愈易，同時又與溫度有關係，溫度愈低，分離亦愈高。故普通市上之酒精，在夏日與汽油混合至爲易易，及至冬日，往往發生分離現象，則不堪用作液體燃料矣。

茲將汽油在酒精現象（乙醇）中之溶解度錄入第五表（註九），以及汽油與酒精之分離程度錄入第六表（註十）。由第五表，可知酒精之濃度愈高，汽油在其中之溶解度亦愈大。

	(0°c)	(10°c)
94%	27%	30
95	33	43
96	46	66
98	94	95

第六表　汽油與酒精之分離程度（在20°F時）

汽油中之無水酒精成份	能使分離之含水成份
2%	0.014
5	0.050
10	0.085
20	0.23
30	0.40
40	0.70
50	1.00

　　本所曾將各級濃度酒精與殼牌汽油(Shell Gasoline)混合體之分離溫度作有系統之試驗（註七），其主要結果，詳第七表，可明酒精之濃度愈高，與汽油混合後之分離溫度愈低。

第七表　酒精濃度與殼牌汽油混合時分離溫度之變更

混合體成份		不同酒精濃度之分離溫度			
酒精	汽油	A.95.0%	B.97.3%	C.96.5%	D.98.0%
10%	90	60.0°c	18.0°c	10.1°c	−5.4°c
20	80	47.1	6.3	−0.5	−15.2
30	70	35.0	−1.2	−8.4	−19.8
40	60	27.5	−6.2	−13.2	
50	50	22.2	−12.9	−18.8	
60	40	14.0			
70	30	−0.8			

　　我國市上通行之三種美國汽油，爲美孚(Socony)殼牌(Shell)及德士古(Jexaco)以三種汽油性質之差異，在其與同樣濃度酒精混合後之分離溫度，當亦不同，茲將此項試驗結果，錄入第八表，由該表可用美孚或殼牌汽油與酒精混合後之分離溫度，大致相仿，而德士古汽油與酒精之溶解性，顯較其他兩種汽油爲差，故與酒精混合後之分離溫度，均較前者爲高。

第八表　市售三種汽油與酒精濃合體之分離溫度

酒精(95.34%)	汽油	I.美孚飛馬牌	II.殼牌(Sbcll)	III.德士古(Texaco)
10%	90%	45.0°c	47.0°c	52.0°c
20	80	21.5°	30.0°	33.6°
30	70	22.0°	22.5°	23.7°
40	60	17.0°	17.5°	17.6°
50	50	9.5°	8.4°	12.4°
60	40	−2.0°	−1.2°	3.6°
65	35	−10.5°	−8.5°	−3.0°

由第七表與第八表，可知普通95％至97％濃度之酒精，其混合成份若在百分之三十以下，則其分離溫度至高，在普通室溫時即不能混合。若將酒精成份增加，汽油成份減少，則自易混合，然多用酒精，燃料之消費量亦增加，不合經濟，於下段動力試驗中，可以明之。故代替汽油用酒精之濃度，必須在百分之九十八以上，若能應用無水酒精當屬最佳。

五、普通酒精代汽油時加入混合劑之研究

在不用混合劑時，代替汽油之酒精濃度，須在百分之九十八以上，已詳前節。惟按市上酒精之濃度，最普通者為百分之九十五，鮮有超過九十六者。故欲知普通酒精以代替汽油，而使其與汽油混合後之分離溫度降低，則惟有於混合燃料中，另行加入一種混合劑（Blemding Agent）。混合劑之作用，在使酒精與汽油於不能混合之溫度而能混合，易言之，在使混合體之分離溫度降低。

此與水份於混合體之作用，完全相反，蓋水份之存在，能使混合體之分離溫度加高，故水份可能稱為分離劑。據本所試驗結果，乙醚（Ethyl Ether），苯（Benzene），丙酮（Acetone），丁醇（Butyl Alcohol），戊醇（Amyl Alcohol）等，均可作為混合劑（註八）而以戊醇為最有效。茲將戊醇為混合劑，用95.83％之酒精與美孚或殼牌汽油混合，將分離固定在—5°c，而測定混合劑之需用量。此項試驗結果，詳第九表。

由第九表，可知若用百分之95.83濃度之酒精，與汽油混合時，若用少許戊醇為混合劑，則混合體之分離溫度，可降低至—5°c，混合體中之酒精成份愈增加，混合劑之加入量愈可減少，惟所差并不顯著。至於不同汽油時，混合劑加入量，亦微有出入，譬如用殼牌汽油時，混合劑之需用量，較之用美孚飛馬牌汽油時，須多加半公分之譜，若用德士古汽油時，混合劑之加入量，雖未經試驗，可決定其較其他為多。

第九表　戊醇用作混合劑之試驗（分離溫度 —5°c）

（酒精）95.83％	（汽油）	（戊醇加入公分數）	
		A.用美孚飛馬牌汽油時	B.殼牌汽油時
10c.c	90c.c	4.3c.c	4.8.c.c
20	80	4.3	4.8
30	70	4.2	4.6
40	60	4.2	4.5
50	50	3.9	4.4

至於戊醇之來源，除向國外定購外，可利用國內酒精廠出之雜醇油（Fusel Oil），其產量合酒精產量千分之五。據中國酒精廠之雜醇油中，百分之47為戊醇，百分之一一為丁醇，二者均可充作油合劑。茲將應用雜醇油充作混合劑之試驗結果錄下：

第卡表　雜醇油用作混合劑之試驗（分離溫度 —5°c）

（酒精95.83％）	（汽油殼牌）	（雜醇油加入公分數）
20％	80％	10.69c.c
30	70	10.57

由上可見使用混合劑後，即可利用普通酒精與汽油混和，且可阻止遇有水份滲入後之分離現象。混合劑之來源，賴自酒精廠所出之雜醇油，最為合理，故凡供動力用之酒精，雜醇油不必自蒸溜塔中去除之，因其非特可供混合劑用，且其本身亦為有價值之燃料也。

六、酒精汽油混合燃料之動力試驗

本所於民國二十三年，即開始作下列各種混合燃料之動力試驗（註六）。試驗用之汽車引擎，係美國通用公司（C.M.C）之六汽缸卡車以使用已久，用純汽油開動時之引擎馬力，不過十八匹強。而項動力試驗之目的，係在應用同一引擎，而以各種不同配合之混合燃料車以比較其工作效率與燃料消費量。茲將此項結果，錄入第十一表。

第十一表　汽油酒精混合燃料之動力試驗

混合成份		工率			每輸剎馬力時燃料消耗		
		馬力	%	相差%	克	%	相差%
無水酒精	100％汽油	18.2	100	0	322	100	0
	90％汽油＋10％無水酒精	17.4	95.8	−4.2	332	103	+3
	80％汽油＋20％無水酒精	17.2	94.9	−5.4	337	105	+5
	70％汽油＋30％無水酒精	14.1	77.7	−22.3	450	140	+40
	60％汽油＋40％無水酒精	13.5	74.4	−75.6	477	149	+49
98酒精	90％汽油＋10％酒精(98%)	16.9	93.0	−7.0	404	126	+26
	80％汽油＋20％酒精(98%)	14.9	82.1	−17.9	473	147	+47
	70％油汽＋30％酒精(98%)	11.1	61.2	−38.8	530	165	+65
95酒精	90％汽油＋10％酒精(9515%)＋5％戊醇	15.9	87.5	−125	406	126	+26
	80％汽油＋20％酒精(9515%)＋6％戊醇	16.5	90.8	−9.2	380	118	+18
	70％汽油＋30％酒精(9515%)＋6.5戊醇	1.76	97.0	−3.0	355	110	+10
95酒精	90％汽油＋10％酒精(95.15%)＋5.2％丁醇	15.8	87	−13.1	415	129	+29
	80％汽油＋20％酒精(95.15%)＋5.2％丁醇	15.2	83.8	−16.2	434	135	+35
	70％汽油＋30％酒精(95.15%)＋8％丁醇	14.8	81.5	−18.5	476	148	+48

據以上各種混合體，作動力試驗時，其發動及加速，均極迅速，若實地使用，定可不生困難。惟於馬力及每馬力燃料消耗情形方面，頗有出入。大概混合體中所含酒精成份愈多，則馬力愈減，消耗愈增。故應用混合燃料時，若多用酒精，則非特馬力減低，且亦不經濟。試觀應用無水酒精加入汽油後之試驗結果。倘用無水酒精百分之十至二十，則馬力之減少，與燃料之消耗，較全用汽油時相差不大。若用無水酒精達百分之三十至百分之四十，則馬力銳減，消耗激增，能力不足。如用普通百分之九十五·一五之酒精加入汽油而用戊醇或丁醇為混合劑，則因戊醇或丁醇本身有極大能力，且有誘導之作

用，故混合體中雖含有較多之水份，於開動汽車時，馬力與消耗之變化情形，反較含有較少水份而無混合劑之混合體較為優良。在各種不同配合成份之中以汽油百分之七十，酒精（95.16%）百分之三十，及戊醇百分之六。五之混合體，所生之馬力工率為最高，幾可如全用汽油時。至於每馬力燃料之消耗，亦不過較全用汽油時多耗百分之十耳。

再從物理及化學上之性狀，比較汽油，乙醚、苯、丙酮及各類酒精（註十一、註十二）此列入第十二表。由發熱量一項，吾人可明乙醇之發熱量，僅含汽油十分之六。乙醚丁醇與戊醇三者，其每磅發熱量，均在一萬六千英熱單位以上，含汽油十分之八左右，故若引用為混合劑或變性劑，對於燃料價值亦大。

關於酒精汽油混合燃料之動力試驗，在爾丙有湖南工業試驗所及該所柳敏氏之精詳報告（註十三註十四註十五）在外國有美國耶魯大學各專家及菲列濱梯尾獨拉教授之研究專報。（註五）根據後者應用福特入汽缸汽車之動力試驗，由酒精汽油混合體所得之動力，與採用完全汽油時無異，全視機械方面之善於調整。至於燃料之銷費量，則與負荷（Load）及引擎速度有密切關係，在全負荷情形下，無論速度之高低，含有酒精百分之二十之混合燃料銷費量，反較完全汽油為省。若增加混合體中之酒精成份，由百分之三十至百分之九十。則燃料銷費量之增加，為百分之三至百分之三十五。酒精之富有抗機噎性（Anti Knock Property），殊堪注意，蓋若普通汽油之屋格登數（Octane umber）為六十，加入五份之一酒精後，即可增至七十四以上。

第十二表　汽油，乙醚與苯等各類酒精之性狀比較

品名	化學公式	比重(15.4°c)	發熱量(Btu)eb	發蒸溶熱力(Cal/gm)	沸點(1°c)	汽壓MnHg (a)20°c	溶解度 g/100ccH2O (a)20°c
1.汽油	$C_7H_{13.5}$	0.730	21.000	75.0	35-200	90.0	不溶解
2.苯 (Benzol)	C_6H_6	0.880	18.100	93.0	80.0	74.3	微
3.乙醚 (Ether)	$(C_2H_5)_2O$	0.720	16.200	——	34.7	——	8.3
4.丙酮 (Acetone)	CH_3CCCH_2	0.791	12.200	155	56.5	184.8	完全溶解
5.酒精類 (Alcohol)							
A.甲醇 (Methyl—)	CH_3OH	0.793	8.330	267	64.7	95.2	完全溶解
B.乙醇 (Ethyl—)	C_2H_5OH	0.795	12.600	209	78.3	44.0	完全溶解
C.丙醇 (N-Propyl-)	C_3H_7OH	0.805	14.931	169	77.2	14.5	完全溶解
D.丁醇 (N-Butyl-)	C_4H_9OH	0.810	16.140	141	117.7	4.7	8.2
E.戊醇 (N-Amyl-)	$C_5H_{11}OH$	0.817	16.960	120	140.0	2.8	2.7

七、酒精汽油混合燃料之開車試驗

除上節所述動力試驗外，本所關於兩次之實地開車試驗，均擇定冬季舉行之，第一次在二十四年第二次在二十五年。

第一次開車試驗，係應用本所之六汽缸防滴克牌（Postiac）轎車，酒精係由上海中國酒精廠供給，其濃度為97.08%（從容量）而另加戊醇為混合劑。茲將試車結果兩次錄入第十三表。

第十三表　小汽車之開車試驗結果

次數	日期	燃料消費量	行駛里程	百公里用油率	公里/加侖	燃料成份		
						汽油(美孚牌)	酒精(97.08%)	戊醇(工業用)
1	24年11月29日	7.4加侖	113.2公里	6.52加侖	15.32	63.8	30.8	5.4
2	25年12月18日	3.0加侖	38.7公里	5.12加侖	19.55	66.2	28.0	5.8

第二批開車試驗，係由本所與南京市江南汽車公司之合作辦理，由該公司撥調Beo牌114號公共汽車一輛，行駛於南京市新街口至總理陵園間，專供載客之用，此項試驗，始自二十五年十二月中旬計時一月，始克完成，係採用高濃度酒精以代汽油，而未加入混合劑。承中歐酒精廠贈送高濃度酒精(96.65%)六十加侖，以供試驗，此項結果，詳第十四表。

由第十四表，可知酒精汽油混合燃料，若加入18%之酒精，則每百公里之燃料消費量，

第十四表　酒精汽油混合燃料與純用汽油開車試驗之比較（二十五年十二月至二十六年一月）　　　　附註

燃料成份 酒精 98.65%	汽油(美孚)	燃料消費量	行駛里程	百公里消費量	燃料消費相差	公里/加侖	試驗日數
0 %	100%	199.50加侖	2159.08公里	8.31加侖	0 %	12.00	7 日
28 %	8 2%	108.00加侖	1293.64公里	8.35加侖	+0.5	11.96	9 日
22.5%	77.5%	124.00加侖	1373.00公里	9.03加侖	+8.7	11.08	11 日

百公里之燃料消費量幾與用純粹汽油時無異。若加入酒精22.5%，則燃料消費量與用汽油時比較，約須超出百分之九，由此可見混合燃料之配合成份，酒精不宜加入過多，應在百分之二十左右，庶幾能達到經濟方面代替之目的。至於酒精加入汽油後，在七日至九日時，往往發現引擎乏力。殆進廠拆看，則見引擎中凡而腳桿被煤灰所結，必須加以清理，始可再用，此係美中不足之處。是否係不完全燃料所致一時尚難斷定。然而此次開車試驗，係在冬季天氣嚴寒之時，開動引擎，加速上坡，均未發生任何障礙，可與平常用汽油時無異。且此項混合燃料，雖在冬季，經一月之久，始終未曾發現分離現象，而亦並未採用混合器或機械設備，足徵應用高濃度酒精之可取。

茲將美孚汽油及其與酒精汽油混合體之蒸溜試驗結果，錄入第十五表。可見酒精汽油混合體之蒸溜情形，與汽油或純粹酒精之蒸溜情形，迥然不同，「酒精平線」（Alcohol Flat）之特殊現象，於此盆形顯著。用普通汽油時，達10%蒸溜百分率時，其蒸溜溫度為79°C，用純粹酒精時，達此百分率時，其溫度為78°C，而酒精汽油混合體達此百分率時，其溫度反降至62——64°C，再視在蒸溜百分率40%時，汽油之蒸溜溫度為115°C，純粹酒精之蒸溜溫度為79.°C，而酒精汽油混合體之蒸溜溫度則為77——75°C，均較汽油或酒精為低。推原其故，蓋當酒精汽油混合體蒸溜時，在蒸溜百分率50%以前，蒸溜物大部分為酒精與汽油中低級炭氫化物（lower Hydrocarbons）之混合體，此類混合體之氣壓，較汽油或酒精均高，故其沸點較汽油或酒精均低。

以上係將用普通97%酒精及加以醇混合劑，以及用98.65%高濃度酒精之駛車試驗，加以敘述。抗戰以後關於直接採用酒精與混合燃料之駛車報告，當然不勝枚舉，惜乎各處均未曾將此項試驗結果，整理發表耳。二十九年春，通用汽車公司汪一彪先生，曾親自駕駛改裝用酒精後之雪佛蘭卡車（Chevolel）一輛，載重三噸，自仰光經漢緬路

昆明貴陽抵達重慶，是為長距離試用酒精車有價值之紀錄。及後重慶新華貿易公司將一九三九年雪佛蘭卡車四輛，均經改裝成酒精車，於七月中旬由渝往返昆明重慶間，可稱酒精汽車長途行駛之第一次。（註十六）此項

報告與試車，曾經本所范從振氏加入檢討（註十七）所用燃料，全係酒精，為勝利牌之95％濃度酒精，可見完全應用酒精以代替汽油之實際之成功。

第十五表　汽油及酒精混合體之蒸溜試驗

（蒸溜百分率）	（蒸　溜　溫　度）		
美孚汽油		18％酒精(98.65％)十82％美孚汽油	22.5％酒精(98.65％)十77.5％美孚汽油
起點	45°C	47°C	46°C
10	79°	64°	62°
20	95°	69°	68°
30	106°	72°	71°
40	115°	75°	73°
80	151°	133.5°	13°
90	167°	155.°	150°
終點	200°	173°	175.5°
50	123°	101°	75°
60	132°	114.5°	114°
70	140°	123°	123°

八　酒精代替汽油辦法之實施

關於酒精代替汽油辦法之實施問題，本所已有屢次論文發表（註十八，註十九，註二十。）吾人知在國內已經實施之辦法，計有下列三種：

一、酒精汽油混合燃料——以代替五分之一至四分至一汽油。

二、酒精乙醚混合燃料——乙醚由酒精中製造，故可完全代替汽油。

三、單純酒精燃料——以完全代替汽油，惟機械上須將汽缸之壓縮比增高至六、五以上，蓋汽油之最高壓縮比為六，酒精之最高壓縮比為七、五。

以上三種辦法，在後方汽油來源極感恐慌之際，業已次第施行，特別以酒精乙醚混合燃料與單用酒精燃料兩種辦法，推行尤為普遍，蓋兩項辦法均可完全代替汽油也。

第一種辦法，政府早在二十六年九月，經行政院會議通過。茲將此項酒精汽油混合燃料辦法之要點，摘錄如下：

1. 為節省汽油用量及推廣國產酒精用途起見，凡用汽油為動力燃料之機械，應於汽油內混合一定成份之動力酒精。

2. 本辦法所稱之動力酒精，以百分之五汽油為變性劑，其酒精濃度，暫以百分之九十八以上（從容量）為標準。

3. 酒精汽油混合燃料之成份，暫規定如下：
汽油　百分之八十（從容量）
酒精　百分之二十（從容量）

4. 飛機及有關軍用特殊情形者，得暫免動力酒精。

由上項暫行辦法，吾人可知代替汽油之酒精，其濃度須在容量百分之九十八以上。董非達此濃度，則動力損失可減少分離溫度

可降低，而無需加入混合劑，即腐蝕性亦可較普通酒精減少。上項辦法，既經政府通過，在此時期，不論在何區城，若尚未施行酒精混合汽油辦法者，即應強迫推行，以維撑節汽油之至意。

第二種辦法，係採用酒精乙醚混合燃料，即市上所稱之代汽油或人造汽油是也。其中含有三份之一以上之乙醚與三分之二以下之酒精。乙醚係由各酒精廠從酒精與硫酸製成，往往以無中和設備，故所製之乙醚，尚有酸度，以致對於汽車機件發生不良之腐蝕性，最為缺憾。南非洲採用酒精乙醚混合體，其中加入千分之二、五之阿摩尼亞，以求減少腐蝕性，至堪注意。

第三種辦法，係採用單純酒精燃料，當然以應用無水酒精或高濃度酒精為上策。此項辦法在法國與法屬安南已經試用無水酒精有年，在菲列濱則採用96%濃度酒精，燃料之消費量，須較純用汽油時，增加四分之一。

在後方推行動力酒精充作汽車燃料之成就，首先歸功於液體燃料管理委員會之統籌得宜，與主管機關推進酒精工業之努力，以及官商各廠家日夜不斷生產，有以致之。惟在實施酒精代替汽油辦法時期在工業界與交通界發生下列幾個嚴重問題：
甲、動力酒精濃度問題
乙、動力酒精標準問題
丙、酒精之腐蝕性問題

丁、酒精製造機器之壽命問題
戊、酒精原料之供應問題
巳、澱粉質原料醱酵問題

其他關於酒精製造方面之技術問題，倘不勝枚舉，不過尚待工程界與科學界之不斷努力，方可陸續求得解決辦法。因為前三項問題。對於動力酒精之推行，尤有關係，故再摘要述之。

甲、動力酒精濃度問題按二十六年政府之規定，動力酒精之濃度，以容量計須在百分之九十八以上。市上所售之酒精，大都在百分之九十五左右，甚至有在百分之九十二三者，如是則對於燃料之消耗量，固須增多，關於汽車引擎之腐蝕性亦大，若以現時酒精工廠設備所限，則最低限度，應將最低濃度規定為95%，在若干時期內，動力酒精工廠應能製造濃度98%之酒精，並應規定國營之酒精工廠，應一律製造無水酒精，如是則非特為動力酒精樹一基礎，抑且有助於國防工業。

乙、動力酒精標準問題純粹無水酒精本無腐蝕性，一般酒精之所以難免有腐蝕性者，係由於雜質之存在，而水份為其中雜質之一，此外有酸類醛類醋類等。故動力酒精之標準，非特需要提高酒精濃度，尤須注意其中存在雜質之限度。本所油脂試驗室與醱造試驗室在二十八年秋間，即將動力酒精之標準草案擬定，茲錄入第十六表。

第十六表　動力酒精標準草案

項目　　　等級	上	中	下
酒精濃度(以容量計)	98%以上	96—98%	95—96%
酸類(以醋酸計)	痕跡	0.0015—0.003g/100c.c.	0.003g/100cc.以上
醛類(以醋醛計)	痕跡	0.0004—0.0008g/100c.c.	0.0008g/100cc.以上
醋類(以醋酯計)	無	0.005.—0.05g/100c.c.	0.05g/100cc.以上
蒸發殘渣	無	痕跡	0.008g/100cc.以上
過錳酸鉀時間 $KmnO_4$ Test	30分鐘以上	10—30分鐘	5—10分鐘

丙 酒精之腐蝕性問題據本所二十八年之酒精及乙醚腐蝕性試驗結果（註十九）知乙醚對於鐵銅鋁三種金屬於之腐蝕性最甚，代汽油（十分之六酒精與十分之四乙醚）次之，96%酒精又次之，惟對於錫類則均無腐蝕性。若專論酒精，則對於鐵類之腐蝕性最大，鋁次之，紫銅又次之……故酒精混合燃料，在一般盛貯之洋鐵桶中，即起始生銹，當乙醚中含有酸性，酒精含有多量水份時，尤易致此，殆入汽車中鋼製之汽油箱中，又繼續生銹，結果此項鐵銹等，阻塞遛油管，故每隔一二日，遛油管中須用唧筒通氣，須將此項鐵銹去除。欲解決腐蝕性問題，治本之計，當在提高酒精濃度與標準而對於乙醚之用量，在動力燃料中，應設法減少。治標之法，可於酒精蒸溜前先加石炭處理手續，或於應用時加入少許潤滑油或阿摩尼亞，以求保持中和。菲列濱之辦法，以黃銅汽油貯存箱，以代一般鋼製油箱。在國內汽油箱內，應設法襯以銅皮或用鍍錫辦法，至少亦應在貯油箱至油管間，加上二層至三層之

細銅網，始可將鐵銹隔絕，惟每一星期仍應將貯油箱清除鐵銹一次。再一般動力酒精在洋鐵桶中，早已生銹而呈賣色，此類已經生銹之洋鐵桶，絕對不宜應用當加以取締。為求安全起見，凡動力酒精傾入汽車之貯油箱時，因經過幾層裝有銅絲網之漏斗或粘毡皮過濾以除盡雜質。

關於酒精比重，濃度與每加侖重量之關係，市上及一般應用上，頗感糾紛。蓋液體之容量乘比重為重量，而液體之比重以溫度而異，故溫度必須註明，方可換算。就我國之度量衡單位言，應以公升（即立升）為液體燃料之容量單位，而折合重量應以公量斤計，為便利換算起見，亦應註明液體燃料每美加侖之英磅數，惟不論何種單位，溫度必須註明以便換算。本所油脂試驗室關於酒精比重及濃度之關係早已印有對照表，濃度與重量之關係，亦經製成表格。為便於明瞭起見，再將95%與98%兩種酒精濃度及重量之關係列入下表，而須特別注意其與溫度之關係。

酒精濃度 (以容量計)	(a)15.56°C(90°F)		(a)20°C(98°F)		(a)20°C(77°F)		(a)30°C(86°F)	
	公斤/公升	磅/美重·加侖	公斤/公升	磅/美重·加侖	公斤/公升	磅/美重·加侖	公斤/公升	磅/美重·加侖
95%	0.8158	6.808	0.8126	6.781	0.8092	6.753	0.8059	6.725
98%	0.8033	6.7035	0.8003	6.6785	0.7968	6.649	0.7935	6.622
100%	0.7936	6.623	0.7905	6.597	0.7871	6.568	0.7839	6.542

由上表可明在同樣濃度之酒精時，若以容量為單位，則溫度愈高，重量愈輕，在固定溫度時，酒精之濃度愈高，則其重量愈輕。故於驗收或出售一批酒精時，尤應測定其比重與溫度，然後計算其每加侖之重量，方為可靠。

九 高濃度酒精與蒸溜問題之研究

本所有鑒於後方一般酒精工廠出品之濃度，往往不能超過百分之九十五（從容量）。惟欲代替汽油作混合燃料之酒精濃度須在

百分之九十八以上，（即上節所稱第一種辦法）故高濃度酒精之製造，實為施行酒精代汽油辦法之先決問題。

查高濃度酒精之製造，決非普通蒸溜所能製成，而必須採用脫水辦法。現今已知脫水方法。（註二十一）較要者為（一不揮發性添加劑脫水法，（二）共沸脫水力法與（三）減壓法三類。第一類不揮發性添加劑脫水法中，可分為石灰法，石膏法，希亞法（Hlag Pnocess）用醋酸鈉及醋酸鉀為脫水劑）及鹼性醇類法（用甘油與炭酸鉀為脫水劑）第二類共沸脫水法中，可分為苯法，輕油

法與三氯乙烯法（Trichlore Thylcne）。第三類方法，尚未得工業上之成功。各種方法者，在工業界最普通採用者，為第一類中之希亞法及第二類之苯及三氯乙烯法。

本所自二十七年夏間，即開始高濃度酒精之試驗，由作者負責。曾應同希亞法，甘油法及鹼性醇類法，參加是項試驗者先後有龐芳柏，傅六喬，郭益達，黃彬文，方景依。陳家仁，秦有仁諸氏，後於是年十月間，由作者發明循環式氣化鈣法製造高濃度酒精方法，並經於二十八年呈准經濟部專利。其原理屬於第一脫水方法而所用之脫水劑氣化鈣，可大量由川省鹽業中之鮑巴內提取。至是則高濃度酒精之製造，在後方已無問題。至於無水氯化鈣則由本所鹽碱試驗室大量製造，供各廠應用。及後郭益達陳家仁諸氏，均參加推廣此項方法，方景依氏亦繼續是項研究，結果業已發表。（註二十三）

同時本所關於蒸溜技術問題，亦繼續有不斷之研究。蓋蒸溜研究，為化學工程中之極重要項目，不僅可用之於酒精工業，對於一般液體燃料，植物油提煉汽油，以至最重要之石油精煉工業，亦無不由此為出發點。最近黃彬文氏曾先將酒精蒸溜器之設計與研究（註二十三）發表專報，供有志此項問題者之參攷。最近將來，復擬將其中基本問題，如冷凝器之設計與計算，蒸溜器鐘罩式（Bubblc C2P Type）與填充式（Packed Colamn）效率之比較，回流量之多寡問題，均擬加以探討與試驗。

十 酒精工廠機械之設計與監造

本所協助酒精工廠之設計，在抗戰前則有在東亞堪稱最大之中區酒精廠，並由本所前醱造試驗室陳駒聲氏前去參加工作。抗戰甫興，於二十六年十月該廠總工程師魏嵒壽氏以該廠於九月十四被敵機炸毀，在翁部長盧次長及本所顧所長與四川省何廳長北衡商

議之後，乃決定在四川省內江椑木鎮創立酒精廠是為川省採用糖蜜原料製造工廠之鼻祖。關於該廠之機械設計及繪製圖樣等（註二十四）得本所與醱造試驗室金塔松氏等之協助實為不少。二十七年冬，該廠正式開工出貨，每日產酒精量一千美加侖，至今該廠辦公室後面石壁上，猶刻有魏廠長之題字，稱頌盧作孚顧一泉何北衡范崇實諸氏對於該廠籌建之功。

二十八年八月，甘肅省建設廳廳長陳子博氏委託本所設計該省動力酒精廠，決定採用乾酒為原料，廠址決定在徽縣。後李世軍氏繼長該省建設，乃積極撥款籌備，該廠標件悉由本所設計，並由本所機械製造工廠負責監造，業已於三十年春間完成運甘，產量規定為每日七百加侖，普通酒精。（濃度95％）現由資源委員會派沈覩秦氏負責該廠，是為甘肅省之第一酒精工廠。

行政院液體燃料管理委員會鑒於川東區高梁產量之豐乾酒之多，最初擬在璧山縣設立動力酒精廠，繼於二十九年四月間決定在化培上游三花石設立動力酒精廠，乾酒原料仰給於合川燃料取給於嘉陵江流域，水源賴諸山間溪水。該廠定名為北泉酒精廠，自二十九年四月起，委託本所負責籌備。經本所組織籌備委員會積極籌設，並負責廠房建築，機械設計與監造，以及裝置與試車。（註二十五）迄至三十年三月初試車成功後，由液體燃料管理委員會與資源委員會。分別派員驗收。現由資委會派齊廠長尉繼續接辦。該廠產量，以95％酒精計，每日可產八百加侖，復有製造98％高濃度酒精設備，若以之改製普通酒精，每日又可多產四百加侖之譜。至於該廠籌備時期，關於機械設計由本所油脂試驗室及機械設計室負責，係根據化學工程原理，採用最簡易之辦法。機器製造部份，則由本所機械廠負責監造與裝置。全部蒸溜塔冷凝器及零件均係採用紫銅皮與黃銅板，採用此項材料，既可減低酒精之腐蝕性

，增加機件之壽命，復可提高酒精之品質與蒸溜之效率。（比較情形詳黃彬文氏專報，（註三十）在後方採紫銅皮及黃銅板以製造蒸溜塔與冷凝器尚屬創舉，蓋一般酒精工廠除向外國訂購者不計外，大都採用鐵翹砂與銅翹砂，甚至採用簡陋之柴油桶或白鐵皮以製蒸溜設備。本所對於北泉酒精廠及甘蔗酒精廠兩廠之機械設計與製造，可謂已見成功，實爲後方酒精機械製造得一保障，此項銅質之蒸溜塔等，正在積極推廣中。

除以上所述數廠外，本所對於軍政部等備之酒精工廠，亦曾時加協助，現早已開工出貨。至於商營之酒精工廠，受本所技術指導者，有重慶新中國人造汽油廠，江津新民代汽油廠，合川酒精廠以及國民化學工業社代汽油廠等，均曾先後派遣技術人員駐廠負責指導。此外新興或正在籌設之酒精工廠，本所機械製造工廠，釀造試驗室與油脂試驗室無不隨時願意將釀造技術問題與蒸溜技術問題提供意見與改進方針也。

★　　★　　★　　★

最後關於動力酒精之增產辦法，本所於二十八年十二月曾擬定在西南各省增加酒精產量辦法（註二十六）從每日二千五百加侖（二十八年秋季產量），增至每日二萬加侖之計劃。蓋我國後方需用之汽油每月需在三百萬加侖以上，當時每月七萬加侖之酒精量，僅能代替汽油百分之三弱。三十年度預計每月產量爲四十萬加侖，亦僅能代替汽油之銷費量百分之十四弱。若欲代替百分之二十之汽油銷費量，則每月須生產酒精六十萬加侖，即係本所最初擬定之計劃。若欲代替三分之一，銷費量，則每月產量須在一百萬加侖以上，與三十年度預計之生產量，尚須設法增加二倍半。若欲代替二分之一之銷費量，則每月產量須增至一百五十萬加侖，每年產量須在一千八百萬加侖之多，即係本所擬定之第三步計劃。故動力酒精工業之發展，仍待工業界與企業界之繼續努力，其中關於製造酒精之原料問題，蒸溜機械之材料問題，獎勵民營工廠之設立問題，均須專家之深切研究與探討也。

（作於中央工業試驗所油脂試驗室三十年九月）

純酒精比重及濃度與重量之關係（中央工業試驗所油脂試驗室編卅年八月）

酒精濃度 (容量計)	(a)15.56°c(60°F)		(a)20°c(68°F)		(a)25°c(77°F)		(a)30°c(86°F)	
	比重	磅重/美加侖	比重	磅重/美加侖	比重	磅重/美加侖	比重	磅重/美加侖
93%	0.8233	6.870	0.8202	6.843	0.8167	6.816	0.8134	6.788
94%	0.8196	6.839	0.8164	6.813	0.8131	6.786	0.8097	6.757
95%	0.8158	6.808	0.8126	6.781	0.8092	6.753	0.8059	6.725
96%	0.8118	6.773	0.8087	6.749	0.8052	6.719	0.80195	6.692
97%	0.8077	6.740	0.8045	6.714	0.8011	6.684	0.7979	6.658
98%	0.8033	6.7035	0.8003	6.6785	0.7968	6.649	0.7935	6.622
99%	0.7986	6.664	0.7054	6.638	0.79205	6.610	0.7889	6.836
100%	0.7936	6.623	0.7905	6.597	0.7871	6.598	0.7839	6.542

引　用　書　報

【註　一】孔祥鵝：汽油代替品研究的價價（工業中心一卷三期）

【註　二】謀志篤呂惠民：酒精伏替汽油之試驗（工業中心一卷三期）

【註　三】馬　傑：中國應採用酒精爲動力燃料（工業中心二卷一期）

【註　四】顧毓珍：酒精代替汽油問題之商榷（新中華二卷十期）

【註　五】顧毓珍：調查菲列濱酒精代替汽油問題（工業中心五卷九期）

【註　六】顧毓珍錢溢楨：酒精汽油混合燃料試驗報告（工業中心三卷三期）

【註　七】顧毓珍：酒精代替汽油之試驗（一）（工業中心五卷四期）

【註　八】顧毓珍：酒精代替汽油之試驗（二）（工業中心六卷九期）

【註　九】J. G. klng & A. B. Manning:J. Iust. Petr Techn. 15. 350 (1929)

【註　十】O. C. Bridgeman & D Puerfeld:Ind. Eng. Chem. 33. 523 (1933)

【註十一】A. R. Ogston:J. Inst. Petr Techn. 23. 509 (1937)

【註十二】H. Arnsfein:Uflliziion of Molasses

【註十三】酒精車研究報告第一號（湖南工業試驗所）

【註十四】柳　敏：酒精動力燃料之研究（化學工程三卷四期）

【註十五】L. C. Lichty & E. Tiurys Ind Chem, 28. 1094 (1938)

【註十六】王　其：酒精長途使用報告（重慶新華貿易公司專版）

【註十七】范從振：酒精代汽油研究檢驗報告（本所二十九年十月專版）

【註十八】顧毓珍：非常時期之汽油問題（東方雜誌卅五卷九號）

【註十九】顧毓珍：酒精代替汽油辦法之意見（工業中心八卷一期）

【註二十】黃彬文：酒精代替汽油之檢討（單行本）（三十年四月）

【註廿一】謝光邊：無水酒精製造之理論及實况（工業中心五卷十二期）

【註廿二】方景依：高濃度酒精蒸溜試驗（一）工業中心九卷一期）

【註廿三】黃彩文：酒精蒸溜器之設計與研究（單行本）（三十年六月）

【註廿四】魏嵒壽：四川酒精廠之籌備及設計概况（工業中心七卷一期）

【註廿五】北泉動力酒精廠籌備經過（本所專報，三十年五月）

【註廿六】增加酒精產量辦法擬議（本所專報，二十八年十二月）

中國工程師信條

·三十年貴陽第十屆年會通過·

（一）　遵從國家之國防經濟建設政策實現　國父之實業計劃

（二）　認識國家民族之利益高於一切願犧牲自由貢獻能力

（三）　促進國家工業化力謀主要物資之自給

（四）　推行工業標準化配合國防民生之需求

（五）　不慕虛名不爲物誘維持職業尊嚴遵守服務道德

（六）　實事求是精益求精努力獨立創造注重集體成就

（七）　勇於任事忠於職守更須有互切互磋親愛精誠之合作精神

（八）　嚴以律己恕以待人並養成整潔樸素迅速確實之生活習慣

9284

差壓引火式內燃機之研究

武　霈

氣體內燃機 Gasmaschine 及化氣式內燃機 Vergasermaschine 之引火爆發，大都採用電弧引火，而發生電弧之機件，「如 Magneto，」Zundhierz 及其他儀器等，皆仰自船來，我國尚不自製，故欲造此類動力機器，大受引火機件缺乏之限制，而不得發展，本人對於此項問題經年餘之苦心研究，乃得差壓引火方法，以解決上項機器之製造困難，關於獲得此方法之經過及其理論，茲分別討論之。

在若干年以前，歐洲盛行一種熱管引火方法 Gluhrohrzundverfehren 用於小型之汽油，煤油及點燈煤氣內燃機，此種方法係在機器氣缸蓋上裝一小管，與氣缸內部連通，用油燈或煤氣燈將此小管之適當部份燒熱至紅色，約在攝氏700°以上，在未開車之前，小管內滿貯不能自燃之空氣或廢氣，故氣缸內不能引火爆發，在壓縮行程時，活塞 Kolben 將燃料混合氣體擠入熱管內，至燒熱部份時遂着火燃燒，直至活塞行至死點附近，氣體擠入熱管之速度小於氣體之延燒速度時，火燄遂自熱管內燒出，將全部被壓縮之可燃氣體引火爆發，用此種方法機器之發火爆發時間，隨活塞之速度（即機器之旋轉數）及氣體之延燒速度而有甚大之變動，故使用此種方法之機器效率不能良好，且僅可適用於小型內燃機，而以延燒速度較大之油類或氣體為燃料，如汽油，煤油及點燈煤氣等。

以上三種燃料，在我國內地，甚為缺乏，故不能作為一般用途之動力燃料，適合現今情形者惟發生爐煤氣 Generatorgas，燃料隨處皆有，不感缺乏，此種煤氣之組成，甚不穩定，隨生火之情形常有變動，且在良好之情況下，其延燒速度亦遠不及點燈煤氣

，故內燃機以發生爐煤氣為燃料時，發火爆發時間更不易調制，本人曾以上種熱管引火方法用於自吸式二行程煤氣機上，作長時間之研究，所得結果如下圖2：

I．為此機之壓縮圖形（Kompression diagramm）

II．為用熱管開車後之馬力指示圖形（Arbeitindikatordiagvamm）機器每分鐘旋轉 490 次，在圖形上可看出，爆發時間有明顯之遲着火現象。

III．將熱管之燒紅部份盡量移近氣缸蓋，同時發生爐中所生之煤氣亦甚良好，氣缸內發巨大而不規則之爆發聲，機器之旋轉數為每分鐘 500 次，指示圖形示出氣缸內之着火太早，且每次變動甚大，絕不穩定。

IV．使燒熱部份離氣缸蓋稍遠，同時煤氣亦欠良好，氣缸內遂生甚大之遲發火現象。

以上 II、III、IV 三現象，示出發生爐煤氣內燃機使用熱管開車時，發火時間之不易準確，不能得到良好之機器效率。

本人經年餘之研究後，乃得一方法如下圖3：

令熱管之燒熱部份在距氣缸蓋稍遠地位，不致發生早爆發現象，再將熱管之另一端與一小壓機相通，當氣缸內之壓縮行程將終，氣體已在熱管內之燒熱部份燃燒時，急速推動壓氣機，於是熱管內之壓力較氣缸為大，燒熱部份燃燒之氣體，被推出管外，引起全氣缸爆發，故爆發點之早遲，可由推動壓氣機之時間完全操縱。

此種方法，已可解決上述熱管之缺點，但又因增加複繁之壓氣機及推動機件，使機器之構造不簡單，尚非適合目前之最良方法

，本人根據此種理論，作長時間之試驗改造後，乃得此自動差壓引火方法，由機器之活塞於適當時間在氣缸內自動造成一壓力差，使熱管內之壓力大於氣缸內，其中着火之氣體被迫吹出管外，將全氣體引火爆發，此種方法構造旣極簡單，發火時間一經調準之後，永遠合乎標準，不受燃料之性質，機器之旋轉數，負荷之大小而變動，且不須於熱管之永久用外熱熾燒，其構造如下所述圖4

　　上圖為一根據差壓方法所造成之差壓引火器，A為差壓室，C為外管，二者間以內管B相互連通，D為燃燒室，E為噴火孔，F為差壓塞，引火器裝於氣缸蓋之中心，差壓塞裝於活塞之中心，壓縮行程將終，活塞漸至死點，差壓塞套入差壓室中，若B管不與C管連通，則A室中之壓縮壓力將較室外為大，其中之氣體以大速度自周圍空隙吹出，今C旣與B管連通，則A室內受較大壓力之氣體大部份經B管而吹入C管，由燃燒室D及噴火孔E而逸出。

　　此種引火器使用於氣體或化氣式內燃機時，其工作程序如下圖5

　　I　在開車之前，先用煤氣，油燈或碳火或裝一電爐塞gluhherz於外管中之適當部份，將外管之相當部份，熾熱至暗紅色，此時引火器中滿貯不能自燃之氣體，如空氣或排氣時殘餘之廢氣等，故器中無燃燒現象發生，在吸氣行程，新鮮燃料混合氣體入氣缸時，引火氣中之氣體因甚難與外界對流，仍無燃氣滲入，而發生先燃現象，壓縮行程開始後，氣缸內壓力漸高，引火器中不能自燃之氣體，根據$pv^{\theta e}=konst$之定律，被壓縮而減小其容積，於是器外之燃料混合氣體方開始進入引火孔及差壓室中。

　　II　壓縮行程已進行大半，此時燃氣已進至外管之熾熱部份，發火燃燒，外管之上端為不能自燃之氣體，火燄無法向上蔓延，而下方燃氣自噴火孔擠入之速度，大於該氣體之延燒速度，火燄亦無法伸出器外，僅能

在外管之熾熱部份及燃燒室間讖被燃燒。

　　自差壓室方面進入之燃料氣體，因差壓室有較大之容積，不易侵入內管（見後段）內管雖有高熱，亦不致引起早爆發現象。

　　III　壓縮行程將終時，差壓塞套入差室，室中壓力逐較室外為高，其中氣體被擠，小部份由塞周餘隙逸出，大部份由內管而壓入外管，將其中之火燄自噴火孔吹出器外，氣缸內全部燃氣被引着而爆發。

　　此種引火現象連續累行若干次後，因內管完全被包圍於高熱氣體中，其上部遂熾熱至紅色，下部與機身之接觸面積較大，熱易傳導，故尙無甚高之熱度，此時外管不再用外熱熾燒，熱度漸低，氣體乃由內管引火，仍如上述I、II及各類程序，機器自動準時爆發，情形並無變化。

　　就以上各點觀察，機器爆發之時間，已完全為此種引火器自動操縱，一經調整後，不論在何種情況下，機器之引火爆發時間，不致有不良之影響發生，以下各馬力指示圖形（圖6）攝自一用差壓引火器之自吸式二行程煤氣機（參考圖4），其氣缸直徑為155^{mm}，活塞行程192^{mm}，使用發生爐煤氣為燃料，（此係用舊柴油機所改造，活塞甚鬆，有漏氣情形，馬力指示圖形上亦可看出，此與引火器無關）。

　　I　為機器受負荷，以每分鐘爆發700次旋轉時，所攝取之馬力指示圖形，其引火情形及全圖形之式樣（漏氣情形除外），甚合規則。

　　II　為機器無負荷，以每分鐘850次爆發旋轉時所攝取，因節制機器旋轉數，氣體混合氣之開門時時變動，氣體混合比例變動，故引火時間小有參差，但其值甚微，毫無影響機器之效率。

　　III　為機器受過量負荷，以每分鐘爆發650次旋轉時所攝取，雖稍有遲發火現象，但尙無不良影響。

　　IV　為煤氣不良好時，機器無負荷，以

每分鐘爆發600次旋轉時所攝取，其發火之時間，亦甚正確。

以上四圖可以證實使用此種引火器時，機器之發火時間，並不因情形變動而失其正確，與熱管相較，更能顯示其價值。

關於差壓引火方法前已討論，差壓引火器之設計，就本人研究所得，因無良好之試驗設備及精確之測量儀器，難求其準確之數值，故惟以試驗所得之經驗近似之算式以表之，茲將各要點述之圖7。

1　噴火孔應有適當之位置，極力避免新鮮燃料混合氣體入氣缸時，器內發生對流，燃氣侵入，而生擾亂之爆發。

2　噴火孔之數為N，直徑為ds，外管直徑da，各數間應有下式之關係：

$$N \cdot \frac{ds^2\pi}{4} \lessgtr \frac{(da^2 - di^2)\pi}{4} \quad \cdots\cdots(式1)$$

即噴火孔之總面積，應等於或小於外管與內管間之空隙面積，使氣體之進入引火器，經噴火孔時速度較大，以免發生早爆現象。

3　機器起動時，外管上燼熱部份，應在適當位置，以便於用油燈，煤氣或炭火等煨燒，因此亦可決定外管之長度。

設噴火孔之總面積等於外管間之面積，噴火孔之長為 m，燃燒室之高為 u，其切面積約為外管間面積之二倍，外管之長為 L，假設如圖中虛線所示，內外管不連通，則在壓縮行程中，燃氣將發火時，外間不能自燃氣體之容積（以長度表示）為Lc。

$$Lc = (L+2u+m)\left(\frac{Pa}{Pz}\right)^{\frac{1}{\varepsilon}}$$

$Pa = $ 壓縮初壓力～一大氣壓

$Pz = $ 燃氣在外管內著火時之壓縮壓力

$\quad = \varepsilon_z^{\varepsilon}$　$\varepsilon_z^{\varepsilon}$ 為當時之壓縮比

L+2u+m 為外管與噴火孔間之容積（長度表示　則

$$Lc = \frac{L+2u+m}{\varepsilon_z}$$

若適當之燼熱部份為L/2，則$Lc \leq L/2$，燃氣方可達到燼熱處而著火，即

$$\frac{L+2u+m}{\varepsilon_z} \leq L/2$$

故 $$L \leq \frac{4u+2m}{\varepsilon_z - 2} \quad \cdots\cdots\cdots(式2)$$

設活塞之全行程為H，全壓縮比為E，行程與聯桿長度之比為λ，燃氣在內外管間著火時，活塞距上死點距離為h（參考圖1及式7）則

$$\varepsilon = \frac{H\left(\frac{\varepsilon}{\varepsilon-1}\right)}{h + \frac{H}{\varepsilon-1}} = 3$$

$$\varepsilon_z = \frac{H\left(\frac{\varepsilon}{\varepsilon-1}\right)}{H\left[\frac{1}{\varepsilon-1} + \frac{1}{2}\left(1-\cos\alpha + \frac{\lambda}{2}\sin^2\alpha\right)\right]}$$

$$= \frac{2\varepsilon}{2 + (\varepsilon-1)\left(1-\cos\alpha + \frac{\lambda}{2}\sin^2\alpha\right)}$$

$$\cdots\cdots\cdots(式3)$$

使用發生爐煤氣內燃機　　$\varepsilon = 5-6.5$

使用點燈煤氣之內燃機　　$\varepsilon = 5$

使用煤油之內燃機　　　　$\varepsilon = 3-4$

行程聯桿比普通約　　　　$\lambda = 0.2-0.3$

燃料混合氣體在外管中著火之適當時間，約在上死點前 $\alpha = 60°-40°$ 間（經驗數值）

設適合發生爐煤氣 $\varepsilon = 6$，$\lambda = 0.25$，$\alpha = 50°$　$\varepsilon_z = 2.88$

則　　$L = 2.28(2u+m)$ $\quad\cdots\cdots(式4)$

2u+m之值可由 $Lg = L+2u+m$ 決定之

由上

$$Lc = \frac{Lg\left[2+(\varepsilon-1)\left(1-\cos\alpha + \frac{\lambda}{2}\sin^2\alpha\right)\right]}{2\varepsilon}$$

微分

$$dLc = \frac{Lg}{2\varepsilon}(\varepsilon-1)[\sin\alpha + \lambda\sin\alpha\cos\alpha]d\alpha$$

$$\alpha = \omega \cdot t = \frac{n\pi}{30}$$

ω為機器之旋轉角速率，n為機器每分鐘之旋轉數，t為旋轉α角度時所需之時間。

微分

$$d\alpha = \frac{n\cdot\pi}{30}\cdot\alpha t$$

$$\frac{dLc}{dt} = \frac{Lg}{2\varepsilon}(\varepsilon-1)[\sin\alpha + \lambda\sin\alpha\cdot\cos\alpha]\frac{n\cdot\pi}{30}$$

令 $Lg = \frac{H}{\ell_s}$ $\frac{dLc}{dt} = wg$ 氣體在外管中之速度

$$wg = \frac{\pi}{2\varepsilon}(\varepsilon-1)\sin\alpha(1+\lambda\cos\alpha)\frac{vm}{\ell_s}$$

$$\ell_s = \frac{\pi}{2}\cdot\frac{\varepsilon-1}{\varepsilon}\cdot\frac{vm}{wg}\sin\alpha(1+\lambda\cdot\cos\alpha)$$

令 vm = 機器在其規定之最小轉數時，活塞之平均速度

$$= \frac{H\cdot n_{min}}{30}$$ n_{min} = 規定之最小轉數

氣體進入外管間之速度 Wg 應大於或等於其延燒速度 W_b 據 Nagel 及 Neumann 之試驗（見 H, Dubbel: Öl und Gasmaschine）

點燈煤氣 $W_b \simeq 4M/sek$

發生爐煤氣 $W_b \simeq 2.5M/sek$

故 $\ell_s = 1.57\left(\frac{\varepsilon-1}{\varepsilon}\right)\frac{v}{W_b}\pi\sin\alpha(1+\lambda\cos\alpha)$

$$Lg = \frac{H}{\ell_s} = \frac{19.1\cdot\varepsilon\cdot W_b}{(\varepsilon-1)n_{min}\cdot\sin\alpha(1+\lambda\cos\alpha)}$$
..........(式5)

在發生爐煤氣內燃機 $\varepsilon=6$ $W_b=2.5^m/sek$ 燃氣與外管燃熱處接觸之最適時間，爲活塞死點前40° 則得

$$Lg = \frac{75}{n_{min}}$$ （以公尺爲單位）.........(式6)

$$2u + m = Lg - L$$

4. 差壓室及內管，可依下列各條件決定之：

a. 差壓室之周邊，應有相當厚度，且應與機身有充分之傳熱面積，以免熱度太高，引起擾亂之發火。

b. 在壓縮行程之初，應極力避免可燃氣體混入差壓室。

c. 差壓塞與差壓室間，應有相當空隙，以免相互發生摩擦或撞擊，但其間隙面積不可太大，差壓塞周並刻圓槽若干道，以增氣流阻力，使自塞周逸出之氣減少。

d. 差壓塞進入差壓室之行程，可由發火爆發之時間決定之，普通發生爐煤氣用於內燃機之適當發火爆發時間，約在死點至死點前35°內，在此角度內，活塞所經之行程爲（參考圖1）

$$h = \frac{H}{2}(1-\cos35° + \frac{\lambda}{2}\sin^2 35°)$$ ......(式7)

設 $\lambda=0.25$

$$h = 0.111\cdot H$$ ......(式8)

差壓室及內管之容積，可依下條件決定之，假設內管如圖上虛線所示，不與外管連通（圖7）

e. 差壓塞進入差壓室後，內管中應生較大之壓力，即其中之壓縮比應較氣缸中爲大，在機器之壓縮將終，差壓塞將至差壓室口時，氣缸內之壓力全體相同，無壓縮發生，設 $\lambda=0.25$，此時之壓力爲 P'_1，差壓塞進入差壓室Xcm時，其中之壓力當爲

$$P_f = P'_1\left(\frac{V_{f1}}{V_{f2}}\right)^{\mathcal{H}}$$ （忽視自塞周逸出之氣量以便算式簡單）

V_{f1} 爲差壓室及內管之總容積（以差壓塞之行程表示）

$$= 0.111\cdot H\cdot\frac{\varepsilon d}{\varepsilon d-1}$$

εd = 差壓室中之壓縮比

$$V_{f2} = 0.111\cdot H\cdot\frac{\varepsilon d}{\varepsilon d-1} - \chi \quad 則$$

$$P_f = P'_1\left(\frac{0.111\cdot H\cdot(\frac{\varepsilon d}{\varepsilon d-1})}{0.111\cdot H\cdot(\frac{\varepsilon d}{\varepsilon d-1})-\chi}\right)^{\mathcal{H}}$$

同時活塞亦進 χ cm，則氣缸內壓力當爲

$$P_k = P'_1\left(\frac{V_{k1}}{V_{k2}}\right)^{\mathcal{H}}$$

V_{k1} = 差壓塞至差壓室口時，氣缸內之容積（以活塞之行程表示）

$$= (\frac{1}{\varepsilon-1} + 0.111)H$$

$$V_{k2} = (\frac{1}{\varepsilon-1} + 0.111)H - \chi \quad 則$$

$$P_k = P'_1\left(\frac{(\frac{1}{\varepsilon-1}+0.111)\cdot H}{(\frac{1}{\varepsilon-1}+0.111)\cdot H-\chi}\right)^{\mathcal{H}}$$

差壓室內所生之壓力，應較室外爲大，即

$$P_f > P_k$$

即

$$\frac{0,111\cdot H\cdot\dfrac{\sum\frac{3}{d}}{\sum\frac{3}{d}-1}}{0,111\cdot H\cdot\left(\dfrac{\sum\frac{3}{d}}{\sum\frac{3}{d}-1}\right)-\chi} > \frac{\left(\dfrac{1}{\Sigma-1}+0,111\right)\cdot H}{\left(\dfrac{1}{\Sigma-1}+0,111\right)\cdot H-\chi}$$

$$0,111\frac{\sum\frac{3}{d}}{\sum\frac{3}{d}-1} < \frac{1}{\Sigma-1}+0,111$$

$$\sum\frac{3}{d} \gtreqless 0,889+0,111\,\Sigma \quad\cdots\cdots\cdots\cdots(式9)$$

$\sum\frac{3}{d}$ 愈大，則所生之差壓愈大，引火時間更準確。

b 在差壓塞未進入差壓室之先，其中不能燃燒氣體之壓縮容積不應小於內管之容積，以免後繼之可燃物壓入內管而引起早爆發。

爲設計便利起見，令差壓室與差壓塞頂間之餘隙

$$s=\frac{h}{10}=0,0111\cdot H\quad\cdots\cdots\cdots\cdots(式10)$$

即　$h=h+0.1h=0.122H$

則

$$\frac{d_f^2\pi}{4}\cdot0,1222\cdot H+\frac{d_i^2\pi}{4}\cdot(\ell+\ell)=\frac{d_i^2\pi}{4}$$

$$(\ell+\ell)$$

$$d_f^2=\frac{(s-1)\ell+\ell'}{0,1222\ H}\cdot d_i^2\quad\cdots\cdots\cdots(式11)$$

其中

$$\left.\begin{array}{l}\ell+\ell=L+u+v\\\ell'=d_i\\d_i^2=Nd_s^2\end{array}\right\}\;(v可由噴火孔之斜度決定之)\quad\cdots\cdots(式12)$$

根據以上12式，對於此種引火器之設計已無困難，就本人之經驗，各式亦無不吻合實際，就各種理論觀察，此種方法不僅可使用於汽油，煤油，點燈煤氣及發生爐煤氣之各型內燃機，且使用低値煤氣 Armgas 之機器，亦可應用，其構造之簡單及管理會安全簡便，目前尚無一方法可與比擬也。

內燃機之氣缸裝有活門及其他附件，不便再安置差壓室中時，則以使用機械推動差壓引火器最宜，此種方法之理論及設計，可

就本人使用於單氣缸四行程煤氣機上之引火器討論之（圖8）此機器之氣缸直徑爲230mm，行程爲325mm，壓縮比率爲1:55，使用發生爐煤氣爲燃料，爲開車簡便起見，採用熱管起動引火器，開車之先，將引火器外壳用木碳爐燃熱，因外壳甚薄，數分鐘後即燃至暗紅色，遂可開車，不生困難，外壳中套一內管，管壁甚薄，在機器開動時，內管被包圍於火燄中，開車短時間後，內管即被熱至紅色，於是外管不再用火煨燒，煤氣卽能由燃熱之內管引火，若使用電燃起動引火器（圖9），在外壳頂端裝一電燃塞 Glühherz，在外壳上包以石棉，以防熱度散失，起動時先由蓄電池通於電燃塞，數秒鐘後，塞上之電阻絲卽燃至紅色，煤氣與此相遇，遂引火燃燒，機器開動短時間後，內管亦被燃紅，於是將電流停止，煤氣遂由內管引火，此種電燃起動引火器使用更簡單，最適於多氣缸之機器，引火器之製造材料以鎢合金，鈇合金，鎳合金及鎳爲最宜。

全部引火機構之設計，如下法決定之（參考圖8）

設此機器在壓縮行程中上死點45°內，有發火爆發之可能，卽差壓活塞於此時開始將火燄由引火器中推入氣缸，機器活塞頂端距死點位置約58mm，壓縮室約高70mm（圖10）從此位置至死點，氣缸所生壓縮比率爲70/128～1/1.8，差壓活塞，連通管及引火器中，在同時間內亦應生一壓縮，其比應大於1/1.8，方可發生壓力差以推出火燄，因之可決定全機構之容積。

就經驗所得，適合此氣缸之噴火口徑爲8mm，故引火器中之全容積由此可決定，連通管之內徑約等於噴火口徑，其長度愈短愈好，以減少其容積及氣流之阻力，圖8中內管，外管及連通管之全容積爲24,5cm³，設差壓活塞之直徑爲40mm，行程爲20mm，頂端之間隙爲2mm，則其全部壓縮比率（圖11）爲19/39～1/2,05，此値與上述之條件適合

，差壓活塞愈大，所得之差壓值愈高，但推動機構之受力甚大，製造上頗覺不便，故應盡量縮小引火器與連通之容積，使差壓活塞保持其可能之最小直徑。

　　機器活塞由死點前45°至死點時所經之路程如圖12中之 W_m 線，活塞在此程途中每轉一小角度所生壓力差之比較值為

$$\Delta P = \left(\frac{V\alpha_1}{V\alpha_2}\right)^{\mathcal{H}} - 1$$

其中 $V\alpha_1$ 為在 α_1 角度時，氣缸內之容積。$V\alpha_2$ 為在 $\alpha_2 (=\alpha_i + \Delta\alpha)$ 時氣缸內之容積。

圖12中之 D_m 線為機器每轉5°，活塞所生壓力差之變化，由此可知活塞愈近死點，氣缸內所生之變化愈小，此曲線為一下降曲線，故欲用差壓活塞將火餘推入氣缸，必須造一推動機構，使差壓器中發生一較大之壓力差，其壓力差之變化應有一上升之曲線，此種機構當然以桃形輪最為適宜，圖8中滾輪之直徑為 34mm，桃形輪之升高為 20mm，升高所需之時間為 22.5°，即機器之彎地軸旋轉45°，差壓活塞所經之程途如圖12中之 W_d 線，機器每轉5°時差壓器中所造成之差壓變化如圖中之 D_d 線，D_d 為一上升曲線，壓力差漸次增大，較氣缸中之壓力為高，故在此時間內引火器之火餘被迫向氣缸內吹出，已無疑問，普通煤氣機之適當引火時間約在死點前30°左右，此種設計為調制引火時間，桃形輪在此45°內變動工作位置(圖12中 D'_d 線)，亦不影響引火之良好。

　　桃形輪之設計，在二行程內燃機上甚為簡單，在四行程內燃機上較為複繁，機器在壓縮行程時，氣缸內漸生高壓力，燃料引火爆發後，氣體膨漲其體積而壓力漸減，排氣行程時，氣缸內之壓力約等于大氣壓力，吸氣行程時，氣缸內有低氣壓發生，又機器在起動時，因壓縮壓力太大，不便轉車，故排氣活門在壓縮行程中短時間開啓一次，以減少其壓力，以上各種情形對於引火器之工作程序頗有影響，分述之如下。

　　1.機器啓動時，在壓縮行程中排氣活門開啓以減小壓力時，氣缸內之氣體以高速度自排氣口逸出機外，若引火器之噴氣口在氣流近旁，則其中之高熱廢氣或已着火之燃料，有被吸出使全氣缸着火爆發之危險。

　　2.若引火器着火不良，在排氣行程時，亦有上述之情形發生。

　　3.在吸氣行程時，氣缸內之低氣壓將引火器中之高熱氣體吸出，發生擾亂之爆發。

　　以上三種情形，大都在機器起動時發生，使工作程序無法進行，1及2情形可將噴火口裝於適當之位置，使不受排氣時氣流之影響，同時桃形輪之背線下降，使差壓活塞退出，發生低壓力以吸入氣缸內之氣體，噴火口遂不致有高熱廢氣逸出，以生擾亂。

　　吸氣行程時，氣缸內之低氣壓約為0.3 kg/cm2，此時若使桃形輪之背線下降，使差壓器中亦生大約同大之低氣壓，則噴火口中遂無氣體流動，若桃形輪之降度太大，使差壓器中生較大之低壓，新鮮燃料吸入引器中甚多，着火燃燒，因燃燒速度大於氣體吸進之速度，遂使全氣缸着火而生擾亂之現象。

　　就以上各點觀察，桃形輪之設計，除推進部份甚為重要外，其背線之構造亦有甚大之關係也。

　　以下為上述機器使用磯械推動差壓引火器(圖8)開車時之馬力指示圖形(圖18)

　　以上各圖可證實發火時間之正確，其指示馬力Ni亦甚合乎預計之標準，在機器以每分鐘430次旋轉時，其圖形甚合標準，以530次旋轉時，發火較遲，以630次旋轉時，發火更較遲，此機器規定之轉數在450至500次間，此發火遲延現象並不影響其功率，至於此遲延現象發生之原因，乃由於轉數太高，差壓活塞漏氣或差壓器中之氣流速度太大，阻力增加等情形，以上二點皆不難糾正，差壓活塞漏氣由於製造不良，將連通管徑放大，管長盡量縮短，則阻力可減小，若使桃形

輪之推進時間較早，則發火遲延之現象立可避免，雖高轉數之機器亦不成問題。

圖14爲本人設計使用於四氣缸之合組差壓器，每氣缸16匹馬力左右者可適用，其外形僅較普通同馬力之麥尼朶Magneto稍大，引火器採用電機起動式（圖9），只須開啓蓄電池之電鑰，數秒鐘後，即可安全開車，將此與同大之柴油機及電弧引火之機器比較，當知何者較爲簡易且少障礙也。

總觀以上各點，可知內燃機之使用差壓引火方法，較使用電弧引火及其他方法皆較良好，如承社會人士慨然贊助，各工程專家惠賜指示，使得繼續研究之機會，則此方法在氣體及化氣式內燃機上，不難取一切電弧引火方法而代之，希我國各工程之領導機關，對於此方法之研討，勿等閒視之也。

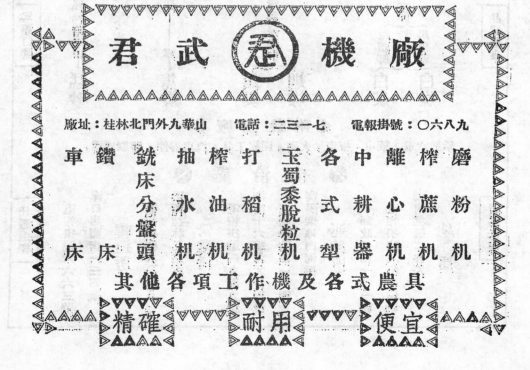
9292

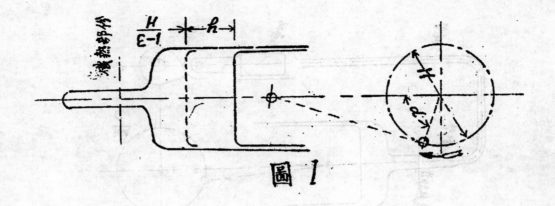

圖 1

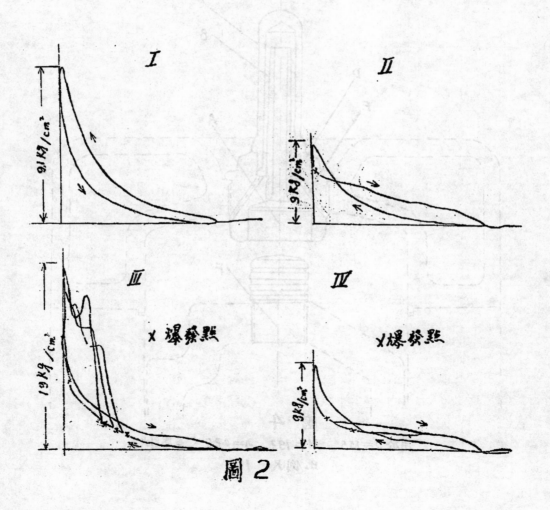

圖 2

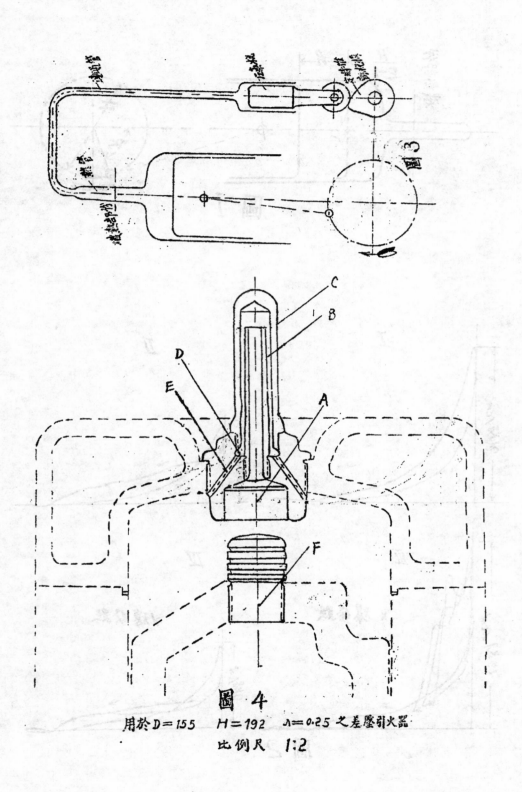

圖 4

用於 D=155　H=192　Λ=0.25 之差壓引火器

比例尺　1:2

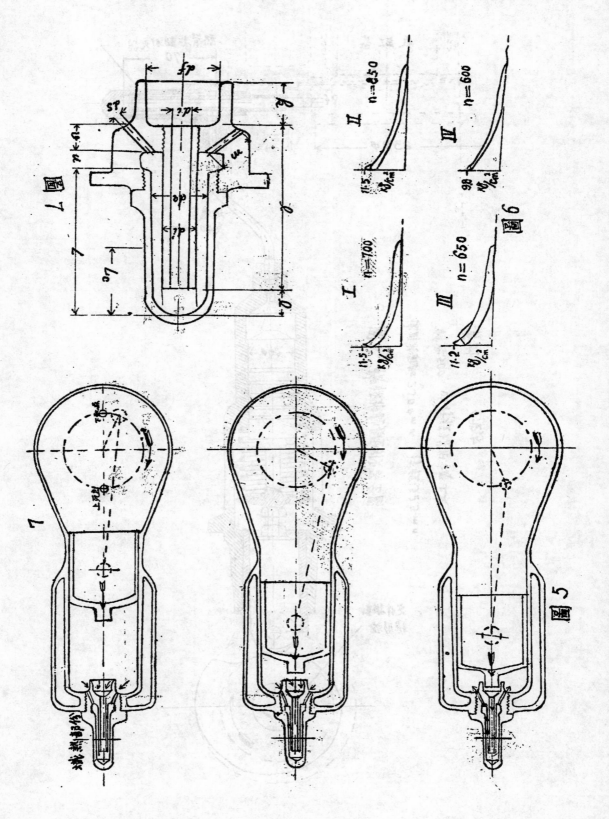

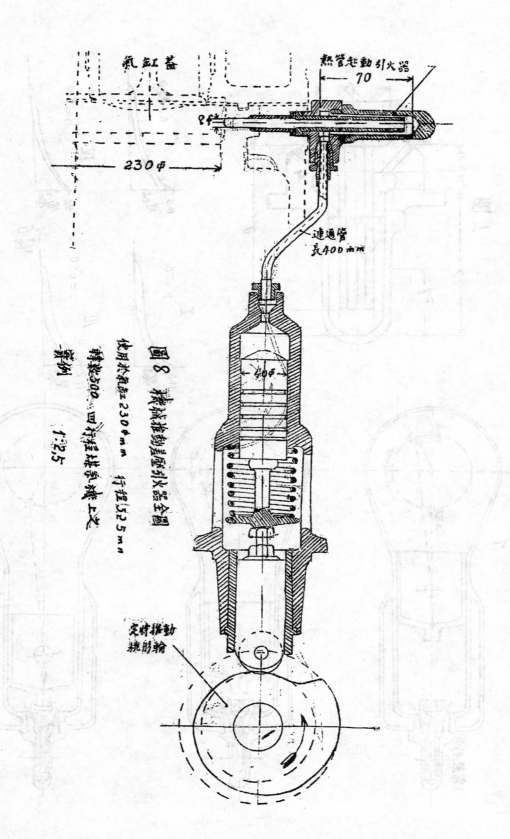

氣缸蓋

熱管起動引火器

70

230φ

連通管
長400mm

40φ

圖 8 燃油推動壓力引火器全圖

使用水氣壓230φmm 行程325mm
轉數300,四行程排氣機上之
蕭渦   1:2.5

定時推動
桃形輪

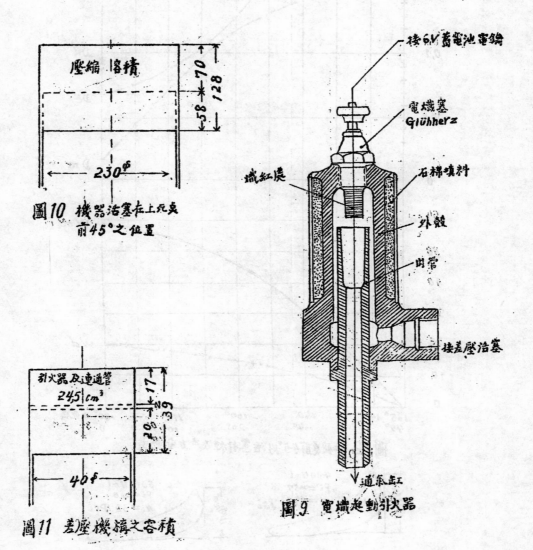

壓縮 容積

128
70
58

230⌀

圖10 機器活塞在上死點
前45°之位置

引火器及連通管
24.5 cm³

17
39
20°

40⌀

圖11 差壓機構之容積

接6V蓄電池電鎗

電熾塞
Glühherz

石棉噴料

熾紅處

外殼

幽管

接差壓活塞

通氣缸

圖9 電熾起動引火器

9297

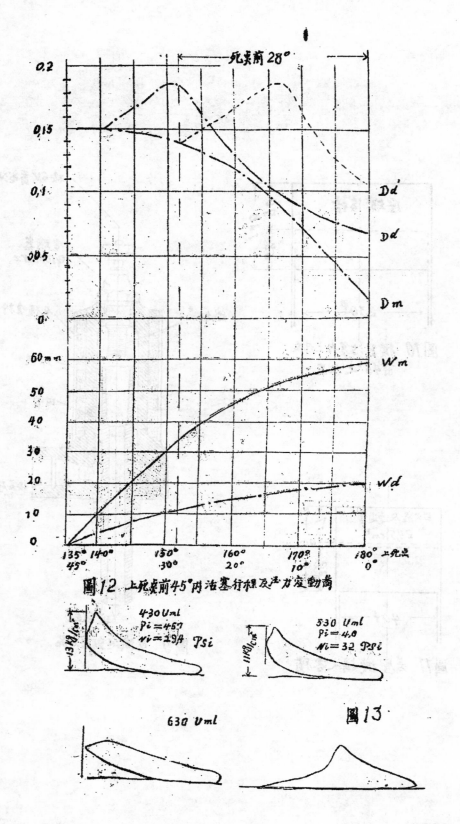

死衾前28°

Dd'

Dd

Dm

Wm

Wd

135° 140° 150° 160° 170° 180° 上死点
45° 30° 20° 10° 0°

圖12 上死衾前45°內活塞行程及壓力變動崗

430 Uml
Pi=457
Ni=29/1 Psi

530 Uml
Pi=4.0
Ni=32 Psi

630 Uml

圖13

9298

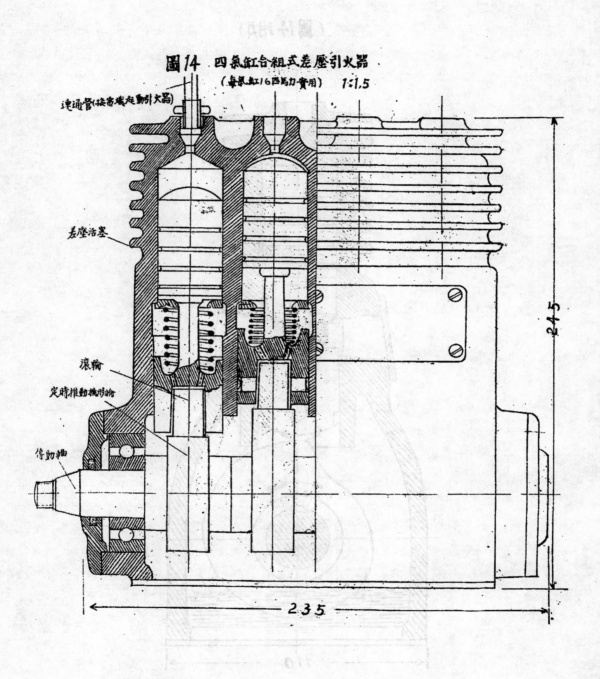

圖14 四氣缸合組式差壓引火器

（每氣缸16匹馬力實用） 1:1.5

連通管(接蓄鐵起動引火器)

差壓活塞

滾輪

定時推動機形輪

傳動軸

245

235

9299

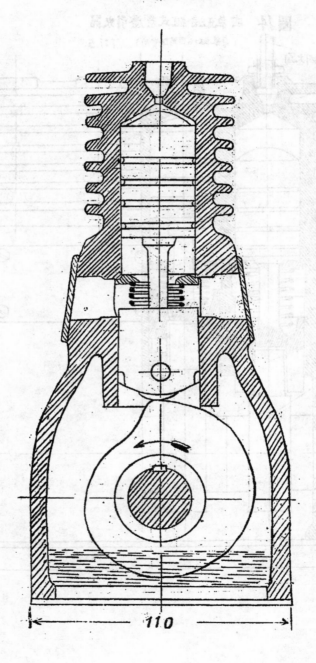

110

急囘機構之研究及圖解法

經濟部中央工業試驗所機械設計室

翟　允　慶

本　文　介　紹

按本文所述之圖解法已送美國機械工程學會，經該會請伯勞克林工科大學機動學教授，美國機械工程師學會機械設計師 A.E.R. De Jonge 氏審查對於"彼君所討論者為機動原理中問題之一，雖較淺近然立意新穎，解法簡捷，尤為有趣；且足證明近代機動幾何學雖已逖及東亞而於美國迄今未有詳盡之探討，且亦未得普遍之授與也"。此文於美國機械工程雜誌一九四〇年五月份發表，茲由原作者將原文加以補充提出本會第十週年會供各專家討論特為介紹如上。

顧　毓　瑔　介　紹

在一金工廠中成形機 (Shaper) 及平面機 (Planer) 為不可缺少之機器，對此種機器之設計問題吾人亦應有完全操持之能力。

此種機器上之工具 (Tool) 為直線性返運動 (Reciprocating Motion)，其前進時為工作衝程 (Working or Cutting Stroke)，而囘退衝程 Return Stroke) 毫無工作；顯知其機動原理必合乎急囘 (Quick Return) 之條件，為達此目的所用之機構可由四桿鏈 (Fourbar Linkage) 誘導而來，卽使其曲柄 (Cranks) 之一變為無限長（是時其連桿 Connecting Rod 或連心線 Line of Centers 之中亦必有一變為無限長矣）而用一滑動副 (Sliding Pair) 代此無限長之二桿以完成之。

由此法所得急囘機構可括為三種；此時該一有限曲柄 (Finite Crank) 之運動自當設為等角速運動 (Constant speed, Rotary motion)：

(A) 滑塊急囘機構 (Sliding Block Quick Return Mechanism) —— 此種機構乃由使滑塊曲柄機構 (Slider-Crank Mechanism) 中之滑塊運動直線不經過曲柄運動中心而得著如 (I) 圖。

由滑塊之速率曲線圖可知其為急囘運動。

(B. 擺塊急囘機構 (Swing or Rocking Brock Quick Return Mechanism) —— 使滑塊曲柄機構之連桿 Connecting Rod 變為連心線 Line of Centers 而固定之則形成此種機構如 (II) 圖。

由滑塊之速率曲線 (Velocity Curve) 可知其為急囘運動。

(C) 轉塊急囘機構 (Turning Block Quick Return Mechanism) —— 與 (B) 之機構相似，惟使其曲柄之長大於連心線之長，則變徑桿 Variable Radius Arm) 之運動由擺動 (Oscillating) 而變為迴轉 (Rotating)，成為此種機構如 (III) 圖。

由滑塊 R 之速率曲線圖顯知其亦為急囘運動。

其前進後退需時之比等於 a，β 二角之比，此種機構在成形機 (Shaper) 上廣採用之，特稱為 Whit-worth Quick Return Mechanism。

通常關於此機之設計問題中較為煩神者

，卽如何以決定曲柄之長度及變徑桿之中心 (Length of the crank and location of the variable radius arm center)，昔者多用試驗法 (Trial and Frror)，此頗非滿意之答案，今有簡法解此問題，試以例說明之：

試計劃一成形機上應用之 Whitworth Quick Return Mechanism，其最大衝程 (Maximum Strock) 爲 S，連桿 Connecting Rod 之長爲 l，變徑桿心與衝桿 (Ram) 運動中心線之距離爲 d。

〔解〕 變徑桿心必在 E.F 上。$\overline{DZ}$，相交於D。

(3)以C爲及爲中心，l及$\overline{CD}$半徑作 $\overline{PQ}$及$\overline{DGV}$，$\overline{DGV}$ 與$\overline{EF}$相交於 G點。

(4)連$\overline{CG}$並引長之，交$\overline{PQ}$於H點。

(5)由H向AB作垂線交$\overline{EF}$於 O， O卽所求變徑桿心。

(6)連$\overline{OA}$，$\overline{OB}$，則$\overline{OM}$或$\overline{OZ}$則爲曲柄之長，曲柄圓(Crank Circle)可作出矣。

〔證明〕(1)設曲柄之長爲 r，

(2)由衝桿 (Ram) 之二極端位置 (Extreme Positions) 可知

$$\overline{OA}+\overline{OB}=(1+r)+(1-r)=2l。$$

卽是O點與A，B二點距離之和爲一常數2l且在$\overline{EF}$上。

故其位置必爲以 l 爲半主軸(Semi-major axis) 以 $\overline{CD}$爲半副軸(Semi-minor axis) 之橢圓及$\overline{EF}$直線之交點，以此等半軸 (Semi-axes) 爲半徑，C爲中心所作之圓弧爲$\overline{PQ}$及$\overline{DGV}$，CG 交$\overline{PQ}$於H，故$\overline{EFHK}$之交點O卽橢圓上之點，亦卽所求之變徑桿心 (Variable Radius Arm Center) 也，$\overline{OZ}$ 或$\overline{OM}$ 爲曲柄之長。

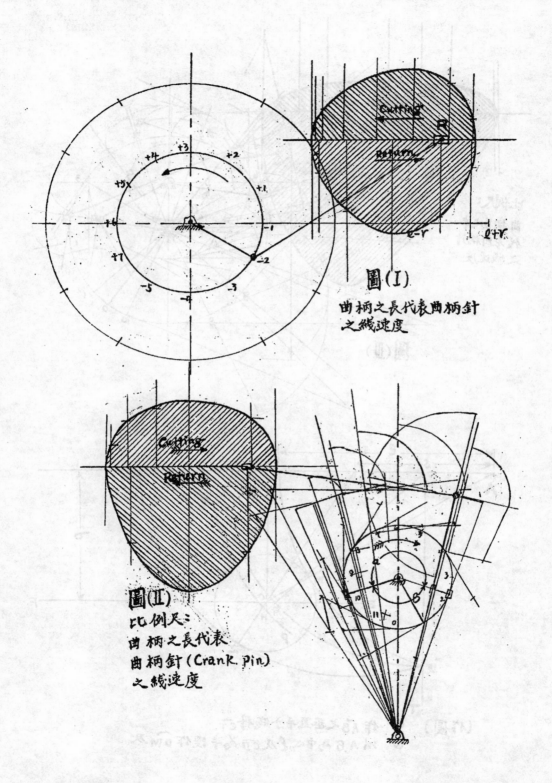

圖(Ⅰ)
曲柄之長代表曲柄針
之線速度

圖(Ⅱ)
比例尺：
曲柄之長代表
曲柄針(Crank. pin)
之線速度

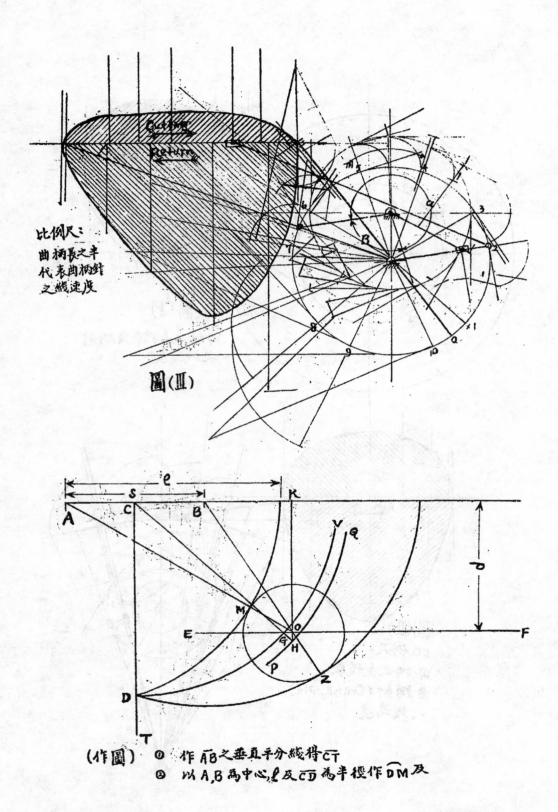

比例尺：
曲柄長之半
代表曲柄銷
之線速度

圖(Ⅱ)

(作圖)　① 作 $\overline{AB}$ 之垂直平分綫得 $\overline{CT}$
　　　　② 以 A,B 為中心,ℓ 及 $\overline{CD}$ 為半徑作 $\overline{DM}$ 及

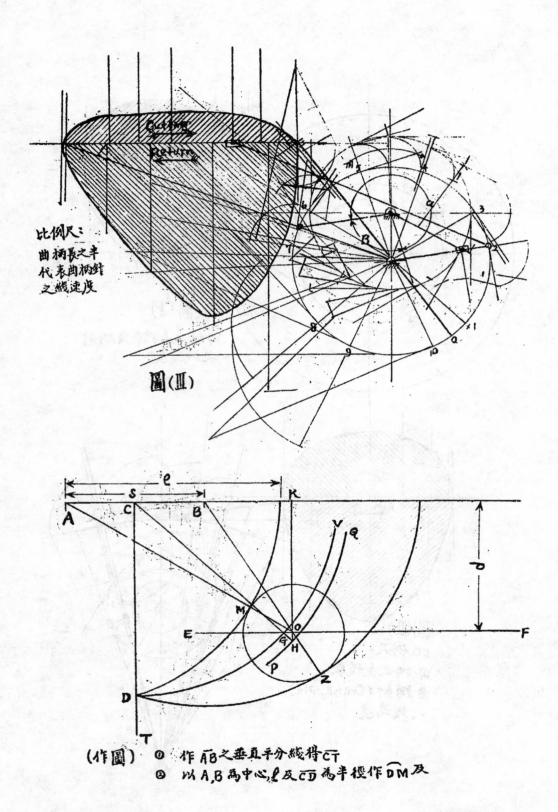

國產造紙纖維之顯微化學分析

張永惠　　李鳴皋

目　次

一、引言

國產造紙纖維之觀察，爲本所研究中國造紙原料之第二步工作。其第一步工作爲國產造紙原料化學組成之測定，業已完成，詳見（1）「中國造紙原料之研究」。

本項工作之主要目的，在藉顯微化學分析方法，研究纖維之形態結構，長寬度及染色變化等，而定其特徵。因各種纖維性質之不同，對於紙張之品質影響甚大，故由纖維之觀察，可判定原料之優劣，選擇各類紙張適宜之原料及配合量，以及鑑別各種紙張所用原料之種類等，其意義甚爲重大。

歐美各造紙先進國家對於此項研究工作已具相當成績，其中如加片特氏（C. H. Carpenter）已將美國各種適用之造紙原料（2）加以觀測，至於我國除高粱稈采葦兩項業經測定外（3），其餘各項主要原料尚未加以研究。本所爲解決我國紙料自給之途徑，樹立紙業根基計，特籍研究國產造紙原料化學組成之後，從事纖維之觀察，收集原料二十九種，一一加以測定，俾明其特徵及習性，以供我國紙業界今後選擇原料之參考。

二、試驗材料

造紙原料以植物纖維爲主要，動物纖維（如羊毛）及礦物纖維（如石棉）僅以之供製特種紙之用，故本試驗取材僅限於國產植物纖維，按其形態解剖分類法，列爲木材纖維（Woodfiber）莖稈纖維（Stem fiber）朝皮纖維（Bast fiber）球根纖維（Root fiber）及毛狀纖維（Seeh bair fiber）五類，共二十九種。此項材料之採集徵求，因其分佈地域遼闊，交通阻隔，費時四載，始克完成。茲就所用之各種植物略加說明俾明其通性。

1. 木材類

A. 紫雲杉（Picea Purpurea）爲雲杉之一種，樹高六公尺，其屬名源自占拉丁，係裸子植物公科雲杉屬，英文通稱曰 Spruce，俗名亦稱爲杉木，種類繁多（約30餘）。我國產約十三種左右，分佈于東三省華北甘肅青海西康及川西各地。雲杉之球果下垂，爲與樅及油杉之不同，其葉乾時易落，枝部具存餘之葉疤，但葉無柄，與鐵杉（Tsuga）不同，樹皮通常灰褐色，亦有紅褐色者，成小鱗片狀剝落，心材與邊材之區別不顯明，材色當爲淡褐色及淺紅褐色，質輕，年輪明晰。木材，爲造紙原料，亦可供一般之建築、電桿、箱、火柴盒、人造絲、樂器等之原料，目下飛機用材，亦有取給於此類之木材者。

材料採集地點　川西松潘

　　B·冷杉（Abies Fatges）屬名源自古拉丁，英文通稱 Fir ，爲裸子植物松科樅屬，我國產約十種，分佈于西南華北及東三省等地，冷杉之球果爲直立，此爲與雲杉鐵杉之大別，樹皮通常灰褐色或紅褐色，有時具有斑紋，成鱗片狀剝落但不甚顯著，心材與邊材無別，色淺，質輕而柔，年輪明晰。樅樹常甚高，可成純林，但在木材市場上不若松材與雲杉之重要，質較脆，爲次級材，但因其色白，爲木材造紙最好之原料；又因其質柔，火柴業亦可用之其他亦可供一般建築電杆船桅家具等用。

材料採集地點　川西松潘

　　C·杉木（Cunninghamia lanceolata）屬名源自古拉丁James Cunningham蓋因人而名也，爲裸子植物杉科，杉木屬，此屬僅二種，一產台灣，一產中國，故係東方特產，爲中南方最重要之材木，亦即中國最重要之商用材，我國長江流域諸省分佈甚廣，福建，浙江南部，貴州東南部，及四川等地，以至南嶺一帶，爲其主要產地，係我國獨有之針葉樹，因其分佈廣，生產速，栽植易活，材質輕輭，用途極廣，除供建築及器具用材外，又可爲造紙原料，其於造林及利用上之價值，在針葉樹中，無有出其右者，其主幹挺直分枝橫出，葉螺旋狀，排列爲線狀，披針形，形大而平，反面光滑，前端剛銳，球果形長鱗片而鋸齒，在尖端彎曲，樹皮紅褐色，心材與邊材之區別，不甚顯明。

材料採集地點　福建沙縣

　　D·松木 Pinus massoniana）學名源自古籍，英文通稱Pine爲裸子植物松柏科松屬，種類甚多，馬尾松亦稱樅柏，廣佈於楊子江流域以南，松樹球果成熟期通常爲二年，葉針狀，每束1—5枚，此樹之葉每束兩敘，幹高達20米，稀至30米，具黃褐色纖細之橫枝，據謂其木材之優劣與耐久與其所生之環境關係甚大，其材僅生長於優良之地方者，

可供建築之用，樹皮紅褐色，略平滑或薄片狀，剝落樹莖之皮爲灰褐色，具龜甲狀之裂隙，心材與邊材之區分幾不明顯，材黃褐色略帶紅，質輕，年輪甚明瞭，惟在結構不均勻者，因具松脂亦多，少有耐腐性，乾燥性質通常良好，木材適於建築及一般之用，我國產於華北及東三省，華南一帶較少。

材料採集地點　湖南長沙

　　E·柏木（Cupressus funebrisl Endl）屬名源自拉丁文，英文通稱爲Cedar，爲裸子植物柏科柏屬，此屬共12種，分佈于熱帶溫帶北美西部及舊大陸上，自地中海至喜馬拉雅一帶，我國及日本均有之，係我國重要林木之一，其分佈之廣，用途之大，實不亞於杉木，大抵分佈於江西、安徽、浙江、湖北、湖南、四川、雲南、貴州及兩廣，在北方爲珍貴之木材，川產甚多，亦可用於造紙，其木材甚耐久，常用於一般之木工家具建築造船等用，樹皮深褐色，心材與邊材之分別略顯明，木材有顯著之香氣，爲耐久之特徵，質略重，結構細密，顏色美觀。

材料採集地點　四川重慶

　　F·楊木（populus tremula Linn. Var. Davidiana Schneid）屬名源自拉丁，英文通稱爲 Poplar，爲被子植物楊柳科楊屬，分布於河北、山西、甘肅、東三省、蒙古、四川、雲貴、浙江等地，樹皮灰色略緊密而皺，心邊材之區別略顯明，質輕柔年輪略明晰，其材可爲箱桶板製紙原料火柴桿燒轆細工等用。

材料採集地點　河北遷安

　　II.莖桿類

　　A·慈竹（Bambusa Beecheyana）被子植物禾本科剛竹亞科山白竹屬，（一作叢竹屬）多生於河岸池邊，叢數十株爲一叢，上稍柔細下垂，稈吧細不一，曲折不端直，材薄而宜於篾用，高達十公尺餘，每節有二環一明一暗，節間極長，有達六十公分以上者，形圓而無凹溝，枝叢生多節，有多至四

十餘枝者，叢生枝頂，每枝有葉四至七枚，光滑無毛，有葉鞘，與葉柄連生，其連接處，有毛少許，地下莖在母竹周圍，拱起於地面之上，而不在地面下橫行，四川為其主要產地，廣東亦有之，除作篾用外，亦為造紙原料。

材料採集地點　四川銅梁

B.蘭竹(phyllostachys.)被子植物，禾本科內竹亞科斑竹屬，其狀似毛竹，惟較粗，且節較短，東川產量頗豐，用作架屋及其他篾用。

材料採集地點　四川銅梁

C.白夾竹(phyllostachys.)被子植物亞門，禾本科內竹亞科斑竹屬生於山坡上，少有野生者，榦細(直徑約二三分)而散生，高七八公尺，每節有一環，一明一暗，附有白粉，節間有凹溝，間亦有變溝者，竹枝二出，葉單獨着生於枝端，無毛，葉背白色，葉柄短，並無葉鞘附着，蓋草落也，四川為其主要產地，梁山、夾江、洪雅等地，數量極為豐富，可供器具之用，及造紙原料。

材料採集地點　四川銅梁

D.毛竹(phyllostachys pubescens.Hong.de L)被子植物，禾本科內竹亞科斑竹屬，禾本狀植物，多年生，枝幹圓形中空，通常高五六丈，周圍約達尺餘至二尺，綠色或黃綠色，節間不長，葉每二至八片，披針形，初夏生筍，可食，產於浙江江西福建一帶，產量豐富，可用作器具及造紙原料。

材料採集地點　福建沙縣

E.稻草(Oryza saiva)被子植物，禾本科內稻亞科，稻屬，一年生草本，栽植永田中，莖高四五尺，圓柱狀，直立而中空，有節，葉狹長，有尖端，葉脈平行，葉柄包圍於莖外，如梢狀，互生，秋月莖梢抽穗而着花，花小無萼及花冠，有內外兩殼，雄蕊六枚，雌蕊一枚，柱頭呈羽狀，果實為穎果，其米即之穀米，供食用，故此植物為我國重要產物，又藁(即稻草)可作繩席，或葺

鞋及製紙原料，秆可充燃料，糠可飼家畜，我國產於浙江、江蘇、安徽、福建、江西、湖北、湖南、兩廣、四川等地。

材料採集地點　四川重慶

F.馬蓮草　其學名尚未查出，為一年生草本，高約二尺，葉形似韭菜，寬約半寸，產於我國北部，通常均乾存，用以代糧之用。材料採集地點　甘肅

G.麥草(Triticum Salivum.var.Vulgare)被子植物，禾本科內麥亞科，小麥屬，種類不一，栽培甚廣，越年生或一年生草本，能直立，高至三四尺，葉細長而尖，有平行脈，花複穗狀花序，其小穗花序，由四五花成，兩側有穎如舟狀，果實為穎果，其種子為粉末供食用，又可將種子用以釀造醬及醬油等，且此植物之稈為製紙之原料，其粗硬者常用以葺屋頂，產於河南山東河北諸省。

材料採集地點　河北北平

H.玉蜀黍稈(Zea mays)被子植物禾本科內稷亞科，玉蜀黍屬，栽培於陸田中，一年生草本，能直立，高至七八尺，葉長而大，披針形，有平行脈，花單性，雌花與雄花同株，雄花圓錐花序，開出於莖之頭上，雌花生於葉腋，花軸多肉，穗狀花序有大苞被之，花柱如長毛狀，露出于苞外，果實為穎果，種子供食用，并為釀酒之料，其稈可利用於造紙，產於河北等地。

材料採集地點　四川重慶

I.甘蔗渣(Sacchatum officinatum.L)為糖汁提取後甘蔗之殘渣，甘蔗係被子植物，禾本科內稷亞科甘蔗屬，培栽作物，多年生，水草本，能直立，莖高至十尺許，徑寸許，葉狹而尖，線狀，披針形，長至二三尺，莖之外形，頗類於竹，惟莖中不空，故有差異，花圓錐花序，果實為穎果，其莖可以榨糖，其渣可作燃料，四川、廣東、福建等省產之。

材料採集地點　四川內江

J.蘆葦(phragmites communis.Tri

n，Var．Longivalvis）被子植物，禾本科蘆屬，生於濕地或有生於淺水者，多年生草本，莖高自五六尺達丈許，葉細長有尖端，與芒相似，秋月莖頂抽出大穗，圓錐花序，花有殼呈鼠色，花後結實，由白毛以助散布，其莖與竹略相似，細而輕，有光澤，常隨土地之肥瘠粗細不一，可作廉簾，筍供食用。材料採集地點 四川重慶

J．K．棉花桿（Gossypium hirsutum）被子植物錦葵科草棉屬，美國南部產，我國各地多栽培之，一年生草本，高二至四尺，闊大分枝，葉掌狀分裂，有長葉柄互生，托葉二片，形狹而尖，秋月葉腋開花，花大有苞，花冠五瓣，淡黃色，三四日卽凋，果實爲蒴果，熟則裂開，成三至六部份，其種子被以長毛，色白卽爲棉，用於紡織，破布可用製紙原料，其桿乾後呈暗紫紅色，心似木質，帶黃白色，因其桿之皮與心差異甚大，故本試驗分開製取其纖維素，而觀察之。材料採集地點 四川重慶中央大學農場

M．L．箆麻子桿（Ricinus Communis）被子植物，大戟科蓖麻屬，栽培於園圃間，一年生草本，春月下種，生苗，莖高六七尺，形圓而中空，與竹相似，葉互生，葉柄長，呈楯形，葉身大，掌狀深裂各裂片有粗鋸齒，秋月自梢上或節抽出花莖長五六寸，綴以圓錐花序，花單性，雌花在上部，花柱淡紅色，雄花在下部呈淡黃色，果實爲裂果，大如指頭，外部有許多尖銳之突起，內含種子三粒，橢圓形而稍扁，有白黑斑紋可以榨油，稱蓖麻子油，甚稠厚用於醫藥或印色，其莖有赤有白，中空，其葉大如篦葉，勺葉凡五尖，夏秋間，梗裏抽出花穗，蘂藥黃色，每枚結實數十顆，上有刺，攢簇如蝟毛而軟，凡三四子合成一顆，粘時劈開，狀如巴豆，殼內有子。大如豆殼，有斑點，狀如牛蟬，再去斑殼，中有仁，成熬白如殼隨子仁，有油，可作印色及油紙，子無刺者良，有刺者毒，河北四川諸省均產之。

材料採集地點 四川重慶沙坪壩

Ⅲ、韌皮類

a 麻纖維類

A．大麻（Cannabis Sativa）被子植物，桑科大麻屬，一年生草本，高六至十五尺，莖方形，葉對生，掌狀複葉，小葉五片或七片，有鋸齒，花單性，雌雄異株，無花瓣，莖之皮層，纖維強韌，可爲纖物，其種子可製香料。

材料採集地點 四川榮昌

B 苘麻（Abutilon avicennae）被子植物錦葵科苘麻屬，熱帶地方原產，有栽培於園圃者，一年生草本，春月下種，生苗，莖高五六尺，葉圓心臟形，葉柄長，夏月莖梢之葉腋開花，花小黃色，萼片五，花瓣五，雄蕊多而比花瓣短，雌蕊之柱頭，二裂至五裂，果實至成熟後，則乾燥而裂開，現出有毛之種子，此植物之莖皮，可採纖維，色白有光澤，供織布及打繩索之用，與麻絲相類，惟其質較弱耳。

材料採集地點 四川重慶

C 苧麻（Boehmeria nivea）被子植物蕁麻科苧麻屬，種類不一，生於山野中，性喜潮濕，多年生草本，略有木質之莖，春日莖自宿根抽出，高四五尺，葉卵形而尖，有鋸齒，裏面密生白色之毛，有長葉柄，互生，自夏至秋，葉腋綴細花，花單性，無花冠，雄花與雌花同株，其雄花萼四片，綠色，雄蕊四，此植物往往培養於園圃間，夏秋之際自其莖皮部採取纖維，其物理性極佳，供紡織之用，我國產于海南島甚多，四川江西湖南產量亦豐。

材料採集地點 四川榮昌

D 亞麻（Linum usitatissimum）被子植物亞麻科亞麻屬，一年生草本，高至三尺餘，葉細披針形，互生，初夏開花，紫碧色，萼片五，無綠毛，花瓣五片，雄蕊五枚，子房五室，花柱離生，撒房狀花序，花後結蒴，直徑二三分，此植物在五千年前東印度

埃及已栽培之，故爲培養植物中最古者之一，其莖之皮部，可採纖維，供織物之料，又自種子所榨之油，稱亞蔴仁油，或加於印墨之內，或供藥用及食用，我國產于西北一帶

材料採集地點　河北北平

　　b 樹皮類

A 檀皮　其學名尚未查出，爲檀樹枝條剝下之皮，檀樹種類有黃檀、紫檀、青檀之別，黃檀可以造舟，紫檀可製器具，青檀之皮，則可用以造紙，我國所獨產之宣紙，卽用此而製成者，其品質之優異非舶來品所比。

材料採集地點　安徽涇縣

B 楮皮 (Broussonetra Papyrifera)爲楮樹皮，楮亦名榖，俗稱榖樹皮，係被子植物桑科楮屬，屬名源自古拉丁，由紀念Augusta Broussnet 而得名，喬木高達二三丈，其嫩莖密生剛毛，葉卵形，常五裂或三裂，亦有剛毛甚粗糙，此屬在植物學上之特徵，爲複聚果，圓形，成熟時紅色，凸出子房柄上，花被不成肉質，芽有2—3鱗片，樹皮淡灰色，有綯裂，略平滑，其銹色顯明之皮孔，爲纖維質，心材與邊材之區別不顯明，其樹皮可用之造紙，採皮時間分春秋兩季，春則三月，秋則八九月，產于貴州浙江廣西等省。

材料採集地點　貴州都勻

C 黃瑞香皮 (Edgewarthia Chryantha)日本名之爲三椏被子植物，瑞香科黃瑞香屬，落葉灌木，高至六七尺，莖常分枝如三叉形，葉廣披針形，互生，歇末葉落，枝梢各下垂一團之花蕾，至春開花，排列似頭狀，蕚筒形，四裂，黃色，花謝則葉出，黃瑞香之種植，當春季二月中，植於溫暖且易排水之砂質土中，至第二年枝幹生長，可以分株移植於他處，三年後砍之，留其根部俟來年仍發新條，伐枝之時，當在秋月，剝皮浸水中，去粗皮，收藏纖維，供製紙之用，我國產於浙江貴州等省。

材料採集地點　貴州都勻

D 雁皮 (Wikstraemia sikokianum)被子植物瑞香科雁皮屬，落葉灌木，高五六尺卵形有毛，互生，花小形，有蕚，如花冠樣，四裂，其蕚之裂片，呈黃色，蕚之筒部，白色生毛，甚密，筒片比裂片長約四倍，常以數花集於莖之頂端，排列於頭狀，此植物至春月落葉之際。連根拔採，剝取其莖內皮之纖維，供製紙之原料，我國以浙江南部產量爲多。

材料採集地點　浙江富陽

F 桑皮 (Morus Alba) 係白桑枝條之皮，爲被子植物桑科桑屬，落葉喬木。葉卵形，有鋸齒，春末開花，小而有黃色之蕚，穗狀花序，雌雄異株，果實爲許多小果聚合，稱桑果，樹皮灰褐色，堅實皮不規則剝落，內皮深黃褐色，其葉供飼蠶，木材供器具用，樹皮可製紙，我國以浙江河北產量爲最多。

材料採集地點　河北遷安

　　IV、球根類

地瓜皮　地瓜爲土稱，屬蓣類，生於地下，其藤則如甘薯之綫延地面，一年生，其味甘美，通常用以作荬蔬，其皮沿根極易剝下，均棄置無用，以往對於其皮之利用甚少研究。

　　V、毛狀類

棉花　其植物通性已詳述于棉花稈中

三、顯微鏡下各種纖維之觀察

各類植物纖維在製紙工程以前，因其外觀及長短之不同，普通以眼觀之，卽能辨別，如同蔴棉木草等是。惟同一類之纖維，欲區分其爲何種，例如木類中之杉木、松木、雲杉等則須利用顯微鏡，以特殊之方法觀察，姑能分別。

由植物中提取纖維之方法：有碱法 (Soda process) 克若司法 (C.F.Cross) 與柏萬氏法 (E.T.Bsvan)，各法均甚通行，其製備手續，因篇幅有限，姑從略，纖維旣經

提出，即接下述方法（4）（5）進行顯微鏡下觀察：

將製就之紙狀乾纖維，放於蒸發皿中，加百分之一之碱水煮沸十分鐘至半小時，至纖維能分散為度，繼以銅絲網杯濾去碱水，用針挑起，置大指與食指之中，壓去餘水，再以針挑之，放於玻片上，加清水一二滴，用長針將其分散均勻，再用另一玻片覆於其上壓緊，玻片間流出之水，用吸墨紙吸盡，於是架置顯微鏡下觀察之，記其形狀特徵，為輔助觀察之清晰及易於區別起見，再以下列二溶液代替清水，浸於纖維上，以資識別。

1. 氯化鋅碘液——先配二種溶液其成分為

(A)含氯化鋅 20 克，水 10 克

(B 含碘 0.2 克，碘化鉀 2.1 克，水 5 克

待(A)液冷却後，將二液混和靜置，待其澄清後，傾入另一具玻塞之有色瓶中，置一碘片入內。

2. 碘化鉀液——其成分為含碘化鉀2克，碘 1.15 克，尤 02 克，甘油 1c.c.，置一具玻塞之有色瓶中。

以如是之溶液，可使纖維着色，而使其形狀及特徵易於顯明，茲將各種纖維染色後，由顯微鏡觀察出之特徵，敍述於后：

I. 木材類

A. 紫雲杉——其纖維扁平如絲帶，其上有小空眼錯雜，極易識別，且有填充組織有時此種細胞，扭曲如棉，然染色後則與棉纖維大有識別，雲杉纖維大部分為管胞纖維。

B. 冷杉——其纖維形狀似雲杉，扁平而摺疊，惟其上之空眼略大，排列較稀且整齊，纖維之中央，有一較顯之莖紋。

C. 杉木 纖維狀如雲冷杉，其上之空眼排列略較前二者為稀。

D. 松木——其纖維不如雲杉之扁游，其空眼大且有似窗戶狀，大抵每四個一組。

E. 柏木——纖維狀亦與雲冷杉相同。空眼小而不甚圓，較松木冷杉為密，纖維亦較短。

F. 楊木——楊木屬於闊葉樹，其纖維短而成圓筒形，兩端略尖，壁上有節，其中常有許多寬而成口袋形或管形之細胞，此為闊葉樹所賦之最顯著之特徵，大部分纖維為近管狀。

II. 莖桿類

A. 慈竹——其中多薄膜條狀纖維（狀甚柔軟）亦有呈硬狀者，其兩端尖，且色較深，此外當有集體之膜狀及胞狀細胞。

B. 蘭竹——蘭竹之纖維長，而不呈帛狀，兩端尖有長形簾狀細胞。

C. 白夾竹——纖維大多細而較長，兩端尖，中有似節之眼，亦有少許扁帛狀纖維，及短而粗之纖維，其胞狀體較慈竹中多，且有長網膜狀圓筒之細胞。

D. 毛竹——其纖維狀與白夾竹相似，惟其中胞狀體似較前者為多。

E. 稻草——其纖維短細，內多含梳狀體（重叠排列），及膜狀物（呈長捆形）為其特點，此外尚有彈簧形體及穀點。

F. 馬連艸——纖維較稻草略粗長，有梳狀物（色暗），及紫色薄膜體。

G. 麥草——纖維有節紋，較稻草略長，多膜網長錐狀細胞，色暗，梳狀體不及稻草多。

H. 玉蜀黍桿——纖維粗細不勻，兩端尖。而大部分為膜狀長錐細胞（殆佔全體二分之一），多梳狀體，狀若麥草者。

I. 蘆草——其纖維細，而呈扁狀有節，亦有呈絲帛狀者，故寬幅不一，兩端尖而平，亦多長筒狀及網狀細胞。

T. 甘蔗渣 纖維較前數者均粗，長亦較前為勻，其兩端尖，中端亦有有空眼節者，多膜狀物，惟不如玉蜀黍桿之酷似匝錐。

A 棉花桿心(去皮)——纖維酷似楊木，短而且厚薄不勻，亦呈闊葉樹之特徵，且有

似滕狀之細胞及胞狀體。

B,棉花桿皮——纖維之形狀酷似茼麻，圓筒形，似透明而橫紋較多，列于纖維上頗美觀，末端尖細，惟有雜形纖維頗多，有鬚條狀之集成體，排列成捆把狀，有薄膜長柱體，兩端均空，其上尚有滕紋，此外有極薄之膜。上集大羣之卵形體，

乙、蓖麻子桿——其纖維頗不一致，有似皮狀者，亦有似梗狀者，粗細長短極懸殊，頂端或尖或圓，纖維之長而較粗者，末端漸細而不銳，其側略具纖細之毛，其短者占大部份，末端尖，此外有長而顯呈無數小孔之圓筒細胞，一端銳，一端則禿，亦有口袋及管形細胞，且有薄帛集成體。

III、韌皮類

a.麻類

A.大麻——大麻纖維頗似亞麻之纖維，在粗製狀態中，有若干異點可以識別，沿纖維之長向有平行之條紋，有細紋橫過其表面，末端扁平，有時呈叉形，縫隙中有小鬚毛伸出，不若亞麻之透明，其管道極難辨出。

B.茼麻——茼麻之纖維呈圓筒狀，透明，兩端尖，其上有似斑點之橫痕，長幅次於前者，惟頗均勻，此外有少量之膜狀體，重疊而集，其色透明。

C.苧麻——纖維粗長，寬幅不勻，兩端亦極不規則，上有薄痕，有時顯明，有時不顯明，纖維呈多數結節，且有橫紋，其末端之壁厚圓，其側則多鬚狀物。

D.亞麻——亞麻為亞麻內表皮纖維，為製造上等紙最佳之原料之一，其用于造紙工業方面者，大都係破布或紡織之廢棄物及繩索等中而來，其纖維較苧麻短而細，成圓筒狀，末端漸尖細，其中心有直徑很小之細長管道，又因細胞壁重複增厚之故，有節形成，其間距離頗有規則，節之粗細頗不一致，其粗者直徑較大，故有時凸出，較纖維為寬此等纖維之特性，常因製造方法而改變，非經特殊處理，頗難與其他麻纖維及棉纖維識

別，亞麻纖維中除成圓筒狀者外，尚有平扁如帛者。

b.樹皮類

A.楮皮——其纖維呈圓筒狀，長遠不及苧麻，較苧麻細，其上密附似髮紋之痕，其灣曲之處，此痕甚多呈節狀，故色較深，末端不尖，有時似刀口狀，其外有薄扁纖維，摺疊而存在，此物二端不齊，似多數膜狀體，重疊而成者。

B.構皮——其皮纖維呈圓筒狀，似楮皮，其長短粗細則較前者為均勻，其外圍似包有一層薄膜狀物，有時隱顯可見，纖維上之橫紋，不如楮皮纖維上之短細，較粗，而且顯明，如紋相集，而呈節狀，且排列頗為整齊，末端漸尖薄，其纖維之薄者，每較厚者為細，此外尚有膜狀纖維，薄而柔軟，色亦甚淺，大小不一。摺疊成各式，存在於片中。

C.黃瑞香皮——其纖維前二者為細長，有節狀黃痕，於纖維之上，排列甚為規則，其無節之處，似透明，末端漸細小，纖維之外，常有形之膜狀體，薄而透明，尚有卵形體，其組成與膜狀體相若。

D.雁皮——雁皮之纖維，與黃瑞香皮相若，且較其略細，其上黃痕紋散列，不及三椏皮之整齊，末端漸細小，亦如三椏，惟多數纖維之中端，有滕狀之空眼節，或突出之結，其膜狀體不如三椏之多，常成水草狀存在。

E.桑皮——其皮纖維較構皮等均粗，其色鮮明，其上之橫整紋稀少而顯明，排列亦較有規則，有時纖維之中端，有突出之節，其色暗，似樹上之股節，其他之薄膜狀細胞，因重疊而成不規則形，且其上形成各式整紋。

IV、球根類

地瓜皮——其纖維狀頗佳，既長且細，非常均勻，兩端尖扁。上無橫紋及痕，亦有摺疊如棉狀者，此外尚有少許薄帛細胞兩端不如前者之有鋒，其膜狀物亦集合重疊。

Ⅴ、毛狀類

　　棉——棉纖維為優等紙張最佳之原料，可製特種紙張，於顯微鏡下，粗製之棉纖維，呈特有形式，極易識別，完全成熟之棉，其形扁平而扭曲，未成熟棉及在生長時會受傷害者，均無此現象，成熟之棉細胞壁薄，其外表呈粒狀，或有特別齒紋，其厚薄之纖維中間呈粒面，直徑均勻，末端無鋒，纖維上無全空眼及節，此種纖維之扭曲形，可用以與其他植物纖維區別。

四、各種纖維之染色試驗

　　紙纖維染色後，不獨在顯微鏡下其形態及特徵特別顯明，且可以區別經製料工程處理後之纖維類別，如按紙料分類法可分為：

（一）含有木質之料（未經精製之黃麻及磨木）（即俗名之機械木漿），（二）破布纖維，（三）化學方法所製之纖維料，（俗稱紙料）三類；各類纖維所染之色，絕不相同，故易於區分，惜此種方法，尚有其缺點：如不能將每類中之纖維完全辨別，且纖維經打漿後，染色特性常致變易，而互相混亂，無從區別等是，是此法尚有繼續研究改進之必要。本試驗僅按照普通染色法，將各種國產纖維，加以着色，以視測其顏色，並與歐美所產原料比較，示其異同，所用之染色液，有：氯化鋅碘液，碘化鉀碘液及氯化鉀碘液（其成分為：A,碘1·3克、碘化鉀1·8克，溶於百克水中B.氯化鉀之飽和溶液）三種。茲將結果列表如下：圖從略

纖維種類	在染色液中之反應		
	氯化鋅碘液	碘化鉀碘液	氯化鉀碘液
紫雲杉	淡紫色	褐色	淺藍紫色
冷杉	紫色	暗棕色	淺藍紫色
杉木	淡紫色	褐至棕色	淺藍紫色
松木	紫色（微帶紅）	棕色	淺黃紫色
柏木	紫色	深棕色	淺黃紫色
樅木	深紫色	灰褐色	淺紅紫色
慈竹	紫色（帶藍）	褐色	微紅色
蘭竹	暗紫色	深褐色	微褐色
白夾竹	淺藍紫色	褐色	淺黃色
毛竹	紫色（帶藍）	褐色	淺黃色
稻草	較深紫藍色	褐色至棕色	淡紅色
馬蓮草	暗紫色	鮮棕色	微黃色
麥草	紫色	淡褐色（暗灰）	微紅色
玉蜀黍稈	深紫色	淡褐色（略灰）	微紅色
甘蔗渣	深紫色	暗褐色	微紅色
蘆葦	紫色（帶紅）	棕色至褐色	微紫紅色

棉花杆心	深紫色及紫色.	褐色	微紅色
棉花杆皮	紫色(帶紅)亦有呈藍灰者	棕色至褐色	微紫色
蓖麻子杆	紫色及褐色	棕色	紫紅色
大　麻	紅紫色	棕色	淡紅色
苘　麻	淡紫色其皮廣爲褐色	暗褐色	淺褐紅色
苧　麻	株紫色	灰褐色	褐紅色
亞　麻	紫紅色	褐色	微褐色
檀　皮	紫紅色	褐色	紫褐色
橋　皮	暗紫色	褐色	灰紫色
黃瑞香皮	淺灰紫色	灰褐色	微黃色
雁　皮	灰褐(帶紫)	暗褐色	微黃色
桑　皮	紅紫色	棕色	微紫紅色
地瓜皮	深紫帶紅	棕色	淺紫色
棉	紅色	色棕大	棕紅色

【註】　褐色，爲灰棕色。
　　　　褐色至棕色，係指一部份纖維爲褐色，一部份爲棕色之意。

五、各種纖維之量度

纖維之長短及寬窄，與紙張品質關係甚大，就是一般言之，長纖維較短纖維爲佳，細纖維比粗纖維製出之紙張較細密均勻，在製紙工程上，雖以打漿機之作用將纖維打短，惟長纖維經打漿後，兩端成樹枝狀分散，做成紙張，組織緊密，拉力甚強，短纖維受打後，纖維更短，兩端雖能成樹枝狀，然因其過短之故拉力較弱，本試驗係以未經製成紙張之纖維，就其原形，量其長短寬窄，惟纖維之尺寸雖屬同種，長短寬窄亦不一律，故以往量度木竹草樹皮之纖維者均取其最大值與最小值而求其平均值，此法不甚準確，因平均值不足以代表某種纖維大多數之長短大小也，故特以大多數纖維之長短大小值以代平均值，茲將測定之結果列表於下：

纖維名稱	長　　度（m m.）			寬　　度（m m.）		
	最大	最小	大部份	最大	最小	大部份
紫蜀杉	3.50	1.10	2.00—3.16	0.053	0.018	0.038—0.053
冷　杉	3.90	1.04	2.00—3.50	0.065	0.026	0.038—0.057
杉　木	3.80	1.05	1.70—2.50	0.064	0.019	0.042—0.053
松　木	4.20	1.14	2.00—3.20	0.076	0.011	0.038—0.057
柏　木	3.50	1.14	1.90—2.80	0.065	0.015	0.047—0.057

楊　　木	1.71	0.38	1.14—1.33	0.042	0.012	0.019—0.028
慈　　竹	2.85	0.34	1.33—1.90	0.028	0.003	0.009—0.019
蘭　　竹	3.20	0.38	1.52—2.28	0.031	0.004	0.011—0.021
白夾竹	4.20	0.31	1.50—2.40	0.032	0.006	0.013—0.019
毛　竹	3.20	0.34	1.50—2.09	0.030	0.006	0.012—0.019
稻　　草	2.66	0.28	1.14—1.52	0.028	0.003	0.006—0.009
馬蓮草	2.75	0.32	1.33—1.62	0.028	0.004	0.007—0.011
麥　　草	3.27	0.47	1.71—2.80	0.044	0.004	0.017—0.019
玉蜀黍桿	3.14	0.32	1.52—2.28	0.047	0.004	0.011—0.019
甘蔗渣	4.20	0.47	2.47—3.04	0.048	0.009	0.021—0.028
蘆　　葦	2.66	0.20	0.95—1.52	0.036	0.003	0.009—0.019
棉花桿心	2.47	0.32	0.67—1.14	0.033	0.007	0.019—0.028
棉花桿皮	8.2	0.53	3.0—4.5	0.047	0.004	0.015—0.025
蓖麻子桿	6.4	0.43	0.68—0.95	0.057	0.009	0.019—0.028
大　　麻	29.0	12.4	15.0—25.5	0.032	0.007	0.015—0.025
亞　　麻	6.3	1.14	2.8—4.0	0.045	0.009	0.015—0.025
苧　　麻	231.0	36.5	120.5—130.3	0.076	0.009	0.024—0.047
黃　　麻	41.5	10.6	21.0—32.8	0.047	0.009	0.019—0.028
檀　　皮	18.0	0.72	9.0—14.0	0.034	0.007	0.019—0.023
構　　皮	14.0	0.57	6.0—9.0	0.032	0.018	0.024—0.023
黃瑞香皮	5.8	0.95	3.1—4.5	0.030	0.004	0.015—0.019
雁　　皮	8.8	0.95	3.0—3.5	0.026	0.007	0.008—0.015
桑　　皮	45.2	6.5	14.0—20.0	0.038	0.005	0.019—0.025
地瓜皮	4.5	0.66	2.5—3.5	0.032	0.006	0.015—0.021
棉	32.2	0.49	14.0—18.0	0.040	0.006	0.023—0.034

　　爲使國產造紙纖維與美日印三國所產者比較計，特將該三國之各種纖維寬度，列表於下：

國別	原　料　名　稱	長　度			寬　度		
		最大	最小	平均	最大	最小	平均
美　國	冷杉 Abies grandis (6)	5.70	2.89	4.14	——	——	——
美　國	雲杉 Picea canadensis (6)	4.21	2.81	3.53	——	——	——
美　國	松木 Pinus palustris (6)	6.69	2.97	5.53	——	——	——
美　國	楊木 Populus grandidcntata (7)	1.62	0.71	1.08	0.044	0.020	0.028
日　本	雲杉 (8)	8.05	0.91	1.98	0.058	0.029	0.089
日　本	冷杉 (8)	4.01	1.09	2.05	0.054	0.025	0.037
日　本	竹 (一年生) (9)	1.96	1.26	1.58	0.028	0.016	0.021
日　本	蘆葦 Phragmites longivalirs (10)	3.20	1.21	1.54	0.024	0.015	0.019
日　本	稻草 (11)	2.0	0.4	——	0.02	0.01	
印　度	苦竹 (12)	4.5	——	2.8	——	——	——
印　度	竹 (Ochlandra) (12)	8.5	——	4.3	——	——	——

結　論

一、國產雲杉冷杉松木柏木及楊木等之纖維，與歐美各國所產者頗類似，長度寬度亦無甚差別，大體言之，針葉樹纖維較長，闊葉樹纖維較短，惟針葉樹最短之纖維約長一糎，較諸歐美者爲短而與日本所產者相同，故此數種材料由纖維之長短判斷堪爲造紙最優等材料。

二、杉木之纖維與雲杉冷杉長寬度極相似，僅纖維上之孔較雲杉冷杉爲稀，故按長寬而言，以杉木製紙，應與雲杉冷杉類似，但其纖維輕而鬆，故其所製紙之品質究若何，須侍研究其物理性質後，始能決定，目前可判斷者，杉木當不失爲造紙優等材料。

三、老竹纖維較針葉樹爲短而長於闊葉樹，與日本非洲之老竹類似，惟較印度所產者爲短，此項材料在我國東南西南部非常豐富，就其纖維長幅而論，可以製造假等道林紙及印刷紙，品質約略遜於由針葉樹製造者，其一優點爲可不參用其他原料而單獨製紙，故在我國木材不甚豐富時。竹實爲良之

代替品，其應用之唯一困難爲漂白問題，本所曾以印度瑞特氏（W. Raia）解決竹類漂白之蒸煮方法，研究數年，仍無滿意結果，尚待繼續研究，另覓適當方法，如此項漂白困難工作能予解決，老竹當可大量利用。

四、草類纖維種類以我國爲最多，在歐洲均用麥草或西班牙草，在美洲爲麥草，玉蜀黍，甘蔗渣，在日本除以以上材料外尚有稻草，蘆葦棉花稈豆楷等原料，我國則除此而外，另有蓖麻子稈與馬蓮草可資利用，草類纖維之特徵，通常多爲有梳狀纖維彈袋形體及藏點如稻草麥草等是，但在本試驗中發現蘆葦甘蔗渣棉花稈蓖麻子稈等無以上之特徵，如同高粱稈一般，在草類中稻草麥草馬蓮草蘆葦棉花稈心部蓖麻子稈等之纖維較竹類爲短，而玉蜀黍稈與竹類極相似，甘蔗渣和棉花稈皮部，則較竹爲長，寬與竹類相差無幾，因草類纖維較短，不能單獨應用，必須配以較長之纖維，如竹、木、布及樹皮等始能製造優良紙張。

五、國產棉麻類中，棉大麻苧麻及黃麻等纖維之長幅甚相類似，惟菌麻因其過去未

以之爲製紙原料，無從比較爲本所試驗觀察所得，其纖維與三椏皮和雁皮相差無幾可作特殊紙，此項材料在華北產量甚豐，除以之製繩外無其他用途，四川亦產，名桐蔴，產量不豐，黃蔴因四川產最極少，此次未能將其異樣品收集，故其特徵及長幅等，須以後再補，蔴類爲製特殊紙重要原料，如大蔴亞蔴可作捲煙紙，又亞蔴苧蔴可作最佳之簿記紙信箋紙及證卷紙等。

六、靭皮纖維爲東方特產，日本以三椏皮所製之紙品質特佳，我國則以檀皮與草類所作之宣紙爲最著稱，桑皮與草所製高麗紙毛頭紙，雁皮構皮所作之皮紙等次之，此類紙張所以具有特殊性質者，爲其纖維細而長之故，其中以桑皮纖維最長，檀皮構皮次之，三椏與雁皮最短，寬度則以三椏及雁皮爲最窄，故其紙特細密，檀皮爲我國特產，以其纖維雖較三椏皮略長，然而寬度則相差無幾，故以之製造皮紙可望與三椏皮紙相似。

七、地瓜皮在過去未曾以之爲製造原料，其研究工作亦少，本試驗將其分於球根類中，其纖維之長寬，與三椏皮及蔏蔴類似，故就其纖維狀態言，可作特殊紙，三椏皮在我國浙江與貴州雖產，惟其量甚少，不能大規模利用製造特殊紙，地瓜皮則爲西南各省如湖南、四川、貴州等所出產，數量甚豐，大有利用可能。

文獻

（1）張永惠 工業中心 第八卷第三四期 二七至三五頁

（2）C.H. Carpenter: Technical Publication No. 35 Atlas of Paper making Fibars M IV. No. 3—b. N.Y. State college of Forestry

（3）張永惠 工業中心 第五卷第十一期 五四一至五二一頁

（4）W. Herzberg: Papierprnfung

（5）TAPPI Method of Paper Testing

（6）Hogglund Natronzellstoff S. 20（1926）

（7）Sutermeister: Chemistry of Pvlp and Paper Making New rork 1920. P.51

（8）迁行雄，林業試驗所報告第28號

（9）西田屹二，若宮敬次郎，纖維素工業，第3卷第7號。

（10）厚木勝基，菊地常男，工業化學雜誌，第27編第9冊

（11）隈川八郎，下村吉，z Augew. Chem, 414（1923）

（12）W. Raitt, The digestion of grasses and Bamboo for Paper-Making. 1931

編者附注：本文原附顯微圖二十四幀，無法製版姑從略

工程法解算高次方程式根值

林 士 諤

引 言

各門工程中，如飛機安定性，發動機振動，及電路網設計等問題，常須解算高次方式根值，以求振動週率，及減振性等答案，致高次方程式根值之解算，成應用工程上一重要之問題。在數學上，解算方程式眞根通常以 Horner Newton's Method（荷那牛頓法）爲最捷；解算複根，通常用 Graeffe' Method（古里夫法）（註一），然方程式次數愈高，及複根愈多，則解算根值時亦愈多繁雜。尤以方程式中各根值大小相差甚多時，往往需用七位數字以上之對數表，或數字乘除，始能解算各根值，使其數字達到工程應用準確性，據比耳電話試驗室（Bell Telephone Laboratories）最近報告（註二），解算八次方程式之四對複根（三位數字準確），通常需時四天之久；解算六次方之三對複根，通常亦需時二天，比耳公司爲節省時間，不惜用鉅金製一機械解算機，用此機可於一天內解算八次方，半天內解算六次方之複根，允稱解算高次方複根法中之最簡捷者。

本文所述之解算高次方程式根值法，最宜於解算高次方程式中各複根，或其根值相差較遠者。且解算時，僅需通常之計算尺，即可得工程準確性之根值，六次方之三對複根，往往可於一小時內解得，其特妙處，實爲前人各法所不及，用以解算飛機安定性方程式，尤爲得宜。爰特爲文，供各賢達參考，並期各專家賜予指正改良，使此法之應用得達完善，則作著幸甚焉。

（一）解算四次方程式：

設 $x^4 + Bx^3 + Cx^2 + Lx + E = O$ ………………………(1)

爲須解算之四次方程式；B, C, D, E 爲已知常數，今以二次因數 $(x^2 + d_0 x + e_0)$ 照綜合除法程序除此四次方程式如下：

$$
\begin{array}{r}
1 + d_0 + e_0 \,\big|\, 1 + B + C + D + E \\
1 + d_0 + e_0 \\
\hline
B_0 = (B - d_0) + (C - e_0) + D \\
B_0 d_0 \qquad + B_0 e_0 \\
\hline
B_0 = (C - e_0 - B_0 d_0) + (D - B_0 e_0) + E \\
C_0 d_0 \qquad\qquad C_0 e_0 \\
\hline
P_0 = (D - B_0 e_0 - C_0 d_0)_2 \quad Q_0 = E - C_0 e_0)
\end{array}
$$

故四次方程可劈爲：——

$$x^4 + Bx^3 + Cx^2 + Dx + E = (x^2 + d_0 x + e_0)(x^2 + B_0 x + C_0) + P_0 x + O_0) = 0$$

其中之：——

$$B_0 = B - d_0 \quad\text{……………………………………(2)'}$$

$$C_0 = C - e_0 - B_0 d_0 \quad\text{……………………………(3)'}$$

9317

$$P_0 = D - B_0 e_0 - C_0 d_0 \quad \cdots\cdots\cdots\cdots\cdots\cdots (4)'$$

$$Q_0 = E - \quad C_0 e_0 \quad \cdots\cdots\cdots\cdots\cdots\cdots (5)'$$

$(P_0 x + Q_0)$ 為餘數，苟能設法使之為零，則四次方程式（1）乃可劈為兩個二次因數，其真根或複根之數值自易於解算矣。

普通情形下，如 d_0 及 e_0 為任意數值時，P_0 及 Q_0 之數值不易等於零現設 P_0' 及 Q_0' 二數如下式：

$$P_0' = D - B_0 e_1 - C_0 d_1 \quad \cdots\cdots\cdots\cdots\cdots\cdots (6)'$$

$$Q_0' = E - C_0 e_1 \quad \cdots\cdots\cdots\cdots\cdots\cdots (7)'$$

使 P_0' 及 Q_0' 等於零，可求出

$$e_1 = E/C_0 \quad \cdots\cdots\cdots\cdots\cdots\cdots\cdots\cdots (8)'$$

$$d_1 = (D - B_0 e_1)/C_0 \quad \cdots\cdots\cdots\cdots\cdots\cdots (9)'$$

然後用 $(x^2 + d_1 x + e_1)$ 除 (1).

可得：——

$$x^4 + Bx^3 + Cx^2 + Dx + E = (x^2 + d_1 x + e_1)(x^2 + B_1 x + C_1) + (P_1 x + Q_1) = 0$$

其中之：——

$$B_1 = B - d_1 \quad \cdots\cdots\cdots\cdots\cdots\cdots\cdots\cdots (2)''$$

$$C_1 = C - e_1 - B_1 d_1 \quad \cdots\cdots\cdots\cdots\cdots\cdots (3)''$$

$$P_1 = D - B_1 e_1 - C_1 d_1 \quad \cdots\cdots\cdots\cdots\cdots (4)''$$

$$Q_1 = E - C_1 e_1 \quad \cdots\cdots\cdots\cdots\cdots\cdots (5)''$$

同樣複行上述除法至 n 次時，乃得：——

$$x^4 + Bx^3 + Cx^2 + Dx + E = (x^2 + d_n x + e_n)(x^2 + B_n x + C_n) + (P_n x + Q_n) = 0$$

其中之：——

$$e_n = E/C_{n-1} \quad \cdots\cdots\cdots\cdots\cdots\cdots\cdots\cdots (8)$$

$$d_n = (D - B_{n-1} e_n)/C_{n-1} \quad \cdots\cdots\cdots\cdots\cdots (9)$$

$$B_n = B - d_n \quad \cdots\cdots\cdots\cdots\cdots\cdots\cdots\cdots (2)$$

$$C_n = C - e_n - B_n d_n \quad \cdots\cdots\cdots\cdots\cdots\cdots (3)$$

$$P_n = D - B_n e_n - C_n d_n \quad \cdots\cdots\cdots\cdots\cdots (4)$$

$$Q_n = E - C_n e_n \quad \cdots\cdots\cdots\cdots\cdots\cdots\cdots (5)$$

置

$$P_n' = D - B_n e_{n+1} - C_n d_{n+1} = 0 \quad \cdots\cdots\cdots\cdots (6)$$

$$Q_n' = E - C_n e_{n+1} \qquad\qquad = 0 \quad \cdots\cdots\cdots\cdots (7)$$

故

$$P_n = (4) - (6) = B_n(e_{n+1} - e_n) + C_n(d_{n+1} - d_n) \quad \cdots (10)$$

$$Q_n = (5) - (7) = C_n(e_{n+1} - e_n) \quad \cdots\cdots\cdots\cdots (11)$$

苟上述之循環綜合除法，能使

e_{n+1} 之值漸近 e_n 之值

及 d_{n+1} 之值漸近 d_n 之值

則 P_n 及 Q_n 之值可漸近於零

而四次方程式 (1) 卽劈為兩個二次方因數

$$(x^2 + d_n x + e_n) = 0$$

及　$(x^2 + B_n x + C_n) = 0$

其根值乃可由下式求得：——

$$r_{1,2} = -d_n/3 \pm \sqrt{(d_n/3)^2 - e_n} \quad\cdots\cdots\cdots\cdots\cdots\text{(A)}$$

$$r_{3,4} = -B_n/3 \pm \sqrt{(B_n/3)^2 - C_n} \quad\cdots\cdots\cdots\cdots\cdots\text{(B)}$$

收斂性。(Condition of Convergency)

依照上述循環除法解算方程式根值其成功與否，端賴此除法用於某一方程式時，能否具備收斂性之條件，換言之，卽經過每一循環除法後。P_n 及 Q_n 之數值能否漸近於零。

現設程式 (10) 及 (11) 中之 $(e_{n+1} - e_n)$ 及 $(d_{n+1} - d_n)$ 為 e_n 及 d_n 之之變值；用 σe_n 及 σd_n 表示之，從前述循環除法程序可看出當 e_n 及 d_n 變值時，卽生出 B_n 及 C_n 之變值；σB_n 及 σC_n。從公式 (2) 及 (3)，可得：——

$$\sigma B_n = -\sigma d_n \quad\cdots\cdots\cdots\cdots\cdots\cdots\cdots\cdots\cdots\cdots\text{(12)}$$

$$\sigma C_n = -(\sigma e_n + B_n \sigma d_n + d_n \sigma B_n)$$

$$= -\{\sigma e_n + (B - 2d_n)\sigma d_n\} \quad\cdots\cdots\cdots\cdots\text{(13)}$$

B_n 及 C_n 之變值，復生 e_{n+1} 及 d_{n+1} 之變值，卽 σe_{n+1} 或 $\sigma e_n'$ 及 σd_{n+1} 或 $\sigma d_n'$。

其程式為：——

$$\sigma e_n' = \sigma e_{n+1} = \sigma(E/C_n) = -(E/C_n^2)\sigma C_n$$

$$= -(e_{n+1}/C_n)\sigma C_n \quad\cdots\cdots\cdots\cdots\cdots\cdots\text{(14)}$$

$$\sigma d_n' = \sigma d_{n+1} = \sigma(D - B_n e_{n+1})/C_n$$

$$= -\frac{1}{C_n}\left\{d_{n+1}\sigma C_n + B_n\sigma e_n + e_{n+1}\sigma B_n\right\} \cdots\text{(15)}$$

代入(12)及(13)至(14)及(15)

可得：——

$$\sigma e_n' = (e_{n+1}/C_n)\left\{\sigma e_n + (B - 2d_n)\sigma d_n\right\} \quad\cdots\cdots\text{(16)}$$

$$\sigma d_n' = \left[(d_{n+1}/e_{n+1}) - (B_n/C_n)\right]\sigma e_n + (e_{n+1}/C_n)\sigma d_n \cdots 17)$$

從上式可看出相當於一已知之 e_n 及 d_n 變值，經過一次循環除法後，生出之 $\sigma e_n'$ 及 $\sigma d_n'$ 或大於抑或小於 σe_n 及 σd_n，$\dfrac{e_{n+1}}{C_n}$ (或 E/C_n^2) 之數值，具有莫大之關係；尚此數值能繼續保持小於一，則 P_n 及 Q_n 可使之漸趨於零數。

為試驗一已知四次方程式，是否切合收斂性之條件，其簡捷之法，為汜驗 $\sigma e_0'$ 是否小於 σe_0；為求切合 e_{n+1}/C_n 須小於一之條件，在初次試除時，

設　$e_0 = 0$，及 $d_0 = 0$

從　(2)′,(3)′,(4)′ 及 (5)′，可得

　　$B_0 = B, C_0 = C, P_0 = D,$ 及 $Q_0 = E.$

從　(8)′ 及 (9)′，可得

　　$e_1 = E/C_0 = E/C$ 及 $d_1 = (D - B_0 e_1)/C_0 = (D - B e_1)/C$

再　$\sigma e_0 = e_1 - e_0 = e_1$

$$\sigma d_0 = d_1 - d_0 = d_1$$

故從 (16)，可得：──

$$\sigma e_0' = \frac{e_1}{C}\Big(e_1 + Bd_1\Big) \quad 或 \quad \left|\frac{\sigma e_0'}{\sigma e_0} - \right| = \left|\frac{e_1 + Bd_1}{C}\right|$$

故得　$\big|\ \sigma e_0'\ \big| < \big|\ \sigma e_0\ \big|$　式爲　$\big|(e_1 + Bd_1)/C\big| < 1$ ················(A)

(A)式可用作收斂性測驗。

例　(一)：──試解方程式：──(註三)

$$x^4 + 4.05x^3 + 4.69x^2 + 0.793x + 0.514 = 0$$

此式中：──　$B = 4.05$, $C = 4.69$, $D = 0.793$, $E = 0.514$

第一步：──　　收斂性測驗：──

$$e_1 = \frac{E}{C} = 0.1095, \quad d_1 = \frac{D - Be_1}{C} = 0.0745$$

$$\left|\frac{e_1 + Bd_1}{C}\right| = \left|\frac{0.412}{4.69}\right| = 0.088 < 1$$

故切合收斂性之條件。

第二步：──　解算：──

因　　$e_1 = 0.1095,$　　　　$d_1 = 0.0745$

故　　$B_1 = B - d_1 = 3.9755$

$C_1 = C - e_1 - B_1d_1 = \quad 4.294;$

第二次；　重複劈因：──

$$e_2 = \frac{E}{C_1} = 0.1196, \quad d_2 = \frac{D - B_1e_2}{C_1} = 0.0740$$

$B_2 = B - d_2 = 3.976,$　　$C_2 = C - e_2 - B_2 - d = 4.285,$

第三次：──

$$e_3 = \frac{E}{C_2} = 0.1198, \quad d_3 = \frac{D - B_2e_3}{C_2} = 0.0738$$

$B_3 = B - d_3 = 3.9762,$　　$C_3 = C - e_3 - B_3d_3 = 4.2865$

第四次：──

$$e_4 = \frac{E}{C_3} = 0.1198, \quad d_4 = \frac{D - B_3e_4}{C_3} = 0.0738$$

因　$e_4 = e_3$　　$d_4 = d_3$　（在所用計算尺準確性內）

故　　$P_3 = 0,$　　$Q_3 = 0,$　　而上述方程式可劈爲：──

$$(x^2 + 0.0738x + 0.1198)(x^2 + 3.9762x + 4.2865) = 0,$$

其根值可依下式求得：──

$$r_{1,2} = -\left(\frac{0.0738}{2}\right) \pm \sqrt{\left(\frac{0.0738}{2}\right)^2 - 0.1198}$$

$$= -0.0369 \pm 0.3261$$

$$r_{3,4} = -\left(\frac{3.9762}{2}\right) \pm \sqrt{\left(\frac{3.9762}{2}\right)^2 - 4.2865}$$

$$= -1.9886 \pm 0.5571$$

上述計算法可簡列如下表：—

n	e_n	d_n	B_n	C_n	P_n	Q_n
	E/C_{n-1}	$\dfrac{D-B_{n-1}e_n}{C_{n-1}}$	$B-d_n$	$C-e_n-B_n d_n$	$B_n(e_{n+1}-e_n)$ $+C_n(d_{n+1}-d_n)$	$C_n(e_{n+1}-e_n)$
o	0	0	B	C	D	E
			4.05	4.69	0.793	0.514
1	0.1095	0.0745	3.9755	4.294	0.0183	0.0138
2	0.1196	-0.0740	3.9760	4.285	0.000618	0.00086
3	0.1198	-0.0738	3.9762	4.2865	0	0
4	0.1198	0.0738	......	....	....	....

在實用此法時，可照此表按次填入，直至 $e_{n+1} \to e_n$ 及 $d_{n+1} \to d_n$ 為止，又最後二行之餘數可不必計算。

例（二）：— 試解方程式 $x^4-6x^3+47x^2-18x+290=0$ （註四）

第一步：— 收斂性測驗：—

$$e_1 = \frac{290}{47} = 6.17,$$

$$d_1 = \frac{-18+6e_1}{47} = 0.404$$

$$\left|\frac{(e_1+Bd_1)}{C}\right| = \frac{3.748}{47} = 0.08 < 1$$

故合收斂性條件。

第二步：— 列表解算：—

n	e_n	d_n	B_n	C_n	P_n	Q_n
	E/C_{n-1}	$\dfrac{D-B_{n-1}e_n}{C_{n-1}}$	$B-d_n$	$C-e_n-B_n d_n$	$B_n(e_{n+1}-e_n)$ $+C_n(d_{n+1}-d_n)$	$C_n(e_{n+1}-e_n)$
o	0	0	B	C	D	E
			-5	47	-18	290
1	6.17	0.404	-6.404	43.42	3.97	22.6
2	6.69	0.572	-6.572	44.07	0.722	-4.85
3	6.58	0.572	-6.572	44.18	-.3433	-.662
4	6.565	0.571	-6.571	44.185	0	0
5	6.565	0.571				

故根值為：—

$$r_{1,2} = -\left(\frac{.571}{2}\right) \pm \sqrt{\frac{(.571)^2}{2} - 6.565}$$

$$= -.2855 \pm 2.5451$$

$$r_{3,4} = \left(\frac{6.571}{2}\right) \pm \sqrt{\frac{(6.571)^2}{2} - 44.185}$$

$$= 3.2855 \pm 5.781$$

(二) 解算六次方程式。

(a) 劈為二次及四次因數：—

設　　$x^6 + Bx^5 + Cx^4 + Dx^3 + Ex^2 + Fx + G = 0$ ·················(1a)

用因數　$(x^2 + f_0 x + g_0)$ 照綜合除法，除方程式(1a)如下：—

$$
\begin{array}{c|ccccccc}
1+f_0+g_0 & 1 & + B & + C & + D & + E & + F & + G \\
& 1 & + f_0 & + g_0 & B_0 g_0 & C_0 g_0 & D_0 g_0 & E_0 g_0 \\
\hline
& B_0=(B-f_0) & +C-g_0 & D-B_0g_0+E-C_0g_0+F-D_0g_0 \\
& & B_0f_0 & C_0f_0 & D_0f_0 & E_0f_0 \\
\hline
& (C-g_0-B_0f_0) & (D-B_0g_0-C_0f_0) & (E-C_0g_0-D_0f_0) & (F-D_0g_0-E_0f_0) & (G-E_0g_0) \\
& \parallel & \parallel & \parallel & \parallel & \parallel \\
& C_0 & D_0 & E_0 & P_0 & Q_0
\end{array}
$$

　　(1a) 可劈為：—

$(x^2 + f_0 x + g_0)(x^4 + B_0 x^3 + C_0 x^2 + D_0 x + E_0) + (P_0 x + Q_0) = 0$

即

$$B_0 = B - f_0 \quad\cdots\cdots\cdots\cdots\cdots\cdots\cdots\cdots(2a)'$$

$$C_0 = C - g_0 - B_0 f_0 \quad\cdots\cdots\cdots\cdots\cdots(3a)'$$

$$D_0 = D - B_0 g_0 - C_0 f_0 \quad\cdots\cdots\cdots\cdots(4a)'$$

$$E_0 = E - C_0 g_0 - D_0 f_0 \quad\cdots\cdots\cdots\cdots(5a)'$$

$$P_0 = F - D_0 g_0 - E_0 f_0 \quad\cdots\cdots\cdots\cdots(6a)'$$

$$Q_0 = G - E_0 g_0 \quad\cdots\cdots\cdots\cdots\cdots\cdots(7a)'$$

設

$$P_0' = F - D_0 g_1 - E_0 f_1 = 0 \quad\cdots\cdots\cdots(8a)'$$

$$Q_0' = G - E_0 g_1 = 0 \quad\cdots\cdots\cdots\cdots\cdots(9a)'$$

可得：—

$$f_1 = (F - D_0 g_1)/E_0 \quad\cdots\cdots\cdots\cdots(10a)'$$

$$g_1 = \frac{G}{E_0} \quad\cdots\cdots\cdots\cdots\cdots\cdots\cdots(11a)'$$

　　然後再用以劈 (1a)．如是，重複此法至 n 次後。

(1a) 可劈為：—

$(x^2 + f_n x + g_n)(x^4 + B_n x^3 + C_n x^2 + D_n x + E_n) + (P_n x + Q_n) = 0$

即

$$f_n = (F - D_{n-1} g)_n / E_{n-1} \quad\cdots\cdots\cdots\cdots(10a)$$

$$g_n = \frac{G}{E_{n-1}} \quad \cdots\cdots\cdots\cdots\cdots\cdots\cdots\cdots\cdots (11a)$$

$$B_n = B - f_n \quad \cdots\cdots\cdots\cdots\cdots\cdots\cdots\cdots\cdots\cdots (2a)$$

$$C_n = C - g_n - B_n f_n \quad \cdots\cdots\cdots\cdots\cdots\cdots\cdots (3a)$$

$$D_n = D - B_n g_n - C_n f_n \quad \cdots\cdots\cdots\cdots\cdots (4a)$$

$$E_n = E - C_n g_n - D_n f_n \quad \cdots\cdots\cdots\cdots\cdots (5a)$$

$$P_n = F - D_n g_n - E_n f_n \quad \cdots\cdots\cdots\cdots\cdots (6a)$$

$$Q_n = G - E_n g_n \quad \cdots\cdots\cdots\cdots\cdots\cdots\cdots\cdots (7a)$$

設

$$P_n{}' = F - D_n g_{n+1} - E_n f_{n+1} = 0 \quad \cdots\cdots\cdots (12a)$$

$$Q_n{}' = G - E_n g_{n+1} = 0 \quad \cdots\cdots\cdots\cdots\cdots\cdots (13a)$$

可得

$$P_n = (6a) - (12a)$$

$$= D_n(g_{n+1} - g_n) + E_n(f_{n+1} - f_n) \quad \cdots\cdots (14a)$$

$$Q_n = (7a) - (13a) = E_n(g_{n+1} - g_n) \quad \cdots\cdots (15a)$$

依照四次方程式收斂性條件之程序可得六次收斂性條件如下：—

$$\left| \sigma g_0{}'/\sigma g_0 \right| = \left| \sigma g_0{}'/g_1 \right| = \left| (C g_1 + D f_1)/E \right| < 1$$

（置 $g_0 = f_0 = 0$ 可得 $g_1 = G/E$, $f_1 = (F - D g_1)/E$）。

例（三）：—　試解方程式：（註五）

$$x^6 - 22x^5 + 10,521x^4 - 140,628x^3 + 3,920,868x^2 + 27,391,840x$$

$$+ 95,104,000 = 0 \quad \cdots\cdots\cdots\cdots\cdots\cdots\cdots\cdots (\mathrm{I})$$

因計算根值時，普通用 10 吋長之計算尺；故可僅留四位有效係數，為節省地位，巳知方程式之根值可用 10 除之，得下列方程式：—

$$x^6 - 2.2x^5 + 105.2x^4 - 140.6x^3 + 392.1x^2 + 273.9x + 65.1 \doteqdot 0$$

第一步。　收斂性測驗：—

$$g_1 = \frac{G}{E} = \frac{65.1}{392.1} = 0166$$

$$f_1 = \frac{F - D g_2}{E} = \frac{273.9 + 140.6 \times .166}{392.1} = 0.79$$

$$\left| \frac{C g_1 + D f_1}{E} \right| = \left| \frac{105.2 \times 0.166 - 140.6 \times 0.76}{3921} \right|$$

$$= 0.236 < 1$$

故合收斂性條件。

第二步：—　列表解算：—

n	g_n	f_1	B_1	C_1	D_y	E	P_n	Q_n
	$[G/E_{n-1}]$	$\dfrac{[F-D_{n-1}g_n]}{E_{n-1}}$	$(B-f_n)$	$(C-B_n f_n)$	$(D\cdot B_n z_n - B_n f_n)$	$(E-C_n z_n - D_n f_n)$	$\dfrac{[D_n g_{n+} - g_n]+F_n}{[f_{n+} - f_n]}$	$E_n(g_{n+1} - g_n)$
o	0	0	**B** −2.2	**C** 105.2	**D** −140.6	**E** 392.1	**F** 273.9	**G** 05.1
1	.166	79	−2.99	107.4	−224.9	551.9	−110.5	−26.5
2	.118	.57	−2.77	106.7	−201.1	494.1	+15.5	+11.8
3	.1318	.607	−2.807	106.8	−205.0	502.5	−2.55	−1.16
4	.1295	.601	−2.801	106.7	−204.4	501.3	−.630	+.25
5	.130	.600	−2.890	106.75	−204.27	500.9	0	0
6	.130	.600	−2.800	106.75	−204.27	500.9	……	……

　　故方程式(1)'分解爲：—

$$(x^2+0.6x+0.13)(x^4-2.8x+106.75x^2-204.27x+500.9) = 0$$

　　四次方因數可照例（一）及例（二）法分爲：—

$$(x^2-2x+5)(x^2-0.8x+100.18) = 0$$

　　將上面求得二次因數之根值乘 10 倍乃得整數如下：—

$$(x^2+6x+13)(x^2-20x+500)(x^2-8x+10018) = 0$$

　　比較其正確答數：—

$$(x^2+6x+13)(x^2-20x+500)(x^2-8x+10018) = 0$$

　　可見其誤差之微小也。

例 (四)：—

　　試解：—

$$x^6+20.65x^5+295.5x^4+1970x^3+13100x^2+20400x+7000 = 0$$

　　第一步：— 收斂性測驗：—

$$g_1 = 7000/13100 = 0.534$$

$$f_1 = (20400 - g_1\times1970)/13100 = 1.477$$

$$\left|\frac{Cg_1+Df_1}{E}\right| = \frac{2955\times0.534+1970\times1.477}{13100} = .343 < 1$$

　　故合收斂性條件。

照例（三）列表法可劈爲：—

$$(x^2+1.915x+0.691)(x^4+18.735x^3+259x^2+1461x+10130) = 0$$

　　四次方因數可照例（二）法劈開，得答數如下：—

$$(x^2+1.915x+0.691)(x^2+2.47x+66.5)(x^2+16.27x+152.2) = 0$$

　　從第一個二次因數可求得眞根 −0.483 及 −1.433（其餘兩對得複根）。證明此法可解

算異根及複根。

(b). 劈爲四次及二次因數：

劈 $x^6 + Bx^5 + Cx^4 + Dx^3 + Ex^2 + Fx + G = 0$

（爲 $x^4 + b_n x^3 + c_n x^2 + d_n x + e_n$）$(x^2 + B_n x + C_n) + P_n x^3$

$+ Q_n x^2 + R_n x + x + S_n = 0$

劈因時用四次方因數除已知方程式乃得下式：—

$$B_n = B - b_n \quad \cdots\cdots\cdots\cdots\cdots\cdots\cdots\cdots\cdots (a)'$$

$$C_n = C - c_n - B_1 b_n \quad \cdots\cdots\cdots\cdots\cdots\cdots (b)'$$

$$P_n = D - d_n - B_n c_n - C_n b_n \quad \cdots\cdots\cdots (c)'$$

$$Q_n = E - e_n - B_n d_n - C_n c_n \quad \cdots\cdots\cdots (d)'$$

$$R_n = F - B_n e_n - C_n d_n \quad \cdots\cdots\cdots\cdots (e)'$$

$$S_n = G - C_n e_n \quad \cdots\cdots\cdots\cdots\cdots\cdots (f)'$$

置

$$P_n' = D - d_{n+1} - B_n c_{n+1} - C_n b_{n+1} = 0$$

$$Q_n' = E - e_{n+1} - B_n d_{n+1} - C_n c_{n+1} = 0$$

$$R_n' = F - B_n e_{n+1} - C_n d_{n+1} = 0$$

$$S_n' = G - C_n e_{n+1} = 0$$

可得：—

$$e_{n+1} = G/C_n \quad \cdots\cdots\cdots\cdots\cdots\cdots\cdots (a)$$

$$d_{n+1} = (F - B_n e_{n+1})/C_n \quad \cdots\cdots\cdots (b)$$

$$c_{n+1} = (E - e_{n+1} - B_n d_{n+1})/C_n \quad \cdots (c)$$

$$b_{n+1} = (D - d_{n+1} - B_n c_{n+1})/C_n \quad \cdots (d)$$

$$B_{n+1} = B - b_{n+1} \quad \cdots\cdots\cdots\cdots\cdots (e)$$

$$C_{n+1} = C - c_{n+1} - B_{n+1} b_{n+1} \quad \cdots\cdots (f)$$

重複上述綜合除法，直至：—

$$e_{n+1} \to e_n, \quad d_{n+1} \to d_n, \quad c_{n+1} \to c_n, \quad b_{n+1} \to b_n,$$

則

$$P_n, \quad Q_n, \quad R_n \ \& \ S_n \to 0; \qquad 第一次除法時，讓$$

$$b_0 = c_0 = d_0 = e_0 = 0,$$

則

$$B_0 = B, \quad C_0 = C, \quad P_0 = D, \quad Q_0 = E, \quad R_0 = F \ \& \ S_0 = G_0$$

故

$$e_1 = G/C, \quad d_1 = (F - Be_1)/C, \quad c_1 = (E - e_1 - Bd_1)/C$$

$$b_1 = (D - d_1 - Bc_1)/C$$

收斂測險式爲：—

$$\left| \frac{e_0}{e_0} \right| < 1 \quad 或 \quad \left| \frac{c_1 + Bb_1}{C} \right| < 1 .$$

例（五）．試用此法解例（三）之方程式：(1)'：—

$$x^6 - 2.2x^5 + 105.2x^4 - 140.6x^3 + 392.1x^2 + 273.9x + 65.1 = 0$$

第一步：—— 收斂性測驗：——

$$e_1 = G/C = 0.619$$

$$d_1 = (F - be_1)/C = 2.62$$

$$c_1 = (E - e_1 - Bd_1)/C = 3.78$$

$$b_1 = (D - d_1 - Bc_1)/C = -1.282$$

$$\left|\frac{c_1 + Bb_1}{C}\right| = 0.0628 < 1 \text{ 故合收斂性條件。}$$

第二步：—— 列表劈因數：——

	e_n	d_n	c_n	b_n	B_n	C_n
	G/C	$\dfrac{(F - B_{n-1}e_n)}{C_{n-1}}$	$\dfrac{(E - e_n - B_n d_n)}{C_{n-1}}$	$\dfrac{(D - d_n - B_n c_n)}{C_{n-1}}$	$B - b_n$	$C - c_n - B_n b_n$
0	0	0	0	0	-2.2	105.2
1	0.619	2.62	3.78	-1.282	-0.918	100.24
2	0.648	2.74	3.93	-1.395	-0.805	100.15
3	0.649	2.74	3.93	-1.100	-0.800	$+100.15$

故(1)可劈爲：——

$$(x^4 - 1.40x^3 + 3.93x^2 + 2.74x + 0.649)(x^2 - 0.80x + 100.15) = 0$$

由上列可得下列法則：—— 即對一六次方程式如(1)者，可先測驗例(三)及例(五)之收斂性而選擇最大收斂性之法劈開之；(五)劈因時較例(三)爲便捷因例(五)之收斂性較大也，但如僅需求最小數值之複根則可用例(三)之法則，反之如僅需最大數值之複根值，則宜用例(五)之法。

(三)解算八次方程式

(a)分爲二次及六次因數：——

設八次方程式爲：——

$$x^9 + Bx^7 + Cx^6 + Dx^5 + Ex^4 + Fx^3 + Gx^2 + Hx + J = 0 \quad \cdots\cdots(1b)$$

用綜合除法劈分爲：——

$$(x^2 + h_n x + j_n)(x^6 + B_n x^5 + C_n x^4 + D_n x^3 + E_n x^2 + F_n x + G_n) + (P_n x + Q_n) = 0$$

照四次及六次方解算時之程序，可得下列各式：——

$$j_n = J/G_{n-1} \quad \cdots\cdots\cdots\cdots\cdots\cdots\cdots\cdots\cdots\cdots\cdots\cdots(2b)$$

$$h_n = (H - F_{n-1}j_n)/P_{n-1} \quad \cdots\cdots\cdots\cdots\cdots\cdots(3b)$$

$$B_n = B - h_n \quad \cdots\cdots\cdots\cdots\cdots\cdots\cdots\cdots\cdots\cdots\cdots(4b)$$

$$C_n = C - j_n - B_n h_n \quad \cdots\cdots\cdots\cdots\cdots\cdots\cdots(5b)$$

$$D_n = D - B_n j_n - C_n h_n \quad \cdots\cdots\cdots\cdots\cdots(6b)$$

$$E_n = E - C_n j_n - D_n h_n \quad \cdots\cdots\cdots\cdots\cdots(7b)$$

$$F_n = F - D_n j_n - E_n h_n \quad \cdots\cdots\cdots\cdots\cdots(8b)$$

$$G_n = G - E_n j_n - F_n h_n \quad \cdots\cdots\cdots\cdots\cdots(9b)$$

$$P_n = H - F_n j_n - G_n h_n \quad \cdots\cdots\cdots\cdots\cdots\cdots\cdots\cdots\cdots\cdots\cdots (10b)$$

$$Q_n = J - G_n j_n \quad \cdots\cdots\cdots\cdots\cdots\cdots\cdots\cdots\cdots\cdots\cdots\cdots\cdots\cdots (11b)$$

從

$$P_n' = H - F_n j_{n+1} - C_n h_{n+1} = 0 \quad \cdots\cdots\cdots\cdots\cdots\cdots (12b)$$

$$Q_n' = J - G_n j_{n+1} = 0 \quad \cdots\cdots\cdots\cdots\cdots\cdots\cdots\cdots (13b)$$

故得：——

$$P_n = (10b) - (12b) F = _n(j_{n+1} - j_n) + G_n(h_{n+1} - h_n) \cdots\cdots (14b)$$

$$Q_n = (11b) - (13b) = G_n(j_{n+1} - j_n) \cdots\cdots\cdots\cdots\cdots\cdots (15b)$$

收斂性條件可照四次方前例甚得：——

$$\left| \frac{\sigma j_0'}{\sigma j_0} \right| = \left| \frac{\sigma j_0'}{j_1} \right| = \left| \frac{E j_1 + F h_1}{G} \right| < 1$$

（置 $j_0 = 0$, $h_0 = 0$,

故 $B_0 = B$, $C_0 = C$, $D_0 = D$, $E_0 = E$, $F_0 = F$, $G_0 = G$

and $P_0 = H$, $O_0 = J$)

及 $j_1 = J/G$, $h_1 = (H - F j_1)/G$

$(\sigma j_0 = j_1 - j_0 = j_1, \quad \sigma h_0 = h_1 - h_1 = h_1)$

(b)分為兩個四次因數：——

(1b)亦可用綜合除法劈分為：——

$$(x^4 + b_n x^3 + e_n x^2 + d_n x + e_n)(x^4 + B_n x^3 + C_n x^2 + D_n x + E_n)$$
$$+ (P_n x^3 + Q_n x^2 + R_n x + S_n) = 0$$

用第一四次因數除(1b)乃得下列公式：——

$$e_n = J/E_{n-1} \quad \cdots\cdots\cdots\cdots\cdots\cdots\cdots\cdots\cdots\cdots\cdots\cdots\cdots\cdots (17b)$$

$$d_n = (H - D_{n-1} e_n)/F_{n-1} \quad \cdots\cdots\cdots\cdots\cdots\cdots\cdots\cdots (18b)$$

$$c_n = (G - C_{n-1} e_n - D_{n-1} d_n)/E_{n-1} \quad \cdots\cdots\cdots\cdots (19b)$$

$$b_n = (F - B_{n-1} e_n - C_{n-1} d_n - D_{n-1} c_n)/E_{n-1} \quad \cdots\cdots (20b)$$

$$B_n = B - b_n \quad \cdots\cdots\cdots\cdots\cdots\cdots\cdots\cdots\cdots\cdots\cdots\cdots\cdots\cdots (21b)$$

$$C_n = C - c_n - B_n b_n \quad \cdots\cdots\cdots\cdots\cdots\cdots\cdots\cdots\cdots\cdots (22b)$$

$$D_n = D - d_n - B_n e_n - C_n b_n \quad \cdots\cdots\cdots\cdots\cdots\cdots (23b)$$

$$E_n = E - e_n - B_n d_n - C_n c_n - D_n b_n \quad \cdots\cdots\cdots (24b)$$

$$P_n = F - B_n e_n - C_n d_n - D_n c_n - E_n b_n \quad \cdots\cdots (25b)$$

$$Q_n = G - C_n e_n - D_n d_n - F_n c_n \quad \cdots\cdots\cdots\cdots\cdots (26b)$$

$$R_n = H - D_n e_n - E_n d_n \quad \cdots\cdots\cdots\cdots\cdots\cdots\cdots\cdots (27b)$$

$$S_n = J - F_n e_n \quad \cdots\cdots\cdots\cdots\cdots\cdots\cdots\cdots\cdots\cdots\cdots\cdots (28b)$$

從

$$P_n' = F - B_n e_{n+1} - C_n d_{n+1} - D_n c_{n+1} - E_n b_{n+1} = 0 \quad \cdots\cdots (29b)$$

$$Q_n' = G - C_n e_{n+1} - D_n d_{n+1} - E_n c_{n+1} = 0 \quad \cdots\cdots\cdots (30b)$$

$$R_n' = H - D_n e_{n+1} - E_n d_{n+1} = 0 \quad \cdots\cdots\cdots\cdots\cdots\cdots (31b)$$

$$S_n' = J - F_n e_{n+1} = 0 \quad \cdots\cdots\cdots\cdots\cdots\cdots\cdots\cdots\cdots (32b)$$

可得：——

$$P_n = (25b) - (29b) = B_n(e_{n+1} - e_n) + C_n(d_{n+1} - d_n) + D_n(c_{n+1} - c_n)$$
$$+ E_n(b_{n+1} - b_n) \cdots\cdots\cdots\cdots\cdots\cdots\cdots (33b)$$

$$Q_n = (26b) - (30b) = C_n(e_{n+1} - e_n) + D_n(d_{n+1} - d_n) + E_n(c_{n+1} - c_n) \cdots (34b)$$

$$R_n = (27b) - (31b) = D_n(e_{n+1} - e_n) + E_n(d_{n+1} - d_n) \cdots\cdots\cdots\cdots (35b)$$

$$S_n = (28b) - (32b) = E_n(e_{n+1} - e_n) \cdots\cdots\cdots\cdots\cdots\cdots\cdots (36b)$$

收斂性測試式爲：—

$$\left| \, \sigma e_0' / \sigma e_0 \, \right| < 1$$

或

$$\left| \, (e_1 + Bd_1 + C_{21} + Db_1)/E \, \right| < 1$$

（因 $e_0 = 0$, $d_0 = 0$, $c_0 = 0$, $b_0 = 0$

故 $B_0 = B$, $C_0 = C$, $D_0 = D$, $E_0 = E$

$P_0 = F$, $Q_0 = G$, $R_0 = H$, $S_0 = J$.）

及 $e_1 = J/E$, $d_1 = (H - De_1)/E$

$c_1 = (G - Ce_1 - Dd_1)/E$

$b_1 = (F - Be_1 - Cd_1 - Dc_1)/E$

$\sigma e_0 = e_1 - e_0 = e_1$, $\sigma d_0 = d_1 - d_0 = d_1$

$\sigma c_0 = c_1 - c_0 = c_1$, $\sigma b_0 = b_1 - b_0 = b_1$

(c). 分六次及二次因數

(1b)亦可劈分爲：—

$$(x^6 + b_n x^5 + c_n x^4 + d_n x^3 + e_n x^2 + f_n x + g_n)(x^2 + B_n x + C_n)$$
$$+ (P_n x^5 + Q_n x^4 + R_n x^3 + S_n x^2 + Tx + u_n) = 0$$

用六次因數除(1b)可得下列公式：—

$$g_n = J/C_{n-1} \cdots\cdots\cdots\cdots\cdots\cdots\cdots\cdots (37b)$$

$$f_n = (H - B_{n-1}g_n)/C_{n-1} \cdots\cdots\cdots\cdots (38b)$$

$$e_n = (G - g_n - B_{n-1}f_n)/C_{n-1} \cdots\cdots (39b)$$

$$d_n = (F - f_n - B_{n-1}e_n)/C_{n-1} \cdots\cdots (40b)$$

$$c_n = (E - e_n - B_{n-1}d_n)/C_{n-1} \cdots\cdots (41b)$$

$$b_n = (D - d_n - B_{n-1}c_n)/C_{n-1} \cdots\cdots (42b)$$

$$B_n = B - b_n \cdots\cdots\cdots\cdots\cdots\cdots\cdots (43b)$$

$$C_n = C - c_n - C_{n-1} \cdots\cdots\cdots\cdots (44b)$$

收斂性測驗式爲：—

$$\left| \, (c_1 + Bb_1)/C \, \right| < 1$$

b_1 及 c_1 照下式求得：—

$g_1 = J/C$

$f_1 = (H - Bg_1)/C$

$e_1 = (G - g_1 - Bf_1)/C$

$d_1 = (F - f_1 - Be_1)/C$

$c_1 = (E - e_1 - Bd_1)/C$

$$b_I = (D - d_I - Bc_I)/C$$

例（六）

試解方程式：——

$$x^8 + 2.61x^7 + 30.52x^6 + 71.62x^5 + 229.2x^4 + 224.8x^3 + 668.2x^2$$
$$- 352x + 573 = 0$$

第一步：—— 收斂測驗：——

(a) 劈分爲二次及六次式：

$$j_I = 573/668.2 = 0.857$$
$$h_I = (-352 - 224.8 \times j_I)/668.2 = -0.815$$

$$\frac{Ej_I + Fh_I}{G} = \frac{229.2 \times 0.857 + 224.8 \times (-0.518)}{668.2} = 0.0199 < 1$$

(b) 劈分爲兩個四次式：——

$$e_I = 573/229.2 = 2.5$$
$$d_I = (-352 - 71.62e_I)229.2 = -2.31$$
$$c_I = (668.2 - 30.52e_I - 71.62d_I)/2292 = 3.31$$
$$d_I = (224.8 - 2.61e_I - 30.52d_I - 71.62c_I)/229.2 = 0.226$$

$$(e_I + Bd_I + Cc_I + Db_I)/E = [2.5 + 2.61(-2.31) + 30.52(3.31)$$
$$+ 71.62(0.226)]/229.2$$
$$= 112.8/229.2 = 0.493 < 0$$

(c) 劈分爲六次及二次式：——

$$g_I = 573/30.52 = 18.8$$
$$f_I = (-352 - 2.61g_I)/30.52 = -13.13$$
$$e_I = (668.2 - g_I - 2.61f_I)/30.52 = 22.4$$
$$d_I = (224.8 - f_I - 2.61e_I)/30.52 = 5.88$$
$$c_I = (229.2 - e_I - 2.61d_I)/30.52 = 6.28$$
$$b_I = (71.62 - d_I - 2.61e_I)/30.52 = 1.62$$

$$(c_I + 2.61b_I)/30.52 = 0.344 < 1$$

故宜劈爲二次及六次式，因收斂性最大。

第二步：—— 列裝劈分爲：——（見A表）

$$(x^2 - 0.821x + 0.739)(x^6 + 3.431x^5 + 32.6x^4 + 95.84x^3$$
$$+ 283.8x^2 + 386.7x + 776) = 0$$

此六次因數可再照例（四）法劈分爲：——

$$(x^2 - .161x + 4.95)(x^4 + 3.592x^3 + 28.23x^2 + 82.7x + 157) = 0$$

再照（一）法劈分四次因數，乃得答數如下：——

$$(x^2 - .0.821x + 0.739)(x^2 - .161x + 4.95)(x^2 + 3.8x + 7.04)$$
$$(x^2 - .28x + 22.26) = 0.$$

插表於40頁後

例（七）：—— 試解：——（註六）

$$x^8 - 3.012x^7 + 3.225x^6 + 1.021x^5 + 6.986x^4 - 21.887x^3 + 8.110x^2$$

$$+5.901x+23.889 = 0$$

第一步：—— 收斂測驗：——

(a). 分爲二次及六次式：——

$$j_I = 23.889/8.11 = 2.95$$

$$h_I = (5.901+21.887j)/8.11 = 8.68$$

$$|(Ej_I+Fj_I)| = |(6.986 \times 2.95 - 21.887 \times 8.68)/8.11|$$

$$= |-20.9| > 1$$

故無收斂性。

(b). 分爲兩個四次式：——

$$e_I = 23.889/6.986 = 3.42$$

$$d_I = (5.901-1.021e_I)/6.986 = 0.345$$

$$c_I = (8.11-1.021d-3.225e_I)6.986 = -.469$$

$$b_I = (-21.887-1021c_I-3.225d_I+3.012e_I)/6.986 = -1.748$$

$$|(e_I+Bd_I+Cc_I+db_I)/E| = |(3.42-3012d_1+3.225c_1+1.021b_1)/6.986| = |0.13| < 1$$

(c). 分爲六次及二次式：——

$$g_I = 7.4 \qquad d_I = -1.71$$

$$f_I = 8.73 \qquad c_I = -2.02$$

$$e_I = 8.36 \qquad b_I = -1.06$$

$$\therefore |(c_I+Bb_I)/C| = 0.381 < 1.$$

因分爲兩個四次式之收斂性最大故宜劈爲四次式。

第二步：—— 列表劈因：——（見B表）

故力程式乃劈分爲：——

$$(x^4-2.075x^3+0.67x^2-0.095x+2.287)$$

$$(x^4-0.937x^3+0.61x^2+3.012x+10.44) = 0$$

(四)解算單次方程式：——

凡單次方程式，至少必有一眞根，此眞根亦可用劈因法求得之，今賦以五次式爲例：——

$$x^5+Bx^4+Cx^3+Dx^2+Ex+F = 0 \cdots\cdots(II)$$

(a). 分爲一次及四次式：——

$$(x+r_n)(x^I+B_nx^3+C_nx^2+D_nx+E_n)+Q_n = 0$$

用一次式除(II)可得：——

$$B_n = B-r_n$$

$$C_n = C-B_n r_n$$

$$D_n = D-C_n r_n$$

$$E_n = E-D_n r_n$$

$$Q_n = F-E_n r_n$$

置 $Q_n' = F-E_n r_{n+i} = 0,$

可得。 $r_{n+1} = F/F_n$

初次試除時， 置 $r_0 = 0$， 故得：——

$$B_0 = B, \quad C_0 = C, \quad D_0 = D,$$

及 $C_0 = E$ 及 $r_1 = F/E$,

收斂測驗：—— $\left|\dfrac{\sigma r_0'}{\sigma r_0}\right| < 1$ 或 $\left|\dfrac{Dr_1}{E}\right| < 1$ 或 $|DF| < E^2$

(b). 分為四次及一次式：——

用四次式除(II)可得：——

$$(x^4 + b_n x^3 + c_n x^2 + d_n x + e_n)(x + B_n) + P_n x^3 + Q_n x^2 + R_n x + S_n = 0$$

$$B_n = B - b_n \quad \cdots\cdots\cdots\cdots\cdots\cdots\cdots\cdots\cdots\cdots\cdots (a)'$$
$$P_n = C - b_n B_n - c_n \quad \cdots\cdots\cdots\cdots\cdots\cdots\cdots (b)'$$
$$Q_n = D - d_n - B_n c_n \quad \cdots\cdots\cdots\cdots\cdots\cdots\cdots (c)'$$
$$R_n = E - e_n - B_n d_n \quad \cdots\cdots\cdots\cdots\cdots\cdots (d)'$$
$$S_n = F - B_n e_n \quad \cdots\cdots\cdots\cdots\cdots\cdots\cdots\cdots\cdots (e)'$$

置 0。

$$P_n' = C - b_{n+1} B_n - c_{n+1} \quad = 0$$
$$Q_n' = D - d_{n+1} - B_n c_{n+1} \quad = 0$$
$$R_n' = E - e_{n+1} - B_n d_{n+1} \quad = 0$$
& $$S_n' = F - B_n e_{n+1} \quad = 0$$

得：——

$$e_{n+1} = F/B_n \quad \cdots\cdots\cdots\cdots\cdots\cdots\cdots\cdots\cdots (a)$$
$$d_{n+1} = (E - e_{n+1})/B_n \quad \cdots\cdots\cdots\cdots\cdots (b)$$
$$c_{n+1} = (D - d_{n+1})/B_n \quad \cdots\cdots\cdots\cdots (c)$$
$$b_{n+1} = (C - c_{n+1})/B_n \quad \cdots\cdots\cdots\cdots (d)$$
& $$B_{n+1} = B - b_{n+1} \quad \cdots\cdots\cdots\cdots\cdots\cdots\cdots (e)$$

收斂測試式爲：——

$$\left|\dfrac{b_1}{B}\right| < 1$$

b_1 關下式求得：——

$$e_1 = F/B,$$
$$d_1 = (E - e_1)/B,$$
$$c_1 = (D - d_1)/B,$$
$$b_1 = (C - c_1)/B,$$

例(八)試解：——（註七）

$$x^5 + 18x^4 + 54x^3 352x^2 + 0x + 64 = 0$$

第一步：—— 收斂測驗：——

(a). 分別爲一次及四次式：——

因 $352 \times 64 > 0$

故無收斂性。

(b).分爲四次及一次式：——

$$e_1 = F/B = 3.55$$
$$d_1 = (E-e_1)/B = -0.198$$
$$c_1 = (D-d_1)/B = 19.55$$
$$b_1 = (C-c_1)/B = 1.925$$
$$b_1/B = 0.106 < 1,$$

故具收斂性。

第二步：—— 列表解算：——

n	$-e_n$ F/B_{n-1}	d_n $(E-e_n)/B_{n-1}$	c_n $(D-d_n)/B_{n-1}$	b_n $(C-c_n)/B_{n-1}$	B_n $B-b_n$
0	0	0	0	0	18
1	3.55	-0.198	19.55	1.925	16.075
2	3.98	-0.2475	21.90	1.995	16.005
3	4.00	-0.250	22.02	1.999	16.001
4	4.00	-0.250	22.02	1.999	16.001

故方程式可劈爲：——

$$(x^4 + 1.999x^3 + 22.02x^2 - 0.25x + 4.00)(x + 16.001) = 0$$

再照例（一）法劈分四次方，可得答數如下：——

$$(x^4 - 0.0281x + 0.1825) \cdot (x^2 + 2.027x + 21.897)(x + 16.001) = 0$$

用此法解算如上述方程時，其妙處在能利用普通之計算尺而得到準確之答數，如用他法解算則必須用繁雜之對數表始能得到同等之準確性也。又如前例，亦可照例（三）法將五紙式劈分爲二次及三次式解算之。同樣，雙次方程式中如有眞根亦可枋照例八法解算。

結論：——

本文所論解算根值法，其優點爲無須分辨根值之性質。（即是否複根或眞根）對收斂性甚高之方程式，解算時往往可比他法簡捷三四倍；尤以高於六次方時爲然，且方程式愈高，求得收斂性之機會愈多。如方程式不具收斂性，或收斂性甚低時，亦可設法用減根法（Root-Diminishing Method）或方根法（Root-Squaring Method）先改變已知方程式，然後再用此法解算之，其實例因限於篇幅，暫不多述。

此法應改良處，爲如何測驗收斂性及如何使收斂性式作更簡略，及更確實之表列。從作者經驗中，本文所列之收斂性數值，如大於0.2，則解算時之重複除數 n，即將超過十次，而使此法簡捷性減低。

（註一）：Whittaker, E.T. and Robinson G. The Calculus of Observations.——A Treatise on Numerical Mathematics. Blackie and Sons Ltd. 1937 and Edilion.

（註二）：- THE ISOGRAPH——A NECHAMICAL ROOT-FINDER

By R. L. DIETZOLD

Mathematical Research Department,
Bell Telephone Laboratories

Bell Laboratories Record, Dec. 1987

The Mechanism of the Isograph

By R. O. MERCNER

Research Design Engineer, Bell Telephone Laboratories.

Bell Laboratories Record, Dec. 1937.

(註三):- The given eguation is taken frem p. 153, Aeroaynamic
Theory, W.F. Durand. Vol. V. 1935.

(註四):- The given equation is taken from:-

Note on a method of evaluating the complex roots of a quartic equation,
by W. V. Lyon, april, 1924, M.I.T. E.E. Dept reprint No, 42

(註五):- The given equation is taken, from:-

Note on a method of evaluating the complex meats of sixth-and-higher
order equations, by L, F. Woodruff, Jour, of Meath and Phys. Vol.
IV, No. 3. May 1925.

(註六):- The given equation is taken from:-

Finding complex roots of algebraic equations by F. L. Hitchcock,
Jour. of Math and phys. Vol XVll Lo. 2, June, 1938

(註七):- The given equation. is taken from "Appendix I, A Mathentical Study
of the Controlled Motions of Airpline", M.I.T. Sc. D. Thesis, by
S. N. Ling, 1939.

Other Referencess:

(a) Graeffer's root squaring method which has been described inx many
textbooks on engineering mathematices. It is also described in applied
Aerodynamics, secand edition, 1931, by L.Bairstow.

(b) A semi-graphical method for solving quartic equations,by C.H. Zimerman
appendix I, N.A.C.A. Technical Report on 589, 1937.

(c) Note on a method of evaluating the complex roots of a quartci equation,
b. Y.H.Ku, March 1926, M. I. T. E. E. Reprints No. 53.

(d) Semigaphical method of Solving Buquadatics. By C. H. Zimmerman,
A.A.C.A. (U.S.A.) Techmied Report 589, appendi I, 1937.

Shrot Circuit Gurrents of Single-Phase Alterator

張 經 俊

（本篇係英文原作，全文另載專門電工雜誌）

A)

E_n	F_n	G_n	P_n	Q_n
$j_n j_n - D_n h_n$	$F - D_n j_n - E_n h_n$	$G - E_n j_n - F_n h_n$	$F_n(j_{n+1} - j_n) + G_n(h_{n+1} - h_n)$	$G_n(j_{n+1} - j_n)$
E	F	G	H	J
229.2	224.8	668.2	−352	573
279.0	370.8	714.8	−86.9	−39.3
292.4	411.6	808.2	+42.90	−76.0
281.9	382.0	773.5	−7.10	+24.6
283.9	386.8	776.2	0.489	−0.73
283.8	386.7	776.0	0	0
283.8	386.7	776.0	......	......

(B)

D_n	E_n	P_n	Q_n	P_n	S_n
$D - C_n b_n - B_n c_n - d_n$	$E - D_n b_n - C_n c_n - B_n d_n - e_n$	$B_n \sigma e_n + C_n \sigma d_n + D_n \sigma c_n + E_n \sigma b_n$	$C_n \sigma e_n + D_n \sigma d_n + E_n \sigma c_n$	$D_n \sigma e_n + E_n \sigma d_n$	$E_n \sigma e_n$
$D_0 = D$	$E_0 = E$	$P_0 = F$	$G_0 = G$	$R_0 = H$	$S_0 = S$
1.021	6.986	−21.887	8.11	5.901	23.889
2.668	9.037	+0.14	6.80	−6.3	−3.75
3.527	11.458	3.61	0.432	−1.7	−6.43
2.835	9.91	−2.15	1.52	1.3	3.22
3.138	10.76	0.84	−.75	−.63	−2.04
3.010	10.485	−.05	2.4	.25	0.63
2.993	10.396	−.15	.08	.023	0.21
3.015	10.466	0.06	−.043	−.025	−.16
3.011	10.44	0.005	−.013	−.006	0.03
3.012	10.44	0	0	0	0
3.012	10.44	......	......	......	......

n	j_n J/G_{n-1}	h_n $\dfrac{H-F_{n-1}j_n}{G_{n-1}}$	B_n $B-h_n$	C_n $C-j_n-B_nh_n$	D_n $D-B_nj_n-C_nh_n$	$E-($
			B	C	D	
o	0	0	2.61	30.52	71.62	
1	0.857	−0.815	3.422	32.453	95.14	
2	0.892	−0.908	3.518	32.908	98.65	
3	0.708	−0.797	3.407	32.52	95.11	
4	0.740	−0.822	3.432	32.60	95.88	
5	0.739	−0.821	3.431	32.60	95.84	
6	0.739	−0.821	3.431	32.60	95.84	

Table

n	e_n J/E_{n-1}	d_n $\dfrac{H-e_nD_{n-1}}{E_{n-1}}$	c_n $\dfrac{G-d_nC_{n-1}-e_nC_{n-1}}{E_{n-1}}$	b_n $\dfrac{F-c_nD_{n-1}-d_nC_{n-1}-e_nB_{n-1}}{E_{n-1}}$	B_n $B-b_n$	C_n $C-B_nb_n-c_n$
					$B_0=B$	$C_0=C$
0	0	0	0	0	−3.012	3.225
1	3.42	.345	−.469	−1.748	−1.264	1.484
2	2.64	− .1283	0.501	−2.175	− .837	0.901
3	2.085	−0.1265	0.583	−1.926	−1.086	0.547
4	2.41	−0.0933	0.708	−2.145	− .867	0.657
5	2.22	−0.0694	0.647	−2.060	− .952	0.618
6	2.28	−0.0925	0.665	−2.065	−0.947	0.605
7	2.30	−0.0962	0.673	−2.080	− .932	0.612
8	2.285	−0.0942	0.669	−2.075	− .937	9.911
9	2.285	−0.0950	0.670	−2.075	− .937	0.610
10	2.287	−0.0950	0.670	−2.075	− .937	0.610

中國工程師學會第十屆年會

推行工業標準化運動旨趣書

（第一）工業標準化在國策上之根據

國父實業計劃首述兩種工業革命曰；

「各國自推行工業統一與國有後，其生產力大增，與前此易手工用機器之工業革命相較，其影響更深，吾人欲命以第二工業革命之名，似甚正確，若以其增加生產力而言，此革命之結果，實較前增加數倍」。

中國今倘用手工為生產，未入工業革命第一步。比之歐美，已隔其第二革命者有殊，故於中國兩種革命，同時並舉，既廢手工，採機器，又統一而國有之，於斯際中國正需機器，以營其鉅大之農業，以出其豐富之鑛產，以建其無數之工廠，以擴張其運輸，以發展其公用事業」。

以上　國父所區分之兩種工業革命，以易手工用機器為第一工業革命，以推行工業統一與國有為第二工業革命，實屬高瞻遠矚先知先覺之名言，換言之，第一工業革命之易手工用機器，乃工業化之所有事，而第二工業革命之推行工業統一，實包括工業標準化所有事。

（第二）各國工業標準化之開始

第一工業革命之工業化，回顧工業先進國家之史實，以英國為最早，乃開始於十八世紀末葉，法德繼之，約在一千八百四十年之間，其後美國迎頭趕上，近來蘇俄頭起直追，不數十年，均成為高度工業化之國家，工業化革命之普及，迄今不過一百零年的過程耳。我國工業化之胚胎，蓋導源於同治之維新，時在鴉片戰爭與英法戰爭及太平天國革命失敗之後，製砲，造艦，機器，駛駛等新政，實開始於一千八百六十二年，迄今亦整整八十之盧度。

至第二工業革命之標準化，亦以英國為

最早，在一千九百零一年，即成立英國工程標準協進會，於一千九百二十九年，復加改組，便成為完全現代化之機構。其他各國工業標準化之中心機構，重要各國多在第一次歐戰時期設立，其他各國，相踵倣行，茲列各國成立中心標準機構之年期如下：

英國 1901（1929 改組）
荷蘭 1915
德國 1917
美國法國瑞士 1918
比國日本坎拿大 1919
奧大利 1920
義大利匈牙利 1921
瑞典捷克 1922
挪威 1923
波蘭芬蘭 1924
蘇俄 1925
丹麥 1926
巨哥斯拉夫 1927
羅馬尼亞保加利亞 1928

（第三）我國工業標準化之開始

我國之工業標準化工作，亦導源於第一次歐洲大戰時，交通部聘請英美顧問，從事於統一鐵道會計與技術標準，蓋我國鐵道，多係借款建築，各債權國所用標準，自身即不一致，爰有統一之議。是我國工業標準化之開始，並不在主要工業先進國家之後，因循至今，亦虛度二十五年矣。至統籌工業標準化之中心機構，前實業部於十九年開始推行新制度量衡之後，即依照工商會議之議決案，於二十年五月（即 1931 年）呈准設立工業標準委員會，亦整整十年於茲，但在各國，最為後起。

（第四）我國工業標準化工作之嘗試

工業標準委員會之實際工作，由行政院責成全國度量衡局辦理，曾經發行「工業標準與度量衡」月刊，世界各國標準規範三萬餘種，曾經收集約二萬種，由英德法俄日荷意捷奧等文字，譯成中文者數千種。二十四年開始編訂中國工業標準草案，迄二十八年止，已有約七百號之譜，此項草案之編訂，可稱爲中國工業標準之嘗試時期，曾以ＣＩＳ符號卽Chiuese Industrial Standards與國際及各國間交換，甚得世界各國之同情。二十六年度於七月開始，本奉核定「厲行工業標準」建設專款，因抗戰軍興，致於從事生產之調整，延未實現。以外交通部鐵道部軍政部海軍部參謀本部內政部建設委員會全國經濟委員會資源委員會等，對於鐵道，電訊，公路，兵工，測量，衛生，電氣，水利，工礦等標準，均有各別之進行，而商品檢驗，國產檢驗，工業試驗，農業實驗，地質調查，工廠檢查，亦各有其標準之施用，此我國政府方面辦理工業標準化之概要也。

（第五）中國工程師學會過去對於工業標準之重視

至於民間學術團體方面，中國工程師學會，在中華工程師學會時期之會章，即以規定營造制度例爲宗旨之一，其在中國工程學會時期，即曾有編訂建築條例委員會之設立。工程研究委員會分組研究時，各組均曾進行各該門專工程條例之編訂，爲工業安全問題，復有鍋爐取締委員會之設立。中央各部會之標準工作，本會均蒙先後諮詢。本會於二十年合併成立後，旋經有工程規範編纂委員會之設立，二十七年遷渝以後，復有設立工程標準編訂委員會之提議。此我國學術方面，促進工業標準化之概要也。

（第六）中國工程師對於工業標準化之信念

我國工業化之方向，昔皆偏於沿海沿江之大商埠，實有遠背國防經濟之要旨，自抗戰軍興，始有工廠內遷之舉，嗣後工業化之實施，乃能遵從國家之國防經濟建設政策以進行。

我國過去標準化之工作，頗嫌其稍涉遲緩，今後協助政府聯絡推進。中國工程師學會，自願責無旁貸，值茲內地工業化之實施，已具基礎，我工程界同人咸感於工業標準化之時機已至，爰本 國父兩種工業革命，必須同時並舉之指示，於貴陽第十屆年會，通過中國工程師信條，其第三及第四條所例：

一曰：「促進國家工業化，力謀主要物資之自給」卽第一工業革命之所有事。

再曰：「推行工業標準化，配合國防民生之需求」卽第二工業革命之所有事。

（第七）中國工程標準協進會之決定組織

中國工程師學會於成都第九屆年會，議決設立總理實業計劃研究會，正在積極進行中，此次第十屆年會乃以工業標準化爲討論之中心，獲得結論。以：

「工業標準化，爲將來完成國防工業之基本事業，非常重要，應由本會設立工程標準協進會，聯絡主管機關及各專門會之工程標準委員會，暨其他有關公私機關團體，並與生產者，分配者，使用者，取得密切聯繫，共同訂定標準，積極推行工業標準化運動」。

本會遂於年會尚未開幕以前，由新舊任董事會聯席會議，接受大會議決案，決定由本會設立中國工程標準協進會，報告大會，以本會卸任會長爲會長，加推副會長一人，會同主持辦理。

（第八）工業標準化之工作範圍及其分類

查工業標準化（Standardization）係根據合理化，科學化，技術化及簡單化之原則，同時兼顧習慣上之實施。工業標準之規範，可大別爲四類，卽

（1）工程標準以工程技術爲主體

（2）檢驗標準以檢驗方法爲主體

（3）商業標準以物品品質爲主體

（4）簡單實施以減少種類爲主體

通稱爲工業標準。大抵第四類之簡單實施（Simplifcation Practicc），其標準指導事宜。凡普通度量衡檢定人員，能優爲之，第三類商業標準之辦理，普通農工商檢驗場所，頗能勝任。其第二類檢驗標準，包括標準常數之測定，需要高級之科學及工業試驗研究機關爲之，而第一類工程標準，則需較爲高深之工程技能與較爲豐富之工業經驗，而其標準規範之編訂，亦較困難。但在各國工業標準與工程標準之名稱，亦常無肯定之界限，至工業與工程二詞，亦常通用，其範圍依照國際間之工業分類如下：

類別號碼	工程或工業
A	土木工程
B	機械工程
C	電氣工程
D	自動車及航空業
E	運輸業
F	造船業
G	鐵冶鍊業
H	非鐵冶鍊業
K	化學工業
L	紡織工業
M	鑛業
N	農業
O	木材工業
P	紙張工業
R	窰業
Z	普通及其他

（第九）各國工業標準中心機構之組織及其符號

國際及各國工業標準中心機構之組織，大多爲協進會性質，均有其不同之縮寫，以爲符號，而便認識如

ABS 比國標準協進會

AFN 法國標準協進會

ASA 美國標準協進會

BSI 英國標準學會（卽BES標準）

CESA 坎拏大工程標準協進會

CSN 捷克標準協進會

DNA 德國標準委員會（卽DIN標準）

DS 丹麥標準委員會

HCNN 荷蘭標準委員會

JES 日本工業品規格統一調查會

MJS 匈牙利標準學會

NIR 羅馬尼亞標準委員會

NSF 諾威標準協進會

NZSI 新西蘭標準學會

OCT 蘇俄全國聯盟標準委員會

ONA 奧大利標準委員會

PKN 波蘭標準委員會

SAA 澳大利亞標準協會

SASI 南菲標準學會

SFS 芬蘭標準委員會

SIS 瑞典標準委員會

SNV 瑞士標準協進會

UNI 義大利工業標準委員會

CIS 中國工業標準委員會

國際間之中心標準機構，除國際權度委員會，與一千九百零六年成立之國際電工委員會（符號爲ＩＥＯ）外，以一千九百二十六年成立之國際標準協會（符號爲ＩＳＡ）爲主體。

（第十）各國工業標準中心機構之組織方式

各國工業標準之中心機構，有只由政府領導設立者，如蘇聯日本是，然大多數均由民間工業或工程學術團體，會同組織此項中心機構，而政府主管機關之標準機構，以及其他政府各部會各工商業團體之標準機構，均加入爲會員，亦間有以主管機關之標準機構，作爲民間中心標準機構之稽核者，如法國標準協進會（ＡＦＮ）之外，另有標準委員會（ＣＳＮ），但代表加入國際標準中心機構者，仍爲學術團體性質之標準協進會，

而非政府代表之標準委員會，其實法定標準委員會之工作，只限於劃分各專門標準機構之工作範圍與其界限。

（第十一）各國中心標準機構與專門標準機構之聯繫方式

專門標準機構，或為特設之分組委員會或屬其他之專門團體，試舉德國為例，凡經德國標準委員會承認之標準規範，除採用DIN標準符號外，仍保留其原來分組委員會或專門團體之符號，可舉例如下

AWF 經濟生產

AWV 經濟管理

BERG 採鑛

DENOG 化學儀器

DGFM 冶金

DVM 材料試驗

FAFA 腳踏車製造

FANOK 醫院實施

FEN 救火

HNA 造船

KIN 電影工業

KR 自動車工業

L 航空運輸

LAND 農業

LON 機車製造

NAGRA 印刷業

RAL 國家購料

RONT 愛克司光實施

TEX 紡織工業

VDE 電氣工程

VDH 處理木材機械

VERM 測量實施

WAN 鐵道車輛

但德國標準委員會，仍單獨進行其標準規範之編訂，其過於專門者，則交由各專門標準機構辦理。

再舉美國之標準組織而言，於商部之下，設立標準局，除度量衡檢定與各種科學常數之研究外，其商業標準（CS）購料標準（FS）建築標準及簡單實施，多為美國標準協會所承認，加蓋ASA之符號，其他如勞工統計局關於工業安全，及鑛務局關於採鑛之標準規範，及各工程與專門團體，如：

AIEE 美國電氣工程師學會

AIME 美國鑛冶工程師學會

ASCE 美國土木工程師學會

ASME 美國機械工程師學會

AGA 美國煤氣協會

AHEA 美國家庭經濟協會

API 美國石油學會

ASTM 美國材料試驗學會

NEMA 美國電氣製造協會

NFPA 美國救火協會

RMA 美國無線電製造協會

SAE 美國自動工程師學會

USITA 美國獨立電話協會

等機構所訂之標準規範，亦多採取。

（第十三）工業標準化動員

美國標準協進會，最初聯絡四十五個全國性之專門學術團體，工商業團體及政府機關，組織成立，使全國有關之生產者，分配者，使用者，以及科學家，與工程師，技藝者與勞動者代表，均得直接或間接參加。現有全國性之機構達六百個加入為會員，參加工作者達三千人，誠可謂為工業標準化動員矣。美國胡佛大總統自動領導簡單實施之大運動，使美國浪費之資源，得以大量保存，每年為整個國家社會所得之節約價值，不可計數。

德國之工業標準化，其動員全國性之有關機關團體，熱烈情形，與美國同。而實業合理化運動，更為整個工業組織管理，與調整統制之標準實施。

（第十四）計劃經濟國家標準機構之組織系統

蘇聯為計劃經濟之國家，其工業標準之組織方式另成系統，於勞工國防委員會內，設立全國聯盟標準委員會，為標準及度量衡

之最高機關，各共和國均設立其標準委員會。至分組標準委員會，則由下列機關分別組織之。

1. 重工業人民委員閣
2. 輕工業人民委員閣
3. 林業人民委員閣
4. 對外貿易人民委員閣
5. 交通人民委員閣
6. 水運人民委員閣
7. 通信人民委員閣
8. 農業人民委員閣
9. 糧食畜飼經濟組合人民委員閣
10. 海陸軍人民委員閣
11. 中央執行委員會共產經濟組合會議
12. 人民委員會農業物品採購委員會
13. 汽車運輸之中央機關
14. 其他有公共聯合性質之機關

此外各聯盟共和國之經濟會議，各自治共和國，各省區，以及其他工業中心區，均有全聯標準委員會之代表。為審查與標準有關之特別重要問題，並設立全國聯盟標準會議，以全聯標準委員會會員，分組委員會主席，勞農監察人民委員會之代表，國家設計委員會代表，職業聯盟中央會議代表，工程師技術人員聯盟代表等為會員，而以蘇聯人民委員會議代理主席為主席，其代理主席，則由全聯標準委員會主席任之。

（第十五）工業標準之精義

蘇聯人民委員會決議，承認標準工作，在社會主義化建設時期即每個五年計劃之實施，應具有最大意義，即關於加速社會主義化建設之步驟，新製造之展開，新技術之明瞭，增加技術資本周轉之速率，使工廠之工作經濟，集中全力，規定所有基本技術之標準，及國民經濟之生產部份。

德國之認識標準，以不標準化即不合作，不標準化即不安全。

美國之認識標準，以標準化為動態的，而非靜態的，為進步的而非保守的，其意義

為不要站住不動，但同時協力前進。

我國之標準口號，曾以標準簡單化為成功之母，作為信條。

我國國家之工業化，必須迎頭趕上，我們加速工作之方法，惟有競賽，惟推行工業標準化，競賽才有辦法，競賽才有效果。惟普遍喚起人民，對於標準化之認識，作積極的工業標準化運動，始能實現工業標準化，始能五年計劃四年完成，三年計劃兩年完成。欲求時間不虛費，空間不多占，物力不亂耗，人力不徒勞，惟有推行工業標準化於國家工業化之初期。不然，必致積重難返，事倍功半，資源損失，無可挽回矣。此工業標準化運動之精義與其認識也。

（第十六）中國工程標準協進會之進行步驟

工業標準化在工業化過程中之重要性與其意義，並各業先進國家，對於工業之努力結果，以及工業標準化原因於戰時及戰後之深切需要，而產生普遍與積極運動，已如前述。

顧工業標準化之工作，頭緒至為紛繁，一方面為技術之研究，一方面為技術上之探討，又一方面為實用上之需要，更一方面為常識上之表現。

茲以中國工程師學會之力量，聯絡各界充實機體，起而推進全國之工業標準化運動，本會所設之中國工程標準協進會，必須相當時期之準備工作，而後可以勝任愉快，謹擬進行步驟如下：

（1）以三十年十一月至三十一年一月之三個月期間，調查各主管及關係機關團體已有標準工作之事蹟，彙齊其所編訂之標準規範及有關章則，無論已否公佈施行，或屬草案或屬擬議，並注意其所參考之外國標準。

（2）以三十一年二月至四月之三個月期間，彙編各機關團體所置之國外標準文獻，並將所有本國自行編訂之標準，予以比較彙編，（如能收全預計可得一千五百種）必要

時加以補充，使成爲較有系統之中國標準。

（3）以三十一年五月至七月之三個月期間，整理並印刷所編成之世界標準文獻及中國標準規範初輯。

（4）下屆本會蘭州年會，在三十一年八月間，當卽擇其重要者，在年會期間，分組開會討論所編之標準規範，酌予核定，作爲暫行標準。

（5）自三十一年一月起，全國各工程專門學會及本會各地分會，應聯絡各該地之當局，及民衆團體，分期舉行工業標準化運動節目，此項節目，包括學術演講，通俗演講，廣播演講，標準化物品展覽，標準化工作指導等。

（6 本協進會並應於三十一年工程師節前後，將各方面所發表提倡，並推進工業標準化運動之論文及演講，彙編爲工業標準化特刊，以便在下屆年會分發。

（7）本協進會擬請本會於二十年合併後之歷屆會長副會長及董事基金監以及各專門工程學會負責人及各推進標準之機關負責人爲基本會員。

（8）本協進會遇必要時得商請生產分配並使用有關之農工商團體，指定與標準工作有關及有經驗或興趣之專家爲聯絡會員。

（9）本協進會應備專家專長卡片集及重要工廠鐵場公司卡片集，在彙編標準時隨時諮詢有關專家及實業機構，凡經諮詢而有旨定答覆之專家及機關，均爲諮詢會員。

（10）本協進會，得設置有給技術專員及事務幹事若干人，辦理一切事宜，其人數及人選商請本會董事核定之。

（11）本協進會，約兩月開會一次，報告並討論一切推進事宜，並得分組開會，討論各該標準事宜。

（12）本協進會對於協助各機關團體推廣標準一節，特予重視，爲緊急需要，本協進會得受主辦機關團體之委託或自動建議戰時或臨時標準，相機貢獻提前實施。

（13）本協進會俟下屆年會決定一部分暫行標準後，卽以之貢獻於中央，經採納後、動員全國工程師，隨時協助推行。

（14）本協進會參照各國標準協進會之成規，應不斷的繼續工作，每年進行步驟，視上年經驗及成效，並經濟建設現狀，集中設計需要，於每年年會，推出綱要討論決定之。

（15）本協進會經費由本會商請有關機關協助之。

（16）本協進會擬定名爲中國工程師學會工程標準協進會簡稱中國工程標準協進會，與國外通訊時，擬用The Chinese Engineering Standards Association of The Intitute of Ohieese Engineers（縮寫爲 C. E. S. A of I. C. E）（三十年十一月二十九日董事會修正通過施行）

中國工程師學會　徵求永久會員

凡本會會員，依會章第三十三條，一次繳足永久會費國幣一百元，以後得免繳常年會費。此項永久會費，其半數儲存爲本會總會基金，請直接匯交重慶上南區馬路194號之4，本會總辦事處，或交各地分會會計代收轉匯均可。

工程雜誌第十五卷第三期

民國三十一年六月一日出版

內政部登記證　　警字第 788 號

編　輯　人　　吳承洛

發　行　人　　中國工程師學會　羅　英

印　刷　所　　中新印務公司（桂林依仁路）

經　售　處　　各大書局

本 刊 定 價 表

每兩月一期　全年一卷共六期　逢雙月一日發行	
零售每期國幣二十五元 預定全年國幣一百五十元	
會員零售每期國幣十元 會員預訂全年國幣六十元	訂購時須有本總會或分會證明
機關預定全年國幣一百元	訂購時須有正式關章

廣 告 價 目 表

地　　位	每　期　國　幣
外　底　封　面	2000元
內　封　裏	1500元
內　封　裏　對　面	1200元
普　通　全　面	1000元
普　通　半　面	600元
繪　圖　製　版　費　另　加	

國立西康技藝專科學校的工科概況

本校係於民國二十八年八月一日，由　行政院議決設立於西康之西昌，以教授各種農工應用科學，造就各級農工技術專門人材，適應西康及其附近區域經濟建設之需要。旋即聘定前國立北洋工學院院長李書田博士為校長，迨至三十年十月即改聘周宗蓮博士繼任校長，迄今甫將三載，經前後兩校長之慘澹經營，各種設置，均具規模。爰將該校內容介紹於次：

（一）科制方面：設有三年制專科與五年制專科，除另設有三五年制農林畜牧、醫學、職業、各科外，在工科方面，有三年制土木礦冶兩科，五年制，有機械化學兩科，所有課程，係參照部頒獨立學院課程標準，刪節繁冗之理論，側重實際技術，經部核准施行者。

（二）師資方面：土木工程科，有校長周宗蓮博士，兼任科主任，係英國孟却斯特大學工學博士，曾任華北水利委員會，黃河水利委員會工程師，及國立北洋工學院、西北聯合大學、西北工學院教授、及土木工程系主任教授、有石琢曾任武漢大學講師、陳訓煒係法國巴黎大學土木工程師，曾任中山大學工學院，土木教授、並國內外工程司，魏秉俊係法國巴黎大學土木工程司，曾任國內外工程司工程處主任，吳漢清係香港大學土木工程學士，歷任國內公路工程司，鑛冶工程科，有需賓等教授，兼任該科主任，係國立北洋大學鑛冶工程學士，在德國專門研究燃料問題，歷有年所曾任北票煤礦公司，及陝西建設廳長，教授有劉之祥，係國立北洋大學鑛冶學士，曾任青海金鑛隊隊長，西北工學院教授，川康銅業管理處鑛廠主任、湯克成係國立中央大學地質系理學士，曾任中央大學地質系教授，及川康銅業管理處地質勘測隊隊長，機械化工科教授項益松，係浙江大學電工學系理學士，隆準係日本九州帝國大學理學碩士，曾任該科主任。

（三）設備方面：土木工程科，現有測量儀器，計蔡斯經緯儀三架，蔡斯精確水準儀三架，歐脫流速儀二架，實習工廠有鑽床跑床共三架，車床三架，土木工具一百二十餘件，鍛工工具四十餘件，鑄工工具七十餘件，鉗工工具五十餘種，機械工程科，約五百七十餘種，五十公尺鋼尺三條，鑛冶工程科有地質礦石標本，約五十餘件，此外對翻砂等設備，現正擴充，以便協助地方建設之需、化工方面，除定量定性設備全套外另有工業化學設備五種，目下正在進行之設備，有材料試驗室，水力試驗室，選鑛室，建築模型室，鑛山模型室並有小型造紙廠，製革廠，釀造廠等，大半均利用本地材料人工。

該校教師均為專任，每學期上課均在十八週以上，所以課程甚為切實，各科在此期內，所完成之課程，約在百三十學分以上，且均為主要課程，本年夏第一屆學生畢業，計土木工程十三人，鑛冶工程十五人，截至目前照各方延聘之數，已超出畢業學生總數，將來在分配上，尚須經一番統籌，以冀平均分發不使有向隅之嘆者。

9345

申新第四紡織公司
福新第五麵粉公司

本廠精紡

四平蓮

忠孝圖

各支棉紗

廠設寶雞重慶

廠址 十里鋪 南岸貓背沱 電話三一三九

辦事處 東關外金壇巷內 民族路特五號 電話四二三三

電報掛號 二四五○ 七一一七

成都建成麵粉公司

●本廠精製

牡丹牌 飛艇牌

顧風牌

潔白麵粉

採購高等原料

品質優良超羣

廠址 成都東門外大觀堰

辦事處 西溝頭巷三十六號

電話 七二二

電報掛號 七一一七

9346

工程

第 十 五 卷　　第 四 期

中 華 民 國 三 十 一 年 八 月 一 日 出 版

西 北 工 程 問 題 特 輯 一

第 十 一 屆 年 會 得 獎 論 文 專 號(上)

目 錄 提 要

陝西省企業公司

資本
貳仟萬元

業務要目

集銷本省特產　　　扶植生產事業

代辦生產工具　　　供銷日用物品

地址：西安西累巷公字一號

電報掛號：○二一○

電話：七六三九八號

是推進陝西省生產建設的組織

是調劑陝西省民生供需的機構

附屬事業　產品

水泥廠　　　拳牌洋灰

陶瓷部　　　各種瓷器

化學工業廠　拳牌藥皂肥皂文具用品

染織工廠　　各種毛線毛呢毛毯棉布

電化工業廠　籌備中

造紙廠　　　籌備中

永壽
遙　煤礦廠　開採中

投資事業　產品

裕
華　實業公司　冶鐵

西北霽池廠　AB電及各牌手電池

各地辦事處

洛陽　郿城　界首　寶鷄　廣元　成都　平凉

棉業處　涇陽

9348

中國工程師學會會刊

工程

總編輯　吳承洛

第十五卷第四期目錄

西北工程問題特輯一

第十一屆年會得獎論文專號(上)

(民國三十一年八月一日出版)

中國工程師學會發行

雍興實業股份有限公司
蘭　州　製　藥　廠

註　册　商　標

本廠利用西北各地所產原料精製下列各種出品：

（1）藥品類　純碱，重碱，硫化鈉，硫酸鈉，硫酸鎂
，沉澱碳酸鈣，純氯化鈉，氯化鉀，碳
酸鉀，硼酸，昇華硫磺，硫肝，碳酸鎂
，95％純酒精等。

（2）肥皂類　藥皂，洗濯條皂，連二皂，肥皂粉，洗
髮粉等。

（3）玻璃類　化學玻璃儀器，平板玻璃，各種玻璃器
皿，中性玻璃各種安瓿。

歡迎各界指導，如蒙惠顧，
零售批發，皆極歡迎。

廠址：蘭州西郊七里河　　電報掛號：0001

同心建設

林森題

西安集成三酸廠概況

●香米園五十五號●

創辦：二十二年春

擴充：二十九年（第四次）

添設：鐵工部　白水窰廠　骨粉廠　涇陽硝房　蒲城煉硫部

出品：

硫酸　硝酸　鹽酸　酸罈　硫酸氣鉀　鹽酸氣鈉

硫酸鈉　過燐酸鈣肥料　骨膠　骨油

試製：燒碱　植汽油　黃磷　縫級机

9352

策勵全國工程師動員

蔣　總　裁

抗戰軍興以還，貴會迭在滇川黔三省省垣舉行年會，所以檢討會務，推進學術，籌劃國家與地方工業建設者，成就甚多。今當我國抗戰進爲世界反侵略戰爭一員之時，貴會舉行第十一屆年會於西北重要都市之蘭州，斯時復有七個工程學術團體舉行聯合年會，此實具有重大之意義。中正特有數言，願以相勗，囘溯五年以來，我工程界人員，或則直接效力於前方與作戰有關之工程任務，或則從事於後方之資源開發與交通運輸及工業建設，慷慨奮發，艱苦不辭，亦旣卓著成績。乃者政府爲適應戰事需要，已正式頒布實施「國家總動員法」，期於集中全國之人力物力悉供戰爭之使用，以充我國戰鬥之力量，實欲以達成人力動員之目的。尤以我國技術人員之一致動員，各職業份子之一致效命，貴會以發展中國工程事業爲職志。論其性質，爲一具有學術基礎之全國性職業團體，在此實施國家總動員之時，諸君個人，固各負有專業性之職責，而如何策動鼓勵指導聯絡全國工程師與一切技術人員之動員，以符合總動員法之要求，且進爲其他職業團體，樹立風聲者，在貴會尤應當仁不讓，而負起其重大之使命，此所切望者一。貴會此次年會，聞將集中討論開發西北之方策，旣舉行物產之展覽，規劃資源之考察，復計議水利之興修，而約集西北各省建設負責人員，共同討論，尤足使理論與實際相印證，我國父手訂實業計劃，爲國防民生之宏遠規模，其開發生產與交通之若重點，實在於我民族寶庫之西北。諸君親臨斯地，撫先民之偉績，發思古之幽情，務當深切探討，不厭求詳，作其具體結論，以期付之實施，繼往開來，宜求有裨於抗戰，更有裨於戰後之建設，此所切望者二。年來以政府提倡理工學科與地方需要工業人才之迫切，青年之志願學習工業者日多，因而教師之充實與指導之合法，乃成爲重要之問題。甚願貴會會員之任工科敎授者，以作教育後起人才，引爲神聖之責任，而勿輕棄其所業。更盼啓導青年學子遠大之志趣，俾咸能艱貞樸實力求精進，勿徼倖之速成，勿局視於小利，庶幾眞才輩出，建國前途乃有所賴，此所切望者三。

最後更有一言爲諸君告者，我工學界旣以大禹誕辰定爲工程師節，應不僅以此紀念我國上古治水工程之偉大，尤當以大禹公而忘私，盡力國家事業之偉大精神，樹立我國工程學界最高之典範。中正昔年致意諸君，曾謂「凡專精之技術與熱烈之愛國情諸相脗合，則任何艱難當可突破，革命事業，必能有成」。誠以近世國家之復興與進步，皆藉工業界之盡瘁努力爲先驅。如諸君者，實當如國父所言出其智識能力，以服千萬人之務。當此侵略狂燄瀰漫之日，正如洪水泛濫之時，濟同胞於困溺，措國族於治平，更願重申前言，爲我工程學界諸君，致其無限之期望者也。

工程建國

翁 文 灝

中國正在建設途徑上進行，凡事不進則退，不成即敗，決無徘徊瞻顧的餘地。所以吾輩一切工作是建國為唯一目標，毫無疑義。

建國的意義，是要由積弱而進為強固，由舊式而進入近代，由貧苦而得到康樂，由衰頹而得到進步。如何能達此目的呢？工程的建設實為最必要的方法。按之前史，英國在十八世紀後期，保障技術專利，釐立制度，應用蒸汽動力，利用煤鐵富源，發展機械設備，成立紡織事業，實現了歷史家所謂工業革命，遂使英國成為世界富強大邦，顧極一時之盛。證之近事，蘇聯政治革命之後，即以經濟為立國大事，迭作五年計劃，盡最大力量，以創建工礦事業，由以農立國的帝俄，一躍而成為工業特別發達的蘇聯。故力量豐強，成為世界大戰中同盟國方面重要國家之一。凡此工作，實以工程為重要關鍵，因此可見工程發達則建國成功，工程不成則基礎不立，其間關係密切相連，不可分割。

就中國的經驗來看，新式設備的煤礦，如開灤、井陘、中興，中福等，一家出煤每年能至一百數十萬噸乃至五百萬噸。土法採煤，以平均每家每天產煤五十噸計，欲年產此數，殆須有煤礦數百家之多。又如新式紗廠與手工紡紗比較，其成本之廉多至數倍。更以電力推動與人工挽動相比，其難易大小更相去如天淵之不可及。由此可以註明中國欲革新與上進，決非澈底採用新的工程不可

。事實照示既甚明顯，豈可再仍徘徊岐途，虛耗時日。

而且各種工程互相關聯，例如欲造鐵路必需鋼軌，欲製鋼軌須開鐵礦，欲製鋼鐵又須有焦炭，如不從基本事業做起，而但知造路，則一切材料盡待外來，在平時既徒增漏卮，在戰時更阻於運道，雖竭渴望，難覩實效。同一情形，單刮浮土，難得鉅量之硝，須能以工業方法，利用空中氣質，方能製成硝酸。所以物有本末，事有先後，吾國欲為積極建設之計，實不可忽視根本必要之圖。惟基本能固，然後發展可必；否則僅顧枝葉，略得皮毛，終非正本清源之象。由此可見，工欲善其事，必先利其器，士欲成其功，必先聯其力，孤立獨行，則力分而效必微，通工合作，則功多而成必速。亦自此可知，近代之工作，極需熱心有志之人士，聯合進行，既切磋以和商，更觀摩而並進，不但同一事業有待同志之提攜，即不同事業亦深具連帶之關係。設凡工程人員實有互相團結共圖策進之必要。

吾輩須念逝者如斯，時不我待，空言難以挽狂瀾，實力方足支大廈，建國之責任，既急不容緩，而工程建設尤為吾輩今日最應擔負之任務。本年工程師節日，我國工程師學會開會紀念，並報告八月初在蘭州年會籌備情形，甚願藉此機會喚起工程同人共同應盡之職責，以及全國同胞對于工程建設應有之重視，任重道遠，願共勉勉為之。

致力西北建設

朱 家 驊

　　抗戰建國大部份工作有特於工程師者之奮鬥努力，夫人而知之，本年在蘭開會，其意義則尤深遠，國人目蘭州爲邊陲，此乃中古以還之事，夫考漢唐盛時，固一名都壯陲也，不僅東去長安不逾千里，且亦爲亞歐交通惟一孔道，自燕與定鼎，國人始漸淡忘西北，而西北漸荒，今察我國版圖，蘭州實爲全國中心，諸賢身臨其地將盆感西北之壯美與建設之急切，想諸賢定能根據 國父實業計劃，領導全國工程學者，力爭我國工程學術之昌明，而此次大會必且多分心力於西北建設，使西北各地及時發展，而地盡其利，物盡其用。

6

如何開發西北

張嘉璈

蘭州為我國幅員中心，亦是西北方的重鎮，在我國歷史上文化上都有過極重要的事蹟，可是因為沿海各省經濟文化發展較速，而西北交通又極落後，所以一般人心目中幾以蘭州即已為我國西部地邊地，這是一個心理上的錯覺，這一次抗戰，我國經濟文化重心已大部向西轉移，我們正要藉這個時機，奠定我國的中心，加強我們建國的工作，而貴會能夠在這個地方開會，使各方俊傑會萃於天下之中心，以建立一個經濟建設的精神中樞，為我國三百五十餘萬方公里的西北開始一部光輝繁榮的歷史，這個義意是如何的重大。

講到開發西北，本人以為應該先對西北地理環境，經濟資源的種種自由因素有一簡括的認識，第二步似應該檢討到過去一切建設的成績和困難，然後我們試從這些現象裏，找出一種今後建設應有的重心，再就此重心與原則，請與各位共同加以商討。

西北全區，包括陝、甘、寧、青、新、綏六省，偏居亞洲內陸，距海很遠，大陸性的影響，非常顯著，過去因為全國的政治及經濟中心，都偏在沿海一帶，這一大片地方，遂被目為邊省，如照上述的範圍，根據冊籍所載，共達三百五十萬餘方公里，佔全國面積百分之三十，即全國三分之一的土地，若僅就內部二十二行省而論，則西北面積所佔百分數更大，達百分之五十四，和法德兩國比較，當得上他們面積之和的三倍，在地形上，大概所說是一個大高原，平均高度約在一千五百公尺以上，境內有阿爾泰山，天山，及崑崙山三大山脈的綿互，地勢益見崎嶇不通由於這些山脈的分隔，和若干河流的沖積，內部形成幾個較為低平的盆地，谷地和黃土高原，而這些平野，除了極端乾燥的沙漠，和被剝蝕很深的地區外如關中，河套寧夏，陝北，塔里木準噶爾諸地，大都非常肥沃，為西北的經濟要區。

西康的氣候，冬季高氣壓逗遛於西伯利亞，源源不絕地輸送冷氣流在本區，故氣候高寒，夏季印度洋的熱氣流，由洗馬喇山東端，穿橫斷山脈，吹入本區東部或東印度河谷穿入本區西部故氣候炎熱，每年平均雨量，除了陝南和高山坡外，少有超過五百公厘的，而有些地方竟還不到五十公厘，雨最少空氣乾，蒸發盛，再加以生長季節短促，這對於植物的繁育，自然很受影響，不過全區除了沙漠以外，大部份盡堆積深厚肥沃的黃土層，富有礦質養分，頗利於乾旱地帶的農耕。

西康的人口，據估計所得，約有二千一百三十三萬人，祇佔有全國人口百分之五，以這少數的人口，分佈於佔全國三分之一遼闊的面積上，每方公里的平均人口密度，還不過六人，自然有地曠人稀之感，西北不僅人口稀少，而且分佈也很不平均，如地理環境較優的陝西平均每方公里有四十六人，而寧夏新疆還到不了二人，如果再以耕地面積來推算人口的密度，那不均的程度，更是相差特殊，至於西北各地邊區同胞的生活方式，也極複雜，這二者對於西北一切經濟發展，是有很大影響的。

西北的自然富源迄今尚沒有專籍著述，亦沒有普遍實際的考察，所以很難得知精確的數字，但就在可搜集的材料估計，凡一廣大土地的富藏足夠我們經濟建設的資源基礎以地位形勢而言，也為我們將來國防建設最適宜的中心。

現在先說西北的農作業，農業是最富於地理條件選擇性的一種產業，西北全區，因氣候與土質的關係，農墾的發展，厭限於局部的低地和盆地，五穀的供給量，尚不足供給本區所有人口的食用，陝、甘兩省經竭力耕種，祇可供給本省人民，無剩餘出口，反之若遇天災，則常發生飢饉，西北所產經濟上有利益的農產品，最大一項，為陝西棉花，豐年售價可超出三千萬元，甘肅年產煙葉，約值一百萬元，尚有一相當數量的細米，從綏遠運往北平等地銷售，西北的農產，在目前雖不見發達，但全區可供墾殖的土地，約計四十六七萬方里，如何提倡移墾，請求水利，防制蟲害，都是不可忽視的問題。

牧畜是西北最有望的經濟事業，全區的土地，有三分之二宜闢作良好的牧場青海西部偏僻地方的遊牧民族，全賴牲畜來生活，藏蒙二族人民，日用所需，亦靠牲畜的副產品來製造，西北在中國家畜總計中佔有綿羊百分之七十五，山羊百分之四十，馬百分之三十五，牛百分之二十，其他羊毛，毛皮，皮革，都是西北的主要出口商品。

西北的礦產甚富，其中富有經濟價值的，有煤、金、石油、銅、鐵、鹽等，煤的分佈最為寬廣，西北各省縣隨處皆有，陝西一省蘊藏煤量，即達七百十九萬萬五千萬噸，金礦有山金和沙金之分，山金以阿爾泰山區為最大之中心產區，有採金工人五萬餘，沙金則散佈於新、青、甘、寗許多河道兩旁台地上，石油層西起天山南北麓，經甘肅走廊的東迄陝北，據俄人及外國專家的報告，本區石油，產量和質量，在世界石油問題上，佔一重要地位，新疆的孚遠，塔城，溫宿，英吉沙和甘肅的兩當，徽縣附近產鐵，新疆天山西南麓產銅，此外如錫、硝石、硫磺、石墨等，均有豐富的產量，青、新、寗等地的產鹽，尤為西北日用所需的鹽源，就以上情形言，我們可以想像到西北的蘊藏是相當的完備與重要，僅以煤和石油而言，就是將

來重要工業的基礎，同時我們相信西北真正的蘊藏當然還有許多沒有發現，僅僅是過去的一些零星或局部的勘察是不夠的。

其次談到西北過去之人為的建設，本來西北的被人注意巴非一朝一夕，自清末以至今日斯坦因（Sir Avrel Steln）斯文赫定（drSveuHedm）等，一再考察引起中國人士興趣，於西北農事考察團，西北學術考察團，西北實業考察團等，接踵來往無不有滿意之收穫，會九一八事變東北地方，相繼淪陷，國人對於邊疆的危急，漸漸注意，而開發西北的聲浪逐爾高唱入雲，近來更有不少的技術專家，和熱血男兒，在那漠漠廣原埋頭苦幹今日的嶄新西北，不能不歸功過去人為的力量其成績昭著工程偉大的有下面諸端。

一、水利建設，水利問題，在西北確成為極嚴重的事實故水利的興廢不僅直接影響農業的榮枯即歷代西北文化的盛衰經濟的消長，也密切相關，我們反溯到歷史上，比如秦用鄭國之言引涇循北中行，使冶清，漆，沮諸水，注洛稱鄭國渠，溉田四萬五千頃漢因公曰，開渠堰，引涇水首起谷口渠入潆陽注渭稱白公渠，灌田四千五百頃，宋眞宗時引涇至三限口，溉田三萬餘頃，稱小鄭渠，徽宗入開豐利渠，溉田三萬五千餘頃，明大順間開廣惠渠，溉田八百頃，不過，鄭白南渠為最著名，所以有「鄭白之沃衣食之源」的頌詞，他如寗夏平原，青海東部等地，自宋以來，也許早與渠溉，逐使這地方成為西北的經濟要區，近時新式灌溉也在次第興辦，民國廿四年完成的涇惠渠首創此例灌溉田地計七十餘萬畝，嗣後至二十六年渭惠渠繼之完成，二十八年又有洛女梅惠諸渠。漸次築成，開始放水溉田，前者受益田地一萬餘畝，後者約十三萬畝，此外如洛惠，漢惠，黑惠三渠，預合計也，溉田七十餘萬畝，甘肅省引灌河水的舊有渠道，多至百里以上，就中臨洮一帶，最為發達，河西各縣，如武威張北，酒泉等，均緊傍祁連高山，引用雪

水，渠溉之利，也極普遍，共計各省灌溉田
畝均在二百五十餘萬以上，築建水利工程，
有湟惠起惠，湟惠各渠，青海的水利，多偏
於東部谷地，因受位置及地形限制，工程較
爲簡陋，甯夏和綏遠在黃河左岸，俱有相當
平曠原野，引渠溉田，在地形及水源方面，
都極便利，所以渠道縱橫，成爲西北的灌溉
區域，民國二十四年甯夏的雲亭渠比較著稱
，新疆的水利建設，除了引水開渠外，還利
用地下泉水，有坎井渠井的開鑿，新建溉渠
如阿克斯和于闐六大渠等，都是很著名的，
近年沈若雷先生，在西北對於水利的建設，
相信一定也有很好的計劃和成績，希望沈先
生能夠對我們作一個專門的報告。

二，工業建設，西北在民國二十年以前
，雖有少數大城市，如西安蘭州迪化等，間
有一二機器廠，而大部份盡屬就地鎔用，且
資本微薄技術幼稚，所以事實上談不到工業
建設，及隴海路向西展築，中亞的土西鐵路
完成，頗爲促進了西北新工業的逐漸萌芽的
主因，尤以東西兩端的陝新二省，位當其衝
，影響尤著，到了全國抗戰興起，政府內遷
，人口西移，外受敵人的封鎖，內地需要激
增，加以公路的開闢，資金的流入，及技術
人員紛紛進到西北各地，於是許多大小新興
工業，如雨後春筍，渤然興起，新式工業，
以陝西的棉紡、麵粉、火柴、機械及化學工
廠，甘肅的毛織機械、火柴、電氣、煙草工
廠，新疆的電氣、麵粉、榨油、製革廠等，
最爲著稱，其他小規模的工業，也在發育滋
長，不過以西北物產及可資利用之動力而言
，衡諸現在已有的工業情形而言，自然還差
得太遠，可以讓我們努力的地方還很多。

三，交通建設，此外較大者爲交通建設
，因爲交通建設，爲一切建設的關鍵，不特
爲物資轉運所賴，即人口的移殖，文化的傳
播，市場的發展，生產的成本減低，地方需
求的調節，也莫不依賴利便交通爲輔助，在
歷史上中國的絲茶早已由西域傳往希臘羅馬

，外人稱爲絲路，不過究始何時？究經何地
？年湮代遠，文獻無徵，但西北老早就已爲
我國國際交通之津梁，於此可以證之。及漢
唐的時候，中國和西域諸國，信使往還，絡
繹在道，西域一地，遂爲中國交通的通路，
到了清朝末年，左文襄平定回疆，此一通路
，更修築得齊整完好，近年東面的隴海鐵路
已通至寶雞，更擬即由寶雞，展築至天水。
天成鐵路，西北鐵路，都在迅速測量，公路
有川陝、漢白、華雙、西蘭、甘新、甘青、
甘川、甯平、寶平諸線，合計共長四千五百
餘公里，驛運線有中央主辦的川陝，陝甘兩
幹線，長達二千二百餘公里，由甘肅、陝西
、甯夏幾省自己主辦的支線長達四千七百餘
公里，水運有黃河包頭至薩喇齊一段，及額
爾齊斯河可通汽船，自蒲遠玉佛寺經中街，
金積靈武而至甯夏，北經羅平而至石嘴子，
及由此向北經磴口、五原、包頭以抵河口可
通民船，渭水自西安之草灘，東至潼關，由
草灘上溯至咸陽，可通民船，漢水自納玉帶
河後，水量頻增，沔縣至南通可通民船，丹
江夏季水漲後，可通民船，任河自四川之大
竹汛，伊犁河中流，均可通民船，此外塔里
木河上源，阿克蘇河，喀什噶爾河，亦有航
運之便，航空事業發端民國十三年之西北航
空委員會，自歐亞航空公司成立始有正式的
航空線，抗戰後有中蘇航空公司，西北的航
空事業才有定期的飛行，將來各地經濟建設
發展，航空事業，尚有積極推進的必要，自
緬西淪陷，西南國際交通受阻，所以西北國
際道路，更有加強的必要，鐵路驛運公路航
空均須積極推進。

現在我們要想到的是西北歷史很久，而
進步很遲，雖然曾經許多人士的苦心經營終
不能和東南西南並駕齊驅的原故，自然有其
內在的因素，如自然環境的缺陷，人口的稀
少，以及文化的落後，都爲各種經濟建設的
絕大的阻力，就自然環境的缺點來說，西北
的大部份是處於距海遼遠的內陸雨量稀薄，

有的地方，簡直幾十年不下雨，這是西北自然環境的第一個大缺點，西北大部份的地方是高原，緯度又是相當的高，這兩種條件湊合起來使西北的冬季格外寒冷，格外綿長，因此西北的植物生長期，大多甚短，大部份的農產物，祗能半熟，這是西北自然環境上第一個大缺點，這種大缺點妨礙了農作物的生長，減少了人類的生活資料，就人口稀少來說，西北全區平均每平方公里不到六人，青海省每一平方公里的面積中，平均還不到兩個人，人口稀少，生產力自然薄弱，縱然有可耕種的土地，有可資開發的礦產，也不能不聽其貨棄於地，至於各邊區的語言文字風俗習慣宗教彼此互異，對於有全地域性的建設計劃，亦往往格於彼此主張不同，遂爾擱置。就文化的落後來說，西北的人民，普通科學的常識不夠，所以不能運用智力以克服自然的苦難，偏遠的遊牧同胞，尚在那裏度其原始人的生活，天災人禍，一切均委之於命運，如不知醫藥，往往死於瘟病痲疫的不知凡幾，牲畜的死亡，更難估計，當獸疫盛行的時候，千百計的牛羊羣，可於一夜中全數死去，使主人流爲一文莫名之乞丐，這在經濟上的損失，實在太大，將來公共的衞生，和牲畜的保養，都要積極講求，欲使這帶有科學性的禮物，傳送到西北去，文化的宣傳，應爲當務之急。上面所說，不過略舉過去建設困難梗概，其他如政治的關係，尤其是交通的壅塞，可以說是一切原因的原因。

我們既知道了西北的自然地理，人爲的建設，和過去建設的困難，現在我們應該找出一種建設的重心來商討，而西北給我們一個最普遍的印象是荒旱，我們若是從他坐飛機來的，更容易看出這一種情形，比如在高空時，看見有青綠的地方是很少的，這與我們從江南各省水田稻魚之鄉來的人，所揣想的是恰恰相反的。因此我們可以知道大部份西北的地方，不宜種植，這個最大原因，當然就是地面的缺乏水份，換言之，就是缺乏生物所最需要的日光和水二者中的一件，我們也可以說這就是西北經濟落後的最大主因，現在解決的第一方面，自然先關導水利，先把這一片枯澀的土地，變成一片潤澤宜於生物的土地，先把這一種靜的環境，澈底改過，然後再及於其他各種動的經濟工作，我想這是大家所公認的一件事實，過去賢哲之治理西北，亦莫不以興水利爲急務，如前面所說過的，秦闢鄭國渠，關中遂稱富強，漢朗白公渠，畿輔漸臻康阜，這是最顯著的實例，後來歷代有新興水利工程，但以西北如此廣大面積，僅靠過去的小規模水利工程，怎能做到地盡其利，物盡其用呢。是以西北的農產，穀物不能供給本地的食用，棉紗亦不能供給本地的衣着，再若加上外來的移民，衣食即成爲嚴重問題，何能談到其他的建設，今後唯一的基本問題，當是先從水利着手，應該普遍大規模的努力，最低限度，要使西北幾處重要而較可耕植的地方，先得到一個濕潤的空氣，然後我們才可以講到其他的建設。

現在西北方面，已經有幾位著名水利專家在努力貢獻他們最寶貴精力於國家，我們還希望各方更進一步給他們以協作與後盾，其次自然是建設交通，西北在過去雖然有一部份的鐵路，公路轉運來作西北一切活動血脈，但在此種情形之下，不要談到其他的建設和輔助，而去 總理所說基礎建設，尤其差得太遠，若是拿歐美各國比例的數字來講，真是微乎其微，或許我們可以強調的說一句，就是等於零，西北建設的困難，具體的講，是人力與自然力之爭，突破這障礙唯一的辦法，就是建築運量大速度快與運價低廉的交通工具，有了此種工具，然後才可逐漸地去克服社會的人爲的自然的各種困難，這種工具，一般看來，最有影響最固定永久的，自然是鐵路，以往的建設材料，都是從沿海各口岸轉入內地，而過去建築鐵路，東南

戰以後，海口封鎖，材料的來源被阻，自然目前不能有這樣大的力量，來大量推進，不過一到勝利以後，材料有辦法的時候，就要中各部，尚未完成，自然無力推及西北，抗積極趕修，自然是不成問題的，許多人曾顧慮在到西北的鐵道，本身的經濟力量，能不能夠，維持其自身的生存，我以為這是過份的擔憂，在初期也許有這樣現象，但西北幾條主要幹線拿西北的經濟潛在力而言，是不會有問題的，而且就是虧本，我們以國防的眼光，以及為促進其他建設而言，也是無所顧慮的，當加拿大修築大東太平洋，和加拿大國家兩鐵路，及美國修築尚未開墾的西部鐵路時，曾經有過許多人極力反對，認為在荒漠的地方修築鐵路，這時最危險最不經濟的浪費，可是到後來，每一線任何一個鑛藏的開採，均足以補償建築費用而有餘，同時交通發展之後，一切工業生產，都因交通之便利而互增其繁榮，甚至於有許多自然因素，亦因之而改變，如氣候的轉易，疾病的減少，使任何人在科學上找不出多少理由來證明解釋，而事實却確是如此，各匯研究地理環境的書籍中，此類例證本多，在座諸君，都是從事經濟建設的，所知道的當然要比本人還多，在積極方面講，一定應有決心與勇氣來打破西北的困難，近年來西北建設中，一個至今吃着交通工具的虧，無法施展的苦的例子，大家大概沒有不知道的，就是玉門油在開採以後，每一油井的開鑿，無法收容，其生油量超過煉油之量，可煉之量又超過於可運之量，照此演繹起來講，整個的問題在於運輸，而我們同時又可作兩種推論，因為無交通可以運去的機器，所以產量不能加大，煉出的油，因為沒有工具可以運出，所以不能供大量的需求，總而言之，是因為沒有大撮運輸的工具，大的機器，它的一個不能分開的也常常合得到五六頓重，汽車是無法勝任的，因此我們，要建設西北，先要建設交通，為不成問題的事，而建設交通，

我們又必需先有一條穩固有力的鐵路線，想也必是大家所承認的。國父實業計劃，關於建設鐵路系統，特別注重西北一帶，所以於建設西北鐵路系統之後，又建設擴充西北鐵路系統，現在我們檢視 國父鐵路網線路的分佈情形得知其線路起訖，全在西北境內的，有西北鐵路系統中的和第四線第五線，中央鐵路系統中的西安甯夏線，安西州于闐線和婼羌區爾勒線，擴張西北鐵路系統中的西北邊界線，為者伊犁線，伊犁和闐線和鎮西喀什噶爾線與其支線高原鐵路系統中的關州婼羌線其線路或起於西北境內而終於他地，或起於他地而終於西北境內的，有西北鐵路系統中第三線中央鐵路系統中的東方大港塔城線西安漢口線西安重慶線，蘭州重慶線和北方太港哈密線，擴張西北鐵路系統中的肅州科布多線，迪化烏蘭固穆線，肅州庫倫線，五原洮南線，和五原多倫線高原鐵路系統中的疏勒于闐線甯遠車城線和于闐噶爾渡線，這些線路當中有為歐亞鐵路系統之主幹的，有為溝通邊區與腹地的，有為鑛產豐富可資開發的，有為土地肥沃宜於移殖的，在二十餘年前，往西北一帶實地調查勘測的，可說寥若辰星，然而 國父卽有此輝煌偉大的計劃公布，證之今日，不但反沒有瑕疵可指，益證其計劃的深遠，謀慮的周到，應懸為我們今日在西北建設鐵路的最高準則，不過如此鉅大的里程數字，實非短期內所可完成，今後如何分別緩急，按步實施，諸有待於我們的精細研討，詳細計劃，茲就此建設的重心，提出下面幾個問題。

一，鐵路定線與工程標準問題，鐵路的建築，為百年大計，凡有關之政治經濟及國防諸問題，都應顧慮周詳，尤須具有遠大的眼光，我們現在正在測勘中的西北鐵路就是國父實業計劃中的中央鐵路系統東方大港塔城線，長數千里，為西北國際的大動脈，佟一條長數千里的鐵路，在我國尚屬創舉，在定線的時候就要高瞻遠矚，不可因某一種的

理由，而遂改線，比如有某一處果有需要，我們儘可添加一條支線以爲補救，萬不可影響到整個的百年大計，就工程標準來說，也不可因爲某一段的工程艱鉅，遂改變其坡度灣度的標準，致影響運輸的力量，他如載重軌距等。都應有一定標準，應拿技術的條件去遷就運輸，決不可拿運輸來遷就技術條件。

二，各種技術人員與人工缺乏的問題，興建水利與鐵路都是需要有大批的專門技術人才，水利方面，過去也曾用過工兵，也曾大規模搜羅過大量技術人員，今後自然需用數量更大，至於就以往築路情形而論，所需技術員工，自更不少，如株韶、潼西、浙贛、京贛、南萍、湘桂敍昆寶天等新工鐵路，所用工務機務技術人員，平均每公里約須攤配一人至一個半人左右，滇緬鐵路因趕工關係，用人較多，平均每公里技術人員，約須攤配二人左右，現在後方鐵路技術人員總數，不過四千餘人，再如上今後各大學一部份土科畢業生，估計可得技術人員，最多亦不過五六千人，以之供應舊路，尚可敷用，若添建大批工廠，則有人才缺乏之感，現在西北各公路人員，如是借用他省，一旦戰事結束，重整河山，建設事業將千百倍於今日，所需技術人才，亦將千百倍於今日，如何維繫原有的工作人員，及就地培養幹部，實有深加考慮的價值，若就民工而言，戰前京贛路趕皖境一段，長約三百七十公里，最多工人達七萬餘人，平均每公里約二百五十人，現在黔桂金城江至都勻二百餘公里，趕工工人，最多約達十萬人，平均每公里約三百人，滇緬路段四百餘公里，積極趕工時，最多工人約二十二萬人，平均每公里約四百五十人，西南東南一帶，人煙稠密，徵調尚易，西北一帶，地曠人稀，以平均每平方公里尚不到六個人的人口，縱然調集各省所有壯丁人數，也不夠一路之所需，將來如何向鄰省借調，及戰後復員，如何利用兵工制度？以大量推進水利和交通建設，亦值得我們事先研討。

三，建築材料的來源問題，我國以後建築鐵路，必然步入一新時代，而漸趨向自力主動獨立的方式，自力地發展鐵路，則建築材料的來源，必須有以自給。所以重工業與鐵路之結合發展，應當事先詳爲計議，同顧西北各省，蘊藏豐富，如玉門的油，甘新的煤鐵皆爲重工業的重要原料，其運用配合之道，尚有望於諸君之研討，水利工程所需的水泥，也應當事先大規模的準備。

四，地理研究的問題和過去我國的建設計劃，很少注意到實際環境的適應和改造，卽是對於地理環境的認識頗少研究，所以有閉戶造車之實難合轍的譏誚，也有人諷刺過去許多人對於鐵路所擬的計劃線，可以搬到非洲或其他的地方去建築，意思是說計劃線與實際環境不是恰恰配合的，這自然因爲科學的不發達，以測量儀器的缺乏，難於實地的踏勘，以致有想像隨便的毛病，而確可從此看清過去一切計劃的不合實用，本人去歲在貴陽年會裏，曾經講到蘇俄近年探險事業的極力提倡，於是發現了很多的富藏，較過去的估計，多至數倍，同時在社會的組織也因探險和調查澈底的明瞭，得爲社會改良的基礎，德國之所著的大地政治學，就是這一部門的一個計劃，這也有人說他爲希特勒的作戰的靈魂，英美諸國，本來有許多的經濟計劃機關，都聘有地理專家參與工作，可見地理研究，對於建設的重要，西北這個地方，至今猶爲處女地，究竟實際狀況如何？我們不能輕於武斷，將來建設西北時，凡工業的區域，鐵路線的選擇，土地的利用等，非要經過詳細的調查，和測勘這一階段不可，尤其水利建設，更是與地理地形各種實際學問，本切膚的關係，這是極顯明的常識，所以地理的研究，是實施西北建設的先導，但我國目前似乎尚未十分重視，本人特別提出這個問題，希望能引起各位專家的注意。

五，邊政部門人員訓練問題，西北因爲交通的不便，離全國政治經濟文化的中心過遠，所以人民的生活方式，都與內地顯有差別，我們想把西北的社會文化，改變爲近代之文化，就是說怎樣在原有的社會中，去推行新政策，這新的政策，無論其爲教育、經濟、交通、衞生、軍事等，總而言之，是新來文化，新的生活方式，一旦要把它創製出來，當然不是一問容易的事，所負責推行新政的行政人員，必需有關於人類文化之性質，及其變遷，交替一般過程的專門知識，以及有邊疆社會之文化和生活的特殊知識，與正確的了解，然後於其固有程度中，採取適當的途徑，以爲新政推行之門路，換句話來說，邊疆行政人員，須有專門的訓練，方足以負此重任，若以普通行政技術與方法施之於邊疆社會之中，則政策不但不能推行，反而引起誤會反感，甚至摩擦和衝突，英法在牠的殖民地，設有所謂「政府人類學專員」、蘇聯在牠的邊疆各省，也有類似的專家遣派，來處理所謂「文化糾紛」，戰前敵人在我國邊設司文書院，訓練熟知我國情形的專門人才，牠們的動機，我們暫且不去討論，但其所以有此設備，蓋深知若干文化的問題，非普通行政人員所能了解，也非軍警檢彈所能解決的事，必先訓練大批的專門人員，以爲推進建設事業的助力，至於如何訓練以及推行的方法和技術，這是專門的問題，有待於專家的討論。

其他西北政治的特殊，食糧和飲食的缺乏，都是我們建設西北絕大的阻力，如何克服與改善，也有待於我們工程人員的努力，工程師學會在過去數十年中，曾有其光榮的歷史，事實顯著，用不着本人來說，西北的重要，現在是我們滋生養息的所在，戰後尤爲我們民族復興的根據地，建設西北的重任，無疑義的全在諸位肩上，所以特就本會指定「如何建設西北」這個問題，提出和諸位商討，望諸位不吝指教。

總 裁 語 錄

特別發展國防科學運動，增加國民的科學知識，普及科學方法的運用，改進生產方法，增加生產總量，使國民經濟迅速地達到工業化，一切工業達到標準化的地步。

陕西省企业公司水泥厂 ‖出品‖

→拳牌水泥

註冊

商標

本廠為開發西北供給抗建

需要特自製各種製造水泥

機器出產拳牌水泥推銷以

來幸為各工程界所贊許謹

將營業項目開列於後如蒙

惠顧無任歡迎

營業項目

拳牌水泥

各種細瓷

耐火材料

代為設計承造各種製造

水泥機器及各種電瓷

廠　址：陝西省同官縣黃堡鎮

辦事處：西安東四道巷第二號

9364

中國工程師之使命

陳 立 夫

中國工程師學會，自民國二十年八月，合併中國工程學會與中華工程師學會成立以來，此爲第十一屆年會，當其合併成立之初，曾揭櫫宗旨，在聯絡工程界同志，研究並促進工程學術，以適應訓政及憲政時期建設之需要，自茲而後，工程界同仁，即一本斯旨以進行，於研究之外，或從事工程教育，以促進工程學術，培育工程人材，或從事工程建設，民族國家與社會之需要，抗戰以前，中國工程師學會，即曾在上海設有材料試驗所，並與上海市政府合辦工業試驗所，爲工業界及企業家之顧問，設計，裝修，探驗材料及訓練人材等工作，抗戰以後，亦曾努力於抗戰中各項工程之研究與設施，近幾年來我國之工礦生產，若與過去數字比較，已增加數倍或數十倍不等，頗呈突飛猛進之象，此外如運輸電訊，雖未盡通暢，惟較前亦均有進步，在原料機器輸入極端困難之中，仍能不斷生產物資，供應國防與民生需要，工程界同仁對抗建大業，確已作甚大之貢獻，此爲舉國所共知而共佩者，惟中國爲農業國，家近代物質建設，與國防工業，遠較東西各國落後，一旦遭遇此偉大時代，吾人須一面抗戰，一面建國，需要之大，出乎意表，工程界之貢獻雖曰偉大，與實際需要相去仍甚遼遠，時至今日，抗戰已歷五年，雖曰勝利在望，而國步之艱難，與建設之需要，則均與日俱增，且勝利愈接近，國步之艱難必愈甚，而建設之需要亦必愈大，以故全國同胞，於慶賀工程界偉大貢獻之餘，又難免更大更殷責望，中國工程師學會爲工程師之組合體，際茲艱難締造之時會，所負之使命實至重且大，約而言之，在以集體力量完成國防建設，若加分述，則有下列數端。

一曰研究國防建設之計劃

今日工程建國之口號，爲「國防第一」，而工程師學會，最重要之使命，即在研究國防建設之計劃，並促進計劃與實現，現代之戰爭，已如納粹武力戰爭，進而爲科學戰爭與工程戰爭，舉凡武器之裝備，彈藥之製造，城塞之建築，以及軍事運輸工具之供應，皆有賴我工程家之苦心設計，出奇致力，我國自抗戰以來，軍事工程，對於作戰已有相當之供獻，惟因準備不充，基礎未固，重要武器，如飛機重砲唐克車等，尚不能完全自造，而國防所賴之各種重工程，尚在萌芽，未能與軍事相配合，苦戰五年，徒以軍士血肉之軀，與敵人堅甲利兵相周旋，前仆後繼，愈戰而愈強，此固賴 領袖之英明，將士之用命，惟今後欲立國於世界，求長治而久安，非先努力國防建設不爲功，而工程建設實爲國防建設之中心，吾輩爲工程師者，對於以工程建設完成國防實有偉大之責任，爲工程師集合體之工程師學會，則負有研究與促進國防建設計劃之使命，學會應採衆民，集羣力，殫心竭慮，就國防觀點研究軍事工業，與一般工業建設之計劃，以供獻於政府，政府決定計劃以後，再由工程師同仁者就其本來之崗位，分別執行，期以五年十年，喫而不舍，必能完成國防，使中國成爲安定世界秩序之中心力量，則我工程師學會之貢獻，實不在馮下矣，本會已有 總理實業計劃研究會設置，其目的即在依 國父之計劃，研究如何開發實業，鞏固國防，深望本會全體會員羣策羣計，共助此偉大研究之完成也。

9365

二曰統籌工程人才之分配

我國工程人材過少，不能配合現時之需要，於此少數人材，自應設法使其發揮最大之效用，故工程師學會首宜將全國工程界同仁，加以統計和分析，能分明從事於各種工鑛生產者，可有幾人，從事於其他建設事業者可有幾人，從事於工程教育者又應有幾人，以此分析之結果，貢獻政府，使瞭然於現有工程人材之分配，然後依之訂立整個建設計劃，及實業方案，俾人與事得配合適宜，而一切建設，皆能如預計順利進行，否則政府僅按目前需要，擬定龐大建設計劃，百廢俱舉。人材分散，至其終極人力物力仍不免浪費與重複，其成就亦必甚微，故欲於最經濟最有效之條件下實施工程建設，則工程人材必須統籌分配，而我工程師學會對於統籌分配負有調查研究與建設之責任也。

三曰溝通與工程有關各種專門學術之研究

科學雖經分為若干種類，實則彼此皆有關聯，所以以之分類者，蓋為便利研究，文化愈進步，則學術上之分割愈細微。昔日研究學術分物理化學，數學，經濟學，法律學等科，今日學者，分所學習，則往往為某學科之某一部門，同為物理學者，或專力於光學，或專力於電學，或專力於熱學，或專力於力學，物理學一科如此，其他各科莫不皆然，良以自然現象與社會現象錯綜複雜，吾人於此欲為致知格物之功，必僅能專力於特殊現象，分割愈細，致力愈專，所造必愈深，然後始可言窮理盡性，但從事分途研究而不相溝通，則於自然界及社會之整體無法加以控制與管理，凡工業國家，其生產無不採分工合作制，工業愈進步，則分工愈細，然分工必須先言合作，學問之道亦然，工程建設固有工程專家，然於計劃之擬訂，物資之採取，材料之研究，人事之管理諸端，有賴

於各種科學家之通力合作正多，中國工程師學會之特點，在能使本會會員親愛精誠，始終無懈，數十年如一日，為國家之建設作共同之奮鬥。深望工程師學會，本此精神推而廣之，以工程學術為研究之中心，與其他專門學會溝通聯絡，盡切磋琢磨之功，收分工合作之效，對於國家之貢獻必更大也。

四曰提高專業精神

中國工程師過少，不足應付當前需要，前已言之，故於統籌分配外，尚應設法使工程界同仁，不浪費一分精力，不虛度一寸光陰，以盡其最大之貢獻，然據見聞所及，政府時或請工程專家於專業之外兼行政責任，以致庶務集於一身，無暇發展專業，當然需要工程人才迫切之際，如此浪費專家精力實至可惋惜，國家欲其人力得最大之効用，必使人各用其所長，工程學會第十週年會，曾立有『不慕虛名，不為物誘，維持職業尊嚴，遵從服務道德』之信條，甚願能恢宏各種精神，在國家民族利益高於一切之原則下，執行專業，如有餘暇，則從事於教授工程學生，以培養工程界新生命，以應國家之急，而自身亦進可得修之効，非萬不得已，凡不屬於工程設計實施和研究業，皆舍而不就，蓋其他庶務，尚有力能勝任者，而工程建設，則非他人所可代庖，此種專業精神，則應由學會樹之風聲，期於共勉。

五曰淬勵研究與服務精神

此時從事工程建設，其困難千百倍於平昔，一切原料及生產工具，皆極感缺乏，而重要工程，又不可或停，故在原料方面，不得不研求代用品，在生產工具方面，不得不利用殘缺無全之機件，以事生產，此種工作乃出乎工程界同仁所習範圍，他人成法，皆不可用，然天下無不可成之事─而偉大成就，往往在艱難環境中，始能生產，當上古時代，科學尚未發達，技術異常幼稚，工具皆

屬簡陋，我工程之始祖大禹，奉命治河於洪水橫流哀鴻遍野之際，其工程之浩大與艱鉅，實不亞於今日，然賴其精心研究，奮力實行，卒能克服一切困難，完成歷史上之偉大工程，工程界同仁，本具有研究和服務精神，工程師學會再加以倡導，俾皆能殫其精力，竭其思慮。以赴事功，而政府和社會人士，亦能予以優遇和協助，則其成就必遠在吾人想像之上矣。

凡上所述，皆爲國人所切望，而爲工程界同仁所樂爲者，全國同胞，以國步艱危，民生窮困，希企惜殷，常致對於工程界同仁，責望過奢、實則工程界過去貢獻於國家者已巨，現時亦正竭力從事工程建設，將來亦必竭其所能，以貢獻國家，此不僅爲本人所深知，亦且爲社會一般人士所瞭解，惟建國事業，至感艱困，不能獨責之於工程界，而且工程界亦不能單獨完成此種重大任務，必也各種科學專家及一般社會人士，均能竭誠相與且予以精神上之勉勵和安慰，方可期望之完成，政府既以此艱鉅之工作，委之於工程師。亦宜尊重其意見，使事業能順利發展，更應崇高其待遇，體貼家室之困，庶能殫精竭慮，而盡瘁國家，總之，欲謀建國，要全國同胞，人各就其國民而含其所短竭其心思勞力，以盡其應盡之責任，而工程界同仁，實建國之柱石，使命尤爲重大耳，抗戰方殷，需要日亟，工程界同仁任重道遠，謹祝諸君建國珍重爲國努力。

中國工程師信條

（一）　遵從國家之國防經濟建設政策實現　國父之實業計劃

（二）　認識國家民族之利益高於一切願犧牲自由貢獻能力

（三）　促進國家工業化力謀主要物資之自給

（四）　推行工業標準化配合國防民生之需求

（五）　不慕虛名不爲物誘維持職業尊嚴遵守服務道德

（六）　實事求是精益求精努力獨立創造注重集體成就

（七）　勇於任事忠於職守更須有互切互磋親愛精誠之合作精神

（八）　嚴以律己恕以待人並養成整潔樸素迅速確實之生活習慣

9368

論我國技術教育

柴 志 明

「以工建國」有待於技術人才，而養成技術人才端賴技術教育。國人對於一般教育之得失頗多評議，獨對於技術教育尚少論列。筆者不揣愚陋，謹將個人觀感述之於後。海內鴻碩幸垂敎焉。

技術教育四字乃筆者所主張用以代替時人所稱之工程教育，工業教育，職業教育，或生產教育。技術教育英文為 Technical Educatnion 或 Engineering Education. 以 Engineering Education 譯作工程教育雖為技術人員所公認，但工程二字不能如技術二字能為一般大衆所了解。一般人認為工程是具體的工作，例如工程浩大，不是抽象的學術。(Engineering 與 Technology 可譯為工藝學或工程學，若把學字省去便不通，尤以工程學為甚。)工業教育乃技術教育之一部分其範圍不及技術教育之廣，譬如交通運輸所需要的鐵路公路電信航運技術人才，但是他們却不從事於生產的工業。職業教育的範圍却比技術教育來得廣，它包括農工商交通運輸各業，至少它所包括的商業與農業是不在技術教育範圍以內的。生產教育在廣義上包括農業生產與工業生產，在狹義上祇是工業生產，也不能代替技術教育更屬顯而易見。

一七六五年瓦特發明蒸汽機，引起了工業革命。十九世紀初葉，技術教育開始萌牙，那時候物理還叫做自然哲學。到了中葉，土木工程師，才放棄以前遺留的舊法，而開始應用理論來設計橋樑，所以歐美的技術教育也不過祇有一百五十年的歷史。我國在一八七二年（同治十年）清廷路政大臣便已奏遣學生到法國去學習路政。一八九五年（光緖二十一年）天津的北洋大學堂，次年上海的南洋公學相繼成立，論者謂：中國起始有現代

大學之日，卽已有技術教育淪屬信而有徵。可知我國的技術教育由來實久，惜歷年尚少準確的數字可供參考。據查近年來全國肄業的大學生約五萬人，而工科祇佔十分之一。

教育部陳部長在民國二十八年中國工程師學會年會時報告，我國工科院校共有二十五所，其中十九所為工學院，其餘為專科學校。以學系而論士木工程學系有二十三，機械系十一，電機系十二，化工系十，建築系三，水利系三，航空系三，礦冶系七，測量系一，紡織系二，機電系二，農業水利系一，計共七十七系歷年畢業人數二十年度八四二人，二十一年度八七五人，二十二年度一〇〇八人，二十三年度一一六三人，二十四年度一〇一五人，二十五年度一〇三〇人，二十六年度一〇四八人。抗戰開始以後，中央為培植機械電機人才曾由教部令飭各大學開辦機械電機兩系雙班，則兩三年後畢業人數可以激增。

我國技術教育之進步以及社會人士之注重技術教育可於每年暑假時高中畢業生投考大學時見之。凡優秀的高中畢業生莫不以投考工科大學為榮，尤以上海之某著名大學在抗戰前成為衆矢之的，揭曉時若榜上有名不獨本人引為平生快事，卽儕輩亦另眼相看。其落選者甚至自願犧牲一年不投他校翌年再試。一般社會心理旣偏重工科，投考文理科者寥形減少，教育部辦理統一招生以前各大學考試委員為凑足學額計每有將投考工科不及格者取入理科之擧，統一招生以後理科所錄取之新生亦極有投考工科不及格而第二志願為理科者。所以近年以來青年的精華可以說都變成了已畢學業或未畢學業的技術人員。這未嘗不是好現象，所以我國技術教育辦得如

19

何是很值得研究的問題。

學術無國界，技術尤然。我國工科大學的課程和教本幾乎全是抄襲美國的。這似乎有其歷史的背景，聽說某著名大學的課程在開始時就是由美國教授做照他們母校的課程表所定的。相沿成風，積重難返。新興的學校又復好高騖遠，祇求課程的增加，並無澈底的更改。就筆者所知中國一般工科大學的功課要比美國一般工科大學繁重，而新興的工科大學更比有歷史的工科大學爲繁重。加以教本和參考書都是英文弄得學生在四年之中祇有上課自修應考的時間，而沒有餘暇來探討人生的究竟，社會的演進以及文學藝術的欣賞諸問題。工科學生們並且喜以功課忙來傲視文理科或農商科同學。豈知我國技術教育的弱點就集中在這個功課忙上面。茲將我國技術教育的弱點分爲三點來說明。

第一不能迎合需要適應國情。我國技術教育旣爲整個的舶來品，在二十年以前，這個舶來品祇能在通商大埠如上海洋行內找出路。無怪乎百歲老人馬湘伯在世的時候常罵我國工科畢業生沒出息只會替洋商做跑街挑脚担。但是平心而論二十年以前我國軍閥混戰的時候，公路的興築尚未開始，鐵路祇有破壞沒有建築，民營無線電爲政府所禁止，國防工業更談不上，這些工科畢業生若不願替洋商挑脚担他們又向那裏找職業呢？

國民政府奠都南京以後，各省公路如雨後春筍迅速展開。鐵路的興築也風起雲湧尤以東北爲盛。航空事業與無線電通信的發達更是一日千里。政府對於全國水利的興築，兵工的改進，以及工礦電業有計劃的興建。這樣就需要大批技術人員，而工科畢業生才有了正當的出路。

在政府機關或公營事業機關服務首先要會處理公文，而工科畢業生因爲在校時注重了英文，對於公文程式異常隔膜，不但不懂公文程式，甚至于連應酬信也寫不通順，辭不達意使收信人讀了不起好感。這是工科畢業生最普遍的弱點。

我國工科大學的課程完全傚效美國。美國一般技術的發達，在二十世紀可稱獨步全球，此資格較老的英國有過之無不及，我們效法手上本無指摘的餘地。可是技術與純粹理論科學稍有不同，技術的目的在於應用，不能應用的技術就不必去研究。所以技術是學以致用的學問。而社會對於工科畢業生也希望他離開了學校就立刻把所學的應用起來。一個機械學系的畢業生在家中不能把停了的鐘表或壞了的鎖修整起來，或是一個電機系的畢業生不能把家中的不亮的電燈或壞了的無線電收音機修好，能使社會對于他們發生疑慮。這個責任應該由學校負呢？還是由於本人負呢？筆者問答是在美國由本人負在中國由學校負。何以故呢？美國的普通都市家庭甚至鄉村家庭的一部份都有汽車，電話，電燈，無線電，溫暖設備，吸灰機，洗衣機。所以美國兒童都會使用刀、斧、鋸、鑿、以及其他機器工具。他們的家長還鼓勵他們訓練他們使用這些工具以修理機器。兒童的玩具也傾向於機器方面，甚至於連老太婆都會開汽車，汽車發生了故障一般的美國人都懂得如何修理。美國學生生長在這種環境中在工科大學的課程中當然用不著教授如何修理鐘表如何修理電燈無線電了。在中國則不然，中國的家庭要傚美國能普遍享受現代設備，在中國未曾工業化以前決不可能。所以中國的技術教育應包括美國的家庭教育和社會教育。

第二不認識社會了解人生。學問的分門別類是爲求研究的便利，學問的全境就是對於宇宙人生全境的觀察與探討。各門各科不過是由各種不同的方向與立場去研究宇宙人生罷了。政治學由政治活動方面去研究人類生活。經濟學由經濟活動方面去研究人類生活。科學由自然的方向去研究宇宙自然現象。工程學由利用自然的方向去研究自然現象應用於人生。但人生是整個的，支離破碎之

後就不是眞正的人生。爲研究的便利不妨分工，但我們要明白整個眞正的人生就必須旁通本門以外的智識。如牛頓與達爾文不只精通物理學或生物學他們各對當時的一切學術都有興趣，都有運用自如的了解力。他們是專家，但又超過專家，他們是通人。

假定某人得考據家，對於某科的某一部份都能詳述原委，作一篇考證文字足註能超出正文兩三倍，但對今日政治經濟的局面完全隔閡，或只有幼稚的觀感，對今日科學界的大勢情形一概不知，對於歷史文化的整個發展絲毫不感興趣。這樣一個人與其恭維他稱爲專家，不如稱爲考據匠，因爲他並非一個全人。這又豈是大學教育所希望造就的人才？工科畢業生犯着這個毛病最爲沉重。他們除了本行以外對於一般的自然科學也不甚了了，對於政治經濟更是一概不知。所以工科大學教育祇造就了專家而忘記了教人做人，做全人，做通人。我們時常見到喜歡說話的工程師會發出非常幼稚的議論。這就是因爲他只是專家而不是通人，一離本門立刻就要迷路。他們對于所專的科目在全部學術中所佔的地位完全不知，所以除所專的範圍外，若一發言，不是幼稚，就是隔膜。

工科各系的課程爲求專精與研究的美名常常含本逐末。基本課程教授的地位並不崇高，而外國大學研究院的課程在我們本科中倒反可以找到。教這些課程的教授卻受着特殊的崇敬。學生或因爲根基太薄太狹，或因爲基本功課已感應接不暇，致眞正的精通既談不到。廣泛的博通又無從求得，結果工科大學每年只送出一批一批半生不熟的技術人才，不能正當的應付複雜的人生。抗戰期間各部門都感到技術人才的缺乏，我們所缺乏的人才，實尤勝於是，我們缺乏認識社會，了解人生，眼光遠大的技術人才。

第三未能配合三民主義的要求。自國民政府奠都南京，中國國民黨第三次全國代表大會即規定我國的教育宗旨爲「中華民國之教育，根據三民主義，以充實人民生活，扶植社會生存，發展國民生計，延續民族生命爲目的。務期民族獨立，民權普遍，民生發展，以促進世界大同。」這個教育宗旨的確立，使我國教育有了一個正確的路線，我們唯有依照着這宗旨施行才能發揮教育本身的力量。但是工科大學的教育不但漠視一般的政治經濟，就是根據三民主義的教育宗旨也是同樣的漠視，致工科大學生大都不明瞭我國立國的精神與基礎。他們四年中所閱讀的都是私人資本主義的書籍，雜誌和報章。工科大學又都設在交通發達的大都市中，他們看慣了都市中洋人開設的私人資本主義的工商業。他們不明白佔我國全體國民百分之八十農村人民的痛苦，不知道我國根本沒有國防，更不了解平均地權和節制資本的要義。他們不明白中國要振興實業非從發達國家資本的途徑不可。他們不明白統制經濟和計劃經濟的意義，以及提倡節約推行新生活的重要。他們畢業以後希望着美國式工程師所受的待遇和享受，而忘記了自己在中國應處的領導地位。他們咒罵着公營事業的缺點，同時憧憬着向銀行借得資本以謀私人企業的創建以步武着英美的後塵。他們在夢中冀求能做中國的鋼鐵大王，汽車大王，或煤油大王，甚至於有人想做紐約垣街的金融大王毛根。他們忘記了這都是新大陸的人物，而我國已有四萬萬五千萬的民衆和五千年的歷史，正在受着資本帝國主義的鐵蹄。他們雖有向銀行借款創辦實業之大志，但是他們不明白銀行的業務，不明白借款的手續和如何才能得到銀行的投資。這一連串的不明白總一句就是說他們不明白三民主義，尤其是民生主義。

以上三點是我國技術教育最大的弊病，亟應加以補救。茲將管見所及的補救辦法條列於後。

一、取消四年級分門另定學系。　大學畢業技術人才之出路包括純粹技術之處理

以及業務之管理，如原料礦物之生產，偉大建築之興建，工業物品之製造與營運公用事業之籌辦與管理，公私企業之建設與經營。故大學技術教育之目的並不限於純技術方面。歐美工業發達的國家尚且如此，我國尤然以我國現狀而論，容納技術人才最多的事業要算鐵路和公路，而在鐵路或公路服務的技術人才其日常所要解決的問題中關於技術的少關於管理的多。這並不是說技術人才失去了重要性，相反地，鐵路和公路的管理人員非用技術人才不可。了可是鐵路或公路的業務中，從技術的眼光分析起來純技術的成份佔得少吧了。製造事業需要專精的技術，但我國的製造事業尚在幼稚時期。歐美工業先進國為適應需要造就專精的技術人才起見，不但大學研究院很發達就是大學本科內也分門別類使畢業生都有一技之長。例如德國的明興工業大學機械系第四年級分為結構，機械製造，理論機械學，電機工程學普通應用，工業、數理、經濟、法律及其他九組。電機系自三年級起就分為ＡＢＣ三門，到了四年級除ＡＢＣ三門外，其主要選科又分為製造設計，機械製造，理論機械學，普通電工學，電信工程特殊課程，實驗、工業、數理、經濟、法律，其他十組。美國麻省理工大學從一年級起就將建築系從土木系中分出來，從二年級又分出衛生工程學系來。機械系四年級分為普通，自動機，冷藏及調氣，生產、紡織五門，電機系從二年級起就分出電照門，三年級起分出電信門。礦冶系從二年級起就分為採礦冶金二門。這是因為工業先進國所需要的技術人才不但要大量並且要專精以分佈在工業的各部門中。至於中國情形大不相同，一個電機系製造設計門學生或是一個機械冷藏調氣門學生畢業後未必能找到本行的職業。所以筆者主張我國工科大學的分系分門應符合國情以就業為目標。我國工科大學的土木系，機械系，電機系和化工系，現有在四年級分門者，筆者以為土木化工兩

系不必分門祇設一部份選修課程。機械與電機二系應改為三系，自動機系，動力系與電信系。自動機系的就業範圍為飛機汽車事業各部門。動力系的就業範圍為鐵路機務部門電力廠以及各大工廠的動力部門。電信系的就業範圍為電信交通機關。其他學系的設立均應視環境與需要以就業為目標。美國康奈爾大學工業院長何立斯達Dean Hollister兩年前曾訪問全國聞名的四位飛機製造實業家討論康奈爾大學增設航空工程門的問題。這四位實業家一致的反對在大學四年中增設航空課程。他們寧願工科大學的教育來得廣泛而不要專精。如果大學必須增設航空課程，儘可劃入研究院。工科大學不分門的理由除上述外尚有下列四條：

1. 大學分門則專門課目增多其結果（a）基本課程的學分減少或（b）學生的功課繁重自修時間不足，二者均不能造就有澈底融會貫通知識的技術人才。

2. 專門課程在就業後不但能自修並有深造的時間，況且專門課程的進步日新月異，印在教科書上的教材，大部已不新鮮，讀了這些課程就業後又不是馬上用得着，等到用着了早已成為過去了。

3. 專門課程的教授最難聘請。

4. 畢業生就業區環境及個人關係不能恰合所修的部門，就是歐美也在所難免。

分門取消了為適應學生的個性起見不妨把一部份次要的課程，列為選課為便學生自由選修，前面已經說過。

二、注重啓發理智的基本課程。工科大學的教育目標，與其說是傳授技術，不如說是傳授技術的工具，使每個畢業生得着能自己研究技術的工具。因為技術是向前進步的，今天在學校所教授的到了明天難免不趨為陳舊。假使一個學校祇注重傳授技術注重記憶而不使學生得着研究技術的工具，那祇配稱為職業學校，不配稱為工科大學。大

學生比職業學生高的地方就是這一點。使大學生得系研究技術的工具就是啓發理智的基本課程。例如工科共同的基本課程為高等數學，高等物理，高等化學。土木系的基本課程為力學，（包括材料力學及流體力學）測量學，構造理論學，材料學。自動機，動力，電信三系，共同的基本課程為鍛鍊金工實踐，力學，（包括材料力學金屬材料學，機構學。自動機系的基本課程再加機械設計學，熱力工程學。動力系的基本課程再加熱力工程學，直流交流電機學。電信系的基本課程再加電量電學直流電機學，交流電圈學交流電機學，電機設計學。化工系的基本課程為無機化學，有機化學，應用化學，定性分析，定量分析。大學對于這些基本課程應特別重視，非使學生澈底融會貫通不可。如此學生才能獲得自己研究的工具，出了校門也能隨著時代前進。所以學校當局對於擔任基本課程的教授們，事前應審慎的選聘，選聘以後應厚其待遇，使他安心教授，並尊重其地位。無論他對於學生如何嚴厲，當局應做他的後盾，以樹立師道的尊嚴。擔任基本課程的教授們要自編教本以適合國情。如若採用英美教本，則需補充教材，以補救我國家庭教育和社會教育之不足。學校對於實驗設備應當力求充實，校舍可以簡單設備不能簡單。

三、增加人文社會科學課程　為補救上面所說的第二個缺點使工科大學生認識社會了解人生起見，在大學課程中，應增設文學歷史及社會科學的課程。關於文學方面工科大學生不但要能很暢達的發表自己的意見和感想，並且要能欣賞古今文字家的作品不論詩詞小說和短文。關於歷史不但要澈底明瞭本國史尤其是近百年史，並且要熟讀世界史尤其是工業革命史，更要閱讀過中外名賢的言行錄以及世界大科學家和大工程師的傳記。關於地理不但要通曉本國地理尤其是國防地理和經濟地理，並且要熟諳世界的經濟地理和國防地理，更要明瞭世界物資的產生與分配情形。關於社會科學方面的課程應當包含心理學，社會學，政治經濟學，法律學，銀行金融學，會計學，公司財政學，交通運輸學，而對於大機關，無論公官廳及工商業，所適用的人事管理（並非專指工業管理）尤應列為必修課程向學生講解，務必使學生成為超專家的通人。我們不要過慮這些課程加在工科大學生的頭上會使他們喘不過氣來。美國的教育家也曾研究過這個問題他們說大學生專攻技術的課程用不着四年的功夫就可畢業。

四、減少授課自修時間注重精神訓育並鼓勵課外集會與活動。　減少授課與自修的時間初看上去好像是不可能。因為增加了文學史地和社會科學的課程，似乎只有增加作業鐘點的必要。但是仔細研究起來，我國工科大學生所虛擲的光陰着實不少。第一、教本都用英文而一般的英文程度當然沒有本國文來得高明，所以白費了大學生許多光陰與精力。假若教本改為中文，再請着了好教授，即使不能節省學生一半的作業時間，至少也能節省三分之一。第二、人文社會科學儘可採用中文教本，這些課程佔不了許多鐘點。學生課後自修也沒有什麼習題演算和做試驗報告，所以佔不了多少時間。第三、技術教育的目的既然是注重傳授工具不是技術的應用細目，則編於應用技術的課程儘可刪減，或縮減其內容。所以這三方面合起來結果授課鐘點可以減少，自修鐘點隨之也減少。例如我國工科大學有一種流行病就是在試驗報告書上講究，抄得內容多寫得字體好。有人把工科大學的試驗報告書比作科舉時代的八股文，雖然不十分適當，但是把它所耗費的時間來估計一下，實在是得不償失。假若教授們能夠使學生注重試驗的本身和它的結果而廢除這種形式上的報告書，或使學生在試驗室中限小時內完畢其報告，恐怕素以功課緊重的工科大學生也能和文理科同學並肩從事於課外的集會與活動了。課外活動可

以說就是社會活動的初步，能使學生知道如何與人相處，能使他有多的機會認識人的性情，能使他知道自己的長處和缺點，能使他知道如何做領袖如何做下屬，能使他明白羣衆的心理。大凡在學校喜活動的學生進入社會也很容易取得相當的地位。技術人員祇懂技術而不明白如何做人必致陷入失敗的途徑。技術人員若技術不佳而能明白如何做人，依然能做一個通人。

以上四項是筆者補救我國技術教育的管見。近來報章雜誌上所發表泛論大學教育的論文頗多切中時弊的議論。技術教育是大學教育的一個部門，它有它的特殊性，頗值得再提出來加以檢討。以下的四個問題，就是站在這個立場上提出來的。

1. 科學與技術孰重問題：　　有人主張「西洋的物質文明無一不以純粹理論科學為根據。牛頓雖為科學家，但畢生未發明任何機械。焉有引力說雖為現代技術的重要原理，但在當時實為不能充飢之畫餅。可知技術單獨不能生存，而似為不切實用之理論科學，實即近代文明發展之所自。技術上之發明當以科學知識為基礎。大科學家之任務在原理上之探求，技術末節乃第二流人物事業。大學工科教授而曾有工廠技師經驗者，每謂教書始具學術意義」。這未免太抹殺現代技術的地位了。現代技術誠然出有純粹科學之門，但青出於藍而勝於藍，並且技術範圍之廣泛，部門之複雜，遠非純粹科學所能及。凡習技術者，必先習科學，焉能言之，至於大學工科教授而曾有工廠技師經驗者每謂教書始具學術意義一層，這無疑地是指着在我國實業交通不發達的情況之下而言。因為我國的生產和建設都在幼稚時期，用不着高深的技術。例如人造石油和人造橡皮無疑都是在純粹理論科

學家的實驗室中成功的，但是目前太平洋的戰爭有人說是在搶南洋羣島橡皮和石油。難道說人造石油和人造橡皮還未成功嗎？否。人造石油和人造橡皮的科學階段早已結束，但是技術階段方才開始尚未成熟。如果技術階段成熟了，我們可以拿價廉的原料，用最經濟的製造方法，來生產人造橡皮和人造石油。它的成本一定要和天然橡皮天然石油相差不遠，這才有經濟上的價值。美國的石油雖多，但橡皮毫無。參戰後努力改進技術以謀擴大人造橡皮的產量。所以就有人說戰爭可以促進文明。這些技術問題的解決，其決定的條件是經濟的生產。技術問題的本身又是千頭萬化頭緒紛繁，絞盡了技術家的腦汁，而科學家反不能幫甚麼忙。所以美國著名的物理學家柏德生 E. A. patteyson 說過，科學家對於科學應用於實際的貢獻遠不及技術家。科學家的志趣祇是為學問而學問，對於生產製造的試驗與執行沒有興趣。技術家把科學家的發見實施於大規模的製造，在這過程中解決了許多技術問題以底於成。技術問題的解決反比科學的發見為重要因為現代發明的基本原理都很簡單，祇是原理的實際應用細節繁瑣十分困難。無線電傳影就是好例。用一條交通線路傳遞影像就如同印刷術把洋文字母折散一個一個送過去再排列成行一樣。這個方法五十年以前早經發明了。無線電傳影所用的傳影電也能將光線深淺變為電流的強弱，它的發明時期遠在一八七五年。傳影最後一步陰影的陰極射線管又是一八九七年發明的。所以無線電傳影的科學基本原理並不新奇，但是應用這些原理以至成功卻絞盡了許多技術家的腦汁。我們

能說它是技術末節第二流人物的事業嗎？

2. 技術獨立與留學問題　技術無國界。技術而稱獨立，是指國的教育普及，以致研究技術的處所增多，而研究的結果發表後能為世界先進各國所稱道。我國工業落後，技術研究遠不及歐美，無可諱言。論者以為欲使技術獨立祇要注重純粹理論科學，這似乎對於技術的本身沒有看清楚。主張這種論調的人，也知道技術是「半恃積學半靠輕驗」可惜他把經驗二字指為老工匠的經驗而忽略了現代技術的進步，早已把工匠的手藝降低，工匠變成了無所憑藉的商品了。我們用世界的眼光來評論中國的工業，可以說中國沒有工業，至少可以說中國沒有工業，至少可以說中國沒有現代工業。所以中國的工業還佔佔手藝的優越性。這可以說明帶有手藝優越性的中國工匠，能三五歲舉合股開設小工廠而不受大工廠的壓迫。又可以說明大工廠中這些有手藝的老工匠地位優越難以管理，以致於弄到大工廠難以興辦。這不能把工匠的手藝傳移到管理主廠的技術人員手中說明了我國技術的落伍，而要改進這些技術不是屬於純粹理論科學的範圍。就是我國的純粹理論科學獨立了，我國若無現代化的工業則技術依然不能獨立。所以中國技術獨立的先決問題是要先有現代化的工業。我國既無現代化工業，技術不能獨立，留學政策自然應運而生。在這裏我要指出學術本無國界，況且為某種特殊學問或技術而派遣留學即學術已獨立之國家亦行之。留學本不可恥，但像我國歷年來大批青年自由出國留學則大可不必。因為近十年來我國所仿行的美國式的技術教育確有進步。（抗戰期間例外不足深論）假若中學畢業生就派到現在的美國工科大學去留學，上面所講的三個缺點依然存在。所以今後的留學政策似應提高水準，限於興辦工業研究特殊科目而選派工科大學畢業生去留學。以備回國後立即應用。就筆者所知我中央，各機關遣派留學生已有這種趨勢。

3. 養成技術人才採用學徒制度問題
有人鑒於抗戰期間大學教授的生活未得合理的解決以致師資缺乏，要大學完成它的使命恐怕是緣木而求魚，因而主張養成技術人才採用學徒制度。並且指出英國的會計人員完全是由學徒制度培養出來的，美國的會計人員雖大半由大學出身，但是已很有人在仰慕和提倡英國的方法。他並且主張鼓勵高級技術行政人員以身作則收錄學徒。我們姑且不必討論這些高級技術行政人員有沒有餘暇和雅興來傳授衣鉢。抱這種主張的人把技術二字似乎看作技能，看作老工匠的經驗一般，太沒有學術的意味了。筆者在上面曾慎重的指出工科大學的技術教育與職業學校的不同之點，這裏不必複述。技術教育的基礎是純粹理論科學，試問這些高等物理化學數字能夠作為學徒制度的功課嗎？實驗室的問題又如何解決呢？

4. 自由聽講與考試問題　有人主張我國大學教育應採取歐洲的自由聽講制度。他們說美國大學的學術程度比英國落後一百年。一個牛津大學生一星期內所讀的書等於美國大學生一學期的課程。又說我們的大學生懶惰不好讀書；於是美國的大學上課點名每月小考的方法亦降臨到我們的大學裏來。他們又說德法的大學生不受上課與否的束縛，只要在一個大學住過幾個

可以到別的大學去聽講。學生有了這種自由得擇其所願聽者而聽之，因係心之所願，自必聚精神會，這樣方不失聽講意義。牛津有永遠不聽講的學生。他們主張自由聽講外又主張在大學課程中多設討論學科以引起學生自動研究的興趣。這些辦法似乎和我國歷史上講學的方式相彷彿。但就技術教育而論這是難以實行的。技術教育之目的是造成工程師，工程師所應具的知識早已有了規定的範圍。這些課程不論對你性情合不合都得學習，又非及格不可，否則畢業後就發生困難，所以講到自由選擇課程工科學生却受了最大的限制，雖然他也有一部份的課程是列入選課的。工科學生如果發現所學與自己的性情不近，應當設法早日退學，另入他科。國家為避免人才浪費起見，也應對於投考工科大學生加以審慎的測驗，以期使性情不合降到最小限度。至于強迫上課和小考也是免不了的。因為純粹科學和技術的課程非經過口授和實驗演算不易明瞭，好像學習外國語一樣，非請人面授不可。

最近有人提出學校的考試成績不能代表學生才幹的高低，是一個最大的缺點。換句話說，就是在校成績好的學生，畢業後入社會服務，他的才幹和造詣未必都能勝過學校成績不如他的。假若某機關或工廠向工科大學要畢業生，就不能專憑在校的成績來委派職務。解決這個困難有人主張啓發理智的基本課程的及格分數應提高到八十分，其他偏重記憶的課程的及格分數仍保持六十分。這個問題最好留待技術教育專家來決定。

筆者在對於我國技術教育質方面的意見大致如此至於量方面的探討因限於篇幅祇能俟諸異日。現在把美國全國技術教育促進會的課程研究委員會最近所正式公佈的課程標

準譯在下面，作為本文的結論。

技術教育應包括（甲）純粹科學技術和（乙）人文社會科學。

甲、純粹科學技術的目標是要：

1. 精通科學基本原理熟諳所屬學系的基本技術課程。這包含：

 a. 各種定律的真義和它的來源以及應用的限制。

 b. 關於材料機器，和建築的知識。

2. 徹底明瞭技術的方法和它的應用。這需要：

 a. 分析問題時要有領悟交互作用因數的能力。

 b. 要有應用基本原理於新問題的能力

 c. 要有約算的技巧，能在預定的時間內依情況的許可約略計算問題的答數。數字是判斷技術的基礎。

 d. 解決問題的策略要有創作性而多變化。

 e. 了解成本問題，計算成本要能和計算其他數量同樣迅速。

3. 從技術的研究中能指出重要的果結，並能用口頭或圖表扼要地報告出來。

4. 要養成隨時代以求進步的興趣。

乙、人文社會課程的範圍是要：

1. 明白我們所處的社會的演進歷史和科學與技術對於它發展的影響

2. 對於社會經濟問題要有認識和批評的能力，還要有自己的主張，並能作有選擇的閱讀以達此目的。

3. 思想要合乎邏輯，並能用明朗而動聽的口吻或筆法發表出來。

4. 熟習幾部文學名著，並通曉它在文化上的地位和影響。

5. 關於公私道德，社交和自己的職業，要樹立自己的人生哲學。

6. 對於所追求的目標要能養成興趣和快慰，並要有繼續研究的精神。

《三十一年三月十三日於龍岩洞》

百萬分一中國地形圖編製方法

曾　世　英

（一）　概　說

什麼叫作百萬分一地圖？它有點什麼功用？讀者一定都有深切的認識，無需再有累贅的說明。但相反的有一問題，明知僅是淺顯的常識，似乎還有申說的價值。

我人不論行軍施政或旅行考察，在到達一地以前，總想預知那地的地理形勢山川險要，要達這個目的，自以閱覽地形圖最為真切明暸，因此無疑的預示一地的地理形勢山川險要，為地形圖的重要功用。但此外地形圖還有什麼功用？是否比這個功用還重要一點？關於這個問題，現可引用R.E. James的話來說明，講到一人直接由地面所得的地理智識，他說：地氈上的一個螞蟻，可以很明白的看清近身地氈的織造情形，但地氈花紋的整個設計，因在它的視線能力以外，這個螞蟻就不會認識。地理學者為要得到地理的全面認識，就不得不把地面上的「大塊文章」扼要的縮小到較小的地圖上面，便作概括的全面視察。

現代交通工具日見進步「地縮千里」，人與人的接觸，已不再是僅限於鄰舍鄉里的往還，而時常要作千百里以外的接觸。因此詳細的大比例尺地圖以外，尚需有較小比例尺的地形圖，來包括較大的範圍，便利全面的鳥瞰。百萬分一地形圖，當然是合於這個要求中的一種地圖。

本來百萬分一地形圖不過是各種小比例尺地形圖中的一種。但從一八九一年Albrecht Penck倡議採用這個比例尺繪製國際地圖，一九零九年由歐洲各國正式成立一個組織，叫國際百萬分一地圖委員會International Map committee更正式一點叫（Committé international de la carte du Monda）附設在英國軍局製圖局內；一九一三年春國際地理學會（Lnternational Geographical Congress）在羅馬開會時，議決邀請世界上的「文明」國家參加合作；當年冬天開會時就有三十五區派遣代表出席，此後百萬分一地形圖遂成為國際間的標準作品，稱作la Carta du monda an millioniere,通常稱作1/M map。

亞洲方面直到一九二八年日本纔始有代表出席開會，中國當時根本沒有被通知，起先這個委員會規定中國部份由德國辦理，這大概是因為德國人正在測繪山東及河北地圖，後來又改歸日本及俄國代辦，這或因日本加入這個委員會的緣故，倫敦的中國使館曾為此事發表申明，否認他們的越俎代庖，但無後文，國內也未見有什麼表現。

這是百萬分一地形圖的近史。國際內的合作問題，我們暫時放在一邊，不加討論。但國際間既有這種工作，並且實際上也有相當成績，為要得到世界的鳥瞰，為要利用已有的成績，因此我們應當建議採取百萬分一的比例尺。

（二）　製圖資料

百萬分一地形圖的比例尺雖小，決不是憑空可以虛構，必須有實測的地形圖作根據，現在來談製圖，而尤其是我們工程師業來注重數量的來談製圖，自然第一要問我們現有的資料是否夠用？不夠用時怎樣去補充？補充時需用的人力財力是否在我們現在的能力範圍以內？關於這幾點，現分控制資料（內又分平面控制及海拔控制）及地形資料，分別說明。

在此應當預先說明為什麼要有控制資料

。這個問題可以舉一個事實來具體說明：我國各省舊制的五萬分一地形圖，向用平面坐標(Rectangular coordinates)，因經線輻合(Convergency)的關係，範圍稍大，就不準確，不是方向不符，就是距離不對。習慣上大家認為圖幅的邊線就是南北線，因此我們祗可說距離不對，也就是說圖上的比例尺實際並非到處一律五萬分一，譬如湖南圖上距離的差誤，如以經距四度半為範圍，在省界的南北兩邊，很有相差十六公里的可能（見地質論評三卷一期拙作陸地測量工作的檢討），就是說在該省北部圖上的比例尺，實際並非五萬分一，而約為四萬九千分一，南部圖上的比例尺，實際也非五萬分一而約為五萬一千分一；再譬如在抗戰以前各省的五萬分一地形圖，浙江的要算最優之一，但據該省測量局的主管人員說：他們當初所用的「小三角」測量，由杭州向南展開，延長到浙閩的交界，與後來測量的「大三角」比較，發現很大的差誤，如果根據前者來推算經緯度，最少有好幾分弧角的出入。此說如果確實，則「小三角」的成績，即在最小面積的省份內，尚不及現在採用輕便儀器迅速方法直接觀測經緯度的成績來得精確，如果推而至於較大面積的省份，差誤可以更大一點。因此我們現有的大部份地形資料，局部的地貌很多表現相當準確，但用來拼合全國的地圖，如不根據精確的平面控制點，做一番校正工夫，就不免有扭曲牽強的現象。

（甲）現有控制資料

平面控制自然要靠三角測量，我國現有的三角測量，所謂「一等」的祗有浙江一省及江蘇安徽的一部，其餘大都是測繪五萬分一地形圖時所測的「小三角」，這種「小三角」測量的精確程度，上面已經說明，要用它來作控制的資料，至少要從頭至尾經過一番整理手續，至於原有的記錄，現在是否一一完全保存，恐怕也是問題，這都是無庸諱言的。

但實際上中國今日所有小比例尺的全國地圖，不論國人編製或外人編製，其中編製合理的，還是靠歷年來（或者可以說二百年以來）經緯度測量的成績作控制。附圖第一表示全國經過經緯度觀測或推算出經緯度的地點。

△表示經度曾用天文台的電報時間信號作比較，所以相當可靠。緯度也相當可靠。它們的精度，緯度大概不致超出數弧秒或地上的一二百公尺；經度也可不致超出地上的半公里，有一部份的經緯度並非由天文方法直接觀測，而由可靠的經緯基點用三角測量推算，它們的精度當然不致更差。

⊕表示經度測量僅靠時表作比較，它們的精度，隨時隨人不同，差誤最大時可達十餘弧分，緯度的精度有的同△相同，有的較差，但大都在一弧分以內，即地上的二公里。

⊖祗測緯度未測經度，精度大致與⊕相彷彿。

這圖的繪製，資料搜集並未十分完全，譬如各省陸地測量局的三角測量結果及俄人在東北及西北所測經緯度的結果，未能完全得到，即其餘各處亦有許多已知版本，因抗戰關係一時尚未訪得的書籍。但即使這樣的殘缺不全，圖上圈點的繁密，或者可說已出我人的意料以外，如果能夠逐一的考究一下，好好利用，當作編製百萬分一地形圖的控制，至少許多地方，可以勉強應付。

海拔的控制自需依靠水準測量的成績。這種成績現有多少，一時尚無詳細統計，但譬如下列一個大圈：

北平——南京——漢口——重慶——成都——蘭州——甯夏——包頭——北平共長五千餘公里，就我所知，已可作一閉塞的研究，其餘如河道各鐵道的水準測量，數量也未始不多，所差的彼此沒有聯絡，祗要加上有限的工夫，很可得到許多線網，供給控制

的資料。

此外氣壓的觀測，成績更多，它們的精度，固然相差很大，而最苦的不知孰優孰劣，但如果原有野外的記錄可憑考據，取合或尚容易，其中也許有不少比較可靠的數值。譬如中央研究院氣象研究所的朱崗焜君新近應用各地長期的氣壓記錄，與幾個標準氣象台同時期的記錄比較，推算一百十二個據點的海拔，由算稿的數字觀察，精度很高，在海拔一千公尺以下的各點大概不致超出十公尺。這種成績，如可廣爲搜集，正是編製百萬分一地形圖的寶貴資料，經緯度測量的成績，尚有附圖第一所示的那樣繁密，海拔的測量如果把正式的水準測量同各地的氣壓觀測，一併計算、一定也有相當的數量，應付我們的需要。

（乙）現有地形資料

附圖第二表示我國現有各種地形圖的分布大槪情形

表示已有五萬分一地形圖的區域，這是根據陸地測量總局出版的「測量總局及各省隊隊二十九年繼續業務及三十年業務區域圖」的統計，其中一部原註「計劃區域」，現應可以完成。

表示幾個水利機關所測較大範圍的一萬分一地形圖。

表示俄人所測的八萬四千分一地形圖。

表示其他外人所測比較可靠地形圖。

表示十萬分一的調査圖。其中已有實測圖者，此項不列。

由此附圖第二，我們對於現有的地形資料，可以得一概念。此外許多外人在國內從事各種調査時所做的路線測量，數景頗多，對於西北西南國人少去的區域，他們的足蹟尤爲頻繁，試觀歐美學術調査路線的分布情形，又可得一概念。凡此種種都是編製百萬分一地形圖的可貴資料。

（三）資料的補充

編製我國的百萬分一地形圖，如一時卽以全國爲目標，現有資料自然不敷尙多。但我國的面積這樣寬廣，這種工作要做得比較合理，決不是一年半載所能成功，現有資料已值得叫我們開始工作。反過來說，現有資料分配得並不盡如我們的理想，我們如將兩張附圖對照觀察，就可看到已有實測圖的區域，控制資料有時並不十分充實，又附圖第二上我國心腹區域，五萬分一地形圖現尙留出許多窟窿，這種缺陷都是應當設法補充的。

關於地形資料的補充，固爲應由專業的測量機關担任，現在暫不申論，關於資料的補充，則已有實測地形圖的區域，除非另測更爲詳細的地圖，專業的測量機關似無再去工作的需要，所以補充的辦法，似應在此說明。

如果各省實測地圖時所測的「小三角」的原來記錄，現尙保存可以重行整理，平面控制點的補測自可大爲減少，但卽使原來記錄已有散失，必需另求控制，因經緯度的直接觀測，現在有迅速的辦法，如在附圖第二上沒有△的區域，縱橫每隔五十公里觀測一點，以兩人爲一隊，平均連同旅行日期計算在內，每隊每星期觀測一點，有十隊同時工作，六年時期卽可全國完成。現在若干省區不能到達，則隊數暫時尙可酌量縮減，此外加上室內的計算人員，我想無論如何應在我們現在的能力範圍以內。

海拔控制的補充，應先從聯絡已有的水準線着手，其次在補測經緯點時觀測氣壓，推算海拔，但此項工作應有科學的管理及組織，與各處的氣象台合作，纔能把氣壓變化隨時改正，得到較爲可靠的數值。在氣象台希少的區域，應臨時設站，以資比較。所有野外工作人員，除臨時設立的氣象台所需的測候員外，概由上述補測經緯度的人員担任，無需另外組織，所以兩種控制的補充，實際上一舉而兩得的。

（四）地形圖的校核

地形圖的編製，除了室內習有的校核外，應攜圖實地校核。這種辦法以往尚少實行，實則有重大的價值，除了核對繪圖有無錯誤，補充或訂正最近更置等等問題外，尤其重要的則在實地調查圖上註記的詳略，是否配合恰到好處。百萬分一地形圖的比例尺比較小，許多地土的表現，勢難一一繪出，譬如村鎮去留的選擇，通常靠市區面積的大小或人口的多寡，人口問題現在國內尚無可靠統計；許多統計又不以村鎮為單位，而以鄉區為對象，標準既已以不同，去留自難根據。但此外還有種種條件，如因一地的歷史險要文化貿易等特殊發展，面積最小，人口雖寡，圖上仍需表示出來，否則不足以引起讀者的興趣，或滿足讀者的要求，這種特殊的條件有時非親到其地，用地理學者的眼光去實地調查估量，不易得到眞確的認識，更易因為考據失實而致誤。再譬如我國地理的記名，向來「詳於記水而略如記山」，除了少數名山外，由大比例尺地圖上許多山名中，要挑選幾個備作小比例尺地形圖上扼要的註記，固可在室內博覽羣籍來研究，究竟不及就地街衢來得切實。至於任何地圖因縮尺的關係，實際地貌非概括化（Generalization）即誇張化（Exageration）——如一條曲折很多的河道可以概括的僅繪重要的大勢，也可以誇張的把曲折格外明顯的不照比例的表示出來——在小比例尺地圖上這種概括化及誇張化更為需要。這個問題的去從，尤非由專門人才，實地觀察，很難恰到好處。可以編製百萬分一地形圖時，在圖稿完成尚未付印之前，應當經過一次實地校核的工作，這是我們應當有的一種重要主張。

（五）工作的推動

最後我們可以想到，凡是一種工作有了需要有了資料以後，還需要有人去推動。這裏我們很可把國際百萬分一地形圖推動的辦法來參考，出席一九零九年國際會議的各國代表，共計二十二人，各人資歷的分晰如下：

地理學者	八人
大學敎授	五人
軍職製圖學者	四人
製圖學者	二人
工程師	二人
其他	一人

又担任繪製這種地圖的機關，除了測量局（英德等國）地理學會（南美）地質調查所（美）等組織外，還有工程師學會（巴西）可見這種工作不是單方面的需要，也不是單方面的供獻。參加這種工作的工程師雖佔少數，終究是其中的一部份。我想我們既是工程師學會的一份子，也應當仿照歐美的成例，不要放棄我們的責任，共同來推動百萬分一中國的地形圖的編製

大禹治水之科學精神—黄河治本探討

沙 玉 清

國立西北農學院

(一)導言

黃河，黃河，吾華文化之搖籃地，國族之大動脈也，動脈既病，四肢失和，漸呈衰頹之象。噫！此豈黃河異病哉！譬如婦人裹足，寸步難行，非天賦之病，乃自造之孽耳。語云：「不聽老人言，吃虧在眼前，」「老人」者，「經驗」之別號，「真理」之化名也，大禹治水，建國之老人也，後人未能遵守其遺教，「治水應以疏導為主，而以溝洫為本」，河患始生，於今益烈，良可痛矣。

「治水」，科學事業也，所謂「科學」者，乃人類生存於宇宙之中，歷萬千創造之嘗試，成敗之教訓，所得有系統之智識也。且夫科學之精神，即在發求真理，在辨別是非，是以一理論此自相矛盾者，必有其一部為是，而另一部為非，譬如大禹治水以疏導為主，故「導河至於大邳，乃廝二渠，復播為九河，終則盡力於溝洫，」具有一貫之精神與理論者，是乃「科學」也，「真理」也。反之，若潘季馴既主張「以隄束水，以水攻沙」之論；而又謂「隄欲遠，遠則有容，而水不能溢」？前後矛盾，無一貫之精神者，其理論必有一部為是，一部為非，或則二者全非，其非「科學」也，非「真理」也，明矣。

抑尤有進者，「科學」必有其一定之立場，有一定之目的，譬如服藥以療疾，科學也。服藥以強身，則非科學矣，運動之強身，科學也，身強而病却，亦科學也，是以築隄以障水，科學也，築隄以治水，則非科學矣。疏導以治水，科學也，水治而患少，亦科學也。

黃河之弊，莫不知其由於善淤善決善徙，而徙由於決，決由於淤，淤由於黃水含泥能力之減弱也，本文首述河水含泥之能力，與目前黃河為患之原因，而擬定治本之方策，闡明禹之治水，無往而不深合科學原理，無往而不以全民族之福利為前題。孟子曰：「禹之治水，水之道也，」亦即吾華先民歷數千萬年，謀生存於斯土，與水鬥爭（防洪）且為水鬥爭（灌溉，所得寶貴之教訓，治水之真理也。

(二)黃河之泥沙

黃水所挾之重質，視粒徑不同，約可別「泥」「沙」兩種，凡粒徑小於0．1公厘者曰「泥」，大於0．1公厘者曰「沙」。泥則浮游於水內，沙則滾轉於河床，二者性質迴異，其冲積定理亦殊，故欲研究黃河挾運重質之能力，應將泥沙分別探討之，普通水文站，所測定之「挾沙量」，實為「含泥量」。今後即應急加改正，以免吾國河工仍停滯於「含糊之中也。

河泥之來源，概為上游流域內之黃土（兼有紅土。按黃土土質疏鬆，其顆粒，均小於0．1公厘，極易為雨水冲刷，浮邊於水，曰「黃水」。「黃水」流至下游，比降漸緩，含泥能力減弱，乃棄其過剩之土，淤積而下，成為「膠土」。（或稱冲積黃土）黃河下游之偉大三角洲，概由此種長期（約五萬年）之冲積作用所積成。簡稱「黃河冲積平原」。

黃河上游之岩屑，經自然風化作用，到

蝕而成碎屑，隨水而下，成為河沙，沙粒在河床滾轉，互相衝擊磨蝕，減其重量，故愈向下游顆粒愈細。設 P 為沙粒原來重量，l 為沙粒滾轉之行程，dp 為沙粒經 l 後，所磨蝕之重量，則得公式如下：

$$dP = -CPdl \quad \cdots\cdots\cdots (1)$$

即

$$Log_e P = -c_+ lC \quad \cdots\cdots (2)$$

若 L＝o。時　則 P＝P$_0$

故得

$$Log_e P_0 = C \quad \cdots\cdots\cdots (3)$$

$$Log_e \frac{P}{P_0} = -cl \quad \cdots\cdots (4)$$

或

$$P = P_0 e^{-cl} \quad \cdots\cdots\cdots (5)$$

式中 P$_0$ 為沙粒原來之重量，P 為行程 l 後之重量，c 為沙質磨蝕係數，視沙之種類而定。著者研究黃河沙粒之磨蝕係數，平均得 c＝0.0004（即一公斤沙粒，行程一公里之磨蝕量）故得黃河沙粒之磨蝕公式如下：

$$p = P_0 e^{-0.0004l} \quad \cdots\cdots (6)$$

按沙粒重量，與粒徑之立方，成正比例，故可得下式。

$$d = d_0 e^{-0.0001331} \quad \cdots\cdots (7)$$

式中 d$_0$ 為原來之直徑，d 為程 l（公里）後，沙粒之直徑（公厘）。設有沙一粒，其直徑為二公厘，所經行程與逐漸磨蝕之關係如下表。

表一　沙粒之磨蝕率

粒　徑　（mm）	行　程　（km）
2.00	0
1.53	200
1.04	500
0.53	1,000
0.27	1,500
0.14	2,000
0.07	2,500

由上表可見黃河沙粒，愈至下游愈細，迄至境河口，自潼關開始流入之河沙，概已磨成河泥矣。

（三）黃水之物理性

黃水內所含之泥量，曰「含泥量」（P），常以泥重佔黃水總重量之百分率示之，黃水含泥加多，則其單位重量（即比重）以及「滯性率」，均隨之增大。「滯性率」除以「比重」，得「動滯性率」，茲將普通河水溫度（攝氏十八度至二十度）黃水之「含泥量」，「比重」，「滯性率」，「動滯性率」，四者之關係，列表如下：

表二　黃水之物性表

含泥量 P	比重	滯性率 T/sec.m.	動滯性率 M²/sec
0（清水）	1.00	0.00000103	0.00000103
5	1.03	0.00000122	0.00000118
10	1.05	0.00000140	0.00000134
20	1.12	0.00000181	0.00000162
30	1.17	0.00000220	0.00000191
40	1.22	0.00000265	0.00000218
50	1.26	0.00000314	0.00000249

故得含泥量 P，與動滯性率 K 之關係如下式。

$$K = 0.00000103 + 0.000000029p \quad \cdots\cdots\cdots\cdots (8)$$

（四）黃水之流速

近代計算河流之流速，以滿寧(Manning)公式為最便，且亦相當準確，其式如下：

$$V=\frac{1}{n}R^{\frac{2}{3}}S^{\frac{1}{2}} \quad\cdots\cdots(9)$$

式中V為流速（秒公尺），R為徑深（公尺），S為比降，n向稱「糙率」，但「n」之值，不僅視河床粒糙之程度而定，且隨流量大小，斷面形式，水流渦動情形，含泥量多寡而變，其間關係，至為複雜，僅稱「糙率」，殊欠適當。著者取其倒數$\left(\frac{1}{n}\right)$，命名「暢率」M.（其因次為$m^{\frac{1}{3}}sec^{-1}$）河床「暢率」愈大，則流水愈覺通暢也，如下式：

$$V=MR^{\frac{2}{3}}S^{\frac{1}{2}} \quad\cdots\cdots(10)$$

普通河工設計，選擇確當「暢率」，向感困難，著者分析黃河下游之「暢率」，得公式如下：

$$M=64-\frac{467}{\sqrt{Q}} \quad\cdots\cdots(11)$$

式中Q（每秒立方公尺）為流量，可見「暢率」與流量成反比，蓋流量愈小，則水愈淺，床面沙粒糙性，所影響之程度愈大，水流渦動較烈，「暢率」隨之減小（見圖一）。

滿寧流量公式，因便於計算，故所得比降S之指數為$\frac{1}{2}$，徑深R之指數為$\frac{2}{3}$，但實際不止此數，且非一定值，（隨比降而變），該式且未計及含泥量，在含泥量較大之處，應加較正。

著者研究黃河之流速，得以下列純粹指數公式表示之。

$$V=MR^{b}S^{c} \quad\cdots\cdots(12)$$

式中M為「暢率」，其值隨河床每單位面積之摩擦力「F」及水流渦動之程度（包括含泥量）而定，渦動之程度曰「渦率」，以「Re」(Reynolds Number)示之，單位面積摩擦力「F」及「渦率」「Re」，如下式：

$$F=\frac{SR}{V^2}\times 2g \quad\cdots\cdots(13)$$

$$Re=\frac{VR}{K} \quad\cdots\cdots(14)$$

式中S為比降，R為徑深（公尺），V為流速（秒公尺），g為重力加速率（m/sec²），K為動滯性率（m²/sec），隨含泥量而變，（見表二）。對於某一定比降S，將單位摩擦力「F」，與其相應之「渦率」「Re」，繪於對數方格紙上，常成一直線。該直線之公式如下：

$$F=ARe^{m} \quad\cdots\cdots(15)$$

式中A為常數，m為該直線之傾度，繼將「F」(第13式)「Re」(第14式)代入上式(第15式)解之，則得

$$V=\left(\frac{2g}{AK^m}\right)^{\frac{1}{2-m}}R^{\frac{1+m}{2-m}}S^{\frac{1}{2-m}}$$
$$\cdots\cdots(16)$$

即

$$M=\left(\frac{2g}{AK^m}\right)^{\frac{1}{2-m}} \quad\cdots\cdots(17)$$

$$b=\frac{1+m}{2-m} \quad\cdots\cdots(18)$$

$$c=\frac{1}{2-m} \quad\cdots\cdots(19)$$

$$b=30-1 \quad\cdots\cdots(20)$$

黃河下游，m及A之值如下：

$$m=0.2\ Log\ S+1.043 \quad\cdots\cdots(21)$$

$$A=10^{13m-4} \quad\cdots\cdots(22)$$

著者之黃河流速公式，形式上似較滿寧式為複雜，但精密程度則遠過之。某荷河流之比降已知，則可代入(第20式)求m，由m定A,b,c,M，而得（簡式，以拱設計時應用，例如黃河下游，壽張至利津之比降，平均為0.00011，代入上式即得簡式如下：

$$V=\frac{102}{1+0.0025p}R^{0.685}S^{0.572}$$
$$\cdots\cdots(23)$$

式中p為含泥量，可見含泥量增加，則水流滯滯，「暢率」隨之減低，但其影響殊

微，例如第23式，黃水含泥量增百分之四，始影響流速百分之一，含泥量增至百分之四十，始能減低流速百分之十也。

（五）黃水含泥量

黃水之含泥量，視流水本身所具之含泥之能力，及上游供給之泥量而定，黃水含泥量達最高點，曰「飽和點」，其含泥量曰「飽和量」「P_s」。飽和量之大小，即足以代表含泥能力之大小，倘黃水之含泥量，因上游供給缺乏，低於飽和量時，則尚有餘力，噬取河床及兩岸之泥土，而生冲刷，反之，則生部分沈積。

著者研究黃水之「飽和含泥量」「P_s」（即含泥能力），得公式如下：

$$P_s = 6500 S^{\frac{1}{4}} \sqrt{\frac{R}{v^3}} - \frac{0.074}{\sqrt[3]{R_e}} \qquad (24)$$

本公式適應範圍，含泥量須在1.0以上。（在1.0以下之含泥量定律，屬膠質化學範圍，其定律尚待研究。）式中S為比降，R為徑深(m)，V為流速(m/sec)Re為渦率，假定河流之平均流速，得以滿寧式示之，代入第24式，則得公式如下：

$$P_s = \frac{6500 S^{\frac{5}{8}}}{M^{\frac{3}{4}} R^{\frac{1}{4}}} = \frac{0.074}{R_e^{\frac{2}{3}}} \qquad (25)$$

由上式，探討流水之含泥能力，得結論如下：

一、流水含泥能力，與比降$S^{\frac{5}{8}}$成正比，蓋S愈大，則流水行輕一定距離，消耗能力愈大，挾運之泥土亦愈多。

二、流水含泥能力，與「暢率」$M^{\frac{3}{4}}$成反比，蓋「暢率」M愈大，則河床愈光，水流愈速，其因黃水擦過床面，所激起之向上分力（揚力）愈微，流動愈濃，故含泥能力愈弱。

（見圖二）

三、流水含泥能力，與徑深$R^{\frac{1}{4}}$成反比，蓋徑深愈大，則黃水愈深，水壓愈大，黃水擦過床面，所激起之向上分力（揚力）愈弱，其所影響之範圍亦愈小，含泥量能力隨之愈減。（圖二）

四、流水含泥能力與「渦率」$R_e^{\frac{1}{3}}$成正比，蓋流水渦動程度愈高，則黃水內部之激動愈烈，含泥能力愈增，但其影響較上列三者為微。

按著者含泥量公式，係由水槽內實驗而得者，適用於醬齊穩定之黃土渠道，至於天然河流，常因洪水峯之起伏，比降可較平均比降大至二至三倍，且河床凹凸曲折，有激盪水流，迴旋之功，故含泥量約可增至二至三倍，又普通河流之渦率，常在一〇，〇〇〇，〇〇〇附近，故著者含泥量公式後部之值，極為微小，可以删去，因得下式：

$$P_s = \frac{2000 S^{\frac{5}{8}}}{M^{\frac{3}{4}} R^{\frac{1}{4}}} \qquad （黃河含泥量） \qquad (26)$$

但為安全計，仍以用著者原式，計算為妥。

（六）黃水挾沙量

沙為滾轉於河床之重質（直徑大於〇·一公厘），常呈起伏之波形。沙粒前俯後繼，緩緩向前移動（見圖三）

河床每單位寬，（公尺）每單位時間（秒），所移動之沙量曰「挾沙率」，以「G」示之，單位為(kg/m.sec)，河流之「挾沙率」，視流量q(m³/sec)，比降S，沙粒直徑d(mm.)而定，如下式：

$$G = \frac{7000}{\sqrt{d(mm)}} S^{\frac{3}{2}} (q - q_0) \qquad (27)$$

式中G為「挾沙率」，(kg/m.sec.)，S為比降，d為沙粒直徑(mm)，q為流量(m³/sec.m.)，q_0為「臨界流量」(m³/sec.m.)。「臨界流量」之意義，即河流之流量，需至此程度，河床沙粒開始移動，假定沙粒之直徑為勻等者，則其臨界流量，可由下式得之：

$$q_0 = \frac{1944 \cdot 10^{-8}}{S^{\frac{4}{3}}} d \cdots\cdots(28)$$

普通河流之q_0值，佔極小部分，常可略去不計，設河流之水深等於徑深R，則流量q(m³/sec.m.)如下式：

$$q = RV = MR^{\frac{5}{3}}S^{\frac{1}{2}} \cdots\cdots(29)$$

代入第27式，則得

$$G = \frac{7000M}{\sqrt{d}} S^2 R^{\frac{5}{3}} \cdots\cdots(30)$$

由上式探討流水之挾沙能力，得結論如下：

一、水流之挾沙能力，與比降S^2成正比，蓋流水行經一定距離，所消耗之能量愈大，則其推移之沙量，亦愈多。

二、流水之挾沙能力，與「暢率」「M」成正比，蓋「暢率」愈大，則河槽愈光，河床之流速愈形增大，推進之沙粒，前進亦愈速。（圖四。）

三、流水挾沙之能力，與徑深$R^{\frac{5}{3}}$成正比，蓋水愈深，則河床沙粒上所受之水壓愈大，流水推移之力亦隨之增高。（第四圖）

四、河水挾沙能力，與沙粒直徑$d^{\frac{1}{2}}$成反比，蓋直徑愈小，則沙粒之表面積愈大，（設沙粒之總重量相等）愈易被流水押轉而移動也。

表三　沙粒直徑與面積之關係

粒徑 (mm)	每 kg 之粒數	表面積 m³/kg
3——6	7,425	0.503
1.5——3.0	8,630	1.135
0.8——1.5	410,800	2.227
0.4——0.8	7,272,500	4.125
0.0——1.4	136,680,000	8.402
0.0——0.1	1,429,000,000	28.741

第27式之挾沙率G，指河床每單位寬(m)，每秒所移動之沙量(kg)，苟將其單位，改為移動之沙粒之重量(kg)所佔流水重量之百分率，則曰「挾沙量」G_s，其公式如下：

$$G_s = \frac{700}{\sqrt{b(mm)}} S^{\frac{3}{2}} n \cdots\cdots(31)$$

可見責水之挾沙量，與比降$S^{\frac{3}{2}}$成正比，而與沙粒之直徑$d^{\frac{1}{2}}$成反比，苟河床某段之比降及沙粒直徑不變，則「挾沙量」當為一常數，易言之，即上游輸入之沙量，即等於下游輸出之數。河床無沖無積而呈「平衡狀態」，該時之比降曰「平衡比降」，其沙粒直徑曰「平衡粒徑」。

（七）含泥量與挾沙量之比較

河流某段之挾沙量G_s與其含泥量P_s之

比，曰「挾沙比量」n，如下式：

$$n = \frac{G_s}{P_s} \cdots\cdots (32)$$

將第31式及第25式，代入上式，則得

$$n = \frac{M^{\frac{3}{4}} R^{\frac{1}{4}} S^{\frac{2}{8}}}{9.3\sqrt{d}} \cdots\cdots (33)$$

可見「挾沙比量」n，與「暢率」，「徑深」，「比降」成正比，而與沙粒直徑成反比，黃河下游之「暢率」，「徑深」，比降」，均有一定限度。今取其最大值，並取沙粒直徑之最小值，如下：

M=64，　　S=0.0002，
R=8(m)，　d=0.1(mm.)

代入(33)式以定黃河下游「挾沙比量」之最高值得 $n_{max} = 0.0074 = 0.74\%$ 可見黃河下游之挾沙量，僅佔含泥量之百分之〇·七四，是以吾人治理黃河應努力解決之目標，非淺轉於河床之沙，而為浮邊於水中之泥，即黃土也。而河流含泥量之能力與比降之關係最鉅，故探討河床之沖積問題，應以比降為主也明矣。

(八)黃河之年齡

宇宙間之現象，凡隨時間而消長者，均各有其一定之生命，黃河誕生於五萬年前，當第三月球併入地球之日，（見拙著黃土及黃水之認識）此為生命之肇始，惟因黃河流域雨量缺乏，每年發生造床作用，（即沖積作用，流量在一〇〇〇秒立方公尺以上）之時期，僅在七、八、九、十、四個月，而佔全年三分之一，餘則呈靜止之安眠狀態，故黃河實際之生活年齡，約為一萬二千餘年。遠較雨量豐富之揚子江為稚，故一切河性均屬幼年時期，或稱「荒溪時期」。

(九)黃河之流域

幼年時期之河流，比降大於「平衡比降」沖實強盛，倘在不安定狀態，其流域瓶可

分為三部：

一、沖刷區（上游）河床因沖刷有下降之傾向。
二、集流槽（中游）河床因沖淤相等，保持平衡。
三、淤積區（下游）呈扇面形（通稱三角洲）河床因淤積，有上昇之傾向。

黃河流域陝縣以上為沖刷區，其面積約七三〇，〇〇〇平方公里，陝縣至潨縣為集流槽。潨縣以下，北至天津南至淮陰所包之面積為淤積區，或稱黃河沖積平原，面積約五三〇，〇〇〇平方公里。

(十)黃河之比降

河流之比降S，在河源最大，下游逐漸減緩，並與各該段沙粒之直徑，保持一定關係，（第31式）在「平衡狀態」時，河床之縱斷面，呈一有規律之曲線，惟此種曲線，有時受支流影響，變化甚大，應加注意。

按著者黃河沙粒磨蝕公式（第6式）如下：

$$P = P_0 e^{-0.0041} \cdots\cdots (33)$$

式中 P_0 為原來之沙重（公斤），P為行程1（公里）後之沙重（公斤），在「平衡狀態」時，河床各段沙粒之重量P，應與其比降S，成一定之比例，則

$$S = \frac{dh}{dl} = \alpha P_0 e^{-0.0041} \cdots\cdots (34)$$

式中 α 為比降係數，演化之，則得

$$dh = \alpha P_0 e^{-0.004l} dl = \beta e^{-0.004l} \cdots\cdots (35)$$

域　　$$h = \beta e^{-0.0041} + C \cdots\cdots (36)$$

在　l=o時，則 $h=h_0$ 故 $h_0 = \beta + C \cdots\cdots (37)$

因得黃河縱斷面公式如下：

$$h_0 - h = \beta(1 - e^{-0.00041}) \cdots\cdots (38)$$

式中 h_0 及h，各為o點及行程1（公里）後之海拔高度（公尺）。著者研究黃河潼關至河口之平衡縱斷面，得公式如下：

$$h_0 - h = 300(1 - e^{-0.0041})\cdots(39)$$

黃河之水面比降，平均約與河床比降相等；惟在漲水時，洪水峯前之比降，按著者分析，在濼口附近，近大可增至三倍，在陝縣附近，可增至五六倍。（按最大比降常在一峯未去，一峯又至，兩峯相叠之刹那間。）洪水峯後落水時之比降，約爲地面比降之十分之八倍（80%）。此種現象於流量計算，應深加注意。（圖五）

黃河現在之比降，據黃河水利委員會委員長張含英先生付擬定下表：

表四　黃河之比降

起迄地點	距離（公里）	高度差（公尺）	比　　　降
鄂陵海至貴德	——	一六八〇	——
貴德至蘭州	二四二	八五五	〇·〇〇〇三五三
蘭州至包頭	一三二六	六七〇	〇·〇〇〇五〇六
包頭至潼關	六〇〇	五九〇	〇·〇〇〇九九〇
潼關至陝縣	七三八	三〇·七	〇·〇〇〇四一六
陝縣至鞏縣	二三〇	一八三·六	〇·〇〇〇八〇六
鞏縣至姚期營	四二一	一一·七六	〇·〇〇〇三六五
姚期營至唐屯	二七九·一	四四·六四	〇·〇〇〇一六〇
唐屯至十里堡	八〇·六	一〇·七四	〇·〇〇〇一三五
十里堡至濼口	一三二·八	一四·五六	〇·〇〇〇一一〇
濼口至海口	二三二·四	三四·九〇	〇·〇〇〇一一〇

黃河現在之比降，是否已達「平衡狀態」，容後節探討之。

（十一）黃河之橫斷面

河流之橫斷面，在上游爲深窄之谷，中游爲廣大之槽，至下游則爲寬淺之灘，或則分爲若干叉流入海，河流始能保持其「平衡狀態」。此種現象，固爲吾人觀察無數河流，歸納而得之結論，但證諸近代水工學理，亦莫不相合，蓋河流愈近下游，其比降愈小，其勢（位能）愈弱，故必須選棄一部分泥沙，使之淤積而提高河床，蓋淤積之結果，即所以自行抬高其水位，而增加比降也，惟比降旣增，其勢加大，勢大則床又刷，床刷則降又減矣，故河流各段，必自謀其均勢，使其比降，適足以挾運上游輸入之「水」「土」，全部送至下游，河流愈至下流，則所受水量愈太，所挾泥量愈增，所需之斷面積亦隨之愈大，故河流必須自行寬廣其槽，始能完成其洩洪排土之任務，而得「平衡狀態」。

黃河之寬度概如下表
表五：黃河之寬度

地　點	河床寬度（公尺）	比　　降
蘭州	二〇〇	〇·〇〇〇三五三
寧夏	二·五〇〇	〇·〇〇〇五〇六
龍門	一〇〇	〇·〇〇〇九九〇

潼關	二，〇〇〇	〇·〇〇〇八一〇
孟津	一，〇〇〇	〇·〇〇〇八〇
開封	一〇，〇〇〇	〇·〇〇〇一六〇
濼口	一，二三〇	〇·〇〇〇一一〇

　　可見黃河自濼口以下，比降已緩至〇·〇〇一一，而河床寬度，反因築隄而縮窄，「平衡狀態」，大受破壞，此種違反自然之現象，乃為黃病之源，雖然，此種病症，黃河必能自行治療之，河床太深則淤墊之，比降太弱，則泛濫之，隄距太窄，則衝決之，以謀自救之道，但吾民苦矣，吾族病矣。

　　黃河下游，因洪水量與低水量相差過鉅，故河床自演成複式斷面，此種斷面，在漲水時，水面邊下中高，曰「晾脊」，所產生之副流，有刷深河槽，並將灘面淤泥，移至灘脣之作用，極為有利，惟在副流強盛之處，隄根灘面，沖刷過甚，形成「串溝」，有引導大溜逼近隄根之危險，應加注意，但在洪水落下時，水面邊高中下，曰「晾底」，其所產生之副流作用，適與前者相反，將灘脣泥沙，移至隄根及低水槽內，但因漲水速而落水緩，故後者所生之作用，不及前者為顯（圖六）

（十二）黃河之流量

　　黃河流域，雨量集中七、八、九、十四個月內，故流量亦於此時期內較大，餘則為低水期，且上游沖刷區域呈蒲扇形，偶遇暴雨，則各流集注潼關，洪流驟漲，下游隄不能容，則決溢成災矣。

　　黃河最大可能之流量，曰「最大流量」，據張含英先生估計，約為三〇·〇〇〇秒立方公尺。

　　防洪計劃，所擬定之洪水量，曰「計劃洪水量」，（約十五年出現一次，）可規定為八·〇〇〇秒立方公尺，作下游防洪設計之標準。

　　「普通洪水量，」為每年均有可能出現之洪水量，規定為六、八〇〇秒立方公尺，黃河在七、八、九、十四個月造床期之平均流量，曰「造床洪水量」，約估為二，三〇〇秒立方公尺，「平均水量」為全年流量之平均值，大於是者曰「高水量」，低於是者曰「低水量」，高水量之時期，約佔全年時間之四分之一，河流發生造床作用，低水量時期之河床，呈靜止狀態，黃河之平均水量，可規定為一，三〇〇秒立方公尺。

　　「低水流量，」為開發水利（如灌溉水電等）最重要之部份，黃河低水流量，有時雖降至二〇〇秒立方公尺，但通常均在二五〇秒立方公尺以上，茲將黃河各種流量，列表如下：（圖七）

表六：黃河之流量

種　　類	流量（秒立方公尺）
最 大 洪 水 量	三〇，〇〇〇
計 劃 洪 水 量	八，〇〇〇
普 通 洪 水 量	六，八〇〇
造 床 洪 水 量	二，三〇〇
平 均 水 量	一，三〇〇
低 水 量	二五〇

（十三）黃河之含泥量

　　按著者含泥量公式（第25式），黃水之含泥能力，與河床之比降成正比，而與徑深，暢率成反比，黃河之比降，上游大於下游，故河水含泥能力，亦隨之漸向下游減弱，過剩之泥，必將逐漸下沈，河床日墊，水位上升，終則決口改道，釀成巨災，但此僅就目前受吾人束縛之黃河言，至於自然之河道，其有天賦之智慧，雖其下游比降較弱，然仍能自謀解決之法，使含泥能力仍不稍減，即寬展其斷面，降低「徑深」與「暢率」是也，後節詳論之。

黃河含泥量，輒在洪水初期為最大，但此種最大含泥量，為時甚暫，有時雖超過河床之含泥能力，發生部分淤積，但未幾即可為後來之流水冲淡之。故研究河流之含泥量，應以造床期間（七、八、九、十，四個月）之平均值為合理，茲將黃河各地之最大含泥量及造床期平均量，如表七：

黃河上游，以及其他各支流之含泥量，雖極鉅大，但因潼關、大荔、渭南之三角淀，有靜泥作用，故潼關之含泥量大為降低，至陝縣後增至最高點。陝縣至鞏縣為急流槽，呈平衡狀態，故含泥量概保持不變。鞏縣以下屬淤積區，含泥能力愈向河口愈弱，故陝縣之含泥量記錄，對於黃河下游之治理，關係最為重要。

陝縣係造床期之含泥量，各月不同，其與濼口含泥量之差，即淤積於陝濼間河槽內者，如表八：

表七：黃河之含泥量

地　點	最大含泥量	造床期平均值
寧夏	三五	一·一
龍門	三八	一
潼關	一六	三·〇
陝縣	三七	四·〇
秦廠	一八	四·〇
濼口	一一	二·〇

表八：造床期內陝縣濼口兩地黃河含泥量之比較

地　點	含　　泥　　量				造床期平均值
	七　月	八　月	九　月	十　月	
陝　縣	二·九三	七·六六	三·〇八	二·五一	四·〇五
濼　口	一·八九	三·〇九	一·九八	二·五一	二·一二
相　差	一·〇四	四·五七	一·一〇	一·〇〇	一·九三

表九：黃河之含泥量

種　　類	含　泥　量
最大含泥量	三八·〇
計劃含泥量	一〇·〇
普通含泥量	八·〇
造床期平均含泥量	四·〇
平均含泥量	二·〇
低水含泥量	〇·五

陝縣之平均流量為一，三〇〇秒立方公尺，平均含泥量為二，相當四一，〇〇〇，〇〇〇，〇〇〇立方公尺之水量，與八二〇，〇〇〇，〇〇〇公噸之七量，約合五〇〇，〇〇〇，〇〇〇立方公尺之黃土。

綜上各點，茲規定黃河陝縣之含泥量，如表九，作探討黃河下游含泥問題之依據。

(十四)黃河之冲潰

黃河之年齡，極為幼稚，已如前述，故其造床作用，尚未達「平衡狀態」，按著者黃河下游縱斷面公式

$$h_o - h = 300(1 - e^{-0.0041})\dots\dots(40)$$

假定黃、潼關之河床，因地質關係，固定不變，（海拔高度 +320.30）則下游各地，由著者公式，推定之「平衡高度」，列其如下：

表十：黄河下游各地之平衡高度

地　點	現在高度	平衡高度	高度差
潼　關	320.30	320.30	± 0.00
陝　縣	289.60	244.10	＋45.50
鞏　縣	106.00	108.70	－ 2.70
姚期營	94.84	96.20	－ 1.36
開　封	77.20	69.20	＋ 8.00
蘭　封	69.05	63.20	＋ 5.85
濮　陽	50.20	45.02	＋ 5.18
壽　張	39.46	38.21	＋ 1.25
濼　口	24.90	30.86	－ 5.96
海　口	0.00	25.56	－25.56

根據本表之「平衡高度」，卽可推算黄河下游各段之「平衡比降」，黄河下游之冲積問題，著者認爲應分別下列各段探討之，如表十一。（見第八圖）

根據下表所列各段情形可推測其冲積如下：

1. 潼陝段（峽口段） 此段比降，較平衡比降爲小，在平均水位以下，應有淤積，惟在洪水時，比降增加，水溜激盪，冲刷河床及兩岸，且此段比降，愈向下游愈大，故含泥能力，逐漸增加，故每年河床，有刷深傾向，迄達「平衡比降」而止。

2. 陝鞏段（無堤段） 此段比降較平衡比降爲大，應有冲刷，惟因本段比降，愈向下游愈減，故冲刷程度，無上段之烈。

3. 鞏秦段（單堤段） 此段比降，與平衡比降相等，輸入之泥量與輸出之泥量相等，而呈無冲無積之平衡狀態。

4. 秦高段（寬堤段） 此段比降小於平衡比降，應生淤積，故此段河床，有逐年昇高之傾向。

5. 高陶段（寬堤段） 此段比降，較平衡比降爲大，應有冲刷，河床有逐年刷深傾向。

6. 陶濼段（單堤段） 此段比降大於平衡比降，故尚有冲刷可能。

7. 濼海段（狹堤段） 此段比降大於平衡比降，倘不築堤，任其自然，理論上大可刷深，惟現時河槽爲狹隘所束，含泥能力減弱，故河床反有淤積上昇之可能。

表十一：黄河下游各段之平衡比降與冲積推測。

段　　名	地　　點	現在比降	大於或小於	平衡比降	冲積推測
1.潼陝段（峽口段）	潼關至陝縣	0.000416	<	0.0010	冲
2.陝鞏段（無堤段）	陝縣至鞏縣	0.00080	>	0.000595	冲
3.鞏秦段（單堤段）	鞏縣至秦廠	0.000265	=	0.000265	平
4.秦高段（寬堤段）	秦廠至高村	0.000172	<	0.000265	積
5.高陶段（寬堤段）	高村至陶城埠	0.000135	>	0.00009	冲
6.陶濼段（單堤段）	陶城埠至濼口	0.00011	>	0.000042	冲
7.濼海段（狹堤段）	濼口至利津	0.00011	>	0.000035	積

綜上各點，探討黄河下游之冲刷問題，可得結論如下：

1. 峽口段河床之比降，愈向下游愈增者，則有冲刷之傾向，且程度頗烈。

2. 單堤段河槽，具有自然調節作用，其比降與平衡比降相似，故冲積平衡。

3. 寬堤段河槽之比降，較平衡比降大者，應冲刷，反之（較小者）則淤積。

4. 狹隘段之比降，雖大於平衡比降，仍有淤積可能。

5. 寬堤段河槽之輸泥能力，較狹隘者為大。

按黃河下游於民國二十三年造床期（七、八、九、十，四個月），各站之輸泥量如下表。（見圖九）

表十二：黃河下游各站輸泥量

站　名	造床期輸泥量（立方公尺）	較前站增減之量（立方公尺）
潼　關	八五四，〇〇〇，〇〇〇	
陝　縣	一，二九一，〇〇〇，〇〇〇	增　四三七，〇〇〇，〇〇〇
秦　廠	一，三一〇，〇〇〇，〇〇〇	增　一九，〇〇〇，〇〇〇
高　村	七七六，〇〇〇，〇〇〇	減　五三四，〇〇〇，〇〇〇
陶城埠	八四一，〇〇〇，〇〇〇	增　八，六五〇，〇〇〇
濼　口	九六三，〇〇〇，〇〇〇	增　一二二，〇〇〇，〇〇〇
利　津	八二六，〇〇〇，〇〇〇	減　一三七，〇〇〇，〇〇〇

上表可見，潼關之輸泥量，為八五四，〇〇〇，〇〇〇立方公尺，蓋黃河上游雖有涇、洛、渭諸水之泥沙大量輸入，但經渭南至潼關，天荒之廣大三角淀，比降極緩，有容水減淤之功，故輸出潼關之泥沙，僅其剩餘之一部分耳。自潼關至陝縣，水行峽口間，比降逐漸加大，含泥量驟增至一，二九一，〇〇〇，〇〇〇立方公尺，約合原來輸入泥量之百分之五十，河入陝秦段，泥量仍有增加，至一，三一〇，〇〇〇，〇〇〇立方公尺，此部增加之泥量，平均淤積於秦高間寬堤內，由高村至陶城埠，比降較平衡者為大，泥量復漸增至八四一，〇〇〇，〇〇〇立方公尺，幾與潼關輸入者相若。此後河入單隘段，含泥量續有增加，迄濼口達九六三，〇〇〇，〇〇〇立方公尺，繼則至狹隘段，則逐漸淤積，至利津尚剩餘八二六，〇〇〇，〇〇〇立方公尺，其量幾由與潼關輸入之泥量相等，深堪注意，各段冲積之速率，如下表。

表十三：黃河之冲積率

段次	段　名	冲積率（m³/Km）
1	潼陝段（峽口段）	冲五，八二〇，〇〇〇
2	陝秦段（無隘段）	冲　六七，五〇〇
3	秦高段（單隘段）	平　〇
4	秦高段（寬隘段）	積三，三七〇，〇〇〇
5	高陶段（寬隘段）	冲　四一〇，〇〇〇
6	陶濼段（單隘段）	冲一，一六一，〇〇〇
7	濼海段（狹隘段）	積　八五五，〇〇〇

上述各點，雖僅就民國二十三年一年之記載，但黃河冲積作用之大綱，已可略窺一班，茲歸納其重要者如下：

一、黃河下游造床期各斷面之最少輸泥量，約為八〇〇，〇〇〇，〇〇〇立方公尺。

二、潼陝間峽谷段冲刷之泥量，淤積於

棄高間寬陝段內。

三、高粱間沖刷之泥量，淤積於粱沙間狹陝段內。

四、潼關輸入之泥量，約等於利津輸出泥量。

五、黃河各段輸泥之能力，與著者推算結果，極相符合。

（十五）黃河之病徵

黃河，大自然之產兒也，苟能順其道，適其性，經數千萬年之沖積，其水位，流速，流量，含泥，挾沙，比降，斷面等，均能互成平衡，而呈安定狀態，豈倘有突變而生溢決改道之禍哉，故曰，河本無病，乃吾人逆其天性，防之、束之、厄之、塞之而成病也。實則有言「夫土之有川，猶人之有口也，治土而防其川，猶止兒啼而塞其口，豈不遽止，然其死可立而待也。」孟子所謂「禹之治水，水之道也。」著者曰「水之治水，禹之道也。」蓋自然為吾人最偉大之尊師，欲解決自然界之問題，亦惟有求諸「自然」耳。

按黃水含泥之能力，與比降 $S^{\frac{5}{8}}$ 成正比，與「暢率」$M^{\frac{3}{4}}$，「徑深」$R^{\frac{1}{4}}$ 成反比，（見第25式），自然之河流，必能自行調整其比降，暢率及徑深，成一理想斷面，將上游泥沙輸運入海。

黃河一經築隄，其「平衡狀態」大受改變，在有隄段上游，因囘水作用，比降驟弱，含泥能力突減，淤落水壅，而成「漫決」，（見圖十）在有隄段下端，流水至此，動能變成位能，水面上湧，且由隄段內剧出之沙，停積附近，（按水在有隄段內比降大，其平衡粒徑粗，出此比降驟緩，挾沙停積，非意義即使水位抬高，產生對此粗沙之平衡比降也。）洩宣不暢，亦能釀成「漫決」。至於狹隄段內，較未築隄前流速增大，大溜橫沖直撲，隄岸沖塌，因而決口者曰「衝決

小。統計黃河決口，以「漫決」為多。

黃河水面比降，在漲水時，常超過各段河床之平均比降，約二、三倍，故含泥能力，可增至一‧五至二倍。（見圖五）河床常有刷深之現象，準落水時之水面比降，常小於平均者〇‧八倍，含泥能力減至〇‧八六倍，故落水時之含泥能力，僅為漲水時之十分之四‧三，半數泥沙卻將淤落，河床上昇，斷面縮小，體至之洪水，即無法容納，因而漫決者最多。故黃河有「危險在落水」之諺。

黃河洪水峯之來往過驟，防護不及，亦為潰決之主因，但自然河道，其本身灘地，即有緩衝調節之能力，而呈「平衡狀態」。如河道上游，流量小，比降大，河谷成 V 形，中游為 U 形，下游比降小，流量大，則成有灘地之複式斷面，蓋非如此，即不能完成其洩洪排土之任務，黃河之斷面，中游寬而下游狹，一切適得其反，此種違反自然之現象，宜其河患終無已時。

陳省齋云：「夫河之決者，皆由黃水暴漲下流壅滯，不得遂馳下之性，故旁流溢出，致開決口，決口既開，旁流分勢，則正流愈緩，正流愈緩，則沙因以停，沙停淤滯，則就下之性愈不得遂，而旁決之勢益橫決。」

上述各點，僅就其直接之有形病徵言，至其無形之患，國族所受之痛苦，更為嚴重，茲約列如下：

一、冀魯豫蘇沖積平原之人民，日處於水災威脅之下，一切永久文化建設，無形停滯。

二、國家年耗無數人力、物力、財力、從事防塞。

三、一旦潰決水患發生，災區生命財產之損失，不可勝計。

四、沖積平原農田，不得黃水糞潤，農業衰落。

五、沿河良田，變為沙礫。

(十六)治黃之目的

黃土為最肥美之土壤，禹貢：「厥土惟黃壤，厥田惟上上」，「沃土千里，帝王萬世之業。」故世界黃土區域，皆為農業之發源地，亦即人類文化之母也。黃土區域之雨量，概極缺乏，溝壑之水，皆為農田至寶，故有「春雨貴如油」，「惜水如惜金」之諺，治河應以農田水利為唯一目的，蓋無疑義。禹貢「九川滌源，九澤既陂，烝民乃粒，萬邦作乂。」孔子曰「禹盡力乎溝洫」，可視我國有史以來，即以黃河之農田水利為立國根本。

黃河流域之雨量，平均年約六〇〇公厘，但百分之八十，集中於夏秋之交，春季苦旱，是其缺點，吾人對此流域之水份，苟不加以統制與管理，縱擁有世界最肥沃之土壤，農業仍受自然之限制，不能充分發展，語云：「國之本在農，農之本在水利。」故農功水利，自古並重。

第十一圖　播渠疏水水利累進圖

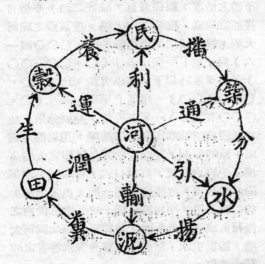

黃河農田水利之基本政策，可分三大要綱：一、「以黃河之民治黃河之水；」（民治）二、「以黃河之水，潤黃河之田。」（民有），三、「以黃河之田，養黃河之民。」（民享），而政策推行之方法，一曰民播渠，二曰渠分水，三曰水揚泥，四曰泥養田，五曰田生穀，六曰穀養民，此種政策具有累積進化之作用，有一分努力，即有一分成功，如上圖。

此偉大農田水利系統之建設，欲求其充分發展，必須濟之以工業及交通，是以系統內渠上所有跌水水力，均須建廠發電，以供屋水，礱穀，磨粉，軋棉，紡織，耕作等農業電化之用，至於系統內之渠道，應有極適宜之配合，而成一完善之運河網也。

(十七)治黃先決問題

治黃之目的既定，政策既決，即可進言治本，但在方策擬定之前，尚有極多問題，應詳加探討者，茲擇其重要者列舉如下：

一、如何減少地面之冲刷量？
二、如何防止兩岸之坍塌？
三、如何減少上游之含泥量？
四、如何促進下游之含泥量？
五、如何降低下游洪水位？
六、如何固定下游河床？
七、如何分水利農？
八、如何濬渠利航？（另著專文討論，本文暫略）茲分節述如後：

(十八)如何減少地面冲刷

黃河上游，經吾族先民歷數千萬年之繁殖，凡可耕種之地，莫不闢為農田，坡度概在三十度以下，此等黃土地面，遇尋常降雨，其逕流率極微，稍事整理即可，至於不能耕種之高原，風沙苦旱，山坡峻陡，耕種不易，其冲刷率較大。但對於此種無農業價值之土地，欲防止其冲刷，用普通溝洫，梯田等法，皆不可能。蓋吾族先民，於此廣大黃河上游，已飽受數千萬之教訓，凡不可耕種之地，強欲利用之，惟有慘遭失敗而已。

此種磽瘠乾燥之黃土高原坡地，欲減其冲刷，著者認為惟有撒種苜蓿，蓋苜蓿為豐

科植物，能自空氣固定氮素，無需養分，其根能深入地下，可至十餘公尺，即大旱之年，亦不枯死，且爲最理想之牧草，以裕牧業。至於黃河上游能否造林，著者以爲困難太多，一、森林抗旱抗寒之能力，遠較牧草爲小，即五穀亦不及。二、森林種植時，旣費工，又需時時灌水，否則生活率甚小。三、森林種於黃土坡上，雨時土軟根淺，稍遇暴風，極易吹倒，不特不能防止沖颳，且助長山場作用，是以世界上黃土區域，均無森林之存在，蓋有由矣。

(十九)如何防止兩岸坍塌

黃河上游，兩岸壁立，水嚙岸根，壁面粘力，不能支撐其重，乃坍塌而下，增重河水之泥量，論者，以爲應築直立石壁保護之，惟此種工作，經濟上能否允許，姑置不論，工程上有無價值，尚成問題也，蓋河之所以嚙岸，即表示該段河道斷面，尚未得「平衡狀態」，苟強施以護岸工程，工程亦難保永久，或則改刷他處，終至護不勝護，況此種坍塌之黃土，能否加重含泥量，應視該段河流之含泥能力而定，非因土之坍入，即足以增加著也。

河岸坍塌，由於該段流水之含泥能力過大，故減高含泥能力，即爲防止坍塌之根本，按含泥能力與比降$S^{\frac{5}{8}}$成正比，故減緩比降，即可防止坍塌，坍下之土，亦不易隨水刷去矣，減低含泥能力之法，下節論之。

(二十)如何減少上游之含泥量

按黃水之含泥能力，與比降$S^{\frac{5}{8}}$成正比，與「暢率」$M^{\frac{4}{3}}$及徑深$R^{\frac{4}{3}}$成反比，故減小比降，並增加「暢率」及「徑深」，即足以減少其含泥量矣。

減小河流比降之法，惟有節節建築攔河壩，(或稱「谷坊」)設某段現有比降爲S

，該段之「平衡比降」爲s_o，，苟攔河壩之高度爲h(公尺)已定，則可用下列公式，計算兩壩應有之距離l(公尺)(圖十三)

$$h = (s - s_o)l \quad 故 \quad l = \frac{h}{s - s_o} \cdots\cdots\cdots\cdots (41)$$

此種攔河壩，固以減緩上游比降，而減小含泥量爲主，但其最主要之目標，端在抬高水位，播渠灌溉兩岸農田，或發電屛水，灌溉高原，並利用此壩，停滯洪流，蓄水地下，固定河床，一舉而兼數利者也。

凡地基堅實之處，可築高大之重力壩(如涇惠渠洛惠渠大壩。)壩基爲沙質者，築較低之混凝大壩。(如渭惠渠大壩)

黃河上游，潼關、渭南、大荔廣大之三角淀，有停滯洪水，減輕泥沙之作用。苟能於潼關峽口，建攔河大壩一道，對於下游滯洪輕泥之功，定極偉大，並用以灌溉潼關至陝縣兩岸農田。

黃河出潼關後，以潼陝段之沖刷最烈，含泥量驟增加百分之四十，而此部泥沙，概淤積於下游秦高段內(表十二)，對於黃河下游之治理，關係最巨，減泥之法，亦惟有擇適當地點，建築攔河大壩。按該段之攔河大壩，按該段之平均比降(〇·〇〇〇四一六)尚小於「平衡比降」(〇·〇〇一〇〇)，但至陝縣以下，河床突跌，比降(〇·〇〇〇八〇)，超過「平衡比降」(〇·〇〇〇五九五)一·三五倍，沖刷急增，故在此段自陝縣起即應節節築壩，用以固定河床，減輕沖刷，即減少含泥量，假定大壩高度平均六公尺，自第41式，可求得平均每隔三十公里，建築攔河壩一座，由陝至秦，約二百公里，平均需建壩十座，秦高段內之淤積，或可因此解除，並積極利用此攔河大壩，播渠引水，灌溉黃河冀魯豫諸省之沖積大平原。

(二十一)如何促進下游之含泥量

黄河下游之狹隘段，以及寬隘段之小於「平衡比降」者，（秦高段及溪海段）概有淤積之可能，實爲河患主因，故促進下游之含泥能力，使不留滯淤隘內，實爲最質要之工作。

按黄水之含泥能力，與比降 $S^{5/8}$ 成比，與暢率 $M^{3/4}$ 徑深 $R^{1/4}$ 成反比，惟黄河下游。河口高度爲海平面所限，比降愈向下游愈弱，而呈「平衡狀態」，欲增加比降，以增加其含泥能力，殆爲不可能之事，易言之，欲促進下游之含泥能力，惟有出諸減小「暢率」及減小「徑深」二途。

首言如何減小徑深 R，按徑深爲溼周除面積之商，故減小徑深，即所以增長溼周，易言之，即應變爲淺廣之斷面，設河流之流量不變，比降不變，凡淺廣之斷面，其含泥能力必較徑深狹者爲大，故自然河流之斷面，愈近海口，愈呈淺廣，此其理也，「水之道」也，蓋非如此，即不能將上游輸入之泥沙，輸送入海，而達「平衡狀態」矣。

恩格司治黄試驗結果，證明寬河床之刷深與狹河床之刷深爲十六與一之比，築堤束水，匪特不能刷深河槽，且有昇高洪水位之傾向，證諸黄河下游沖積情形，及著者公式理論之推斷，結果完全一致，其禹之道乎？

次言如何減小「暢率」，按黄河之「暢率」，與流量成正比，蓋流量大，則水深溜急，前進之能力大，床面阻力，所能影響之範圍，因以漸減，設河流之流量不更，比降不變，苟能將此單河分爲兩股，（流量各爲前者之半）則此兩河之總含泥能力，必大於前一河之含泥能力，是以河流愈近下游，愈有分爲义流之傾向，蓋非如此，則上游輸入之泥沙，即無法輸之入海，而達「平衡狀態」矣。

減小暢率，即所以增加糙率，含縮小流量，分爲义流外，尚可用人工方法促進之，如建築固灘丁壩，洪流浸過壩時，水渦激盪，含泥能力隨之大增，稽曾筠曰「能言治者，必遇溜而激之，激溜在設壩，是之謂以壩治溜，是溜治槽」。較潘季馴所倡「以隄束水，以水攻沙」之說，合乎科學多矣。

（二十二）如何降低下游洪水位

黄河下游之洪水位，視上游之洪水量而定。但河道之比降，愈至下游愈弱，其流速亦隨之漸緩，是以河流欲瀉洩同等之流量，必須漸增其排洪斷面，始得「平衡狀態」，故河流愈至下游，其排洪面積，愈應擴大，殆無疑義，且面積爲水深乘河寬之積，河流之比降不變，流量不變，則河床愈寬者，其洪水位愈低，易言之，故寬隘距，即可使洪水下降。

黄河下游之排洪斷面，因束有狹隘，反較上游爲小，此種違反自然之現象，實爲河病主因，已如前述，故欲降低洪水位，惟有寬展隘距，或分爲若干义流入海。

黄河自陝縣至濼口，擇適當地點，節節築壩播渠引水灌漑冲積平原之農田，設每渠流量平均以一〇秒立方公尺，兩岸如播渠四〇〇條，即可分疏洪水量四，〇〇〇秒立方公尺，設黄河之「計劃洪水量」爲八，〇〇〇秒立方公尺，則下游洪水量，已可減其半矣。

黄河上游分疏後，其下游是否因流弱而淤積更甚，向爲各家所爭論之問題，茲申論之，按河流一經分疏，則分疏口之水位降低，下游之比降變緩，而生「水緩沙停」之弊，故於分疏之地點，分疏之流量，以及分疏後比降變化情形，事先應加審慎之研究，以免敗事，黄河最適於分疏之地點，著者認爲在陝虢段高陶段陶濼段，因該段比降尚大於「平衡比降」。下游比降，不致因分疏而過緩，而致泥量淤積也，至於分疏之流量，宜細不宜大，宜漸不宜急，易言之，即宜多設

水門，不宜集中一道，庶河口道之「平衡狀態」，不致破壞過甚，而生其他弊端。

沈夢蘭曰：「凡河流經入海諸故道，皆可廣爲疏闢，以爲宣導之地。」…………「而其入海者，又可任其所之，不擇東南北大道，皆得暢流而無滯，如是而河猶爲患者，未之有也。」深得治河要領。

（二十三）如何固定下游河床

治黃以利農爲本，與歐美河工以航運爲生者迥異，恩格司治河，主張固定「中水」河床。此種工程，能否實施，暫置不論，但固定「中水」河床，於黃河是否必要，尚應加以探討也。

考恩格司之治河理想，以固定「中水」牀爲唯一方案，其目的，使「中水」槽內刷深，灘上淤積，使河槽逐漸束狹，而成一單式河槽，著者以爲凡河床之能否刷深，全視該段之比降，是否大於「平衡比降」而定，蓋「刷深」之意義，即在降低河床，增大徑深，使比降漸減至「平衡比降」也。黃河下游，就全河立論，苟能將灤海段隄距放寬，或則另闢叉流入海，大有刷深可能。因該段比降，尚大於「平衡比降」。至於陝靈段，及高灘段，雖有刷深可能（比降大於平衡比降），且此段沖出之泥沙，必淤積於下段，匪特不可希望其刷深，且應建攔河壩，阻止其刷深，河始得治。總之，河槽之能否刷深，有無刷深之必要，全視比降而定，至於「中水」床之固定與否，影響殊小也。

複式河槽之「暢率」，常較單式者爲小，且有副溜作用，水流激盪，舍泥能力較單式者爲大，其作用與著者之固灘敷溜丁壩相同，至於固定「中水」床，僅以引導大溜，使不逼近隄根爲目的，則此種順壩式固定工程效力，遠不及固灘敷溜，丁壩爲大，在未築隄防之處，最好種植〇柳，洪水漫過，自然淤高，使河流自身調整其斷面，而達「平衡」。

（二十四）如何疏水利農

黃河洪水量，以八，〇〇〇秒立方公尺計，苟取其半數利農，流量超過四，〇〇〇秒立方公尺以上者，排洩入海，則此四，〇〇〇秒立方公尺之流量，全年合計平均爲三五，〇〇〇，〇〇〇立方公尺，平均含泥量以二計，則合四五〇，〇〇〇立方公尺，將此水量泥量，平均分佈於冀魯豫黃河冲積平原（面積五三〇，〇〇〇方公里），約合雨量六六公厘，增厚土地〇，八五公厘，合原有雨量五〇〇公厘，共計五六六公厘，已足供普通作物之用，苟將灌溉面積縮小至五分之一（約合一〇〇，〇〇〇方公里等於一六〇，〇〇〇，〇〇〇畝）則年得八三〇公厘（五〇〇加三三〇）之雨量，即可種植水稻（古稱徐）一萬萬六千萬畝，則四千萬人口之糧食撫憂矣。（按水稻田每方公里可給養人口約四〇〇人，旱地僅一五〇人）禹貢：「丞民乃粒，萬邦作乂」，粒米也，乂養也，可見古代民食以米爲主，農田水利系統之完善，概可想見。

黃河流域，以七、八、九、十月雨水最多，約佔全年百分之八十，而河水亦於該時最大。如何利用此洪水灌溉，如何配合各種作物而達最高之生產，如何蓄水於地，以供明春春禾之用，乃爲今後農田水利界最重要之問題，當另著專文討論之，茲不贅。

黃河下游之灌溉系統，應採多首制，幹渠之流量，以不超過一〇秒立方公尺爲佳，以便管理，而利懈泥。（按渠愈小，輸泥力愈大。）且二幹渠之間，應另闢串渠，使互相溝通，某渠偶生故障，則以他渠之水引濟之，而成一偉大之渠網，投蓋於冀魯豫蘇黃河冲積平原，如血與絡，黃河其大動脈也。（如圖十三）

灌溉渠道之設計，以含泥能力平均值「二」爲標準，比降不可小於〇·〇〇四，渠道斷面應採用淺廣之安定式，以免日後挑挖

之勞，均可由著者公式計算之。

此種灌溉渠道之主要任務，在利用洪水灌溉，而減輕下游之洪量，假定總灌溉流量為四，〇〇〇秒立方公尺，每幹渠之平均流量為一〇秒立方公尺，則需播渠四〇〇道，始能疏此洪量，假定孟津至利津，距離約為六〇〇公里，則平均每隔三公里（約合五里），即須左右各設一水門，倘幹渠流量為二〇秒立方公尺，則每十里設一水門，以灌兩岸農田，而減洪量。

歷代治河，大禹以後，最富於科學思想而合乎禹道者，為漢之賈讓，但成功者，僅後漢王景一人。史載：「景修渠築堤，自滎陽東至千乘海口。千餘里，乃商度地勢，鑿山阜破砥磧，直截溝澗，防遏衝要，疏決壅積，十里立一水門，令更相迴注，無潰漏之患。」「由是河出千乘，而德棣之河，又播為八，故水有所洩而力分，偶合禹功。」此種以河為經，以渠為緯，以積極建設農田水利，消滅水患於無形之方策，深合科學原理，宜其大工告成後，千載無患。

灌溉系統之組織，自幹渠分為串渠，支渠，再分為農渠，並以下渠兼作上渠之排水溝。自高而下，層層相連，脈脈相通，並節節築閘管理之。（如圖十四，）此種「灌溉」，「排水」，「蓄水」，「洩淤」，「糞田」五者兼用之，此種灌溉系統，古稱「溝洫」，名異而義同也。

「溝洫」為黃土區域農田水利之特有制度，胡氏禹貢錐指曰：「禹盡力乎溝洫，導谿谷之水，以注之田間，蓄洩以時，旱潦有備，高原下隰皆良田也。」孟子曰：「七八月之間雨集，溝澮皆盈，其涸也可立而待也。」沈夢蘭曰：「陝西之涇渭，山西之汾沁，直隸之滹沱永定等河，皆與黃河無異，故其漲也，則渾流洶湧，而衝決為患；其退也，則積泥滯澱而淤塞為患，古人於是作溝洫以治之。縱橫相承，深淺和受，伏秋水溢，則以疏洩為灌輸，河無汎濫，野無燥土，此

善用其決也。春冬河清，則以挑決為糞治。土薄者可使厚，水淺者可使深，此善用其淤也。自溝洫廢而決洪為害，水土交病矣」。語極中肯。

（二十五）治黃方策

治黃之目的，推行之政策，以及種種先決問題，均已概述如上，茲將著者對於黃河治本方策，綜列於后：

一、治黃應以建設黃河流域之農田水利系統為惟一目的。

二、治黃應遵守禹訓，以「疏導溝洫」為主。

三、治黃以維持或促進黃河之「平衡狀態」為原則。

四、治黃，為我民族爭取生存之事業，應以全民族之力量完成之。

五、黃河上游，凡不能耕種之坡地，宜多種苜蓿，闢為牧場而防沖刷。

六、上游河谷，應擇地建築攔河壩，以減含泥量，並抬高水位，灌溉農田，並用水力發電，屃水灌溉高地。

七、潼關、渭南、大荔、三角淀有調節洪水減除泥沙之作用，應充分利用之。

八、黃河陝晉段及晉豫段，河床比降較「平衡比降」為大，沖刷頗烈，應建築攔河壩調整之，以減輕含泥量。

九、利用攔河大壩，或沿黃河大堤，密設閘門，播渠引水，灌溉黃河沖積平原之農田，而減洪量。

十、利用現在沖積平原之河流，作沖積平原之排水系統。

十一、濼口至利津狹隘段，隄距應逐漸放寬，使達「平衡狀態」，而增含泥能力，並降低洪水位。

十二、河床比降小於「平衡比降」之部份，常生淤積，應展寬河槽，並建築固灘激溜丁壩，使河水慇邊

，而增舍泥能力；或分叉流入海，在中游之叉流仍可同注入下游，以增比降。

十三、治黄應以興辦黃河上游之農田水利事業爲治水之出發點，以完成全流域之溝洫制度爲終結點。

十四、明潘季馴倡「以隄束水，以水攻沙」之議，我國治水科學，受其影響而停滯者，凡數百年，著者今以「播渠疏水，激溜、揚淤，水分勢殺，淤去河安」四語，作治黄「心理建設」之綱領，並繪下圖，以示築隄束水與河患之關係。（圖十五）

第十五圖　築隄束水河患累進圖

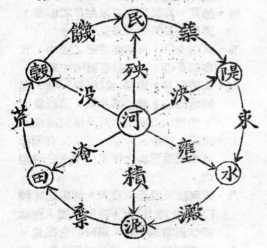

（二十六）大禹治河之聖蹟

吾華民族之農田水利文化，發源於黃河上游，逐漸吏展，至下游冲積平原，然後南下，展至濟、淮、江、漢之冲積平原，蓋此等平原，最適宜灌溉，而以祖傳之同一方法，同一制度，建設其農業也。故曰：大禹治水，始州冀（今山西河北境）次兗（今河北山東境）次青（今山東境）次徐（今江蘇安徽境）次揚（今江蘇江西境）次荆（今江西湖廣境）次豫（今河南境）次梁（今四川境

）次雍（今陝西甘肅境），是謂「九州」。

大禹治水之精神與方法，載於尚書禹貢篇，以及其他諸書，謹擇其重要聖蹟，謹述如後。

祭法：「鯀鄣鴻水而殛死」，此吾華先民治水之經驗，警告後世子孫之訓示，凡築隄遏水者，終必失敗。

史記夏本紀「禹傷先人父鯀功之不成受誅，乃勞身焦思，居外十三年，過門不敢入。」先民旣得築隄失敗之教訓，乃勞身焦思，謀治水之法卽「求知」也。

臯陶謨：「禹曰，予乘四載，隨山刊木。」

史記夏本紀「行山表木，陸行乘車，水行乘船，泥行乘橇，山行乘檋，左準繩，右規矩。」在治水計劃未決定之前，必先自實地之勘察，調查，測量下手，蓋欲爭服「自然」，必先認識「自然」。

史記河渠書：「河菑衍溢，害中國也尤甚，唯是爲務，故道河自積石，歷龍門，南到華陰，東下砥柱。」吾華農業得黃河上游，漸東展至下游，故農田水利之建設，亦自渭河流域，漸發展至黃河冲積平原。

又河渠書：「及孟津雒汭，至於大邳，（大邳在今河南濬縣東南二里）」「於是，禹以爲河所從來者高，水湍悍，難以行平地，數爲敗乃廝二渠，以引其河。」蓋黃河自濬縣以下，其地面比降，小於「平衡比降」，舍泥能力減弱，故應疏爲二渠，以增其舍泥能力，並降低洪水位。

又，「北載之高地，過降水，至於大陸。」禹廝二渠，其目的，不僅在減洪，且積極謀灌溉之利，故必沿太行山麓，北引至高地，所謂過降水（一說今漳水），卽過太行山所出諸水，大陸，卽今河北鉅鹿。

又，「播爲九河，同爲逆河，入於勃海。」「九」爲古代極多之意，卽自幹渠分爲無數支渠農渠，並以勃海爲灌溉系統之尾閭，以利洩洪排水。

又，「九州既疏，九澤既灑，諸夏乂安，功施三代。」灌溉系統完成後，吾華業農基礎，始行奠定。

史記夏本紀：「禹與益予眾庶稻鮮食。」灌溉系統完成，水量充足，乃種植水稻，以裕民食，今黃河冲積平原，水稻殆將絕跡，民族水利事業之退化，於此可見。

又，「禹與益后稷，奉帝命，命諸候百姓與人徒以傅土。」蓋治水爲民族爭取生存之事業，必須發動全民族之力量完成之。況農功水利，向爲最繁重勞苦長期奮鬥之工作，必須「人人治天下之田，人人治天下之水」始能發揮其偉大之力量與豐碩之效果也。

孔子曰：「禹吾無間然矣，卑宮室而盡力乎溝洫。」溝洫爲黃土區域特有之水利制度，吾華以農立國，建國必先建農，建農莫急於農田水利。

農田水利建設完成後，應進而利用大灌漑系統內之渠道，兼作運渠，以利交通，觀禹貢所載，各州貢道如下：

「冀州」夾石碣石入於河。

「兗州」浮於濟漯達於河。

「青州」浮於汶，達於濟。

「徐州」浮於淮泗，達於河。

「揚州」沿於江海，達於淮泗。

「荊州」浮於江沱濳漢，逾於洛，至於南河。

「豫州」浮於洛，達於河。

「梁州」浮於濳，逾於沔，入於渭，亂於河。

「雍州」浮於積石，至於龍門西河，會於渭汭。

是各州所產之物，無不達於河，亦無不達於冀州帝都，足徵當時運道縱橫，往來無阻。禹貢：「九州攸同，四隩既宅，九山刊旅，九川滌源，九澤既陂，四海會同，六府孔修，庶土交正，底愼財賦，咸宅三壤成賦，中邦，錫土姓，祗台德先，不距朕行」水利建設完成，農業基礎奠定，物產豐富，交

通便利；吾族先民，遂建立成一富強偉大之國家。

(二十七)河患之始

帝堯八十載（前二二七八），夫禹治河成功，至周定王五年（前六〇二），而河道初徙，禹河凡歷一千六百七十六年之久，厥功偉矣。惟此種偉大之農田灌漑水利系統，其治衆固須深合乎科學，其建設須發動全民族之力量，但功成後之管理，尤需有強有力之集權中央政府以及嚴密之組織，始能指揮自如，運用靈活，而收治導之功，苟國家政治不良，權力不一，灌漑溝洫系統，大受紊亂，「灌漑」，「排水」，「洩洪」，「蓄水」之機能盡失，水患隨之而生，豈不懼哉，據禹貢錐指所載：「周之衰也，王政不修，水官失職，諸侯各擅其山川以爲己利，於是有滎陽下引河爲鴻溝者，自是以後，日漸穿通，枝津交絡，宋鄭陳蔡曹衛之郊，無所不達。至周定王五年，河遂南徙。無奈，河水之入鴻溝者多，則經流遏貯，不能衝泥沙故也。」足證當時政治，已不統一，諸侯各自爲政，以一隅爲利，甚且以水攻敵，鄰國爲壑，農田水利系統，大受破壞，溝洫失修，河患乃生，殆無疑義。故曰，國家政治之統一，權力之集中，意志之集中，乃爲治水之先決條件，亦卽建國之先決條件也。

(二十八)結言

黃河流域，吾族之發祥地也，有史以前，先民在此廣袤之黃土空間，致力於農功水利者，歷四五萬年矣。積此長期間之經驗，如何治水，如何治田，代代相傳，已成爲吾族生存之本能，有如鵲之架巢，蟻之營穴，於其生活之環境，已得充分之認識，並深知所以利用厚生之道矣。此種爭取生存克服困難，開天關地之寶貴經驗，至大禹益光大而完備，故禹之治水，無往而不合乎科學，亦無往而不合乎建國急需，孟子曰：「禹之

治水，水之道也。」其此之謂乎？

莊子曰：「昔者禹堙洪水，親自操橐而九天下之川，股無胈，脛無毛，沐甚雨，櫛疾風，置萬國。」此水利工程師之眞精神也。負治水之責者，必親歷山川，沐雨櫛風，深識大自然流水之運行，農業國家建設之本末，而定治導之方策，始能一擧而完成建國大業，卽所謂「有先天地開闢之仁，後天地制作之義。」所謂「開闢」，所謂「制作」而皆工程師之事功也。

吾族自大禹治平水土，國家建設完成以後，歷代文物，雖屢有進步，但治水之權，漸委諸「水官」之手，（古稱司空，唐後改稱工部尚書。）彼等深居宮廷，腸肥腦滿，五穀不分菽麥不辨之流，豈尚能知大自然流水運行之道哉。是以距大禹年代愈遠，吾華先民千萬年來與水鬥爭之寶貴經驗，愈被遺忘，而代以急功好利，敷衍塞責，以主觀爲眞理，以想像爲根據之方策，始則以隄障水（農乏），繼則以隄導水（農病），終則以隄束水（農絕）。與大禹疏導溝洫之根本精神愈離愈遠，河患亦遂愈演愈烈，良可慨矣！

值茲民族復興之偉大時期，亦卽大禹建國精神之再生時代，水利事業爲吾族爭取生存之基本建設。吾族不欲建國則巳，欲建國，惟有發皇禹聖「身執耒垂，以爲民先。「大智大仁大勇之建國精神，自完成黃河流域之偉大灌漑水利系統始！夫治水事業，科學事業也，水利工程師之天責，非「水官」之事也。吾師李儀祉先生治河罪書有云：「凡任事者，宜認淸事理，無求急功，無重小仁。夫黃河問題，巨矣，廣矣，豈僅一二縣之關係哉。謀近而疏遠，因小而失大，智者不爲也。」又曰：「旣往者不可追矣，未來者，尚可再蹈其覆轍哉！」願我後起同人，緬懷聖哲，知所奮起矣！

民國三十一年六月六日大禹誕辰於武功

工程師爲主教

年會於八月二日上午九時擧行開幕典禮，地點選擇在蘭園抗建堂。這所抗建堂是蘭州市最近完成的新建築，工程師學會在此擧行，還是這個堂落成開放後的第一個盛大典禮。在新的堂構中，萃集全國工程彥碩五百餘人，切磋討論，熱烈無比。大會由翁會長主持揭幕，宣讀 總裁及主席的訓詞，繼由地方首腦及中樞各長官相次講演，都以建國的大任勗勉學會及工程師們的努力。黨國元老吳稚暉先生的講詞最爲有趣而中肯，吳先生從宗敎說起，說宗敎的目的在進德改過，其所表現的手段盡求福免禍。從前利馬竇，湯若望以工程爲手段而說敎，獲得國人的信仰。而現代工程師們能克服自然，利用物質，確有其求福免禍的實在本領，故不曁爲一敎主……

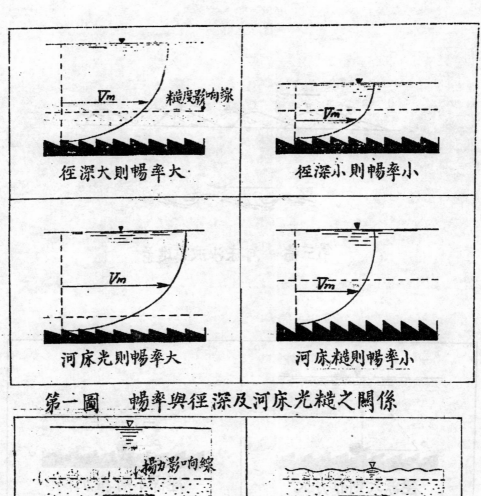

第一圖　暢率與徑深及河床光糙之關係

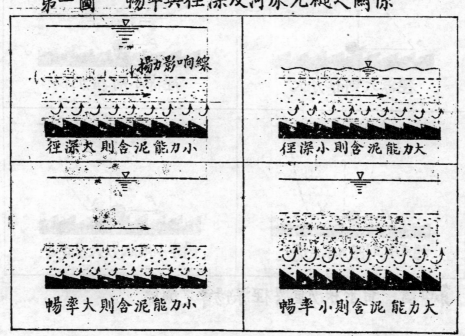

第二圖　黃水含泥能力與徑深暢率之關係圖

9401

第三圖　河床沙波前進圖

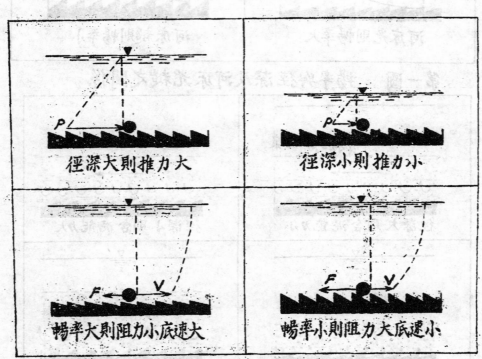

第四圖　黃水挾沙量與徑深暢率之關係

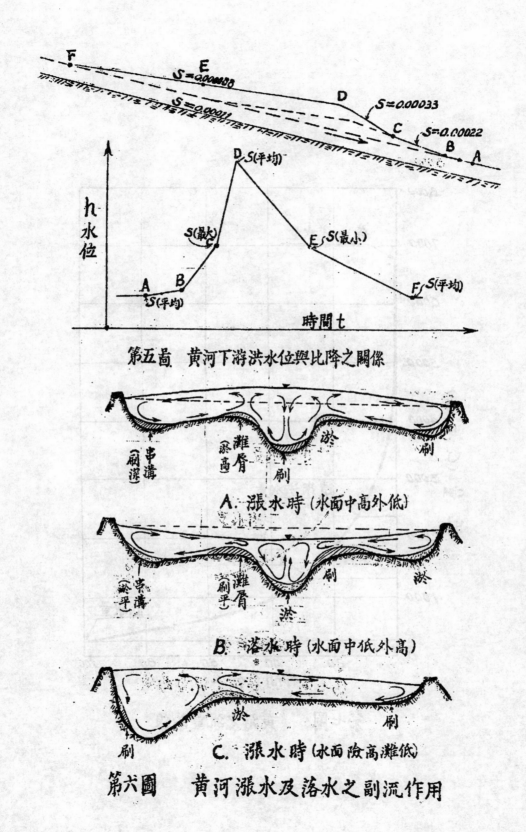

第五圖　黃河下游洪水位與比降之關係

A. 漲水時（水面中高外低）

B. 落水時（水面中低外高）

C. 漲水時（水面險高灘低）

第六圖　黃河漲水及落水之副流作用

9403

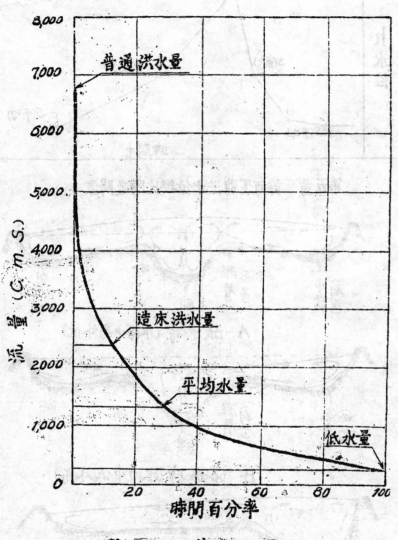

第七圖　黃河之流量曲線

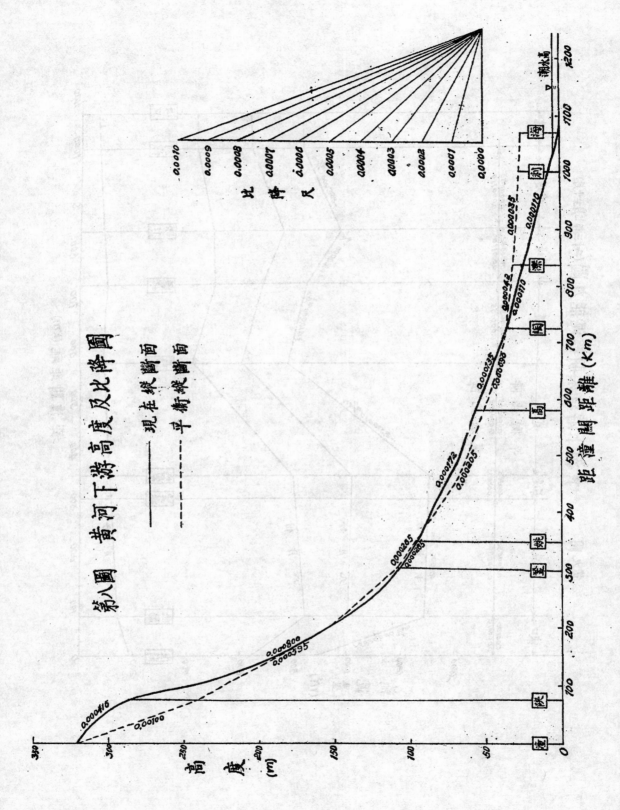

第八圖　黃河下游高度及比降圖

現在縱斷面
平衡縱斷面

比降尺

高度 (m)

距壩閘距離 (Km)

9405

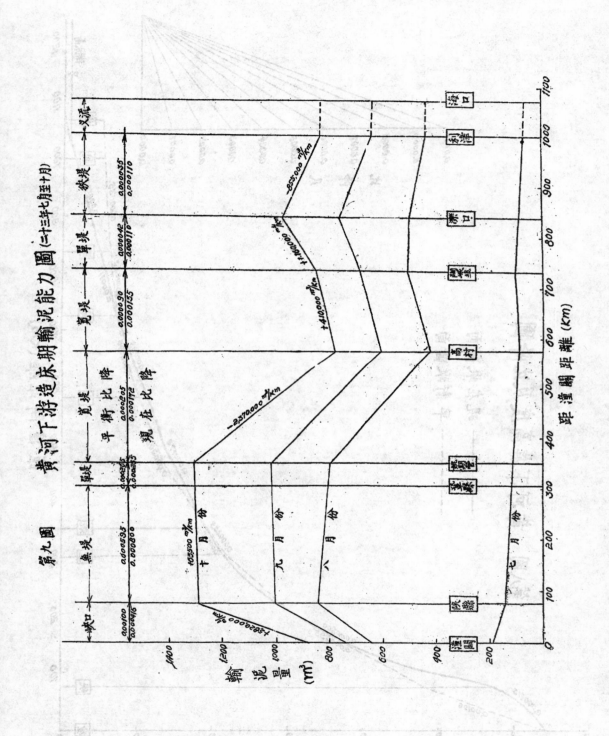

第九圖　黃河下游造床期輸泥能力圖（二十三年七月至十月）

9406

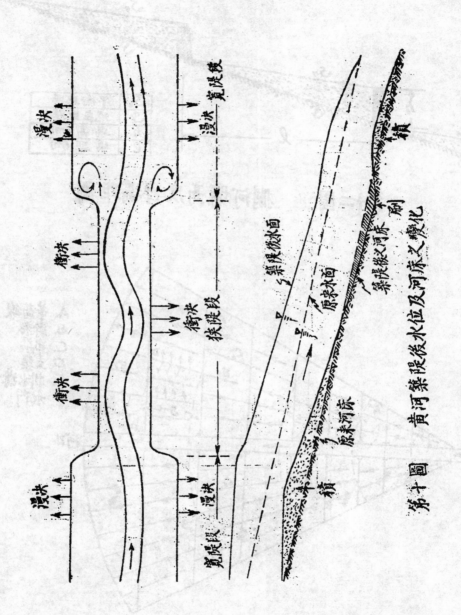

第十圖 黄河築堤後水位及河床之變化

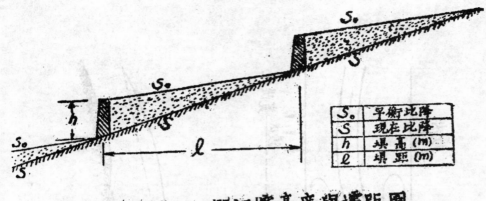

S₀	平衡比降
S	現在比降
h	填高 (m)
ℓ	填距 (m)

第十二圖　攔河壩高度與壩距圖

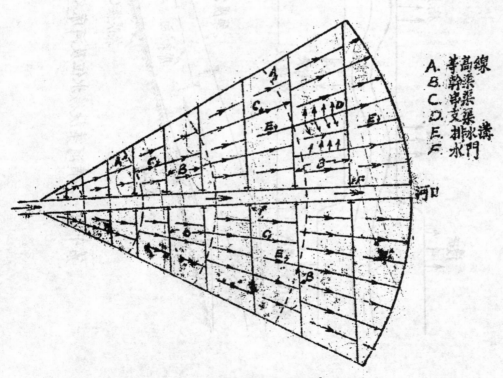

A. 等高線
B. 幹渠
C. 串渠
D. 支渠
E. 排水溝
F. 水門

第十三圖　黃河冲積平原溝洫網

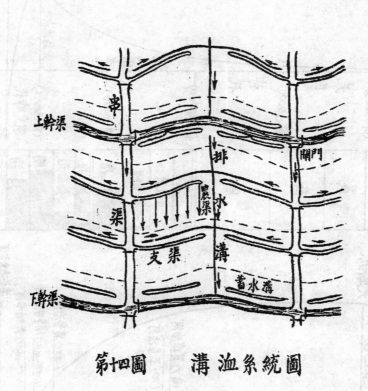

第十四圖　溝洫系統圖

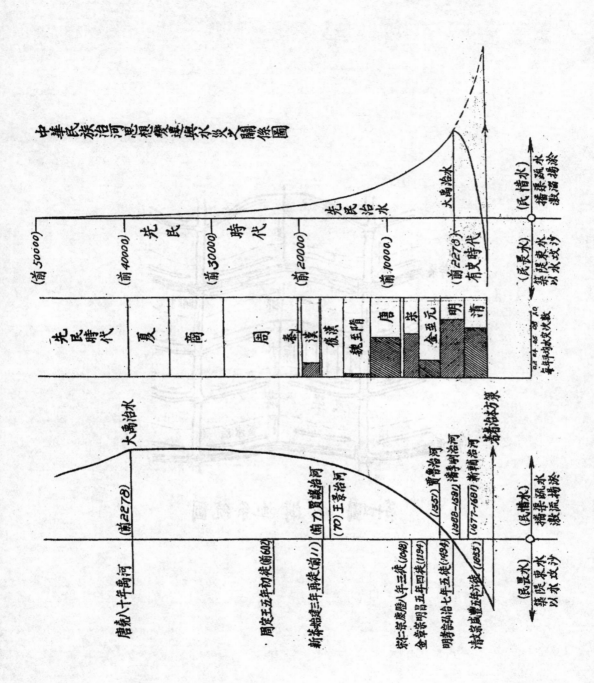

中華民族治河思想變遷與水災之關係圖

先民時代

(前50000)

(前40000)

(前30000)

(前20000)

(前10000)

先民治水

(前2278)
有史時代

大禹治水

（民情水）
播浚疏水
激溢揚溢

（民畏水）
葺陵柔水
以水攻沙

先民時代　夏　商　周　秦　漢　後漢　魏至晉　唐　宋　金至元　明　清

0.1 0.2 0.3 0.4 0.5 0.6 0.7 0.8 0.9 1.0
每年平均水災次數

大禹治水

唐虞八十年兩河　（前2278）

周定王五年初徙（前602）

新莽始建三年再徙（前11）　（70）王景治河　（前7）賈讓治河

宋仁宗慶歷八年三徙（1048）
金章宗明昌五年四徙（1194）

明孝諟治七年五徙（1494）　（1557）賈魯治河
清聖祖武襄五年六徙（1855）　（1588~1591）潘季馴治河
　　　　　　　　　（1677~1681）靳輔治河

基本治河政策

（民情水）
播浚疏水
激溢揚溢

（民畏水）
葺陵柔水
以水攻沙

9410

空間剛節構架之分析

金 寶 楨

國立西北工學院

(一) 引 言

　　靜不定結構 (Statically indeterminate structures) 之解法甚多，其中最簡明者，當推柯洛斯(Hardy Cross)敎授之力矩分配法。自此法問世後，學者莫不頷首稱讚，競相習用。蓋用此法不獨解題簡易，用極淺之算術，使人對於題內之結構作用，獲一清斷之概念，且可循一機械步驟 (Mechanical procedure) ，演至所需之準確程度爲止。惟此法之應用，普通僅限於平面構架，其往返之計算，至少須逾三週 (Cycles) ，始可結束。斯篇之作，係將該法引伸至空間剛節構架 (如鋼筋混凝土房屋構架，卽爲一例) ；同時，作者復建議一正確力矩分配法 (Precise moment distribution method) ，使解題之工作，減至最低限度。

　　用角變撓度法分析空間剛節構架，並不困難；惟解聯立方程式之工作，相當繁巨，且易生誤差，本文中僅述其梗槪而已。

(二) 撓力矩與扭力矩正確分 配法中之基本要點

　　普通用以解析平面構架之力矩分配法，因一般結構工程師，知之甚稔，其內容無須作者贅述。空間構架中各肢因載重所受之應力，可分兩種：一爲撓力矩 (Bending moment) ，一爲扭力矩 (Torsional or twisting moment)，此爲與平面構架基本不同之點。故應用力矩分配法於空間構架，旣須知各肢之扭力性質，且每次僅能沿某一方向進行力矩分配。茲將該法中之要點，檢討於下。

(甲)撓力堅量與扭力堅量

　　設 AB (圖一)爲一均斷面之肢 (Prismatic member)，左端 A 爲固定。在其右端 B 施一撓力矩 M_B,致 B 處生一轉動角 θ_B. 由角變撓度方程式，得

$$M_B = 2E\frac{I}{L}(2\theta_B) = 4E\frac{I}{L}\theta_B \qquad 式(1)$$

式(1)中之 I，爲該肢斷面之惰率(Moment of inertia)，E 爲所用物質之楊氏率 (Young's modulus)。

　　當 $\theta_B = 1$; $M_B = 4E\frac{I}{L}$.

　　故當 A 端爲固定時，使 B 端生一單位角變所需 B 端之撓力矩，亦卽 B 端之撓力堅量 (Flexural stiffness) 等於 $4E\frac{I}{L}$. 今以 S_f 示撓力堅量，命 $K = \frac{I}{L}$, 故得

$$S_f = 4E\frac{I}{L} = 4EK \qquad 式(2).$$

　　如圖 2 所示，AB 肢之 A 端爲固定，於其 B 端施一扭力矩 T_B、由彈性力學，得

$$T_B = \frac{GJ}{L}\theta_B \qquad 式(3)$$

式(3)中之 G 爲所用物質之剪力彈性率 (Modulus of elasticity in shear)，J 爲一扭力常數，其值視肢之斷面形狀而定。如肢之斷面爲圓形，其直徑爲d,則

$$J = \frac{\pi d^4}{32} = I_p = 斷面之極惰率 (Polar moment of inertia). 如爲矩形，其高爲d,$$

其寬爲b,則

$$J = \frac{b^3d^3}{3.58(b^2+d^2)} = \frac{bd^3}{3.58\left[1+\left(\frac{d}{b}\right)^2\right]}$$

今假定以後所分析者，皆爲均矩形斷面肢所組成之鋼筋混凝土結構。命 μ 爲此物之波桑比(Poissans ratio)其值約等於 $\frac{1}{8}$， 則得

$$G = \frac{E}{2(1+\mu)} = \frac{E}{2(1+\frac{1}{8})} = \frac{4}{9}E$$

以G及J之值代入式(2)，得

$$T_B = \frac{\theta_B}{L} \cdot \frac{4}{9}E \cdot \frac{bd^3}{3.58\left[1+(\frac{d}{b})^2\right]}$$

$$= 0.124\frac{bd^3}{1+(\frac{d}{b})^2} \cdot \frac{E\theta_B}{L}$$

如用 $I = \frac{1}{12}bd^3$，則

$$T_B = \frac{0.124(12)}{1+(\frac{d}{b})^2} \cdot \frac{I}{L} E\theta_B$$

$$= \frac{1.488}{1+(\frac{d}{b})^2} EK\theta_B \qquad 式(4)$$

當 $\theta_B = 1$，　　$T_B = \frac{1.488}{1+(\frac{d}{b})^2} EK$

故使B端(圖2)生一單位扭角(Angle of twist)所需之扭力矩，亦即B端之扭力堅量(Torsional stiffness)等於

$$S_t = \frac{1.488}{1+(\frac{d}{d})^2} EK \qquad 式(5)$$

爲簡便計，如以式(2)式中之 $K\left(=\frac{I}{L}\right)$ 爲撓力堅量，則由式(5)所得之相對扭力堅量(Relative torsional stiffness)爲

$$K_t = \frac{1.488}{4E} \cdot \frac{EK}{1+(\frac{d}{b})^2} = \frac{0.372}{1+(\frac{d}{b})^2}K \qquad 式(6).$$

(乙)正確傳導係數與分配係數

在普通力矩分配法中，當分配某節之不平衡力矩時，連接此節各肢之他端，均假定爲固定情形。如圖1所示，A爲固定端，當B端有一撓力矩等於 M_B，則A端所發生之力矩爲

$$M_A = 2EK(O+\theta_B) = 2EK\theta_B = \tfrac{1}{2}M_B$$

因 M_A 與 M_B 之方向相同，故在此情形下，B端之力矩傳導係數等於 $+\frac{1}{2}$。但實際上，各肢之他端，並非完全固定；如圖3所示，當 M_B 施於B時，A端所生之力矩爲 M_A，其轉動角爲 θ_A。今以 α 示此服B端之正確傳導係數(Precise carry over factor，則

$$M_A = \alpha M_B$$

因　$M_A = 2EK(2\theta_A + \theta_B)$,

又　$M_B = 2EK(2\theta_B + \theta_A)$,

即　$2EK\theta_A = M_B - 4EK\theta_B$,

消去 θ_A 後，得

$$M_3 = 6E\theta_B\frac{K}{2-\alpha} \qquad 式(7).$$

其次，關於B端扭力矩之傳導係數(如圖4)，無論他端A之情形如何，爲適合力學之要求，均等於 -1.

設有一力矩M，施於BA，BC及BD互爲垂直三肢之交節B而在ABE平面內(圖5)，對於BA及 BE發生撓力矩，但對於EC及BD，則發生扭力矩。命 $\alpha_1, \alpha_2, \alpha_3$ 及 α_4 各爲BA,BC,BD及 BE在B端之正確傳導係數。由式(7)及式(4)得

$$M_{BA} = 6E\theta_B \cdot \frac{K_1}{2-\alpha_1} = 6E\theta_B\lambda_1,$$

$$\lambda_1 = \frac{K_1}{2-\alpha_1}$$

$$T_{BC} = 1.488\frac{EK_2}{1+(\frac{d}{b_2})^2}\theta_B = 6E\theta_B\lambda_2,$$

$$\lambda_2 = 0.248\frac{K_2}{1+(\frac{d}{b})^2}$$

$$T_{BD} = 1.488\frac{EK_3}{1+(\frac{d_3}{b_3})^2}\theta_B = 6E\theta_B\lambda_3,$$

$$\lambda_3 = 0.248\frac{K_3}{1+(\frac{d_3}{b_3})^2}$$

$$M_{BE} = 6E\theta_B\frac{K_4}{2-\alpha_4} = 6E\theta_B\lambda_4,$$

$$\lambda_4 = \frac{K_4}{2-\alpha_4}$$

因 $-M = M_{BA}+T_{BC}+T_{BD}+M_{BE}$

$$= 6E\theta_B(\lambda_1+\lambda_2'+\lambda_3'+\lambda_4)$$

即 $6E\theta_B = -M\left(\dfrac{1}{\lambda_1+\lambda_2'+\lambda_3'+\lambda_4}\right)$

$$= -M\frac{1}{\Sigma\lambda} \qquad 式(8)$$

式(8)中之 $\Sigma\lambda$ 為各肢在該節之 λ 值之和。在此處等於 $\lambda_1+\lambda_2'+\lambda_3'+\lambda_4$。以式(8)代入上列各式,得

$$
\left.
\begin{aligned}
M_{BA} &= -M\frac{\lambda_1}{\Sigma\lambda}\\
T_{BC} &= -M\frac{\lambda_2'}{\Sigma\lambda}\\
T_{BD} &= -M\frac{\lambda_3'}{\Sigma\lambda}\\
M_{BE} &= -M\frac{\lambda_4}{\Sigma\lambda}
\end{aligned}
\right\} \qquad 式(9)
$$

由式(9)觀之,可知各肢在B端之 λ 值與 $\Sigma\lambda$ 之比實等於各肢在該端之正確分配係數(Precise distribution factor). 普遍書之,如為撓力肢,

$$\lambda = \frac{K}{2-\alpha} \qquad 式(10_a)$$

如為扭力肢,

$$\lambda' = 0.248\frac{K}{1+\left(\frac{d}{b}\right)^2} \qquad 式(10_b)$$

如圖6所示;設施單位撓力矩於BN肢之N端(在BNE平面內),則BA及BE二肢內亦發生撓力矩,而BC及BD二肢內,則發生扭力矩。今命 α_n 為BN肢在N端之正確傳導係數,將BN肢解開(圖6)

$$M_{NB}=1=2EK_n(2\theta_N+\theta_B)$$
$$M_{BN}=\alpha_n=2EK_n(2\theta_B+\theta_N)$$

將 θ_N 消去得

$$6E\theta_B = -\frac{1-2\alpha_n}{K_n} \qquad 式(11)$$

使式(11)等於式(8),則

$$-\frac{1-2\alpha_n}{K_n} = -\frac{M_{BN}}{\lambda_1+\lambda_2'+\lambda_3'+\lambda_4}$$

$$= -\frac{\alpha_n}{\lambda_1+\lambda_2'+\lambda_3'+\lambda_4}$$

即 $\alpha_n = \dfrac{\lambda_1+\lambda_2'+\lambda_3'+\lambda_4}{K_n+2(\lambda_1+\lambda_2'+\lambda_3'+\lambda_4)}$

$$式(12)$$

式(12)中之 $\lambda_1 = \dfrac{K_1}{2-\alpha_1}$,

$$\lambda_2' = 0.248\frac{K_2}{1+\left(\frac{d_2}{b_2}\right)^2},$$

$$\lambda_3' = 0.248\frac{K_3}{1+\left(\frac{d_3}{b_3}\right)^2}, \quad \lambda_4 = \frac{K_4}{2-\alpha_4}$$

式(12)可視為用作決定某肢某端之正確傳導係數之通式。

如於N端施一單位扭力矩($T_{NB}=1$),則AB肢內亦發生扭力矩,其餘三肢則發生撓力矩。$\alpha_n=-1$, $T_{BN}=-1$.

(丙)固定端力矩正負號之規定

固定端撓力矩(Fixed end bending moment)之正負號,可規定如下:如所言之端力矩,能使其鄰肢在該端有順時針方向轉動之傾向時則為正。反之,使鄰肢向反時針方向轉動之端力矩則為負,如圖7所示,各A端之力矩均為正,各B端之力矩均為負。關於固定端扭力矩(Fixed end torsional moment)正負號之規定,須與固定端撓力矩之正負號相符。因分配某節之不平衡力矩時,其分配或平衡力矩(Distributing or balancing moment)之符號,須與此不平衡力矩之符號相反。撓力肢內之力矩符號,本為一致(如圖7),故扭力肢內之力矩符號,須與圖7有一一相符之關係始可。其規定示於圖8。概括言之,凡能使鄰肢向順時方針方向扭

轉之端力矩則爲正，反以則爲負。

某固定端扭力矩之值，與自外扭力矩之施點（Point of application）至該端之距離成正比（參考式3），或至遠對端之距離成正比，而兩端扭力矩之和則等於所施之扭力矩，如圖8中之(a)所示，

$$T_a = T\left(\frac{b}{a+b}\right), \quad T_b = T\left(\frac{a}{a+b}\right),$$

$$T_a + T_b = T \qquad \text{式(13)}$$

(三) 無橫移空間剛節構架之分析

力矩分配法之直接應用，僅限於無橫移之構架。下列各題，由簡而繁，以見該項問題之一班。

例題一

圖9示最簡單之空間構架。因A，B，C，D及E均爲固定端，故撓力堅量可用K $\left(=\dfrac{I}{L}\right)$，扭力堅量則用

$$K_t = \frac{0.372}{1+\left(\dfrac{d}{b}\right)^2} K \qquad \text{(式6)}$$

此後，凡撓力肢以F示之，扭力肢以T示之。此題之已知數據及所算出各肢在A點之分配係數如下：

	AB	AC	AD	AE	AF
	(F)	(T)	(T)	(F)	(F)
$\frac{d}{b}$	1.25	1.25	1.25	1.25	1.25
K:	4	5	5	4	—
K_t:	—	0.726	0.726	—	—
分配係數:	0.423	0.077	0.077	0.423	0

此題中惟一之固定端力矩爲 $M_{AF} = +100\,'^k$，其分配之結果，示於圖9（$'^k$爲 foot-kips 之縮寫，$1^{klp} = 1000$磅）。

例題二

試將例題一之構架，B及E處改爲鉸鏈（Hinge），其餘數據，均與前同。今先用前題中算出之分配係數及力矩分配法之普通程序，其演算如圖 10 所示。關於力矩數字之排列，爲求有一明確之系統起見，凡鉛直矩

之下端，均記其右，上端均記其左；凡水平肢之左端，均記其下，右端均記其上。

如用作者之簡法，該題可解之如下：

$$\alpha_{AB} = 0, \quad \lambda_{AB} = \frac{K_{AB}}{2 - \alpha_{AB}} = \frac{4}{2 - 0} = 2,$$

$$\alpha_{AC} = \alpha_{AD} = -1,$$

$$\lambda_{AC} = \lambda_{AP} = 0.248\frac{5}{1+(1.25)^2} = 0.484$$

$$\alpha_{AE} = 0, \quad \lambda_{AE} = \frac{4}{2-0} = 2, \quad \Sigma\lambda = 4.968$$

$$M_{AB} = M_{AE} = -100\left(\frac{2}{4.968}\right) = -40.3\,'^k$$

$$M_{BA} = M_{EB} = 0$$

$$T_{AC} = T_{AD} = -100\left(\frac{0.484}{4.968}\right) = -9.7\,'^k$$

$$T_{CA} = T_{DA} = +9.7\,'^k$$

例題三.

圖11示所解之構架，對於 AF 肢之中點爲對稱。其已知數據，所算出各肢 K_t 之值及分配係數如下：

	AB (T)	AF (T)	AC (F)	AD (F)
$\frac{d}{b}$:	1.2	1.2	1.2	1.2
K:	4	4	3	2
K_t:	0.61	0.61	—	—
$\Sigma\lambda$:	0.098	0.098	0.482	0.322

圖11示用力矩分配法普通之程序，所得之演算.

如用作者之簡法，得

$$\alpha_{AC} = \alpha_{FH} = +\frac{1}{2}, \quad \lambda_{AC} = \lambda_{FH} = \frac{3}{2-\frac{1}{2}} = 2$$

$$\alpha_{AD} = \alpha_{FJ} = 0, \quad \lambda_{AD} = \lambda_{FJ} = \frac{2}{2-0} = 1$$

$$\alpha_{AB} = \alpha_{FG} = \alpha_{AF} = \alpha_{FA} = -1,$$

$$\lambda^1_{AB} = \lambda^1_{FG} = \lambda^1_{AF} = \lambda^1_{FA}$$
$$= 0.248\frac{4}{1+(1.2)^2} = 0.407$$

由上列 λ 之值，算出連接節A（或節F）各肢之正確分配係數後，即可進行力矩分配。當得出平衡力矩$T_{AF} = +10.6\,'^k$時（圖12）

，立即傳至F爲-10.6^{1}K.此-10.6^{1}K須視作外加之扭力矩，依λ之值，分配於FG,FH及EJ三肢。同樣，由節F傳至節A之扭力矩（-10.6^{1}K，亦依λ之值，比例分配於AB,AC及AD三肢。最後，各處力矩相加，得欲求之結果。

例題四。

圖13示所解之橋架，對於 DABFE爲對稱.在肢AB內C點（距A爲12呎，距B爲8呎），施一偏心載重40K，偏心距（Eccentricity）等於1呎.各肢之K值，註於圓圈內。假定各肢之d/b，均等於1.25。

爲簡便計，先將施於 AB 上之偏心載重，分爲二部份，如圖13(a)所示。

關於第一部份之固定端撓力矩，

$$M_{ab} = \frac{40(12)(8^2)}{(20)^2} = +76.8^{1}K$$

$$M_{ba} = -\frac{40(8)(12^2)}{(20)^2} = -115.2^{1}K$$

關於第二部份之固定端扭力矩，

$$T_{ab} = -40\left(\frac{8}{20}\right) = -16^{1}K$$

$$T_{ba} = -40\left(\frac{12}{20}\right) = -24^{1}K$$

各肢內最後應得之力矩，等於由於(a)及(b)二種情形所得力矩之代數和。

關於第一部份(a)之計算，凡沿AB方向之各梁及柱子，均爲撓力肢，與AB垂直之各梁，均爲扭力肢。在前者中，$\lambda = \frac{K}{2-\alpha}$. 在後者中，$\lambda' = 0.248\frac{K}{1+(1.25)^2} = 0.097k$.圖14示各肢α及λ之值；因對稱關係，僅畫構架之半。其中，由式(12)，得

$$\alpha_{GH} = \frac{0.388+0.291+1.33}{4+2(0.388+0.291+1.33)} = 0.25,$$

$$\therefore \lambda_{GH} = \frac{4}{2-0.25} = 2.28$$

又 $\alpha_{HG} = \frac{2.67+0.388+0.291+1.33}{4+2(2.67+0.388+0.291+1.33)} = 0.35,$

$$\therefore \lambda_{HG} = \frac{4}{2-0.35} = 2.67$$

同樣，求出　$\alpha_{AB}=0.24$,　$\lambda_{AB}=3.41$
$\alpha_{BA}=0.347$,　$\lambda_{BA}=3.63$

圖15示第一部份之演算.先分配A及B處之不平衡力矩，次將A處之平衡力矩，傳導至 B，B處之平衡力矩傳導至 A，而後分配之。再將A處之總力矩，傳導至G，分配後，再傳至H分配之。次將B處之總力矩，傳導至H，分配後，再傳至G分配之。最後，再由A傳至D及E，由B傳至F，由G傳至J,L及Q，由H傳至N及R. 因對稱關係，連接節S及節V各肢內之力矩，互與連接G及H各肢內之力矩相同。

關於第二部份(b)之計算，凡與 AB方向成垂直之各梁及柱子，均爲撓力肢，與 AB 具同一方向之各梁，均爲扭力肢.故各肢之α及λ之值，勢須重算，其結果註於圖16.圖17示此部之演算。

(四)有橫移簡空間剛節構架之分析

圖18所示之橋架（各肢之d/b均假定等於1.20），雖外形於AB肢爲對稱，但P不在 AB之中點，且其兩面各肢之K值，互不相同，故有橫移發生.解析此種問題之方法，可分下列三個步驟：

(a) 先假定無橫移存在，進行力矩分配。同時，計算柱內因此項力矩所生之剪力，求出使不發生橫移在柱頂所需之支持力(R)。

(b) 使構架在固定端情形下，向發生橫移之方向移位，算出各肢內固定端力矩之相對值；次分別進行各有關方向之力矩分配；然後再求出使發生此種移位在柱頂所需之推力(R').

(c) 由前二步所得之結果，求出當柱頂之推力，大小等於支持力R時各肢內所生之力矩，因肢內之力矩與推力成正比，故此種力矩之數值，實等於(b)之力矩乘以$\frac{R}{R'}$即最

後所求之力矩，等於(a)之力矩與$\frac{R}{R'}$×(b)之力矩之代數和，蓋實際上柱頂並無外力存在也。此處R/R'之值，謂之改正比(Correction ratio)。

　　圖 19 示假定無橫移存在時之力矩分配。在A點適足避免橫移所需之支持力為

$$R = \frac{19.43 + 38.86}{16} - \frac{12.70 + 25.40}{16} = 1.26^k$$

　　圖 20 示構架在固定端情形下向左傾之情形。命Δ為A及B處之橫移位（如假定不計AB內因軸應力而生之微小短縮，其值相等），可證明因Δ所生之：

$$固定端力矩 = \frac{6 E K \Delta}{L}$$

設$M_{GA} = M_{AG} = -12'k$，

則$M_{HB} = M_{BH} = -12 \left(\frac{4}{3}\right) = -16'k$

$M_{EA} = M_{AE} = -12 \left(\frac{16}{3}\right)\left(\frac{4}{10}\right) = -25.6'k$

$M_{AC} = M_{CA} = +25.6'k$

$M_{FB} = M_{BF} = -25.6 \left(\frac{4}{5}\right) = -32'k$

$M_{BD} = M_{DB} = +32'k$

因$M_{AE} = -M_{AC}$，　　　$M_{BF} = -M_{BD}$，故將A，B二節鬆開時，並不發生水平面內之轉動。卽僅在鉛直面內轉動。易言之，將柱內之固定端力矩分配之，卽為已足。圖21示所分配之結果。

　　有關各肢內之剪力計算如下：

EA內之剪力(圖20) $= \frac{1}{10}(-25.6 - 25.6)$
$$= -5.12^k$$

AC內之剪力(圖20) $= \frac{1}{10}(-25.6 - 25.6)$
$$= -5.12$$

AG內之剪力(圖21) $= \frac{1}{16}(-10.75 - 9.50)$
$$= -1.26$$

FB內之剪力(圖20) $= \frac{1}{10}(-32.0 - 32.0)$
$$= -6.40$$

BD內之剪力(圖20) $= \frac{1}{16}(-32.0 - 32.0)$
$$= -6.40$$

BH內之剪力(圖21) $= \frac{1}{16}(-13.66 - 11.32)$
$$= -1.56$$
$$\Sigma = -25.86k$$
$$(\leftarrow)$$

$$\therefore 改正比 = \frac{1.26}{25.86} = 0.0489$$

故最後所求之力矩 = 圖19內之力矩 + 0.0489 × 圖21內之力矩。其合併之結果，示於圖20。此外，

$$M_{AE} = M_{AC} = +25.6 \times 0.0489 = +1.25'k$$
$$M_{BF} = M_{BD} = -32.0 \times 0.0489 = -1.56'k$$

（五）有橫移複空間剛節構架之分析

　　圖 18 所示之構架，為一簡構架(Simple Frame). 因僅於A及B處有橫移發生，且其值相等，故一旦假定某一肢由於橫移之固定端力矩時，其他各肢內之相對固定端力矩，，立可比例求得也。如圖 23 所示之構架則不然。因P所生之橫移，在B（或A）處為Δ，在D（或C）處為Δ'，二者之值，既不相等，其間之關係，亦不得而知，故無法假定各肢內固定端力矩之相對值．此種構架，謂之複構架(Complex frame'. 由是可知，簡構架僅有一度之自由(One degree of freedom)，複構架如圖23所示者，則有二度之自由 (Two degrees of freedom). 關於此種複空間構架之分析，作者認為以用下列之特別方法為最佳。茲將該法之步驟及各步之特殊作用，分別誌之於下：

　　(1) 先假定無橫移存在，進行力矩分配(圖24). 由圖 24，算出各柱內之剪力及 B,D 二處所需避免橫移之支持力(圖25).

　　(2) 次施 10k 於 A 點，同時限制D點不生移動(圖26)，

　　　(a) 求出各肢內在固定端情形下之剪力分配(Shear distribution)，再由此剪力，算出各肢內之固定端力矩，如圖 26 所示。關於各肢內之剪力，係與其剪力堅昆(Shear stiffness) 成正比，而剪力堅昆之大小，可

證明與各肢 $\dfrac{EI}{L^3}$ 或 $\dfrac{K}{L^2}$ 之值成正比。

(b) 將A,B二節鬆開，分配AQ及BR柱內之固定端力矩於各肢（如圖27）。

(c) 再分配 CA, AE, DB 及 BF等肢內之固定端力矩於各肢（如圖28）。

(d) 由圖 27 及 28，算出各肢內之剪力，然後再算出 B，D 二節處之節制力 (Joint restraint)，以適合靜力學之要求（如圖29）。

(3) 次施 10^k 於C點，同時限制B點不生移動。

依照上節(a),(b),(c)及(d)各項，進行計算。因目前之構架為一對稱構架，故此數項之計算，可以直接對照寫出。圖 30 示柱內固定端力矩之分配，圖 31 示梁內固定端力矩之分配。圖32示各肢內之剪力及B，D二處之節制力。

(4) 設 P_A,P_C 各為 A,C 二點由於所施外力所生之有效節力(Effective joint force)。

當 10^k 施於A點時(圖29)，
$$P_A=8.562^k, \quad P_C=-3.926^k$$
當 10^k 施於A點時(圖32)，
$$P_A=-3.926^k, \quad P_C=-8.562^k$$

今命 H_A,H_C 各為A,C二點所需之水平力，使其值適足抵消圖 25 中B，D二點之支持力。則

$$0.8562\,H_A-0.3926\,H_C=1.540 \quad (a)$$
$$-0.3926\,H_A+0.8562\,H_C=0.042 \quad (b)$$
將(a),(b)二聯立方程式解之，得
$$H_A=2.303^k, \quad H_C=1.105^k.$$

(5) 各肢內最後應得之力矩
　　＝圖24中之力矩+0.2303×圖27中之力矩+0.1105×圖30中之力矩。

及　＝0.2303×圖28中之力矩+0.1105×圖31中之力矩。

合併時，應注意撓力矩與撓力矩相加，扭力矩與扭力矩相加。

同樣，倘構架之具二度以上之自由時，亦可用此法解答之。

(六) 角變撓度法用於空間剛節構架之分析

(甲)角變撓度方程式及其正負號之規定

圖33示 AB 肢在不直接某受載重而發生角變 (slope) 與撓度(Deflection)時之彎曲情形，此圖亦可視作決定 θ,ρ 及M 正負號之法規。凡自水平線疊至彈性曲線(Elastic curve)上某點之切線，如為順時針方向，則此點角變之符號為正，自外面施於肢端之力矩，如沿順時針方向，其號亦為正，此種力矩之符號，與上述力矩分配法中所用者恰相反，用共軛梁法(Conjugate beam method)極易證明下列之方程式：

$$M^{I}{}_{AB}=2EK(2\theta_A+\theta_B-3\rho) \qquad 式(14a)$$

$$M^{I}{}_{BA}=2EK(2\theta_B+\theta_A-3\rho) \qquad 式(14b)$$

今命C示肢上有載重時所生之固定端力矩（圖34），則得

$$M_{AB}=2EK(2\theta_A+\theta_B-3\rho)-C_{AB}$$
$$M_{BA}=2EK(2\theta_B+\theta_A-3\rho)+C_{BA}$$

設在B點另有一水平肢 BD 與 AB 垂直。當AB在B點發生θ_B角變時，BD在此點亦必轉動等於θ_B之扭角而發生扭力矩T_{BD}，此 T_{BD} 之值與B點之撓度(Δ)無關，由式(4)，得

$$T_{BD}=\dfrac{1.488}{1+\left(\dfrac{d}{b}\right)^2}EK\,\theta_B \qquad 式(4)$$

(乙)舉例

試以角變撓度法，解析圖18所示之構架。在此問題中，共有三個未知數：一為B及D處之橫移Δ，一為θ_A，一為θ_B（三者均在ABHG平面內），同時亦可列出三個獨立方程式：即$\Sigma M_A=0,\Sigma M_B=0$及$\Sigma H=0$是也。今假定$\theta_A,\theta_B$及$\rho$ 均為正號，

因　$\rho_{AG}=\dfrac{\Delta}{16}=\rho$，　$\rho_{AE}=\dfrac{\Delta}{10}=1.6\rho$，

$\rho_{BF}=1.6\rho$，故得

$M_{AB}=2E(6)(2\theta_A+\theta_B)-57.6$

$M_{AG}=2E(3)(2\theta_A-3\rho)$

$T_{AC}=\dfrac{1.488E(4)}{1+(1.20)^2}\theta_A=2.44E\theta_A$

$T_{AE}=2.44E\theta_A$

$M_{BA}=2E(6)(2\theta_B+\theta_A)+86.4$

$M_{BH}=2E(4)(2\theta_B-3\rho)$

$T_{BD}=0.611E(5)\theta_B=3.05E\theta_B$

$T_{BF}=3.05E\theta_B$

$M_{GA}=2E(3)(\theta_A-3\rho)$

$M_{HB}=2E(4)(\theta_B-3\rho)$

$M_{EA}=M_{AE}=M_{AC}=M_{CA}$

$\qquad =2E(4)(-3)(1.6)\rho=-38.4E\rho$

$M_{FB}=M_{BF}=M_{BD}=M_{DB}$

$\qquad =2E(5)(-3)(1.6)\rho=-48E\rho$

因 $\Sigma M_A=0$，

即　$M_{AB}+M_{AG}+T_{AC}+T_{AE}=0$

將上列各關係式代入，化簡後，得

$\qquad 40.88E\theta_A+12E\theta_B-18E\rho=57.6$

$\qquad\qquad\qquad\qquad\qquad\qquad (a)$

因 $\Sigma M_B=0$，

即　$M_{BA}+M_{BH}+T_{BD}+T_{BF}=0$

代入上列各關係式，化簡後，得

$\qquad 12E\theta_A+46.11E\theta_B-24E\rho=-86.4$

$\qquad\qquad\qquad\qquad\qquad\qquad (b)$

因 $\Sigma H=0$，

即　$\dfrac{M_{GA}+M_{AG}}{16}+\dfrac{M_{HB}+M_{BH}}{16}$

$\qquad +2\dfrac{M_{EA}+M_{AE}}{10}+2\dfrac{M_{FB}+M_{BF}}{10}=0$

代入上列各關係式，化簡後，得

$\qquad 18E\theta_A+24E\theta_B-637E\rho=0$　(c)

將 (a)，(b)，(c) 三聯立方程式解之，得

$\qquad E\rho=-0.0324$，$E\theta_B=-2.441$，

$\qquad E\theta_A=2.111$

以上得各未知數之值，代入各力矩方程式，

得 $M_{AB}=-36.20'K$，$M_{BA}=+53.20'K$，

$M_{AG}\quad=+25.91'K$　$M_{BH}\quad=38.28'K$

$T_{AC}=T_{AE}=+5.16'K$，$T_{BF}=T_{BD}=-7.45'K$，

$M_{AE}=M_{AC}=+1.25'K$，$M_{BF}=M_{BA}=+1.56'K$，

以上得各力矩之值，與力矩分配法所得之結果（圖22）相較，可知甚為相符。

若用角變撓度法分析圖23所示之複構架，則共有 θ_A，θ_B（均在ABQR面內），θ_C，θ_D（均在CDNM面內），$\theta_A{}^1$，$\theta_B{}^1$（均在CABE面內），$\theta_C{}^1$，$\theta_D{}^1$（均在GCDA面內），$\rho_{BR}(=\rho_{AQ})$及 $\rho_{DN}(\rho_{CM})$ 等十個未知數（ρ_{CA}或ρ_{DB}可用ρ_{BR}及ρ_{DN}示之）同時可列出十個獨立方程式如下：

$\qquad \Sigma M_A=0$（在ABQR面內），

$\quad M_{AB}+M_{AQ}+T_{AE}+T_{AC}=0 \qquad (1)$

$\qquad \Sigma M_B=0$（在ABQR面內），

$\quad M_{BA}+M_{BR}+T_{BD}+T_{BF}=0 \qquad (2)$

$\qquad \Sigma M_C=0$（在GCDA面內），

$\quad M_{CD}+M_{CM}+T_{CA}+T_{CG}=0 \qquad (3)$

$\qquad \Sigma M_D=0$（在GCDA面內），

$\quad M_{DC}+M_{DN}+T_{DB}+T_{DJ}=0 \qquad (4)$

$\qquad \Sigma M_A'=0$（在CABE面內），

$\quad M_{AC}+M_{AE}+M_{AB}+T_{AQ}=0 \qquad (5)$

$\qquad \Sigma M_B'=0$（在CABE面內），

$\quad M_{BA}+M_{BD}+M_{BF}+T_{BR}=0 \qquad (6)$

$\qquad \Sigma M_C'=0$（在GCDA面內），

$\quad M_{CD}+M_{CA}=M_{CG}+T_{CM}=0 \qquad (7)$

$\qquad \Sigma M_D'=0$（在GCBA面內），

$\quad M_{DC}+M_{DB}+M_{DJ}+T_{DN}=0 \qquad (8)$

$\Sigma H=0$[將連接AB梁各肢，從其變曲點（Point of inflection）處整個拆開]，

$$\dfrac{M_{CA}+M_{AC}}{L_{AC}}+\dfrac{M_{AE}+M_{EA}}{L_{AE}}+\dfrac{M_{QA}+M_{AQ}}{L_{AQ}}$$

$$+\dfrac{M_{DB}+M_{BD}}{L_{DB}}+\dfrac{M_{BF}+M_{FB}}{L_{BF}}$$

$$+\dfrac{M_{RB}+M_{BR}}{L_{BR}}=0 \qquad (9)$$

$\Sigma H'=0$ [將連接CD梁各肢，從其變曲點整個拆開]，

$$\dfrac{\Sigma_{GC}+M_{CG}}{L_{GC}}+\dfrac{M_{CA}+M_{AC}}{L_{CA}}+\dfrac{M_{MC}+M_{CM}}{L_{CM}}$$

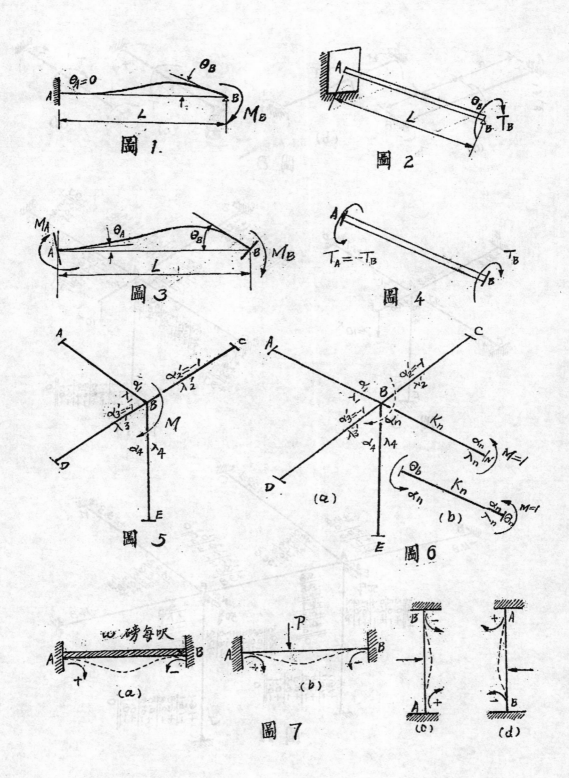

圖 1.

圖 2

圖 3

圖 4

圖 5

圖 6

圖 7

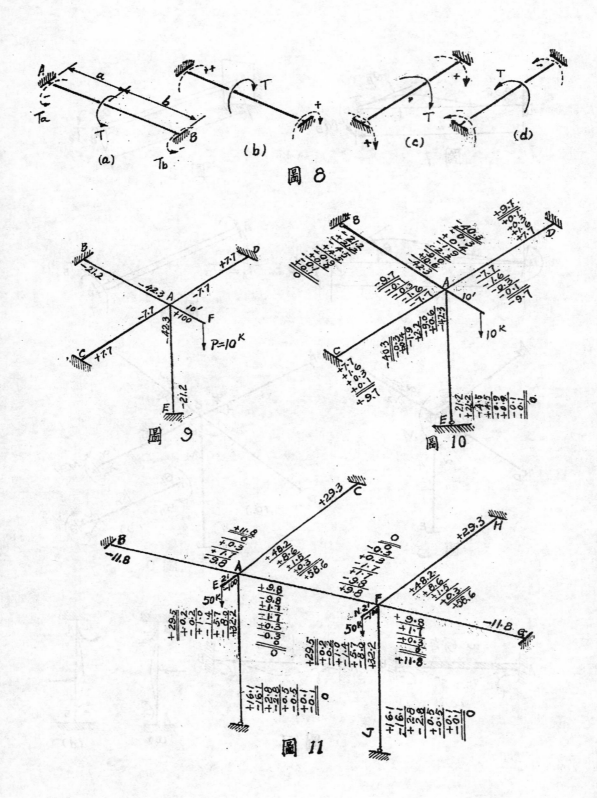

圖 8

圖 9

圖 10

圖 11

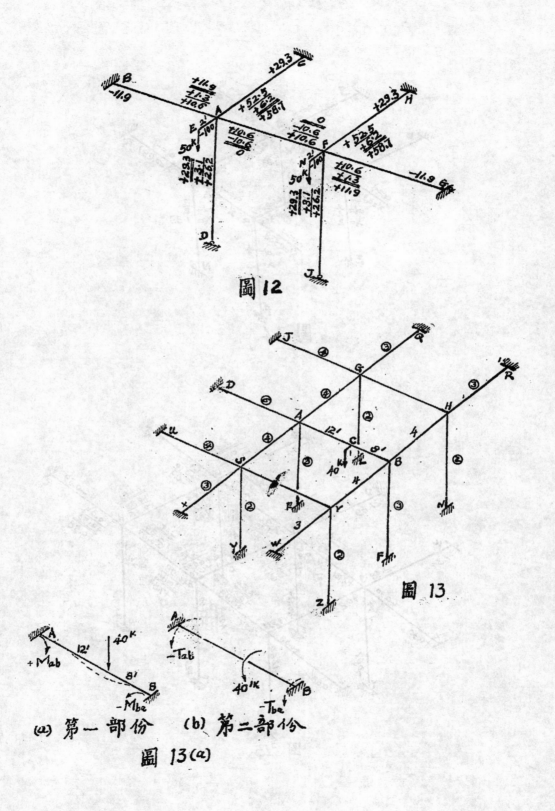

圖 12

圖 13

(a) 第一部份   (b) 第二部份

圖 13(a)

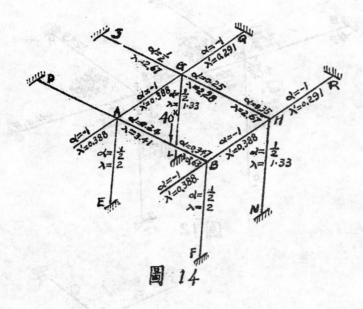

圖 14

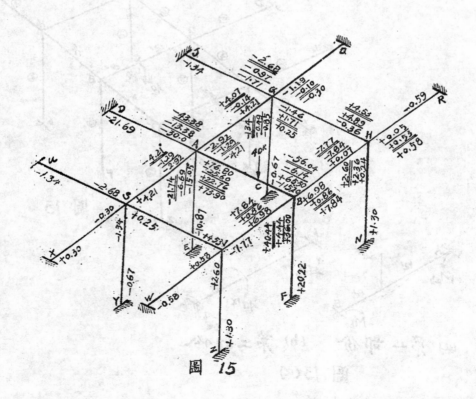

圖 15

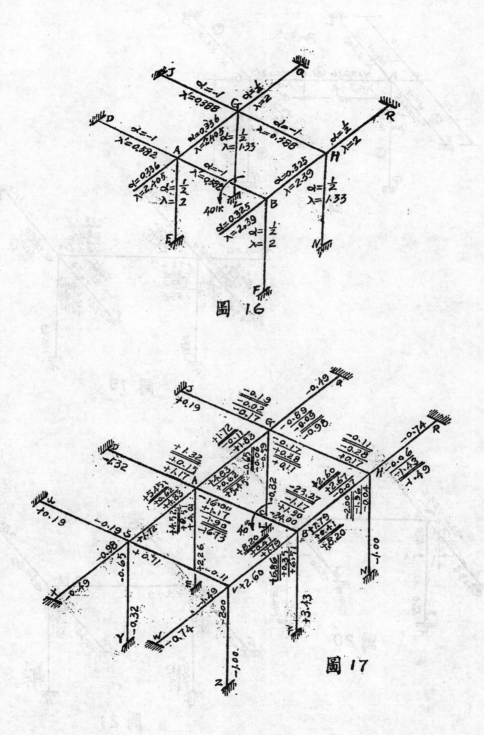

圖 16

圖 17

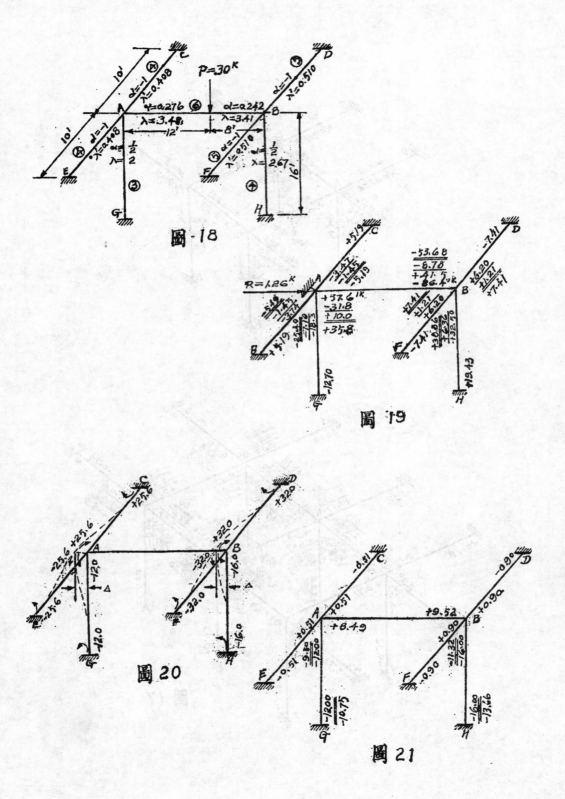

圖-18

圖-19

圖 20

圖 21

9424

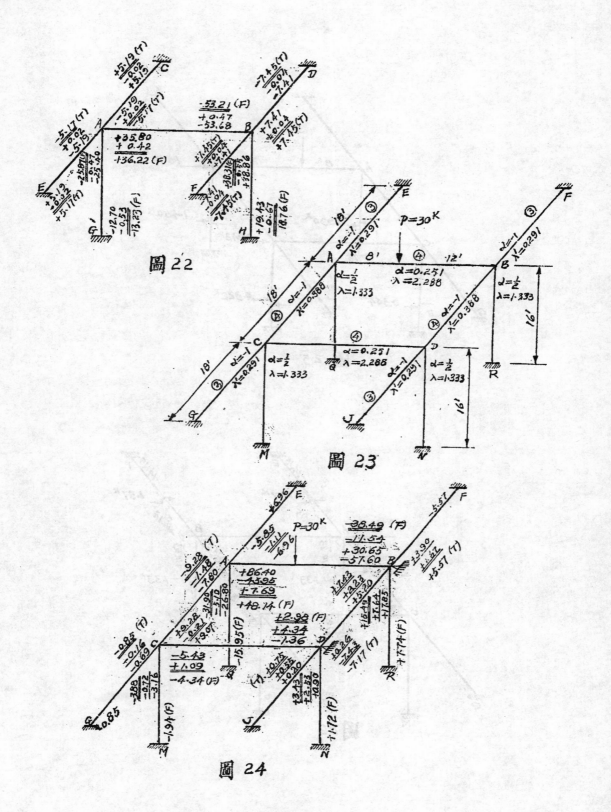

圖 22

圖 23

圖 24

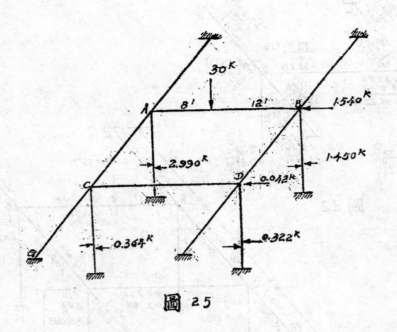

圖 25

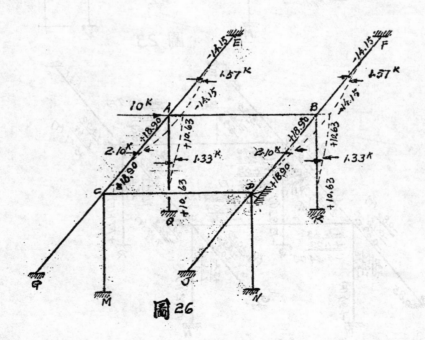

圖 26

9426

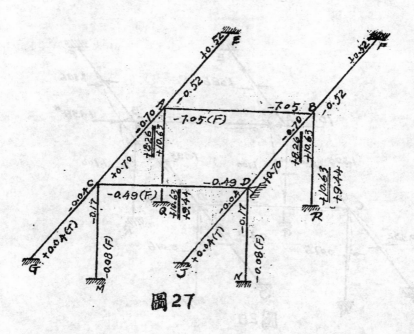

圖27

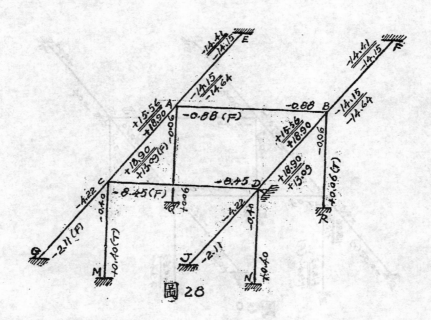

圖28

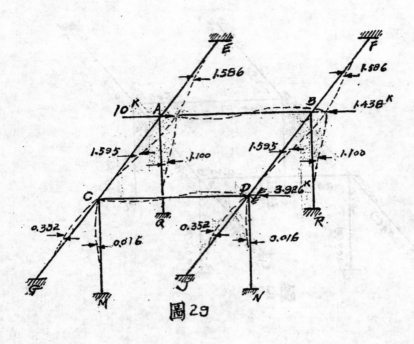

圖29

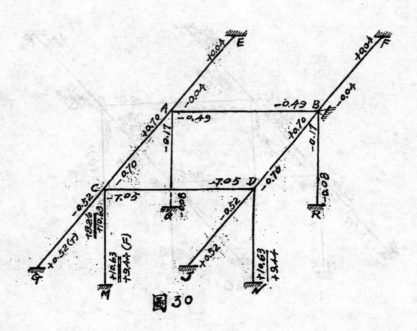

圖30

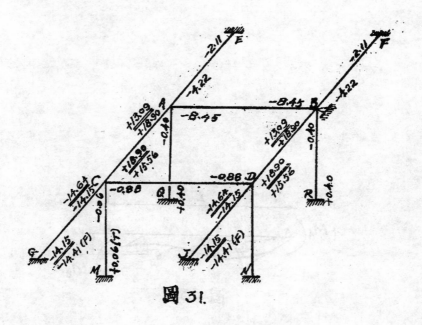

圖 31.

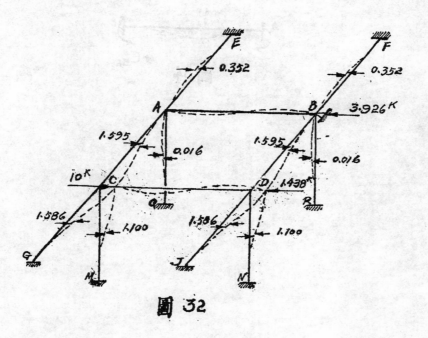

圖 32

9429

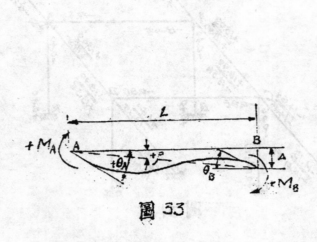

圖 33

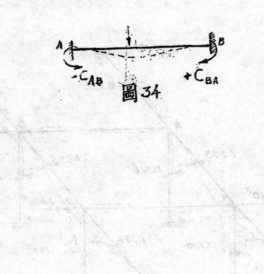

圖 34

$$+\frac{M_{JD}+M_{DJ}}{L_{JD}}+\frac{M_{DB}+M_{BD}}{L_{DB}}$$

$$+\frac{M_{DN}+M_{ND}}{L_{DN}}=0 \qquad (10)$$

根據式（4）及式（14）寫出包含各未知數之力矩方程式，然後代入以上十式解之，俟得出各未知數之值後，再代進各原力矩方程式而得各力矩之值。

此法所需解答十個聯立方程式之工作既極繁巨，且易發生錯誤，遠不如用作者所建議之特別方法，較爲簡明有趣也。

（七）　結　論

本文中所分析之問題，均假定爲鋼筋混凝土結構，蓋因空間剛節構架，多係此物造成也，當空間構架承荷對稱之載重時，各肢中之應力，多係撓力矩，卽偶有扭力矩，其值亦甚小，不妨依平面構架分析之，倘載重之情形，極不對稱，則須考慮肢中之扭力矩，應依空間構架解答之，關於分析承載起重機之梁（Crane girder），則梁內之扭力矩，異常重要，尤不可不計。

鋼筋混凝土結構中之不定因子（uncertainties）顧多，因有粘性流（Plastic flow）之關係，E 之值實隨時間變化，同時，樓板與梁之聯合作用，亦不甚清，關於 I 之值，有主張根據變化斷面（Transformed section）計算者，有建議不計鋼筋而用完全斷面（Fu-

ll gross section）計算者，議論顧不一致，當有裂痕（Cracks）發生時，I 之值尤難確定，故本文中所用矩形斷面之 $I=\frac{1}{12}bd^3=\frac{1}{12}Acd^2$，雖係近似，未嘗不可採用也。

作者將力矩分配法應用於空間剛節構架，且推出一簡法，以減少解題之工作，用一特別方法以解答有橫移之複空間構架，其演算之有條理，對於結構概念之清淅，實非角發撓度法所能及，惟本文作於倉卒之間，謬陋恐所難免，尚祈賢明有以敎之。

本文主要參考文獻

1. Andersen, Paul: "Design of Reinforced Concrete in Torsion", A.S.C. E. Proc., Oct., 1937.

2. Cross and Morgan.: "Continuous Frames of Reinforced Concrete", 1932, John Wiley & Sons, New York.

3. Grinter, L. E.: "Theory of Modern Steel Structures", 1937, The Mac Millan Co., New York.

4. Wise, J. A.: "A Precise Moment Distribution Method", A. C. I. Journal, Nov., 1938.

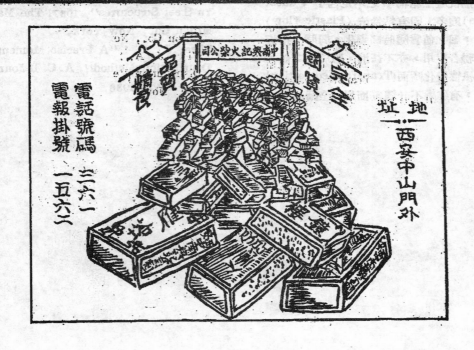

電抗調頻器之理論與設計

(The Theory & Design of a Reactance Modulator)

馬師亮　　毛振琮　　顧詒訓

國立浙江大學

近數年來，調頻（Frequency Modulation）作用之完成，多用"五柵管"（penta grid tube）並聯於振盪器（oscillator）之並聯電路（tank cincuit）上。五柵管所生之板流（plate current），其頻率與振盪器相同，若將五柵管第一柵極間加電壓之相位予以適當之調節，則板流之相位可較在並聯電路兩端間電壓之相位差九十度。此五柵管之性質，猶如一電抗（Reactance）其電抗量之大小，可由加於第一柵極間之電壓控制之。由於電抗量之變更，振盪器之頻率亦隨之變動，因此五柵管名之曰「電抗調頻器」（Reactance modulator）

(I) 電抗調頻器之理論

電抗調頻器之簡單電路如圖一所示。圖二為其相當（eguivalent）電路。

振盪器並聯電路內含有 R_o, L_o, 及 C_o; 又 R' 及 C' 組成一串聯電路與並電路平行之。通常 R' 之值遠較儲電器 C' 電抗值為大，故串聯電路內之電流與並聯電路間之電壓幾同相位。若並聯電路間之電壓為

$$e_o = \hat{E}_o \, Sin\omega t \qquad (1)$$

則串聯電路內之電流即為

$$i' = \frac{\hat{E}_o}{R'-j\frac{1}{\omega C'}} \, Sin\omega t \qquad (2)$$

因 $\frac{1}{\omega_c'}$ 之值較 R' 過小，故亦簡寫為 $i' = \frac{\hat{E}_o}{R'}$

而儲電器 C' 兩端間之電壓將為

$$e_c' = -\frac{\hat{E}_o}{\omega C'R'} \, Cos\omega \qquad (3)$$

(3) 式表示加於五柵管第一柵極之電壓與並聯電路間之電壓差九十度。由於第三柵極低頻電壓之變化，則板流將為

$$i_r = -\hat{I}_r(1+mcos\rho)coswt \qquad (4)$$

(4) 式所示之板流較並聯電路間之電壓遲九十度，因此則五柵管即相當於一誘導力電抗。(4) 式中板流求得之方法及其證明詳述如下：

若五柵管與他各極之電位均保持不變，則其板流將為第一柵極及控制極之函數，若用通常五柵變波管（pentagrid converter tube）代替之，其板流將為第一柵極與第四柵極之函數，今以 E_{g1} 表示第一柵之電壓，E_{g4} 表示第四柵之電壓，則板流即可用下式表示之。

$$I_p = f(E_{g1}, E_{g4}) \qquad (5)$$

在各種不同 E_{g1} 值時之 $I_p - E_{g4}$ 曲線如圖三所示：

從第三圖所示之結果，最堪注意，若將圖中曲線，變換座標，取適常之 E_{g1}，如 E_{g1} 為假定零電位（zero potential），並以此曲線為橫坐標軸，以任何值 E_{g1} 時之板流與在 $\overline{E}_{g1}$ 等於 E_{g1} 時之板流之差為新縱坐標，此種變換可由下列兩式求得之。

$$E_1 = E_{g1} + \overline{E}_{g1} \qquad (6)$$
$$I_r = I_{pa} - I_{pc} \qquad (7)$$

(6)(7) 兩式中，E_1 表示變換後 E_{g1} 之值，

9433

I_{pa} 表示之任何 E_{g1} 值之板流。I_{pc} 表示當 E_{g1} 等於 $\overline{E}_{g1}$ 時之板流，I_r 表示變換後之板流經過變換後，各種不同 E_1 值之 $I_r - E_{g4}$ 曲綫如圖四所示：

其斜度 (Slope) 與未經變換前顯然不同，變換後之曲線，大部分幾爲直線，且若將直線部份延長之，多數交於橫坐標軸上之一點，若 I_r 以 E_1 及 E_{g4} 表示之，即可得下列簡式。

$$I_r = k E_1 (E_{g4} - \overline{E}_{g4}) \tag{8}$$

(8) 式中$\overline{E}_{g4}$表示各曲線上直線部份之延長線同交於橫坐標 E_{g4} 之值，k 爲一常數，可由I_r 與 E_{g4} 及 E_1 之偏數分求得之。

$$\frac{\partial I_r}{\partial E_{g4}} = k E_1 \tag{9}$$

$$\frac{\partial^2 I_r}{\partial E_{g4} \partial E_1} = k \tag{10}$$

故 $I_r = \dfrac{\partial^2 I_r}{\partial E_{g4} \partial E_1} E_1 (E_{g4} - \overline{E}_{g4})$ (8′)

於零電位數伏(volt) 間，K爲一常數。

五柵管第一柵極 間所加 電壓之 瞬時 值 (Instantane value)爲

$$e_1 = - \frac{\hat{E}_o}{\omega R'C'} \cos\omega t$$

而第四柵極間之瞬時值爲

$$e_4 = \overline{E}_c + \hat{E}_a \cos\rho t$$

上式中$\overline{E}_c$表示第四柵極之偏(bios)電壓，E_c 值之大小，即爲$I_r - E_{g4}$曲線上直線部份之中點值，$\hat{E}_a$表示第四柵低頻電壓之振幅，若將 e_1 及 e_4 代入 (8) 式，則 I_r 之瞬時值當爲

$$I_r = k \left(- \frac{\hat{E}_o}{\omega R'C'} \cos\omega t \right)$$

$$\cdot (\hat{E}_a \cos\rho t + \overline{E}_c - \overline{E}_{g4})$$

$$= - \frac{k \overline{E}_o}{\omega R'C'} (\overline{E}_c - \overline{E}_{g4})$$

$$\cdot \left(1 + \frac{\hat{E}_a}{\overline{E}_c - \overline{E}_{g4}} \cos\rho t \right) \cos\omega t$$

$$= - \hat{I}_r (1 + m\cos\rho t) \cos\omega t \tag{11}$$

$$\hat{I}_r = \frac{k \overline{E}_c (\overline{E}_c - \overline{E}_{g4})}{\omega R_r C_1} \tag{12}$$

$$m = \frac{\hat{E}_a}{\overline{E}_c - \overline{E}_{g4}} \tag{13}$$

(11)式中兩常數，當可由〈12〉及〈13〉兩式表示之，以下當需求頻偏(Deviation of frequency)與 $\hat{E}_c , \hat{E}_a$ 及電路常數之關係

從相需電路中知

$$I_r = \frac{\hat{I}_r}{\sqrt{2}} \, 1 + m\cos\omega t$$

$$I' = \frac{\hat{E}_c}{\sqrt{2} R'}$$

$$E_g = j\omega M I_L$$

由環電路內求得下列四式

$$j M \mu I_1 = I_p r_p + I_L (R_o + j\omega L_o) \tag{14}$$

$$\frac{I_c}{j\omega C_o} = I_L (R_0 + j\omega L_0)$$

或 $I_c = j\omega I_L (R_0 + j\omega L_0)$ (15)

$$I'R' = I_{L'} R_0 + j\omega L_0)$$

$$I' = \frac{I_L R_0 + j\omega L_0}{R'} \tag{16}$$

或 $j I_r \omega l_r = I_L (R_0 + j\omega L_0)$

$$I_r = - j \frac{I_L}{\omega L_r} (R_0 + j\omega L_0) \tag{17}$$

其板流爲

$$I_p = I_L + I_r + I_c + I_{c'} \tag{18}$$

將(15),(16),(17)及(18)式代入(14)式，則

$$j k\omega M I_L = 即 [I_L + j\omega C_o (R_0 + \omega L_0) I_L$$

$$+ \frac{1}{R'} (R_0 + j\omega L_0) I_L - j \frac{I_L}{\omega L_r} R_0 + j\omega L_0]$$

$$+ I_L (R_0 + j\omega L_0)$$

振盪器之頻率可將上式中之實數 (real value)部分等於零求之。

或 $r_p + r_p \omega^2 L_0 C_c + \dfrac{R}{R'} r_p + r_p \dfrac{\omega L_0}{\omega L_r}$

$$R_0 = 0$$

$$-\omega^2 L_0 C_c + \frac{\omega L_0}{\omega L_r} + \left\{1 + \frac{R_c}{r_p} + \frac{R_0}{R'}\right\} = 0 \quad (19)$$

L_r 並非常數，但 $\frac{1}{\omega L_r}$ 值可用下式表之。

$$-\frac{1}{\omega L_r} = \frac{\hat{I}_r(1+m\cos pt)}{\hat{E}_0}$$

$$= \frac{k\hat{E}_0(\overline{E_c} - \overline{E_{g4}})}{\omega R C'\hat{E}_0}(1+m\cos pt)$$

$$= k\frac{\overline{E_c} - \overline{E_{g4}}}{\omega c'R'}(1+m\cos pt)$$

$$= \frac{G}{\omega}(1+m\cos pt) \quad (20)$$

式中 $G = \frac{k(\overline{E_c}-\overline{E_{g4}})}{R'c'}$ 將G代入(19式)，ω 之值將為

$$\omega = \sqrt{\frac{1}{l_0 C_0}\left\{1 + \frac{R_0}{R_I} + \frac{R_0}{r_p} + L_0 G(1+m\cos\rho t)\right\}}$$
$$= \omega_0\sqrt{\alpha + \beta\cos\rho t} \quad (21)$$

(21)式中 $\omega_0 = \frac{1}{\sqrt{l_0 c_0}}$, $\alpha = 1 + \frac{R_0}{R'}$

$+ \frac{R_0}{r_p} + L_0 G$, $\beta = L_0 Gm$ 但

(21)式亦可用二項定理(Binomial theorem)展開如下：

$$\omega = \omega_0\left\{\alpha^{1/2} + \frac{1}{2}\alpha^{-\frac{1}{2}}\beta\cos\beta t - \frac{1}{8}\alpha^{-3/2}\beta^2\cos^2\rho t + \frac{1}{16}\alpha^{-\frac{5}{2}}\beta^3\cos^3\beta t \cdots\right\} \quad (22)$$

顯然可知，頻偏與第四柵極電壓之關係不為一直線，若 β 值很小，仍可有直線性質，此點與實際情形，頗為相符合。

$$\hat{\omega} = \omega_0\left\{\alpha^{1/2} + \frac{1}{2}\alpha^{-\frac{1}{2}}\beta\cos\rho t\right\} \quad (23)$$

$$f = f_0\left\{\alpha^{1/2} + \frac{1}{2}\alpha^{-1/2}\beta\cos\rho t\right\}$$
$$= \alpha^{1/2}f_0\left\{1 + \frac{\beta}{2R}\cos\rho t\right\}$$
$$= f_c\left\{1 + mf\cos\rho t\right\} \quad (24)$$

(24)式中 f_c 表示載波頻率(carner frequency)，亦有稱為平均頻率(mean frequency)，因頻差係以此為準，常數 mf 可稱"頻偏係數"(coefficient frequency deviation)。若五柵管之性質已知，在電路常數決定後，(21)式中之 α 將為一個固定常數，β 亦可寫為

$$\beta = L_0 G\frac{\hat{E}_0}{(\overline{E_c}-\overline{E_{g4}})}$$

$$mf = \frac{L_0 G}{2\alpha}\frac{\hat{E}_0}{(\overline{E_c}-\overline{E_{g4}})}$$

從此可知，頻偏係數與第四柵極之低頻電壓成正比，若k為常數，β 較 α 為小，則直線調幅(Linear Modulation)當可期望，實際上若在 E_c 及 E_{g4} 數伏間，直線調幅，決無問題。

又振盪管內板流之交流部分將為

$$i_p = A\sin 2\pi\int_0^t f_c(1+mf\cos\rho t)dt$$
$$= A\sin\left\{\omega_c t + \frac{\omega_c mf}{\rho}\sin\rho t\right\} \quad (25)$$

(25)式為調頻電流之標準式。

(II)　電抗調頻器
及調頻振盪器之設計

於設計中，最先需決定者為載波頻率及最大頻差之數，然後選擇五柵管及決定電路常數。從已決定之五柵管，用實驗可以求得 $\hat{E}_{amax}$, $\hat{E}_{cmax}$, $\overline{E_c}, \overline{E_{g4}}, \overline{E_{g1}}$ 及 k 之值，設計中需用之公式，列表如下：

(A)　　$k = \frac{\delta^2 I_r}{2E_{g4}\delta E_I}$ (10)

(B)　　$m = \frac{\hat{E}_a}{\overline{E_c}-\overline{E_{g4}}}$ (15)

(C)　　$G = \frac{k(\overline{E_c}-\overline{E_{g4}})}{Rc'}$

(D)　　$\omega_0 = \frac{1}{\sqrt{L_0 C_0}}$ (21)

(E)　$\alpha = 1 + \dfrac{R_0}{R'} + \dfrac{R_0}{\gamma\rho} + L_0G$　(21)

若所用者為"去載波調頻"(Suppressed carrier modulation)法，則

$\alpha = 1 + \dfrac{R_0}{R'} + \dfrac{R_0}{r_p}$

(F)　$\beta = L_0Gm$　　　　　　(21)

(G)　$f_c = f_o\, \alpha^{1/2}$　　　　　　(24)

(H)　$mf = \dfrac{\beta}{22}$　　　　　　(24)

調頻振盪器之設計，除加 $\dfrac{R_0}{R'}$ 及 L_0G 兩項外，其餘與通常之振盪器完全相同，若將R'值加大，則$R'-c'$串聯電路內高頻功率之損失，可以減小，即 $\dfrac{R_0}{R'}$比值小。L_0G 亦可用fo，fo 及fd($=$fcmf)表示之

$$L_0G = \frac{2f_cf_d}{fo^2 m} = \frac{2f_cfd}{fo^2}\left(\frac{\overline{E_0}-\overline{E_{g3}}}{\hat{E_a}}\right)$$

若用去載波調波調頻法，則(21)式中無L_0G項，因此振盪對之設計亦很簡單。

若欲免除電抗調頻器內之畸變(Distortion)，則下列三條件必須適合。

$\hat{E_a} \leqq \hat{E}_{amax.}$

$\hat{E_c}' \leqq \hat{E_c}'_{max.}$

及　$\beta \ll \alpha$

$\hat{E}_{amgx.}$ 表示加於第四柵極低頻電壓之最大振幅，即

$$\hat{E}_{amax.} = \frac{E_{g4max.}-E_{g4min.}}{2}\ \hat{E_c}'_{max.}$$

表示加於第一柵極$\hat{E_c}'$之最大振幅，但在 $E_{g4max.}$及$E_{g4}min.$ 間，I_r-E_{g4}曲線，須仍為直線。

$$\hat{E_c}' = \frac{\hat{E_0}}{\omega R'C'}$$

$$\hat{E_c}'_{max.} = \frac{\hat{E_0}}{\omega RC'_{min.}}$$

$$C'_{min.} = \frac{\hat{E_0}}{\hat{E_c}'_{max.}}\left(\frac{1}{\omega_c R'}\right)\quad(25)$$

若欲無畸變發生，$R'-C'$電路中C'不能小於(25)式所求之值，C'之值可從(21)及(24)式中求得之

$$c' = \frac{kL_0\hat{E_2}f_0^2}{2f_cf_dR'} = \frac{kL_0\hat{E_a}}{2m'R'}\cdot\left(\frac{fo}{f_c}\right)^2\quad(26)$$

$$\frac{C'}{C'_{min}} = \frac{\omega_c\hat{E_a}}{2}\frac{\hat{E_c}'_{max.}}{\hat{E_0}}\frac{kL_cf}{f_c\,f\alpha}$$

$$= \frac{\omega_c\hat{E_g}}{2m_f}\frac{\hat{E_c}'_{max.}kL_0}{\hat{E_0}}\left(\frac{fo}{f_c}\right)^2\ (27)$$

此比值，$\dfrac{C'}{C'_{min.}}$必須大於一，始能避免畸變，若R'之值已選定，C'即可從(26)式中求得

(III)電抗調頻器設計之實例

今以兩隻五柵管，106，為電抗調頻管，其綫路圖與去載波法相同，將高頻電壓加於五柵管之第一柵極，而低頻電壓加於第四柵極，從實驗所求得之常數如下：

(1)　$K = 87.3 \times 10^{-6}$

(2)　$\hat{E}_{amax.} = 2.0$伏

(3)　$\hat{E_c}'_{max.} = 2.0$伏

(4)　$\overline{E_c} = -3.0$伏

(5)　$\overline{E_a} = -6.5$伏

(A)已知之條件

$R_a = 5.0\,\Omega$　　$r_p = 20,000\,\Omega$

$p' = 50,000\,\Omega$　$f_c = 5.0 \times 10^6\sim$/秒

$f\alpha = 5,000\sim$/秒　$\hat{E_0} = 100$伏

$\dfrac{\hat{E_2}}{2} = 50$伏（去載波調頻）

(B)從計算所求得之常數

(1)　$m = \dfrac{\hat{E_a}}{\overline{E_c}-\hat{E_{g4}}} = \dfrac{2}{3.5} = 57.2\%$

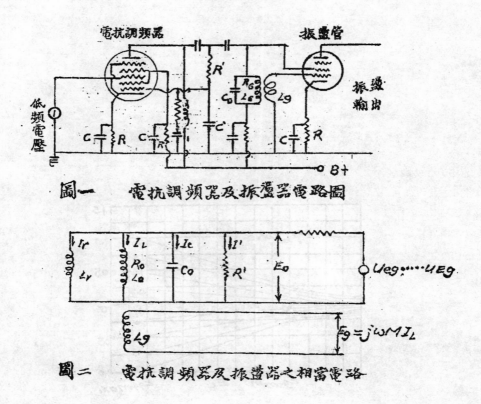

圖一　電抗調頻器及振盪器電路圖

$$F_g = j\omega M I_L$$

圖二　電抗調頻器及振盪器之相當電路

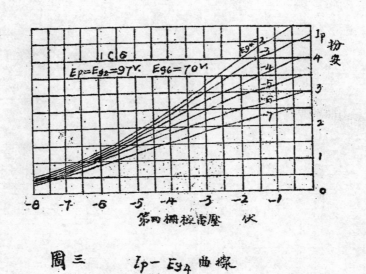

$I_c \quad 6$
$E_p = E_{g_2} = 97V. \quad E_{g_6} = 70V.$
$E_{g_4} = -2 \quad -3 \quad -4 \quad -5 \quad -6 \quad -7$
I_p 粍安

第四柵極電壓　伏

圖三　$I_p - E_{g_4}$ 曲線

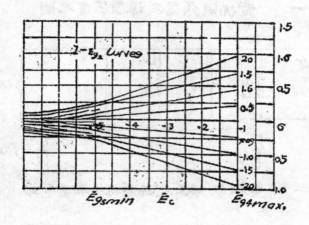

圖四　$I_r - E_{g4}$ 曲線

(2) $\alpha = 1 + \dfrac{R_0}{R^1} + \dfrac{R_0}{r_p} = 1.00015$

(S) $f_c = 1.0015 f_0 = f_0$

(4) $\beta = 2\alpha_{mf} = 2 \times \dfrac{5 \times 10^3}{5 \times 10^6} = 2 \times 10^{-3}$

(5) $f_0 = \dfrac{1}{2\pi\sqrt{L_0 C_0}}$

若 $C_0 = 100$ 兆分 兆分法拉特

$$L_0 = \dfrac{1}{(2\pi \times 5 \times 10^6)^2 C_0} = 10.1 \text{ 千分亨利}$$

$$\beta = L_0 G_m = \dfrac{L_0 k \hat{E}_a}{2 \times 10^{-3} \times 10^5 \times 0.5}$$

$$C^1 = \dfrac{10.1 \times 10^{-6} \times 87.3 \times 10^{-6}}{2 \times 10^{-3} \times 10^5 \times 0.5}$$

• $= 17.62$ 兆分 兆分 法拉特

$$C^1_{min} = \dfrac{\hat{E}_c/2}{\hat{E}_{c}{}^1{}_{max} \cdot \omega_c R^1}$$

• $= \dfrac{100}{2 \times 2\pi \times 5 \times 10^6 \times 10^5} = 15.92$

兆分 兆分 法拉特

(VI)- 結論

從(I),(II)兩節所得之結果,知電抗調頻器顯較阿氏(Armstrong)之調頻法為優,因阿氏之發射機需用多級之倍頻(frequency multipliers)級,如(22)式中所示,若 β 值遠較 α 為小,直線調幅可以期望。若需較大之最大頻偏,用電抗頻器所成發射機,亦需用二三級之倍頻級。

特性曲綫之變換,可使電抗調頻管之板流式較為簡單。(8)'式明顯指示電抗調頻管之特性,此式可使設計中之計算較為簡單耳。

申　謝

本文承桂林中央無綫電器材廠技術室主任蔡金濤先生,詳讀原稿,多所指示,至甚感謝。　國立浙江大學電機系主任王國松博士及電機系講師陳世昌先生,對本文亦多建議,特表謝忱。

附 註 一

圖三所示曲綫均為靜曲綫(static curve),但與動曲綫(dynamic curves)幾完全相同,因若 dep 很小,則 $\dfrac{\delta\,ip}{\delta\,ep}$ dep 亦很小,又板電壓較第三及第五柵極(screen grid)電壓為高,故此真空管可作為定量電流發電機。

附 註 二

若其他各極之電壓保持一定,則板流將為 E_{g1} 及之函數,如 $ip = f(E_{g1}, E_{g3})$ 若用泰來氏級數(Taylors series)展開,則

$$ip = f(\hat{E}_{g1} - \overline{E}_{g3}) + \dfrac{\delta\,ip}{\delta E_{g3}} dE_{g1}$$

$$ +\, \dfrac{\delta\,ip}{\delta E_{g3}} d\overline{E}_{g3} + \dfrac{1}{2!}\left\{ \dfrac{\delta^2 ip}{\delta E_{g1}{}^2} dE_{g1}{}^2 \right.$$

$$\left. +\, \dfrac{\delta^2 ip}{\delta E_{g2}{}^3} d\overline{E}_{g3}{}^2 + 2\dfrac{\delta^2 ip}{2\overline{E}_{g1}\,\delta \overline{E}_{g3}} \right\} + \dfrac{1}{3},$$

故所得板流式內之調幅項當為

$$ip_m = \dfrac{\delta^2 ip}{\delta\,E_{g1} E_{g3}} dE_{g1}, \qquad dE_{g3},$$ 此與(4)式完全相同。

9440

熱損失對於分餾之影響

嚴演存　牛　宏

國立西北工學院

I. 理　論

分餾混合液體之蒸餾塔，其塔壁溫度，必高於大氣溫度；故必因輻射及對流而逸熱於周圍空氣，致形成一空氣冷凝器。一般應用 McCabe–Thiele 圖解法作分餾計算時，每不將此等熱之損失計入。茲顧及此點，仍應用該法解之，以察其影響究屬如何。

事實上，熱之損失，乃均勻分佈於蒸餾塔表面者；但為簡單計，假定此項損失集中於板面上。

以塔之第 n 板（圖一）而言，物料之清算（Material balance）為

$$V_{n+1} + L_{n-1} = V_n + L_n \qquad (1)$$

易揮發成分之清算為

$$V_{n+1}Y_{n+1} + L_{n-1}X_{n-1} = V_nY_n + L_nX_n \qquad (2)$$

以該板之溫度為據溫（datum temperature），而假設

- $a = V_{n+1}$ 之潛熱（Latent heat）
- $b = V_{n+1}$ 高於據溫之顯熱（Sensible heat）
- $c = L_{n-1}$ 低於據溫之顯熱
- $d = $ 混合熱（Heat of mixing）
- $e = V_n$ 之潛熱
- $f = $ 因對流及輻射之熱損失

則熱之清算（Heat balance）為

$$a + b - c + d = e + f \qquad (3)$$

細考之，分餾版間之溫度差異，甚為有限，故 b，c 二值甚小，且可視為相等而消除之；d 則一般亦可視作等於零。故上式化為

$$a = e + f \qquad (4)$$

以此混合液之平均潛熱除之，$\dfrac{a}{H_L} = \dfrac{e}{H_L} + \dfrac{f}{H_L} \qquad (5)$

根據 Trouton 氏法則 $\dfrac{a}{H_L} = V_{n+1}$, $\dfrac{e}{H_L} = V_n$

故（5）式變為

$$V_{n+1} = V_n + \dfrac{f}{H_L} \qquad (6)$$

代入（1）式得

$$L_n = L_{n-1} + \dfrac{f}{H_L} \qquad (7)$$

令

$$\dfrac{f}{H_L} = \Delta \qquad (8)$$

Δ 之意義，即為每板上因熱損失而凝縮之平均量。如此根據（7）式，第 n 板上之迴流量為

$$L_n = L_0 + n\Delta = L + n\Delta \qquad (9)$$

又根據（6）式，第 n+1 板上之蒸發量為

$$V_{n+1} = V_0 + n\Delta = V + n\Delta \qquad (10)$$

式中 L 為自冷凝器流入塔之迴流量，V 為自塔頂出來之蒸發量。按精餾段（Rectifying column）之全部清算，則

$$V = L + D \qquad (11)$$

在第 n 板上 $V_{n+1}Y_{n+1} = L_nX_n + DX_D \quad (12)$

即 $(V + n\Delta)Y_{n+1} = (L + n\Delta)X_n + DX_D$

$$\qquad (13)$$

從（11）及（12）兩式消去 V，得

$$Y_{n+1} = \dfrac{L + n\Delta}{L + n\Delta + D}X_n + \dfrac{D}{L + n\Delta + D}X_D \qquad (14)$$

此即精餾段第 n 板之操作線（Operating line）之方程式。整個精餾段之操作線，乃係帶許多此等線段（n = 1, 2, 3……）相連而成，事實上當為曲線，此處因將熱損失集中各板而計之，故成此形。

在脫餾段（Stripping column）之第 m 板

$$\overline{V}_{m+1} = \overline{L}_m - w \qquad (15)$$

$$\overline{V}_{m+1}Y_{m+1} = \overline{L}_mX_m - wX_w \qquad (16)$$

又

$$\overline{L}_m = L + qF + m\Delta \qquad (17)$$

9441

由(15)(16)(17)式消去 $\overline{L}_m, \overline{V}_{m+1}$，得

$$Y_{m+1} = \frac{L+qF+m\Delta}{L+qF+m\Delta-w}$$

$$- \frac{w}{L+qF+m\Delta-w} X_w \qquad (18)$$

此即脫膠段操作線之方程式。今將(14)(18)兩式操作線方程式，化成下列兩式

第 n 層

$$(L+n\Delta)(y-X) = D(X_D-y) \qquad (19)$$

第 m 層

$$(L+m\Delta)(y-x) = qF(x-y)+w(y-x_w) \qquad (20)$$

假使第n板為精餾段之最下一板，第m=n+1板為加液板(Feeding plate)，此時合併(19)(20)兩式，得

$$D(x_D-y) = (qF+\Delta)(x-y)+w(y-x_w) \qquad (21)$$

以整個蒸餾塔而言　　$W = F-D$　　(22)

$$wx_w = Fx_f - Dx_D \qquad (23)$$

將(22)(23)兩式代入(21)，

$$D(X_D-y) = (qF+\Delta)(X-y)-FX_f +DX_D+Fy-Dy$$

得 $y = \dfrac{q+\Delta/F}{q+\Delta/F-1} X - \dfrac{X_f}{q+\Delta/F-1}$ —— (24)

此即兩操作綫交點之軌跡，稱為"q"綫。於不計入熱損失時，則無 $\Delta/F-$ 值此式為

$$y = \frac{q}{q-1} X - \frac{X_f}{q-1} \qquad (25)$$

兩式相較 $\dfrac{q+\Delta/F}{q+\Delta/F-1} < \dfrac{q}{q-1}$

即"q"綫之斜度，因熱損失而減少；換言之，"q"綫以時針方向移動，亦即加料板向上移動（圖二）

	塔壁溫度		空氣溫度
甲情況	$t_2 = 170°F$		$t_1 = 60°F$
乙情況	$210°F$		$100°F$
丙情況	$210°F$		$60°F$

因自由對流所損失之熱，可用下列公式計算之：

若吾人能求得 Δ 之值，則可按McCabe-Thiele 法求得理論上之板數。按(14)式，當 n 增加時，其斜度 $\dfrac{L+n\Delta}{L+n\Delta+D}$ 漸大。

按(18)式，當m增加時，其斜度 $\dfrac{L+qF+m\Delta}{L+qF+m\Delta-w}$ 漸小。

故如圖三，1,2,3等綫為(13)式中 n=1,2,3……時之操作綫；階梯(Rectangular steps)之畫法，即由 a 而 b 而 c 而 d ……1',2',3'等綫為(18)式中 m=n+1,n+2,n+3……時之操作綫；階梯之畫法即由n而p而r……。

如圖三所示，則計入熱損失時之理論板(Theoretical plate)數較不計時為少，驟視之，以頗有利，然返觀以上諸式所示，此影響係於 Δ 一值；今最上層之蒸發量為V時，則最下層為 $V+m\Delta$（其m層板），即必須多消耗 $m\Delta\,H_L$ 熱量之蒸汽(Steam)，蓋此為其樂端也。但此利弊之程度究竟如何，必俟實際加以計算，始可瞭然。茲分別以蒸餾酒精及石油為例，而計算之。

II. 熱損失對酒精蒸餾之影響

設某酒精蒸餾塔之直徑為 480 mm = 1.575ft，各板之距離為 5″，其餾板之效率為 70%，(註一)塔壁為擦亮之銅或暗色之鍛鐵所製，該銅之熱放射率(Emissivity)為0.03，鐵為0.8 (註二)，其熱之損失，先由塔壁傳導(Conduction)而出，繼由自由對流(Free convection)與輻射(Radiation)逸於空氣中。按塔壁為金屬所構，壁內面因冷凝關係，佈一液體薄膜(Film)，二者之導熱度甚大，故塔壁之溫度，即可以塔內汽體之溫度視之，今設在下列三種情況時，施行計算：

$$\frac{hD}{k} = 0.575\left[\frac{D^3\rho^2\beta g\Delta t}{\mu^2}\right]^{\frac{1}{4}}\left[\frac{C\mu}{K}\right]^{\frac{1}{4}} \text{（註三）}$$

情　　　　　　　　況	甲	乙	丙
塔　壁　溫　度　t_2	170	210	210
空　氣　溫　度　t_1	60	100	60
$\Delta t = t_2 - t_1$	110	110	150
$t_f = \frac{t_1 + t_2}{2}$	115	155	135
$k = 0.0129 + 0.00002(t_f - 32)$	0.01456	0.01536	0.01496
$\rho = \frac{29}{359} \times \frac{492}{T_f}$	0.0692	0.0647	0.0667
$\mu = \text{Centipoise} \times 2.42$	0.047	0.0496	0.0482
C	0.240	0.242	0.241
$Gr = \frac{D^3\rho^2\beta g\Delta t}{\mu^2}$	8×10^9	6.25×10^9	9.6×10^9
$Pr = \frac{C\mu}{K}$	0.775	0.782	0.776
$Nu = \frac{hD}{K}$	90.8	85.4	95
h　B.t.u./ft²hr.°F	0.84	0.833	0.902
Q_1/A　B.t.u./ft²hr	92.4	91.6	135
各板間塔壁之面積　A	2.06	2.06	2.06
每板對流之熱損失Q_1B.t.u/hr	191	189	278

（註四）

因輻射所損失之熱，可按下列公式計算之：

$$Q_2 = 0.172\left[\left(\frac{T_2}{100}\right)^4 - \left(\frac{T_1}{100}\right)^4\right] \times A \times E.$$

情　　　　況	(Cu)塔壁為擦光之銅			(Fe)塔壁為暗色鍛鐵		
	甲	乙	丙	甲	乙	丙
T_2	630	670	670	630	670	670
T_1	520	560	520	520	560	520
E	0.03	0.03	0.03	0.8	0.8	0.8
Q_2 B.t.u./hr	9.0	11.0	13.7	239	303	367

按餾板之效率旣為70％，則理論板間熱之損失為實際之 $\frac{100}{70}$ 倍，其值得之如下：

情　　　　況	(Cn)甲	(Cu)乙	(Cu)丙	(Fe)甲	(Fe)乙	(Fe)丙
實際板間熱之總損失 Q_1+Q_2	200	200	294	430	492	645
理論板間熱之總損失 $(Q_1+Q_2)/0.7$	286	286	420	614	704	921

查酒精－水系之平均潛熱 ＝17500B.t.u/lbmol.（註五）

由(8)式 $\Delta = \frac{f}{H_L} = \frac{286}{17500} \sim \frac{921}{17500} = 0.016 \sim 0.053$ lb.mol /hr.

286～921之值，卽可視為該塔因材料不同，氣溫高下等影響而損失熱能之範圍。以下採用最大之△值 0.053 以討論之。

蒸餾塔中汽體上升之速度，普通在 0.2 ～3ft/sec. 之間（註六）。今假設其速度為 1ft/sec.則蒸發量為

$$1 \times 3600 \times \frac{\pi}{4} \times 1.575^2 = 7000 \text{Cuft/hr}$$

設塔內氣體之平均溫度為 190°F，則蒸發量換算為

$$V = \frac{7000}{359} \times \frac{492}{460+190} = 14.7 = 15 \text{lbmol/hr.}$$

更設 q＝1，卽加入新酒液時，預熱至沸點溫度，由酒精－水系之液汽平衡圖（Equilibrium diagram）查知欲秘得 84%lb mol之酒精時，其最小迴流比（Minimum reflux）約為1.8（註七）一般常用此值之 1.5～5 倍（註八），卽 R＝1.8×(1.5～5)＝2.7～9 今V＝15，用R＝2.7時，得

$$D = \frac{V}{R+1} = \frac{15}{2.7+1} = 4.06$$

$$L = V-D = 15-4.06 = 10.94$$

設 $\chi_D=0.84$，$\chi_f=0.24$，$\chi_W=0.003$

（卽 1% 重景 C_2H_5OH）

復由(22)(23)兩式知

$$F = D\frac{\chi_D-\chi_W}{\chi_f-\chi_W} = 4.06 \times \frac{0.84-0.003}{0.24-0.003}$$
$$= 14.31 \text{ lbmol/hr.}$$

$$W = F-D = 14.31-4.06 = 10.25 \text{ lbmol/hr}$$

如是精餾段操作綫之斜度為

$$\frac{10.94+0.053n}{10.94+0.053n+4.06} = \frac{10.94+0.053n}{15+0.053n}$$
$$\text{(A)}$$

先按不計熱損失之法繪圖求出板數，如圖四所示，板數共為18，精餾段得16，脫餾段得2，此時 n＝0，(A)式得 0.73；

令n＝16時，(A)式得0.745,具此兩斜度者，卽圖四中AB,AC兩綫，二者相差甚微。以理言之，眞正之操作綫，卽係由A向B出發，而終漸移向C點之曲綫，由圖觀測，可看出，AB漸移向AC時，階梯之變動甚微。換言之，熱損失對精餾段板數之影響甚微也。

因q＝1，$\Delta = \frac{0.053}{14.31} = 0.0037$, 故 (24)

(25)兩"q"綫之斜度各爲270與無限大，此二"q"綫相差不及$\frac{1}{2}$度，卽圖中 EC，EB 兩綫，幾相重合，可知影響加料板之上昇絕微也。

脫餾段操作綫之斜度爲

$$\frac{10.94+14.3+0.053m}{10.94+14.3+0.053m-10.25}=\frac{25.24+0.053m}{14.99+0.053m} \quad (B)$$

m＝0 時，其值爲1.685；m＝17時，其值爲1.635。圖四中 BD，CD 二綫，卽乘此二斜度。二綫相差亦不甚大，且愈下則近交點 D，相差愈微矣。綜合以上所論，沿ACD操作綫所畫階梯較沿ABD所畫者，無顯著之減少，卽其減少程度尚不值省去一板也。

以上乃就R＝2.7而言，若以 R＝9 討論之，

$$D=\frac{V}{R+1}=\frac{15}{9+1}=1.5$$

$$L=V-D=15-1.5=13.5$$

$$F=D\frac{\chi_D-\chi_W}{\chi_f-\chi_W}=1.5\times\frac{0.84-0.003}{0.24-0.003}=5.3$$

$$W=15-5.3=9.7$$

則二操作綫之斜度爲

$$\frac{13.5+0.053n}{13.5+0.053n+1.5}=\frac{13.5+0.053n}{15+0.053n} \quad (C)$$

$$\frac{13.5+5.3+0.053m}{13.5+5.3+0.053m-9.7}=\frac{18.8+0.053m}{9.1+0.053m} \quad (D)$$

R 愈大時，二操作綫距平衡曲綫愈遠，卽階梯數愈少，而 n，m 等值亦小。察 (C)(D) 二式數值之變動率較 (A)(B) 二式爲小，且板數亦較少，可知影響較 R＝2.7 時尤低，此不待畫圖而可以數學眼光觀察可知者也。

是故總而言之，由塔壁損失熱量而增加迴流，對於操作並無顯然之益處。

今按18個理論板視之，由塔頂蒸出V時，塔底應蒸出 V＋m△，卽蒸汽之耗費增加 m△。應用上述數值，求得此耗量之百分數爲：△＝0.016時，$\frac{18\times0.016}{15}\times100=1.9\%$

$$\Delta=0.053時，\frac{18\times0.053}{15}\times100=6.35\%$$

概言之，蒸汽之消耗當較理論所需增加 2－6％。此則純屬弊端。

故熱損失對於蒸餾之影響，兩兩相較，利不及弊。

III. 熱損失對於石油蒸餾之影響

以蒸餾法精煉石油時，蒸餾物之溫度，有時高至 600－700°F 此時熱之損失，當然較大，尤以輻射爲最。今更舉一例，加以計算，俾吾人獲得具體之概念。

設以美國中陸（Mid-continent）石油加以初次的分餾，每日蒸原油（Crude）2000 桶（bbl）其各分餾物之性質如下：（註九）

名　　　　　稱	％	A.P.T.	lb/hr	molwt/hr
耗　損　Loss	0.5		77	△45
汽　油　Gasoline	31	60.2	6660	109
燈　油　Kerosene	10	43	2360	178
柴　油　Gas oil	26	34.9	6450	260
粗　油　Reduced Crude	32.5	22.5	8710	520
原　油　Crude	100.0	38.6	24250	

圖五爲其分餾塔之流綫圖（Flow-sheet）。設此分餾塔之直徑爲D＝5'6''，板之距離爲22''

，為鍛鐵（E=0.8）所製，厚$\frac{1}{2}''$，各板間塔壁之面積為$5\frac{1}{2}\cdot\pi\cdot\frac{22}{12}=31.7\text{ft}^2$。按前述公式，求得各個及鎖的熱損失如下：

圖中所示部位	塔頂層 A－A	適在燈油導出板下 B－B	適在柴油導出板下 C－C	蒸發板在D－D
t_0	300	410	546	676
t_I	60	60	60	60
t_f	180	235	303	368
Δt	240	350	486	616
K	0.01586	0.01696	0.01832	0.01962
ρ	0.0641	0.0572	0.052	0.0478
μ	0.0508	0.0533	0.0572	0.0605
C	0.244	0.245	0.246	0.247
Gr	523×10^8	570×10^8	571×10^8	545×10^8
Pr	0.782	0.77	0.769	0.762
Nu	258	263	264	281
h	0.744	0.81	0.88	1.0
Q_I	5660	8790	13550	19500
Q_2	11320	21800	41500	69500
$Q=Q_I+Q_2$	16980	30600	65050	89000
各部液體之溶熱	123	109	92	72
平均分子重量	109	178	260	240
Δ	1.27	1.58	2.72	5.15

（註十）

蒸發板上整個熱損失 $= 6\times\left(\dfrac{Q_A+Q_B}{2}\right)+5\left(\dfrac{Q_B+Q_C}{2}\right)+3\left(\dfrac{Q_C+Q_D}{2}\right)$

$= 6\times\left(\dfrac{16980+30600}{2}\right)+5\times\left(\dfrac{30600+65050}{2}\right)+3\times\left(\dfrac{65050+89000}{2}\right)$

$=612980\text{Btu/hr.}$

無熱損失時，蒸餾爐須供給之熱為
5788600 Btu/br。（註十一）

放熱之損失為 $\dfrac{612980}{5788600}\times100=10.6\%$

此種近似算法，雖不能準確，然約知此熱損失為百分之十，足徵匪小也。

假定無熱損失時，各板之迴流量計算如下：

（1）A－A處，以676°F為操溫，塔之

熱平衡如下：

冷却汽油（汽）	$6660(676-300)0.59=$	1,480,000
冷却燈油（汽）	$2360(676-410)0.6 =$	376,000
冷却柴油（汽）	$6450(676-546)0.63=$	530,000
冷却粗油（液）	$8710(676-635)0.77=$	275,000
冷却蒸汽	$1129(366-300)0.5 =$	37,000

總顯熱		2,698,000
凝縮燈油	$2360\times109=258,000$	
凝縮柴油	$6450\times 91=593,000$	
總潛熱	851,000	851,000

迴流熱		3,549,000

如迴流時溫度爲 $100°F$，則此迴流量$=\dfrac{3549000}{123+(300-100)\times0.58}=14859$ lb/hr.

$$=\frac{14850}{109}=136 \text{ lbmol/hr}$$

（2）B－B 處之迴流量，以 $676°F$ 爲據溫，熱之平衡如下：

冷却汽油（汽）	$6660\ 676-410)0.62=$	1,100,000
冷却燈油（汽）	$2360(676-410)0.60=$	376,000
冷却柴油（汽）	$6450(676-546)0.63=$	530,000
冷却粗油（液）	$8710(676-635)\ 0.77=$	275,000
冷却蒸汽	$1024(366-410)0.5 =-$	22,500

總顯熱		2,258,500
凝縮柴油溶熱	$6450\times72=593000$	593,000

迴流熱		2,851,500

迴流量$=\dfrac{2851500}{109\times178}=147$ lbmol./hr.

（3）C－C 處

冷却汽油（汽）	$6660\ 676-546)\times0.65=$	563,000
冷却燈油（汽）	$2360(676-546)\ 0.63=$	193,000
冷却柴油（汽）	$6450(676-546)\ 0.63=$	530,000
冷却粗油（液）	$8710(676-635)\ 0.77=$	275,000
冷却蒸汽	$569(366-546)\ 0.5 =-$	51,200

總顯熱即迴流熱		1510,000

迴流量$=\dfrac{1510000}{92\times260}=63.2$ lbmol/hr.

（4）D－D 粗油之下流量 8710 lb/hr$=\dfrac{8710}{520}=16.7$ lbmol/hr.

今計入熱損失時，則

第五板上， $L_f = 136 + 5 \times \dfrac{1.27 + 1.58}{2} = 136 + 4.3 = 140.3$

B–B 處， $L_j = 147 + 6 \times \dfrac{1.27 + 1.58}{2} = 147 + 8.6 = 155.6$

C–C 處， $L_3 = 63.2 + 8.6 + 5 \times \dfrac{1.58 + 2.72}{2} = 63.2 + 8.6 + 10.8 = 82.6$

蒸發板下， $L_f = 16.7 + 8.6 + 10.8 + 3 \times \dfrac{2.72 + 5.15}{2} = 47.7$

今 $D = 6660$ lb/hr $= \dfrac{6660}{109} = 61$ lb mol/hr. 則各段操作線之變更如下（$\dfrac{R}{R+1}$ 即爲斜度也）：

部 位	A———→B		B———→C		C———→D		D以下	
熱 損 失	無	有	無	有	無	有	無	有
L	136	140.3	147	155.6	63.2	82.6	16.7	47.7
$R = \dfrac{L}{D}$	2.23	2.3	2.41	2.55	1.04	1.35		
$\dfrac{R}{R+1}$(S)	0.69	0.70	0.712	0.718	0.51	0.575		

石油本爲成分極複雜之混合物，精密計算殊多困難。然僅就操作線之斜度視之，亦可略窺其對板數之影響也。

如圖六所示，各段斜度之變化，較酒精——水系稍大。惟石油之分餾，本只須分別用6，5，3 板，故由熱損失而減少之板數，當不及一，故仍無利點可言，而熱能之消耗，則因而增加10%；石油之精鍊爲規模宏大之操業，以經濟觀點而言，此10%之熱能，絕不能聽其自然浪費，故一般宜用絕緣物包蔽之。

（完）

附 錄

本文所用符號之命名

a ＝V_{n+1} 之潛熱

b ＝V_{n+1} 高於據溫之顯熱

c ＝L_{n-1} 低於據溫之顯熱

D ＝出產量 lb-mol/hr

d ＝混合熱

e ＝V_n 之潛熱

F ＝加入物料量 lb-mol/hr

f ＝因對流及輻射之熱損失

Π_L ＝平均潛熱

L ＝迴流量 lb-mol/hr（由冷凝器流入塔中者）

L_n ＝第 n 板上之迴流量 lb-mol/hr

q ＝使一分子加入物料變爲飽和蒸氣之總熱量）/（分子潛熱量）

R ＝迴流比

V ＝蒸發量 lb-mol/hr.（由塔頂蒸出者）

V_n ＝第 n 板之蒸發量 lb-mol/hr

W ＝殘液量 lb-mol/hr

χ ＝混合液內易揮發成分所佔之分子份數

y ＝混合蒸汽內易揮發成分所佔之分子份數

Δ ＝每一鍋板因熱損失而凝結之量 lb-mol/hr

附 D 指冷凝器出來者

附 F 指加料者

附 m 及 n 指第 m 及第 n 板（自頂上算起）

附 O 爲最初狀態

附 W 指殘液者

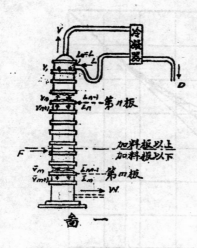

圖　一

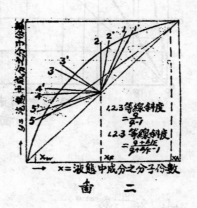

圖　二

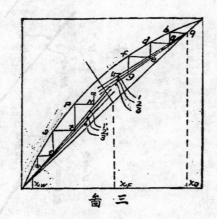

圖　三

9449

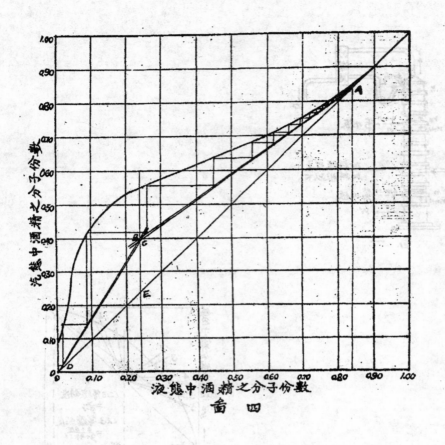

液態中酒精之分子份數

圖 四

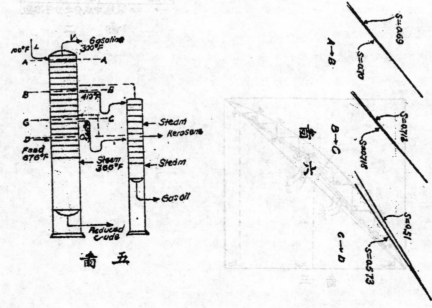

圖 五

Ⅱ及Ⅲ C＝流體之比熱

D＝直徑

E＝熱發射度(Emissivity)

g ＝地心加速率 4.18×10^8ft/hr^2

h ＝因對流損失之熱Btu/ft^2-hr-°F

k ＝傳熱係數Btu-ft/hr-ft^2-°F

Q_1Q_2Q＝自然對流輻射及二者總共之
總損失量 Btu/hr

T＝絕對溫度＝460+t°F

t_f＝空氣薄膜之平均溫度

Δt＝溫度差

T_1, T_2＝空氣與塔壁之溫度

S＝斜度

β＝空氣之膨脹係數

ρ＝空氣之密度

μ＝粘性係數Centipoise×2.42＝lb/
ft-hr

註 釋

(一) Perry: Chemical Engineer's
Handbook. P.1190 及 chem. &
Meral. Eng. No 7, 1941

(二) Perry: P.881

(三) Perry: P.861-863

(四) 表中 K, μ, C 均查自 Padger &
Mccabe: Elements of chemical
Engineering, Appendix.

(五) 採用 Badger 上書 P.278之數字及
一般蒸汽表上數字平均計算而得

(六) Chem. & Metal. Eng. No 7
1941

(七) Badger & Mccabe: P.359, Fig
169

(八) 同上，P.365

(九) Nelson: Petroleum Refinery
Engineering, Chap. 17

(十) 表中潛熱分子量等均查自上書

(十一) 上書 P.622

民國三十一年六月於古路壩

專題討論

這次年會中，除對於已經研究一年的　國父實業計劃，作有系統的報道和討論外；學會首次在西北舉行，對於西北建設問題，特別重視。甘肅省政府在經緯萬端之中，提出專題四個：

一、隴海鐵路天蘭段路線西展問題，

二、甘肅省冶鐵問題，

三、隴東水利問題，

四、西北輕重工業發展的途徑；

蘭州市政府提出專題『如何建設新蘭州——理想中的未來陸都』；交年會討論，希望能得到一個具體的答案。這幾個專題可以說是本屆年會所討論的中心主題。因為性質不同，而且時間有限，所以採取分組討論的方式，會員可各按興趣選擇參加。關於第一個主題，即隴海線天蘭段的線路問題，省府的意見着重在本省經濟方面，因為隴南洮河流域的岷縣，臨洮等縣為甘肅省最富庶的地區，如果路線能經過此區，對甘肅富源的開發，民生經濟的調劑有莫大的幫助。但天蘭測量隊根據測勘結果，以技術見地論，該線應直走定西，甘草店而至蘭州；不特土石方數量可以減少一半完成的時間可以提前三分之一。經就有關各條件，詳細討論比較得到支幹線同時併修的結論。這樣隴海正線仍採用經過定西的最短路線，並不影響到這條隴等鐵路的運輸量和運輸時間而本省的經濟開發，可以靠蘭岷支線得到解決；兩方兼顧各得其便。第二個專題經過研究後，覺得甘省欲舉行大規模冶鐵的困難，並不是沒有煤或是缺乏鐵；其癥結在乎煤鐵礦分佈得不均勻鐵礦所在地往往缺少煤或者煤質不宜煉焦；現在正由學會搜求資料，希望能有新的發現。第三個專題隴東平涼各屬位於涇水的上游，自然與下游的陝省涇惠渠灌溉區有連帶關係，引起陝甘兩省涇水水量的爭執問題以工程技術眼光研究此問題，平涼灌溉所需水量僅 Zm^3/sec 即可受益八萬畝而取去之水量影響下游涇惠灌溉不過三千畝。目前之問題乃在陝省涇惠渠本身水量之不足。治本辦法須在涇河流域修築大規模的蓄水庫以調節水量。這種蓄水庫的修建應以上游地帶為經濟。（須選擇在甘省境內為節省，因下游黃土原地帶不宜於建築）故涇水水量的合理解決，要靠兩省當局的通力合作；這裏，學會與當局以技術上的建議。第四個專題範圍最博非數言可以概括，年會討論結果，認為就甘肅情形應注重下列四種事業：

一、畜牧事業——皮革、羊毛、牛乳、牛酪、罐頭、羊皮筏等。

二、化學工業——鹹、鹽、煤硝、染色、製革等。

三、水力開發——發電、灌溉、自來水廠等。

四、石油工業。

將這四種對本省最有利的事業，先行開發，然後依次推廣到其他輕重工業方面去。關於建設蘭州市問題，學會討論意見，注重在：鐵路公路如何與市區取得最合理的聯繫，工業商業區範圍的選定，市區交通網與輸浚的籌劃等各個方面，其間詳細的辦法，有待市政當局的悉心規劃，年會只能作原則的指示。

船型設計之檢討

辛 一 心

國立西北工學院

一、緒言：普通商船船型之設計，其最重要者，在決定排水量係數（Block coefficient或 Displacement coefficient）以及稜形係數（Prismatic coefficient）兩者均影響於船身所遇抵抗。稜形係數之影響於船之剩餘抵抗（Residuary resistance）或與波抵抗（Wave making resistance），尤為設計船型時極宜注意之點。其次則船之平行中體（Parallel middle body）之長度，影響於船身所遇抵抗亦巨。往往以平行中體之選擇不當，而減低船行之效率者。泰勒（D.w.Taylor）及愛爾（A.Ayre）二氏雖曾對此曾有研討，然各有異同，且未顧及船長與船寬之比對於平行中體之關係，而該項關係，實甚重要，不容忽視。同時平行中體以及船體最大截面所佔之位置，亦影響於與波抵抗，其最佳之地位，各種意見，互有異同。本文將上述各點，根據各方面實驗之結果，並衡之以實際設計之經驗，加以分析，整理及檢討，然後歸納成公式或曲線，可供設計任何商船船型時之應用。

二、排水量係數（C_B）：普通商船之排水量係數，可應用下式以確定之：

$$C_B = 1 \cdot 08 - \frac{V}{2\sqrt{L}} \quad \cdots \cdots \cdots \cdots (1)$$

其中L為船前後兩垂線間長度之呎數（Lengthb etween perpendiculars），V為船試航時每小時所行浬數（Trial speed, knots）。此式之應用，對於低速度商船為最適宜，若$\frac{V}{\sqrt{L}}$大於1.0時，則常數1.08應酌量減小。至V為試航時之速度，而非實航（in setvice）

時之速度，兩者之差別，通常不易估計，緣實航時受地區氣候等不定之影響也。惟船之速度高者，其於實航時所遭受減小速率之百分率較低速度船為小。根據一般之經驗，試航之速度，最好能較實航時大1.5海里，故若設計任何商船，僅知其實航時應有之速度時，則應用上式，須將該速度加1.5，即可計算 C_B 之值。

三、中截面係數（C）：（Midship section coefficient）中截面之豐滿，或虛贏（Full or fine），對於與波抵抗之影響較小，而對於雜流抵抗（Eddy resistance）之影響較大。蓋若中截面豐滿，則在船底邊（Bilge）之雜流必大，因之加大船身之抵抗。普通商船之中截面係數苟為0.98，則於速度較高時，雜流抵抗，似屬過大。故近年趨勢，為減小中截面係數。惟弧式（Arc form）之船型，則又為矯枉過正者耳，

設排水量係數業已決定，則決定中截面係數，不啻即為決定稜形係數；而稜形係數，關係於船之剩餘抵抗，極為重大。如根據泰勒氏之曲線則船型最佳之項稜形係數在 0.5 與0.55之間，惟自實際需要以觀，則是項稜形係數，將使船身容積過小，對於載貨或客運，均不經濟。權此衡彼，則泰勒氏之曲線，殊不足以為決定商船稜形係數之準則。根據一般之經驗，中截面係數，可由下式以求得之。

$$C = 0.9 + \frac{C_B}{10} \quad \cdots \cdots \cdots \cdots (2)$$

此式對於$\frac{V}{\sqrt{L}}$小於1.0時，最為適用。如

$\frac{V}{\sqrt{L}}$大於1.0時，則尚須酌量減小。

四、稜形係數（C_p）：當排水量係數及中截面係數決定後，則稜形係數，可求得如下：

$$C_p = \frac{C_B}{C} = \frac{1.08 - \frac{V}{2\sqrt{L}}}{0.9 + \frac{1.08 - \frac{V}{2\sqrt{L}}}{10}}$$

$$= \frac{1.08 - \frac{V}{2\sqrt{L}}}{1.008 - \frac{V}{20\sqrt{L}}} \quad\cdots\cdots (3)$$

如根據（3）式繪$C_p - \frac{V}{\sqrt{L}}$曲線，則在$\frac{V}{\sqrt{L}}$等於0.5與1.0之間，約成一直線。該直線可以下式以表示之。

$$C_p = 1.135 - \frac{V}{2\sqrt{L}} \quad\cdots\cdots (4)$$

故如$\frac{V}{\sqrt{L}}$業已確定，則C_B, C, C_p均可依次確定。

五，抵抗曲線之「突」與「陷」（"Hump" and "Hollow"）因船身各部所興之波互相干擾（Interference）剩餘抵抗之曲綫遂生凹凸之狀態，即所謂「突」與「陷」也。普通最重要之干擾，為在近船首之波之波頂（Crest）之波與近船尾之波底（Trough）之波所發生者。其次要之干擾，則為近船首之波頂之波與在船前肩（Forward shoulder）之波底之波所發生者。若V為船之速度（每小時理數）Le為船進體（Entrance）之長度（呎），則當V約等於$1.1\sqrt{Le}$時，上述次要之干擾，將使抵抗曲線發生「突」，故必須避免。至於首要之干擾，根據只克（G. S. Baker）氏之(P)理論，$\left((P) = \frac{.746V}{\sqrt{C_pL}}\right)$當(P)等於以下各值時，抵抗曲線將生「突」與「陷」。

$$(P) = \begin{cases} 突 & \sqrt{\frac{4}{13}} = .565 & \sqrt{\frac{4}{9}} = .667 & \sqrt{\frac{4}{5}} = .894 \\ 陷 & \sqrt{\frac{4}{11}} = .603 & \sqrt{\frac{4}{7}} = .756 & \sqrt{\frac{4}{5}} = 1.156 \end{cases} \quad\cdots\cdots (5)$$

或化成 $\frac{V}{\sqrt{L}} = \begin{cases} 突 & .758\sqrt{C_p}, & .894\sqrt{C_p}, & 1.195\sqrt{C_p} \\ 陷 & .808\sqrt{C_p}, & 1.013\sqrt{C_p}, & 1.55\sqrt{C_p} \end{cases} \quad\cdots\cdots (6)$

同時愛爾氏根據實際之經驗，得$\frac{V}{\sqrt{L}}$之位之能使抵抗曲線生「突」與「陷」者如下：

$$\frac{V}{\sqrt{L}} = \begin{cases} 突 & .673, & .78, & .98 \\ 陷 & .72, & .86, & 1.15 \end{cases} \quad\cdots\cdots (7)$$

令（6）與（7）相等則得

$$C_p = \begin{cases} 突 & .790, & .760, & .675 \\ 陷 & .795, & .22, & .552 \end{cases} \quad\cdots\cdots (8)$$

凡設計船型之時，稜形係數之值，當以能使抵抗曲線發生「陷」為最佳。換言之，當力避使抵抗曲線發生「突」之C_p值。如令 $C_p = K - \frac{V}{2\sqrt{L}}$，K為一常數時，則將＝(7)(8)二式相比，可得

$$K = \begin{cases} 突: & 1.13 & 1.15 & 1.16 \\ 陷: & 1.15 & 1.15 & 1.13 \end{cases} \quad\cdots\cdots (9)$$

上式之可異者，蓋即各K值相差無幾，且與(4)式中所用者亦相近。足徵當 C_p 與 $\frac{V}{\sqrt{L}}$ 有一定之關係後，則 (p) 與 $\frac{V}{\sqrt{L}}$ 亦有一定之關係。是以在實際設計時，用 $\frac{V}{\sqrt{L}}$ 值以推測「突」與「陷」，即為巳足；貝克氏之 (P)，殊覺畫蛇添足，無所補益也。

實則「突」與「陷」之發生，不僅與稜形係數有關，且與船型截面曲線(Curve of sectional areas)以及負荷水線(Load water line)之形式，亦有重大之關係。若設計之船之 $\frac{V}{\sqrt{L}}$ 近於發生「突」之值時，可將截面曲線之兩端稍行內彎，或使成直線，同時令進體之負荷水線內彎而令出體（Run）之水線豐滿，即能使船首附與之波高減低，同時使「突」發生較遲或竟可使其平抑也。

六、平行中體：如排水量 (Displacement) 業已確定，則平行中體之加入，將使船之兩端虛羸，同時使船之前後兩肩特別顯著。因之兩肩附近所與波浪與船之其他部份所生波浪，發生干擾。當 $\frac{V}{\sqrt{L}}$ 值約小於0.8時，是項干擾，發生有利之影響，蓋其能使剩餘抵抗減小也。大凡船在某一速度時，則平行中體必有確當之長度，俾使剩餘抵抗減至最小值。是項平行中體之長度，因 $\frac{V}{\sqrt{L}}$ 之不同而別，同時亦因船長與船寬之比而變更。

泰勒氏根據其1909年船模試驗，引出其行中體確當之長度如表一。是項試驗，為用稜形係數0.68,0.74及0.80諸船模，其中截面係數為0.96，其船寬吃水（Draught）之比為2.5。愛爾氏根據其他試驗，於1932年發表應用之平行中體長度，亦詳表一。

表　一

$\frac{V}{\sqrt{L}}$	C_p	愛 爾 氏			泰 勒 氏		
		C	C_B	中%	C	C_B	中%
.50	.836	.992	.830	47.1	.96		
.52	.827	.992	.820	44.1	.96		
.54	.816	.992	.810	41.2	.96		
.56	.807	.992	.800	38.2	.96	.775	34.4
.58	.797	.991	.790	35.3	.96	.765	34.0
.60	.787	.991	.780	32.4	.96	.755	32.6
.62	.777	.991	.770	29.4	.96	.746	32.0
.64	.767	.990	.760	26.5	.96	.737	31.0
.66	.757	.989	.750	23.5	.96	.727	29.5
.68	.747	.989	.740	20.6	.96	.717	27.6
.70	.738	.988	.730	17.7	.96	.708	26.5
.72	.729	.988	.720	14.7	.96	.700	25.0
.74	.719	.987	.710	11.8	.96	.690	22.7
.76	.710	.986	.700	8.8	.96	.682	21.0
.78	.701	.985	.690	5.9	.96	.673	18.0
.80	.692	.982	.680	2.9	.96	.664	16.0
.82	.683	.980	.670	0	.96	.655	14.0

.84	.675	.978	.660	0	.96	.648	9.0
.36	.666	.975	.650	0	.96	.640	0

註：　中% = 中平行體長度／船長

兩氏之結論，稍有出入，且均未計及船長船寬對於平行中體之影響。惟於高速度時，無用平行中體之可能斯則兩氏所同者耳。

　　泰勒氏於1931年又作有系統之船模試驗，其所得據數（Data），繪成抵抗曲線圖十餘種，載於其書，以待好之者爲之分析，俾可得一結論。該項試驗，共用六種進體式樣，與二種出體式樣，中間插入長度不等之平行中體，故共有十二類船模，每類之進體出體相同，而配以十三個不等長之平行中體，故共得156個船模。尋其所測各船模之抵抗數量，以其所用第三種進體與第二種出體合成之船模爲最低，故就該類船模之剩餘抵抗曲線加以分析，計算其在一定 $\frac{V}{\sqrt{L}}$ 值時每噸排水量所遭遇之抵抗力之磅數，得表二。

表　　二

$\frac{V}{\sqrt{L}}$	V	L	C_p	$\triangle$〔排水量（磅）〕	R_r〔剩餘抵抗（磅）〕	$\frac{R_r}{\frac{\triangle}{2240}}$
.5	2.0	16	.67	1770	.5	.633
	2.2	19.4	.712	2130	.78	.82
	2.4	23	.758	2700	1.0	.83
.6	2.4	16	.67	1770	1.02	1.29
	2.6	18.8	.702	2050	1.08	1.18
	2.8	21.8	.745	2500	1.59	1.425
.7	2.6	13.8	.593	1260	1.3	2.31
	2.8	16	.67	1770	1.5	1.9
	3.0	18.4	.695	1980	1.7	1.925
.8	3.0	14.1	.603	1310	1.95	3.28
	3.4	18.1	.69	1930	2.39	2.78
	3.6	20.25	.725	2277	3.8	3.74
.9	3.4	14.3	.608	1340	3.35	5.6
	3.6	16.0	.67	1770	6.3	7.97
	3.8	17.85	.685	1900	8.0	9.43
	4.0	19.8	.718	2200	10.2	10.4

　　於是將 $\frac{R_r}{\frac{\triangle}{2240}}$ 之值繪於L或平行中體長度或百分率（中%）之上，得圖一。由圖以觀，則知於 $\frac{V}{\sqrt{L}}$ = .8, .7, .6時，曲線有一極小值，與該極小值相當之橫座標，即爲最佳之平行中體長度。而在 $\frac{V}{\sqrt{L}}$ = 0.9，曲線無極小值，即表示無用平行中體之可能。在 $\frac{V}{\sqrt{L}}$ = 0.5，曲線略成一水平線，故即使平行中體甚長，亦不致使剩餘抵抗有顯著之增加。故由圖一，可得利用平行中體時所生影響之概觀。於該圖所獲最佳之平行中體長度，與表一之值相較，則大約二倍，若將其剩餘抵抗相較（參閱泰勒氏所著The Speed and Power Of Ships）則大可一倍。由此可知泰勒氏於

1931年所用之船模，其型式實較1909年所用者爲劣，則是1931年之試驗結果，殊未足以爲準則也。

表

C_p	$\dfrac{V}{\sqrt{L}}$	$\dfrac{L}{B}$	中%
.76	.525	6.25	22
		6.67	25
		7.02	27
		7.69	30
.76	.584	6.25	15
		6.67	20
		7.02	23
		7.69	25
.75	.58	6.25	15
		6.67	20
		7.02	22
		7.69	24
		8.33	25

關於船長與船寬之比對於平行中體之影響，貝克氏之試驗，可供參考。該項試驗所得之結果如表三：

表　三

C_p	$\dfrac{V}{\sqrt{L}}$	$\dfrac{L}{R}$	中%
.74	.576	6.06	15
		6.9	22
		8.0	25
.74	.69—.748	6.06	12
		6.9	18
		8.0	22
.70	.56	6.06	12
		6.9	20
		8.0	25
.70	.72—.728	6.06	10
		6.9	15
		8.0	20
.68	.552	6.06	12
		8.0	22

註：L/B＝船長/船寬

如將平行中體長度繪於 $\dfrac{L}{B}$ 座標軸之上，則得圖二。在普通商船中，L/B 之值，約在 .6 與 .8 之間，貝克氏述明其試驗之結果，可以將中%增減5%而抵抗倘不致受何影響。故可將圖二各曲線稍行更變，便成直線，則各直線均可有一致之傾斜度，即 $\dfrac{L}{B}$ 之值自 .6變至.8時，平行中體可增加10%也。

根據各項試驗以及設計之經驗，確當之平行中體長度，在 L/B=0.7 時，可根據下表以確定之。（表四）

表　四

$\dfrac{V}{\sqrt{L}}$	.50	.55	.60	.65	.70	.75	.80	.85
C_p	.846	.822	.798	.774	.750	.726	.702	.678
中×	45	37	30	24	20	16	10	0

表四中中%之值，約介於愛爾及泰勒氏所主張者之間。用表四作爲根據，則中%可以一經驗公式以表明之：

$$中\% = 128\left(.85 - \frac{V}{\sqrt{L}}\right)\cdots\cdots(10)$$

該式僅能應用於 $\dfrac{L}{B}=0.7$ 時，

如 $\dfrac{L}{B}$ 等於其他值時，則可用

$$中\% = 128\left(.85 - \frac{V}{\sqrt{L}}\right) - \left(.7 - \frac{L}{B}\right)\times 5 \cdots\cdots(11)$$

此式於設計時運用，極感便利，且所得中%之值，亦極適中也。

七、平行中體之位置：平行中體位置之確定，與平行中體之長度無關，而受進體及出體之影響。進體之長度，必須避免 $\left(\dfrac{V}{1.1}\right)^2$

前已述及，同時出體之長度，以須避免雜流，根據貝克氏之意見，必須長於 4.1$\sqrt{A}$，可以作爲參考，A 爲最大截面面積之平方呎數。但如在不犯以上二原則之下，平行中體之位置，仍可有相當之移動，貝克氏及麥克恩第（McEntee），均曾對此作船模試驗，結果互有異同。前根據實際善良船型之據數，將兩者加以檢討，歸納及整理，並參以愛爾氏之意見，繪成圖三，表示在某一 C_p值與$\frac{V}{\sqrt{L}}$值時之進體出體最佳之比值。此項曲綫用以確定平行中體之位置，實甚方便。

　　如在高速度船隻，其平行中體之長度爲零，則其最大截面之位置，亦影響於船之整個抵抗力。其最佳之地位，貝克及薩德勒（Sadler）二氏，均曾作試驗以研討之，惟無一普遍之結論。茲將二氏試驗所獲之據數，並參以實際船型之情形，加以分析及檢討，歸納結果，得圖四。圖中所示最大截面應在船前或後 Forward of or Aft Amidships) 之距離船長之百分比。於設計時應用，亦極便利。

　　八、結論：船型設計，本全持試驗結果以及實際經驗爲準則，以各方各意見之互有異同，參核去取，自屬必要。苟能歸納成普遍之原則，俾設計時作爲依據，更屬重要。本文卽將各方意見，熔於一爐，歸納成公式以及曲綫圖，於設計時應用，可極便利；且其所得船型，不特可合乎實際之要求，並能得最佳之船行效率，倘亦有助於設計船型之士乎。

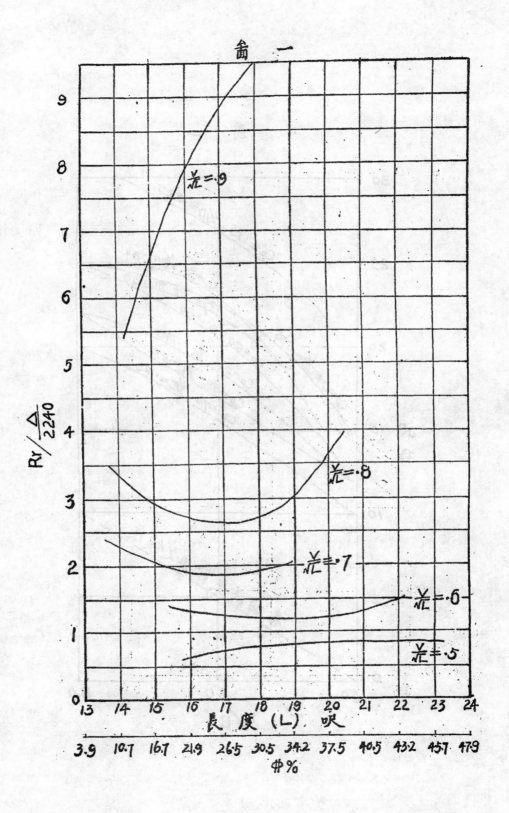

圖 一

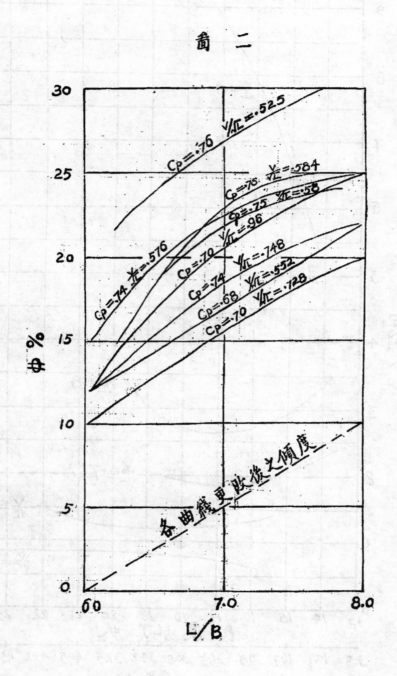

圖 二

圖　三

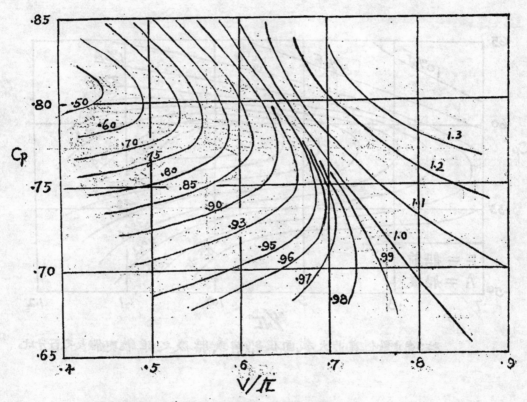

註：圖中數字表示進體與出體長度之比

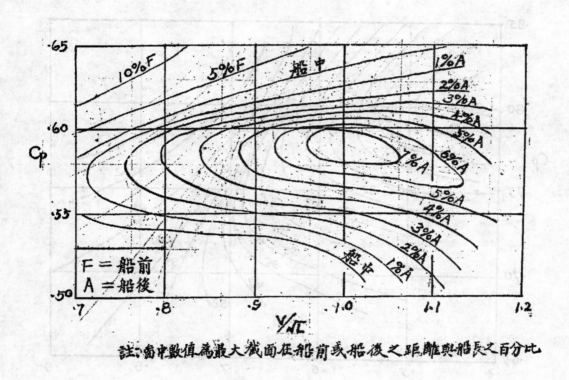

註：圖中數值爲最大截面在船前或船後之距離與船長之百分比

9462

土 壓 新 論

茅 以 昇

交 通 部

提 要

　　土木工程中，無處無「土」之關係，而土為最複雜之物質。因之賴土之抵抗之基礎設計，及以土為載重之擁壁設計，皆有若干棘手問題，而以「土壓力」為尤甚。此土壤力學之所由來也也。

　　擁壁土壓之重要問題有二，迄今未得適當解決：（一）任何建築物之外加載重，皆不因建築物之本身性質而異，唯擁壁則不然，同一土壤，施於木壁之載重，大異於石壁之載重。然普通土壓力之公式，皆未計及此，而祇根據土壤之『摩阻力』求其最大及最小限度，且以其最小壓力為設計之張本，實有背於工程設計之原則。（二）即此『極限壓力』之公式，亦大有疑問。此項公式之理論，可分古洛及蘭金兩派。蘭金派以純粹力學為立場，不計及擁壁之存在，古洛派加入擁壁影響，但又有悖力學之原則。顧此失彼，聚訟紛紜，迄今仍無定論。本會『工程』會刊七卷三號及八卷四號載有孫寶墀，林同炎，趙國華，趙福靈四君對此，兩派學說之研究，為本會會刊中最有精采之討論。惜未得有結果，殊為遺憾。而孫君且已謝世，尤足悼惜。

本文內容如下：

　　（一）根據土壓力與擁壁彈性之關係，介紹一計算土壓力之方法，俾作擁壁設計之依據。

　　（二）說明古洛及蘭金兩派之理論及公式，原無軒輊，所差別者，祇是擁壁之影響。

　　（三）介紹土壓力之一種新理論，名為『剪阻鼎力』論。蓋擁壁土壤中之一稜形忐體上，蘭金派祇計一面之『剪阻力』，古洛派計及兩面之剪阻力，而實則應計及三面之剪阻力，方能均衡。此第三面上之剪阻，為一不衡力，故名為剪阻鼎力。似此則擁壁影響，既可包括在內，而力學原理，亦可完全貫通，為前人所未道。

　　（四）根據『剪阻鼎力』之新理論，介紹新公式及新圖解法，包括無黏性及有黏性之土壤。

9463

蘭州觀感之一

蘭州是一個高原上的都市，披山帶河，理想中以為是一個地勢險要的古城，那裏住居着誠樸渾厚的居民和蒙，藏，回，新的商販。我們踏進這個都市，始覺它早已領受現代文明的洗體而成為近代化的都市了。蘭州政府當局及各界居民，對於工程師們的來到，表示高度的歡迎：在年會期內，各商店一律以九折優待工程師們的惠顧，甘省府與當地各機關工廠聯絡舉辦了物產，建設，工業，文物等四個展覽會，陳列品共八千餘件，琳琅滿目，美不勝收。就中以工業，建設兩個展覽會，最能表現出甘肅省近年來的飛躍進步。

黃河鐵橋是工程史上最有名的建築，到蘭州的第一件事先得去拜訪，這橋是穿式鋼桁公路橋，全長約225公尺，共分5孔每孔45公尺，每座鋼桁分6節（Ponel），每節長約5公尺。這座橋的偉大，倒並不在建築和安裝方面的困難，問題倒是鋼料的運輸，因為在三十多年以前的西北交通狀況下能運來這麼笨重的材料，確實是不可思議的。越過這條偉大的黃河，除去經過黃河鐵橋外，就得要靠羊皮筏了。羊皮筏上灘的唯一通航利器，該筏以整個羊皮十餘具用末條繩索連結而成，每個羊皮將其口縫紮緊鼓足空氣，宛似一個大氣艇，所以浮力極大能載千餘斤重量。在蘭州黃河各渡口，這類筏子極多，每見順流而下其疾如矢。筏子本身的重量很輕，一人之力就能措起，它的性能實不亞於新式的橡皮艇。沿着黃河沿岸眺望，水車設置得很多，這類水車土名翻車，車輪的直徑有六七公尺，它受着黃河水流的衝動，徐徐地運轉着，倒挽河水用以灌溉沿岸的田地。這也是西北的灌溉利器。

蘭州雖是高原都市，水果的產量卻特別豐富，而且種類也多。在年會開會期間，正是瓜果上市的時候，桃子，蘋果，花紅，西瓜，甜瓜，哈密，醉瓜等充集市上，價廉而物美，工程師們莫不大吃特吃，飽盡口福。而最負盛名的特殊醉瓜，具有甜瓜的香，香蕉的味，確有其獨特的味道，為他種瓜果所不能及。

西北向來氣候乾燥，缺少雨量，自工程師們來到蘭州，就下起雨來。八月四日的大雨，其勢傾盆，為近數年來所僅見者，大家都說，工程師把雨帶到西北了。在蘭州，一切條件都好，只有飲料成問題，因為水的來源取自黃河，中含沙土量特多，所以總不能貯滯得十分清淨。現在市府當局，正在籌建大小的貯水池，從事清濾，大概不久的將來，就可有成績表現。還有，市政當局目前正在寬放舊路，策劃新的市區交通網，已寬放完成的市面，煥然一新，其餘的在積極動工，到處能看到興土立木，忙於建築。

工程師們在蘭州，對於蘭市市面，實給與很大的刺激。在會餘的時間裏，大街上，商號中，隨處能看到佩着綴條半圓方徽章的會員們購買西北的各種資品。據統計，X公司的皮上衣在一個星期內推售出四百餘件。工商合作的精神，於此可見一斑。

這次年會在蘭州開幕，各界的歡迎標語裏內有「工程師請留在西北罷！」足見西北人士對工程師的熱切期望。現在年會閉幕，工程師們畢竟都回到他們原來的崗位上去。但是每個會員經過這次的實地體驗，對於西北，都已有具體而深刻的認識，以後對於開發西北，建設西北，一定加倍關切。再加上學會的領導和指示，中央和地方當局的督促推動，現在種下的一點新的實，在最近將來必能發榮滋長，而作出具體驚人的事功！

陝西灌溉事業之實際問題

劉 鍾 瑞

陝西省水利局

一、引言

陝西水利事業，自古著稱，在三秦則有六輔鄭白之成規，在陝南則羅陳蕭何班公諸堰，益以讓水廉泉，聽來尤覺雅馴，誠以陝西地處雍梁二州，厥土爲上上，爲漢族發祥地帶，關中則棉麥咸宜，陝南復饒水稻之利，則農業之良窳，莫不以水利之興替爲依歸，晚近水利失修，致饑饉瀕仍，人民一罹旱魃之浩刼，赤地千里，餓莩載道，尤以民國十八年至二十一年，關中陝南，同遭荒旱，予吾民以打擊實深，知靠天吃飯爲畏途，廣興水利之後，農業方有保障，涇惠渠承鄭國白公之後，孕育於民國八年，勘察設計於民國十一年至十三年，卒於民十九年冬大旱期間，開始興工，其第一期工程，完成於民國二十一年六月，卽白放水，搶救小米包穀等農田五萬餘畝，民力賴以稍蘇，治安賴以維繫，而從事工程者，復無間寒暑，不避虎疫，身擔十滴水，奔走原野，尤足矜式，甚至暴客跳梁，遇運工費之汽車，且安然通過，則哲理所謂「民心卽天心」適足當之，涇惠渠灌田成果，達七十萬畝，則水利之門徑旣闢，方有左右逢源之機遇，洛惠渠開始於民國二十三年，渭惠渠復動工於民國二十四年，爲關中八輔之三姊妹渠，乃設隊一面整飭舊有渠堰，一面以關中八惠爲第一目標，誠以棉麥稻田，爲農民衣食之源，而陝省地勢氣候多乾旱，向無水災，對倭抗戰以來，陝西地位，驟增其重要性，軍糈民食，縈籌並顧，而吾陝之勇於輸將，亦莫不與水利範圍所及之處爲正比例，不幸吾陝水利大師李儀

祉先生，於未竟全功之先而辭世，致在水利事業上，驟失重心，同仁等誠惶誠恐，惟虞隕越，有玷李先生令譽，有負吾陝之切望，四年以還，水利上之進展，亦有所表現，爰將陝西水利作一概括之臆念，以供獻我水工學會。

二、雨量及農作物需水情形

陝西常年雨量之分布，至不均勻，每年總雨量，有小至三〇〇公厘爲旱年，有多至七〇〇公厘爲潦年，陝南常年雨量，十年之中，有四年之常年雨量達一〇五〇以上，然各季間之分佈，以春季爲最少，夏及冬次之，以秋季常佔總雨量百分之七十，然秋季爲關中棉花結實之際，霪雨之患，並不亞於旱魃肆虐，據作者統計，大約每年春分前後，如有四五公厘之雨量，則淸明前後，常有二十餘公厘之細雨，在此季節，關中及陝南均多吹東風，如稍遇西風，卽有細雨下降，故陝諺有「長安自古西風雨」及「春雨貴如油」之形容字樣，是時之雨量，適應於麥禾之滋生，及棉田之整理，陝地雨量之觀測，與農諺之聯繫，約有三步：

一鋤雨——約當雨量五公厘，能滲入土壤下深達一鋤，若以鋤鋤地，可在一鋤之下發現現乾土。

一犁雨——約當雨量十公厘至二十公厘卽用犁耕地時，可不致發現乾土。

一透雨——約當雨量三十公厘卽雨水潤涇之深度，超出耕作深度。

9465

　　五月底及六月初，在關中爲收麥之時，在陝南爲插秧之期，兩地對於雨量之評價，各不相同，此時之暴雨不甚爲害，如有霉雨，則麥實黑銹，甚至出芽，農業上損失頗重，而稻秧得之插齊，殆無疑義，此時降雨之風向，仍多爲東風，七月間多爲丘陵陣雨，在陝南降雨，密度甚大，有十三分鐘降雨二十六公厘之紀錄，故坡地甚易聚成洪水，奔流入河，此種雨勢，常爲工程上之大害，八九月之霖雨，據個人之觀察，多屬西風生成，東風吹來雲量及降雨機會，反不若西風生成雨量爲大，此種降雨密度，常以每日六十公厘，繼續五六日不停，雖不致爲稻田之大害，而棉產當受影響，十月之後，雨量稀少，農田又須忙於儲水存水矣。

　　雨量分佈，旣不均勻，則人工灌漑，爲絕對需要，各項農作物需水情形，各有不同，而灌漑最迫切之時期，爲春夏兩季，在春季春分之後，如雨量缺少，則棉田之初耕，及麥田之起身：均需供水，而此次需水之時期，以溫度不高，故提前三五日與落後三五日施水，農田均無顯著之差異，陝南區自五月十五日至六月底，爲需水最多時期，蓋全部麥田隨收，隨卽灌水，深耕之後，卽須插秧，在去年及今年漢褒兩渠之統計，農田此時之需水，須非深達二十五公分不可，如土質中之含沙性過多，此項深度，仍有不足之處，但農田插秧，如將早稻晚稻平均分佈時，給水之調劑，尙可應付，否則爭水之事，在所難免，七月初間，各處秧苗插齊，初試灌水，每次僅八公分，至十公分爲已足，惟須視土壤情形，分作三日五日七日之間，隔輪灌，夏雨已至，農田收成有望，而渠道施水之責任減輕，關中爲產棉之區，與陝南情形略有不同，五月秒至六月十日，爲收割麥田時期，此時棉苗尙幼，不能施水，直至夏至之後，如雨澤愆期，則棉苗固需初次施水，而麥田收割之後，亦需用水。以佈包穀及小米等秋田，而此時正屬河水量枯水時期，爲農產物豐歉之關鍵，如夏間初雨早降，旣可不成問題，否則祇有擴充儲水，方能補救此項缺陷也，關中給水，入伏之後，尙有嚴重問題，卽河水之含沙量，如超過以重量計百分之五時，卽須停止引用，如此種含沙河水，放入渠道，則以渠中流速較小較穩，泥沙逐漸沉澱，淤塞渠道，縱河水含沙逐漸撥清，亦以渠道淤塞之故，而不能引水，且泥水如係紅色細泥，沉澱甚緩時，放入農田，可資養土，若係大粒白沙，滾入渠中，爲害最甚。

三、陝西各渠之供水量

渠　　別	幹渠供水量	引用水源	灌　漑　面　積	農　作　物
涇　惠　渠	每秒以公方計 二〇	涇　　河	畝 七五〇，〇〇〇	兩年三收麥棉各半
渭　惠　渠	三〇	渭　　河	畝 六〇〇，〇〇〇	兩年三收麥棉各半
梅　惠　渠	八	石　頭　河	一三二，〇〇〇	麥棉及稻田各半
織　女　渠	二	無　定　河	一一，〇〇〇	麥及小米
漢　惠　渠	一一	漢　　江	一一〇，〇〇〇	一年兩收麥及稻
黑　惠　渠	八	黑　水　河	一六〇，〇〇〇	兩年三收麥棉各半
褒　惠　渠	一五	褒　　河	一四〇，〇〇〇	一年兩收麥及稻

以上已成渠道總供水量每秒九四公方，共計灌漑面積一，九〇三，〇〇〇畝。

洛 惠 渠	一五	陝西洛 河	五〇〇,〇〇〇	棉麥各半
灃 惠 渠	一一	灃 河	二五〇,〇〇〇	棉麥各半
定 惠 渠	六	無 定 河	七〇,〇〇〇	麥及小米
渭 惠 渠	一六	渭 水 河	一六〇,〇〇〇	麥稻兩季

以上進行中渠道供水量每秒四八公方,灌溉面積九八〇,〇〇〇畝。

根據各地雨量,及各河水文記載,規定各渠之供水量。

一、各渠供水量,應以農作物需水最多之季節,以最短之分佈,期其完全灌溉為目的。

二、各渠之供水量,不為各河之最小流量為限制。

三、各河最小流量之季節及時間,為管理灌溉區域用水多寡之依據。

四、各渠幹渠支渠及農渠,以能排除引水中含沙達百分之五之重量輸入農田為限,故各渠流速有最小限度。

五、各渠引用含砂較大之河水,在渠首上須有排沙閘,沉沙槽,及自動排洪閘為最低之設備。

六、各河平常水位,超出供水量時,仍須謀供水量之擴充,以期減少輪水時間。

七、各渠灌溉面積,應以清丈註册,作為分水之根據。

陝南各渠之滲漏量甚小,因陝南係紅土質,不透水性甚強,關中黃土,則滲漏率較大,因此在陝南每次降雨在八十公厘,則溝渠之中必發洪水,關中雨量達一百二十公厘時,溝渠始有洪水現象,陝南各河含泥沙甚少,故引水設備,僅防止其粗沙滚入渠中,河中細泥,性質肥沃,宜於農田,且含沙量最大,不過千分之五,故無害渠道,惟洪水時期,拒絕洪水入渠為陝南各渠工程目標之一,蓋所以保障農田之收穫也。

四、灌溉系統之設計

陝西因自然之地勢,區分為關中,陝南兩區,關中為黃河流域,所有河流之洪水及挾沙情形均相若,陝南則地屬漢江上源,漢中盆地,由漢江兩岸之支流冲積而成,以地屬上游,故少舟楫之利,而到處蘊儲天然水力,且水流清澈,無復泥沙之為害,故以水性談灌溉,則陝南反較關中為適宜,惟關中平疇沃野,一望無垠,苟稍予水事之解決,則豐收可預期,尤以抗戰以還,軍糈民食,在在需要實物,是灌溉事業,只要引水有源,不虞灌溉無田,關中灌溉依次舉辦,蓋有由也,各灌溉區之割定,均先以自然地形,及農民耕種習慣,及引水水源而決定,水源既有把握,分水地位及渠道尾閭,逐一考慮,以便上下一氣,免致洊水為患,所幸陝西各地地勢,均有自然之傾斜度,其地位適足以排出過多之水量,是以陝西所有灌溉工程,均少排水之設備,而農田用水,毫未受影響,較諸印度埃及等灌溉事業,省費甚多。灌溉範圍確定之後,進而謀工程上之查勘及設計,作為初步估價之依據,此項工作,最饒興味,不但對工程本身各方須考慮周詳,而農民一旦探得該區開始作水利上之設計,莫不簞食壺漿以迎,蓋農民心理,已完全感動於歷年來政府對於水利之設施,而不自覺也,如漢惠渠成,則洵縣農民自動興修黃龍崗渠道,四閱月而渠道成,灌田達六千畝,襄惠渠成,則南鄭西鄉等縣,且自動呈請省主席速代規劃小規模之水利事業,均為實例。

勘察設計,最覺繁瑣之處,在陝南為天然溝通道排洪問題,在關中為通過高深之黃土梁之飛渡問題,尤其在抗建期間,工料兩缺,偶一不慎,在工程上為經濟效用,而實

際上對於經濟數字又不盡同意、是以每一工程，必須考慮。

一、工程經費之來源，是否能勝任而有餘。

二、收益地獻，是否在定期之內，確能償還所村出之工程費，

三、工程本身之經常修養費用之籌措，以期由工程時期，進入管理時期，不致中途脫節，而工程本身，反為吃虧。

四、工程之可能性，如徵工挖土，固可節省經費，而土方數量，與民工數目之配合，亦須有最高限度，大約全縣每年徵工二個月，每人每日以一公方，為最高限度，即每人每年可負擔土方六十公方，如有土方六十萬方，即須動用民工一萬人，在現時後方，尤宜注意壯丁問題。

按涇惠渠三十年度徵工挖土，共計土方一百萬公方，共計徵用六十六萬五千工，最高填土為十一公尺，最深挖土為七公尺，工作效率為每工一、三公方，為本省歷年徵工成績之冠。

五、關於工程本身，尤應考慮水源之高度，大壩攔水之高程，引水入渠之方法，及洩洪之設備，以及輸水渠道之坡度深度，及橋梁跌水之地位，每項工程，均可影響灌溉之實效，均須由遠大處設想，及擴充可能性之考慮，方可不致因小失大，侷促一隅。

五、引水設備

引水工程，包括攔河大壩，進水閘，冲沙閘，排沙閘，及排洪閘等事，陝省各渠引水設備情形列表。

渠別	攔河大壩 長公尺	高公尺	壩基	滾水最高紀錄	冲砂閘	進水閘	最大引水景（每秒公方）
涇惠渠	七〇	九·二	岩石	一三公尺	礦口一處	潛孔式三孔	二〇·〇
渭惠渠	四五〇	三·四	砂基	二·八	二孔	俯冲及滾流式六孔	三五·〇
梅惠渠	一五〇	三·二	亂石沙基	一·五	一孔	俯冲式二孔	九·〇
織女渠	闕				一處	一孔	三·〇
漢惠渠	二〇〇	三·七	砂基	二·五	四公尺兩孔	雙層閘門調劑式三孔	二〇·〇
黑惠渠	九〇	三·五	亂石砂基	三·五	二孔	俯冲式二孔	一六·〇
襃惠渠	一四〇	四·二	岩石及亂石砂基	初成	三孔	俯冲及滾流式五孔	三〇·〇
洛惠渠	一五〇	一六·二	岩石	四·五	二孔	潛孔式二孔	二〇·〇
灃惠渠	一四〇	二·五	砂基	進行中			
定惠渠	八〇	三·〇	風化石基	進行中			
滑惠渠	二〇〇	四·〇	砂基	進行中			

攔河大壩，均為滾水式，以洛惠渠壩為最高，以渭惠渠壩為最長，以灃惠渠過水為最大，漢惠渠以次各壩，均以洋灰缺乏，築壩材料，均採用石灰及少量洋灰，雖時間務求大壩本身堅固，而石灰築壩，究屬放胆之嘗試，相期能於洋灰產量問題解決之後，再

另行加固，以資永久，未知石灰所成滾水壩，究能捍禦洪水否？作者應特別提出向讀者恭請教益。

關於防沙入渠，在涇渠上並不十分滿意，雖又滾築排洪排沙等等設備，而仍未滿意，在渭惠渠上對於沙量，雖詳爲考慮，期以多加閘門，使河水緩緩入渠，而結果仍須仔細管理及精確之測驗，故在漢惠渠上採用雙層閘門，使河水滾過閘門而後入渠，則砂粒自易沉澱於渠外，試用以來，成績尚佳，後渠則又放寬引水面積，則砂粒已無由入渠矣。

荒溪河流，至枯水位時，河流一線迂迴於壩上，引之使入渠道，其迂迴愈長，則挾砂力愈弱，要不致爲渠道之患，惟入渠之後，感分配之不足，是可慮耳。

壩頂之高度，與進水渠水面之高度，爲工程計劃上之考慮問題，在陝省各渠，均使渠中最高水位，較壩頂地位，低二三公寸，作爲敷餘之用，而引水入渠之第一節渠道之降度，務使其稍大，以便易於引水，如土質與速度不合時，可採鑲渠辦法鑲砌之。

引水閘門之機械，取其簡單適用，而不易爲人竊取爲原則，防沙及防雨均須顧及周到，而各項機件，須隨時校正擦油，尤爲需要，往往以格於經費而致缺油，爲抗建中之現象，而工程家尤不得不眼到口到。

引水閘門門槽之漏水問題，在平時本甚易處理，即在閘門之兩面，加五層厚八寸寬之膠皮帶一幅，水之壓力即可將皮帶與閘腦壓實，而現時採用羊毛毡四層，用桐油浸透，用蔴繩反覆釘作一氣，再作成長條壓入門壁之中，效力亦佳，閘門漏水，在枯水時期最爲緊要，故須用方法使閘門漏水，減至最少機會。

六、渠道選綫

灌溉區域中地形，既有實測圖幅，則渠道之高程，及路綫之選擇，即有依據，陝省各渠之定綫，多依以次各條件。

一、由地形圖中，先規定渠綫經過各地點，須注意山溝之排水，土方之經濟，及深壑之繞避。

二、須具有遠大之眼光，假定渠道施水之後，農民用水及管理之便利，與夫水道中水頭之損失，及跌水之利用等項。

三、在不能避免之挖深及填土，須注意廢土之堆積，及取用之來源，更須觀察擬定渠底，是否經過沙石層，或其他透水層。

四、渠道之選擇，宜多取挖方，少施填土，蓋填土地段，不但土方工程加多，且永爲渠綫上之弱點。

五、渠道兩岸之超出足水位之規定，至少須有一公尺，以備將來加大水量時，無須再更易渠道。

六、渠頂兩岸之寬度，最好以能行駛馬車爲最低寬度，以二‧四至二‧六公尺爲合宜，如用作汽車路，可用四‧五公尺寬度，蓋灌溉區域施水之後，一切鄉村道路均須改觀，不妨以渠皐作爲理想上之大路，以溝通之，非但便於管理渠道，且可有助農村交通，涇渭兩渠上各渠道，均已成鄉間幹路。

七、渠道選定之後，應實地考察至少四次，在每次考察之後，必發現各項缺點層層，考察愈周，將來渠道施水之後，收效愈宏。

總之在幹渠上段，取其平直，多注意其輸水效能，務使一勞永逸，幹渠逐漸下移而分水，至下段則不妨多配合地形，蜿蜒而行，以免增多土方，幹渠之流速，以能使土質不致冲刷，且能排出適宜泥沙爲度，在關中各渠，最大平均流速，可達一‧一公尺，最小平均流速，亦不下〇‧七公尺，而黃土之特性，凡挖土地段，渠道能勝任較大流速，

而墳土地段，則挖護爲難，陝南各河含沙最小，故渠道流速，定爲每秒〇・八公尺爲最大，渠道降度，均採用四千分一至二千五百分一不等，施水以來，尚屬適用。陝南各渠，排洪問題，特別嚴重。如漢惠渠經過澧水河，舊洲河，及黃沙河三道，及山溝三十餘處，在平時均係乾溝，一遇暴雨，洩洪特甚，且因地勢之關係，幹渠通過澧水河時，須採用倒虹吸式，通過舊洲河用平交式，通過黃沙河則架木製渡槽，以洪水不定，迄今三處建築物，尚未完全穩定。

褒惠渠上，通過山溝甚多，依工程之需要，宜架設渡水槽，但以當地環境，仍係涵洞式，上塡素土，有高達十一公尺，長達二百公尺各段，現初經秋雨，尚未完全安全。

洛惠渠道，在五洞鐵鑛山之上，因多深溝高塹，故渠道及一切建築物，務取其抬高，以減少土方，及減短穿洞之長度，而通過鐵鑛山五號洞之後，以灌漑面積地勢，平坦，則渠道務取其低降，以迎合當地地勢，近以五洞鑿成有待擬變更計劃，先施灌五洞上游各處，兼及五洞工程。

七、工程管理

陝省各渠工程，在渠道選定計劃核准之後，即設工程處，依照計劃逐步施工，關於工程上應用之工具，均由工程處統一備辦，工程材料，則以最經濟之原則，設法就地取材，如漢惠渠大壩附近，用白灰一項達二百萬斤，由開工之時，即設法先購齊泥煤燃料，由石鑛中採用廢料，用以燒灰，隨燒隨用，省費不少，關於工程材料之籌劃，最大問題爲運輸之管理，以現値非常時期，欲運用普通方法，及計算時間，以達到運輸目的，確非易事，而工程材料，動輒數百噸，或數千噸無已，祇有儘可能自己修路造車，購辦騾馬等，非工程上之設備，因以加多，如陝南各渠，在重慶購洋灰一千桶，需時一年，可運到廣元，而洋灰失吉之損失，均在半數

以上，近日陝省雖稍產洋灰，而由關中陸運至漢中，亦須半年時光，其間時效上之損失，未可以金錢計也，工程上之次要問題，即工款與工人之配合，工款之來源不一，而籌措者，有難乎爲繼之慨，而工款一見短促，工人即生問題，及乎工款撥到，而工人又早星散，招集爲難，兼或物價變更，局部工款，又不能應付現狀，凡此種種，在爲大時代中必然之過程，在實施工程者，必須忽而正言厲色，忽而低聲下氣，以求其作通而已，抗戰以還，陝省計努力完成者，有黑惠，漢惠，及褒惠三渠，而正在進行之定惠，澧惠，渭惠，仍度此不平凡之工程生活也。

八、灌漑管理

工程期間，與灌漑範圍中之民衆，有極少之接觸，工程完成，而施水之後，即完全入於管理範圍，陝省採取之管理方法，爲自動管理，以發揮民治精神，並先由淸丈地畝着手，次及組織民衆，淸丈全區地畝，應由淸丈隊負全責，關於基線及地形，均須詳爲測定，再由地形圖中按地畝實況，逐段丈量及計算，並記載地主姓名，及地畝種類，陝省淸丈地畝所定之縮尺，爲四千分一，及二千五百分一兩種，陝南各渠，均採用二千五百分一之縮尺，尤以稻地零散，淸丈頗費周折，進行速度，在關中淸丈每班三人，每日可淸丈五百畝至七百畝，在陝南每班每日僅進行一百五十畝耳，但淸丈地畝，爲澈底之工作，寧使圖幅準確，不必急於求功，否則淸丈錯誤，更改不易，反致有礙工作也，淸丈時期，最理想之辦法，爲通知農民在自己地畔四週，各樹界樁，並註明業主及地段畝數，則淸丈人員自易進行，但實際農民多取旁觀態度，對於淸丈並不熱心，因即沿段以保長或其代表，常川與淸丈員聯絡，以調查地主姓名，所有村莊坟園及不能灌漑之高地，均暫不淸丈，全區施工以來，將巳往之官地公地及黑地，均可按圖索稽，不能隱瞞，

清丈結果，可證明以下各事：

一、舊口畝制，與六一四‧六平方公尺折合，舊畝制相差為百分之十五至二十。

二、舊口土地陳報之管業執照，多與所耕種之地段，完全不符。

三、地段愈大，其所差之比例數愈多。

四、農民願將地畝儘量作零星分割，以規避其他土地上之義務。

五、農民對於完善之清丈政策，甚為擁護。

清丈之後，繼之以農民註冊，並收註冊費若干，作為清丈之經費，農民即憑註冊證享受用水利益，而管理局即依註冊之畝數，作分水之依據，兩方均稱便利。

農民用水，依村堡及天然地形，劃分農渠，每渠之中，公舉渠保一人，按年輪流，向該村民眾分水，既不得取值，又須以農為業，農渠渠水由幹渠引來，其引水口，安設斗門，（按斗門名稱，為陝省歷史悠久之名詞，古制分水入農田，以量米之斗橫過渠上，以便放水灌溉農田，凡寬高面積，與一斗相等時，稱一斗，再大稱二斗三斗等，此水口即稱作斗門，以保持陝西之歷史性，）斗門大小，以能在一定期間，灌溉全部農田為原則，斗口設斗夫一名，由各村渠保公舉，斗夫受管理局之指揮，諸凡用水時間，及用水多寡，均由管理局用書面通知斗夫，斗夫再根據各農渠放水情形，分佈全部水量，凡一斗之中因用水關係，農民有所爭執均須求直於斗夫，但多數農民如認為斗夫處理不公平時，得呈請管理局更換，各斗間灌田面積，即依照各家之註冊證作根據，如有變更，由斗夫呈報管理局，各斗之遲緊，亦甚重要，管理局按地勢之情形，由三四斗之連合，公舉水老一人，以年高有德務農著業者為合格，水老鄉望甚重，每每一言九鼎，幫助推行管理事宜甚多，如涇渭渠上水老會中各水老，均已深切明瞭水利之重要，以及農民之

責任，及管理之改進，莫不濟濟一堂，推誠相見，故管理事業，實有賴於民眾之自省自覺，余常謂水利管理，善利用之為萬民之利，若一意孤行蔑視法令，往往釀成劇烈之民變，是以處理事務，以絕對公平為原則。

九、灌溉之將來

陝省灌溉事業，經李公儀祉之創建，十餘年之努力，同仁所抱恆心，始有今日灌溉已成未成遂三百餘萬畝之成就，惟推行水利之目標，余認為政治經濟技術三者並重，缺一不可，農田水利，幸可獲益無窮，但為發揚國民經濟，故政治家之眼光，應以水利事業為解決民生問題之有效方法，盡量倡導鼓勵，務使民氣蓬勃，於水利之功用，使排任何阻礙，且善用農暇，及時興工，諸凡濬渠、鑿塘、塔水，均予普遍指揮，則農民心理，不以荒旱為可慮，即如陝省耕田，與已成水田相較，僅佔百分之五，每年春夏之交，農民均額首望雨，但一轉念陝省如許之水地，又復興高彩烈，不作畏怯之想，則農民精神，已懷最大之安慰，而社會之安寧，及糧食之囤積，無形予以指揮，而農民經濟，顯然活躍，試觀涇渭兩渠，遍地嘉樹成蔭，無論器材，足資補給，而毓秀所鍾，有悠然自樂之概，故政治家宜放胆提攜水利，予以更多更偉大之成就，而經濟家更應由一省之國民經濟，作統盤之籌措，必期十年之後，農民得食惠無窮，則技術家之出力出汗，冒暑冒寒，精神可得快慰，事業可望早成，惟念大時代中建築材料有限，祇有應用已有及可能之材料，以新式之方式，作最合理之應用，而反觀農民之所期，與夫政府所予之責任，有不得不懍然警惕，有蝸牛負山之苦，然工程師之職業，為解決民眾利益，一旦高瞻遠矚，又不覺怡然自如。

陝西全省耕地面積，估計約有五二，五〇〇，〇〇〇畝，按人口一千萬計算，每人平均僅有耕地五畝餘，今以已經營之農田水

利三百萬畝，益以舊有農田水利約一百萬畝，不過四百萬畝，則農業基礎，當甚薄弱，惟陝省黃河漢江嘉陵江各河系，最小水位之供給量亦有其限度，故陝省農田水利第一目標先完成水地五百萬畝，期於最近五年之間完成，再次進行蓄水鑿塘，及開闢渭河及黃河灘地，以期達成八百萬畝，並不為過份之奢望，惟水利事業，在於經常之努力，技術

人員，配備適當之經濟能力，由政治家之指揮，埋頭邁進，則成功之期，並不太遠，尤有進者，農田水利興修以來，各渠之水力事業，相副而有發展，且水力散布於農村之各個角落，是農村之副業，亦可次第建設，則農產工業化之事實，將逐漸開展，有裕民生，亦復不淺。

祝工程師節

（三十一年六月六日大公晚報）

　　今天是工程師節。我們願乘此節日，對全國工程師們過去的努力和未來的使命，深致慰勉期待之意！

　　中國接受西方科學方法，以處理工程建設，為時不過數十年。在過去數十年間，國內鬩亂頻仍，根本無建設可談，縱有工程人才，亦無從紓其抱負，以求貢獻於社會國家。迨近年抗建大業展開，工程建設需要一切，各項工程人才，纔有機會盡其所能，以赴事功。近年來偉大公路的建築沿海工業的內遷、輕軍器的自給，以及大後方重工業基礎的奠定，莫不出自工程師們可貴的努力。至於參加前線軍事工程的建設，或從事各地工程測量、勘查、研究等等工作，奮不顧身，與槍彈、疾病、困苦相搏鬥，其所表現的卓越精神，尤令人不勝健佩！

　　中國在物資、設備、技術，以至交通運輸各方面都有限制，所以工程師的工作，倍見困難。正因其能克服困難，工程師的成就，也愈可珍貴。現在我們正以全力抗戰，工程師固應不怕困難，擴大對戰時建設的貢獻，即在勝利之後，也要本此精神，以促建國工作的完成。國父在物質建設一書的序文中說過「中國富源之發展，已成為今日世界人類之至大問題，不獨為中國之禍害而已也。惟發展之權，操之在我則存，操之在人則亡，此後中國存亡之關鍵，則在此實業發展之一事也。吾欲操此發展之權，則非有此智識不可……」又說，「此書為實業計劃之大方針，為國家經濟大政策而已，至其實施之細密計劃，必當再經一度專家之調查，科學實驗之審定，乃可從事。」近來工程師們對實業計劃，已進行有系統的研究，今後為實現此項計劃，工程師需要出力的地方最多。任重道遠，希望工程師們多多努力，向前奮鬥！

桐油榨製技術改進之研究

簡　實　顧毓珍　傅六喬

經濟部中央工業試驗所

一、引言

桐油乃我國特產，爲出口之大宗，考我國植物油之生產，向賴於散佈鄉村間之土法油坊，桐油亦然，植物油類榨製技術之急待改進，以求其產量之增加，品質之改善其理至明而以桐油爲尤重要中央工業試所油脂試室，數年來對於植物油籽壓榨時之基本因素，已作有系統之研究，並曾先後在國內外雜誌中發表矣，關於雙效式楔形壓榨機之設計已於去年工程師學會年會中發表過。本文係綜合一年來關於桐油榨製技術改進之試驗與研究結果加以分別報告，先從桐籽爲出發點，研究其烘烤方法與改良炕灶之設計次則研究桐籽桐粕中水份與桐殼含量對於產油量之關係，榨取時改用新設計之雙效式楔形榨床並試驗加溫關係與第三榨加壓試驗，最後曾將桐殼含量與桐油品質之影響加以試驗，得知增進品質，應多去硬壳各項研究結果均分改敍述於下，我國數千年來相傳之固有榨油技藝至此已能用科學之方法加以解釋與改進矣，吾人深信此項改進方法，特別在後方機器缺乏之時，值得普及推廣對於我國物產之桐油，非特可增加其產量，抑將可改良其品質也。

二、改良土法榨床
（附圖一、二）

按土法榨床爲中世紀遺傳之物普遍存在於我國鄉間供各種植物油壓之用吾國出口油料幾均賴之生產值茲抗戰期間新式機器無由

輸入且交通梗阻原料不易集中估計二十年內此項土榨尚不致於被淘汰由近代之機械取而代之，本廠逐積極設計改良俾能增加生產效率及減低生產成本，先於二月份內設計製成改良式榨床縮小 $\frac{1}{4-5}$ 模型一具後卽正式採購材料，加工監製新型榨床越六月始克完工後歷多次試驗結果頗能符合設計者之理想，遂定名爲雙效式楔形榨油機茲將其特點及試驗結果概述如后：

（甲）加壓部位移置榨機中間部位——舊式楔形榨油機之加壓部位係置於榨機右側，籽餅則排列於左側，楔形尖所承受撞捍突擊之，分爲二種撞力向兩相反方向傳遞，其一分撞力爲榨身夾壁所阻，全部消耗於無用其另一分撞力，則由圓形木餅次第傳達及於籽餅，油因而流出，今將加壓部位移置於榨機中心左右兩側做成等長之上元與下元排列等最籽餅兩分撞力均得儘量利用毫無無損耗壓榨效率乃增高一倍觀第一表雙效式榨油機與舊式榨油機壓榨桐油產油率之比較可知兩種榨油機之壓榨能並無任何差異雙效式十二月九日之一榨出油率達百分之三二、九二舊式榨油機十二月十六日與十七日榨出油率爲三一、九六雙效式榨油機之效能似較舊式榨油機之效能稍優但十二月五日雙效式之一榨其出油率低至二九、五六則其壓榨能似又稍遜於舊式者苔將十三日及十九日兩榨出油率平均之其平均率爲三一、二四相互比較其數字差額甚微；可稱爲相等，此卽證明其壓榨能相等，因雙效式榨油機，可全部利用其由撞

竿及楔形尖造式之二分撨力，且在構造上其各容納籽餅處較舊式者增大一倍，故雙效式榨油機之效率比舊式者增大一倍，即在同一時間內產量可增多一倍。

表一：雙效式榨油機與舊式榨油機壓榨桐油出油率之比較

試驗日期	榨者	桐油重量	榨別	餅數	出油量	出油率	內榨出油率合計數	備考
5/12	雙效式	499市斤	頭	30塊	91.5市斤	18.33%	29.56%	
5/12	雙效式	499市斤	二	30塊	57.3市斤	17.32%	29.56%	
9/12	雙效式	486市斤	頭	30塊	108.0市斤	22.22%	32.92%	
9/12	雙效式		二		52.0市斤	10.70%	32.92%	
11/12	單效式	483市斤	頭	30塊	100市斤	20.70%	31.76%	
11/12	單效式		二		56.6市斤	11.66%	31.76%	

（乙）人工及時間之節省——雙效式榨油機之設計既能利用二分撨力，按之工能定律工作時間必可減少，人工因以節省，證之事實亦然，現第（二）表工作時間合計數欄知雙效式榨油機之操作時間較之舊式榨油機之操作時間縮短竟達四小時之多。揆其原因所在，在於雙效式榨油機之結構，籽餅係分兩面排列容量增大。在空間上言，工人可在同一時間內分途工作毫無妨礙，若舊式榨油機則不然，以能容於雙效式一榨之籽餅數量須分三次裝置，每次上榨下榨費時極多，此外人工操作之純熟，亦稍有影響於操作時間之減短或增長。

表二：雙效式榨油機與舊式榨油機壓榨桐油工作時間之比較

榨名	榨別	原料重量	榨餅時間	上榨時間	加壓時間	休息時間	榨油工作時間總計數	頭二榨工作時間合計數	備考
雙效式	頭	499市斤	57'	10'	81'		148'	311'	
雙效式	二	499市斤	55'	5'	103'		163'	311'	
雙效式	頭	481市斤	50'	10'	62'		122'	282'	
雙效式	二	481市斤	55'	7'	98'		160'	282'	
單效式	頭	483市斤	76'	12'	121'		209'	533'	
單效式	二	483市斤	125'	15'	184'		324'	533'	

（丙）榨床成水平式——考舊式榨油機之安置，均成一四十度左右之傾斜度，其用意不外助油液之流動，今雙效式榨油機則在榨身下元內挖成向左右兩邊傾斜之傾斜面。油液仍易流動，榨身裝置遂可改為水平式。

三、改良桐籽炕灶
（見附圖三）

桐籽炕灶在榨油工程中用於烘乾潮溼桐籽水份，使易於研磨成粉，舊式油坊每烘乾一榨桐籽，輒需時一晝夜，燃料之消耗既不合經濟原則，時間之浪費亦影響於生產效率，考桐籽乾燥，其中所經過之步驟不外以下兩點：（一）水份自桐籽仁內部擴散至桐殼表面。（二）水份由桐殼表面賴熱能而起蒸發

作用，再分散入空氣中，此種擴散與蒸發現象，直接連繫於桐籽之乾燥率，而桐籽之乾燥率又爲空氣中之相對溼度流動方向速度及溫度所支配，就中尤以溫度最能增加蒸發與擴散二率，蓋溫度增高能使水份之黏度降低易於擴散，溫度增高亦卽水汽之平衡壓力增高，因此蒸發率亦形增大，復查舊法油坊烘乾桐籽方法爲爐火間接加熱式，其爐灶爲長方形，中鋪一篾席上盛桐籽，每灶可容三百五十斤左右，桐籽堆集層，厚度達十四生的米突，灶上無蓋，熱空氣由下而上穿過桐籽層，水份則由外層桐籽中，自由散佈於空氣中，其溫度始終在五十四五度左右之譜，此種炕灶之缺點有二：（一）溫度太低且不均勻，影響於蒸發及擴散二率，（二）桐籽堆集層過厚，蓋桐籽堆集之厚度與乾燥速率成反比，本廠經多次設計改進與實驗，決定將舊式略加以改良，築成新型複式炕灶，此項改良式灶之上部盛桐籽面積，較之舊式者，約增大五分之二，面積大則桐籽堆集層之厚度減低，乾燥速率增高，乾燥時間縮短，此外爲謀提高及均勻溫度起見，將灶門一個增加至二個，並改排列於長方形之長邊，溫度因以提高且能均勻，就普通一般油坊所有之舊式灶而言，灶門均開於長方形短邊之一方，故進身深熱量傳遞遲緩，且不均勻，近爐火處溫度恆高，桐籽水份蒸發與擴散二率亦高，遠爐火處溫度恆低，桐籽水份蒸發與擴散二率殊低，複式烘灶則無此弊，因灶門已改做在長方形短邊之一方，且其數有二，炕灶進身乃等於長方形短邊之長度，距離縮小，熱量始能傳遞均勻，而火源兩個並列一排，偶遇熱量不平衡時，自易起對流作用，終至保持一定適宜狀態，複式炕灶之另一特點，卽在桐籽篾摺上之中央部位添插一木板，此板並能提起，放下，以便於翻烘，另立炕灶短邊牆上，挖成一缺口，長約二呎，上插一檔板，可以隨時抽開，作成桐籽卸出出口，此項炕灶經實驗結果，不獨能使桐籽乾燥

時間由舊法之一晝夜，縮減至九小時，同時在操作手續上，亦已由繁變簡，由間歇式變爲連續式，蓋舊式炕灶翻烘桐籽時必須將桐籽全部由灶上鏟出，傾入籮筐中，然後重新裝入，始能使上下層桐籽互相顛倒，在同一時間內，非俟一灶桐籽烘乾後，不能加入溼桐籽於灶上，今複式炕灶則不然，最初將桐籽裝入第一炕上（卽靠近無缺口牆緣之灶）維持溫度至八十餘度，越四小時，下層桐籽已相當乾燥，此時抽開中央隔板，用耙將之推移至第二灶上，則上層較溼桐籽，入於第二灶底部，是時第一灶已空，卽可裝入待烘潮桐籽，再越四小時許迨全部桐籽完全乾燥後，抽開缺口處之檔板卸下乾桐籽，第二灶乃空，又可將第一灶上之桐籽轉入第二灶上，如此循環不斷，於二十四小時內，能烘乾桐籽二千斤，約等於舊式炕灶效率之五倍餘也。

四、產油量與桐籽粕水份含量之關係

本試驗在求得壓榨時桐籽粕中最適宜之水份含量以增加產量，本所前曾於試驗室中求得吾國最普通植物油籽數種之最適宜水份含量，其平均數爲百分之六至百分之十。過少則產油量降低，過多則油類成品中水份過多。影響品質，觀第三表及第四表。可知舊桐籽頭榨時籽粕水份含量，應在百分之九左右，其產油量可在百分之二三以上，二榨水份含量，應在百分之十四左右，最爲適宜；至若新桐籽則不同，見第五表知蒸養時間，八分與九分一組，產油量較低，應以頭榨四分鐘，二榨四分半鐘爲妥，從經濟立場上言，自以四分四分半鐘能節省燃料。若言蒸養時間之配合，普通如蒸灶火力不變，蒸鍋水量固定則蒸養時間延長水份增多，觀表中數字，便知頭榨八分，二榨九分一組，產油量最高達百分之三〇、二八。次爲四分與四分半之一組，產油量達百分之二九、八九。

表三：產油量與水份之關係（按沿舊桐籽）

試　驗　日　期	乾桐籽重量（市斤）	榨別	蒸煮時間	水　份	產油量（市斤）	產油率	總產油率
$^9/_4$ $^{16}/_4$ 兩榨平均	324.5	頭二	4' / 4'-30"	8.91% / 14.43%	70 / 27	21.07% / 8.72%	29.89%
$^{11}/_4$	319	頭二	4' / 5'	8.8% / 14.23%	70 / 23.5	21.94% / 7.36%	29.30%
$^{20}/_4$ $^{21}/_4$ $^{22}/_4$ $^{23}/_4$ $^{24}/_4$ $^{28}/_4$ $^{29}/_8$ $^{16}/_5$ $_3$ 兩榨平均	329.5	頭二	4' / 5'-30"	8.83% / 12.61%	63 / 24.7	21.35% / 8.37%	29.72%
$^{12}/_4$ $^{13}/_4$ 兩榨平均	324.5	頭二	5' / 6'	8.21% / 14.82%	66.25 / 25.75	20.41% / 7.90%	28.35%
$^{14}/_4$ $^{15}/_4$ 兩榨平均	327	頭二	6' / 7'	8.71% / 14.00%	67.7 / 27.5	20.71% / 8.41%	29.12%
$^{16}/_4$ $^{17}/_4$ 兩榨平均	325	頭二	7' / 8'	8.43% / 12.36%	66 / 27.5	20.30% / 8.47%	28.77%
$^{18}/_4$ $^{19}/_4$ $^{23}/_4$ 三榨平均	323.6	頭二	8' / 9'	9.11% / 13.92%	70 / 28	21.63% / 8.65%	30.28%

表四：產油量與水份之關係（沿川舊桐籽）

	乾桐籽重量（市斤）	榨別	蒸煮時間	水　份	產油量（市斤）	產油率	總產油率
$^{18}/_{12}$ 兩榨平均	426.5	頭二	4' / 5'-30"	8.87% / 14.23%	85.5市 / 32.25斤	10.05% / 7.50%	27.61%
$^{19}/_{12}$ 兩榨平均	421	頭二	4' / 4'-30"	8.70% / 14.64%	84.5市 / 36.0斤	19.69% / 8.43%	28.10%
$^{20}/_{12}$ 兩榨平均	418	頭二	8' / 9'	8.37% / 14.34%	84.5市 / 34.0斤	20.21% / 8.13%	28.34%

表五：產油量與水份之關係（新桐籽）

	乾桐籽重量（市斤）	榨別	蒸煮時間	水　份	產油量（市斤）	產油率	總產油率
$^5/_9$ $^9/_6$ 兩榨平均	492.5	頭二	4' / 5'-30" 普通	6.76% / 12.94%	99.7市 / 54.5斤	20.04% / 11.07%	31.11%
$^6/_$ $^8/_$ 兩榨平均	487.5	頭二	4' / 4'-30"	6.35% / 12.50%	101.7市 / 60.5斤	20.80% / 12.41%	33.27%
$^9/_$ 兩榨平均	488	頭二	8' / 9'	7.96% / 14.76%	95市 / 55斤	19.47% / 11.27%	30.74%

五、產油量對桐殼含量之關係

　　按乾桐籽中桐殼含量約佔重量百分之四十五，一般舊法榨油過程中，每桐籽百斤常篩去桐殼八斤左右，桐籽粉中，桐殼含量約佔百分之三十七，時產油最高達百分之二九、七二，若完全無殼則產油量降低至百分之二八、一五結果詳第六表，此為學術界前次試驗於此亦可證明數千年來之榨油技術，無

形中亦已憑實驗與經念而求得此種合適之桐殼含量。由此更可明瞭一般理想，以桐籽殼應完全除去，以求產油量之增多，為不可能，至少不能應用，此項建議至土法榨油坊中，查桐籽內殼質地本堅，其外層紅皮，如能注意除淨，則亦不致引入意外雜質，使其存在三分之一。反可增加產油率，蓋其作用可使油份乘空隙中流出亦必係由桐籽仁之細胞組織不同有以致之。

表六：桐殼含量與產油量之關係

試　　　驗　　　日　　　期	乾桐籽重量(市斤)	溼桐籽內含殼量(市斤)	去殼量(市斤)	乾桐籽內含殼量(重量比)	產油量(市斤)	產油率
9/5	222	100	0	45.1%	62.5	28.15%
10/5	224	101	20	39.7%	65.5	29.24%
20/4,24/4,28/4,29/4,8/5,14/5 兩榨平均	275	133	35	37.7%	87.7	29.72%
13/5	217	98	30	36.7%	63	29.03%
15/5	234	105	63	24.6%	60	25.64%
17/5	222	100	100	0%	53	23.83%

六、產油量與加溫之關係

就學理言，產油量與動學黏度成反比例，即黏度愈高產油量愈低，惟油類之溫度與動學黏度成反比例，故黏度愈高，動學黏度愈低，以是吾人可明溫度與產油量之關係為正比例，即溫度愈高產油量愈高，在一般土法油坊中，打油工匠亦已從經驗上習知，各季榨油產油量不如夏季榨油產油量之多。此點加以學理之解釋，即冬季氣溫低，油之黏度高，流動較難，故產油量低，夏季氣溫高，油之黏度低，流動較易，故產油量高，再進一步而考籽餅在壓榨時之實驗情形及土法榨床之構造形式，桐籽在烘乾及磨碎後，須先行蒸養，能使水份增加，溫度昇高，至水之沸點以下，然後再以稻草及鐵圈使就範成餅，準備上榨前，溫度已稍降低，其度數當視室溫而異，據實際測定之結果，得知春秋二季，籽粉上榨前之溫度均在攝氏八十度左右，夏季可在九十度左右，若室溫在攝氏三十三四度，則籽粉入榨前之溫度，能達攝氏九十四五度之高。再考土法榨床之構造，床身正面及後面均挖成一空隙，寬約六吋左右，以便於上卸籽餅之用，壓榨時間常繼續至一二小時，此處自然足以使籽餅之溫度逐漸傳散而達於與外綠溫度起平衡之勢，今將此處添一加溫箱，通以蒸汽，不但能免除熱量之散失，在冬日更可增加熱量，觀第七表即知第一組加溫，較不加溫之壓榨，其產油率增多百分之五、八，第二組之產油率增多，達百分之七、一，加溫功效，極為顯著。

表七：加溫對桐籽產油量之影響

試驗日期	乾桐籽重量(市斤)	榨別	蒸養時間	室溫	加溫與否	榨後籽餅溫度	產油量	產油率	總產油率	產油量增多%

$\frac{15}{12}$	466	頭二	4′ 5′-30″	9°c 9½°c	不	75°c	82 38 市斤	17.51% 8.52%	26.03%	產油量增度%
$\frac{16}{12}$	446	頭二	4′ 4′-30″	9°c 9½°c	不	76°c	74 43市斤	16.60% 9.64%	26.24%	5.8%
$\frac{18}{12}$	421	頭二	4′ 5′-30″	9°c 10°c	加	90°c	86.5 35.5 市斤	19.12% 8.43%	27.55%	7.1%
$\frac{19}{12}$	427	頭二	4′ 4′-30″	9°c 8½°c	加	92°c	84.0 36.0市斤	19.67% 8.43%	28.10%	

七、第三榨加壓試驗

一般土法榨坊，榨製桐油向打兩榨分頭榨與二榨，而絕無打第三榨者，本試驗爲欲明瞭究竟籽餅中尚含有多少油份，與使用三榨，是否尚可收回幾許油份而作，查此次應用一批桐籽之平均含油量，經試驗室中抽提結果，在去水份後以帶殼乾桐籽計算爲百分之三三、〇六。即每百斤乾桐籽實際含有桐油三十三斤，經過兩榨後之桐餅，在不含水份時，尚含有油份百分之八、三〇，即每百斤乾桐餅尚含有桐油八、三斤（檢驗結果詳第八表）。第三榨之試驗，即應用此項桐餅爲原料，經打碎磨研，蒸煮等必需處理後，再行上榨加壓，計會試驗三次，共計得油十市斤詳細結果見第六表。由第九表中之統計數字得知第三榨加壓可自每百斤乾桐籽中，可收回桐油二、一九斤，約以每百斤乾桐籽計算，則僅合一、五五斤，故實際上顯不經濟，蓋可得桐油之價值尚不能抵銷工資與飼料也。

表八：桐籽與桐餅中含油量與水份之檢定

項　　　　　目	水　　　份	含油量含水份時	含油量去水份時
桐籽（原料）	4.54%	31.56%	33.06%
桐餅（副料）	7.49%	7.68%	8.30%

註：用乙醚在Soxlet式抽提器中檢定

表九：第三榨加壓試驗產油量表

試驗日期	乾桐籽重量(市斤)	溼桐籽(市斤)	乾桐餅(市斤)	產油量(市斤)	產　油　量	
					乾　桐　餅	溼　桐　餅
5月1日	212	162	150	3	2%	1.42%
5月2日	234	180	166	4	2.4%	1.70%
5月3日	200	153	141.5	5	2.12%	1.50%
總計數	646	495	457.5	平均數	2.19%	1.55%

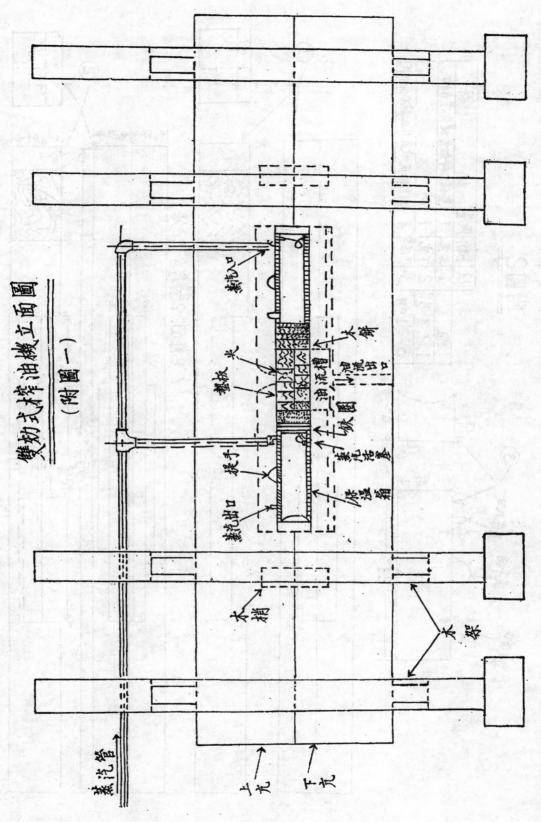

雙効式榨油機立面圖

(附圖一)

蒸汽入口

米

木餅

榨板

油流槽

油流出口

蒸汽鐵圈

蒸汽出口

提手

保溫箱

蒸汽管

上充

下充

木箱

木器

9479

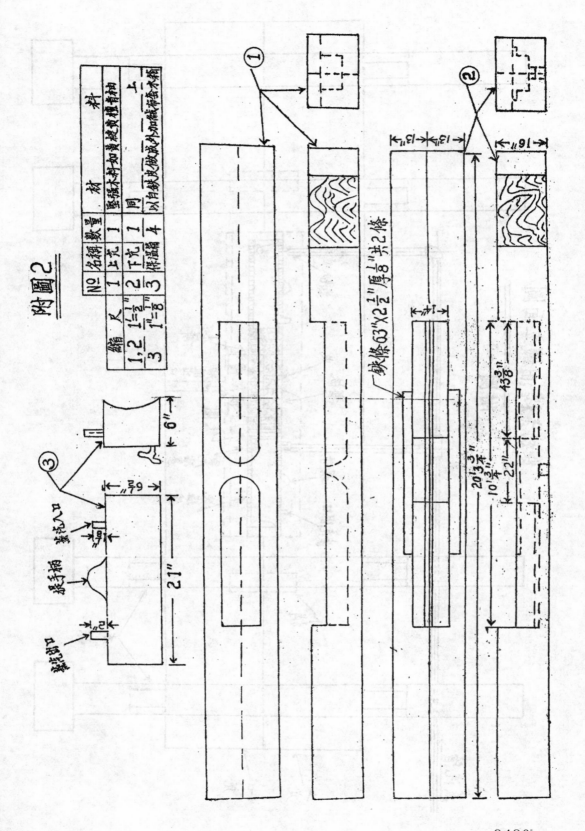

附圖2

NO	名稱	數量	材 料
1	上元	1	堅硬木料如黃梶或檀香柚
2	下元	1	同上
3	烊湿箱	4	以白銅皮做成或外加鐵布套木箱

縮 尺
1, 2 $\frac{1'}{2} = 1\frac{1}{2}''$
3 $\frac{1}{8} = 1''$

蒸汽出口

握手柄

蒸汽入口

缺榫 63″×22½″ 厚⅛″ 共2條

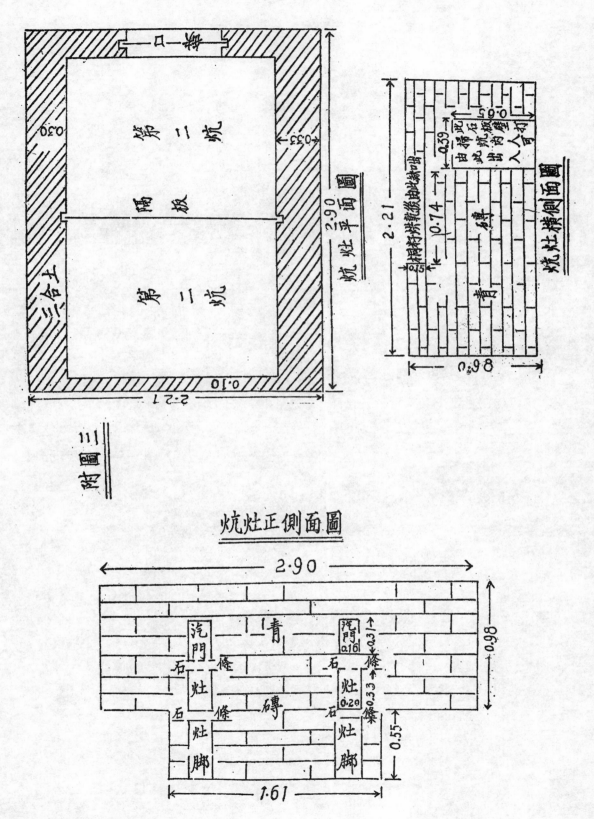

炕灶正側面圖

9481

八、殼帶壓榨桐油與完全素殼壓榨桐油品質之比較

本試驗在研究一般油坊中帶殼壓榨，究竟有無影響於桐油之品質，經詳加檢定其物理，及化學特性，以與完全去殼壓榨桐油比較，茲將檢定結果錄入第十表並將英美澳日諸邦之桐油標準附入以資作證。

總觀表中數字，皆知完全去殼壓榨桐油之品質，較之帶殼壓榨桐油之品質為優良，前者碘價增高，水份降低，色淺黃澄清，僅酸價一項較帶殼壓榨桐油增高〇、九，此實由於在試驗時所取帶殼壓榨桐油之樣品後六日於完全去殼壓榨桐油之樣品之故，就學理上言，酸價愈小，則質愈良，即謂酸價在油脂中，並非一特有之定值，視油質之新舊純度與乎養化之程度而異，此外值得注意的（甲）折射率之增高到一、五二一二，更足以顯示其純度，蓋一般商場中之習慣，均認折射率之高低為判定油類品質優良之唯一方法，據商品檢驗局之統計，我國桐油之折射率在一、五一八四以下者，竟達百分之七十，其品質之如何可思過半矣。（乙）表中所示碘價與華司脫試驗，前者為一九五、一，後者為三分三十五秒，此二值在油脂工業中利用桐油乾燥性之一特點上，有獨到之好處，因碘值愈高則油中所含不飽和分子愈多，故易於養化及重合華司脫試驗之時間愈低則油易於濃稠而入於乾燥狀態。

表十：本廠桐油檢驗結果與各國標準之比較

國別 / 檢定項目	本廠完全去殼壓榨桐油	本廠帶殼壓榨桐油	英	美	澳	日
顏色	0.003925I₂/100c.c.Sol	0.001389I₂/100c.c.Sol	不得輕於買賣雙方同意之探樣	—	不得暗於買賣雙方不同意之探樣	
比重 (20℃)	0.9397	0.9399	0.826—0.940	0.937—0.940	0.936—0.940	0.938以上
折射率 (20℃)	1.5212	1.5203	1.517—1.522	1.5184—1.5277	1.5169—1.5249	1.517-1.522
碘價	169.1	164.4	155—175	163以上	163以上	160—173
鹼化價	195.1	192.2	189—195	193—195	187—195	170—196
酸 價	2.05	1.15	5以下	8以下	8以下	6以下
不鹼化物%			1.0以下	0.75以下	0.75以下	1以下
華司脫試驗 (分鐘)	3分35秒	4分5秒	—	8⁴/6以下凝成固割體時不黏刀	8以下凝成線狀	
水 份	0.07%	0.20%	0.25以下			

三邊固定一邊自由之薄板受中心壓力之彎曲

范　緒　箕

國 立 浙 江 大 學

The Bending of Rectangular Plates, with Three edges clamped, one edge free, under the Central concentrated load.

【提要】三邊固定一邊自由之薄板用途至廣，如飛機裝璜（Airplane Fittings）臥輪機之葉片等比比皆是，惟此類問題尚無用衡學市法解算者，蓋因衡學中無適當之函數（Function）能適合其四邊之條件也。

　　本文乃用三角級數及羃級數合成只使其適合三固定邊之條件，以其代入工能公式用微分變化（Calculus of variation）方法，化成最低，則第四邊自由之條件因工能已爲最低，自然符合矣。本文僅以此簡略方法（approximate method）解算，目的在攷察其準確之程度至於實際設計可代入所給數目而計算也。

西北工程問題參考資料

地　質

一、總載　二、甘肅省　三、綏遠省
四、陝西省

一、總載（地質）

天廣公路天水略陽間地形地質概況　林文英
24．地質調查所

西北地理　汪公亮 25.9．正中書局　地質

李儀祉先生遺著（第六册黃河水利）　李儀
祉 29.9．

黃河地質

中央地質調查所概況　中央地質調查所30.1
0．

　　　沿革　組織　地質圖之測製　鑛產
調查　鑛物岩石　研究土壤調查
地震研究及物理　探鑛　經緯度測
量及特區地形測量　燃料研究　化
驗出版　地質鑛產陳列館　地質圖
書館　本所組織條例

二、甘肅省（地質）

甘肅考古記　安特生 14 地質調查所

蘭州臨洮隴西天水地形地質概況　林文英 2
4．

甘肅天水西和禮縣成縣間地形地質概況林文
英 24．

鳳縣兩當徽縣成縣間地形地質概況　林文英
24．

玉門油田地質　孫健初 29.10．

一年來之甘肅科學教育館（30度）　甘肅科
學教育館

甘肅東南部地質調查（王永焱）

三、綏遠省（地質）

綏遠地質鑛產報告　翁文灝　曹樹聲 8．地
質調查所

綏遠大青山煤田地質　王竹泉 17．地質調
查所

內蒙地質誌　張席提 20. 廣東地質調查所

綏遠察哈爾地質誌　孫健初 26．地質調查
所

綏遠及察哈爾西南部地質誌　孫健初　中央
研究院

四、陝西省（地質）

山西西部陝西北部上新世與黃土期間地質觀
察報告　德日進　楊鍾健 19．地質
調查所

秦嶺山及四川之地質研究　趙亞曾　黃汲清
20．地質調查所

百萬分之一秦嶺山地質圖　趙亞曾　黃汲清
20.地質調查所

陝北油田地質　王竹泉　潘鍾祥　地質調查
所

陝西梁山尾閭地質鑛產及啓發龍門山煤鑛與
石灰之設計　趙國賓 22．陝西建設廳

陝北古期中生代植物化石　斯行初 26.地質
調查所

陝西涇洛兩河下遊之地質　趙國賓　中央研
究院

秦嶺中段南部地質　李　捷等　中央研究院

土　壤

一、總載　二、綏遠省　三、陝西省

一、總載（土壤）

西北地理　汪公亮 25.9．正中書局　土壤

李儀祉先生紀念刊　國立西北農林專科學校
27．

西北水土經濟研究之重要
　　　　　　　（沙玉清）

中央地質調查所概況　中央地質調查所 30．
土壤調查

水土保持工作彙報　黃河水利委員會林墾設
計委員會 30．

二、綏遠省（土壤）

Pendleton.R.L. Soil Survey of the Sala-
chi Area. Suiyugn Province China 地

中國水利史　鄭肇經　28.2.　商務印書館
　　　黃河　運河　灌溉　水利職官
李儀祉先生逝世紀念刊　國立西北農學院農
業水利學系　28.3.
　　　一年來之陝西水利事業（孫紹宗）
　　　李儀祉先生遺著目錄
中國之水利　鄭肇經　28.7.　文史叢書編輯
部
　　　黃河　灌溉　航運
李儀祉先生遺著（第二冊　水功學）　李儀
祉　29.9.
　　　西北各省應厲行溝洫之制
　　　修整料地及開挖溝洫實施辦法
　　　請令西北行政長官厲行溝洫之制以
　　免荒旱而減河患案
　　　中國舊式之防洪堰（陝西楡溪河）
李儀祉先生遺著（第三冊西北水利）　李儀
祉　29.9.
　　　陝西之灌溉事業
　　　蓄水
　　　西北水利問題
　　　勘查涇谷報告書
　　　陝西渭北水利工程引涇第一期報告
　　書
　　　陝西渭北水利工程局第二期報告書
　　　再論引涇
　　　引涇第一期工程計劃大綱
　　　我之引涇水利工程進行計劃
　　　涇惠渠工程報告
　　　對渭北人民切切實實說幾句話
　　　涇惠渠管理管見
　　　請撥庚子賠款以興陝西引涇水利說
　　帖
　　　引涇水利工程之前因與其進行之近
　　況
　　　考察龍洞渠報告
　　　請恢復鄭白渠設立水力紡織廠渭北
　　水泥廠　恢復溝洫與防止
　　　溝洫擴展及渭河通航事宜呈

導渭之眞諦
第二渭惠渠
倡辦三渠民衆敎育議
陝西水利工程之急要
陝西省水利行政大綱
陝西省民國二十年建設事業計劃大
　綱
陝西省水利上應要做的許多事情
西北水利之展望
西北農功水利文化史略
陝西水利工程十年計劃綱要
推實鑿井灌溉之計劃
全國經濟委員會與辦西北灌溉事業
　地方政府合作辦法
西北灌溉工程局組織大綱
救濟陝西旱荒議
救濟西北旱災之擬議
西北畜牧意見書
鞏固風北邊防策
鞏固西北邊防策略
堅固西北邊防策上　蔣委員長書
答渭北各界歡迎會演講水利
組織西北防旱研究會
整理秦嶺山下各水
無定河織女泉水渠說略
興修陝北水利初步計劃
爲呈明調查陝北各河水利情形及開
　　發意見請鑒核施行由
　一年來之陝省水利
李儀祉先生遺著（第六冊黃河水利）　李儀
祉　29.9.
　　　黃河治本的探討
　　　治理黃河工作綱要
　　　導淮黃河宜注重上游
　　　韓城潼關間黃河灘地之保護法
　　　黃河上游覘察報告
　　　議關黃河航道　籌劃黃河航輪
　　　報告測勘黃渭航道
　　　黃河水文之研究

年 會 餘 興

在年會期內，時間是非常寶貴，每個會員都感覺異常忙碌的。而地方各界及年會籌委會極懇摯地爲參加年會會員預備下豐富的游藝節目如：國劇話劇公演，音樂會，藏胞及新疆同胞的歌舞，參觀游覽等；使得會員們忘記開會的疲勞，激發欣賞的興趣。所以在年會期內的生活包括兩種不同的空氣，一種是會場上嚴肅的學術登記，另一種是活潑輕快的藝術欣賞，在幾次的國劇，話劇，音樂會底演出裏，當地的好多位夫人，名媛，肯犧牲色相，以她們高超純熟的藝術，當衆表演，精彩所至，博得掌聲雷動。藏囘同胞的歌舞，每個外來會員無不感覺新奇的，這次表演還是經省府特約自拉卜楞寺遠道趕來（指藏胞）；囘胞不甘示弱，亦自動賈勇表演。從觀賞藏、囘同胞的歌舞表演裏，我們聽到幽揚的音樂看到活潑而有節奏的歌舞步伐，確實體驗到藏囘同胞具有高尙的文化和美善的藝術；他們的體格個個堅實壯健，態度亦溫和有禮，決不是落後的民族。特別在這次藏民的歌舞表現中，許多的歌詞充滿着抗戰的意識（歌詞有漢文譯意），我們實在是非常感勵的。

工程雜誌投稿簡章

(1) 本刊登載之稿，概以中文為限。原稿如係西文，應請譯成中文投寄。

(2) 投寄之稿，或自撰，或繙譯，其文體，文言白話不拘。

(3) 投寄之稿，望繕寫清楚，並加新式標點符號，能依本刊行格（每行19字，橫寫，標點佔一字地位）繕寫者尤佳。如有附圖，必須用黑墨水繪在白紙上。

(4) 投寄譯稿，並請附寄原本。如原本不便附寄，請將原文題目，原著者姓名，出版日期及地點，詳細敘明。

(5) 度量衡請盡量用萬國公制，如遇英美制，請加括弧，而以折合之萬國公制記於其前。

(6) 專門名詞，請盡量用國立編譯館審定之工程及科學名詞，如遇困難，請以原文名詞，加括弧註於該譯名後。

(7) 稿末請註明姓名，別字，住址，學歷，經歷，現任職務，以便通信。如願以筆名發表者，仍請註明真姓名。

(8) 投寄之稿，不論揭載與否，原稿概不檢還。如欲寄還原稿，應預先聲明。

(9) 投寄之稿，俟揭載後，酌酬現金，每頁文圖以國幣十元為標準，並贈該期「工程」雜誌一冊。其尤有價值之稿，從優議酬。

(10) 投寄之稿經揭載後，其著作權為本刊所有，惟文責概由投稿人自負。其投寄之後，請勿投寄他處，以免重複刊出。

(11) 投寄之稿，編輯部得酌量增刪之，但投稿人不願他人增刪者，可於投稿時預先聲明。

(12) 投寄之稿，請掛號寄重慶中正路川鹽銀行大樓經濟部本刊經編輯處，或桂林麗獅路樂山別墅本刊發行所轉均可。

工程雜誌第十五卷第四期

民國三十一年八月一日出版

內政部登記證　　警字第788號

編　輯　人	吳承洛
發　行　人	中國工程師學會　羅
印　刷　所	中新印務公司（桂林依仁路）
經　售　處	各大書局

本 刊 定 價 表

每兩月一期 全年一卷共六期 逢雙月一日發行	
零售每期國幣二十五元 預定全年國幣一百五十元	
會員零售每期國幣十元 會員預訂全年國幣六十元	訂購時須有本總會或分會證明
機關預定全年國幣一百元	訂購時須有正式關章

廣 告 價 目 表

地　　　　　位	每　　　期　　　國　　　幣
外　底　封　面	2000元
內　封　裏	1500元
內　封　裏　對　面	1200元
普　通　全　面	1000元
普　通　半　面	600元
繪　圖　製　版　費　另　加	

行政院衛生署西北防疫處（蘭州）各類製品分類表

（甲）疫苗

- 傷寒混合疫苗 ── 霍亂疫苗 ── 霍亂傷寒及副型傷寒混合疫苗
- 腦膜炎疫苗 ── 鼠疫疫苗
- 狂犬病疫苗（人用） ── 狂犬病疫苗（犬用） ── 牛痘苗

（乙）血清

- 健康馬血清 ── 白喉抗毒素 ── 猩紅熱血清
- 腦膜炎血清 ── 猩紅熱血清 ── 濃縮白喉抗毒素 ── 破傷風抗毒素

（丙）診斷用品

一、疫苗試驗用菌液
- 傷寒菌"OH"抗原 ── 副傷寒菌甲乙丙型 ── 斑疹傷寒診斷菌液（O×19）（c×2）

二、預防注射用毒素
- 白喉沉澱類毒素 ── 猩紅熱類毒素

三、診斷用毒素
- 白喉類毒素 ── 白喉毒素 ── 錫氏反應用白喉毒素
- 結核素 ── 馬來因

四、診斷用血清
- 狄克氏反應用猩紅熱毒素
- 顧氏素痢血清 ── 志賀氏赤痢血清 ── Y型赤痢血清
- 「多價」赤痢血清 ── 傷寒血清 ── 副傷寒甲乙丙型血清
- 肺炎一二三型血清 ── 霍亂血清 ── 羊血球溶解血清
- 滅菌生理鹽水 ── 減菌蒸餾水

（丁）醫療藥品

- 當歸精 ── 麻藥素 ── 葡萄糖
- 炭化鈣 ── 硫酸鈉 ── 碳酸鈉
- 碳酸鉀 ── 硼酸
- 亞硝酸二烷酯 ── 杏仁水 ── 昇華硫黄
- 馬鈴薯澱粉 ── 純酒精 ── 獸炭
- 蘇打片 ── 阿司匹靈片 ── 各種安瓿

此外利用土產藥製成各種酊劑酊等劑，如番木鼈酊，蛋酊，番根酊，複方龍膽酊，複方蘆薈酊，橙皮酊，旋覆酊，桂皮酊，當歸浸膏，枸杞膏，茯苓膏，甘草流浸膏。

（戊）醫療器械

- 高壓蒸氣消毒器 ── 資沸消毒器 ── 乾熱滅菌器
- 剪鉗及婦科用器械 ── 整形列科器具 ── 普通外科刀攝子剪刀
- 環境衛生用具（抽水機杯浴器龍頭等）

（己）料器

- 試驗管 ── 量杯 ── 三角瓶 ── 燒瓶
- 各式安瓿 ── 廣及細口瓶 ── 各種疫苗血清瓶 ── 毛細管
- 玻璃棒及管 ── 各種漏斗 ── 其他各種玻璃化學用具

交通銀行

為各工廠：

謀求 **戰後復興** 之準備

解決 **添購機器** 之困難

舉辦：

工廠添購機器基金存款

種類：國幣及美金兩種。

數額：國幣至少拾萬元，美金至少伍千元。

期限：至少壹年得分期存放。

利息：國幣戶照本行定期存款利率。

美金戶照美金儲蓄券規定利率。

優待辦法

1. 存款期滿後，工廠以之添購機器，如有不足，得向本行商借，最高額可達已存款之總額。

2. 存戶借款定購機器時，由本行代辦，其需自辦者，由本行代付價款。

3. 存款未滿期前訂購機器，得向本行商請保付價款。

4. 此項存款到期時，如不需添購機器，可申敘理由取回全部本息。

9499

三 甘肅水利林牧公司 三

資本壹千伍百萬圓

本公司除受甘肅省政府委託辦理農田水利工程及其他有關水利事項外經營左列各項事業

蘭州製革廠：主要業務為製造皮革，出品有各種皮革、皮件、軍用皮件等。

隴南畜牧場：主要業務為改良及繁殖乳牛，出品有酪素、酥油（BUTTER）、煉乳等。

蘭州牧場：主要業務為供給牛乳，出品有鮮奶、酥油、奶油、蜂蜜等。

西北枕木廠：奧賀天鐵路工程局合辦，主要業務為製造枕木及鐵路用木材在籌設中。

總管理處：蘭州馬坊街廿四號，電報掛號三〇五五

9500

工程

第十五卷　第五期

中華民國三十一年十月一日出版

西北工程問題特輯二

第十一屆年會得獎論文專號(下)

目 錄 提 要

中 國 工 程 師 學 會 發 行

陝西涇陽縣魯橋鎮

新記

西北實業公司西北金波式輪紡紗機廣告

本公司鑒於抗戰期間軍民衣着醫藥之迫切與紡紗機器購置之困難乃悉心研究費時年餘始發明此棉遊精巧運用靈活之紡紗機定名為金波式輪紡紗機茲將本紗機及附屬各機要點分別說明如左

甲　紡紗機

一、構造

此種紗機為最適合現代化之小型機器其裝置備設有錠子羅拉升降及細條顯粗紗等部分構造皆極精巧輕便運用更復靈活準確經久耐用何異船來

二、能力

本紗機錠子轉數每分鐘常能保持六千五至七千轉時每部十一小時可紡二十支上下之紗四斤至五斤之譜

三、材料

硬木料按最近工作狀況一切用料可不必仰仗外來是則大量製造材料已不成問題臨現之試驗與調查畫量使用國產品代替故此機用料除其主要部分為鋼鐵銅料外其餘大部則為國有之堅硬木料按最近工作狀況一切用料可不必仰仗外來是則大量製造材料已不成問題

四、特點

一、本紗機輕經經濟部特許並頒發專字第一四七號專利證書凡使用本紗機在國內紡紗而產品優良實得工業獎勵法呈請政府享受減除國稅等獎勵

二、在本紗機上設有細條變粗紗裝置紡紗均不斷頭其功効與粗紗機相同既可代替粗紗機復可節省勳力一舉兩得誠未有之創作也

三、本紗機長五呎四吋寬二呎八吋高四呎二吋全體重量不過三百餘斤佔地極其有限運輸輕便甚常較之印度紗機有過之而無不及

四、此項機器每部十六錠因本身重量不特數萬斤之大紗廠用之適宜即數百錠數十錠之小型紗廠用之更佳誠普及紡織業之利器舶來紡紗機之勁敵也

乙　附屬機器

（一）彈花機

一、構造

按輪紡機用之梳棉機具以鋼絲車為最相宜惟因製造此種機器之材料均須仰給船來本公司為利用國產材料計將一般使用之小型彈花機加以改良使彈出之花由寸許厚之棉毡變為珠網狀之棉網復使經過漏斗被壓緊羅拉壓引出成為緊縮之棉條自動裝入棉條筒內

二、能力

此機每日（以十一小時計）可彈棉花六十市斤但紗機用棉條須彈兩次即為三十市斤能供五台紗機之用

三、材料

完全利用國產材料及廢鋼鐵等

四、重量

機身長六呎寬三呎五吋高三呎七吋重約三百餘斤

（二）併條機

一、構造

此種機器裝置係以鋼製濟槽羅拉螺逿牙輪皮辊及重鎚等合組而成棉條經過羅拉數次相併能使條幹均勻

二、能力

及混亂無章之棉織維順序平行送出之棉條經過漏斗成為均勻緊縮之細棉條自動裝入棉條筒內　每台每日（以十一小時計）可供細紗機四台之用

三、重量

機身長五呎九吋寬二呎九吋高三呎重約八百餘斤

西安秦豐煙草公司概況

(一)成立年月　本公司二十八年十月開始籌備二十九年四月開工

(二)內部組織　本公司設經理一人經理之下分設業務工務兩部業務部分總務會計營業採運四股工務部由廠長負責廠長以下為工程師技師工人學徒

(三)廠址及房屋　本廠房屋計三百餘間佔地四十餘畝

(四)機器及設備　本廠計有捲菸機十部切菸機八部壓筋機一部烤菸房一所烘菸房兩所蒸菸及炒菸鍋兩座包菸房兩所

(五)產菸能力　以十小時工作為準每日能產五萬枝裝二十箱

(六)製菸程序　一、蒸潮　二、油筋　三、噴料　四、切絲　五、炒乾　六、捲製　七、烘乾　八、包盒　九、裝箱

9504

中國工程師學會會刊

工程

總編輯　吳承洛

第十五卷第五期目錄

西北工程問題特輯二

第十一屆年會得獎論文專號(下)

(民國三十一年十月一日出版)

中國工程師學會發行

經濟部重慶商品檢驗局
辦理檢驗業務

出口檢驗　　推行政令　保証品質

植物油脂類：　桐油　花生油　茶油　亞蔴油
　　　　　　　大蔴油　荳油　菜油　萆蔴油
　　　　　　　棉子油　暨柏油

牲畜產品類：　猪鬃　腸衣　生牛皮　生羊皮
　　　　　　　暨各種毛皮

生　絲　類：　各種廠絲

委託檢驗　　接受工商各界之委託代爲鑒定品質

化　驗　類：　油脂蠟肥皂暨食用植物油參雜
　　　　　　　之委託化驗業已開辦其他各種
　　　　　　　委託化驗可隨時商洽接受

生　絲　類：　廠絲土絲暨柞蠶絲之品質
　　　　　　　及公量

接洽處　　重慶南岸下龍門浩梁家崗本局

陳　詞　四　義

孔　祥　熙

我國學術團體之歷史，本會實甚悠久，對於戰時建設事業之貢獻，亦甚為彰著，歷屆年會，於國家建設計劃，皆曾提供集體意見，以供政府施政之參考，本年年會，更為開發西北起見，擇定西北各省中心重鎮之蘭州為集會地點，國人對於本會之期望，益為殷切，而本會同人所負之責任，乃更為偉大，祥熙不敏，素倡科學救國之義，以為國家建設事業，必有遠大精詳之計劃，而所以實現此計劃者，更必有少數優秀之建設人才，以堅忍刻苦之努力，奮鬥不息之精神，仿效各國科學建設之成規，並發揮吾人創造發明之天才，集思廣益，取長補短，以求我國建設事業之科學化，與建設費用之經濟化，而後始可以收事半功倍兼程邁進之大効，本人對於本會工作之發展，不惟具有充分之熱忱，抑且抱有無限之企望，茲承　會長翁詠霓先生之囑，向諸位同人致詞，因政務羇絆，不克親蒞蘭垣，躬與盛會，敬以會員資格，粗陳四義，與諸位同人一商榷之。

西北各省物產豐富，高山大河，峻雄壯闊，中華民國，此其始基，民族文明，導源於茲，周漢之興，根本在此，隋唐因之，以成帝業，自宋以還，日就衰圮，降及近世，兢號貧瘠，諸君集會斯區，覩民生之凋敝，必有飢溺之感，思先祖之盛世，須圖復興之道，本人遠維往史，近察世變，以為河山猶昔，民族猶是，而古今異變之所以如此懸絕者，其根本原因，皆在於水利之興廢，故秦漢開渠，而關中富甲天下，充實屯田，而河西邊圉鞏固，後世水政廢弛，與修無人，遂使千里沃野，變為荒漠，涇渭流域，衣食不繼，故今日復興西北之要政，蓋莫先於水利之開發，昔在先秦，岷江本為蜀患，經李冰

父子之濬治，二千年來，川西平原，遂成天府之國，至今抗戰，猶深利賴，西北各省，河流縱橫，黃渭漭洸，蜿蜒萬里，祁連水利，媲美江南，先民遺蹟，歷歷可數，弘道在人，斯賴諸君，近年陝西開渠，少試其端，已澤被億萬，苟能體續努力，則漢唐之盛，不難重見，軍糧民食，皆可充裕，至於邊地畜牧，千里相望，振興倡導，其利無疆，山地造林，各國所倡，稍加培育，是無盡藏，而其根本設施，亦在於水利之發揚，此本人所期望於諸位同人者一也。

二千年來。西北各省，實為國防之重地，得失廢興，常為國運盛衰之所關，自漢通西域，唐定天山，河西諸郡，不惟為軍事及商業交通之要道，更為東西文化溝通之津梁，故隋唐盛世，甘涼諸郡，富逾中原，宋明以來，未遑遠略，國運之降，亦遜漢唐，近世歐亞溝通，往來日繁，邊地萬里，而英俄兩大盟邦疆土相連，不惟在抗戰時期，為聯合國之樞紐，即在戰後，亦將為我國對外商務之門戶，國父手訂實業計劃，對於西北各省之工業發展，及交通建設，皆有博大詳密之規劃，本會同人，曾有「總理實業計劃研究會」之組織，且曾提供許多珍貴之意見，本屆年會，應將實業計劃有關西北建設部份，劃分研討，供實際意見，以供政府施政之參考，　總裁嘗謂，「國父實業計劃實施之日，即中國經濟發展物質建設成功之時，國民之衣食住行育樂，皆可因而解決，」又謂「實業計劃實現之日，即國防計劃完成之時，」吾人因此，更可知此次年會責任之重大，與全國上下屬望之殷矣，抑本人更有進者，我國近數年來之工業建設，多在沿江沿海內地，各省未遑計及抗戰以來，下游淪陷

，軍民所需，遂感缺乏，五年以來，國家所賴以維持者，多恃西南各省，此不惟對於整個國家之發展，有偏頗之缺憾，而且不足以發揮整個之國力，以促抗戰勝利之早臨，故西北工業建設，實為抗戰時代之急務，此本人所企望於諸同人者二也。

西北各省礦產豐富，國防所需，無不具備，據各方報告，陝甘甯青蒙新各省之礦產，有金銀水銀石棉鉛銅石油煤鐵鹽碯磺及珠玉等數十種之多，而陝甘新三省之石油石棉金銀水銀鉛銅等礦，更為戰時之重要資源，但因調查未能詳確，遂致開發多費躊躇，今者諸君集會斯區，應於開會之後，仿本會前此所組四川考察團之組織，成立西北考察團，推選專家，赴各省實地調查，務求明瞭真象，草擬詳實之報告，以供開發之參考，我國數千年來皆以農立國，降及今茲，循而未改，但所謂以農立國，並非廢工礦而不講，今世國家之富強，更必須農工礦之配合發展，而後始可自給自足，成為世界經濟之一環，以卓然自立於斯世，自抗戰軍興，我國軍隊之英勇戰績，舉世驚嘆，譽為神奇，然積五年之長期奮鬥，猶未能剪除倭寇，恢復河山者，工業之不發達，實其主因，而欲求工業之發達，固必先致力於礦產之開發也，近世戰爭，以工礦為建軍之本，成敗之數，大半決於工廠，我國國防礦產，西北最豐，礦業開發，必先於此，而此無盡藏開發之責，則惟諸同人是賴，此本人所企望於同人者三也。

軍興以來，後方各省工業之發展，雖與年俱進，然衡諸歐美各國，則瞠乎其後，議者每歸咎於新式機械之缺乏，與人才之稀少，此種缺憾，自為國人所公認，然揆諸往史，則不盡然，昔禹平水土，九年而成，秦築長城，及身昆功，當此之時，科學並未昌盛，器械亦未精良，然卒於頃促之數月中，完成曠古未有之工事，推而至於運河之開鑿，

城郭宮殿廟宇橋梁之興築，吾先民成就之偉大，工事之精巧，近世大科學家大工程師，皆驚為神異，嘆為奇蹟，抗戰以來，資源缺乏，政府倡導改良棉種，推廣種植，未及數年，即可自給，自緬甸淪陷，國際運輸，迭遇障礙，汽油來源，因此不暢，政府提煉桐油，以求自給，未及數月，其效亦彰，若借鑑歐美，則事例亦多，如德國資源，本極缺乏，但研究結果，炸藥原料，可自空氣中攝取，美國橡膠不足，而人造橡皮之功用，不遜南洋之天產，昔者 國父曾有雙手萬能之明論，以昭告吾人，苟能手腦並用，加以研究，則指南針火藥印刷術等，為人類文明之重要因素者，吾先民皆能發明於往古之世，諸同人果能善用歐美之科學方法，體會先民之創造精神，苦心研究，挫而愈奮，則昔之奇異神蹟，未嘗不可重見於今日，苟雅認識客觀環境，手腦並用，精益求精，則公輸子之技術，蔡倫之發明，將同諸惟人是賴，而不必因歐美機械之缺乏，生望洋興嘆觀念，此本人所企望於諸同人者四也。

總裁有言：「無科學即無國防，無國防，即無國家，」抗戰建國，任重道長，我先民五千年光榮歷史之保持，與吾子孫億萬年無窮生命之延續，其責任皆集於吾儕之身，而所以完成吾國之科學國防，以爭取抗戰之勝利者，工程界之責任，實較其他國民為重，諸同人學有專長，術有專精，國家所期待於諸君者，端在發展工礦建設，完成國父實業計劃，以充實抗戰時期之軍民力量，與奠定建國大業之堅實基礎，本人不敏，敢以上述四義，就正於本會同人，而期完成西北各省之建設，更望諸君能集合全國工程界人才，及領導全國優秀青年，師法神禹之服務精神，實行全國工程界總動員，以從事於整個國家之物質建設，則全國人士，同此企盼而不僅熙熙一人之私願而已也。

發展西北事業

陳　儀

蘭州係我國西北之鎖鑰，不僅在抗戰建國，為後方之重鎮，抑且將來建國，亦為西北之基地。今貴聯合年會，薈萃於此，聚全國專家於一堂，研討百年建設之大計，自具有偉大之意義，惜儀因職務鞏身，未能前往，躬與盛會，至覺歉然，謹略抒所感，藉作本人對於貴聯合年會之獻曝。

一，居今日而言建設，工礦業實為首要，西北礦藏頗豐，而工礦業尚在萌芽時代，欲求今後之發展，必先樹立基本工業，鋼鐵事業，尤以為之基，故本人希望貴會等本屆聯合年會之後，在西北適當地點，即能有一規模較大之鋼鐵廠出現，庶幾今後為發展西北交通修築鐵道，或輕便鐵道時，可以有自製之鋼軌，而其他工業，亦可因鋼鐵事業之發展，而逐步推進。

二，甘寧青土地廣闊，而農業反頗凋不振，考其原因，一為水利之不修，一為農林墾植之不講，故改進農業與興修水利，實為今日發展西北之要圖，貴會各工程聯合年會，對此問題，能集合各專家之眼光，作實際之研究，以切合需要之貢獻，此則不時切盼

者。

三，造林為我國今後一大事業，西北各省，尤為如是。良以西北地廣人稀，年多苦旱，若不汲汲推廣造林，以調節氣候，培養水源，則若干地區，即有逐漸變為沙漠之可能，且樹木用途日廣，今日已成為工業重要原料之一，故造林不僅為保持土壤，發展農業之要圖，亦且為農業培養基礎，甚願貴會等本屆聯合年會，能切實注意及此，廣為倡導，庶登高一呼，眾山響應，俾西北造林事業，今後得有長足之進展，則幸甚矣！

事業須有重點，力量貴於集中「備多力分」，不獨用兵所忌，建設事業，亦何莫不然，明辨本末先後，集中力量而邁進之，實為成功之首要，到會諸先生，皆一時之精英，何者為今日中國之所急需，尤其何者為今日中國西北各省之所急需，諒皆研求有素，必能發抒偉論，切磋至當，以為政府今後從事建設之張本，以上所陳，不過供諸先生之參考而已，謹掬至誠，祝諸先生之健康，及貴會等本屆聯合年會之順利進展與成功。

歡迎工程師聯合年會		
話劇（劇教四隊演出）		
「炸藥」		
一職員表		
改　編……王思曾		
導　演……李朴園		
演出者……教育部第四巡迴戲劇教育隊		
舞台監督……鳳　飛		
劇務……王國璋		
裝置……胡宗潯		
服裝……殷念智		
照明……高念慈		
大道具……陳啟華		
小道具……辛樹平		
化裝……葛一萍		
司幕……林　虹		
提示……林　虹		
二演員表		
劇中人……飾者		
高昌明……杜飛虹		
林愛芝……鳳念慈		
徐千里……高念慈		
黑龍王……柳樹泉		
天　勇……辛樹華		
老　需……劉青齋		

永 安 電 瓷 廠

廠　　　　址：重慶小龍坎對江

辦 事 處：重慶陝西路二百零五號

電報掛號：重慶五零八二號

電　　話：四一五一〇號

遷川工廠聯合會會員工廠出品展覽會遷字95號超等獎器

經濟部中央工業試驗所15000V高壓磁瓶證明書

出  品

1. 各種高低壓電力磁瓶、方棚磁瓶（自 500V 至 15000V）無線電、電報、電話絕緣子。

2. 各式保險絲具（自500V至15000V）先鈴、開關、插座、燈頭、葫蘆、閘刀、夾板、磁管磁板、電爐盤等。

3. 定製各兵工廠、電器廠、煉油廠、化學廠、紗廠、絲廠、特種磁件照來圖或樣定製，迅速合用。

工　務　行　政

張　維　翰

抗戰到了今天，已歷五年，我們的工程師，在這五年之間內走遍了後方的城市和鄉村，荒山和遠水，篳路藍縷，慘淡經營，在艱難辛苦中，負起建設大後方的責任，貢獻之大，可與前方將士媲美，幾年前深山絕漠人跡罕到的地方，現在公路暢通，航行無阻，幾年前的荒山荒地，現在變成滿山的林木，滿地的田畝，我們以前在後方所缺乏的物資，我們的工程師，一一都迅速的經營起來，電燈廠、水泥廠、鋼鐵廠、機器廠、紡織廠、火柴廠、麵粉廠、煤礦廠、油礦廠、一一都辦得成績斐然，這確是值得我們大家慶幸的，因為這是一種有意義的象徵，象徵了中國一切，都已見到了曙光，光明的前程，就在眼前。

今天本人獻詞要順便向各位報告的，是關於內務行政中的幾種工務建設問題，簡單說，就是工務行政，工務行政，在歐美各國，早成為一個專門名詞，舉凡都市鄉村，物質環境的改造，例如公私建築，公園、廣場、道路、橋樑、溝渠、堤岸、鐵道、港灣、以及其他公用事業工程，大都包括在內，到過歐美各國的，首先使人注意者，是他們都市的整齊美觀，他們鄉村的清潔秀麗，反觀我國，則城市的建設簡陋，鄉村的穢污不堪，令人感覺十分慚愧，一國的都市，是代表一國的文化，無怪歐美人士，不能了解我們，推原其故，實由於我國對於工務行政，往往未能加以注意，對於市政工程，不能作有計劃的設施，同時這種行政，在我國又是在草創的時期，技術與財力，同樣感到困難，所以近十餘年來的成績，能令人滿意。

到抗戰已經五年的中國，可說完全改變了敵人對我們的建設，已經破壞殆盡，立體式的戰爭，使我們後方的都市城鎮，和交通要地，均同樣遭受摧毀，損失之大，固不待言，但是一切建設的障礙也同時被其消除，未來的建設，差不多寫在白紙上設計，更容易達到建造理想城市的目的，當然在戰爭猛烈展開的今日，不能像平時一樣，可以撥出巨量的人力物力，從事於都市的建設，然而我們到處所見到的破瓦殘垣，不斷的提醒我們必須要努力準備戰後復興計劃，並且應該利用此次抗戰所得的寶貴教訓，去準備能夠適應未來戰爭條件的復興計劃，亦就是說具備國防條件的復興計劃，　總裁在去年致中國工程師學會第十屆年會的訓辭中，曾指使我們，「吾人當前努力之二大目標，於抗戰則必爭最後勝利，於建國則必須國防絕對安全」，所以一切的建設，必定以國防為先決條件，同時在一面抗戰，一面建國的大原則之下，我們亦應當研究如何用最低限度的物力財力，去完成適應戰時需要的種種建設工程，如此方能顧到現在，準備將來，英國管理公共事業大臣里茲勛爵士，不久以前曾說過『有計劃有秩序的建設觀念，是對於作戰努力的推動和鼓勵』這種高瞻遠眺的結論，確是由痛苦中，體驗出來，值得我們效法。

為求加強工務行政的效率，為求貫澈上述的主張，為求業務上的開展，內政部在本年七月一日奉准增設營建司，舉管全國的建築行政，都市與鄉村的建設計劃，和一般土木與市政工程，這種事業的範圍既廣，又非短時期所可收效，所以營建司今後的中心工作，可分為下面列舉之幾項：一、充實主管營建的機構，二、制定都市鄉村復興計劃的方案，三、實施公私建築管理，四、規定建築材料標準，五、推行有效的住宅政策，六

、改進公用事業至其他可舉的業務還很多，上面所說的不過其犖犖大者而已。

本屆工程師聯合年會，遠近各地的會員，都聚會在一堂，所以本人趁此機會，對於內政部主管的工務行政，向各位作一個簡單的報告，講到工程行政，兄弟附帶有一個感想，亦可以說是一點意見，向各位貢獻，作一種參考。

以前往往有人以爲工程與行政是兩件事，專學工程的人，每每不長於行政，因之遇事常感困難，專門行政的人，對工程又是外行，因之工程行政與工程事業中的利弊得失，與種種問題能不能作一個正確判斷，結果亦是失敗，這種情形尚存在，不能否認，工程界可於抗戰建國，站在極重要地位的，今天這問題，實在值得我們注意的，並且對於這種情形，今後似應加以補救。

工程事業，當然由工程師來主持，這是天經地義，毫無疑問的，也是一般工程先進國家的慣例，因爲工程是專門學識，是多年研究的心得，然而要主持工程事業，單有專門學識，覺得是不夠的，還要具有行政的能力，行政並非一種專門學識，而是各種學問的融匯貫通，亦可以說是廣泛的常識，這種常識的求得，本人認爲有兩點必須做到。

一、工程人才的教育，常識之求得，要在學校課程中先植其基，英美教育家，對於廣泛教育的重視，使研究專門學識的人，必須得到一般普通知識，就是着眼在此，所以今後大學與專科學校的必修科，對於工程以外的學科，如文科，法科，商科的課程，以及其各種有關社會科學，也要加以注重，總裁昭示我們，「必須更推宏各級工程人才之培育」，我們應當作如此的解釋。

二、工程人才的訓練工程是具系統的科學，所以工程師的頭腦，往往比較一般人清晰，工程師的毅力，也往往比一般人堅強，然而想綜覽全局，從大處着眼，則必定在事業上，求得不僅一方面，而是各方面的訓練，方能達到目的，以工程師有系統的頭腦，去自行研討更可具備豐富常識的工程師其行政能力，自必較一般人爲優，這也是公認的事實。

歡迎工程師聯合年會

話劇——劇教四隊演出——『炸藥』　　　（續）

三、劇情介紹

徐千里，是一個研究化學的科學家，同我們一般的科學家一樣，有一種用全力幫助抗戰建國的熱情，而且表現在行動上。他發明一種製造炸藥的方法，就將呈獻給我們的軍事委員會。這個給敵人知道，派了一個間諜黑龍王，帶着他的助手天勇，緊緊追着他，想盜取這製炸藥的方法。徐千里的朋友高昌明，是在前線受了傷，囘到自己家裏，請了十個看護林愛芝，在養傷的國軍旅長，敵人追得太急。徐千里一面通知了公安局幹員楊鴻剛——化名老雷，一面跑到高昌明這兒來，把記在肚子裏的方法寫在紙上，交給他，自己便準備犧牲了。

果然黑龍王同着他的助手天勇，在徐千里家裏搜不着，便到高昌明家裏來，用了許多法子，騙不出來，便把我們的科學家給打死了，他們打死人之後，明目張胆來逼迫高昌明，而我們的楊鴻剛同志，恰巧，化裝爲車夫老雷，也來了，他說明了暗號，把炸藥方子藏起來，結果了敵人間諜的助手，囘來把黑龍王也打死，方子交囘給高昌明，呈獻到我們的軍事委員會去！

支持我們五年以上光榮的抗戰的，也許有這方子罷？

西北區域工程建設的意義

翁 文 灝

國父所著的建國方略，包括四大部份。第一部份是心理建設，第二部份是物質建設，第三部份是社會建設，第四部份是國家建設，前三部份都已經發表，惟第四部份原稿，在廣州因陳烱明叛變被燒，即就從遺留下來的三部份裏，我們也能夠充分看出 國父十分重視建設國家的意思。就建國本身講，中國不能把各區域分開來看，因為每個區域都有它特別的意義與不同的性質，所以建設工作，亦不能不因地制宜，有所注重，今天我來說明西北區域內工程建設的意義，我們試看西北區域是什麼性質，就文化看來，西北是中華民族的文化發源地，歷代祖先都由此發展，甘肅省內有伏羲氏遺址，有大禹治水的許多遺跡（如三危積石等），列周代嬴秦，即自天水一帶逐漸推廣向東，所以單就甘肅一省說，已經是我國很重要的地方，何況我們西北，還包括陝西寧夏等省的一個極廣大區域呢，這個區域是周秦漢唐各代中國最盛旺時期的核心，至今尚有許多遺留古蹟，由此更向西去，我們還有沃美廣大的新疆和青海，面積佔全國土地五分之一，各種富源，都藏在那裏，用這種眼光去看，很容易明白西北各省在我國是佔十分重要的地位，不獨是我國古代文化的發祥地，同時亦是我們以後向西北發展的基礎，這是第一個理由。

第二個我們中國到現在，還是一個大陸國家，雖然我們有很長的海岸線，我們大宗國際貿易，多出太平洋印度洋來往，將來發展前途也很遠，但是從國防眼光看，我們中國基礎，實在廣大的陸地，所有富源資產亦全在陸地，所以保護此領土者，目前首靠強固忠勇的陸軍，亦可增加強大實力的空軍，作為我國實力的基幹，但要造成一個強大的陸軍，能與世界第一等海軍國家比較，一時很不容易，因為就鋼鐵材料言，海軍製造所需要的數量，這比陸軍槍砲的需要加多，為時間特別快速，並早視成效起見，國防建設的工作，我們不能不分出輕重緩急，所以中國國防上，是一個陸地的大國，不是海洋的大國。既然如此，陸地的發展，與中國前途關係，就十分重要，我們須要找距海岸較遠具有優良地理條件，創造事業比較容易的地方，來建立我們國家穩固的基礎，這種地方在那裏，就在這個西北區域，這是第二個理由。

再進一步就經濟事業的眼光來看，從這次全世界大戰，我們可以很清楚的看到，重要的經濟事業，須要放在防守容易地方穩固的地方，不但中國如此，世界各國都是如此，例如蘇聯他在第一個五年建設時期，最重要的廠礦，大家都知道是在烏克蘭，現在德國軍隊，一打進去，就覺得很不容易保守，這種重要事業，目前正在努力發揮後方的生產力量，就美國看他，決心對侵略國家作戰，所有新建立與國防有關的工廠都安放在內地，並不建立靠近海岸線的地方，這兩個國家一個是海軍最大的國家，一個是陸軍最大的國家，他們的重要建設，都不能不放在比較安全的內地，而不願意放在接近海口的區域，何況中國海軍較弱，今後所有一切主要事業，決不能放在上海天津等沿海一帶，而要安置在比較穩固安全的內地，要找這種區域，我們不能忘記面積廣大物產豐富的西北區域，所以站在國防立場上，今後要發展重要的經濟事業，我們就必須看重西北區域，這是第三個理由。

其次，可以舉出的理由還很多，我們只就這三點比較重要的理由，就也不能不承認西北區域，是中國很重要的區域。

現在我們要更進一步看看西北區域，應用什麼方法，才能真正給我們利用，而不致徒托空談，這必須更深一層，用一種專門眼光去觀察，從大體而論，西北區域的好處，是物產豐富，面積廣大，國防安全，同時又不能不感覺到西北有幾種特別的困難，第一是區域較廣，而氣候乾寒，因爲缺乏適當雨量，所以農業進步的條件不如南方各省便利，人口亦因之過爲稀少。第二是交通比較困難，大家都知道西北運輸工具，到現在大部份還是靠牲口，如騾馬駱駝毛牛等，我們看了大羣騾馬在遙遠的路途上運輸物資，我們不能不佩服這種利用牲口的能力，在古代也因此種運輸能力，使我們民族發展得到很大的幫助，可是這種能力要與近代運輸工具的能力比較起來，就相差很遠大，據估計要有八十隻駱駝，才能比得上一輛卡車的運輸力，又要八十輛卡車，才能抵得上一輛火車，這樣一比較，我們若真要大規模生產，自不能不靠新的運輸方法來補救，在這種情形之下，我們看得出西北有西北的前途，同時感到西北也有西北的困難與問題，因此要開發西北，一定要把西北特別的問題和困難，完全解決，惟其如此，我們開發的目標，才能達到。

如以上所說，西北誠然有價值，值得我準努力，但西北又有困難問題，必須設法解決，才能充分利用，要解決西北困難，就必須要用工程師的眼光去研究，其解決的途徑，就工程的眼光看，西北第一個需要，在大規模的水利工程，水利工程效果之大我們相信現在的西北人士，沒有一個不明白不承認的，西北的水利工程，古代所遺留的如寧夏附近秦漢唐清的溝渠引黃河河水灌田造成全省的沃田，近代所建立的，以陝西成效最爲昭著，陝西省修建的第一條渠，是涇惠渠，

涇惠渠初起工時，尚有許多人懷疑，認爲是勞力傷財，不值得做的事，但是涇惠渠成功以後，就有七十萬畝農田，能受到灌漑的利益，這七十多萬畝農田所收農產品生產數量，較以前要增加三倍之多，於是就沒有人不稱贊了，以後洛惠黑惠各渠，陸續疏浚，陝西的漢惠各渠，今年亦已放水灌漑田畝，化瘠壞爲富區，使陝西全省憑此增加了三百萬畝的良田，使陝西人士，不致再受以前旱災所遭受痛苦，因此麥子棉花，都能充分生產，成爲陝省的富源。目前甘肅也開始進行水利工程，今年完成的新渠，有湟惠渠瓦洮惠渠，每渠都能灌田畝三萬餘，像一樣的渠，還有很多地方可以繼續建設，完成以後，能得到同樣利益，此外新疆也不能不如此，因此我們覺得很需要許多新型的大規模的引水工程，要趕快建設，加緊建設，現在我們西北區域內，原來人口太少，形成地廣人稀的現象，要趕快加多人口，便須認真增多糧食，要增加糧食生產，便須加緊建設大規模的水利工程，這是第一。

第二，要趕緊增加運輸數量，驛運貨物同一路綫上，每月運輸一千噸貨物，已很費力，如果用卡車來運輸，一條路上每月運五千噸貨物，亦頗費經營，如果換成鐵路，用火車運輸，每月運五萬噸也是極平常的事，這樣一比，用騾馬用卡車用火車他們是一倍比十倍的差度，我們以後，要能大量運輸西北的物資和產品，就不能不一步步地向前進行。目下驛運的方法，固然可以利用，但是還要趕緊用卡車來增加公路運輸的力量，卡車得到以後，還要造鐵路用火車，來加強運輸的能力，有了大量的運輸能力，大規模的生產事業，才能進行，沒有大的運輸能力，各種大規模的事業，是不容易辦成的，因爲大批原料不能運輸，大批成品亦不能運出，這種事實的限制足以防礙各種事業的發展，因此，我們要趕快用新的方法，提高我們西北區域的運輸數量，這是第二個方法。

第三，我們要趕快提高西北區域工業化的程度，我們說工業化，絕對不是看輕農業，相反的我們看重農業，同時亦看重工業，工業與農業兩者絕對不是彼此衝突，我們千萬不要誤會，以為工業發展，農業會吃虧，實則要工業發達，農業才能受益，工業不發達，農業必受困難，這種道理，眼前許多事實，都可以證明，比如陝西出產棉花之數量很多，陝西自用之外還有很大數量，一部份運供甘芘，更多部份運到四川，不僅到四川，還有一部份運到雲南省去，為什麼陝西棉花，搬運到如此之遠，決不是雲南四川手工紡紗，要用陝西棉花而是川滇的機器紡紗，要用品質好絨線強的棉花，陝西能有大批棉花運出，便可得到資金，便民眾生活，得到很大幫助，由這種例子看，我們可以知道，要紡紗工業發達，棉花才能興盛，如果沒有各地的新紡織業，陝西棉花，便不能運到很遠地方去銷售。

此外，中國出桐油的數量很大，桐油都是運到外國工廠去銷售，如果外國運輸一停，桐油銷路，便根本動搖，我們農民，甚至砍掉桐樹，如果內地有用途，我們轉將桐油工業建設起來，我們桐油，就能自己應用，農民就能在桐樹上，獲得許多利益，此外，如小麥須有麵粉廠磨成麥粉，羊毛須有洗毛廠織呢廠作為代品，皮革須有皮革廠製衣鞋帶袋等物，皆具有同一關係。

這種例子，充分證明工業有益於農業，確示工業化，實為西北經濟推進的途徑，另外西北有許多天然物產，例如新疆甘肅陝西，皆是藏有石油礦的區域，這種石油礦，為什麼不充分開發，充分利用，建設各種新工業，煤與鐵，是最必需的，為什麼我們自己不能冶煉成鋼，供自己需要，卻去向外國購買，從很遠的地方運來，西北是天然牧畜的優良區域，為什麼不將本地的羊毛，善為洗選紡織，而亦任多數人民缺乏衣料，不易禦寒，所以現在問題，是如何開發現有富源，

用我們自己的東西來促成我們的繁榮，達到這種目的，更非充分利用新的工業不可，而且用農業方法，求得成景，所需要的時期長，用工業方法，則成功時間短，何以不用簡單迅速方法，來把西北工業化起來，以上所說，我們要建設西北，必要的方法有三類。

一、水利工程，二、運輸力量，三、充分工業化起來，這種方法，從前並沒有完全忘記，從左宗棠做山陝總督起，已經開設織呢廠機器廠，所置的東西到現在還都存在，前清末年，蘭州首先造成新型鐵橋，這個鐵橋，不僅是黃河第一條橋，亦是中國最早的鐵橋，這種工作，在很早就開始，我們不能不佩服前人的遠大眼光，和努力精神，但當時這種工作的進行，都是零碎的從事，到後來就無以為繼，雖然有很好的開始，卻沒有繼續成功，他們又努力建設隴海鐵路準備從蘭州達到海州，到現在僅到寶雞，許多人都覺進行尚是太慢，但是他們的見地或魄力，實在很可佩服，我們現在的任務，不是批評前人，而是要更進一步努力前進，要比從前作得更快更好，譬如隴海鐵路向西延長，決不能以為到蘭州，就算達到目的，已經到達蘭州以後，還要更具決心向西建設，經過涼州甘州肅州，出嘉峪關，直到新疆省內，然後西北的運輸，才能完全貫通，並再造好幾條重要支路，一方面通寧夏，一方面通青海，使整個西北，得到一條真正不愧為名副其實的幹線運輸。

我們要把西北的重要物產，作為工業原料，來發揮生產，工作，不能遲慢，規模不能太小。現在西北特產，不但有棉花，而且有羊毛，羊毛是一種重要的物產，澳洲所產的羊毛，不但供澳州用，而且供歐洲用亞洲以及美洲之用，成為澳洲人收入之大部份，我們西北能大量產羊毛，為什麼不充分利用，使西北區域，成為世界重大的產毛區，凡百事全在人為，坐視不管，則百事俱廢，積極有為，則有志竟成故事業成功，全在有志

人士努力。

　　由以上舉例，可以說明西北有很好的基礎，我們更加用力量來建設他發展他，然後使我們西北區域，成爲中華民國領土中第一等重要區域，使中華國民能建立長久的鞏固基礎，成爲獨立自給的國家，占世界上重要的地位。

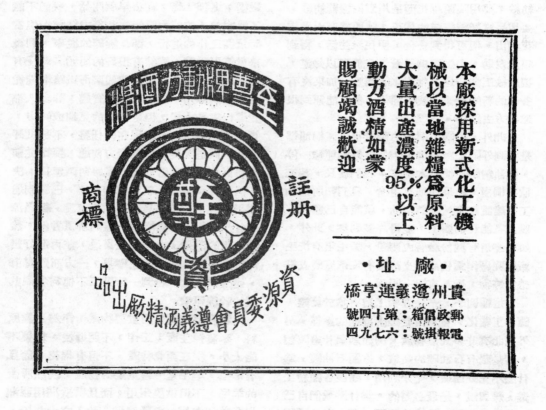

現階段之推動農工鑛業與交通問題

章　祜

我國幅員廣闊，蘊藏豐富，惟以沙漠橫貫，山川阻隔，致風土習俗，各不相同，而交通工具，亦因地異，欲求貨賄暢流，要就我國現有交通工具，即標準鐵路、航運、驛運、公路，及輕便鐵路五種，在特具之範疇，視各地之切需，善爲配合，略爲擴充，使能互相爲用，各盡其長。

標準鐵路，能任重致遠，確爲切要工具，惟我國築路垂六十年，以工具時費材料，復多不能自給，迄今總長僅及一萬餘公里，其範圍除隴海一綫而外，餘均圍於東部及濱海之區，洎乎倭寇內犯，鐵路長度日縮，運輸能力日減，而運輸之需要日增，國人乃移其目光於公路及航運驛運後，二者一則限於河道，一則宜於短程輕載，惟公路汽車用途較廣，軍興以來，功績甚大，惜乎機件油料多須仰賴於人，致未能充分發揮其效能，近來物價騰漲，維持與擴充俱屬困難，且遇國際變動，又不能自立，故必須另覓出路，以謀解決。

至於輕便鐵路，國人倘鮮注意，惟我國西北西南，經此次戰事經驗，將來必成爲我國復興之基礎，而輕便鐵路，則爲適合西北西南目前與將來唯一之交通工具，以是輕便鐵路，確值得加以深切研討，爰略陳數點，以備談建國大計研究交通問題者之參考焉。

（一）就平漢津浦北甯隴海平綏膠濟六大主要路線，總長約五千公里，計算每年平均運量，應可達二百四十餘萬延噸公里，而實際每年只三十萬萬延噸公里，僅佔總運量八分之一，再加吾國爲農業國家，運量達最高限度時，只有冬季三個月，且屬單門，以工業一日不發達，交通一日不普遍，則鐵路運量，將永難達到其最高之目的，故在現

狀下之中國鐵路，雖能設備完善，恐亦不能充分利用此非標準鐵路之不適合於我國，實由於（一）農民需要太低，（二）工業不振，工廠太少，（三）人民與人民間貨物交易太少故也，欲謀解決此三者，惟有於最短期間，造成最普遍之輕便鐵路，由工商各業之發展人民生活需要之增多，逐漸提高社會經濟繁盛，貨物貿遷，因之鐵路運輸日繁，於是標準鐵路，可得充分利用，而發達此輕便鐵路，有助於修築標準鐵路者一也。

（二）修築任何鐵路，在技術上，固有預定之標準，足以遵循，但天時與地形之限制，社會與經濟之變遷，以及人民與商業之習慣，均難詳確預測，能先修輕便鐵路，非特可試探各種需之趨向，抑且可於建修標準鐵路時，一切設備，均能適應需要，以與其目前與將來業務相配合，此則輕便鐵路之有助於標準鐵路修築前之選綫完成後之生存者二也。

（三）標準鐵路之修築，因材料不易運送，往往不能全部同時施工，致不能於短期完成，而其運輸能力，更非一二十年不能充分發達，當此科學昌明，在此期間，一切設備，均有長足之進展，國內已成之路，勢將落伍，若有輕便鐵路爲之前驅，築路材料，可以分送，全線工程同時進行，工期可以縮短，社會可以提早繁榮，運輸可以提前發展，於是標準鐵路，可以採用新發明之設備，以配合當時之需要，此輕便鐵路有助於標準鐵路技術進步者三也。

（五）吾國鋼鐵業方在萌芽，尙難責以自給自足，然以之配成製造廠，藉供初步輕便鐵路一部份之需，當可應恃有輕便鐵路，而後重工業所需之重大機件，可以內運，是

以輕便鐵路，實爲重工業之出發點，因輕便鐵路之逐漸發展各種建設與製成品亦隨之而發展，運輸日增，而鐵路發展，鋼鐵需要日多，而重工業亦發展，卒由小鐵路變爲大鐵路，小工廠變爲大工廠，路有材料，廠有銷場，互相培養，產運銷存，四者途得配合，否則有工廠，有出品，而無銷路，生產過剩，英美之前車可鑒也。

（五）由鑛鍊成鋼，由鋼製成物品，其中經過之科學程序，每一階段，均需各種技工之能力，與資力之週轉，換言之，因鑛冶工業之發達，一部份農民變成技工，一部份鄉區變成市區，社會經濟得以發展，人民生活得以解決，若仍惟外資是賴，一切坐享其成，以中國之需要，培養外國之工廠，致我國工業，永居落伍，則今日抗戰所受技工缺乏游資呆滯之教訓，勢將再見於將來，故欲造就技師工人，發展工商各業，必須迅速廣築輕便鐵路，以促成之，而後原料自給自足，人民需要提高，技術工人增多，一遇戰事，人力物力財力，俱有準備，即使有新建設，亦不患成爲惡性膨脹，而致提高生計，今日汽車司機之居奇，非由汽車之多，而爲司機之少，亦足爲人才缺乏之明證也。

（六）在高原區域，山脈縱橫，深澗削壁，如欲遍修標準鐵路，困難達於極點，至於工鉅費時，猶其餘事，而輕便鐵路，以能採用較大坡度與較小半徑之灣道，可以減少地勢之困難，尤適用於我國亟待開發交通生產文化商業之西南西北高原地帶。

（七）吾國邊疆防線深長，尤多崇山峻嶺，標準鐵路，斷難普及，公路汽車，又限於容量，均不及輕便鐵路之有效，觀前次歐戰同盟軍隊利用輕便鐵路，由西至東，橫貫法國，軍運得力甚大，其對於國防軍事交通之功能，於此可見。

（八）交通建設之工程期限，在平時每視爲無足輕重，殊不知工期縮短，建設提早完成，則文明進步，工業發展，社會繁榮，均得提前，尤爲重要者，國防力量，提前推動輕便鐵路，可以促成標準鐵路，已如上述，其本身具有速修速拆速搬之特長，平時建設可以提前普遍發展，戰時國防，亦可以應進退咸宜之策略，而對於外洋器材之搶運，疏運儲存分送，可以指揮如意，不受時地之限制，抗戰建國，首重爭取時間，是則有賴於輕便鐵路矣。

綜上所述國家獨立生存之條件，必須有海陸空軍，必須有國防設備，有工業，有原料，有農業，有運輸，有技術員工並能儘量自給自足，鐵路就爲達到上述目的之一種重要工具，則一切建設又須以鐵路爲先，輕便鐵路爲建設標準軌距鐵路之先鋒，既於吾國社會經濟情形適合，不至虛糜資本，且能促進地方經濟之發展國防工業之建設，又能縮短標準鐵路建築之時間，推廣各種技術員工之造就，則於簡廉快諸特點之外，所具優點甚多，故應於建設事業籌備推動時期中，儘先推廣建築，以速修速拆速搬爲主義，國人幸注意及之，又輕便鐵路建設在前，標準鐵路建設在後，或以爲輕便鐵路拆除以後，必有若干設備廢而不用，殊不知吾國幅員廣闊，所需鐵路何嘗一二十萬公里，建築時期，何祇三五十年，有此設備，可隨時搬運應用，決不至廢而不用，且輕便鐵路既有其使命，有其作用，爲達到建國目的，即於任務完了之後，棄而置之，亦無不可，固不必斤斤計較，因小失大也。

西北經濟建設之正鵠

甘肅民國日報

日來因全國工程師，方舉行盛會於蘭垣'，朝野對建設新西北問題，已成為研究討論之唯一對象，吾儕數年來服務報界，執筆為文，報道西北實況，耳聞目擊，深悉西北環境，特根據吾人對西北之認識，陳述西北經濟建設幾個根本問題，以貢獻省政府當局及工程師諸君研究。

論中國地文，前臨海岸，背負大陸，具樓臺近水之利，握高屋建瓴之勢。而此高屋建瓴的西北大陸，萬山磅礴，河流縱橫，高原，平原，山地，盆地，兼而有之。言省區，包括秦，隴，青，甯，新，綏，蒙等七省，言面積，約計五、一六六、一一二方公里，幾佔全國面積之半弱。則如何開發此諸大地區，應屬毫無疑義，但一談及經濟建設之途徑，容有紛歧，請先述其原則。

西北秦隴二省，北臨朔漠，西通青新，東屏中原，南下巴蜀，論者謂為天下的頭項，得之則興，失之則亡。關中沃野，秦函險阻，郭子儀評為「此用武之國，非天下所有」，固無論矣，卽隴省亦居中國的正中，成漢回蒙藏之樞紐，東西交通的關鍵，今日北陲告警，中原板蕩，西北的繫於國防為尤重，自宜在此大後方，進行經濟建設，以增厚國力。消極方面，凡山脈河流沙漠森林沼澤等，同具經濟和國防價值者，應以不妨害後者為原則，則積極方面，則開發西北的煤鐵石油，建設機械化學等工廠，以樹立國防工業的基礎，肝衡目前形勢，上項建設無形中秦隴首居領導地位，而陝南關中隴南陝西更屬應行首先建設之地，然後逐漸展開，俾西北成為一單獨的國防區，臂指相連，形勢完整，塞北西陲，鞏於金湯，有利則出攻，無利則入守，挽銀河，洗甲兵，故西北經濟建設應合國防經濟性質者，此其一。

西北地形錯綜，交通梗阻，人民的生活習慣因有差別，經濟形態亦多懸殊，兼以宗教種族等關係，更增加其複雜性，但不論其演變若何，宜絕對遵守一至高原則，卽一視同仁，平均發展，以經濟的協調，求生活的融和。舉凡爾虞我詐，豆剖瓜分，割據式的部落狀態，與夫呈現德意志未統一前，普魯士附代那種關稅同盟的形跡，統宜化除。今日若干地區不正當不公平的經濟關係，允宜速加改良，而多少有閉關自守，省際經濟性質的措施，亦應速加解消，際此時會，西北經濟建設工作，應按實際狀況，確立計劃，處處相謀，事前妥加籌商，事後各盡所能，協力以赴，免衝突，避重複，先造成一致建設的契求，然後求才異地，借財異國，建設西北，趕上一般水準，俾成為全國經濟建設中的一環，整個配合，全盤呼應，故西北經濟建設應含國族經濟性質，此其二。

西北半壁，高原多，氣候差，雨量少，自然環境較劣，人口分配又稀。（合秦隴青甯新綏蒙等，約計二三，三三七，五四二人，僅佔全國人口百分之五點一四強。）事實上往往竭中國之力，輸西北之邊，歷代因起陸防海防之爭，亦多耗中事西之議。卽就近年論，西北荒歉，東南每有餘力，加以振濟，今日不然，西北再不能仰望東南的救濟，尤需担負國防的重任。但返視西北民生之苦，迥非想像所及，遼荒千里，景物蕭索，村落殘破，人民疲弱。若談經濟建設，至急且切，尤應把握此特殊意義，力避駢綮，首重回蘇，救濟農村，扶助邊氓，奮其求生之念，獎以求生之道，從事增產，足食足衣，生產分配，同時解決。故西北經濟建設應合國

13

民經濟性質者，此其三。

　　西北古代為東西交通的孔道，由陽關玉門關出天山南北路，可遠屆裏海，黑海，地中海，波斯灣，文化的接觸，商業的往還，均極繁榮。唐王維詩云：「九天閶闔開宮殿，萬國衣冠拜冕旒」，即可想見當時的盛況。降至近代，形勢頓變，東西交通既改趨海道，而中原與西北邊陲的聯繫，又復關山阻塞。反觀鄰邦，蒙邊，西伯利亞鐵道與庫倫支線，北疆的阿爾泰鐵道與土西鐵道，南疆與印邊的縱貫鐵道，蜿蜒域外，輔以公路，交通稱便，輸出入轉增，其與內地關係，反較疏遠，以致形成一面倒的經濟尾閭，其影響之深，實非言可喻。今者海道既被封鎖，滇緬又成阻隔，大陸交通僅剩西北一線，惟西北之國際交通，無論陸空，尚待急切改善，縮短內地與邊陲距離，懋遷有無增進聯繫，更宜發展國際貿易，以求互惠，獎進技術合作，以求互利，庶幾封域無外，覘危共濟，故西北經濟建設應含國際經濟性質者，此其四。

　　昨就西北經濟建設問題，列舉原則四點，至於施行節目，固屬頭緒紛繁，但刪繁就簡，提綱挈領，亦可得而言者：

　　一、振興水利　清劉獻廷云：「西北非無水也，有水而不能用也，不為民利，乃為民害。旱則赤地千里，潦則漂沒民居，無利可居，無道可行。」旨哉斯言！西北墾荒業農，非水不可，而用水之道，鑿渠灌田，自秦漢以來，歷唐宋元明清，代有增修。寧夏後套二內陸平原，素有漠北江南塞上天府之稱；而關中隴南，亦多灌溉之利，即如林文忠公的提倡鑿井，左文襄公的製作水車，均屬有裨民生，今日宜承先啟後，繼續振興，俾西北大部可效秦人之歌曰：「田於何所？池陽谷口。鄭國在前，白渠起後。舉鍤為雲，決渠為雨。涇水一石，其泥數斗。且溉且糞，長我禾黍。衣食關中，億萬之口。」

　　二、綏施林牧　西北森林除阿爾泰山，天山，岷山，祁連山，青海西南部等森林地帶，以及數處天然殘餘森林外，類皆砍伐迨盡。吾人一讀說文：『登隴山東望秦川，墟合業蔴與雲霞一色；』以視今日的童山禿丘，滿目荒涼者，大有蕭條異代之感！但為含蓄水源，調節氣候，點綴風景，並求本身利益計，急宜保護天然林，培植新造林。塞外草原，大漠環抱，固為優良的牧場，而其他高原山地，亦多宜林宜牧。林牧有時成為農墾副業，但在西北可獨立經營，而土地利用亦應有合理的分配，切忌以農墾妨礙林牧，交蒙其害，往事昭然，來者宜戒。

　　三、樹立工業　西北資源可供工業利用者甚多，如煤鐵鹽石油等礦產，須由國家力量調查開採提煉，以樹立重工業的基礎，同時對於機械化學等工廠，可先作小規模的設置，以供目前急迫的需要。又如羊毛棉蔴皮毛藥材肉食果蔬等，可供毛織棉織造紙製革製藥製罐頭之用，該項有關民生的輕工業，亦屬急不容緩之圖。且抗戰以還，銷路阻滯，自應獎勵私人經營，就地集中，改良製造，俾厚生利民，無虞匱乏。他若各種手工業，可用合作方式貸獎資金，促進技術，務使各個部門，分頭努力，以期達到工業建設之目的，樹國本，開邦治。

　　四、管理商業　戰時經濟，首重統制，西北環境特殊，運輸困難，更宜調整商業活動，嚴禁居奇壟斷，實施物品平價，流暢民食，管理煤炭，運輸日用品，妥為分配。至於滯銷特產，應設法開闢新路線，獎勵輸出；而不必要的奢侈品，以及無關民生的貨物，則可加以限制。另外組織大規模的貿易機關，對內求西北各省有無相通，供求相應，轉與西南取得密切連繫，對外則遏止走私，嚴禁仇貨，凡綏西陝北晉南豫東各毗連地帶，嚴密檢查，無使漏網；同時開闢國際交通線，組織運輸公司，增進對俄對印貿易，爭取外匯，活動金融。

　　五、發展交通　西北遼闊，乏水運之利

，鐵路又僅達寶包綏二段，其他公路雖有增築，未臻完善，致運輸阻滯，移民困難，經濟開發飽感棘手，而國防籌劃與文化溝通等項，亦成問題。美地理學者鮑曼曾云：「人民對事業的熱忱，恆視其服務中心之離為自乘的反比例，距離愈遠者，熱忱即愈淡薄。」秦中隴郡本居國家的正中，今人反以邊陲目之，其故即在交通問題。是以除儘量利用措子皮筏馱運（包括大車駱駝）等原有運輸工具外，亟宜整理交通系統，加闢中印航空線，添築西北西南公路聯絡網，增購車輛，訓練司機；復以汽油的北運東來兩感困難，宜速講究代用品，謀澈底的改造。鐵路任重致遠，先期完成寶天段，然後再下成都，與敘昆相啣接；北上皋蘭，出河西新疆以通蘇俄。庶幾如潘岳西征賦所云：「儵狹路之逼陰，軌崎嶇以低昂，蹈秦郊而始闢，豁爽塏以宏壯。撫世建國，實利賴之。」

六、改革行政　前英儒陶聶東來考察，歸著「中國土地與勞工」一書，謂「先經濟後政治的一句話，在中國現狀下並不適用，因為經濟發展時時為政治的紊亂所阻礙，故當中的先決問題，厥為產生一個有效率的政治」。西北政治年來進步甚速，但以之配合經濟建設，尚覺不夠。舉凡軍事財政金融各方面，足以阻礙農村發展，破壞生產建設者，自應力圖改善；尤須謀行政效率的增加，教育功能的展開，集中權力，統籌全局，消滅生產機構中的官僚主義，俾得迅赴事功，速期成效。

七、統籌資金　國內投資趨勢，本來用於商業資金者最多，用於農資企業者較少，而用於工業資金者則更少。西北金融枯澀，銀行業粗具規模，公佈不廣，投資有限，尚未步上金融和產業連合的階段，故在西北談經濟建設，首感資金籌措的困難。因此凡需巨量資本或有關國防的重工業，應由各省合力統籌，再由中央補助，一切以國營為尚，以國家資本為準則。至若輕工業規模較小，

靈資亦少，國家既有端主力以赴的中心事業中心區域，自無餘資而面面顧到，必須就地利用游資，獎勵私人經營，穩紮穩打，尤須用合作方式，普遍施行農貸小本貸借，俾無孔不入，平均發展。

八、培植人才　西北教育本不發達，而所造就人才又多偏於文法方面。一旦施行經濟建設，高級技術人才，固不易得，即中下級幹部亦成問題。當前則不得不借用外省人才，但以環境生活的差異，難期長久服務，勢須就地養成補充者以資接替，故宜趁此抗戰時期，延攬專家，從事設計，兼資訓練，同時調整教育方針改造基本課程，充實技術訓練，凡西北特別需要的學科，應設專科學校，認清環境，注重事實，務期學以致用，且西北條件欠備，缺點滋多，其事難懂，其病難治，欲期經濟建設成功，不僅恃智識技能，尤非有奮鬥到底的精神不為功，念西北本多開疆拓邊的豪傑，即氓隸之民與遷徙之徒如鄭萬福王閏春等，亦能經營蓽路藍縷，從事後套農墾，卓著事功，上述企業精神，亟需提倡，以養成堅貞宏毅的建設人才。

九、獎進科學　培根有云：「人類須服從自然，才足以控制自然」。近代科學昌明，技術精進，征服力量日漸開拓，在一特定時期內，或者可能實現。當作為固定任務，何者不能實現，則懸為奮鬥目標，西北人文與自然科學，鄙人注意研究，如資源的調查，經濟的統計，地質礦產的探測，生產技術的改進，一切格物致知的講求，均乏成績可言。赤手空拳，毫無依據，即欲事建設，亦覺茫無頭緒，從何談起？故後此對西北實況，以及當前發生的許多問題，似應考其成因，究其性質，澈底明瞭，細心研討，試尋出其解決方案，俾智識與行動密切聯絡，確立「知識即權力」的紀念碑。

以上敬陳四原則九節目，卑之無甚高論，值茲工程師年會舉行之日，謹以奉獻於窮理察物的學人。還祈正視現實，於紛紜繁變

之中，求頤鈞玄之道，明本末先後之辨，審
綏急輕重之義，復行奮策奮力，知行相謀，
憑篤實的作風，奮邁進的步伐；庶幾文理密
察，足以有別，聰明睿知，足以有臨，有別
有臨，則西北經濟建設問題，或能始於知而

成於勇乎？夫如是，則各方學人源署長征的
意義為不虛，而西北民衆喁喁殷望的渴念為
不空，識天時，明地理，握人和，當不僅流
連周秦之墟，遐想漢唐之風而已！

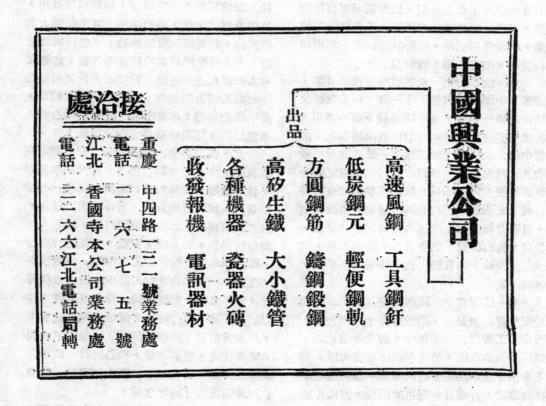

工程學與工程教育

楊 耀 德

國立浙江大學

一、引言

中國工程師學會與各專門工程學會第十屆聯合年會在蘭州舉行，所徵集論文，尤注重者計有十類，而工程教育列為其中之一，其意義深遠可不言而喻。蓋吾國自抗戰軍興以後，各大學多遠道遷移，雖烽煙遍地，而絃歌之聲未嘗或輟。且因國家對於工程建設之需要，各工程學院科系亦屢有增加；近年全國各大學入學試驗，志願習工程者常倍蓰於其他院系，吾政府當局特添設雙班，廣事培植，以備他日抗戰勝利大規模建設展開時各項工程人才之需要。「各國科學之日進千里，吾國工業實猶瞠乎其後，繼今以往，必須恢宏各級工程人才之培育。………蓋立國於當世須有堅實之國防精神，而工程科學與工程事業實為國防之真正基礎。」誦 蔣委員長對中國工程師學會第十屆年會訓詞，可知工業建設與工程教育為國家之基本政策；而工程人才之如何培育與工程學術之如何發揚，實為今後工程教育一大問題。顧工程教育範圍至廣，歐美各國體制不同，欲詳細研討，端賴鴻製巨著，非愚陋如作者所能盡其

什一也。本文之目的，在從歷史觀點以闡明工程學之要義，然後根據工程學之定義以申述工程教育之方針。作者不敏，服務於工程教育，無非本其一得之愚，貢其管窺之見，以就正於海內宏達與工程學術界同志耳。

二、工程制作與工程學術之演進

人類文化之進步與工程學術制作之演進有至密切之關係，此乃公認之事實也。當遠古之世，草莽初開，尚未有文字記載之歷史可資考證，博古家之所憑藉以為推考之資料者，為由廢墟古塚所發掘之古物。因古時人類所用武器工具之演進，而分作舊石器新石器銅器鐵器等時代；既有武器工具則必有工程制作殆無疑義。且文明進化之程度以當時所用之工具為標準，則工程制作意義之重大亦可想見。吾國上古時代歷史傳說所稱有巢氏搆木為巢，燧人氏鑽木取火，搆木為巢乃建築工程之開始，而鑽木取火者，以科學解釋之，即磨阻生熱之理也。易與尚書為古代典籍之信而足徵者，易繫辭稱神農氏斲木為耜，揉木為耒，耒耜之利以教天下；黃帝堯

17

舜剡木為舟，剡木為楫，舟楫之利以濟不通；弦木為弧，剡木為矢，弧矢之利以威天下；上棟下宇以待風雨。耒耜之利屬於農具，舟楫之利屬於交通，弧矢之利屬於兵工，上棟下宇屬於建築，蓋皆工程製作之演進也。尚書禹貢篇記禹敷土，隨山刊木，奠高山大川，分天下為九州，辨土壤之性，誌物產之饒，詳考山脈之系統，江河之源流，誠為吾國古代水利工程與地理學之傑作。遠在四千年前而有如是規模宏大之工程事業與精詳分析之記載，則吾國古時工程學術水準之高可以概見。其在西洋則埃及金字塔之遺蹟巍然猶存，菲尼基之造船，巴比倫之河渠水利，亦尚有古碣遺址可尋；凡此皆足以表示古代工程制作之成績已大有可觀。顧工程制作演進之歷史雖甚久遠，但在古典籍中，關於工程方面有價值之巨著，如尚書禹貢篇，周禮考工記之類，實未多覯，在西洋則希羅氏（Hero 公元前一五〇年）所著氣流學（Pneumatica）亦為僅有之工程古籍。蓋工程制作之創始固遠在文字記載歷史以前，而工程學術之發揚則尚待自然科學創明以後。在古簡冊中，容或有片段關於工程知識之記載，其所得結論或亦與現代工程學理相暗合，但其所憑者，大抵為以往之經驗及心得之訣巧，究未可以稱有系統之工程學術也。溯工程制作之演進既如是久遠，而工程學術之發明又須待數理化與生物等科學基礎樹立以後，源流愈遠，憑藉愈厚，則其所發揮之成果愈見充實而精彩。當十七世紀中葉，工程學術之發展已漸露端倪，迨十八世紀以後，各項工程創作蓬勃蔚起，理論研究光彩爛然，在極短時期中而有如是豐富之收穫；所以然者，蓋學術之演進已達成熟之階段，工程技術已積有長時期之經驗，根深柢固，枝葉繁茂，已能放燦爛之花，而收成功之果也。

三、工程教育發展之過程

考工程教育之發展亦屬晚近期內之事。吾國因受清季政治腐敗之影響，以致在工程教育方面，較之歐美未免落後。在歐美各邦中，發展最早者首推法國，其次為德，而英美俄諸國稍晚。當羅馬帝國崩潰之後，法人崛起歐西，蔚成大國，羅馬人對於工程上之經驗向稱豐富，而法人承其遺緒，故其軍事與民事工程技術之高，初非歐洲其他國家所能比。但法國工程學校之創始已在十八世紀中葉，最初僅為製圖或技術學校，且限於土木與探礦方面。德國工程學校較法國為後起，最初亦為建築學校之類，其創立時期則在十八世紀之末。英國則當十九世紀之初，僅有私人組織之學社，以講論科學技術為宗旨，而正式工程學校之設立則尚在倫敦展覽會（一八五一年）之後。美國歷史最早之藍色樓工科大學（Rensselaer Polytechnic Institute）成立於一八二四年，創辦之初僅授土木工程，名稱為藍色樓學校。大抵歐美各國之工程教育，在十九世紀初葉，猶屬技術學校之性質，以土木工程為主，至於高等工程教育之長足進展，實開始於一八六〇年以後，迄今亦不過八十年而已。

吾國科學研究之進展，在天文醫藥數學各方面，已有久遠之歷史。論工程技術則周禮考工記分攻木攻金攻皮設色刮摩摶埴之工，計三十項，觀其對於名詞尺度選料驗工之精密，足見當時工程技術已到達相當程度。文化歷史轉輾演變，迨元明之世，歐亞之交通漸繁，西方教士傳導歐洲之科學技術於中土，配合吾國固有之學術基礎，未始不可以發揚而光大。惟因明末政治不良，滿清入關，兵戎擾攘，乾嘉以降，政治紊亂，以致吾國之學術文化未能適應時代潮流而發展。及同治初年，曾李諸臣提倡西洋學術，設廣方言館與繙譯館於上海，前後出版格致化學製造各書計一百七十八種。迨光緒二十一年（一八九五年），北洋大學（初名中西學堂）首先成立，設有路礦等工程學部，二十三年（一八九七年），南洋公學成立，注重算化格

致工藝等科，是吾國之高等工程教育亦已有四十餘年之歷史。尤以民國十六年北伐完成之後，國民政府銳意推進大學教育，充實工程科學圖書設備，雖尚未能與歐美負有盛名之高等工程學府媲美，但已追及其第二等大學。自抗戰以來，吾政府宏謀遠算，對於大學教育苦心維護，不遺餘力，而對於工程教育則因時勢之需要，期望更屬殷切，繼往開來，時代之使命甚重，吾國人素富於艱難創造之精神，諒必能發揮其固有之文化力量，以樹立今後學術建設之基礎也。

四、工程學之定義

美國電工學家史篤德氏（H. G. Stott）作工程學之定義，曰「工程學為組織領導羣工，控制大自然之能力物料，以造福人類之學術」（見美國電工學會季刊一九〇八年卷）。此定義言簡而意賅，可稱允當，求之吾國古籍，與史篤德氏之定義恰相符者，有尚書大禹謨『正德利用厚生』一語。正德者領導羣工，卽論語其身正不令而行之意，利用者控制自然，而厚生者造福人類也。大禹為工程師之典型，故其言之精當切要如此。觀上述定義，可知工程學為博大精深之學問，對於自然之澈底研究最關重要，庶能控制大自然之能力物料而充份利用之。若組織領導之才能，雖與個人稟賦有關，但發展而利導之者，亦端賴學識與修養，否則璞玉雖美，未加雕琢，恐尚未能成珪璋之器也。

又美國麻省理工大學校長康潑登氏（K. T. Compton）作工程師之定義，曰『所謂工程師者，乃運用數理化與生物諸科學以及經濟學之知識，更濟之以從觀察實驗研究發明所得之結果，然後利用大自然之質料與能力以造福社會之人才』（參看傑克遜教授著美國工程教育之現狀及趨勢第一章第八頁）。故工程教育實包含自然科學與人文經濟方面，而不僅限於工程技術方面。且工程學之要旨在運用科學知識，而運用之妙則存乎一心

。善乎傑克遜（D. C. Jackson）教授之論工程學方法，曰『工程學為科學與藝術之調合，習之者須具精確採集數據之能力；能分析，考索與類別數據；能從數據作成案語；且能運綜合之想像力以審察數據，而利用所作案語以構成工程計劃』（參看同上）。故自然科學為研究工程學所必需之知識，但工程學則又自有其特殊之色彩與背景者也。

工程學之主要目標為利用大自然之能力與質料，其意義可得而申述之。蓋宇宙間一切活動均受能與質之支配；就人羣言之，則立國之本首重民生，而民生問題之中心則在如何開發動力，推廣生產；保國之道端賴國防，而國防問題之中心則在如何動員國力，培養資源，要之皆能與質之利用也。是故能盡能與質之用者，國家卽不難日進於富強之域。惟欲盡能與質之用者，必先明能與質之理；明汽電之理，然後能創造汽機電機，而盡汽電能力之用，明鋼鐵之理，然後能冶製特種鋼鐵，而盡鋼鐵質料之用。顧欲明能與質之理，則自然科學之研究為重，而欲盡能與質之用，則工程學之研究尚矣。雖然，知其用不可不知其理，苟原理尚未通曉，則應用時感到困難將無從解決；況知其用尚未可以稱盡其用也，欲盡其用則須發揮研究創作之能力，而研究創作所需之工具乃基本科學也。科學知識為工程學之基本工具，而工程學之主要目的，則在運用科學知識以盡能與質之用。故工程學與純粹科學不同，蓋純粹科學之目的在創明能與質之理，而工程學則在盡其用，因欲盡其用乃必先明其理也。工程學又與應用科學之意義不類，蓋工程學之特色在發展分析與創作之能力，並非應用二字所能概其全，惟工程學之目的則在利用厚生耳。

各門學術均有理論與實際兩方面，固不獨工程學為然，而工程學則理論與實際間之調和尤關重要。蓋工程學所研究之問題屬於物質方面，但研究時之考索推論亦不外乎理

想之默運；又因所研究之對象爲實際的，故理想須證之以實驗，而不致蹈於空泛。工程學之最大意義爲務實，凡理論與實際不相符者，不能認爲完滿之理論也。且工程學之要旨，在運用科學知識以盡能與質之用，而造福於社會，科學或稱格致學，故工程學之下手工夫在格物致知，而最高目的則在博施濟衆，其理想至高，而其工夫最切實。吾國以前學術似偏重於誠正修齊治平方面，而對於格物致知方面則較淡薄。工程學則發揮格致之功能，以得到治平之效果，其研究學理時之精心一志，亦有合乎誠正之義。故工程教育與吾國古代教育思想有契合之處，而其力行務實之精神，更足以祛空談玄理之失。惟理論與實際，理想與物質，貴乎能和諧調劑，庶可以培養研究之興趣而發展創作之能力也。

五、工程教育之一般原則

美國著名電機工程師闞姆氏(B. G. Lamme) 論工程人才之訓練（見闞姆氏著電工論文集），其主要原則爲（一）把握基本原理，（二）明白物理觀念，（三）養成想像能力，而更總括之以（四）發展分析才能。所謂分析才能者，即從所能得到之數據與事實，加以分析研究而作正確判斷之謂也。研究工程學理所需要之工具爲數學，精於工程學者，能善用數學工具以解析工程問題，而善於利用數學工具者，則能運用比較基本之數學以解決學理方面之問題，得之於心，應之於手，苟非對於工程學之基本原理確具把握，且對於所研究問題之物理現象澈底了解，更濟之以豐富之想像能力者，未易臻此也。高深數學爲研究工程之精良工具，而正確數學觀念之養成實爲運用數學工具之前提，此則爲習工程學者所當明瞭，而論工程教育者所宜注意者也。

且所謂工程人才者，若依其學養性質而區別之，可分作研究，設計，製造，測驗，裝建，運用，保全等若干類。大抵研究人才需要淵博之科學工程知識，與超越之創作才能，設計人才須曉暢工程原理，且富有想像推斷之能力；製造人才須熟諳工作機械與工程技術，材料之性質，工廠管理法等；測驗人才須明曉器材器質，測驗標準等；裝建人才須具豐富之工程知識與技能；運用人才須熟習整個工程系制，與機器之特性；保全人才須精習機器之構造品質與工作技術。各項工程人才均有其特殊之學養經驗，長於研究者未必長於製造，長於設計者未必長於裝建。然就工程教育之立場言之，無論青年學子之稟賦與趣如何，而工程學理之基本訓練實爲首要之圖。蓋教育之目的爲培植青年之學術基礎，以爲他日前進發展之所憑藉，基礎鞏固，則無論何種建築物皆可經營締造於基礎之上，而不虞傾側。故基本原理之訓練固爲工程教育之要義，即專門工程學術之傳授，其主旨亦不外乎基本原理之發揮與推究也。

傑克遜教授論工程教育之趨勢，其最扼要之點爲培養學生自動進修之能力（見美國工程教育之現狀及趨勢第八章第一二八頁），此實不磨之論也。工程學術門類繁多，日新月異，既未可僂頣審本，亦未能限於教室。大學修業時期不過四年，大學教育乃畢生事業之出發點，無論何項事業之成功，端賴不斷之努力進修，苟在大學時期而未能養成自動進修之能力與習慣，則將來一出校門，機會更難，其影響於青年自身前途無量之發展，與乎社會國家之建設與進步者豈可量耶。

六、對於吾國工程教育之管見

無論何種制度莫不與一國之歷史背景與現實環境有密切之關係，工程教育亦然。是故美國之工程教育制度與歐洲不同，而歐洲大陸之制度又與英國異致。簡要言之，在法國則注重理論之研究，入學標準頗高，講學

者大多為工程學界知名之士，而學生課業之考績極嚴。在德國則學貴專精，學生在中學校之訓練比較嚴格，入工程學府者大多懷抱工程事業之志趣，而傾向於作工業專題之研究。在英國則認工程學府之主要使命為傳授工程基本學理，而實用技術則當在製造工廠或工程實施之場所訓練之，故英國工學院多採用學院與工廠錯綜教練之制。在美國則工學院中工場實驗室設備豐富，實習科目繁多，除基本科學及工程專門科目外頗注重經濟學；並有若干學院兼施合作科制，採取英國錯綜教練之法。在蘇聯則為完成其經濟建設計劃起見，除設工學院以培養高級工程人才外，並設各級技術學校以訓練大批工程幹部及技工人才；工學院與各工廠間之聯繫既十分密切，且每建新廠即同時成立技術學校，用能在短期之內造就多數之工程技術人員，惟學識技能之是否健全或不無疑問耳。吾國工程教育制度與義國最相近；以國情言之，吾國地大物博，需要大批工程人才作大量之開發，採取美制可稱得宜。惟每個國家各有其歷史傳統之觀念，與社會組織之特點，必須斟酌調劑，因地制宜，方能獲到最高之效益也。

吾國大學教育之歷史傳統精神為注重人格之修養。工程師為領導群工以開物成務者，必須有開闊之胸襟，與高超之志趣，方能發得群工之信仰，而收臂指股肱之效。且國家大規模建設展開之後，各個工業組織勢將成為社會之重心，而工程師則為工業組織之中堅份子，又必賴平素之修養，方足以領導社會。是故存主奴之見，而抱中學為體，西學為用之觀念者，固難免思想陳腐之譏，但吾國之傳統教育精神，所以維繫社會於不墜者，亦未可一概抹煞。且注重人格修養，豈但吾國傳統教育思想如此，即英美諸國之教育趨向亦莫不然。傑克遜教授之言曰，「目下社會人士已更能認識優越之智慧為工程事業成就之因，而優秀之德性則為支持成就之

要素；又工程師視品性較知識更重要，而工程科目之傳習正所以訓練誠毅之意志」（參看美國工程教育之現狀及趨勢第八章第一四一頁）。其注重品性有如是者，故吾國大學工程教育，對於人文方面似乎亦有相當重視之需要，以期適合國情也。

工程學除以自然科學為基本外，並以力學科目（包括力學，水力學，靜電與動電力學，熱力學等）為介乎自然科學與專門工程科目間之津梁。吾國學生習工程科學須先習英文，或兼習德文，故大學工程學系科目繁重為必然之結果。大學修業期間不過四年，其中斟酌損益實煞費苦心，一國之工程教育，往往受實際環境之支配，而未可純憑理論。吾國目下最堪注意之問題，為大學工科師資之缺乏，與工程科目教材之調整。關於師資缺乏一層，則陳部長在中國工程師學會第八屆年會講中國工程教育問題（工程第十三卷第四號），亦曾慨乎言之；關於教材調整一層，則為吾國數十年來工程教育之重大問題；苟此兩大主要問題未能合理解決，則其他方面之改革更張，恐終鮮實效。吾國最早工科師資借才異域，現在則多數為留學歸國之工程學者，恐將來趨勢當為培養優秀之青年師資，其興趣在於學術研究者，待服務數年之後，在學術研究方面已具相當根柢，然後派送國外遊學以求深造，豈但為大學培養師資，亦即為國家造就才俊。又目下工科師資缺乏，與各機關迫切需求工程人才不無關係，如何設法調整，諒吾政府當局已籌之熟矣。吾國大學所用工程教本多數採取美國，一則因吾國工程教育制度近於美國，再則因美國出版事業發達之故。惟吾國社會現狀與美國不同，關於教材方面有應斟酌變通之處。吾政府當局對於此問題關心已久，念茲事體大，影響甚宏，尚有待於全國工程學者之努力與合作者也。

工程學術非但為國防建設所必需，且其內容包羅宏富，涵蘊精深，理論與實際調和

適合，是以能引起學習者之興趣；近年來多數青年之所以志願習工程者，此點亦爲重要原因。惟工程學之標準頗高，而爲學之道貴乎循序漸進，不可躐等。美國之大學工程教育較吾國更完備，但在彼邦亦頗有主張提高入學標準者。然彼邦出版事業發達，圖書館林立，各大工廠多設立實習訓練班，故大學工程學生卒業以後亦頗多進修之機會。吾國社會現狀，較之美國容有不同，大學教育關係更重。若能利用暑期，酌設講習班之類，以充實基本學識與必要之語文工具，則修習高深科目時，更能發生濃厚之興趣，而自動求知之力量可增强不少矣。

一國工程學術之地位，一方面旣與工業建設之發展息息相關，而他方面則創作研究之重要性實堪注意。夫超卓之研究人才至不易得也。但學術之進步則有賴乎少數研究人才努力所獲之成績。當研究某種物質或現象之初，固未能預卜其所研究之結果，對於工業建設將發生若何影響，豈但未能預卜焉，或竟未甚縈懷也，所專心致志者在格物而窮其理耳。一旦研究成功，則能與質之利用更廣，工業建設隨之進步，而社會蒙其福。夫才難之嘆；自古如斯，而創作研究之長才尤屬難得，國家對於此種人才須珍惜之而培育之，此在論工程教育時所不得不鄭重提出者也。

至於工程技術人才之培育，國家正不知費去多少心血；工程學理貫通之後，又須積多年之實地經驗，技術乃能臻純熟之境，故高級工程人才之養成殊非易易。且工程技術類別頗多，門徑互異，因各人性格不同，有宜於製造，有宜於裝建，有宜於設計，有宜於保全，若職務與個性不宜，或所用非所學者，在整個建設事業言之，均屬人才之浪費，亦卽社會之損失。夫工業建設之推進，端賴學識優長，經驗豐富之工程技術人才。以吾國幅員之大，各種工業均待舉辦，而工程人才如此缺乏，一方面固當廣事培植，他方面尤應免除浪費，庶幾人盡其才，而工程技術乃能高速度進步矣。

工業建設與學術研究有互相關聯之勢，工業建設愈發展則學術研究愈需要。吾國對於學術研究方面之基礎甚形薄弱，一旦大規模建設開始後必有許多亟待研究之問題；蓋各項工業均有地方性與時代性以及經濟上之種種關係，故研究工作十分重要。且工業技術進步極速，不研究卽不能進步，不進步卽立刻落伍，故工業建設愈發達則愈感研究工作之需要，蘇聯經濟建設計劃推行時，並成立多數之工業科學研究機關，卽其明證。吾國工業落後爲有識者所同慨，而研究基礎薄弱實更堪注意；且研究事業之發展較之工業建設或更難立見成效。故吾國工科大學應及早設立研究院以發展研究事業，造就研究人才，蓋非但爲工業建設當務之急，抑亦爲國家之百年大計也。

又　陳部長在第八屆年會講中國工程教育問題，對於建教合作之推進闡述頗詳。蓋大學工科教授所負之使命爲發揚工程學術，而工程學則理論與實際間之調和極關重要。工程學府所研究之問題偏重學理方面，但理論須證之以實際而後涵義更明，工業建設所研究之問題偏重實際方面，但實際須本之於學理而後計劃更當，故建教合作實爲發揚學術恢宏建設之重要因素。試觀蘇聯歷次經濟建設計劃之實行，工科教授之參與研究設計以底於成者，不在少數，可爲明證。且大學工科教授負有培育建設人才之責任，若能熟知國內工業建設實在情況，則學校內學生所習能與國內建設取得聯繫，不致脫節，而愈能激發學生對於學業之興趣。美國哥倫比亞大學工學院長白克氏（J. W. Bavker）稱傑克遜教授工程教育哲學之精義，爲「工程學生須及早與新問題接觸，以激發其思索之能力。………欲達到此接觸新問題之目的，必須工科教授從事於工程顧問或研究方可」（參看美國電工雜誌一九三九年二月期第六

五頁）。可知工科敎授之參加工程顧問或研究，不但合於建敎合作之義；且對於工程敎育之健全發展亦有莫大之裨益也。

七、結論

近來討論大學敎育之文屢見報章雜誌，而關於工程敎育方面者則未多覯，但大學工程敎育之重要，固不待旁徵博引而後明也。國家工業建設之推進，有待於大批工程人才之培育，而大學工程敎育則爲養成高級工程人才之主要因素。況大學敎育爲靑年畢生事業之出發點，其對於事業前途能發生蓬勃之

意與，與勇往堅毅，百折不撓之精神者，端賴健全之學識爲原動能力。故謂吾國現階段之大學工程敎育，與今後若干年國運有關者，殆非過甚之辭也。作者不才，以茲問題之重要，倘參考文獻，欲明其究覽，明知管窺蠡測，無當大雅，然千慮必有一得，拋磚可以引玉，爰草此文，略陳鄙見，博雅君子，幸賜敎焉。

本文承浙江大學工學院院長李熙謀先生供給重要資料，獲益良多，用誌數語，藉表謝忱。

著識者

9530

連續長方板片之分析

劉　恢　先

第一節　題釋

本文研究之對象爲一不斷之板片（Slab），一面受垂直板面之載重（Load），一面有若干承梁（Supporting beams）將板片分爲若干長方格（Rectangular panels），因稱之爲連續長板片（Continuous regtangular slab），如圖（1）。此種板片常見於普通建築之中。

長方板片之分析曾經多人研究，並已求得固緣板片（Fixed-edge Slab）與簡支板片（Simply-supported Slab）之解答，但據作者所知，連續長方板片之理論解答則尚付缺如。在美國有兩種設計公式。一爲 Westergaard 教授於 1926 年所發表者，一爲 Di Stastio 及 Van Buren 兩氏於 1936年所發表者，此兩種皆爲近似解答（Approximate solution），不能合吾人滿意。前者限用於等格板片（Egual-panel slabs），後者雖爲 American Concrete Institute 所採用，然其所根據之假定，則更爲粗率，本文之目的即在探求一精確解答，方法雖嫌繁冗，但在理論分析方面，或略有價值。

板片之作用視其厚度與跨度（Span）之比例而異，本文所討論者爲中等厚度之板片此類板片，因相當強韌，板面伸張（Surface stretching）及切變形（Shearing deformations）均極微小，吾人所須計算者僅其因彎曲（Bending）而生之形變（Deforations）及應力（Stresses）而已，在板片問題之求解時以選位移（Displacement）爲未知數（unknown）最爲簡便，因平行板面之分位移（Component displacement）極小，可以略去，吾人只須計算垂間板面之分位移，即

板之撓度（Deflection）此爲唯一之未知數，求出後，一切應力及形變均可由此推得，在已知條件下，撓度應爲板面坐標之函數（Function），此函數之微分方程式曾經Lagrange 求得，名爲 Lagrange 方程式，其式如下：（符號見後）

$$\Delta^2 Z = \frac{W}{N} : \quad \Delta^2 = \left(\frac{\partial^2}{\partial x^2} + \frac{\partial^2}{\partial y^2}\right)^2 \cdots (1)$$

設有一函數能適合此方程式，同時與板片之邊界條件（Boundary conditions）吻合，則此函數當即爲吾人所探求之解答，惟值邊界條件繁複之時，此種解法常難應用，除此法外尚有微差方程式（Difference eguation）及能量（Energy）等方法，惟均頗難運用於連續板片。本篇係用 Lagrange 方程式求板片之彈性常數（Elastic constants），用漸近法（Successive approximation）求因連續（Continuity）而生之應力及形變，再以此與簡支情形下應得之結果相加。

本文所用符號之解釋：（參閱圖2，圖中之力矩及切力均爲正值）

x,y　水平面直角坐標（Horizontal recanglar coodinates）

Z　板片在位置（x,y）處之撓度，正值向下

l　板片之跨度（Span）

ι　板片之厚度

E　板片質料之彈性係數（Modulus of elasticity）

I　板片每單位寬度之轉動慣量（Moment of inertia）

μ　Poison 比

N　決定板片剛度（Stiffness）之因數
$$= \frac{EI}{1-\mu^2} = E'I$$

25

P　集中載重 (Concentrated load)

W　每單之面積上之均佈載重 (Uniformly distributed load)V_x(x,y)處，垂直x一軸之截面上，每單位寬度之鉛直切力 (verticalshear)，如為正值，則在背面作用向上，在前面作用向下。

（Uniformly distributed load）

V_y　(x,y)處，垂直y一軸之截面上每單位寬度之鉛直切力，如為正值，則在背面作用向上在前面作用向下。

M_x, M_y　(x,y)處，沿x方向與y方向，每單位寬度之彎曲矩 (Bending moment)，如為正值，則使板片上面受壓力 (Compression)底面受張力 (Tension)

$M_{xy}=M_{yx}$(x,y)處，Zy 或 zx 平面上，每單位寬度之扭轉矩 (Twisting moment)，如為正值，則使板片上面沿直線，x=y 受壓力。

Lagrange 方程式導出 (Derivation) 之簡單說明：

力矩與撓度之關係可用下列三式表之：

$$M_x = \frac{EI}{1-\mu}\left(-\frac{\partial^2 z}{\partial x^2} - \mu \frac{\partial^2 z}{\partial y^2}\right)$$
$$= -N\left(\frac{\partial^2 z}{\partial x^2} + \mu \frac{\partial^2 z}{\partial y^2}\right) \cdots\cdots(2)$$

$$M_y = \frac{EI}{1-\mu^2}\left(-\frac{\partial^2 z}{\partial y^2} - \mu \frac{\partial^2 z}{\partial x^2}\right)$$
$$= -N\left(\frac{\partial^2 z}{\partial x^2} + \mu \frac{\partial^2 z}{\partial y^2}\right) \cdots\cdots(3)$$

$$M_{xy} = -N(1-\mu)\frac{\partial^2 z}{\partial x \partial y} \cdots\cdots(4)$$

圖(2)所示之微塊 (Differential element)，dx dy 上之各力應相平衡，由此可得下列三方程式：

$$\frac{\partial v_x}{\partial x} + \frac{\partial v_y}{\partial y} + W = 0 \cdots\cdots(5)$$

$$\frac{\partial M_x}{\partial x} + \frac{\partial M_{yx}}{\partial y} = V_x \cdots\cdots(6)$$

$$\frac{\partial M_y}{\partial y} + \frac{\partial M_{xy}}{\partial x} = V_y \cdots\cdots(7)$$

以(2),(3),(4)三式代入(6),(7)兩式再以所得新式代入(5)式，則得

$$\Delta^2 Z = -\frac{W}{N} \cdots\cdots(1)$$

第二節　本題之解法—斜度調正法 (Slope Adjustment)

步驟概述　凡連續長方板片必能適合下列之條件：(1)任一接界線上，一側之斜度及撓度與他側之斜度及撓度必相同之函數。(2)任一接界線上，兩邊板線 (Edge)上之力矩與梁之扭轉矩適合該線上之平衡方程式 (Eguatons of eguilibrium)。

對於一單獨格，上列之條件可視為邊界條件，解決連續板片之問題，即須在此兩邊界條件之下，求 Lagrange 方程式或其他相當 (Eguivalent)方程式之解答，本節先假定梁寬為零，全長之撓度亦為零，用漸近法將板片撓度函數中之係數作漸近之調正，全部步驟如下：

1. 簡板 (Simple slab(斜)度差之確定 設想圖(1)中所示之板片沿其各格邊線被切成多數單獨之簡支格 (Simply-supported panel)，然後求每一單獨格受其載重時之形變及應力，此等格邊線上之斜度稱為簡板斜度 (Simple slab slope)，每一接界線上兩側之簡板斜度必不相等，其差異稱為簡板斜度差 (Simple-slab slope difference)或簡稱為不平衡斜度 (Unbalanced slope)。此種斜度之存在即與第一連續條件不合，故必須移去之。

2. 不平衡斜度之移去。
由形體上言，兩格接界線上之不平衡斜度即代表一裂縫之形成，但實際板片連續不

顯，絕無此項裂縫存在，故構成此假想裂縫兩邊線上必有一變曲矩將此裂縫閉合無跡。換言之，倘將種變曲矩加入，則不平衡斜度可以移去。本步驟卽由裂縫之大小算出應加入之變曲矩，計算時仍假定各邊緣均係簡支。

3. 挈渡斜度（Carry-over Slope）之計算

移去兩格間之不平衡斜度，係將適當之變曲矩加於此兩格之接界邊上，同時設想各邊均爲簡支。如此，每邊必有斜度之改變，除被平衡之一邊外，其餘三邊所得之斜度改變稱爲挈渡斜度，所有不平衡斜度全被移去後，每格之每邊卽向其餘三邊接受挈渡斜度。求此等挈渡斜渡之總和，卽得每格每邊之總挈斜渡，其性質與簡板斜度相同，故可用同法移去之。

4. 將 2,3 兩步驟重複演算直至挈渡斜度之數值減爲極小爲止，各邊每次加入之變曲矩之總和卽爲其實際存在之變曲矩。

基本公式之導出

茲求一簡單問題之解答，所得之結果於後文應用。

設想一無载重之板片，其四邊均係簡支，其中之一邊有一變曲矩作用於其上，現欲求此變曲矩所生之形變及應力此問題可分四種情形。

1. 變曲矩，$M = \Psi(y)$ 作用於 $x = l_x$ 邊上

設
$$Z = \sum_{n=1}^{\infty} k_n [A_n \sinh\beta_n x + B_n \cosh\beta_n x + C_n x \sinh\beta_n x + D_n x \cosh\beta_n x] \sin\beta_n y]$$

上式每項皆爲 Lagrange 方程式之解，故能完全適合此方程式。A_n, B_n, C_n, D_n,

k_n, 及 β_n 均爲常數，可由下列邊界條件決定之：

1) 在 $x = 0$ 及 $x = l_x$ 兩邊，$Z = 0$

2) 在 $y = 0$ 及 $y = l_y$ 兩邊，$Z = 0$

3) 在 $x = 0$ 一邊，曲率（Curvature），
$$-\frac{\partial^2 z}{\partial x^2} = 0 \quad 卽 \quad 力矩 = 0$$
在 $x = l_x$ 一邊，曲率（Curvature），
$$-\frac{\partial^2 z}{\partial x^2} = \frac{M}{N}$$

4) 在 $y = 0$ 及 $y = l_y$ 兩邊，曲率
$$-\frac{\partial^2 z}{\partial x^2} = 0$$

由 1) 與 3) 可得：
$$A_n = \frac{l_x \cosh\beta_n l_x}{2N\beta_n \sinh^2\beta_n l_x}; \quad B_n = C_n = 0,$$
$$D_n = -\frac{1}{2N\beta_n \sinh\beta_n l_x}$$

由 2) 可得 $\beta_n l_y = 0, \pi, 2\pi, \cdots n\pi$，$n$ 爲一整數.

以 λ_x 代表 l_x/l_y，λ_y 代表 l_y/l_x，上式可寫作：
$$\beta_n = n\pi / l_y = \frac{n\pi\lambda_x}{l_x}$$

由 3)，k_n 之值可依下式決定之：
$$\sum_{n=1}^{\infty} k_n \sin\beta_n y = M = \Psi(y)$$
或
$$\sum_{n=1}^{\infty} k_n \sin\frac{n\pi y}{l_y} = M = \Psi(y)$$

如解答能滿足條件 2)，則必自動滿足條件 4)。

根據 Fourier 級數之理論，
$$k_n = \frac{2}{l_2} \int_0^{l_2} \Psi(y) \sin\frac{n\pi y}{l_y} dy$$

將以上求得各常數之值代入 Z 之式中，可得

$$Z = \sum_{n=1}^{\infty} \frac{l_x^2 k_n \sin\frac{n\pi y}{l_y}}{2Nn\pi\lambda_x \sinh^2 n\pi\lambda_x} \left[\cosh n\pi\lambda_x \sinh\left(n\pi\lambda_x \frac{x}{l_x}\right) \right.$$
$$\left. - \frac{x}{l_x} \sinh n\pi\lambda_x \cosh\left(n\pi\lambda_x \frac{x}{l_x}\right) \right] \quad\cdots\cdots(8)$$

$$\frac{\partial z}{\partial x} = \sum_{n=1}^{\infty}\left[\frac{n\pi\lambda_x\cosh n\pi\lambda_x - \sinh n\pi\lambda_x}{2Nn\pi\lambda_x\sinh^2 n\pi\lambda_x}\cosh\left(n\pi\lambda_x\frac{x}{l_x}\right)\right.$$
$$\left.-\frac{\frac{x}{l_x}\sinh\left(n\pi\lambda_x\frac{x}{l_x}\right)}{2N\sinh n\pi\lambda_x}\right]l_x k_n\sin\frac{n\pi y}{l_y}\cdots\cdots\cdots\cdots(9)$$

$$\frac{\partial z}{\partial y} = \sum_{n=1}^{\infty}\frac{k_n l_x\cos\frac{n\pi y}{l_y}}{2N\sinh n\pi\lambda_x}\left[\cosh n\pi\lambda_x\sinh\left(n\pi\lambda_x\frac{x}{l}\right)\right.$$
$$\left.-\frac{x}{l_x}\sinh n\pi\lambda_x\cosh\left(n\pi\lambda_x\frac{x}{l_x}\right)\right]\cdots\cdots\cdots\cdots(10)$$

$$M_x = -N\left(\frac{\partial^2 z}{\partial x^2} + \mu\frac{\partial^2 z}{\partial y^2}\right)$$
$$= \sum_{n=1}^{\infty}-\left[\frac{(1-\mu)n\pi\lambda_x\cosh n\pi\lambda_x - 2\sinh n\pi\lambda_x}{2\sinh^2 n\pi\lambda_x}\sinh\left(n\pi\lambda_x\frac{x}{l_x}\right)\right.$$
$$\left.-\frac{(1-\mu)n\pi\lambda_x\left(\frac{x}{l_x}\right)\cosh\left(n\pi\lambda_x\frac{x}{l_x}\right)}{2\sinh n\pi\lambda_x}\right]k_n\sin\frac{n\pi y}{l_y}\cdots\cdots(11)$$

$$M_y = -N\left(\frac{\partial^2 z}{\partial y^2} + \mu\frac{\partial^2 z}{\partial x^2}\right)$$
$$= \sum_{n=1}^{\infty}\left[\frac{(1-\mu)n\pi\lambda_x\cosh n\pi\lambda_x + 2\mu\sinh n\pi\lambda_x}{2\sinh^2 n\pi\lambda_x}\sinh\left(n\pi\lambda_x\frac{x}{l_x}\right)\right.$$
$$\left.-\frac{(1-\mu)n\pi\lambda_x\left(\frac{x}{l_x}\right)\cosh\left(n\pi\lambda_x\frac{x}{l_x}\right)}{2\sinh n\pi\lambda_x}\right]k_n\sin\frac{n\pi y}{l_y}\cdots\cdots(12)$$

$$M_{xy} = -N(1-\mu)\frac{\partial^2 z}{\partial x\partial y}$$
$$= \sum_{n=1}^{\infty}-(1-\mu)\left[\frac{n\pi\lambda_x\cosh n\pi\lambda_x - \sinh n\pi\lambda_x}{2\sinh^2 hn\pi\lambda_x}\cosh\left(n\pi\lambda_x\frac{x}{l_x}\right)\right.$$
$$\left.-\frac{n\pi\lambda_x\left(\frac{x}{l_x}\right)\sinh\left(n\pi\lambda_x\frac{x}{l_x}\right)}{2\sinh n\pi\lambda_x}\right]k_n\cos\frac{n\pi y}{l_y}\cdots\cdots\cdots(13)$$

$$V_x = -N\frac{\partial\triangle z}{\partial x}$$
$$= \sum_{n=1}^{\infty}\frac{n\pi\lambda_x k_n}{l_x\sinh n\pi\lambda_x}\cosh\left(n\pi\lambda_x\frac{x}{l_x}\right)\sin\frac{n\pi y}{l_y}\cdots\cdots\cdots\cdots(14)$$

$$V_y = -N\frac{\partial\triangle z}{\partial y}$$
$$= \sum_{n=1}^{\infty}\frac{n\pi\lambda_x k_n}{l_x\sinh n\pi\lambda_x}\sinh\left(n\pi\lambda_x\frac{x}{l_x}\right)\cos\frac{n\pi y}{l_y}\cdots\cdots\cdots\cdots(15)$$

四邊爲斜度：

$$\left.\frac{\partial z}{\partial x}\right]_{x=0} = \sum_{n=1}^{\infty}\left[\frac{n\pi\lambda_x\cosh n\pi\lambda_x - \sinh n\pi\lambda_x}{2Nn\pi\lambda_x\sinh^2 n\pi\lambda_x}\right]l_x k_n\sin\frac{n\pi y}{l_y}\cdots\cdots(16)$$

$$\left.\frac{\partial z}{\partial x}\right]_{x=l_x} = \sum_{n=1}^{\infty}\left[\frac{n\pi\lambda_x - \sinh n\pi\lambda_x\cosh n\pi\lambda_x}{2Nn\pi\lambda_x\sinh^2 n\pi\lambda_x}\right]l_x k_n\sin\frac{n\pi y}{l_y}\cdots\cdots(17)$$

$$\left.\frac{\partial z}{\partial y}\right]_{y=0} = \sum_{n=1}^{\infty} \frac{k_n l_x}{2N \sinh^2 n\pi\lambda_x}\left[\cosh n\pi\lambda_x \sinh\left(n\pi\lambda_x\frac{x}{l_x}\right)\right.$$
$$\left.-\left(\frac{x}{l_x}\right)\sinh n\pi\lambda_x \cosh\left(n\pi\lambda_x\frac{x}{l_x}\right)\right] \quad\text{...........(18)}$$

$$\left.\frac{\partial z}{\partial y}\right]_{y=l_y} = \sum_{n=1}^{\infty} \frac{(-1)^n k_n l_x}{2N \sinh^2 n\pi\lambda_x}\left[\cosh n\pi\lambda_x \sinh\left(n\pi\lambda_x\frac{x}{l_x}\right)\right.$$
$$\left.-\left(\frac{x}{l_x}\right)\sinh n\pi\lambda_x \cosh\left(n\pi\lambda_x\frac{x}{l_x}\right)\right] \quad\text{...........(19)}$$

展開(18)，(19)兩式括弧中之函數，再應用 Fourier 級數之理論則得下式。

$$\left.\frac{\partial z}{\partial y}\right]_{y=0} = \sum_{m=1}^{\infty}\left[\sum_{n=1}^{\infty} \frac{k_n l_x}{2N} a_{n\,m}\right]\sin\frac{m\pi x}{l_x} \quad\text{...........(20)}$$

$$\left.\frac{\partial z}{\partial y}\right]_{y=l_y} = \sum_{m=1}^{\infty}\left[\sum_{n=1}^{\infty} \frac{(-1)^n k_n l_x}{2N} a_{n\,m}\right]\sin\frac{m\pi x}{l_x} \quad\text{...........(21)}$$

$$a_{n\,m} = -\frac{4(-1)^m \lambda_x m n}{\pi^2 (m^2 + \lambda_x^2 n^2)^2} \quad\text{...........(22)}$$

四邊之力矩及切力爲：

$$M_x]_{x=0} = M_x]_{y=0} = M_x]_{y=l_y} = 0 \quad\text{...........(23)}$$

$$M_x]_{x=l_x} = \sum_{n=1}^{\infty} k_n \sin\frac{n\pi y}{l_y} \quad\text{...........(24)}$$

$$M_y]_{y=0} = M_y]_{y=l_y} = M_y]_{x=0} = 0 \quad\text{...........(25)}$$

$$M_y]_{x=l_x} = \sum_{n=1}^{\infty} \mu k_n \sin\frac{n\pi y}{l_y} \quad\text{...........(26)}$$

$$M_{xy}]_{x=0} = \sum_{n=1}^{\infty} -(1-\mu)\left[\frac{n\pi\lambda_x \cosh n\pi\lambda_x - \sinh n\pi\lambda_x}{2\sinh^2 n\pi\lambda_x}\right]k_n \cos\frac{n\pi y}{l_y} \quad (27)$$

$$M_{xy}]_{x=l_x} = \sum_{n=1}^{\infty} -(1-\mu)\left[\frac{n\pi\lambda_x - \sinh n\pi\lambda_x \cosh n\pi\lambda_x}{2\sinh^2 n\pi\lambda_x}\right]k_n \cos\frac{n\pi y}{l_y} \quad (28)$$

$$M_{xy}]_{y=0} = \sum_{n=1}^{\infty} -(1-\mu)\frac{n\pi\lambda_x \cosh n\pi\lambda_x - \sinh n\pi\lambda_x}{2\sinh^2 n\pi\lambda_x}\cosh\left(n\pi\lambda_x\frac{x}{l_x}\right)$$
$$-\frac{n\lambda_x\pi\left(\frac{x}{l_x}\right)\sinh\left(n\pi\lambda_x\frac{x}{l_x}\right)}{2\sinh n\pi\lambda_x}k_n \quad\text{...........(29)}$$

$$M_{xy}]_{y=l_y} = \sum_{n=1}^{\infty} -(-1)^n(1-\mu)\frac{n\pi\lambda_x \cosh n\pi\lambda_x - \sinh n\pi\lambda_x}{2\sinh^2 n\pi\lambda_x}$$
$$\cosh\left(n\pi\lambda_x\frac{x}{l_x}\right) - \frac{n\pi\lambda_x\left(\frac{x}{l_x}\right)\sinh\left(n\pi\lambda_x\frac{x}{l_x}\right)}{2\sinh n\pi\lambda_x}k_n \quad\text{...........(30)}$$

$$V_x]_{x=0} = \sum_{n=1}^{\infty} \frac{n\pi\lambda_x}{l_x \sinh n\pi\lambda_x} k_n \sin\frac{n\pi y}{l_y} \quad\text{...........(31)}$$

$$V_x]_{x=l_x} = \sum_{n=1}^{\infty} \frac{n\pi\lambda_x \cosh n\pi\lambda_x}{l_x \sinh n\pi\lambda_x} k_n \sin\frac{n\pi y}{l_y} \quad\text{...........(32)}$$

$$V_x]_{y=0} = V_x]_{y=l_y} = 0 \quad\text{...........(33)}$$

$$V_y\big]_{y=0} = \sum_{n=1}^{\infty} \frac{n\pi\lambda_x k_n}{l_x \sinh n\pi\lambda_x} \sinh\left(n\pi\lambda_x\frac{x}{l_x}\right) \quad\cdots\cdots\cdots(34)$$

$$V_y\big]_{y=l_y} = \sum_{n=1}^{\infty} \frac{(-1)^n n\pi\lambda_x k_n}{l_x \sinh n\pi\lambda_x} \sinh\left(n\pi\lambda_x\frac{x}{l_x}\right) \quad\cdots\cdots(25)$$

$$V_y\big]_{x=0} = 0 \quad\cdots\cdots\cdots\cdots\cdots\cdots\cdots\cdots\cdots\cdots(36)$$

$$V_y\big]_{x=l_x} = \sum_{n=1}^{\infty} \frac{n\pi\lambda_x}{l_x} k_n \cos\frac{n\pi y}{l_y} \quad\cdots\cdots\cdots\cdots(37)$$

$\text{Sjnh}\left(n\pi\lambda_x\frac{x}{l_x}\right)$ 可展開成下列級數

$$\sinh\left(n\pi\lambda_x\frac{x}{l_x}\right) = \sum_{m=1}^{\infty} -\frac{2(-1)^m m}{\pi(m^2+n^2\lambda_x^2)} \sinh n\pi\lambda_x \sin\frac{m\pi x}{l_x}$$

代入(34),(35)兩式,得:-

$$V_y\big]_{y=0} = \sum_{m=1}^{\infty}\left\{\sum_{m=1}^{\infty} \frac{2(-1)^{m+1} nm\lambda_x}{l_x(m^2+n^2\lambda_x^2)} k_n \sin\frac{m\pi x}{l_x}\right\} \quad\cdots\cdots(38)$$

$$V_y\big]_{y=l_y} = \sum_{m=1}^{\infty}\left\{\sum_{n=1}^{\infty} \frac{2(-1)^{m+n+1} nm\lambda_x}{l_x(m^2+n^2\lambda_x^2)} k_n\right\} \sin\frac{m\pi x}{l_x} \quad\cdots\cdots(39)$$

為引用便利起見,式(8)至(37)可簡寫為

$$Z_1 = Z_1[x, y, \lambda_x, l_x] \quad\cdots\cdots\cdots(8)$$

$$\frac{\partial z_1}{\partial x} = Z_{1x}'[x, y, \lambda_x, l_x] \quad\cdots\cdots\cdots(9)$$

$$\frac{\partial z_1}{\partial y} = Z_{1y}'[x, y, \lambda_x l_x] \quad\cdots\cdots\cdots(10)$$

$$\cdots\cdots\cdots\cdots\cdots\cdots\text{（餘類推）}$$

又 $$\frac{\partial z_1^2}{\partial x^2} = Z_{1xx}'[x, y, \lambda_x, l_x]$$

上列各式中之指標 (subscript) ,1表示在第一種情形下之數量,以後將以2,3及4表示在第二、三及四種情形下之數量。

2. 彎曲矩 , $M = \psi(y)$ 作用 $x=0$ 邊上。

在此情形下之撓度可將 (l_x-x) 代替 Z_1 式中之 x 即得,故

$$z_2 = Z_2[x, y, \lambda_x, l_x] = Z_1[(l_x-x), y, \lambda_x, l_x]$$
$$\cdots\cdots\cdots\cdots\cdots\cdots(40)$$

$$\frac{\partial z_2}{\partial x} = \frac{\partial z_1[(l_x-x), y, \lambda_x, l_x]}{\partial x}$$
$$= \frac{\partial Z_1[(l_x-x), y, \lambda_x, l_x]}{\partial(l_x-x)} \cdot \frac{\partial(l_x-x)}{\partial x}$$

$$= -Z_{1x}'[(l_x-x), y, \lambda_x, l_x]* \quad\cdots(41)$$

$$\frac{\partial z_2}{\partial y} = Z_{1y}'[(l_x-x), y, \lambda_x, l_x] \quad\cdots\cdots(42)$$

$$M_{2x} = M_{1x}[(l_x-x), y, \lambda_x, l_x] \quad\cdots\cdots(43)$$

$$M_{2y} = M_{1y}[(l_x-x), y, \lambda_x, l_x] \quad\cdots\cdots(44)$$

$$M_{2xy} = -M_{1xy}[(l_x-x), y, \lambda_x, l_x] \quad\cdots(45)$$

$$V_{2x} = -V_{1x}[(l_x-x), y, \lambda_x, l_x] \quad\cdots\cdots(46)$$

$$V_{2y} = V_{1y}[(l_x-x), y, \lambda_x, l_x] \quad\cdots\cdots(47)$$

3. 彎曲矩 , $M = \psi(x)$ 作用於 $y = l_y$ 邊上。

將第一種情形下各式中之 x, y 互相掉換即得第三種情形下之各相當公式。

$$Z_3 = Z_1[y, x, \lambda_y, l_y] \quad\cdots\cdots\cdots(48)$$

$$\frac{\partial z_3}{\partial x} = Z_{1y}'[y, x, \lambda_y, l_y] \quad\cdots\cdots\cdots(49)$$

$$\frac{\partial z_3}{\partial y} = Z_{1x}'[y, x, \lambda_y, l_y] \quad\cdots\cdots\cdots(50)$$

$$M_{3x} = M_{1y}[y, x, \lambda_y, l_y] \quad\cdots\cdots\cdots(51)$$

$$M_{3y} = M_{1x}[y, x, \lambda_y, l_y] \quad\cdots\cdots\cdots(52)$$

$$M_{3xy} = M_{1xy}[y, x, \lambda_y, l_y] \quad\cdots\cdots\cdots(53)$$

$$V_{3x} = V_{1y}[y, x, \lambda_y, l_y] \quad\cdots\cdots\cdots(54)$$

$$V_{3y} = V_{1y}[y, x, \lambda_y, l_y] \quad\cdots\cdots\cdots(55)$$

* 註: $Z_{1x}'[(l_x-x), y, \lambda_x, l_x]$ 即將

$Z'_{1x}(x,y,\lambda_x,l_x)$ 中之 x 寫爲
(l_x-x) 而成之函數，例如，倘
$Z'_{1x}(x,y,\lambda_x,l_x)=x$，則
$$Z'_{1x}[(l_x-x),y,\lambda_x,l_x]$$
$$=l_x-x$$

4.彎曲矩，$M=\Psi(x)$ 作用於 $y=o$ 邊上

Z_1 對於 x,y,λ_x,l_x 及 M 之關係與 Z_2 對
於 $(l_y-y),x,\lambda_y,l_y$ 之關係相同故

$$Z_2 = Z_1[(l_y-y),x,\lambda_y,l_y] \cdots\cdots (56)$$

$$\frac{\partial z_2}{\partial x} = Z'_{1y}[(l_y-y),x,\lambda_y,l_y] \cdots\cdots (57)$$

$$\frac{\partial z_2}{\partial y} = -Z'_{1x}[(l_y-y),x,\lambda_y,l_y] \cdots (58)$$

$$M_{2x}=M_{1y}((l_y-y),x,\lambda_y,l_y) \cdots\cdots (59)$$

$$M_{2y}=M_{1x}((l_y-y),x,\lambda_y,l_y) \cdots\cdots (60)$$

$$M_{2xy}=-M_{1xy}((l_y-y),x,\lambda_y,l_y) \cdots (61)$$

$$V_{2x}=V_{1y}((l_y-y),x,\lambda_y,l_y) \cdots\cdots (62)$$

$$\Lambda_{2y}=-V_{1x}((l_y-y),x,\lambda_y,l_y) \cdots\cdots (63)$$

簡板斜度及不平衡斜度

圖(7)示在同一 x—軸上相鄰之二格，
(1)與(2)。令 z_1，z_2 代表格(1)與格(2)
散爲簡支時之撓度。又令 $x_1=l_1$，$x_2=0$ 兩
邊上之簡板斜度爲：

$$\left.\begin{array}{l} F_1(y)=\dfrac{\partial z_1}{\partial x_1},x_1=l_1 \\[2mm] 及 \quad F_2(y)=\dfrac{\partial z_2}{\partial x_2},x_2=0 \end{array}\right\}(64)$$

則不平衡斜度應爲

$$F'(y)-F_1(y)=F(y) \cdots\cdots\cdots (65)$$

此不平衡斜度即代表一裂縫，如 $F(y)$
爲正值，則裂縫向上，如爲負值，則裂縫向
下。通常 $F(y)$ 爲一連續有限函數(Continuous and finite function)，故可展開成一
Fourier 級數：

$$F(y)=\sum_{n=1}^{\infty} A_n \sin\frac{n\pi y}{l_3}, 0<y<l_3 \ (66)$$

上式中，

$$A_n=\frac{2}{l_3}\int_0^{l_3} F(y)\sin\frac{n\pi y}{l_3}dy \ (67)$$

$F_1(y)$ 及 $F_2(y)$ 之數值隨載重而異，茲
討論兩種載重情形如後：

1. 均佈載重

令　$W_1=$ 格(1)上之均佈載重

　$W_2=$ 格(2)上之均佈載重

　其他數量均以指標 1 表明屬格
(1)，指標 2 表明屬格(2)，此問
題前人早已獲得解答。

$$\left.\begin{array}{l} Z_1=\dfrac{16W_1}{\pi^6 N_1}\sum_{m,n=1,3,5\cdots}^{\infty}\dfrac{1}{mn\left(\dfrac{m^2}{l_1^2}+\dfrac{n^2}{l_3^2}\right)^2}\sin\dfrac{m\pi x_1}{l_1}\sin\dfrac{n\pi y}{l_3} \\[6mm] Z_2=\dfrac{16W_2}{\pi^6 N_2}\sum_{m,n=1,3,5\cdots}^{\infty}\dfrac{1}{mn\left(\dfrac{m^2}{l_2^2}+\dfrac{n^2}{l_3^2}\right)^2}\sin\dfrac{m\pi x_2}{l_2}\sin\dfrac{n\pi y}{l_3} \end{array}\right\}(68)$$

$$\left.\begin{array}{l} \dfrac{\partial z_1}{\partial x_1}=\dfrac{16W_1}{\pi^6 N_1}\sum_{m,n=1,3,5\cdots}^{\infty}\dfrac{\frac{\pi}{nl_1\left(\dfrac{m^2}{l_1^2}+\dfrac{n^2}{l_3^2}\right)^2}}{}\cos\dfrac{m\pi x_1}{l_1}\sin\dfrac{n\pi y}{l_3} \\[6mm] \dfrac{\partial z_2}{\partial x_2}=\dfrac{16W_2}{\pi^6 N_2}\sum_{m,n=1,3,5\cdots}^{\infty}\dfrac{\frac{\pi}{nl_2\left(\dfrac{m^2}{l_2^2}+\dfrac{n^2}{l_3^2}\right)^2}}{}\cos\dfrac{m\pi x_2}{l_2}\sin\dfrac{n\pi y}{l_3} \end{array}\right\}(69)$$

$$\left.\begin{array}{l} \dfrac{\partial z_1}{\partial x_1}\bigg\}_{x_1=l_1}=-\dfrac{16W_1}{\pi^6 N_1}\sum_{m,n=1,3,5\cdots}^{\infty}\dfrac{\frac{\pi}{nl_1\left(\dfrac{m^2}{l_1^2}+\dfrac{n^2}{l_3^2}\right)^2}}{}\sin\dfrac{n\pi y}{l_3}=F_1(y) \\[6mm] \dfrac{\partial z_2}{\partial x_2}\bigg\}_{x_2=0}=\dfrac{16W_2}{\pi^6 N_2}\sum_{m,n=1,3,5\cdots}^{\infty}\dfrac{\frac{\pi}{nl_2\left(\dfrac{m^2}{l_2^2}+\dfrac{n^2}{l_3^2}\right)^2}}{}\sin\dfrac{n\pi y}{l_3}=F_2(y) \end{array}\right\}(70)$$

故得簡板斜度差：

$$F(y) = F_2(y) - F_1(y) = \sum_{n=1,3,5\cdots}^{\infty} A_n \frac{\sin n\pi y}{l_3} \quad\cdots\cdots\cdots\cdots\cdots\cdots(71)$$

上式中，

$$A_n = \sum_{m=1,3,5\cdots}^{\infty} B_{mn} \quad\cdots\cdots\cdots\cdots\cdots\cdots\cdots\cdots(72)$$

$$B_{mn} = \frac{16}{\pi^5} \left\{ \frac{W_2 l_2^3}{N_2 n(m^2 + \lambda_{23}^2 n^2)} + \frac{W_1 l_1^3}{N_1 n(m^2 + \lambda_{13}^2 n^2)} \right\} \quad\cdots\cdots(73)$$

$$\lambda_{13} = \frac{l_1}{l_3}, \qquad\qquad \lambda_{23} = \frac{l_2}{l_3}$$

　2．一集中載重，P_1 作用於格（1）之 (ξ_1, η_1) 點，另一集中載重作用於格（2）之 (ξ_2, η_2) 點。

此問題亦已有解答。

$$Z_1 = \frac{4P_1}{\pi^4 N_1} \sum_{m,n=1}^{\infty} \frac{\sin\frac{m\pi\xi_1}{l_1}\sin\frac{n\pi\eta_1}{l_3}}{l_1 l_3\left(\frac{m}{l_1^2} + \frac{n}{l_2^2}\right)^2} \sin\frac{m\pi x_1}{l_1}\sin\frac{n\pi y}{l_3}$$

$$Z_2 = \frac{4P_2}{\pi^4 N_2} \sum_{m,n=1}^{\infty} \frac{\sin\frac{m\pi\xi_2}{l_2}\sin\frac{n\pi\eta_2}{l_3}}{l_2 l_3\left(\frac{m}{l_2^2} + \frac{n}{l_3^2}\right)^2} \sin\frac{m\pi x_2}{l_2}\sin\frac{n\pi y}{l_3}$$

$$\left.\right\}(74)$$

$$\frac{\partial z_1}{\partial x_1} = \frac{4P_1 l_1}{\pi^4 N_1} \sum_{m,n=1}^{\infty} \frac{m\pi\lambda_{13}\sin\frac{n\pi\xi_1}{l_1}\sin\frac{n\pi\eta_1}{l_3}}{(m^2 + \lambda^2_{13}n^2)^2}\cdot\cos\frac{m\pi x_1}{l_1}\sin\frac{n\pi y}{l_3}$$

$$\frac{\partial z_2}{\partial x_2} = \frac{4P_2 l_2}{\pi^4 N_2} \sum_{m,n=1}^{\infty} \frac{m\pi\lambda_{23}\sin\frac{n\pi\xi_2}{l_2}\sin\frac{n\pi\eta_2}{l_3}}{(m^2 + \lambda_{23}^2 n^2)^2}\cos\frac{m\pi x_2}{l_2}\sin\frac{n\pi y}{l_3}$$

$$\left.\right\}(75)$$

$$\left.\frac{\partial z_1}{\partial x_1}\right]_{x_1=l_1} = \frac{4P_1 l_1}{\pi^4 N_1} \sum_{m,n=1}^{\infty} \frac{(-1)^m m\pi\lambda_{13}\sin\frac{n\pi\xi_1}{l_1}\sin\frac{n\pi\eta_1}{l_3}}{(m^2 + \lambda_{13}^3 n^2)^2}\sin\frac{n\pi y}{l_3}$$

$$\left.\frac{\partial z_2}{\partial x_2}\right]_{x_2=0} = \frac{4P_2 l_2}{\pi^4 N_2} \sum_{m,n=1}^{\infty} \frac{m\pi\lambda_{23}\sin\frac{n\pi\xi_2}{l_2}\sin\frac{n\pi\eta_2}{l_3}}{(m^2 + \lambda^2_{23}n^2)^2}\sin\frac{n\pi y}{l_3}$$

$$\left.\right\}(76)$$

故得簡板斜度差：

$$F(y) = \sum_{n=1}^{\infty} A_n \sin\frac{n\pi y}{l_3} \quad\cdots\cdots\cdots\cdots\cdots\cdots\cdots\cdots(77)$$

$$A_n = \sum_{n=1}^{\infty} B_{mn} \quad\cdots\cdots\cdots\cdots\cdots\cdots\cdots\cdots\cdots\cdots(78)$$

$$B_{mn} = \left\{ \frac{4P_2 l_2}{\pi^4 N_2}\frac{m\pi\lambda_{23}\sin\frac{m\pi\xi_2}{l_3}\sin\frac{m\pi\eta_2}{l_3}}{(m^2 + \lambda^2_{23}n^2)^3} \right.$$

$$\left. - \frac{4P_1 l_1}{\pi^4 N_1}\frac{(-1)^m m\pi\lambda_{13}\sin\frac{m\pi\xi_1}{l_3}\sin\frac{n\pi\eta_1}{l_3}}{(m^2 + \lambda_{13}^2 n^2)^2} \right\}\quad\cdots\cdots(79)$$

如相鄰之二格，（1）與（2）在同一 y-軸上（圖 9）與前同理，F(x) 可寫成下式：

$$F(x) = F_2(x) - F_1(x) = \sum_{m=1}^{\infty} A_m \sin \frac{m\pi x}{l_3} \quad\cdots\cdots(80)$$

1. 均佈載重

$$F(x) = \sum_{m=1,3,5\cdots\cdots}^{\infty} A_m \sin \frac{m\pi x}{l_3} \quad\cdots\cdots(81)$$

$$A_m = \sum_{n=1,3,5\cdots\cdots}^{\infty} B_{mn}$$

$$B_{mn} = \frac{16}{\pi^5}\left\{ \frac{W_2 l_2^3}{N_2 m(n^2 + \lambda_{23}^2 m^2)} + \frac{W_1 l_1^3}{N_1 m(n^2 + \lambda_{13}^2 m^2)} \right\}$$

2. 集中載重

$$F(x) = \sum_{m=1}^{\infty} A_m \sin \frac{m\pi x}{l_3} \quad\cdots\cdots(82)$$

$$A_m = \sum_{n=1}^{\infty} B_{nm}$$

$$B_{nm} = \left\{ \frac{4P_2 l_2}{\pi^4 N_2} \frac{n\pi\lambda_{23} \sin\frac{m\pi\xi_2}{l_3} \sin\frac{n\pi h_2}{l_2}}{(n^2 + \lambda_{23}^2 m^2)^2} \right.$$

$$\left. - \frac{4P_1 l_1}{\pi^4 N_1} \frac{(-1)^n n\pi\lambda_{13} \sin\frac{m\pi\xi_1}{l_3} \sin\frac{n\pi h_2}{l_2}}{(n^2 + \lambda_{13}^2 m^2)} \right\}$$

不平衡斜度之移去　加一變曲矩 $M = \Psi(y) = \sum k_n \sin \frac{n\pi y}{l_3}$ 於圖（7）所示二格之接界綫 $x = l_1, x_2 = 0$，倘此綫兩邊之斜度因此變曲矩之作用而變為相等，則不平衡斜度即被移去（即裂縫被閉合）。　根據公式（17）及（41），$x_1 = l_1, x_2 = 0$ 綫上之兩格因 M 而生之斜度差為：

$$\left\{\frac{\partial z_2}{\partial x_2}\Big|_{x_2=0} - \frac{\partial z_1}{\partial x_1}\Big|_{x_1=l_1}\right\} = \sum_{n=1}^{\infty} F_n k_n \sin \frac{n\pi y}{l_3} \quad\cdots\cdots(83)$$

上式中，$F_n = -\left\{ \frac{n\pi\lambda_{23} - \sinh n\pi\lambda_{23} \cosh n\pi\lambda_{23}}{2N_2 n\pi\lambda_{23} \sinh^2 n\pi\lambda_{23}} l_2 \right.$

$$\left. + \frac{n\pi\lambda_{13} - \sinh n\pi\lambda_{13} \cosh n\pi\lambda_{13}}{2N_1 n\pi\lambda_{13} \sinh^2 n\pi\lambda_{13}} l_1 \right\} \quad\cdots\cdots(84)$$

F_n 稱為兩格之柔度（Flexibility）

因 M 之作用為移去簡板斜度差，$F(y) = \sum_{n=1}^{\infty} A_n \sin \frac{n\pi y}{l_3}$ 故 k_n 必須適合下式：

$$F(y) + \sum_{n=1}^{\infty} F_n k_n \sin \frac{n\pi y}{l_3} = 0 \quad\cdots\cdots(85)$$

或　　$\sum_{n=1}^{\infty} (A_n + F_n k_n) \sin \frac{n\pi y}{l_3} = 0$

故　　$A_n + F_n k_n = 0,$

$$k_n = -A_n/F_n \quad\cdots\cdots\cdots\cdots\cdots\cdots\cdots\cdots\cdots\cdots\cdots\cdots (83)$$

　　如板之彈性性質，尺寸，及載重爲已知，當 n 爲一定數值時，A_n 及 F_n 均可求出故 k_n 卽可決定。查看 $\cosh n\pi\lambda$，$\sinh n\pi\lambda$ 及 $n\pi\lambda$ 之曲綫，可知 F_n 恆爲正值，故 k_n 之號恆與不平衡斜度之號相反。

　　圖(9)所示二格之不平衡度亦可用同法移去之，於 $y_1 = l_1$　$y_2 = 0$ 綫上加彎曲矩。

$$M = \Psi(x) = \sum_{m=1}^{\infty} k_m \sin \frac{m\pi x}{l_3}$$

根據公式(50)及(58)，在此綫上，兩格因 M 而得之斜度差爲：

$$\frac{\partial z_2}{\partial y_2}\bigg)_{y_2=0} - \frac{\partial z_1}{\partial y_1}\bigg)_{y_1=l_1} = \sum_{m=1}^{\infty} F_m k_m \sin \frac{m\pi x}{l_3} \quad\cdots\cdots (87)$$

上式中，$F_m = -\dfrac{m\pi\lambda_{23} - \sinh m\pi\lambda_{23}\cosh m\pi\lambda_{23}}{2N_2 m\pi\lambda_{23}\sinh^2 m\pi\lambda_{23}} l_s$

$$+ \dfrac{m\pi\lambda_{13} - \sinh m\pi\lambda_{13}\cosh m\pi\lambda_{13}}{2N_1 m\pi\lambda_{13}\sinh^2 m\pi\lambda_{13}} l_1 \quad\cdots\cdots (88)$$

依前理可得與(86)相似之下式

$$k_m = -\frac{A_m}{F_m} \quad\cdots\cdots\cdots\cdots\cdots\cdots\cdots\cdots\cdots\cdots\cdots (89)$$

式中 F_m 恆爲正值，k_m 之號恆與 A_m 之號相反。

　　圖(10)所示一多數長方格組成之板片。爲本題之普通情形（General case），茲立一符號之系統如下：

　　每格以一數字代表之，以 i, j, k 代表任三格，l_{i-j} 代表 i, j 二格之公共邊之長，λ_{i-j-k} 代表兩邊長之比 $= \dfrac{l_{i-j}}{l_{i-k}}$，$N_j$ 代表 i 格之彎曲剛度（Flexual regidity）。

　　任一格，i 之軸綫取向方法依照下列規則：

1)原點（origin）在此格之左下角，以 O_i 表之。

2)x-軸之正向指右，其坐標以 x_i 表之。

3)y-軸之正向指上（在板面內），其坐標以 y_i 表之。

4)此格之撓度(z)垂直於板面，正向與載重方向相同，以 Z_i 表之。

　　各格接界綫上俱有不平衡斜度，可依次用上述方法移去之。

　　挈渡斜度　前曾說明兩格間之不平衡斜度被移去時，其他各邊均有斜度變動，並曾名此等斜度變動爲挈渡斜度，茲以接界綫 4-5 爲例，沿此綫之不平衡斜度被移去時，格(4)之1-4，3-4，及 7-4 三邊與格(5)之 2-5，6-5 及 8-5 三邊均有斜度變動，卽挈渡斜度。接界綫，4-5 亦從 1-4，3-4，7-4 三邊及 2-5，6-5，8-5 三邊接受挈渡斜度，此兩羣斜度未必相等，故在 4-5 綫上重新構成一斜度差，此差可稱爲挈渡斜度差（crary-over slope difference）。

　　茲以指標 i-j 表示屬於接界綫 i-j 之數量，例如以 $\overline{CS}_{4-5}^{2-5}$ 表由綫 2-5 至綫 4-5 之挈渡斜度，以 $\sum_{n=1}^{\infty} k_{n,4-5} \sin \dfrac{n\pi y_{4-5}}{l_{4-5}}$ 表移去綫 4-5 上簡板斜度差之彎曲矩，又級數之項次，沿 y-軸者用 n 表示，沿 x-軸者用 m 表示，以資區別。

　　邊 4-5 挈渡斜度可分爲下列二部份：

1)左部——卽自左格挈渡者。 根據公式(41)及(9)

$$\overline{CS}_{4-5}^{3-4} = \sum_{n=1}^{\infty} - \left\{ \frac{n\pi\lambda_{7-4-5}\cosh n\pi\lambda_{7-4-5} - \sinh n\pi\lambda_{7-4-5}}{2N_4 n\pi\lambda_{7-4-5}\sinh^2 n\pi\lambda_{7-4-5}} \right\}$$

$$l_{4-7}\, k_{n,3-4}\sin\frac{n\pi y_{4-5}}{l_{4-5}} \quad\cdots\cdots\cdots\cdots\cdots(90)$$

根據公式(49),(10)及(21),可得下式

$$\overline{CS}_{4-5}^{1-4} = \sum_{n=1}^{\infty}\left\{ \sum_{m=1}^{\infty}\frac{2(-1)^{m+n+1}k_{m,1-4}\,l_{4-5}\,\lambda_{7-3-7}\,mn}{N_4\pi^2(n^2+\lambda^2_{5-4-7}m^2)^2} \right\}\sin\frac{n\pi y_{4-5}}{l_{4-5}} \quad\cdots\cdots(91)$$

根據公式(57),(1)及(21)可得下式：

$$\overline{CS}_{4-5}^{6-7} = \sum_{n=1}^{\infty}\left\{ \sum_{m=1}^{\infty}\frac{2(-1)^m k_{m,7-4}\,l_{4-5}\,\lambda_{7-2-7}\cdot mn}{N_4\pi^2(n^2+\lambda^2_{5-4-7}m^2)^2} \right\}\sin\frac{n\pi y_{4-5}}{l_{4-5}} \quad\cdots\cdots(92)$$

2)右部一卽自右格挈渡者。同前理可得：

$$\overline{CS}_{4-5}^{3-5} = \sum_{n=1}^{\infty}\frac{n\pi\lambda_{8-5-6}\cosh n\pi\lambda_{8-5-6} - \sinh n\pi\lambda_{8-5-6}}{2N_5 n\pi\lambda_{8-5-6}\sinh^2 n\pi\lambda_{8-5-6}}$$

$$l_{5-8}\, k_{n,6-5}\sin\frac{n\pi y_{4-5}}{l_{4-5}} \quad\cdots\cdots\cdots\cdots\cdots(93)$$

$$\overline{CS}_{4-5}^{7-5} = \sum_{n=1}^{\infty}\sum_{m=1}^{\infty}\frac{2(-1)^{n+1}k_{m,2-5}\,l_{4-5}\,\lambda_{4-5-2}\,nm}{N_5\pi^2(n^2+\lambda^2_{4-5-2}m^2)^2}\right]\sin\frac{n\pi y_{4-5}}{l_{4-5}} \quad\cdots\cdots(94)$$

$$\overline{CS}_{4-5}^{9-5} = \sum_{n=1}^{\infty}\left\{ \sum_{m=1}^{\infty}\frac{2k_{m,8-5}\,l_{4-5}\,\lambda_{4-5-8}\,mn}{N_5\pi^2(n^2+\lambda^2_{4-5-8}m^2)^2}\sin\frac{n\pi y_{4-5}}{l_{4-5}}\right. \quad\cdots\cdots(95)$$

線4-5上之挈渡斜度差，可由上列諸式求得如下：

$$\overline{CSD}_{4-5} = \left(\overline{CS}_{4-5}^{1-4} + \overline{CS}_{4-5}^{3-4} + \overline{CS}_{4-5}^{7-4}\right) - \left(\overline{CS}_{4-5}^{2-5} + \overline{CS}_{4-5}^{6-5} + \overline{CS}_{4-5}^{8-5}\right) \quad\cdots\cdots\cdots(96)$$

倘格(4)與格(5)係在同一 y-軸上（如圖 11），則接界線，4-5上之挈渡斜度如下：

1)下部一卽格(4)挈渡者

$$\overline{CS}_{4-5}^{3-4} = \sum_{m=1}^{\infty} - \left\{ \frac{m\pi\lambda_{7-4-5}\cosh m\pi\lambda_{7-4-5} - \sinh m\pi\lambda_{7-4-5}}{2N_4 m\pi\lambda_{7-4-5}\sinh^2 m\pi\lambda_{7-4-5}} \right\}$$

$$l_{4-7}\, k_{m,3-4}\sin\frac{m\pi x_{4-5}}{l_{4-5}} \quad\cdots\cdots\cdots\cdots\cdots(97)$$

$$\overline{CS}_{4-5}^{1-4} = \sum_{m=1}^{\infty}\left\{ \sum_{n=1}^{\infty}\frac{2(-1)^{n+m+1}k_{m,1-4}\,l_{4-5}\,\lambda_{5-4-7}\,mn}{N_4\pi^2(m^2+\lambda^2_{5-4-7}n^2)^2} \right\}\sin\frac{m\pi x_{4-5}}{l_{4-5}} \quad\cdots\cdots(98)$$

$$\overline{CS}_{4-5}^{7-4} = \sum_{m=1}^{\infty}\left\{ \sum_{n=1}^{\infty}\frac{2(-1)^n k_{m,7-4}\,l_{4-5}\,\lambda_{5-4-7}\,mn}{N_4\pi^2(m^2+\lambda^2_{5-4-7}n^2)^2} \right\}\sin\frac{m\pi x_{4-5}}{l_{4-5}} \quad\cdots\cdots(99)$$

2)上部一卽自格(5)挈渡者。

$$\overline{CS}_{4-5}^{6-5} = \sum_{m=1}^{\infty}\left\{ \frac{m\pi\lambda_{8-5-6}\cosh m\pi\lambda_{8-5-6} - \sinh m\pi\lambda_{8-5-6}}{2N_5 m\pi\lambda_{8-5-6}\sinh^2 m\pi\lambda_{8-5-6}} \right.$$

$$l_{5-8}\, k_{m,6-5}\sin\frac{m\pi x_{4-5}}{l_{4-5}} \quad\cdots\cdots\cdots\cdots\cdots(100)$$

$$\overline{CS}_{4-5}^{2-5} = \sum_{m=1}^{\infty}\left\{ \sum_{n=1}^{\infty}\frac{2(-1)^{m+1}k_{n,2-5}\,l_{4-5}\,\lambda_{4-5-2}\,mn}{N_5\pi^2(m^2+\lambda^2_{4-5-2}n^2)^2} \right\}\sin\frac{m\pi x_{4-5}}{l_{4-5}} \quad\cdots\cdots(101)$$

$$\overline{CS}_{4-5}^{q-5} = \sum_{m=1}^{\infty} \left\{ \sum_{n=1}^{\infty} \frac{2\,k_{n,\,q-5}\,l_{4-5}\,\lambda_{4-5-q}\,mn}{N_5\,\pi^2(m^2 + \lambda^2_{4-5-5}n^2)^3}\ sin \frac{m\pi x_{q-q}}{l_{4-5}} \right\} \cdots\cdots (102)$$

掣渡斜度差可由(96)求之。

公式(90)至(95)中之 n, y 如以 m, x 代之，則得公式(97)至(102)。

最終結果之計算 掣渡斜度差之性質與簡板斜度差相同，可用前述方法移去之。移去後復生第二次之掣渡斜度差，將此項步驟重複演算，至渡渡斜度之值減爲極小爲止，最後每一接界線上，可得多數之 k_n 或 k_m，求其總和，即可得該線上實際之力矩。

設　$Z_0 =$ 簡支情形下因載重而生之撓度，

$Z_1 =$ 因邊，$x = l_x$ 上之力矩而生之撓度，

$Z_2 =$ 因邊，$x = 0$ 上之力矩而生之撓度，

$Z_3 =$ 因邊，$y = l_y$ 上之力矩而生之撓度，

$Z_4 =$ 因邊，$y = 0$ 上之力矩而生之撓度。

則總合之撓度（Resultant deflection）爲

$$Z = z_0 + z_1 + z_2 + z_3 + z_4 \cdots\cdots\cdots (103)$$

z_0 可由公式(68)或(74)求之，z_1, z_2, z_3 及 z_4 則可由公式(8),(40),(48)及(56)求之

第三節　調正斜度之變動方法—斜度分配法

(Method of slope moment distribution)

上節所述方法，主要點係將簡支斜度差用一無窮級數代表，然後用漸近法計算移去此簡支斜度差所需之變曲矩，此變曲矩仍爲一無窮級數，本節將此等級數分項計算，並先將斜度調正，然後計算變曲矩，如此，計算方面，較爲簡便。

設有一變曲矩，$M_n = k_n \sin \dfrac{n\pi y}{l_y}$ 作用於一簡支格（圖 12 ）之 $x = l_x$ 邊上，根據公式 (16),(17),(20) 及 (21)，此格四邊之斜度應爲：

$$\left. \frac{\partial z}{\partial x} \right\}_{x=l_x} = \left\{ \frac{n\pi\lambda_x - \sinh n\pi\lambda_x \cosh n\pi\lambda_x}{2Nn\pi\lambda_x \sinh^2 n\pi\lambda_x} l_x \right\} k_n \sin \frac{n\pi y}{l_y} \cdots\cdots (104)$$

$$\left. \frac{\partial z}{\partial x} \right\}_{x=0} = \left\{ \frac{n\pi\lambda_x \cosh n\pi\lambda_x - \sinh n\pi\lambda_x}{2Nn\pi\lambda_x \sinh^2 n\pi\lambda_x} l_x \right\} k_n \sin \frac{n\pi y}{l_y} \cdots\cdots (105)$$

$$\left. \frac{\partial z}{\partial y} \right\}_{y=l_y} = \sum_{m=1}^{\infty} \left\{ \frac{(-1)^n a_{nm}}{2N} l_x \right\} k_n \sin \frac{m\pi x}{l_x} \cdots\cdots (106)$$

$$\left. \frac{\partial z}{\partial y} \right\}_{y=0} = \sum_{m=1}^{\infty} \left\{ \frac{2_{nm}}{2N} l_x \right\} k_n \sin \frac{m\pi x}{l_x} \cdots\cdots (107)$$

上式中，
$$a_{nm} = \frac{4(-1)^{m+1} \lambda_x mn}{\pi^2(m^2 + \lambda^2_x n^2)^2} \cdots\cdots (108)$$

如 M_n 作用於 $x = 0$ 邊上，四邊之斜度應爲：

$$\left. \frac{\partial z}{\partial x} \right\}_{x=0} = \left\{ \frac{\sinh n\pi\lambda_x \cosh n\pi\lambda_x - n\pi\lambda_x}{2Nn\pi\lambda_x \sinh^2 n\pi\lambda_x} l_x \right\} k_n \sin \frac{n\pi y}{l_y} \cdots\cdots (109)$$

$$\left. \frac{\partial z}{\partial y} \right\}_{x=l_x} = -\left\{ \frac{n\pi\lambda_x \cosh n\pi\lambda_x - \sinh n\pi\lambda_x}{2Nn\pi\lambda_x \sinh^2 n\pi\lambda_x} l_x \right\} k_n \sin \frac{n\pi y}{l_y} \cdots\cdots (110)$$

$$\left.\frac{\partial z}{\partial x}\right]_{y=0} = \sum_{m=1}^{\infty}\left\{\frac{(-1)^{m+1}\,a_{mn}}{2N}\,l_x\right\}k_n \sin\frac{n\pi x}{l_x} \cdots\cdots\cdots\cdots(111)$$

$$\left.\frac{\partial z}{\partial y}\right]_{y=l_y} = \sum_{m=1}^{\infty}\left\{\frac{(-1)^{n+m+1}\,a_{mn}}{2N}\,l_x\right\}k_n \sin\frac{n\pi x}{l_x} \cdots\cdots\cdots\cdots(112)$$

如有一彎曲矩，$M_m = k_m \sin\dfrac{m\pi x}{l_x}$ 作用於 $y=l_y$ 邊上，四邊之度斜應爲：

$$\left.\frac{\partial z}{\partial x}\right]_{y=l_y} = \left\{\frac{m\pi\,\lambda_y - \sinh m\pi\,\lambda_y\,\cosh m\pi\,\lambda_y}{2Nm\pi\,\lambda_y\,\sinh^2 m\pi\,\lambda_y}\,l_y\right\}k_m \sin\frac{m\pi x}{l_x} \cdots\cdots(113)$$

$$\left.\frac{\partial z}{\partial x}\right]_{y=0} = \left\{\frac{m\pi\,\lambda_y\,\cosh m\pi\,\lambda_y - \sinh m\pi\,\lambda_y}{2Nm\pi\,\lambda_y\,\sinh^2 m\pi\,\lambda_y}\,l_y\right\}k_m \sin\frac{m\pi x}{l_x} \cdots\cdots(114)$$

$$\left.\frac{\partial z}{\partial x}\right]_{x=l_x} = \sum_{n=1}^{\infty}\left\{\frac{(-1)^m\,a_{mn}}{2N}\,l_y\right\}k_m \sin\frac{n\pi y}{l_y} \cdots\cdots\cdots\cdots(115)$$

$$\left.\frac{\partial z}{\partial x}\right]_{x=0} = \sum_{n=1}^{\infty}\left\{\frac{a_{mn}}{2N}\,l_y\right\}k_m \sin\frac{n\pi y}{l_y} \cdots\cdots\cdots\cdots(116)$$

上式中，

$$a_{mn} = \frac{4(-1)^{n+1}\,\lambda_y nm}{\pi^2(n^2 + \lambda^2{}_x m^2)^2} \cdots\cdots\cdots\cdots(117)$$

如 M_m 作用於 $y=0$ 邊上，四邊之斜度應爲：

$$\left.\frac{\partial z}{\partial y}\right]_{y=0} = -\left\{\frac{m\pi\,\lambda_y - \sinh m\pi\,\lambda_y\,\cosh m\pi\,\lambda_y}{2Nm\pi\,\lambda_y\,\sinh^2 m\pi\,\lambda_y}\,l_y\right\}k_m \sin\frac{m\pi x}{l_x} \cdots\cdots(118)$$

$$\left.\frac{\partial z}{\partial y}\right]_{y=l_y} = -\left\{\frac{m\pi\,\lambda_y\,\cosh m\pi\,\lambda_y - \sinh m\pi\,\lambda_y}{2Nm\pi\,\lambda_y\,\sinh^2 m\pi\,\lambda_y}\,l_y\right\}k_m \sin\frac{m\pi x}{l_x} \cdots\cdots(119)$$

$$\left.\frac{\partial z}{\partial x}\right]_{x=0} = \sum_{n=1}^{\infty}\left\{\frac{(-1)^{n+1}\,a_{mn}}{2N}\,l_y\right\}k_m \sin\frac{n\pi y}{l_y} \cdots\cdots\cdots\cdots(120)$$

$$\left.\frac{\partial z}{\partial x}\right]_{x=l_x} = \sum_{n=1}^{\infty}\left\{\frac{(-1)^{m+n+1}\,a_{mn}}{2N}\,l_y\right\}k_m \sin\frac{n\pi y}{l_y} \cdots\cdots\cdots\cdots(121)$$

式(104).(109),(113)及(118)中括弧內之函數稱爲邊(1),邊(2),邊(3)及邊(4)之柔度，因乘以作用於各邊上之彎曲矩即得各該邊之斜度，茲以 F_{n1}, F_{n2}, F_{m3} 及 F_{m4} 代表之，第一指標示其項次，第二指標示其所屬之邊。

由(104),可知
$$F_{n1} = \left\{\frac{n\pi\,\lambda_x - \sinh n\pi\,\lambda_x\,\cosh n\pi\,\lambda_x}{2n\pi\,\lambda_x\,\sinh^2 n\pi\,\lambda_x}\right\}\frac{l_x}{N} \cdots\cdots\cdots\cdots(122)$$

由(109),可知
$$F_{n,2} = -\left\{\frac{n\lambda\,\pi_x - \sinh n\pi\,\lambda_x\,\cosh n\pi\,\lambda_x}{2n\pi\,\lambda_x\,\sinh^2 n\pi\,\lambda_x}\right\}\frac{l_x}{N} \cdots\cdots\cdots\cdots(123)$$

由(113),可知
$$F_{m,3} = \left\{\frac{m\pi\,\lambda_y - \sinh m\pi\,\lambda_y\,\cosh m\pi\,\lambda_y}{2m\pi\,\lambda_y\,\sinh^2 m\pi\,\lambda_y}\right\}\frac{l_y}{N} \cdots\cdots\cdots\cdots(124)$$

由(114),可知
$$F_{m,4} = -\left\{\frac{m\pi\,\lambda_y - \sinh m\pi\,\lambda_y\,\cosh m\pi\,\lambda_y}{2m\pi\,\lambda_y\,\sinh^2 m\pi\,\lambda_y}\right\}\frac{l_y}{N} \cdots\cdots\cdots\cdots(115)$$

上四式中，除正負號外，其餘部份完全相同，故其絕對值可寫爲

$$|F_n| = \frac{\sinh n\pi\,\lambda\,\cosh n\pi\,\lambda - n\pi\,\lambda}{2n\pi\,\lambda\,\sinh^2 n\pi\,\lambda}\frac{l}{N} \cdots\cdots\cdots\cdots(126)$$

但須以適當之 λ, l 及 N 代入。 $|F_n|$ 之值可從曲線圖(31)中查出。

牽渡因數 (Carry-over Factor) 當 M_n 作用於邊(1)時，邊(2)之斜度爲一與 M_n 相似

之正弦函數（sine-function）而邊（3）與邊（4）之斜度則爲一包括各項次之正弦級數（sine-series），此等正弦函數成級數之係數（coefficients）與 $F_{n,z}$ 之比，稱爲自邊（1）至各邊之挈度因數。

令 C_n^{1-2} 爲自邊（1）至邊（3）之挈渡因數，$C_{n,m}^{1-3}$ 爲自邊（1）至邊（3）之挈渡因數，餘類推，指標 n 表示作用於邊（1）之彎曲矩係 $M_n = k_n \sin \dfrac{n\pi y}{l_y}$；指標 m 表示係屬於挈渡斜度中之第 m 項。

根據公式（104）至（121）可得：

$$C_n^{1-2} = \frac{m\pi\lambda_x \cosh n\pi\lambda_x - \sinh n\pi\lambda_x}{n\pi\lambda_x - \sinh n\pi\lambda_x \cosh n\pi\lambda_x} \cdots\cdots\cdots (127)$$

$$C_{nm}^{1-3} = \frac{(-1)^n a_{nm} n\pi\lambda_x \sinh^2 n\pi\lambda_x}{n\pi\lambda_x - \sinh n\pi\lambda_x \cosh n\pi\lambda_x} = (-1)^{n+m} \left| C_{n\,m} \right| \cdots (128)$$

$$C_{nm}^{1-4} = \frac{a_{nm} n\pi\lambda_x \sinh^2 n\pi\lambda_x}{n\pi\lambda_x - \sinh n\pi\lambda_x \cosh n\pi\lambda_x} = (-1)^m \left| C_{n\,m} \right| \cdots (129)$$

$$C_{nm}^{2-1} = \frac{n\pi\lambda_x \cosh n\pi\lambda_x - \sinh n\pi\lambda_x}{n\pi\lambda_x - \sinh n\pi\lambda_x \cosh n\pi\lambda_x} = C_n^{1-2} \cdots\cdots\cdots (130)$$

$$C_{nm}^{2-3} = \frac{(-1)^{n+m} a_{nm} n\pi\lambda_x \sinh^2 n\pi\lambda_x}{n\pi\lambda_x - \sinh n\pi\lambda_x \cosh n\pi\lambda_x} = (-1)^n \left| C_{n\,m} \right| \cdots (131)$$

$$C_{nm}^{2-4} = \frac{(-1)^m a_{nm} n\pi\lambda_x \sinh^2 n\pi\lambda_x}{n\pi\lambda_x - \sinh n\pi\lambda_x \cosh n\pi\lambda_x} = \left| C_{n\,m} \right| \cdots\cdots (132)$$

$$C_m^{3-4} = \frac{m\pi\lambda_y \cosh m\pi\lambda_y - \sinh m\pi y}{m\pi\lambda_y - \sinh m\pi\lambda_y \cosh m\pi\lambda_y} \cdots\cdots\cdots (133)$$

$$C_{mn}^{3-1} = \frac{(-1)^m a_{mn} m\pi\lambda_y \sinh^2 m\pi\lambda_y}{m\pi\lambda_y - \sinh m\pi\lambda_y \cosh m\pi\lambda_y} = (-1)^{m+n} \left| C_{m\,n} \right| \cdots (134)$$

$$C_{mn}^{3-2} = \frac{a_{mn} m\pi\lambda_y \sinh^2 m\pi\lambda_y}{m\pi\lambda_y - \sinh m\pi\lambda_y \cosh m\pi\lambda_y} = (-1)^n \left| C_{m\,n} \right| \cdots (135)$$

$$C_m^{4-3} = \frac{m\pi\lambda_y \cosh m\pi\lambda_y - \sinh m\pi\lambda_y}{m\pi\lambda_y - \sinh m\pi\lambda_y \cosh m\pi\lambda_y} = C_m^{3-4} \cdots\cdots (136)$$

$$C_{mn}^{4-1} = \frac{(-1)^{m+n} a_{mn} \sinh^2 m\pi\lambda_y}{m\pi\lambda_y - \sinh m\pi y \cosh m\pi\lambda_y} = (-1)^m \left| C_{m\,n} \right| \cdots (137)$$

$$C_{mn}^{4-2} = \frac{(-1)^n a_{mn} \sinh^2 m\pi\lambda_y}{m\pi\lambda_y - \sinh m\pi\lambda_y \cosh m\pi\lambda_y} = \left| C_{m\,n} \right| \cdots\cdots (138)$$

以上十二式中，求（127），（132），（133）及（138）四式之絕對值，加以適當之絕對值，即得其餘各式之值。（見曲線圖 10 至 15）

不平衡斜度之分配 圖（13）示相鄰之二格，（1）與（2），設接界線：$x_l = l_1, x_z = 0$ 上有一平衡斜度，移去此不平衡斜度時，格（1）在此綫上之斜度必有一定量之增加或減少，格（2）在此線上之斜度必有另一定量之減少或增加，使兩格之斜度果結相等，換言之，即此不平衡斜度分配於此兩格之間。故兩格在此接界線上之斜度變動稱爲分配斜度（Distributed slope）。分配斜度與不平衡斜度之比稱爲分配比數（Distributing factor）。

從柔度之定義可證明分配斜度與柔度之數值成正比，即

$$\frac{格(1)之分配斜度}{格(2)之分配斜度} = \frac{F_n'}{F_n''}$$

上式中，F_n' 及 F_n'' 為格(1)及格(2)在其接界線上之柔度，故分配比數之絕對值為

$$\frac{|F_n'|}{|F_n'| + |F_n''|} \quad 及 \quad \frac{|F_n''|}{|F_n'| + |F_n''|}$$

分配斜度加入後，格(1)及格(2)之斜度卽相等，故其正負號可由此關係確定之。

　　挈渡步驟　當不平衡斜度分配於兩格時，兩格必各以其接界邊為軸，轉過一角度，其大小與分配斜度相等，因此轉動而在他邊引起之斜度變動當為挈渡斜度，其值可由分配斜度與相應之挈渡因數之乘積得之，每格之每邊向其他三邊接受挈渡斜度，此等挈渡斜度又構成不平衡斜度於各接界線之上，故演算步驟至此卽開始循環。

　　如以挈渡因素與分配比數相乘，名其乘積為直接挈渡因數，則不平衡斜度以直接挈渡因數乘之，卽得挈渡斜度。

　　挈渡步驟終止後，求各項次之分配斜度之總和除以相應之柔度，卽得各項次之邊力矩 (Edge-moments)，然後由公式 (103) 求最後之解答。

　　F_n, F_m, C_n, C_m, C_{mn}, C_{nm} 正負號之確定

1) F_n 在接界線右（卽 $x=l_x$）恆為正值，在左（卽 $x=0$）恆為負值。

2) F_m 在接界線上（卽 $y=l_y$）恆為正值，在下（卽 $y=0$）恆為負值。

3) C_n 及 C_m 恆為負值。

4) C_{nm} 及 C_{mn} 之號參看其公式。

　　對邊固定時之柔度　以前計算柔度，均假設各邊為簡支，現如已知邊(2)為固定，邊(1)之柔度可用下法求出。

　　令 F_n 及 C_n 代表各邊簡支時，邊(1)之柔度及挈渡因數。

　　設一力矩，$M_n = k_n \sin\frac{n\pi y}{l_y}$ 作用於邊(1)上，倘邊(2)為簡支，邊(1)之斜

度應為：

$$F_n \sin\frac{n\pi y}{l_y}$$

邊(2)之斜度應為；

$$-C_n^I \; F_n \sin\frac{n\pi y}{l_y}$$

但邊(2)為固定，此挈渡斜度必須移去，故分配斜度應為 $+C_n^{I-2} F_n \sin\frac{n\pi y}{l_y}$；此分配斜度復使邊(1)得一挈渡斜度，$-C_n^{I-2} \; C_n^{2-1} \; F_n \sin\frac{n\pi y}{l_y}$，故邊(1)最終之斜度為 $(F_n - C_n^{I-2} \; C_n^{2-1} \; F_n)\sin\frac{n\pi y}{l_y}$，邊(1)之柔度為：$(F_n - C_n^{I-2} \; C_n^{I-2} \; F_n)$

$$= (1 - |C_n^{2-1}|^2)F_n \text{。(圖14)}$$

第四節　例題

1. 兩邊簡支兩邊固定之長方板

令邊(1)之簡板斜度為

$$F(y) = A_I \sin\frac{\pi y}{l_y} + A_2 \sin\frac{2\pi y}{l_y} + \cdots$$

令 $F_1, F_2, F_3 \cdots$ 為邊(1)各項次之柔度 $C_I, C_2, C_3 \cdots$ 為邊(1)至邊(2)或邊(2)至邊(1)之挈渡因數。

簡板斜度之分配與挈渡步驟如圖(15)

根據上節，邊(2)固定時，邊(1)之柔度應為 $(1 - |C_n|^2)F_n$ 故邊(1)上之彎曲矩為；

$$M_I = \frac{(1-|C_I|)A_I}{(1-|C_I^2|)F_I} \sin\frac{\pi y}{l_y}$$
$$+ \frac{(1-|C_2|)A_2}{(1-|C_2|^2)F_2} \sin\frac{2\pi y}{l_y}$$
$$+ \frac{(1-|C_3|)A_3}{(1-|C_3|^2)F_3} + \cdots$$
$$= \frac{A_I}{(1-|C_I|)} \sin\frac{\pi y}{l_y} + \frac{A}{(1-|C_I|)}$$
$$\sin\frac{2\pi y}{l_y} + (1-|C_3|) \sin\frac{\pi y_3}{l_y}$$
$$+ \cdots$$

倘 $\lambda_x = 1$，載重為均佈載重，W 則

$$A_1 = 0.01365 \frac{wl_y^2}{N} \qquad A_2 = 0$$

$$A_3 = 0.000254 \frac{wl_y^2}{N} \qquad A_4 = 0$$

$$A_5 = 0.0000326 \frac{wl_y^2}{N} \qquad A_6 = 0$$

從曲線圖(8)，可得 $F_1 = -0.156 \frac{l_y}{N}$,

$$F_3 = -0.0531 \frac{l_y}{N}, \quad F_5 = -0.0318 \frac{l_y}{N}$$

從曲線圖(10) 可得 $|C_1| = 0.19$

$$|C_3| = |C_5| = 0$$

故,
$$M_1 = -\left\{ \frac{0.01365}{(1+0.19)\times 0.156} \sin\frac{\pi y}{l_y} \right.$$
$$+ \frac{0.000254}{0.0531} \sin\frac{3\pi y}{l_y}$$
$$+ \frac{0.0000326}{0.0318} \sin\frac{5\pi y}{l_y}$$
$$+ \cdots\cdots \Big] wl_y^2$$

在邊(1)中點, $y = l_y/2$

$$M_1 = -(0.0735 - 0.0048 + 0.0010) wl_y^2$$
$$= -0.0697\, wl_y^2 \quad \text{Hencky 與 } N_adai \text{ 之}$$

解法亦得相同之結果。

邊(3)之柔度及轚渡因數

m	1	3	5
F_m	-0.156	-0.0531	-0.0318
C_m^{3-4}	-0.190	0	0
C_{mn}^{3-1} {n=1	+0.324	+0.112	+0.047
n=3	+0.039	+0.106	+0.0825
n=5	+0.0093	+0.0425	+0.0636
C_{mn}^{3-2} {n=1	+0.324	-0.112	-0.047
n=3	-0.039	-0.106	-0.0825
n=5	-0.0093	-0.0425	-0.0636
$\left(1-\left|C_n^{3-4}\right|^2\right)$	0.964	1.000	1.000

邊(1)之柔度及轚渡因數

n	1	3	5
F_n	-0.156	-0.0531	-0.0318
C_n^{1-2}	-0.190	0	0
C_{nm}^{1-3} {m=1	+0.324	+0.112	+0.047
m=3	+0.039	+0.106	+0.0425
m=5	+0.0093	+0.106	+0.0825
C_{nm}^{1-4} {m=1	+0.324	+0.112	+0.047
m=3	-0.039	+0.106	+0.0825
m=5	-0.0093	+0.0425	+0.0636
$\left(1-\left|C_n^{1-2}\right|^2\right)$	0.964	1.000	1.000

邊(2)之柔度及轚渡因數

n	5	3	1
F_n	+0.0318	-0.0531	-0.156
C_n^{2-1}	0	0	-0.190
C_{nm}^{2-3} {m=1	-0.047	-0.112	-0.324
m=2	-0.0825	-0.106	-0.039
m=3	-0.0636	-0.0425	-0.0093
C_{nm}^{2-4} {m=1	+0.047	+0.112	+0.324
m=2	+0.0825	+0.106	+0.039
m=3	+0.0636	+0.0425	+0.0093
$\left(1-\left|C_n^{2-1}\right|^2\right)$	1.000	1.000	0.964

邊(4)之柔度及轚渡因數

m	1	3	5
F_n	+0.156	+0.0551	+0.0318
C_m^{4-3}	-0.190	0	0
C_{mn}^{4-1} {n=1	-0.324	-0.112	-0.047
n=3	-0.039	-0.106	-0.0825
n=5	-0.0093	-0.0425	-0.0636
C_{mn}^{4-2} {n=1	+0.324	+0.112	+0.047
n=2	+0.039	+0.106	+0.0825
n=3	+0.0093	+0.0425	+0.0636
$\left(1-\left|C_m^{4-3}\right|^2\right)$	0.964	1.000	1.000

圖(16)

邊(3)　邊(1)　邊(2)　邊(4)

2.四邊固定之正方板片，載重爲均佈載重。

此問題曾經 N₂dal 用能量方法解決，Nielsen 用微差方程式解決。

上圖示各邊之柔度及契渡因數，因對稱關係，各邊之計算完全相同，茲將邊(3)之計算詳如下，其餘從略。

由對稱之性質可知級數中之偶項必第於零，在下列計算中，作者僅取奇項之前三項，雖不準確，然所差不多。

說　　明	項　次		
	1	3	5
簡板斜度（以Nl^3/N爲單位）	−0.01365	−0.000254	−0.0000326
自邊(4)自邊(3) 之契渡斜度 ⎰ 0.01365×0.19	+0.00259	0	0
0.00259×0.19	−0.00049	0	0
0.00049×0.19	+0.00009	0	0
0.00009×0.19	−0.00002	0	0
合　計	−0.01148	−0.000254	−0.0000326
2x.01148x.324,　x.039,　x.0093	+0.00744	+0.000896	+0.000218
2x.000254x.112,　x.106,　x.0425	+0.00006	+0.000054	+0.000022
2x.000033x.047,　x.0825,　x.0636	0	+0.000005	+0.000004
自邊(4)，及邊(2)至邊(3)之契渡斜度	+0.00750	−0.000955	+0.000239
	−0.00142		
自邊(4)至邊(3)之契引斜度	+0.00027		
	−0.00005		
	+0.00001		
合　計	+0.00631	+0.000955	+0.000239
	−0.00409	−0.000491	+0.000117
	−0.00021	−0.000202	+0.000081
	−0.00002	−0.000039	+0.000030
自邊(1)及邊(2)至邊(3)之契渡斜度	−0.00432	−0.000732	−0.000228
	+0.00082		
自邊(4)至邊(3)之契引斜度	−0.00015		
	+0.00003		
	−0.00001		
合　計	−0.00363	−0.000732	−0.000228
	+0.00235	+0.000293	+0.000067
	+0.00016	+0.000155	+0.000063
	+0.00002	+0.000037	+0.000029
	+0.00253	+0.000485	+0.000159
	−0.00048		
	+0.00009		
	−0.90002		
合　計	+0.00212	+0.000485	+0.000159
	−0.00138	−0.000166	−0.000040
	−0.00011	−0.000103	−0.000041
	−0.00001	−0.000026	−0.000020

−0.00150	−0.000295	−0.000101
+0.00028		
−0.00005		
+0.00001		

合　計	−0.00126	−0.000295	−0.000101

+0.00082	+0.000100	+0.000023
+0.00007	+0.000063	+0.000025
+0.00001	+0.000016	+0.000013

+0.00090	+0.000179	+0.000061
−0.00017		
+0.00003		
−0.00001		

合　計	+0.00075	+0.000179	+0.000061

−0.00049	−0.000056	−0.000014
−0.00004	−0.000038	−0.000015
−0.00001	−0.000010	−0.000008

−0.00054	−0.000104	−0.000037
+0.00019		
−0.00002		

合　計	−0.00046	−0.000104	−0.000037

+0.00032	+0.000036	+0.000009
+0.00002	+0.000022	+0.000009
	+0.000006	+0.000005

+0.00032	+0.000064	+0.000023
−0.00006		
+0.00001		

合　計	+0.00027	+0.000064	+0.000023

−0.00018	−0.000021	−0.000005
−0.00001	−0.000014	−0.000006
	−0.000004	−0.000003

−0.00019	−0.000039	−0.000014
+0.00004		
−0.00001		

合　計	−0.00016	−0.000039	−0.000014

+0.00010	+0.000013	+0.000003
+0.00001	+0.000008	+0.000003
	+0.000002	+0.000002

+0.00011	+0.000023	+0.000008
−0.00002		

合　計	+0.00009	+0.000023	+0.000008

−0.00006	−0.000007	−0.000002
−0.00001	−0.000005	−0.000002

	-0.00007 $+0.00001$	-0.000012	-0.000004
合　　計	-0.00006	-0.000012	-0.000004
(1)簡板斜度及挈渡斜度之總和	-0.00751	$+0.000270$	$+0.000073$
(2)分配斜度之總和邊	-0.00751	$+0.000270$	$+0.000073$
(3)上之彎曲矩	-0.0481	$+0.0051$	$+0.0023$

由上列結果，邊(3)上之彎曲矩可寫爲：

$$M_e = -\left[0.0481 \sin\frac{\pi x}{l} - 0.051 \sin\frac{3\pi x}{l} - 0.0023 \sin\frac{5\pi x}{l} + \cdots\cdots\right] W l^2$$

在該邊之中點，　$x = l/2$，　　　　　$M_e = -0.0509\ w l^2$

茲將他人研究所得 M_e 之值列之於後，以資比較。

Hencky	$-0.0513\ w l^2$
Nádai	$-0.0487\ w l^2$
Mesenager	$-0.0474\ w l^2$
Lintz	$-0.0515\ w l^2$
Nielsen	$-0.0511\ w l^2$

3. 單向連續之板片

此種板片用本篇方法解之，甚爲簡捷，其步驟與連續梁之分析，大致相同，用於連續之縮簡方法亦多可引用。(圖17)

		邊(1)		邊(2)		邊(3)		邊(4)
柔度	F_1	$+0.156\,(l_y/N)$	-0.156	$+0.159$	-0.159	$+0.159$		-0.159
	F_3	$+0.080$	-0.080	$+0.080$	-0.080	$+0.080$		-0.080
	F_5	$+0.032$	-0.032	$+0.032$	-0.032	$+0.032$		-0.032
挈渡因數	C_1	-0.190		-0.190	-0.064		-0.064	-0.025	-0.025
	C_3, C_5	0		0	0		0	0	0
簡板斜度	A_1	$+0.01365$ $(w l^3 y/N)$	-0.01365	$+0.01840$		-0.01840	$+0.01970$		-0.01970
簡板斜度差				0.03205			0.03810		
分配斜度		0	$+0.01587$	-0.01618		$+0.01905$	-0.01905		
挈渡斜度		-0.00302		-0.00122		$+0.00103$			$+0.00048$
分配斜度			-0.00060	$+0.00062$		-0.00051	$+0.00051$		
挈渡斜度		$+0.00011$		$+0.00003$		-0.00004			$+0.00001$
分配斜度		0	$+0.00001$	-0.00002		$+0.00002$	-0.00002		0
分配斜度 總計		0	$+0.01528$	-0.01558		$+0.01856$	-0.01856		
彎曲矩	k_1	0	-0.0980	-0.0980		-0.1167	-0.1167		0
	A_3	$+0.0000250$	-0.000250	$+0.000252$	-0.000252	$+0.000252$		-0.000252
		0	$+0.000251$	$+0.000251$		$+0.000252$	-0.000252		0
	k_3	0	-0.00314	$+0.00314$		-0.00315	-0.00315		0
	A_5	$+0.000326$	-0.0000326	$+0.0000326$	-0.0000326	$+0.0000326$	-0.0000326	
		0	$+0.0000326$	-0.0000326		$+0.0000326$	-0.0000326		0
	k_5	0	-0.00102	-0.00102		-0.00102	-0.00102		0

故，　邊(1)及邊(4)之 $M = 0$

$$\text{邊(2)}\ M = -0.0980\,\omega l_y^2 \sin\frac{\pi y}{l_y} - 0.00314\,\omega l_y^2 \sin\frac{3\pi y}{l_y}$$

9549

$$-0.00102 \ \omega l_y^2 \sin \frac{5\pi y}{l_y} + \cdots\cdots\cdots$$

送(3) $M = -0.1167 \ \omega l_y^2 \sin \frac{\pi y}{l_y} - 0.00315 \ \omega l_y^2 \sin \frac{3\pi y}{l_y}$

$$-0.00102 \ \omega l_y^2 \sin \frac{5\pi y}{l_y} + \cdots\cdots\cdots$$

第五節　梁之影響

在普通鋼筋混凝土建築中，梁均有相當之寬度，並恆與板片連成一體，故板片彎曲必引起梁之扭轉。本節將前述方法加以變動以包括此點，梁之兩端通常與柱相接，暫假定為固定。圖(18)示本節所討論之情形。

設板片為簡支，板與梁之間必有一裂縫存在，如圖(19)所示。

圖(19)中，ϕ' 及 ϕ'' 為簡板斜度，其正值表示順時針方向之轉動，負值表示逆時針方向之轉動，簡板斜度差當為 $(\phi''-\phi')$，若以適當大小之彎曲矩加於裂縫之間（見圖20）則此簡板斜度差當可移去。簡板斜度差移去後，在梁兩側之板之斜度必相等，同時梁必扭轉一角度，其大小與板之斜度相等，

$$\phi' = \sum_{n=1}^{\infty} A_n' \sin \frac{n\pi y}{l_s},$$

$$\phi'' = \sum_{n=1}^{\infty} A_n'' \sin \frac{n\pi y}{l_s},$$

$$\Delta\phi' = \sum_{n=1}^{\infty} \Delta A_n' \sin \frac{n\pi y}{l_s},$$

$$\Delta\phi'' = \sum_{n=1}^{\infty} \Delta A_n'' \sin \frac{n\pi y}{l_s},$$

$$\Delta\phi''' = \sum_{n=1}^{\infty} \Delta A_n''' \sin \frac{n\pi y}{l_s},$$

將(140),(141)及(142)代入(139)可得：

$$A_n' + \Delta A_n' = A_n'' + \Delta A_n'' = \Delta A_n''' \cdots\cdots\cdots\cdots(143)$$

2) 平衡之條件。

圖(22)示梁之一小段，作用於其上之力及力矩為：

T —— 梁之扭轉矩

M', M'' —— 板之彎曲矩

V', V'' —— 板之鉛直鉛力

平衡之條件可寫為：

圖(21)表示在此情形下板與梁之位置。

圖(21)中，　$\Delta\phi' = \phi'$ 之變更，

$\Delta\phi'' = \phi''$ 之變更，

$\Delta\phi''' = $ 梁之轉動或扭轉角度

幾何條件與平衡條件分別討論之。

1) 幾何條件——即連續之條件

$$\phi' + \Delta\phi' = \phi'' + \Delta\phi'' = \Delta\phi''' \cdots(139)$$

將所有之 ϕ 寫成 Fourier 級數：

$$\left.\begin{array}{l} \phi_u' = A_n' \sin \frac{n\pi y}{l_s} \\ \phi_n'' = A_n'' \sin \frac{n\pi y}{l_s} \end{array}\right\} \cdots\cdots(140)$$

$$\left.\begin{array}{l} \Delta\phi_n' = \Delta A_n' \sin \frac{n\pi y}{l_s} \\ \Delta\phi_n'' = \Delta A_n'' \sin \frac{n\pi y}{l_s} \end{array}\right\} \cdots\cdots(141)$$

$$\Delta\phi_n''' = \Delta A_n''' \sin \frac{n\pi y}{l_s} \cdots\cdots\cdots\cdots(142)$$

$$(M'-M'')dy - \frac{\partial T}{\partial y} dy + \frac{b}{2}$$

$$(V'+V'')dy = o$$

或，$(M'-M'') - \frac{\partial T}{\partial y} + \frac{b}{2}(V'+V'') = 0$

$$\cdots\cdots\cdots\cdots\cdots\cdots(144)$$

M' 及 M'' 可展開為正弦級數：

$$\left.\begin{array}{l} M' = \sum_{n=1}^{\infty} k_n' \sin \frac{n\pi y}{l_s} \\ M'' = \sum_{n=1}^{\infty} k_n'' \sin \frac{n\pi y}{l_s} \end{array}\right\} (145)$$

T 之值在梁之兩端爲最大故適於展成餘弦級數(Cosine series)。

$$T = \sum_{n=1}^{\infty} k_n'' \cos \frac{n\pi y}{l_s} \quad \cdots\cdots(146)$$

$$\frac{\partial T}{\partial y} = \sum_{n=1}^{\infty} -\frac{n\pi}{l_s} k_n'' \sin \frac{n\pi y}{l_s} \quad \cdots(147)$$

V' 可分爲兩部份

a) V_1' = 在簡支情形下之切力

$$= \sum_{n=1}^{\infty} V_n' \sin \frac{n\pi y}{l_s} \quad \cdots\cdots\cdots(148)$$

b) V_2' = 因 M' 而得之切力

$$= \sum_{n=1}^{\infty} \alpha_n' k_n' \sin \frac{n\pi y}{l_s} \quad \cdots\cdots(149)$$

由公式(32)可得

$$\alpha_n' = \left\{ \frac{n\pi \lambda_x'}{l_l} - \frac{\cosh n\pi \lambda_x'}{\sinh n\pi \lambda_x'} \right\} \quad (150)$$

$$\therefore V' = V_1' + V_2' = \sum_{n=1}^{\infty} (V_n' + \alpha_n' k_n')$$

$$\sin \frac{n\pi y}{l_s} \quad \cdots\cdots\cdots(151)$$

同理得，

$$V'' = \sum_{n=1}^{\infty} (V_n'' + \alpha_n'' k_n'') \sin \frac{n\pi y}{l_s}$$

$$\cdots\cdots\cdots(152)$$

$$\alpha_n'' = -\frac{n\pi \lambda_x''}{l_s} \frac{\cosh n\pi \lambda_x''}{\sinh n\pi \lambda_x''}$$

$$\cdots\cdots\cdots(153)$$

$$\Delta\phi_n' = F_n' k_n' \sin \frac{n\pi y}{l_s} = \Delta A_n' \sin \frac{n\pi y}{l_s}$$

$$\Delta\phi_n'' = F_n'' k_n'' \sin \frac{n\pi y}{l_s} = \Delta A_n'' \sin \frac{n\pi y}{l_s} \left.\right\} \cdots\cdots(157)$$

$$\Delta\phi_n''' = F_n''' k_n''' \sin \frac{n\pi y}{l_s} = \Delta A_n''' \sin \frac{n\pi y}{l_s}$$

故 $\Delta A_n' = F_n' k_n'$; $\Delta A_n'' = F_n'' k_n''$; $\Delta A_n''' = F_n''' k_n'''$ $\cdots\cdots(158)$

根據公式(143)及(158)可得：

$$k_n'' = \frac{F_n'}{F_n''} k_n' - \frac{A_n'' - A_n'}{F_n''}$$

$$k_n'' = \frac{F_n''}{F_n'} k_n' + \frac{A_n'}{F_n'} \left.\right\} \cdots\cdots(159)$$

將(159)代入(154)可得 k_n'' 之值，再將此值代入(158)可得：

將 M',M", $\frac{\partial T}{\partial y}$ V" 及 V' 之式代入(144)，則平衡之條件可化爲下式：

$$\left(1+\frac{b}{2}\alpha_n'\right) k_n' - \left(1-\frac{b}{2}\alpha_n''\right) k_n''$$

$$(V_n' + V_n'') \frac{b}{2} = 0 \cdots\cdots\cdots(154)$$

不平衡斜度之分配

第 n 項次之簡板斜度差可寫作：

$$\phi_n'' - \phi_n' = (A_n'' - A_n') \sin \frac{n\pi y}{l_s}$$

$$\cdots\cdots\cdots(155)$$

設有一扭轉矩 $T = \cos \frac{n\pi y}{l_s}$ 作用於梁上，則在 (o,y) 點之扭轉角度應爲：

$$\theta_n = -\int_0^y \frac{T dy}{GJ} = -\int_0^y \frac{dy}{GJ} \cos \frac{n\pi y}{l_s}$$

$$= F_n' \sin \frac{n\pi y}{l_s} \cdots\cdots(156)$$

上式中，$F_n' = -\frac{l_s}{n\pi GJ}$ 稱爲梁之第 n 項次之扭轉柔度

G = 剛性係數(Modulus of rigidity)

J = 扭轉剛度 (Torsional rigidity)

倘截面爲長方形，$J = f d b^3$，b = 短邊之長度，d = 長邊之長度，f 爲一依 d/b 之值而變之常數。

令 F_n' 及 F_n'' 爲格(1)與格(2)之第 n 項次之柔度，從定義可得下式：

$$\Delta A_n' = F_n' k_n'$$

$$= \frac{(A_n''-A_n')F_n'+F_n'F_n''\left[\dfrac{2n\pi}{l_s}\dfrac{A_n''}{(2-b\alpha_n'')F_n''}+\dfrac{b(V_n'+V_n'')}{(2-b\alpha_n'')}\right]}{F_n'-F_n''\left[\dfrac{2+b\alpha_n'}{2-b\alpha_n''}+\dfrac{2n\pi}{l_s}\dfrac{F_n'}{(2-b\alpha_n'')F_n''}\right]} \quad\cdots\cdots\cdots(160)$$

同理得:

$$\Delta A_n'' = -\frac{(A_n''-A_n')F_n'+F_n'F_n''\left[\dfrac{2n\pi}{l_s}\dfrac{A_n''}{(2-b\alpha_n'')F_n''}+\dfrac{b(v_n'+v_n'')}{(2-b\alpha_n'')}\right]}{F_n''-F_n'\left[\dfrac{2-b\alpha_n''}{2+b\alpha_n'}-\dfrac{2n\pi}{l_s}\dfrac{F_n''}{(2+b\alpha_n')F_n'}\right]} \quad\cdots\cdots(161)$$

$\Delta A_n'$ 及 $\Delta A_n''$ 即格(1)及格(2)之分配斜度。

茲討論下面四種特殊情形, 以證明上式之正確。

1) $b=0$ 即第二節及第三節所討論之情形。

在此種情形, $F_n'''=\infty$, 故公式(160), (161)化為:

$$\Delta A_n' = -\frac{F_n'}{F_n'-F_n''}(A_n''-A_n')$$

$$\Delta A_n'' = \frac{F_n''}{F_n'-F_n''}(A_n''-A_n')$$

上二式與第三節所得之結果相符合。

2) 兩格對稱

在此種情形之下,

$$A_n''=-A_n' \qquad\qquad F_n''=-F_n'$$
$$V_n''=-V_n' \qquad\qquad \alpha_n''=-\alpha_n'$$

故
$$\Delta A_n' = \frac{-2A_n'F_n'-F_n'^2\left(\dfrac{2n\pi}{l_s}\dfrac{A_n'}{(2-b\alpha_n'')F_n'''}\right)}{2F_n'+\dfrac{2n\pi}{l_s}(2-b\alpha_n'')F_n'''}$$

$$= -A_n'$$

同理, $\quad\Delta A_n'' = -A_n''$

故 $\quad A_n'+\Delta A_n' = A_n''+\Delta A_n'' = 0 \quad$ 此亦與事實符合。

3) 梁之高度, d 為常數, 寬度 $b\to\infty$。

$$J = f\,bd^3, \qquad\qquad F_n''' = \frac{l_s}{n\pi Gfbd^3}$$

由公式(160)及(161)可得

$$\underset{b\to\infty}{\text{Lim}}\ \Delta A_n' = \frac{(A_n''-A_n')F_n'-F_n'F_n''\left[\dfrac{2n^2\pi^2 Gfd^3}{\alpha_n''l_s^2}A_n+\dfrac{1}{\alpha_n''}(V_n'+V_n'')\right]}{F_n'-F_n''\left[-\dfrac{\alpha_n'}{\alpha_n''}-\dfrac{2n^2\pi^3 Gfd^3}{\alpha_n''l_s^2}F_n'\right]}$$

$$\underset{b\to\infty}{\text{Lim}}\ \Delta A_n'' = \frac{-(A_n''-A_n')F_n''-F_n'F_n''\left[\dfrac{2n^2\pi^2 Gfd^3}{\alpha_n''l_s^2}A_n+\dfrac{1}{\alpha_n'}(V_n'+V_n'')\right]}{F_n''-F_n'\left[-\dfrac{\alpha_n''}{\alpha_n'}-\dfrac{2n^2\pi^3 Gfd^3}{\alpha_n'l_s^2}F_n''\right]}$$

由上式可知僅增加梁之寬度, 不能防止梁之扭轉。

4) $d > b$

在此情形， $\triangle A_n'$ 及 $\triangle A_n''$ 可寫成下式：

$$\triangle A_n' = \frac{(A_n'' - A_n') F_n' + F_n' F_n'' \left[\frac{2n^2 \pi^2 Gfb^3 d}{l_s^2(2-b\alpha_n)} A_n' + \frac{b(v_n' + v_n'')}{(2-b\alpha_n)} \right]}{F_n' - F_n'' \left[\frac{2+b\alpha_n}{2-b\alpha_n} + \frac{2n^2 \pi^2 Gfdb^3}{l_s^2(2-b\alpha_n)} F_n' \right]}$$

$$\triangle A_n'' = - \frac{(A_n'' - A_n') F_n'' + F_n' F_n'' \left[\frac{2n^2 \pi^2 Gfd^3b}{l_s^2(2+b\alpha_n)} A_n'' + \frac{b(v_n' + v_n'')}{(2+b\alpha_n)} \right]}{F_n'' - F_n' \left[\frac{2+b\alpha_n}{2-b\alpha_n} + \frac{2n^2 \pi^2 Gfdb^3}{l_s^2(2+b\alpha_n)} F_n'' \right]}$$

倘 $d \to \infty$ 即得 $\triangle A_n' = -A_n'$， $\triangle A_n'' = -A_n''$

或 $A_n' + \triangle A_n' = A'' + \triangle A_n'' = o$

故梁之扭轉剛度愈大，則板片愈接近固緣情形。

由公式(160)及(161)可知分配斜度 $\triangle A_n' \sin \frac{n\pi y}{l_s}$ 及 $\triangle A_n'' \sin \frac{n\pi y}{l_s}$ 不與柔度成比例。

將(160)及(161)重新寫爲下式：

$$\triangle A_n' = \frac{[A_n'' - r_{an}' A_n' + r_{nv}' (v_n' + v_n'')] F_n'}{F_n' - r_{fn}' F_n''} \quad \cdots\cdots\cdots (162)$$

式中， $$r_{an}' = \left[1 - \frac{2n\pi}{l_s(2-b\alpha_n'')} - \frac{F_n''}{F_n'} \right] \quad \cdots\cdots\cdots (163)$$

$$r_{vn}'' = \frac{bF_n''}{2-b\alpha_n} \quad \cdots\cdots\cdots\cdots\cdots\cdots\cdots (164)$$

$$r_{fn}' = \left[\frac{2+b\alpha_n'}{2-b\alpha_n} + \frac{2n\pi}{l_s(2-b\alpha_n)} - \frac{F_n'}{F_n''} \right] \quad \cdots (165)$$

$$\triangle A_n'' = \frac{[A_n' - r_{an}'' A_n'' + r_{vn}'' (v_n' + v_n'')] F_n''}{F_n'' - r_{fn}'' F_n'} \quad \cdots\cdots (166)$$

式中， $$r_{an}'' = \left[1 + \frac{2n\pi}{l_s(2+\alpha_n''b)} - \frac{F_n'}{F_n''} \right] \quad \cdots\cdots\cdots (167)$$

$$r_{vn}'' = - \frac{bF_n'}{2+b\alpha_n} \quad \cdots\cdots\cdots\cdots\cdots\cdots (168)$$

$$r_{fn}'' = \left[\frac{2-b\alpha_n'}{2+b\alpha_n} - \frac{2n\pi}{l_s(2+b\alpha_n)} \frac{F_n''}{F_n'} \right] \quad \cdots (169)$$

上列諸式中，$[A_n'' - r_{an}' A_n' + r_{vn}' (v_n' + v_n'')]$ 及 $[A_n' - r_{an}'' A_n'' + r_{vn}'' (v_n' + v_n'')]$ 可稱爲變動不平衡斜度(Modified unbalanced slope)，$\frac{F_n'}{F_n' - r_{fn}' F_n''}$ 及 $\frac{F_n''}{F_2'' - r_{fn}'' F_n'}$ 可稱爲變動分配因數(Mndified distributing factor)，各種 r 可稱爲各種變動因數(Modidying factor)。

將上列各種 r，加以研究，可知其值皆恆爲正值，其式並可寫爲：

$$r_{an}' = \left[1 + \frac{2n\pi}{l_s(2+b|\alpha_n'|)} \left| \frac{F_n''}{F_n'} \right| \right] \quad \cdots\cdots\cdots (170)$$

$$r_{vn}' = \frac{b\|F_n''|}{2+b|\alpha_n|} \quad \cdots\cdots\cdots\cdots\cdots\cdots\cdots (171)$$

$$r_{fn}' = \left\{ \frac{2+b|\alpha_n'|}{2+b|\alpha_n'|} + \frac{2n\pi}{l_s(2+b|\alpha_n'|)} \right\} \left| \frac{F_n'}{F_n} \right| \quad \cdots\cdots\cdots\cdots (172)$$

$$r_{an}'' = \left\{ 1 + \frac{2n\pi}{l_s(2+|\alpha_n'|b)} \left| \frac{F_n'}{F_n''} \right| \right\} \quad \cdots\cdots\cdots\cdots (173)$$

$$r_{v'n}'' = \frac{b|F_n''|}{2b+|\alpha_n'|} \quad \cdots\cdots\cdots\cdots\cdots\cdots\cdots\cdots\cdots (174)$$

$$r_{fn}' = \left\{ \frac{2+b|\alpha_n'|}{2+b|\alpha_n'|} + \frac{2n\pi}{l_s(2+b|\alpha_n'|)} \left| \frac{F_n''}{F_n''} \right| \right\} \cdots\cdots\cdots (175)$$

分配斜度＝變動分配因數×變動不平衡斜度

如相鄰之二格在同一y一軸上，可將上列各式中之x,y對調即得所需之公式。

挈渡斜度　挈渡斜度由分配斜度及挈渡因數之乘積求之，其步驟詳第三節。

感應切力 (Induced shear) 兩格間之不平衡斜度被移去時，兩格各邊之切力均有變動，此種變動稱為感應切力，感應切力之係數與分配斜度之係數之比，可稱感動因數 (Inducing factor)，以 I 代表之，又以 I_n^{1-1} 代表邊(1)至邊(1)之 I，I_{nm}^{1-3} 代表邊至邊(3)之 I 如挈渡因數然。

由公式 (31),(32),(38),(39),(46),(47),(54),(55),(62),(63),(104),(109),(113),(118)可得：

$$I_n^{1-1} = \frac{2Nn^2\pi^2\lambda^2_x \sinh n\pi\lambda_x \cosh n\pi\lambda_x}{l^2_x(n\pi\lambda_x - \sinh n\pi\lambda_x \cosh n\pi\lambda_x)} \quad \cdots\cdots\cdots (176)$$

$$I_n^{1-2} = \frac{2Nn^2\pi^2\lambda^2_x \sinh n\pi\lambda_x}{l^2_x(n\pi\lambda_x - \sinh n\pi\lambda_x \cosh n\pi\lambda_x)} \quad \cdots\cdots\cdots (177)$$

$$I_{nm}^{1-3} = \frac{(-1)^{m+n+1} 4Nn^2 m\lambda^2_x \sinh^2 n\pi\lambda_x}{l^2_x(m^2+n^2\lambda^2_x)(n\pi\lambda_x - \sinh n\pi\lambda_x \cosh n\pi\lambda_x)}$$

$$= (-1)^{m+n} |I_{nm}| \quad \cdots\cdots\cdots\cdots\cdots\cdots\cdots (178)$$

$$I_{nm}^{1-4} = (-1)^m |I_{nm}| \quad \cdots\cdots\cdots\cdots\cdots\cdots\cdots (179)$$

$$I_n^{2-1} = I_n^{1-2} \quad \cdots\cdots\cdots\cdots\cdots\cdots\cdots\cdots\cdots (180)$$

$$I_n^{2-2} = I_n^{1-1} \quad \cdots\cdots\cdots\cdots\cdots\cdots\cdots\cdots\cdots (181)$$

$$I_{nm}^{2-3} = (-1)^n |I_{nm}| \quad \cdots\cdots\cdots\cdots\cdots\cdots\cdots (182)$$

$$I_{nm}^{2-4} = |I_{am}| \quad \cdots\cdots\cdots\cdots\cdots\cdots\cdots\cdots\cdots (183)$$

$$I_{mn}^{3-1} = \frac{(-1)^{n+m+1} 4Nm^2 n\pi\lambda^2_y \sinh^2 m\pi\lambda_y}{l^2_y(m^2+n^2\lambda^2_x)(m\pi\lambda_y - \sinh m\pi\lambda_y \cosh m\pi\lambda_y)}$$

$$= (-1)^{n+m} |I_{nm}| \quad \cdots\cdots\cdots\cdots\cdots\cdots\cdots (184)$$

$$I_{mn}^{3-2} = (-1)^n |I_{nm}| \quad \cdots\cdots\cdots\cdots\cdots\cdots\cdots (185)$$

$$I_m^{3-3} = -\frac{2Nm^2\pi^2\lambda^2y\,\sinh m\pi\lambda y\,\cosh m\pi\lambda y}{l^2y(m\pi\lambda y - \sinh m\pi\lambda y\,\cosh m\pi\lambda y)} \quad\cdots\cdots\cdots\cdots\cdots\cdots(186)$$

$$I_m^{3-4} = \frac{2Nm^2\pi^2\lambda^2y\,\sinh m\pi\lambda y}{l^2y(m\pi\lambda y - \sinh m\pi\lambda y\,\cosh m\pi\lambda y)} \quad\cdots\cdots\cdots\cdots\cdots\cdots(187)$$

$$I_{mn}^{4-1} = (-1)^m\,|\,I_{mn}\,| \quad\cdots\cdots\cdots\cdots\cdots\cdots\cdots\cdots\cdots\cdots\cdots\cdots\cdots\cdots(188)$$

$$I_{mn}^{4-2} = |\,I_{mn}\,| \quad\cdots\cdots\cdots\cdots\cdots\cdots\cdots\cdots\cdots\cdots\cdots\cdots\cdots\cdots\cdots\cdots\cdots(189)$$

$$I_m^{4-3} = I_m^{3-4} \quad\cdots\cdots\cdots\cdots\cdots\cdots\cdots\cdots\cdots\cdots\cdots\cdots\cdots\cdots\cdots\cdots\cdots(190)$$

$$I_m^{4-4} = I_m^{3-3} \quad\cdots\cdots\cdots\cdots\cdots\cdots\cdots\cdots\cdots\cdots\cdots\cdots\cdots\cdots\cdots\cdots\cdots(200)$$

感應切力之性質與簡板切力之性質相同，故在第二次分配不平衡斜度時，應以代替 V′ 及 V″。

例題　　　　　　　　　　　　圖(23)

設兩格之厚度均為 tl_y，　梁之高度 $=2b=2\beta l_y$，

$$\lambda_x = l_x/l_y\ 0.5 \qquad \lambda_x'' = l_x''/l_y = 1.0$$

左格之簡板斜度

$$= -\left(0.0043\frac{wl_y^3}{N}\sin\frac{\pi y}{l_y} + 0.00023\frac{wl_y^3}{N}\sin\frac{3\pi y}{l_y} + 0.00003\frac{wl_y^3}{N}\sin\frac{5\pi y}{l_y} + \cdots\right)$$

右格之簡板斜度

$$= 0.0136\frac{wl_y^3}{N}\sin\frac{\pi y}{l_y} + 0.00025\frac{wl_y^3}{N}\sin\frac{3\pi y}{l_y} + 0.00003\frac{wl_y^3}{N}\sin\frac{5\pi y}{l_y} + \cdots\cdots$$

因項次大於 1 之斜度數值甚小，吾人只須取其第一項，其餘各項可以略去。

$$A_1' = -0.0043\frac{wl_y^2}{N}, \qquad A_1'' = +0.0136\frac{wl_y^3}{N}$$

由圖(31)可得

$$F_1' = -0.127\frac{l_y}{N} \qquad\qquad F_1'' = 0.156\frac{l_y}{N}$$

1) 倘 $\beta = 0$，

$$k_n = k_n'' = -\frac{A_1'' - A_1'}{F_1'' - F_1'} = -\frac{(0.0136 + 0.0043)\frac{wl_y^3}{N}}{(0.156 + 0.127)\frac{l_y}{N}} = 0.0632\ Wl_y^2$$

2) 倘 $\beta = 0.05$　　　　$t = 0.03$.

由圖(40)可得

$$\left|\frac{F_1'}{l_y F_1'}\right| = 0.912\frac{\beta^4}{t^3} = 0.912 \times \frac{5^4}{3^3} = 21.55$$

$$\left|\frac{F_1''}{l_y F_1''}\right| = 0.1144\frac{\beta^4}{t^3} = 0.1144\frac{5^4}{3^3} = 26.5$$

由圖 38)，可得　$\alpha_1' = \frac{3.7}{l_y}$，　　$\alpha_1'' = -3.14/l_y$

由圖(26)，可得　$V' = -0.262\,Wly$,　　　$V'' = 0.368\,Wly$

故，$r'_{az} = 1 + \dfrac{2\pi}{2 + |b\,\alpha''_1|}\left|\dfrac{F''_1}{ly\,F'_1}\right|$

$= 1 + \dfrac{6.2832}{2 + 0.05 \times 3.14} \times 26.5 = 78.2$

$r'_{vz} = \dfrac{b\,|F''_1|}{2 + b\,|\alpha''_n|} = \dfrac{0.05 \times 0.156 \cdot \dfrac{l_y}{N}}{2 + 0.05 \times 3.14} = 0.00361\,\dfrac{l_y^2}{N}$

$r'_{fz} = \dfrac{2 + |b\,\alpha'_1|}{2 + |b\,\alpha''_1|} + \dfrac{2\pi}{2 + b\,|\alpha''_1|}\left|\dfrac{F'_1}{ly\,F''_1}\right|$

$= \dfrac{2 + 0.05 \times 3.70}{2 + 0.05 \times 3.14} + \dfrac{6.2832}{2 + 0.5 \times 3.14} \times 21.55 = 63.8$

$\Delta A'_1 = \dfrac{[A''_1 - r'_{az}A'_1 + r'_{vz}(v'_1 + v''_1)]\,F'_1}{F'_1 - r'_{fz}F''_1}$

$= \dfrac{0.0136 + 0.0043 \times 78.2 + 0.00361 \times 0.106}{0.127 + 63.8 \times 0.156} \times 0.127\quad \dfrac{wl_y^2}{N}$

$= 0.00441\,\dfrac{wl_y^3}{N}$

$k'_1 = \dfrac{\Delta A'_1}{F_z} = \dfrac{0.00441\,\dfrac{wl_y^3}{N}}{-0.127\,\dfrac{l_y}{N}} = -0.0347\,wl_y^2$

$\Delta A''_1 = -(A'_1 - A''_1) + \Delta A'_1$

$= -0.0179 + 0.00441 = -0.01349$

$k''_1 = \dfrac{-0.01349\,\dfrac{wl_y^3}{N}}{0.156\,\dfrac{l_y}{N}} = -0.0865\,wl_y^2$

3) $F''' = \infty$ 即固緣情形

$k'_1 = -\dfrac{A'_1}{F'_1} = -\dfrac{0.0043}{0.127}\,wl_y^2 = -0.0338\quad wl_y^2$

$k''_1 = -\dfrac{A'_1}{F''_1} = -\dfrac{0.0136}{0.156}\,wl_y^2 = -0.0872\quad wl_y^2$

由此簡單之例題可知

1) $r'_{vn}(v'_n + v''_n)$ 及 $r''_{vn}(v'_n + v''_n)$ 在 $\Delta A'_n$ 及 $\Delta A''_n$ 內之影響極小，可以略去不計，故得

$$\Delta A'_n = \dfrac{(A''_n - r'_{an}A_n)\,F'_n}{F'_n - r_{fn}F''_n} \quad\cdots\cdots\cdots\cdots\cdots\cdots\cdots\cdots\cdots\cdots\cdots\text{(201)}$$

$$\Delta A''_n = \dfrac{(A'_n - r''_{an}A_n)\,F''_n}{F''_n - r_{fn}F'_n} \quad\cdots\cdots\cdots\cdots\cdots\cdots\cdots\cdots\cdots\cdots\text{(202)}$$

2) 任普通建築中，$\dfrac{F'_n}{F''_n}$ 甚大，故板之邊緣接近固定情形。

第六節　結論

1) 本篇之方法應用於單向連續之板片甚爲簡便，對於兩向連續之板片，則甚繁複。

2) 梁之扭轉剛度，對於板片之影響極大，在普通情形之下，幾使板片接近固緣情形。

3) 在連續梁中，梁端之負彎曲矩（Negative bending moment）可使梁心中之正彎曲矩減少甚多，故連用連續梁常較簡支梁經濟，此在連續板片則不然，由圖(27)及(29)可知板緣之負彎曲矩對於板心之正彎曲矩之影響隨 λ_x 之增加而減小。

4) 在連續梁中，柔度與梁之長度成正比，在連續板片柔度則有一極限，（見圖31）

附　錄

後附本篇引用各種常數之圖解，以備正

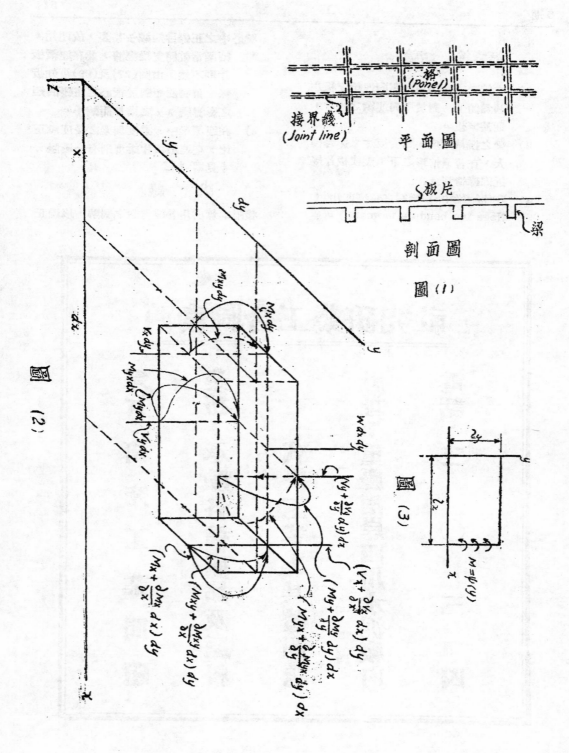

接界綫
(Joint line)

格
(Ponel)

平 面 圖

板片

梁

剖 面 圖

圖 (1)

圖 (3)

$M = \psi(y)$

l_x

l_y

圖 (2)

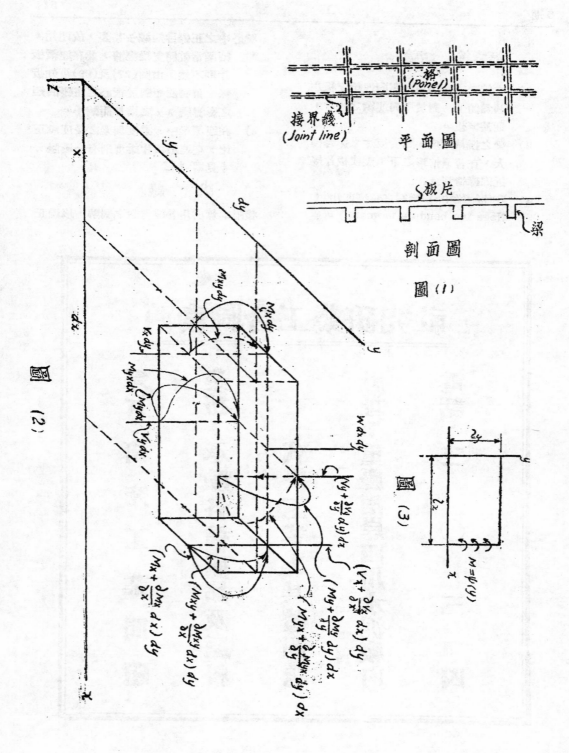

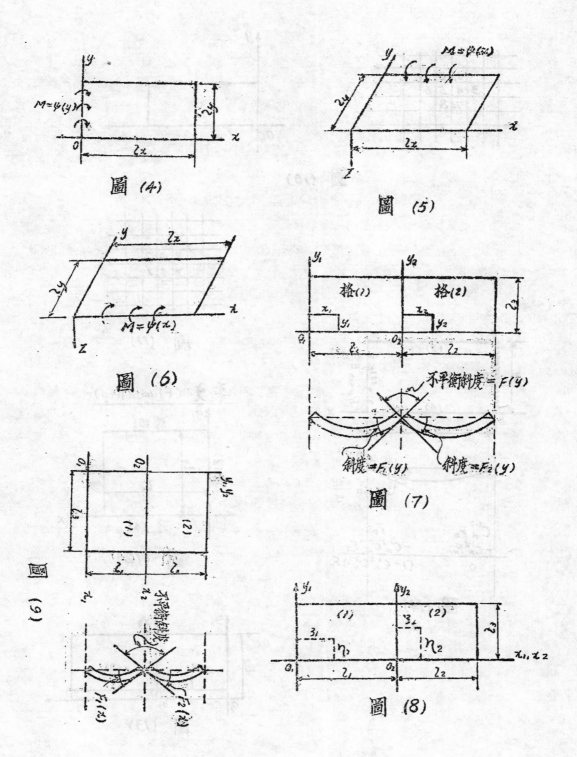

圖 (4)

圖 (5)

圖 (6)

圖 (7)

圖 (8)

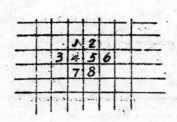

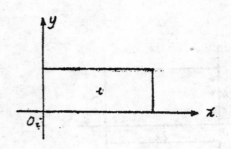

圖 (10)

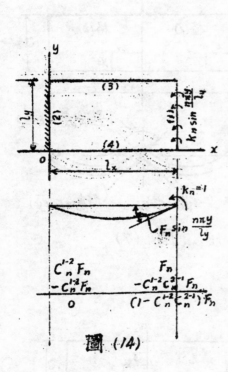

圖 (14)

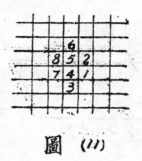

圖 (11)

柔度 (Flexibility)

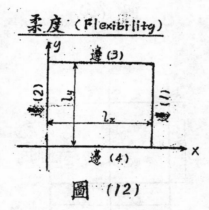

圖 (12)

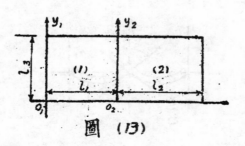

圖 (13)

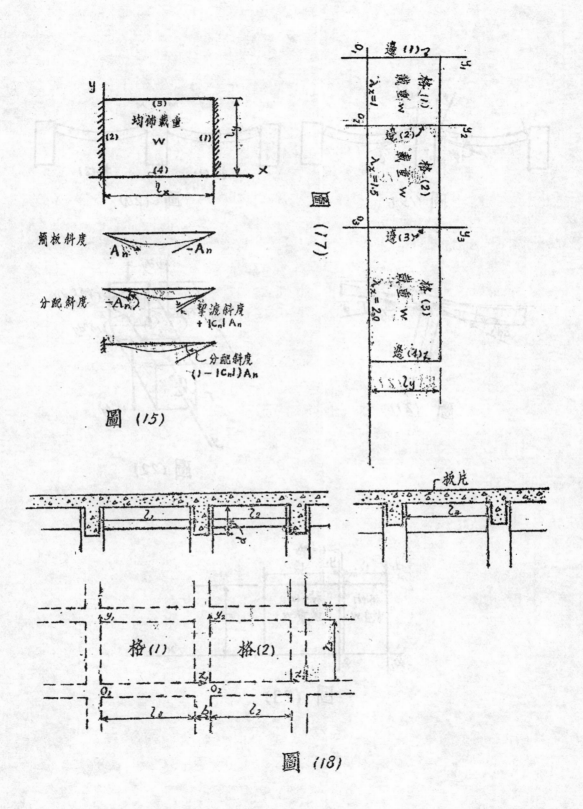

均佈載重 w

(3)
(2) (1)
(4)
ℓ_x

簡板斜度
A_n $-A_n$

分配斜度
$-A_n$ 挈渡斜度
$+|c_n| A_n$

分配斜度
$(1-|c_n|) A_n$

圖 (15)

邊 (1)
格 (1) 載重 w $\lambda_x = 1$

邊 (2)
格 (2) 載重 w $\lambda_x = 1.5$

邊 (3)
格 (3) 載重 w $\lambda_x = 2.0$

邊 (4)
ℓ_y

圖 (17)

撳片

ℓ_1 ℓ_2 ℓ_3

格 (1) 格 (2)

y_1 y_2

O_1 O_2

ℓ_1 ℓ_2

圖 (18)

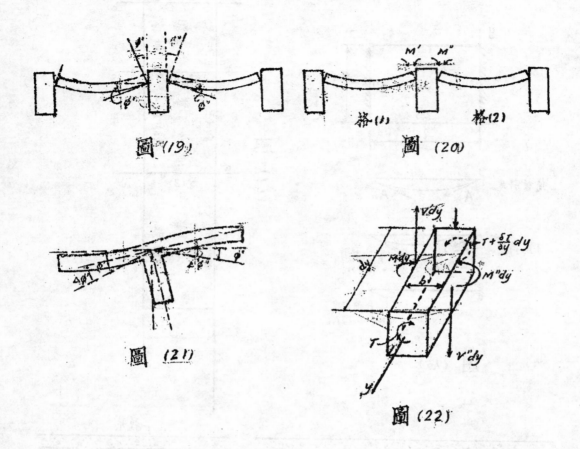

圖 (19)   圖 (20)

圖 (21)   圖 (22)

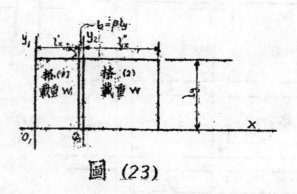

圖 (23)

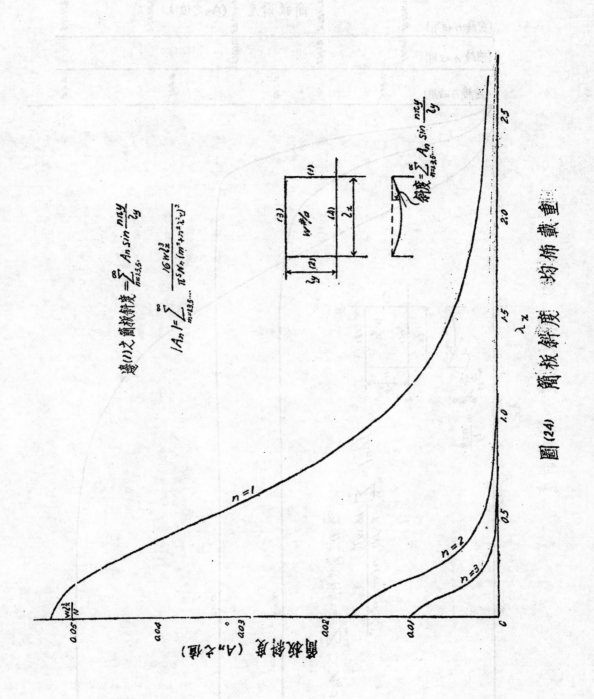

邊(1)之簡板挽度 $=\sum\limits_{n=1,3,5,\cdots}^{\infty} A_n \sin\dfrac{n\pi y}{\ell y}$

$|A_n| = \sum\limits_{m=1,3,5,\cdots}^{\infty} \dfrac{16\,w\,\ell_x^3}{\pi^5 n \ell_x \,(m^2+n^2\lambda^2_{xy})^2}$

撓度 $=\sum\limits_{m=1,3,5,\cdots}^{\infty} A_n \sin\dfrac{n\pi y}{\ell y}$

$\dfrac{w\,\ell_x^2}{N}$

簡板挽度 $(A_n$之値$)$

λ_x

$n=1$

$n=2$

$n=3$

圖 (24)   簡板 均怖載重

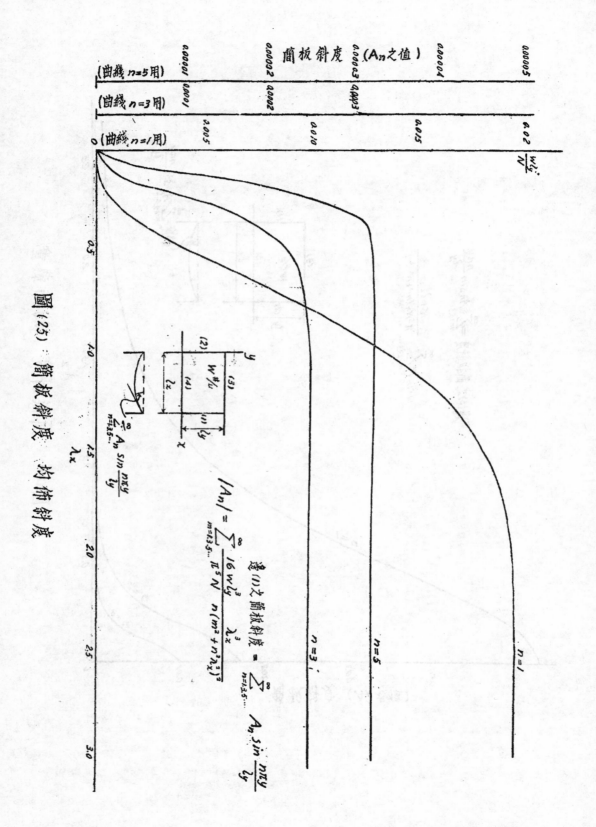

圖 (25)：簡板斜度　均佈斜度

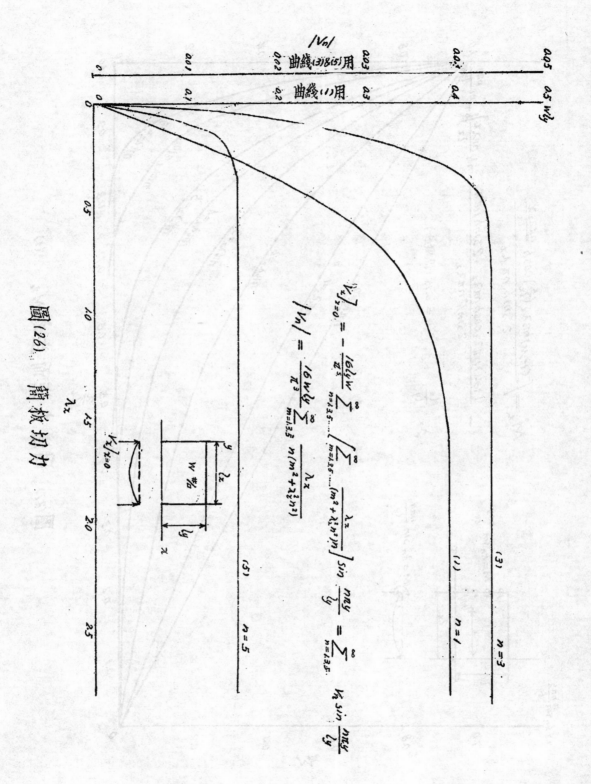

図（26） 開板扭力

$$|V_n| = -\frac{16\lambda_x w}{\pi^3} \sum_{n=1,3,5\ldots}^{\infty} \left[\sum_{m=1,3,5\ldots}^{\infty} \frac{\lambda_x}{(m^2+\lambda_x^2 n^2)m} \right] \sin\frac{n\pi y}{\ell_y}$$

$$|V_n| = \frac{16 w \ell_y}{\pi^3} \sum_{m=1,3,5}^{\infty} \sum_{n=1,3,5\ldots}^{\infty} \frac{\lambda_x}{n(m^2+\lambda_x^2 n^2)}$$

$$\left[\frac{V_x}{x=0} \right] = \sum_{n=1,3,5\ldots}^{\infty} V_n \sin\frac{n\pi y}{\ell_y}$$

$|V_n|$
曲線(3)(5)用
0   0.01   0.02   0.03   0.04   0.05

w/ℓ_y
曲線(1)用
0   0.1   0.2   0.3   0.4   0.5

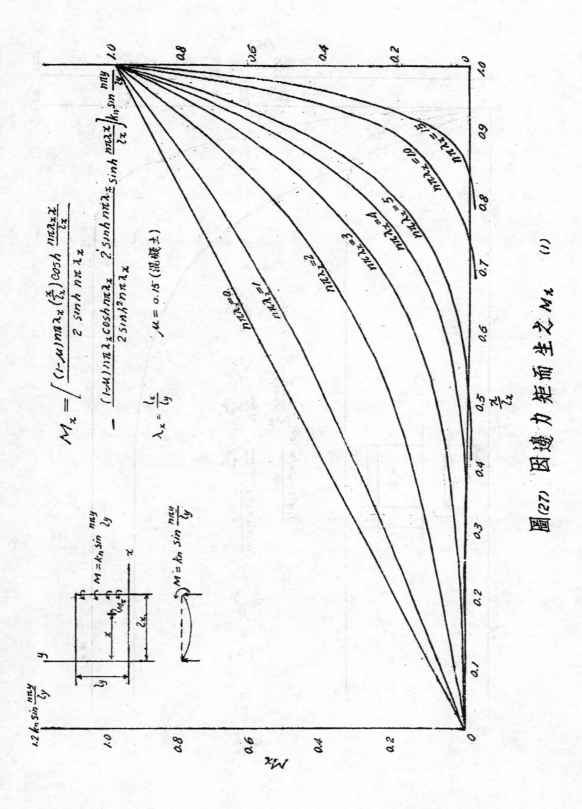

圖(27) 因邊力矩而生之 M_x （1）

9566

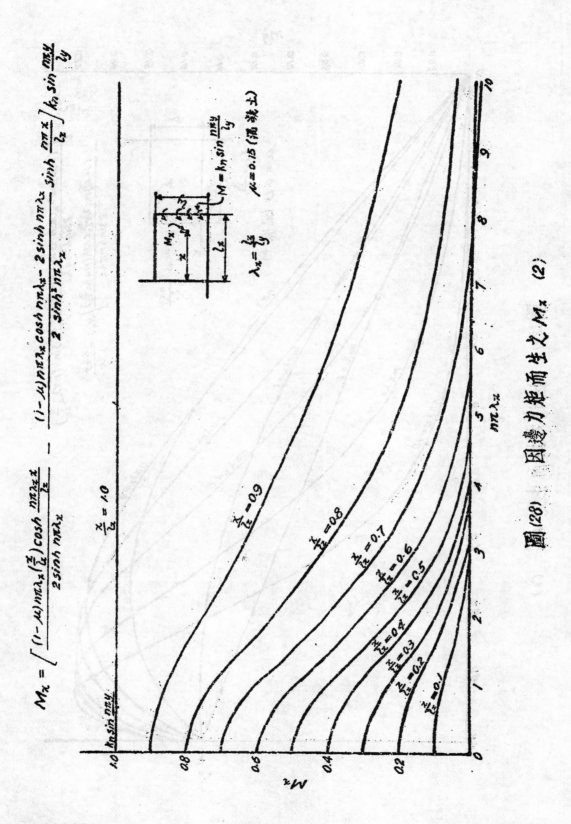

圖(28) 因邊力矩而生之 M_x (2)

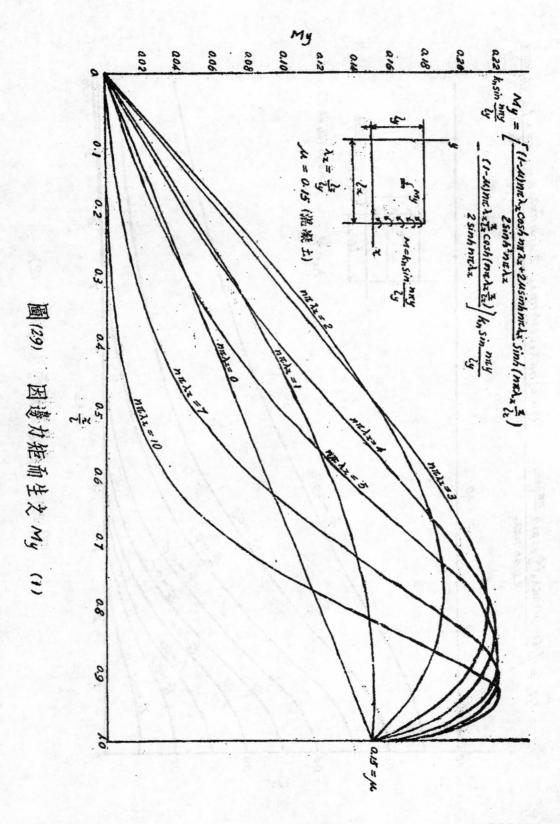

圖 (29)　固邊力矩而生之 My (1)

9568

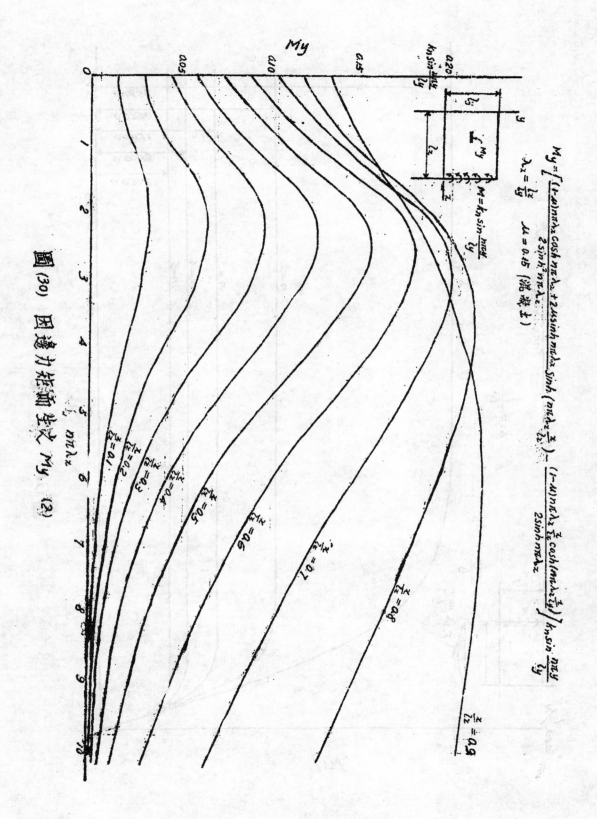

图 (30) 固边力矩沿长度 M_y (2)

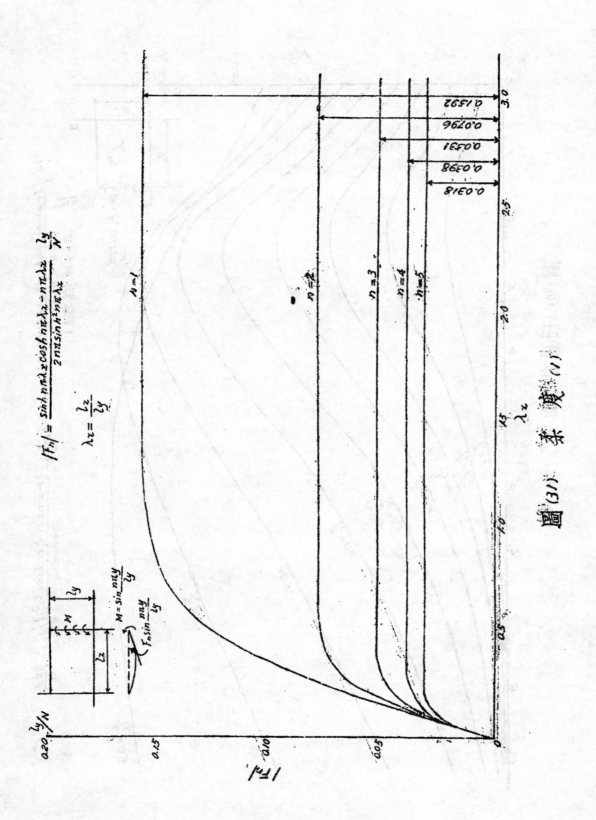

圖 (31) 柔 度 (1)

9570

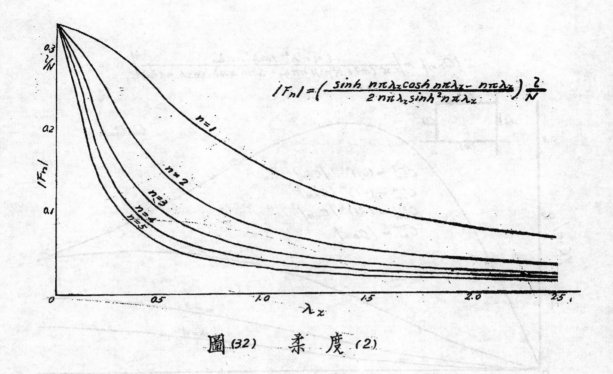

$$|F_n| = \left(\frac{\sinh n\pi\lambda_z \cosh n\pi\lambda_z - n\pi\lambda_z}{2n\pi\lambda_z \sinh^2 n\pi\lambda_z} \right) \frac{2}{N}$$

圖(32)　柔　度 (2)

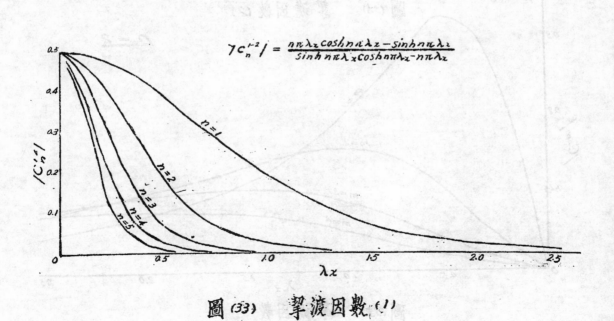

$$|C_n^{r-2}| = \frac{n\pi\lambda_z \cosh n\pi\lambda_z - \sinh n\pi\lambda_z}{\sinh n\pi\lambda_z \cosh n\pi\lambda_z - n\pi\lambda_z}$$

圖(33)　挈渡因數 (1)

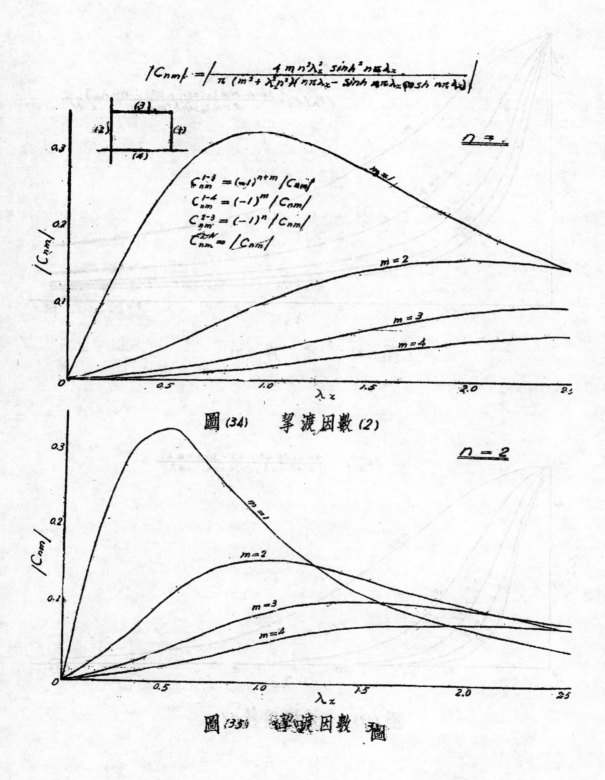

$$|C_{nm}| = \left| \frac{4\,m\,n^2\lambda_x^2\,\sinh^2 n\pi\lambda_x}{\pi\,(m^2+\lambda_x^2 n^2)^2(n\pi\lambda_x - \sinh n\pi\lambda_x\cosh n\pi\lambda_x)} \right|$$

$$C_{nm}^{1-3} = (-1)^{n+m}|C_{nm}|$$
$$C_{nm}^{1-4} = (-1)^{m}|C_{nm}|$$
$$C_{nm}^{2-3} = (-1)^{n}|C_{nm}|$$
$$C_{nm}^{2-4} = |C_{nm}|$$

$n = 1$

$m = 1$

$m = 2$

$m = 3$

$m = 4$

圖(34)   孳渡因數(2)

$n = 2$

$m = 1$

$m = 2$

$m = 3$

$m = 4$

圖(35)   孳渡因數

9572

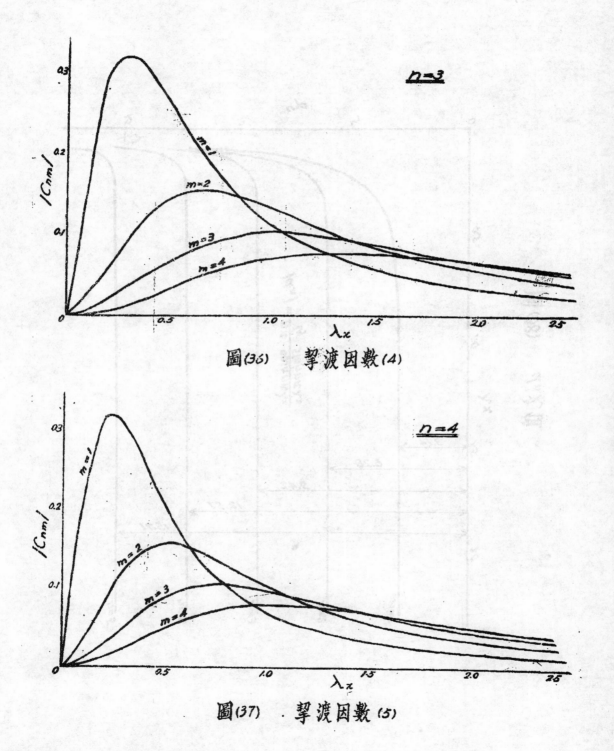

圖(36)　挈渡因數(4)

圖(37)　挈渡因數(5)

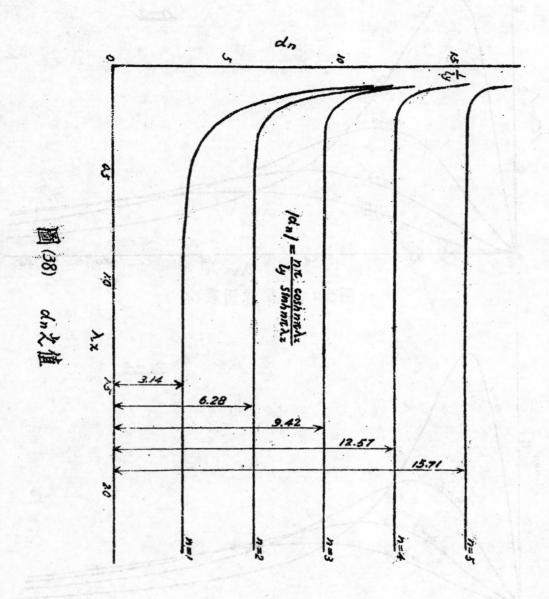

$$|d_n| = \frac{n\pi}{b} \frac{\cosh n\pi \lambda x}{\sinh n\pi \lambda z}$$

圖 (38)　d_n 之值

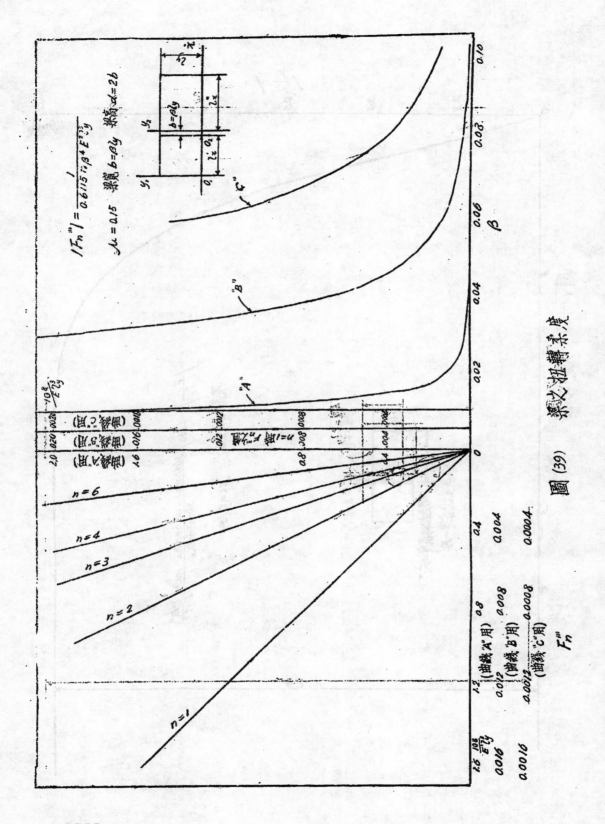

圖 (39)

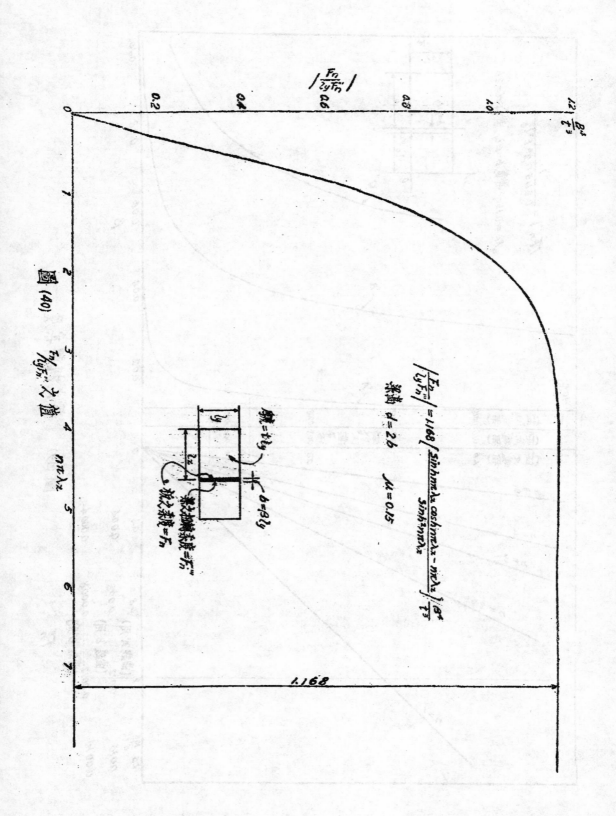

圖 (40) $\frac{F_n}{2yF_n}$ 之 值

$$\left|\frac{F_n{}'''}{2yF_n}\right| = 1.168 \left\{\frac{\sinh m\pi\lambda_x \cosh m\pi\lambda_x - m\pi\lambda_x}{\sinh^2 m\pi\lambda_x}\right\}\frac{B^4}{T^3}$$

梁柱 $d = 2b$ $\mu = 0.15$

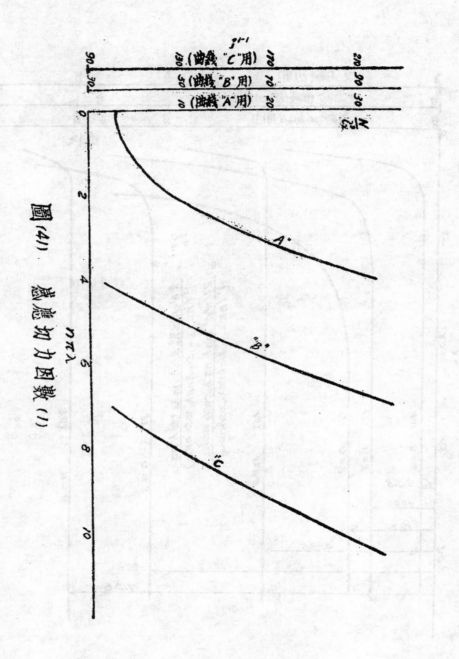

圖 (4) 感應切力因數 (I)

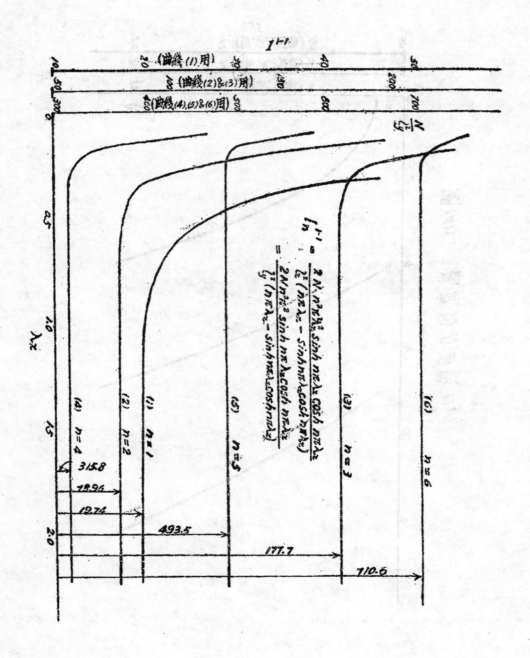

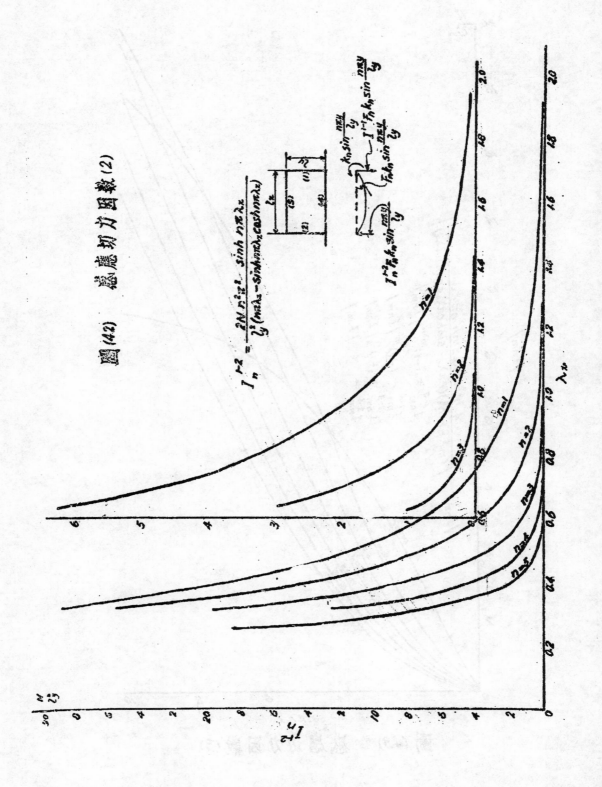

圖 (42)　懸應切力函數 (2)

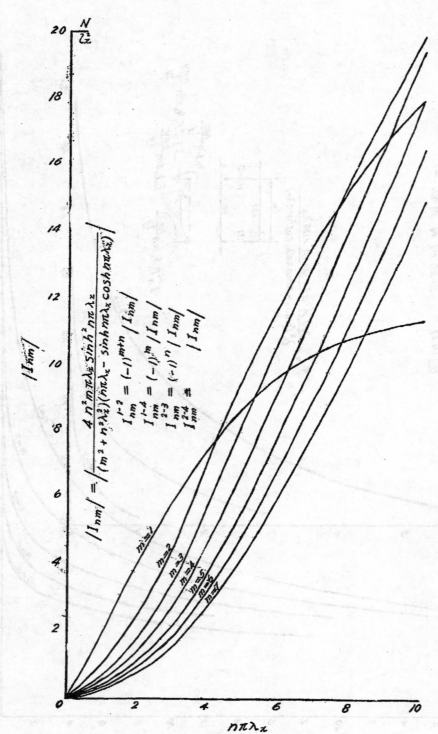

圖 (43)　感應切力因數 (3)

含釷鎢絲炭化度之研究

葉 楷

國立清華大學無線電學研究所

一、含釷鎢絲之特性及炭化之目的

純鎢絲(Tungsten Wire)之特性，於受高熱後，必重複結晶，而易折斷，但若於製造鎢絲之三養化鎢(WO_3)原料中，滲入百分之一二之養化釷(ThO_2)，則抽成之絲，於受高熱後，其重複結晶之形態改變，不易因震動而折斷，做裨益於白熾燈絲之製造甚多，含釷鎢絲(Thoriated-Tungsten Filament)，乃由以得名，然其最大之貢獻，尚在其電子發射之效率，可以比同溫度下之純鎢絲，增加千餘倍，用以作電子管之燈絲，尤為適宜。經Langmuir氏[1]等之研究，吾人知鎢絲中所含之養化釷，於受高溫度處置後，還原而成金屬釷，經過適當之加熱處置(賦能手續 Activation Process)後，金屬釷漸漸由鎢絲之內部，向表面擴散(Diffuse)，釷原子附着於鎢原子之上，產生極化雙層之作用(Polarized double-layer-effect)，其極向可以使功函(Work function)減低，有利電子之發射，電子發射之效率，與鎢絲表面釷原子之分佈，有一定關係。鎢絲表面有單原子層金屬釷散佈時，其電子發射效率最高，控制釷原子分佈之因素，乃其擴散率(Rate of diffusion)與蒸發率(Rate of evaporation)兩者皆與燈絲之運用溫度有關，在某種適當溫度下，適得平衡，電子之發射，始得維持。

含釷鎢絲於實際應用上，發現兩大缺點：其一為釷原子之蒸發率，與其運用溫度(Operating temperature)成指數律之關係，倘運用溫稍度高，蒸發率增加甚速，影響電子管之壽命，頗為嚴重；其二為單原子層易為正游子(Positive ions)之衝碰而分裂，倘電子管之真空度較差，屏壓較高時，此種現象，最易發生，燈絲之電子發射，瞬時即可退減千餘倍，設無法改良，則含釷鎢絲之應用，將大受限制，炭化手續，蓋即用以補救此二缺點。

根據Andrews氏[2]研究之結果，含釷鎢絲經過炭化手續後，釷原子層在2200°K時之蒸發率，可比同溫度下未經炭化手續之含釷鎢絲，減少六倍。同時，其對於被正游子衝碰而起之不良結果，亦可減少。若是，則經過炭化手續之含釷鎢絲，其運用溫度可以提高，以增進電子發射之效率，而無損於其壽命，溫度提高，釷原子向表面之擴散率亦增加，鎢絲表面之釷原子數量，可以增加。故此種燈絲雖在不利之環境下運用，如受

(1)(2)參閱篇末所列

正游子之衝碰，其電子發射效率，仍不稍減。故對於真空度之要求，太不嚴格。再者，經過炭化手續之含釷鎢絲，其養化釷之還原溫度，亦可減低，對於製造手續，頗覺簡便。故電子管之應用含釷鎢絲者，例皆先經過炭化手續。

二、炭化之理論

炭化鎢絲之手續，尋常將鎢絲在烴炭汽(Hydrocarbon Vapor)如乙炔汽(Acetylene Vapor C_2H_2)或任何其他種炭化合物之蒸汽中加熱，當鎢絲之溫度，在1600°K以上時，每個碰着熱燈絲表面之烴炭化合物分

9581

子，受熱離解，附着於鎢絲表面之炭質，漸漸擴散入鎢絲，而與後者起化學反應，成炭化鎢(W_2C或WC)。

鎢絲炭化之程度，與其溫度，加熱之時間，及炭分子之數量之關係，可以算式表明之：

設　T為鎢絲加熱之溫度（絕對溫度°K.）
P為氫炭汽之汽壓　（Vapor Pressure mmHg.）
（與炭分子之數量，有直接關係）
t 為加熱之時間

則炭化度C之變化，可為函數如下：

$$C = f(T, P, t) \quad \cdots\cdots(1)$$

式(1)中C為因變數，T,P,t 為自變數，此種複雜關係，最易由實驗中求得之，設三個自變數中，使任何兩個不變，而祇變其一個，則吾人可得C對於某一變數之偏微分，依此類推，由三個實驗，可以決定式(1)之關係。

欲測定燈絲之溫度，需要特種儀器，對於充氣之電子管，其燈絲溫度之計算，尤為複雜，今若以燈絲電流I代T，則上述複雜之計算，可以免除，倘I為燈絲單位散熱面積之電流，則所得之關係，亦可普遍應用，不僅限於某種直徑之燈絲也。若是，則式(1)可寫作

$$C = F(I, P, t) \quad \cdots\cdots(2)$$

吾人可更進一步，尋求式(1)與式(2)之關係：

式(1)之全微分，可寫作：

$$dc = \frac{\partial f}{\partial T}dT + \frac{\partial f}{\partial P}dP + \frac{\partial f}{\partial t}dt \quad \cdots\cdots(3)$$

$$= SdT + Qdp + Rdt \quad \cdots\cdots(3a)$$

式(3)中 $S \equiv \left(\frac{\partial f}{\partial T}\right)_{P,t}$　溫度係數

$Q \equiv \left(\frac{\partial f}{\partial P}\right)_{T,t}$　壓力係數　$\Bigg\}\cdots\cdots(4)$

$R \equiv \left(\frac{\partial f}{\partial t}\right)_{T,p}$　炭化率

試驗時，燈絲之溫度T，倘用燈絲之電流I調整之，則

$$T = \varphi(I, P) \quad \cdots\cdots(5)$$

故

$$dT = \left(\frac{\partial \varphi}{\partial I}\right)dI + \left(\frac{\partial \varphi}{\partial P}\right)dp \quad \cdots\cdots(6)$$

將式(6)代入式(3)中，則

$$dc = \frac{\partial f}{\partial T}\left(\frac{\partial \varphi}{\partial I}dI + \frac{\partial \varphi}{\partial P}dp\right) + \frac{\partial f}{\partial p}dp + \frac{\partial F}{\partial t}dt$$

$$= \frac{\partial f}{\partial T}\frac{\partial \varphi}{\partial I}dI + \left(\frac{\partial f}{\partial T}\frac{\partial \varphi}{\partial P} + \frac{\partial f}{\partial p}\right)dp + dp\frac{\partial f}{\partial t}$$

$$\cdots\cdots(7)$$

但由式(2)

$$dc = \frac{\partial F}{\partial I}dI + \frac{\partial F}{\partial p}dp + \frac{\partial F}{\partial t}dt \quad \cdots\cdots(8)$$

故

$$\frac{\partial F}{\partial I} = \frac{\partial f}{\partial T}\frac{\partial \varphi}{\partial I} = S\frac{\partial \varphi}{\partial I} \quad \cdots\cdots(9)$$

$$\frac{\partial F}{\partial P} = \frac{\partial f}{\partial T}\frac{\partial \varphi}{\partial P} + \frac{\partial f}{\partial p} = S\frac{\partial \varphi}{\partial P} + Q \quad \cdots\cdots(10)$$

$$\frac{\partial F}{\partial t} = \frac{\partial f}{\partial t} = R \quad \cdots\cdots(11)$$

式(9),(10),(11)中等式之右列各項，可由實驗之紀錄得之，倘吾人知悉式(5)之函數，則式(4)之係數，即可由式(9),(10),(11)求得之。

吾人茲擬就炭化時之物理變化，略加申述，倘鎢絲之溫度甚高，氫炭汽之汽壓較低時，炭化度之增加，將以炭分子之數量為限。蓋該時炭分子向裏之擴散率甚高也。反之，溫度較低時，炭化度之增加，將以炭分子向裏之擴散率為度，倘汽壓較高，炭分子之數量充裕，然擴散率不足以將表面上之炭分子，全數向裏擴散，此時鎢絲之表面，有平塗一層炭質之可能，故兩者之間，相當於某一汽壓，時間，欲得某炭化度，必有一最適當之溫度，使於該一定之時接內，擴散與炭化鎢之變成(Formation of Tungsten Carbide)適得平衡也。

鎢絲之炭化度，可以其導電性(Electrical Conductivity)減少之百分率表明之炭化鎢之電阻，較高於鎢，設未經炭化前之鎢絲導電性為100分，經過炭化手續後，其

導電性減低至原來之80分，吾人卽稱其炭化度，相當80分原來導電性，炭化度愈高，其導電性愈低。

三、炭化之方法

鎢絲炭化之方法，尋常先將鎢絲裝於玻管中，抽氣使成眞空，然後灌入適度之氫炭汽，加熱使起反應，至適當之炭化度爲止，最簡單之氫炭汽產生器（Producer）及灌汽設備，如第一圖，圖中G爲氫炭器產生器，內貯炭化鈣（CaC_2），D爲乾燥器，內貯五養化磷（P_2O_5），R爲儲藏器，M爲裝汞氣壓表，L爲裝鎢絲之玻管，P爲抽空設備，S_1，S_2，S_3，S_4及S_5爲管塞（Stop Gocks），施行炭化手續前，先將整個設備抽空（S_4關閉，S_1，S_2，S_3，S_5開），然後將S_1關閉，自S_4處徐徐灌入蒸溜水，炭化鈣與水起化學反應，（$CaC_2+H_2O \longrightarrow CaO+C_2H_2\uparrow$）。炭化鈣沉澱於底層，氫炭汽$C_2H_2$經過乾燥器D，減除一部份水汽後，進入儲藏器R，此時，可將S_2S_3關閉，R內之氫炭汽，卽可隨時應用，炭化鎢絲時，開S_1，先將剩氣抽去，然後開放S_2，至氣壓表指示適當之氣壓爲度，此時，抽氣設備與玻管L間之管塞S_3，必須關閉，將燈絲兩端，通電流使熱，經過一定時間後，復將剩氣抽去，測定燈絲之導電性，猶不足炭化度，此項手續，可繼續進行。

測定燈絲導電性之方法，測量熱電阻時，用安計（Amperemeter）弗計（VoHmetre）法，測量冷電阻時，用電橋法（Wheatstone Bridge)

四、實驗結果及討論

第二圖表示炭化度與燈絲電流之關係，此時，汽壓與加熱時間，均維持不變，當電流較小時，燈絲之溫度甚低，此時，炭分子之數量，雖極富裕，然其擴散率甚小，故炭化度亦無顯著之變化，待電流增加至適當程度時，炭化度之增加，雖然明顯，圖中近乎垂直之曲線部份，卽表示此時之變化，該段曲線之斜度，亦卽式（9）中之 $\frac{\partial F}{\partial \frac{I^2}{e}}$ 其數值約等於0.2%/Amp./Cm². 此時。

擴散率與炭分子接觸熱燈絲而起反應之速度，幾乎相等，倘電流繼有增加，則擴散率繼續增加，炭分子遂有不敷反應之現象，炭化度之變化，必將減少，惜實驗上無法求得此段曲線，蓋電流繼增，燈絲卽有燒斷可能，圖中三條曲線，代表三種不同汽壓時之炭化度變化，在相當處有幾乎相等之斜度，汽壓較高時，曲線卽向電流較高之方向，平行移動，蓋汽壓較高，則必須增加電流，以抵消因氣體散熱所失之溫度也。

倘吾人知悉 $\frac{\partial \varphi}{\partial \frac{I^2}{e}}$ 之變化，則式（4）中之溫度係數S，亦可由式（9）求得之

$$S = \frac{\partial F}{\partial \frac{I^2}{e}} \Big/ \frac{\partial \varphi}{\partial \frac{I^2}{e}}。$$

第三圖表示炭化度與氫炭氣壓之關係，電流與時間，均維持不變，當汽壓較低時，燈絲之溫度，實際上甚高，炭分子之數量，不足以平衡擴散率，故炭化度較低，氣壓漸增，炭化度亦漸增，（導電性降低），此時，燈絲之溫度，亦漸降低，待炭化度最高之點，亦卽導電性最低之處，燈絲之溫度，適足以使擴散率與炭化鎢變成率取得平衡，過此，汽壓太高，燈絲之溫度減低甚速，擴散率又不足以應付表面之炭分子，故炭化度復行減少，此種複雜關係，皆由於燈絲溫度，亦因汽壓變更而改變所致也，變化之情形，較易於式（10）中明之，$\frac{\partial f}{\partial p}$ 之變化，爲 $S\frac{\partial \varphi}{\partial P}$ 與Q之和，其複雜之程度，亦可想見矣，然當 $\frac{\partial F}{\partial p}=0$ 時，（此點相當炭化手續最適當之條件），則 $Q=-S\frac{\partial \varphi}{\partial P}$，此時所得之Q，亦必相當於 $\left(\frac{\partial f}{\partial p}\right)_{T,t}$ 曲線上最適合炭化條件

時之斜度，故吾人倘知 $\frac{\partial Q}{\partial P}$，則 Q 亦卽可求得，圖中三條曲線，表示三種不同環境下所得之變化，其形態皆相仿，圖上已有說明，茲不再述。

第四圖表示炭化度與加熱時間之關係，電流與氣壓均維持不變，此處，吾人可以觀察，倘電流（燈絲溫度）與汽壓適宜，則炭化度與時間，或直線關係，其斜度卽表示相當於該環境下之炭化率，在兩種不同汽壓時所得之曲線，其斜度幾乎相等，此時汽壓之變化太小，不足以影響溫度甚多也。汽壓較低時，所需加熱之時間，可以減少，燈絲之溫度較高也，倘電流與汽壓之配合不適當，則炭化度甚小，其變化之直線部份，亦比較有限，其斜度亦減少。

由圖中之直線部份，可以求得炭化率 $\frac{\partial F}{\partial t}$ 之數值，復由式（11）之指示，卽知 $\frac{\partial F}{\partial t} = R$ 相當於燈絲電流2.2 Amps 時之數值爲1.5%/sec.相當於2.1 Amps 時之數值爲0.7%/秒，故電流之相差祇 0.1Amp，其炭化率可相差二倍之多。

第五圖表示炭化度與鎢絲電阻之關係，在實驗之範圍內，鎢絲電阻之增加，與炭化度成正比。

參　考　書

(1) Langmuir, I. The Electron Emission from Thoriated Tuugsten Filaments. Phys, Rev. 22, 357, 1923.

Kingdon, K. H. Electron Emission fron Adsorbed Film. Phys, Rev. 24, 511, 1942.

(2) Andrews, M. H. Diffusion of carbon through Tungsten and Tungsten Carhide. J, chys. chem 29, 462, 1925.

Andrews, M. R. Evaporation of Thorium from Tungsten Phys. Rev. 33, 454, 1929.

Brüche, E. and Mahl, H. Emission Imoges of Thoriated Tungsten and Molybdenum. z, f. Tech. phys. 17, 81-84, 1936.

新　疆　歌　舞

歡迎工程師聯合年會

（新疆同鄉會表演）

1. 新疆歌曲——起來同胞們

「起來同胞們」（十五人合唱）值茲國難方殷千鈞一髮之際，國家存亡，匹夫有責，同胞宜速覺醒，爲國出力，盡其天職，毋再沉迷。

2. 新疆舞——月下會情人

有男女二童，同居一村，日相嬉戲，兩小無猜，及長情愛彌篤，相約每晚必於村外小山桃樹下相會，對舞且歌，極盡纏綿之致，詎料該女經父母之命，字於他鄉某紳士之子，不能再與該男往來，晴天霹靂，悵恨無已，乃於月明之夜作訣別之遊，迨女于歸，男於舊日約會之地詠驪駒之歌，以誌傷感。

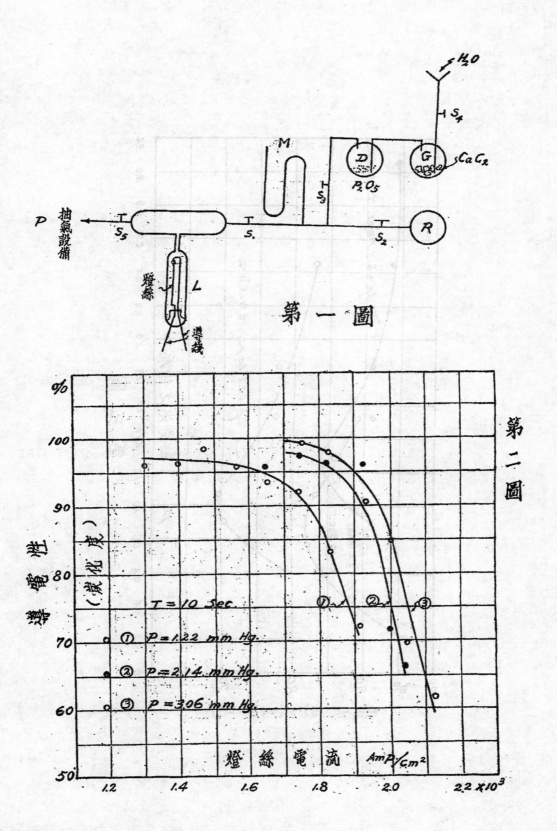

第 一 圖

第 二 圖

$T = 10\ sec.$

① $P = 1.22\ mm\ Hg.$

② $P = 2.14\ mm\ Hg.$

③ $P = 3.06\ mm\ Hg.$

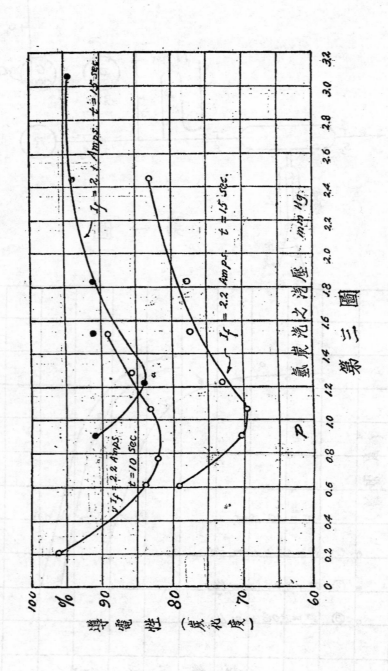

第 三 圖

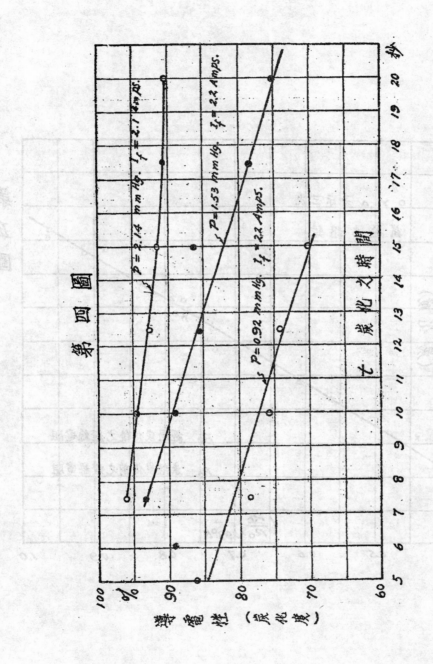

第 四 圖

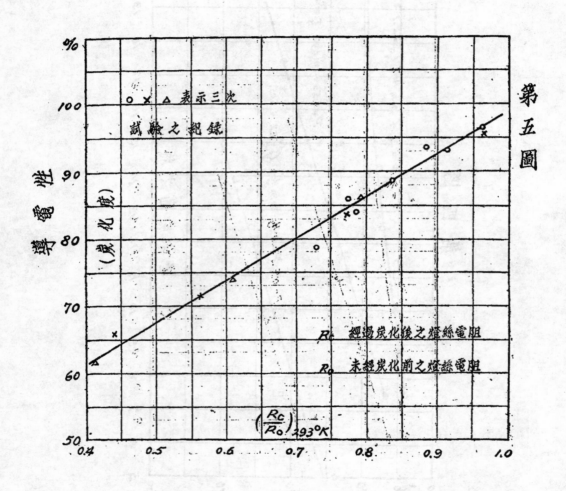

第五圖

地基之沉陷量及地基中之應力分佈

黃　文　熙

國立中央大學

引　言

本文所謂地基，係指承載建築物之地。所謂基礎，係指建築物之與地基接觸之一部份。地基可視作一半無限體（Simi-infnite body），其上方以地面爲界，其他各方向，則均延押至無限。地基之鄰近地面部份。通常爲各種土壤層，間或雜以石層。各土壤層之厚度，以及各層土壤之性質及結構，往往差別極大。至地基之最深處、則可假定爲堅固之岩石。

如地基全部均爲同質之岩石，則可視爲一均勻與各向同性的完全彈性體（a homogeneous, isotropic, perfectly elastic body），而應用彈性力學原理，以求取沉陷量（Settlement）。不幸建築物之基礎，常因限於經費，必須建築在土壤層上，而土壤又非完全彈性體，故其沉陷量，不能直接用彈性力學原理計算。

Boussinesq 氏曾求得一垂直向集中力（Vertical concentrated Force），在完全彈性之地基中，所產生之應力分佈（Stress discribution）。但其結果，不盡適合於土壤地基。Fröhlich 與 Griffith 二氏，後根據實驗結果，修改 Boussinesq 氏公式，俾可用於完全彈性及各種土壤地基。本文之第一部，即將二氏公式，略加普遍化，再用之以求一受均勻載重之直角三角形（Right triangle）基礎所產生之應力分佈。因任何形式或載重之基礎，均可視爲由多數受均勻載重之直角形基礎組合而成。故本文所得之結果，可直接用以求承載任何基礎之地基中之應力分布。

土壤地基之沉陷原因有三，即（1）受箙性流動（Plastic flow），土壤孔隙（Soil voids）容積之縮減，（3）土粒之彈性壓縮（Elastic compression of Soil particles）。土粒彈性壓縮，對於沉陷量之影響，微不足計。受箙性流動，則在某種情形下（例如：基礎入地深度不足，或基礎載重過大，或基礎四周未打板樁），可產生極大之沉陷量，目前此方面研究，尤極幼稚，尚難據以佔計此類沉陷量。故本文所討論者，僅限於由土壤孔隙容積縮減而起之沉陷。水工結構基礎之四周，通常均打板樁，受箙性流動，幾可全部防止，故由土壤孔隙容積縮減而起之沉陷量，可代表此類地基之全部沉陷量。

土壤之壓縮，既由於孔隙容積之減縮，故其應力與應變之關係，與完全彈性體不同。土壤之彈性係數 E 及 Poisson 比（Poisson's ratio）u 亦均非常數。本文第二部即根據土壤凝縮試驗（Soil consolidation test）之結果，求取 E 及 u 與載重及孔隙比（Void ratio）之關係。然後利用此項新公式與所求得之應力分佈，用積分法（Integraton method）或圖解法，（Graphical Method）計算沉陷量。

土壤孔隙常積有水分，欲減縮孔隙之容積，而促地基之沉陷，必先排除一部份水分。因土壤之滲濾性不同，故各土壤層之沉陷速率，亦大相逕庭。本文第三部、即討論如何估計沉陷速率，俾可預測建築物在營造時，或落成後各時期之沉陷量。惟本文於此問題，僅作原則上之討論。此因該問題與載之

流動（heat flow）問題相似。讀者明瞭各項原則後，自能參考熱學（Theory of heat），Fourier 級數，及球函數（Spherical Harmonics）一類書籍，求取解答也。

　　基礎各處沉陷量差（Difference in Settlements）之大小，為建築物安全之所繫，沉陷量差如過大，建築物必致發生裂縫，甚或至全部傾圮。至水工結構，裂縫之危險性更大。故沉陷量之估計，及過分沉陷量差之防止，尤屬必要。在本文第三部中，並曾說明最大之沉陷量差，可能在建築物沉陷期中發生，故為建築物安全計，並須計算各時期之沉陷量。

　　本文係中央水利實驗處特約作者研究工作之一部份。該處一切技術工作悉秉承處長鄭權伯先生之指導，再本文承張溁暨蕭大鐸二君襄助繕寫及繪圖，謹此誌謝。

第　一　部

地基中之應力分佈

（A）承戴一集中力時地基中之應力分佈

　　假想 Z＝0 平面為地面，0 所用坐標系之原點（圖1）。今如在此原點 0 上，加一垂直向集中力 P，則根據 Boussinesq 氏研究[1]，如地基為一完全彈性體，地基中任何一點 M 處之應力為

$$
\left.\begin{array}{l}
\sigma_z = \dfrac{3P}{2\pi R^2}\cos^3\theta \\[2mm]
\sigma_h = \dfrac{P}{2\pi R^2}\left[3\cos\theta\sin^2\theta - (1-2u)\dfrac{1}{1+\cos\theta}\right] \\[2mm]
\sigma_t = (-)(1-2u)\dfrac{P}{2\pi R^2}\left(\cos\theta - \dfrac{1}{1+\cos\theta}\right) \\[2mm]
乙 = \dfrac{3P}{2\pi R^2}\cos^2\theta\sin\theta
\end{array}\right\}\quad(i)
$$

註：（1）Timoshenko: Theory of Elasticity, P. 328-332。

式（1）內 R 與 θ 為 M 點之極坐標

σ_z 為垂直向正應力（vertical Normal stress）

σ_h 為沿徑向正應力（radial normal stress）

σ_t 為沿切線向正應力（Tangential normal stress）

乙 為與 σ_z 及 σ_h 同向之切應力（shearing stress）

σ_z, σ_h 與 σ_t 均以壓縮應力為正（compressionas positive）乙之正向則如圖（1）所示。

u 為 poisson 比（poisson's ratio）

Steiner-Kick, Enger, Goldbeck, Kögler & scheidig Hugi 諸氏[2]之實驗，證明在沙（sand）中，Z 軸附近之應力遠較由 Boussinesq 氏公式所求得者為高。如將 Boussinesq 氏公式修改成（2）[3]式則可與實驗結果較為符合。

註（2）Fröhlich: Druckverteilung im Baugrunde, p123-129

$$
\left.\begin{array}{l}
\sigma_z = \dfrac{np}{2\pi R^2}\cos^n\theta \\[2mm]
\sigma_h = \dfrac{np}{2\pi R^2}\cos^{n-2}\theta\sin^2\theta \\[2mm]
\sigma_t = 0 \\[2mm]
乙 = \dfrac{np}{2\pi R^2}\cos^{n-1}\theta\sin\theta
\end{array}\right\}\quad(2)
$$

式（2）為 Fröhlich 與 Griffith 二氏所建議，式係假定 Poisson 比為 0.5，如 u 之值不等於 0.5 則可用下式。

$$
\left.
\begin{aligned}
\sigma_z &= \frac{np}{2\pi R^2}\cos^n\theta \\
\sigma_h &= \frac{np}{2\pi R^2}\left[\cos^{n-2}\theta\sin^2\theta - \frac{(1-2u)}{3(1+\cos^{n-2}\theta)}\right] \\
\sigma_t &= (-)\frac{np}{2\pi R^2}\left(\frac{1-2u}{3}\right)\left(\cos^{n-2}\theta - \frac{1}{1+\cos^{n-2}\theta}\right) \\
Z &= \frac{np}{2\pi R^2}\cos^{n-1}\theta\sin\theta
\end{aligned}
\right\} \quad (3)
$$

（註）Fröhlich: Druckverteilung im Baugrunde, P.24

式（2）及式（3）中之 n 名集中因數（Concentration factor）。完全彈性地基 n＝3。尋常土壤 n 之值大致 3 與 6 之間。黏土在載重輕時 n＝3。在無內聚力之土壤（non-cohesive soils）如沙 n 約等 6。n 之值與土壤之組織，成分及結構之關係，目前尚不能確定。應用此項公式時，如地基上部，土壤層種類不一，則可就 3 與 6 之間取一中值。

在下文中尚須利用"平均正應力"一詞，其定義為

$$\sigma_m = \frac{1}{3}(\sigma_z + \sigma_x + \sigma_y)$$
$$= \frac{1}{3}(\sigma_z + \sigma_h + \sigma_t) \quad (4)$$

由式（4）得 $\sigma_m = \frac{np(1+2u)}{9\pi R^2}\cos^{n-2}\theta$ （5）

(B) 均勻載重之直角三角形基礎所產生之應力分佈

設想 OAB（圖2）為一直角三角形基礎。$\overline{OA}=a,\ \overline{AB}=b,\ \overline{BO}=c,\ \angle ABC=\phi$。令 q 為此基礎之垂直向均勻分佈載重（vertical uniformly distributed load）。OAB 三角形之 O 點為所用坐標系之原點，OM 為 Z 軸，M

(甲) n＝3

$$\sigma_z = \frac{q}{2\pi}\left[\frac{abz}{d^2D^2} + \tan^{-1}\left(\frac{b}{a}\right) - \frac{1}{2}\sin^{-1}\left(\frac{2abzD}{c^2d^2}\right)\right]$$

(乙) n＝4

$$\sigma_z = \frac{q}{2\pi}\left[\frac{abz^2}{2d^2D^2} + \left(\frac{a}{d} + \frac{z^2}{2d^2}\right)\cos^{-1}\left(\frac{d}{D}\right)\right] \quad (8)$$

(丙) n＝5

$$\sigma_z = \frac{q}{2\pi}\left[\frac{abz}{d^2D^2}\left(1 + \frac{z^2}{3d^2} + \frac{2z^2}{3D^2}\right) + \tan^{-1}\left(\frac{b}{a}\right) - \frac{1}{2}\sin^{-1}\left(\frac{2abzD}{c^2d^2}\right)\right] \quad (9)$$

點與 O 點之距離為 z。吾人之目的，在求 M 點處之 σ_z 與 σ_m。

在 OAB 三角形內，取一元面積（element of area）$\rho\,d\sigma\,d\rho$（圖2b），則此面積上之總載重為 $q\rho\,d\sigma\,d\rho$。令 $d\sigma_z$ 為此載重在 M 點上所產生之垂直向正應力則由式（3）得

$$d\sigma_z = \frac{n(q\rho\,d\rho\,d\sigma)}{2\pi R^2}\left(\frac{z}{R}\right)^n$$

內 R 為 M 點至此元面積之向徑（radius vector）。

將上式就 OAB 三角形之面積求取積分，即得

$$\sigma_z = \frac{npz^n}{2\pi}\int_0^{\phi}d\sigma\int_0^{a\sec\sigma}\frac{\rho\,d\rho}{(\rho^2+z^2)^{\frac{n+2}{2}}}$$

或 $\sigma_z = \frac{q}{2\pi}\left[\phi - \int_0^{\phi}\frac{d\sigma}{\left(1 + \left(\frac{a}{z}\right)^2\sec^2\sigma\right)^{\frac{n}{2}}}\right]$ （6）

式（6）中之積分，雖不甚難求，但手續極為繁複，今僅將其最後結果列下：

(丁) n=6

$$\sigma_z = \frac{q}{2\pi}\left[\frac{abz^2}{2d^2D^2}\left(1+\frac{z^2}{2D^2}+\frac{3z^2}{4d^2}\right)+\left(\frac{a}{d}+\frac{az^2}{2d^3}+\frac{3az^4}{8d^5}\right)\cos^{-1}\left(\frac{d}{D}\right)\right] \tag{10}$$

內
$$D = \overline{MB} = \sqrt{a^2+b^2+z^2}$$
$$p = \overline{MA} = \sqrt{a^2+z^2}$$
$$c = \overline{OA} = \sqrt{a^2+b^2}$$

式(7),(8),(9)及(10)為求OAB三角形基礎O角下任何一點M處之σ_z之公式。至求地基中任一點處之σ_z法,則將於下節詳述。

利用式(5),並進上述步驟得

$$d\sigma_{in} = \frac{n(1+u)}{9\pi R^2}(q-p)d\sigma\left(\frac{z}{R}\right)^{n-2}$$

及
$$\sigma_m = \frac{n(1+u)q}{9(n-2)\pi}\left\{\phi - \int_0^\phi \frac{d\sigma}{\left[1+\left(\frac{a}{z}\right)^2\sec^2\phi\right]^{\frac{n-2}{2}}}\right\} \tag{11}$$

由式(11)得

(甲) n=3

$$\sigma_m = \frac{(1+u)q}{3\pi}\left[\tan^{-1}\left(\frac{b}{a}\right)+\frac{1}{2}\sin^{-1}\left(\frac{2abzD}{c^2d^2}\right)\right] \tag{12}$$

(乙) n=4

$$\sigma_m = \frac{2(1+u)q}{9\pi}\left[\frac{a}{d}\cos^{-1}\left(\frac{d}{D}\right)\right] \tag{13}$$

(丙) n=5

$$\sigma_m = \frac{5(1+u)q}{27\pi}\left[\frac{adz}{d^2D}+\tan^{-1}\left(\frac{b}{a}\right)-\frac{1}{2}\sin^{-1}\left(\frac{2abzD}{c^2d^2}\right)\right] \tag{14}$$

(丁) n=6

$$\sigma_m = \frac{(1+u)q}{6\pi}\left[\frac{adz^2}{2d^4D^3}+\left(\frac{a}{d}+\frac{az^2}{2d^3}\right)\cos^{-1}\left(\frac{d}{D}\right)\right] \tag{15}$$

式(12),(13),(14),(15)為求OAB三角形基礎O角下任何一點M處之σ_m之公式。至求地基中任何一點處之σ_m法,亦將於下節詳述。

(C) 承載多邊形基礎之地基中之應力分佈

設想基礎之形式為一多邊形(Polygon),如圖(3)之ABCD。則地基中任何一點M'處之σ_z及σ_m可用下法求得。

令O'為經過M'之垂線與地面相交之一點,由O點作OA,BO,OC,OD諸線與多邊形之諸角點A,B,C,D,相連接。再由O點作O₁,O₂,O₃,O₄,諸線與多邊形之諸邊AB,BC,CD,DA,相垂直。如r為多邊形之邊數,則不論O點在基礎範圍以內(圖3a)或在基礎範圍以外(圖3b),均得2r個直角三角形。圖(3)所舉例,為一四邊形,故得八個直角三角形,即△O₁A,△O₁B,△O₂B,△O₂C,△O₃C,△O₃D,△O₄D與△O₄A。

因M'點即在O點之垂直線上,用上節所得之公式及重合定律(Law of superposition),可求得各該直角三角形基礎在M'處所產生之σ_z與σ_m。

如O點在基礎範圍以內則因ABCD之面

積等於 $\triangle O_1A + \triangle O_1B + \triangle O_2B + \triangle O_2C + \triangle O_3C + \triangle O_3D + \triangle O_4D + \triangle O_4A$ 之面積，故

$$\sigma_z = (\sigma_z)\triangle O_1A + (\sigma_z)\triangle O_1B + (\sigma_z)\triangle O_2B + (\sigma_z)\triangle O_2C + (\sigma_z)\triangle O_3C + (\sigma_z)\triangle O_3D + (\sigma_z)\triangle O_4D + (\sigma_z)\triangle O_4A$$

如 O 點在基礎範圍以外，則因 ABCD 之面積等於 $\triangle O_4D - \triangle O_4A + \triangle O_3D - \triangle O_3C - \triangle O_2C + \triangle O_2B - \triangle O_1A + \triangle O_1B$ 之面積故

$$\sigma_z = (\sigma_z)\triangle O_4D - (\sigma_z)\triangle O_4A + (\sigma_z)\triangle O_3D - (\sigma_z)\triangle O_3C - (\sigma_z)\triangle O_2C + (\sigma_z)\triangle O_2B - (\sigma_z)\triangle O_1A + (\sigma_z)\triangle O_1B$$

σ_m 亦可用同法求取。上述步驟係假定基礎爲均勻載重。如基礎某部份之載重與其他部份不等，例如圖（4a）所示之基礎，如 abcg 部份之載重與 cdefg 部份不同，則可分爲 abcg 及 cdefg 兩個多邊形計算，然後求其和。又如基礎之一邊爲一曲線（圖4b），則求取應力時，可將此曲線代以數段直線後，再行計算。依此類推，任何形式及載重之基礎，均可視爲由多數受均勻載重之直角三角形或多邊形所組成。故其地基中任何一點處之 σ_z 及 σ_m 均可用本法求取。

第 二 部

地基之沉降量

D). 土壤之彈性係數及 Poisson 比

如將土壤置於 Terzaghi 氏之壓縮器 Compression device 內（圖5）並並加垂直向應力 p_z，則不論土壤有無黏聚力（cohesing or noncohesive），爲沙或爲黏土，均在水平方向產生應力 $p_x = p_y = p_h$。此水平向應力 p_h 之值可由圖（5）所示之壓縮器上附裝之量機力設備量得。圖（6a）即示該水平壓力與 p_z 之普遍關係，即在 p_z 極小時，p_h/p_z 約等於1。若 p_z 漸增，則 p_h/p_z 漸近一常數 k_1。k_1 之值隨土壤而異。

註（4）Hogentogler: Engineering

properties of soils, p.212

令 p_m 爲土壤所受之平均應力則

$$p_m = \frac{1}{3}(p_z + p_x + p_y) \qquad (16)$$

則 p_m 與 p_z 之關係，即如圖（6b）所示。當 p_z 極小時 $p_m/p_z = 1$。若 p_z 漸增則 p_m/p_z 漸近一常數 k_2。內

$$k_2 = \frac{1}{3}(1 + 2k_1) \qquad (17)$$

令

$$f = \frac{dp_h}{dp_z} \qquad (18)$$

則由實驗所得之圖（6a）及圖（6b）之曲線，可繪一 f 與 p_m 關係之曲線，如圖（6c）。當 p_m 及 p_z 小時，f 約等於1，p_m 及 p_z 漸增，則 f 漸近一常數 k_3。內

$$k_3 = k_1 \qquad (19)$$

如以 u 代表 Poisson 比，並令 ξ_h 爲水平向應變（horizontal strain），則因在壓縮器內，土壤不能旁向抽張，

故

$$\xi_h = 0$$

亦即

$$d\xi_h = 0 \qquad (20)$$

因

$$\xi_h = \frac{1}{E}\left[p_h - u(p_z + p_h)\right] \qquad (a)$$

故

$$d\xi_h = \frac{1}{E}\left[dp_h - u(dp_z + dp_h)\right] = 0$$

由此式及式（18）得

$$u = \frac{f}{1 + f} \qquad (21)$$

式（21）爲土壤 Poisson 比之普遍公式，因 f 可視爲 p_m 之函數，故 u 亦可視爲 p_m 之函數。圖（6d）即示 u 與 p_m 之關係。當 p_m 極小時，u 約等於0.5，p_m 漸增，則 u 漸近一常數 k_4。內

$$k_4 = \frac{k_1}{1 + k_1} \qquad (22)$$

壓縮試驗之結果，證明土壤之孔隙比（void ratio）與垂直向應力 p_z 之關係，可用下式表明

$$e = e'_0 - \frac{1}{A}\ln\left(1 + \frac{p_z}{p'_0}\right) \qquad (23)$$

內 e=孔隙比=土壤中孔隙所佔之容積：土壤中土粒所佔之容積。

ln代表自然對數

e'$_0$, p'$_0$ 及 A' 為經驗常數 (empirical constants)，其值隨土壤而異。式(23)亦可改寫作(圖7)

$$e = e_0 - \frac{1}{A}\ln\left(1 + \frac{p_m}{p_0}\right) \qquad (24)$$

註(5): Fröhlich, loc. cit. P. 86—88.

內 e$_0$, p$_0$ 及 A 為經驗常數，其值隨土壤而異。

由(24)可知土壤所受平均壓力 p$_m$ 之變化，如為dp$_m$，則孔隙比e之變化，應為

$$de = \frac{(-)dp_m}{A(p_m+p_0)} \qquad (25)$$

即單位體積之變化量(unite volume change)為

$$\Delta = \frac{(-)de}{1+e} \qquad (26)$$

由式(25)得

$$\Delta = \frac{dp_m}{A(p_m+p_0)(1+e)} \qquad (27)$$

因(6)

$$\Delta = \frac{3(1-2u)}{E}(dp_m) \qquad (28)$$

註(6) Timoshenko, loc. cit. P. 10—11。

故

$$E = 3(1-2u)A(1+e)(p_m+p_0) \qquad (29)$$

由式(24)得

$$E = 3(1-2u)A\left(1+e_0 - \frac{1}{A}\ln\left(1+\frac{p_m}{p_0}\right)\right)(p_m+p_0) \qquad (30)$$

式(30)可視為土壤之彈性係數之普遍公式。此式顯堪注意之點，即當p$_m$極小時，因u值約等於0.5，故E約等於零。若p$_m$漸增，則式(29)中之e變化甚小，故E與p$_m$約成正比。如δ代表土壤之單位重量，z代表地基中某點之深度，σ$_m$代表該點處，由承載基礎而起之平均正應力，則

$$p_m = \delta z + \sigma_m \qquad (31)$$

故用於地基沉陷量之計算時，式(30)可寫作

$$E = 3(1-2u)A\left[1+e_0-\frac{1}{A}\ln\left(1+\frac{\delta z + \sigma_m}{p_0}\right)\right](\delta z + \sigma_m + p_0) \qquad (32)$$

在地基中，σ$_m$之值，隨深度而遞減，故在離地較遠處，z之值約與深度成正比。但讀者知式(32)係由式(24)推演而得，故僅能使用於p$_m$之值，在試驗範圍以內者，如p$_z$或p$_m$之值極大，則式(24)不能代表實際情形，此因孔隙減縮有一最大限度(例如土粒為同體積之球形，則孔隙比不能小於0.35)，當p$_z$或p$_m$過大時，土壤容積之縮減，實由於土粒之彈性壓縮，此與吾人所作壓縮係由容積縮減而起之假設完全不同，自不能一概而論焉。由圖(7)之e-p$_m$曲線可知地基中主要部份之應力如介乎p$_m$=p$_1$與p$_m$=p$_2$之間，則吾人可假定 p$_1$∠p$_m$∠p$_2$ 之一段曲線為直線。由此得

$$de = \frac{e_2-e_1}{p_2-p_1}(dp_m) \qquad (33)$$

$$\Delta = \frac{-de}{1+e_m} = \frac{(e_1-e_2)}{(p_2-p_1)(1+e_m)}dp_m \qquad (34)$$

內

$$e_m = \frac{e_1+e_2}{2}$$

因

$$\Delta = \frac{3(1-2u_m)}{E}(dp_m) \qquad (28)$$

故

$$E = \frac{3(1-2u_m)(p_2-p_1)(1+e_m)}{(e_1-e_2)}$$

內u$_m$可採用p$_1$∠p$_m$∠p$_2$間u之平均值。

如稱 E$_m$為壓縮係數(Modulus of compression)，並

令

$$E_m = \frac{(p_2-p_1)(1+e_m)}{e_1-e_2} \qquad (35)$$

則得

$$E = 3(1-2u_m)E_m \qquad (36)$$

因E$_m$及u$_m$為一常數，故E亦可視為一常數。式(36)可視為土壤之彈性係數之近似值。

(E)用積分法求沉陷量

Terzaghi氏曾說明，地基全部沉陷量之

80%，係由於地面至深度等於基礎寬度 1.5 倍間之土壤變形而起。因此如在此界限內，土壤之性質與壓力 p_m 變化不大，則吾人估計沉陷量時，E 及 u 可取其平均值 而假定其為常數（式36）。如作此假定，則吾人即可用積分法求沉陷量。

今先試求受一集中力 p 之地基（參閱（A）節及圖（1））之地面各點之沉陷量。如令 ω_r

$$\frac{\partial \omega}{\partial z} = \frac{1}{E} \cdot \frac{np}{2\pi R^2} \left[\cos^n\theta - u\cos^{n-2}\theta \sin^2\theta + \frac{u(1-2u)}{3} \cos^{n-2}\theta \right]$$

因 $$\cos\theta = \frac{z}{\sqrt{r^2+z^2}}$$
$$R = \sqrt{r^2+z^2}$$

代入上式並簡化後，得

$$\frac{\partial w}{\partial z} = \frac{np(1+u)}{2\pi E} \left[\frac{z^n}{(r^2+z^2)^{\frac{n+2}{2}}} - \frac{2u}{3} \cdot \frac{z^{n-2}}{(r^2+z^2)^{\frac{n}{2}}} \right]$$

由此得地面上任何一點（離集中力 p 之距離為 r），之沉陷量 w_r 如下式，

$$w_r = \frac{np(1+u)}{2\pi E} \int_0^\infty \left[\frac{z^n}{(r^2+z^2)^{\frac{n+2}{2}}} - \frac{2u}{3} \cdot \frac{z^{n-2}}{(r^2+z^2)^{\frac{n}{2}}} \right] dz$$

由此得

$$w_r = K_n \left(\frac{p}{Er} \right) \tag{37}$$

內

$$\left. \begin{array}{l} K_3 = \dfrac{1-u^2}{\pi} \\[2mm] K_4 = \dfrac{(1+u)(9-8u)}{24} \\[2mm] K_5 = \dfrac{2(1+u)(6-5u)}{9\pi} \\[2mm] K_6 = \dfrac{3(1+u)(5-4u)}{32} \end{array} \right\} \tag{38}$$

表(1) 式(38)中 K_n 之值

u\K_n	K_3	K_4	K_5	K_6
0.50	0.239	0.313	0.371	0.422
0.25	0.298	0.364	0.420	0.469
0.00	0.318	0.375	0.424	0.469

由表(1)可比較 K_n 在不同 u 時之變化。因在估計沉陷量時，n 及 u 之值，均不能十分確

代表此點之沉陷量，ξ_z 代表垂直向應變（vertical strain），則得

$$\frac{\partial \omega}{\partial z} = \xi_z = \frac{1}{E} \left[\sigma_z - u(\sigma_h + \sigma_t) \right]$$

內 ω_r 為點之垂直向移動（vertical displacement）

由式（3）得

定，故如採用一平均值 $K_n = 0.35$，則由此表可見其或是誤差（probable error）均為 50%。

利用式(37)可求一均勻載重之直角三角形基礎OAB（圖2）O點之沉陷量 w_0。因

$$dw_0 = K_n \frac{q \cdot d\rho \cdot d\phi}{E \rho}$$

故 $$w_0 = \frac{K_n q}{E} \int_0^\phi d\phi \int_0^{a\sec\phi} d\rho$$

即 $$w_0 = \frac{K_n qa}{E} l_n \left[\tan\left(\frac{\pi}{4} + \frac{\phi}{2} \right) \right] \tag{39}$$

w_0 既能用式(39)求得，則承載任何基礎之地面上任何一點之沉陷量 S，均可根據重合定律用（c）節求 σ_z 之法求取。

(F) 用圖解法求沉陷量

吾人在積分法中假定地基之 E 及 u 均為

常數。但靠近地面之各土壤層之性質及結構大相逕庭，則E及u之值，不能假定為常數。此類地基之沉陷量，可用下法計算。因

$$\frac{\partial w}{\partial z}=\xi_z=\frac{1}{E}\left[\sigma_z-u(\sigma_x+\sigma_y)\right]$$

而由式(4) $\sigma_m=\frac{1}{3}\sigma_z+\sigma_x+\sigma_y$

故　$\frac{\partial w}{\partial z}=\frac{1}{E}\left[(1+u)\sigma_z-3u\sigma_m\right]$

即　$S=w=\int_0^\infty \frac{(1+u)\sigma_z-3u\sigma_m}{E}dz$

$$\tag{40}$$

應用式(40)求地面某一點O之沉陷量S可先求經O點之垂直線上數點之σ_z及σ_m，再用圖(6d)求u，用式(32)求E，然後再求此數點處$\frac{1}{E}\left[(1+u)\sigma_z-3u\sigma_m\right]$之值。將此項求得之結果，繪成圖(8e)所示之不連續曲線，則此圖上畫有斜線之面積即代表O點之沉陷量。而圖中abcd之面積，則代表黏土甲層之沉陷量。

(G) 土壤之前期凝縮程度 (Degree of preconsolidation) 對於沉陷量之影響。

(a) 如由土壤壓縮試驗所求得之 $e-p_m$ 曲線，為 AC, CD 二段曲線所組成(圖9)，前此項土壤，前此必曾受壓力p_0。此種壓力大致係由冰河期前之過載(Preglacial Overburden)或收縮影響(Shrinkage)等而起。AC及CD二段曲線均可用式(24)表示，惟二者之經驗常數e_0，p_0，A不同。

當此項土壤承載時，如$\sigma_z+\sigma_m>p_1$則計算沉陷量時，可用AC一段曲線之公式求E及u之值。但如$\sigma_z<p_1$，$\sigma_z+\sigma_m$，則E之值應用下式計算。

$E=3(1-2u_m)E_m$ (41)

內(圖9) $E_m=\frac{1}{e_1-e_2}\sigma_m\left(A+\frac{e_1+e_2}{2}\right)$ (42)

(b) 在第三部中，著人將說明，地基中黏土層之沉陷並不能於短時期完竣，此即謂黏土承載後，不能於短時期內完全凝縮(fully consolidated)。故如黏土層本身，或其上部土壤層堆積未久，則當承載建築物時，此類黏土層在其本身或上部土壤層之重量所產生之壓力下，或尚未達100%凝縮。

此種情形可以圖(10)表明。如黏土在其本身及上部土壤之重量所引起之壓力z下，已完全凝縮，則黏之孔隙比應為e_1，今如地基中該項黏土之孔隙比為e_1'，$(e_1'>e_1)$，則即指該項黏土在σ_z之壓力下，尚未完全凝縮。

在此種情形下，沉陷量應分兩部計算。其一部為由孔隙比e_1'變成e_1時之沉陷量，此可用下式求取，

$w_1=\int \frac{e_1'-e_1}{1+e_1}dz$

即　$w_1=\frac{e_1'-e_1}{1+e_1}\cdot 2h$ (2h)

內2k為黏土層之厚度

第二部沉陷量即為建築物本身重量所引起之沉陷量，此可用上節所述之方法計算。

(H) 基礎大小對於沉陷量之影響

假定兩個形式相似(geometrically similar)而大小不同之基礎上均勻之載重(q)相等，則由式(39)可見此二基礎之沉陷與其寬度成正比。但此結論僅能用於大小適中之基礎，因式(39)係假定E為常數，若基礎過大，則勢難假定由地面至深度等於基礎寬度1.5倍間之土壤之E值相等也。

式(32)顯示，在地基深處，E之值隨深度而俱增，承載極大基礎之地基，在深處應力縱尚可觀，但因E甚大，故應變極小，對於沉陷量即無甚影響。

由此可見形式相似，均勻載重相等之基礎，其沉陷量與基礎寬度之關係，當可用圖(11)表明。即基礎不甚大時，沉陷量與基礎寬度成正比，基礎若甚大，則沉陷量幾乎與寬度無關。此項結論對於沙及黏土及其他

土壤均適用。Terzaghi氏曾謂[7]地基如為黏土，則沉陷量與基礎寬度成正比，如為沙土，則沉陷量與寬度無甚關係。工程師中亦有持與Terzaghi氏正相反之論調者。本節結論，當可解決該問題之癥結。

(丙) 基礎深度對於沉陷量之影響

所謂基礎深度，係指基礎底面入地之深度。基礎入地愈深，則不獨能減少受範性流動之影響，且由孔隙縮減而起之沉陷量，亦將減小，例如圖(12)之基礎如入地一尺，則在M'之σ_z及σ_m應等於$t=0$時M點處之σ_z及σ_m。但在$t=\infty$時M'處之總平均壓力為$p_m=\gamma(z+1)+\sigma_m$而在$t=0$時M處之總壓力僅為$P_m=\gamma z+\sigma_m$。後者之p_m既較前者為小，則由式(32)可知，後者之E亦較前者為小。換言之，即基礎入地愈深，則因E之平均值增大，故沉陷量愈小。

註(7) Terzaghi, Science of Foundations, Trans. A.S.C.E., 1929。

基礎深度，雖能減少沉陷量，但愈深則其影響愈小。因$e-p_m$曲線之坡度隨p_m之增加而遞減，在P_m甚大時，應漸近水平也。故除非下層土壤較為堅實，且離地面俯近，能將基礎建築在該層土壤上，否則基礎深度，可不必過大。

基樁(piles)之所以能減小沉陷量，一部份之原因，亦與上同。因基樁一部份之作用，即在將基礎上之載重，傳至離地面較遠之土壤也。

(丁) 沉陷量差與沉陷量之關係

用積分法或圖解法，可求得基礎下任何一點之沉陷量。將任何二點之沉陷量相減，即可求得此二點之沉陷量差(Difference of settlements)。故沉陷量差與沉陷量成正比。沉陷量差，為建築物安全所繫。其值如過大，則建築物內將生極大之次應力，而使建築物發生裂縫，甚或至崩坍。以往工程師常希望能於設計時妥慎處置，使建築物各部不致發生沉陷量差。然欲使地面二點之沉陷量

相等，必須經此二點之垂直線上各點之σ_z，σ_m，u，E均各相等始可，而此乃絕不可能之事，故吾人僅能設法減小沉陷量，俾沉陷量差不致過大，藉免危及建築物之安全。

第 三 部
地基之沉陷量速率

(K) 凝縮理論

地基載重後必沉陷，但全部沉陷量未必能於短期內達100%。土壤孔隙常貯有空氣或水分，欲使孔隙容積減縮，而促土壤沉陷，必先排除與容積減縮量相等之空氣或水分。空氣外洩極易，故乾土之沉陷量，於承載後，即達100%，水分飽和之土壤，(saturated soil)之沉陷速率，視土壤之滲濾性而定。沙及沙礫滲濾係數(Coefficient of permeability極大，孔隙容積減縮甚速，故承載後，幾亦立即達100%而無須估計其沉陷速率。黏土則因滲濾係數極小，沉陷極緩，須研究其沉陷速率，俾能預測建築物在營建期及落成後各時期之沉陷量。至未飽和之黏土，則在承載後，必先排除空氣，次及水分，故其沉陷量一部份立即完成，一部份則須經常時期，始能完成。

飽和土壤之沉陷速率，可用Terzaghi氏之凝縮理論(Theory of Consolidation)估計。Terzaghi氏之根本假設為，飽和之土壤承載時，其全部負重最初均由孔隙中之水分負荷。當水分外洩，土壤凝縮時，此項負重，即漸由水分移至土粒，至凝縮完成時，土粒即負荷全部負重。今如令p_w為t時間地基中，(x,y,z)點處水分所受之壓力，或稱水應力(hydrodynamic stress)，則在此點處X軸向之水力坡度(hydraulic gradient)為

$$i=\frac{1}{\gamma_0}\frac{\partial p_w}{\partial x}$$

內γ_0為水之單位重量。

根據Darcy定律，在X軸向之水流速度為

$$V_x = k i_x = \frac{k}{r_0} \frac{\partial p_w}{\partial x}$$

內 k 爲滲漏常數 (Coefficient of permeability.)

在 (x,y,z) 點處取一無限小容積 dx, dy, dz (圖13) 則在 dt 時間中，經 $x = x$ 平面而流入此小立方體內之水量爲

$$v_x . dy . dz . dt = \frac{k}{r_0} \frac{\partial p_w}{\partial x} dy . dz . dt \quad \text{(a)}$$

同時經 $x = x + dx$ 平面，由此小立方體流出之水量爲

$$\left(v_x + \frac{\partial v_x}{\partial x} dx \right) dy . dz . dt$$

$$= \frac{k}{r_0} \left[\frac{\partial p_w}{\partial x} + \frac{\partial^2 p_w}{\partial x^2} dx \right] dy . dz . dt \quad \text{(b)}$$

以 (b) 式減 (a) 式，得此小立方體在 dt 時間內在 X 軸方向流出之水量，

$$\frac{k}{r_0} \frac{\partial^2 p_w}{\partial x^2} dx . dy . dz . dt$$

加以 Y 軸及 Z 軸方向在同時間內流出之水量，則得此小立方體在 dt 時間失去之水量 $d\nabla$ 爲

$$d\nabla = \frac{k}{r_0} \left(\frac{\partial^2 p_w}{\partial x^2} + \frac{\partial^2 p_w}{\partial y^2} + \frac{\partial^2 p_w}{\partial z^2} \right) dxdydzdt \quad \text{(c)}$$

在 dt 時間內，水應力之一部份即 $dp_w = -\frac{\partial p_w}{\partial t} dt$ 將移交土粒負荷，故土壤之孔隙比亦隨之而起變化。如孔隙變化量爲 de，則容積之減縮量爲

$$d\nabla = \frac{de}{1+e} dxdydz = \frac{1}{E_m} \frac{\partial p_w}{\partial t} dxdydz \quad \text{(d)}$$

因容積之減縮量等於失去之水量，即 (c) = (d)

故

$$\frac{\partial p_w}{\partial t} = c \left(\frac{\partial^2}{\partial x^2} + \frac{\partial^2}{\partial y^2} + \frac{\partial^2}{\partial z^2} \right) p_w \quad (44)$$

內 $C = \frac{kE_m}{r_0}$ = 凝縮係數 (coefficient of consolidation)

式 (44) 爲水應力 p_w 所須滿足之普遍微分方程式。此式中 p_w 如代表溫度，即成熱之流動 (heat flow) 之基本微分方程式。故凝縮理論與熱之流動理論完全相似。熱之流動理論在熱學及 Fourier 級數或球函數 (Spherical Harmonics) 一類書籍[8]中討論極詳，式 (44) 之解，亦可依類似方法求取。目前所須討論者，即爲此式之邊界條件。

註 (8) Byerly, Fouriers series & spherical Harmonics; 或 McRoberts, spherical Hamonics.

最重要之邊界條件，即前述 Terzaghi 之基本假定，即在 $t = o$ 時，水分負荷全部負重 (或應力)。所謂地基中某點之全部負重，可利用黏性流體力學原理 (Hydro dynamics of viscous fluid) 假定爲等於一單位半徑之球體上所受正應力之平均值[9]。故此邊界條件即爲

$$t = 0, \quad p_w = \sigma' m = \frac{1}{3} (\sigma x + \sigma y + \sigma z) \quad (45)$$

其次土壤在地基中常作層狀堆積，黏土層如與沙層或沙礫層相接，則因沙層濾水極易，故相接之處 $p_w = o$。如黏土層與岩石層或硬盤 (hardpan) 層相連，則因此類地層全不透水，故其邊界條件應爲 $\frac{\partial p_w}{\partial z} = o$。

凝縮問題在 Terzaghi 與 Ernhlich 合著之 "Theorie der Setzungvon Tonschichten" 一書中討論甚詳，但二氏係假定水分僅作垂直向之流動，故其基本微分方程式爲

$$\frac{\partial p_w}{\partial t} = c \frac{\partial^2 p_w}{\partial z^2}$$

註 (9) prandtle & Tietiens, Fundamentals of Hydro-and-Aerodynamics P. 256.

此項假定僅能利用於離地面較遠之黏土層，因離地面較遠，則 p_w 及 σm 之 X 及 Y 軸向之變化較小，故假定水流全在 Z 軸向，尚無大誤。其次黏土層愈厚，則差誤愈大，因 $\frac{\partial p_w}{\partial x}$

$\dfrac{\partial p_w}{\partial z}$ 及 $\dfrac{\partial p_w}{\partial y}$ ， $\dfrac{\partial p_w}{\partial z}$ 之值隨厚度而遞增也。

p_w 求得後，即可用下法估計沉陷量 S 與時間 t 之關係，假定在 $t=0$ 至 $t=t$ 時期中土壤孔隙比之變化量爲 $\triangle e$ 則

$$\triangle e = \int_{t=0}^{t=t}(-)de = \int_0^t (-)\frac{1+e_m}{E_m}\frac{\partial p_w}{\partial t}dt$$

即 $\quad \triangle e = \dfrac{1+e_m}{E}(\sigma_m - p_w)$

因 $\quad \triangle s = \dfrac{\triangle}{1+e_m}\triangle z = \dfrac{\sigma_m - p_w}{E_n}\triangle z$

故在 t 時間之沉陷量爲

$$S_t = \int \frac{\sigma_m - p_w}{E_n}\triangle z$$

故在 t 時間內，所完成之沉陷量之百分比 Q 爲

$$Q = \frac{S_t}{S} = 1 - \frac{\int p_w dz}{\int \sigma_m dz} \qquad (46)$$

內 S 爲壓縮達 100% 時之沉陷量。

式 (46) 爲時間與沉陷量百分比之普遍關係，亦即代表沉陷速度之普遍公式。

(L) 營建期久暫對於沉陷速率之影響。

設想設建築物在營建時期 $(t=0$ 至 $t=T)$ 地基之負重由零漸增至 q_m，即在營建時期負重在 dt_x 時間之增加量如爲

$$dq = \frac{q}{T}dt_x$$

則可用下法求地基在營建期中或建築物落成後各時期之沉陷量。

假定 $\quad p_v = q[f(x,y,z,t)] \qquad (47)$

代表 $T=0$（即等於假定 q 立時達全值）時水應力與時間及各點坐標之關係。則在 $t=t_x$ 時地基之載重如增 dq，$t=T$ 時之水應力應增

$$dp_w = dq[f(x,y,z,T-t_x)]$$

即 $\quad dp_w = \dfrac{q}{T}dt_x\left[f(x,y,z,T-t_x)\right]$

故由 $t_x=0$ 至 $t_x=T$ 時，p_w 之總增加量應爲

$$p_w = \frac{q}{T}\int_0^T f(x,y,z,T-t_x)dt_x$$

因 $t_x=0$ 時 $p_w=0$，故上式即代表 $t=T$ 時各點之水應力。

同理，如 $t<T$ 則此時各點之水應力應爲

$$p_w = \frac{q}{T}\int_0^t f(x,y,z,t-t_x)dt_x \qquad (48)$$

如 $t>T$ 則

$$p_w = \frac{q}{T}\int_0^T f(x,y,z,t-t_x)dt_x \qquad (49)$$

沉陷量之百分比 Q 則爲

$$t<T, \quad Q = \frac{t}{T} - \frac{\int p_w dz}{\int \sigma_m dz} \qquad (50)$$

$$t \geq T, \quad Q = 1 - \frac{\int p_w dz}{\int \sigma_m dz} \qquad (51)$$

由式 (48) 及 (50) 可求營建期中地基之沉陷量；由式 (49) 及 (51) 可求建築物落成後地基之沉陷量。

(M) 不均勻的黏土層之沉陷速率

如黏土層中包含數層性質及結構不甚相同之黏土，例如圖 (15) 之黏土層爲 A，B，C，三層黏土之凝縮係數如各爲 C_1，C_2 及 C_3，則求取此層黏土之沉陷速率時，可先以一凝縮係數爲 C_0 之均勻的 (homogeneous) 黏土層。其法如下。

由式 (44) 可知如 A，B，C 三層黏土因係數不同故水應力 p_w 所應滿足之微分方程式亦不同，即

黏土 A 層 $\dfrac{\partial p_w}{\partial t} = C_1\left(\dfrac{\partial^2}{\partial x^2} + \dfrac{\partial^2}{\partial y^2} + \dfrac{\partial^2}{\partial z^2}\right)p_w$

黏土 B 層 $\dfrac{\partial p_w}{\partial t} = C_2\left(\dfrac{\partial^2}{\partial x^2} + \dfrac{\partial^2}{\partial y^2} + \dfrac{\partial^2}{\partial z^2}\right)p_w$

黏土 C 層 $\dfrac{\partial p_w}{\partial t} = C_3\left(\dfrac{\partial^2}{\partial x^2} + \dfrac{\partial^2}{\partial y^2} + \dfrac{\partial^2}{\partial z^2}\right)p_w$

今如將黏土 A 層之長度率 (length scale) 收縮 $\sqrt{\dfrac{c_0}{c_1}}$ 倍，黏土 B 層收縮 $\sqrt{\dfrac{c_0}{c_2}}$ 倍，黏土 C 層收縮 $\sqrt{\dfrac{c_0}{c_3}}$ 倍，則此三層黏土所同須滿足之微分方程式爲

$$\frac{\partial p_w}{\partial t} = C_0\left(\frac{\partial^2}{\partial x^2} + \frac{\partial^2}{\partial y^2} + \frac{\partial^2}{\partial z^2}\right)p_w$$

換言之，即原來之不均勻的黏土層，可代以一凝縮係數爲C_0之均勻的黏土層，祇須將變換原來黏土層之長度標卽可。

圖(15)舊有之不均勻黏土層可代以一總厚2h之新均勻黏土層，

內
$$2h=\sqrt{\frac{c_0}{c_1}}\,H_1+\sqrt{\frac{c_0}{c_2}}\,H_2+\sqrt{\frac{c_0}{c_3}}\,H_3 \qquad (52)$$

求新黏土層內之 p_w 時，所須注意之點卽 t=o時，$p_w=\sigma_m$式中之σ_m爲一不連續之函數。因新黏土層內各點上之σ_m應與舊黏土層內相對稱之點上之σ_m相等故也。

將所求得之新黏土層內各點處之p_w，移至舊黏土層內各對稱之點後，卽可用式(46)求時間與沉陷量百分比之關係。

(N)土壤之前期凝縮程度對於沉陷速率之影響

(a)凡土壤因曾受壓力p_1(參閱(G)節)而起前期凝縮者，則因$e-p_m$曲線分二段，此二段E_m之值不同，故此二段之凝縮係數C亦不同。如$\gamma z+\sigma_m<p_1$則可用AC段(圖9)之曲綫求E_m。如$\gamma z<p_1<\gamma z+\sigma_m$，則$E_m$之值可用式(42)計算。

(b)黏土在承載基礎時如尙未達完全凝縮程度(參閱(G)節)，則t=o時前黏土內尙有水應力p_w'，其值視凝縮程度卽沉陷量百分比而定。故當t=o時，式(45)所示之邊界條件應改作

$$t=o,\quad p_w=p_w'+\sigma_m \qquad (53)$$

其時間與沉陷百分比之關係則爲

$$Q=1-\frac{\int p_w dz}{\int (p_w'+\sigma_m)dz} \qquad (54)$$

(O)時間一沉陷量曲線與沉陷量差

欲求地面上某點之時間t與沉陷量s關係之線，可先將該點在承載時立時完成之沉陷量(參閱(K)節第一段)，如沙層之沉陷量等，繪成曲線a(圖16)，再利用式(46),(50),(51)等之結果，將黏土層之沉陷量與時間之關係，繪成曲線b，取a,b二曲綫之和，可得曲線c,此曲線卽爲該點之t－s曲綫。類此可求得A,B二點(圖17)之t－s曲線(圖17)。圖中之Δ代表土壤達完全凝縮時A,B二點之沉陷量差。所須注意之點，卽土壤之堆積，若如圖(17)所示，則B點之最後沉陷量，雖較A點爲大，但因B點凝縮較速，在較短時期沉陷幾已全部完成，故A,B二點之最大沉陷量差Δmax(亦卽建築物安全所繫者)，係在沉陷期內發生。由此可見，t－s曲線不特爲預測各時期之沉陷量所必須，並可用以估計最大沉陷量差。

拉卜楞藏民歌舞隊歌舞節目

歡迎工程師聯合年會全體會員

新 體 歌 詞：

1. 建國必成
2. 抗戰必勝
3. 擁護國民政府， 擁護最高領袖。
4. 中華民族團結起來打倒日本帝國主義！

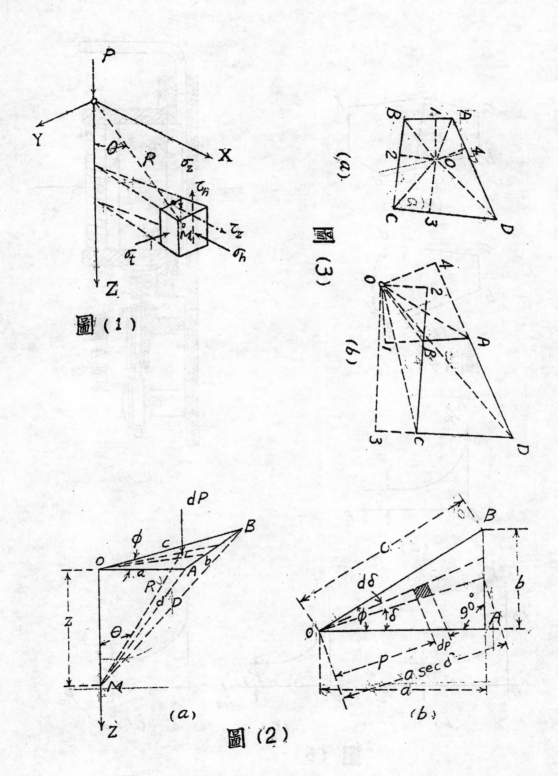

圖 (1)

圖 (3)

(a)

(b)

圖 (2)

(a)

(b)

9601

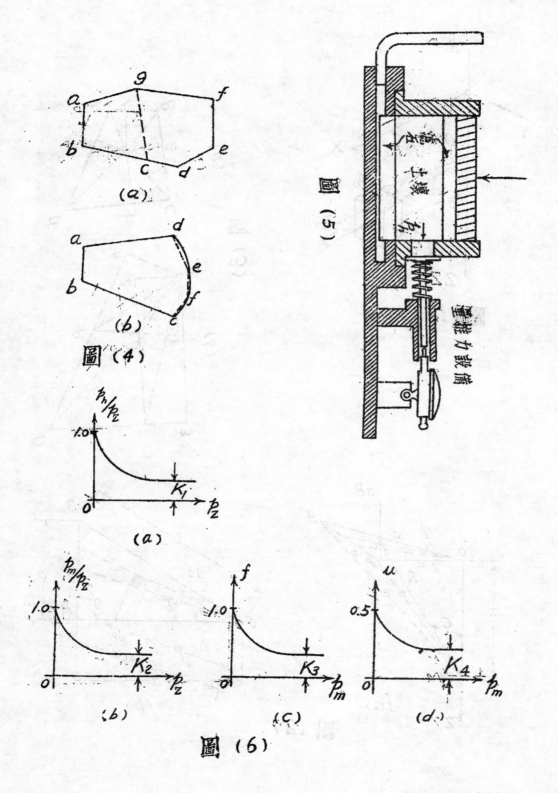

(a)

(b)

圖 (4)

圖 (5)

土壤

重疊力設備

(a)

(b)

(c)

(d)

圖 (6)

9602

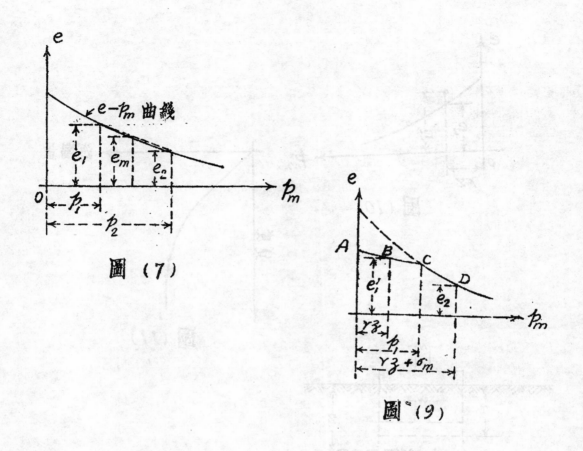

圖 (7)

圖 (9)

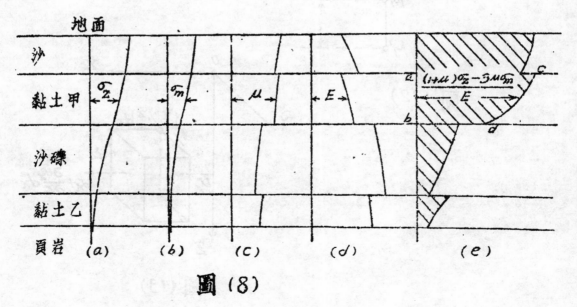

圖 (8)

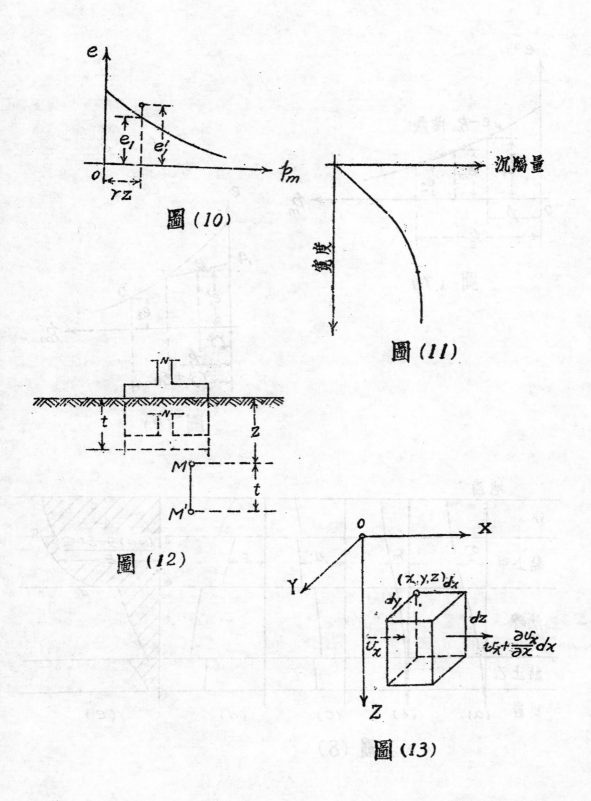

圖 (10)

圖 (11)

圖 (12)

圖 (13)

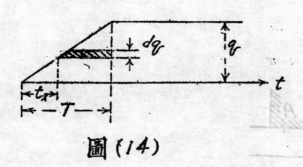

圖 (14)

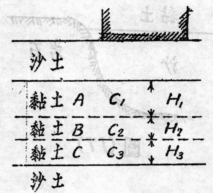

圖 (15)

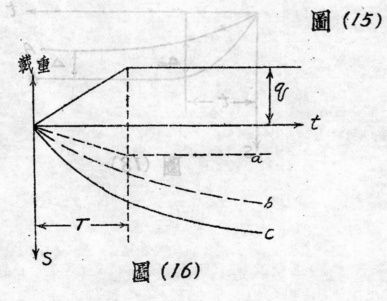

圖 (16)

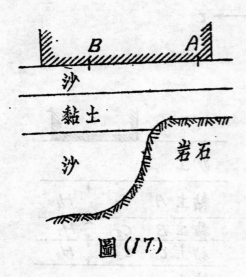

圖 (17)

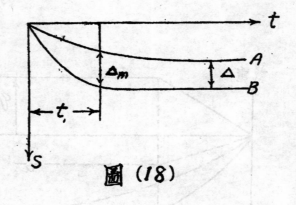

圖 (18)

中國酒麴在近代化工之新應用

湯騰漢　郭質良

華　西　大　學

酒麴在我國用為酵母代用品，由來已久，釀造工業中之糖化與醱酵兩項重要工作，胥藉酒麴之力，故酒麴品質之良否，能影響出品之優劣，關係釀造業之發展頗大。惟我國製酒麴者，率皆於秋夏之間，憑多年之經驗，配製原料，利用天然之醱酵，以期醱酵菌之偶然附育，既乏學理之研求，復少科學之根據，製造技術非但墨守陳法，且千百年來迄無改善，宜乎其出品成分低而質劣，銷路日促，以致國內名產，如高粱酒黃酒等，漸為淘汰，故國產酒麴實有整理之必要，前國立山東大學化學系有鑒於斯，特指定作者等專司其事，並從事收集全國產酒麴，以資研究，惟以國內酒麴，各省皆產，短時徵集，頗屬不易，故暫先就山東一省着手，爰於民國二十二年秋，函請山東民政廳，代徵各縣酒麴，先後收到達八十餘縣，工作二年完成，而發表者計臨溜、文登、博興、鄆城、定陶、費縣、曹縣、金鄉、鄄城、荷澤、濟陽、（1）諸城、單縣、臨清、臨朐、蓬萊、昌樂、商河、清平、膠縣、高密、長山、陽信、昌邑、堂邑、齊化、禹城等二十八縣。（2）就中由金鄉縣酒麴中所分得之酵母種，曾被上海中國酒精廠採用，結果甚佳。（3）旋受中華教育文化基金董事會之補助，工作經年又完成一部，（已有報告送呈中華基金會）計安邱、肥城、濟寧、陽穀、浚上、鄒平、滋陽、無棣、益都、蒲台、萊蕪、齊河、桓台、博平、棲霞、恩縣、臨邑、平原、廣饒、泰安、卽墨、博山、朝城、及萊陽等二十四縣。（4，5）前後共完成計五十二縣酒麴。

正擬繼續工作，而二十七年變起，全面抗戰燄起，學校奉命內遷，一度於安慶，再遷於萬縣，工作途告中止，所幸此次由五十二縣酒麴中所分離之各種菌種，計酵母106種，黴菌128種，細菌20種，共計254種，均先後隨校產內遷，潛湘派，學校在萬奉命停辦，個人為研究工作前途計，途接受管理中英庚款董事會之科學協助，繼續醱酵研究工作，惟以山東未經整理之各縣酒麴，已陷失敵方，不能繼續進行，復鑒於各種菌類，各有其特性，如酵母之用於酒精工業，已着成效用，於甘油（6，7），各國尚守秘密，黴菌之用於檸檬酸（8，9），葡萄糖酸（10，11），草酸（12，13），乳酸（14），以及細菌廣用於乳酸（15，16），醋酸（17），丙酮丁醇（18，19，20，21）等。各國均在密切研究中（22，23）此等醱酵產物，在我國之抗建期中，均為近代國防上之重要物料，途就已分離之菌種，從事研究，以醱酵方法，試製國防上之重要藥品，因將潛湘之各項菌種，設法逐川，先分別鑑定其性能，再分別試驗其效果，以期在近代化工上能有所應用。

工作經二年後，復蒙中華教育文化基金董事會之補助，又二年，始將各項工作次第完成，大部由此次研究結果，在近代化工上略能應用者，如乳酸菌，被中央製藥廠採用，大量製造乳酸鈣，行銷市面，代用舶來，已歷年餘矣，葡萄糖酸醱酵之黴菌，亦被該廠採用，正在大規模試釀中，最近之將來可有出品應市。

溯此項研究前後工作，幾近十年，（民國二十三年秋起至三十一年夏）先受前國立

9607

山東大學化學系之鼓勵與指導，中華教育文化基金董事之補助，再受管理中英庚款董事會之協助，及中華教育文化基金董事會之再度補助，加以五通橋黃海化學工業研究社，及成都華西大學藥學系研究室先後賜予工作上之便利，研究工作，始能廣藏進行，迄未中斷，實深慶幸並致謝忱。

其餘未完之工作，現又蒙管理中英庚款董事會之再度協助，正加緊體微進行中，其結果尚請俟之異日，茲將已完成之部分，編輯報告如下所述。

試　驗

（一）酒麴之整理

（1）酒麴之化學分析

取原酒麴研成粉末，秤取定量，按德美各國公佈成法（21,22），測定其中之水分，灰分，粗脂肪，還元糖，轉化糖，澱粉，粗纖維全氮量，以及蛋白質氮及胺氮等含量結果如第一表：

第一表　酒麴之化學成分

縣別	水分%	灰分%	粗脂肪%	還元糖%	轉化糖%	澱粉%	粗纖維%	全氮量%	蛋白質氮%	胺氮%
臨淄	2.51	2.68	3.67	5.51	7.33	40.09	4.91	2.22	1.89	0.23
文登	12.07	7.38	1.92	3.57	9.07	32.71	3.18	1.96	1.78	0.26
惠民	9.88	2.66	1.65	2.45	3.04	40.10	3.44	2.13	1.43	1.00
郯城	10.88	4.05	2.30	3.04	8.69	51.76	4.60	2.42	1.24	1.18
定陶	9.48	2.21	0.57	2.05	8.11	43.43	3.51	3.62	1.29	2.33
費縣	12.11	4.42	4.08	2.79	3.55	69.27	2.85	2.10	1.37	0.72
曹縣	8.03	4.92	1.54	2.53	2.42	63.94	3.41	2.23	1.61	0.68
金鄉	8.96	4.49	2.45	5.70	5.44	52.31	2.35	2.30	1.37	0.93
鄄城	8.24	2.21	2.80	1.93	16.91	38.49	12.60	2.00	1.07	0.93
菏澤	8.37	7.79	6.59	7.71	5.85	60.11	2.91	1.79	1.77	0.02
濟陽	7.51	2.77	1.53	8.43	16.21	49.12	4.87	2.19	1.48	0.71
聊城	9.78	3.56	2.49	2.94	6.65	54.31	6.89	2.67	1.47	1.20
棗莊	10.94	3.00	2.69	4.99	6.13	66.22	3.90	1.82	1.32	0.50
臨清	10.98	3.42	2.15	5.84	15.56	51.52	6.53	2.25	1.44	0.81
臨朐	12.13	2.86	1.12	1.81	8.69	58.91	6.09	2.43	1.08	1.37
蓬萊	11.43	2.83	1.83	1.69	9.49	62.22	5.22	1.97	1.44	0.83
昌樂	12.61	2.37	1.25	2.30	6.01	55.91	5.52	2.35	1.32	1.03
菏河	11.03	3.29	1.56	4.30	8.30	66.02	6.91	2.94	1.61	1.33
清平	15.78	2.03	0.71	2.16	6.91	65.20	8.87	2.38	1.69	0.65
廣饒	12.60	3.20	1.37	3.76	10.00	42.30	6.13	3.11	1.51	1.60
嵩壽	16.60	3.56	1.32	3.76	5.39	32.88	3.44	2.84	1.47	0.37
長山	10.29	2.62	1.82	4.50	6.33	31.70	3.90	2.42	1.66	0.73
牟平	10.70	4.10	1.52	2.02	5.05	31.77	4.63	2.94	1.20	1.14
陽信	8.09	3.65	2.10	2.10	2.85	42.74	4.28	2.88	1.65	1.23
昌邑	11.71	3.59	1.93	3.16	3.27	40.01	3.83	2.00	1.72	0.28

堂邑	11.11	1.04	4.78	6.12	7.32	42.03	12.73	3.08	1.88	1.21
齊化	14.4	3.9	1.56	2.95	9.02	60.58	4.63	3.79	1.52	2.21
禹城	8.40	3.2	4.93	5.68	6.82	51.37	14.39	2.48	82.4	0.08
安邱	12.1	7.3	2.1	3.5	9.4	40.5	3.1	2.1	1.5	0.6
肥城	11.5	8.4	2.5	3.0	10.5	50.3	4.2	1.9	1.7	0.2
濟甯	8.7	3.2	2.3	2.0	10.0	45.7	3.4	2.3	1.9	0.4
陽穀	7.3	1.8	3.2	2.6	16.5	40.7	4.6	3.2	2.1	1.1
汶上	5.5	3.0	2.5	2.3	7.5	60.5	3.2	2.5	1.4	1.1
鄒平	6.3	2.4	2.1	2.45	4.02	40.5	3.44	2.22	1.89	0.33
滋陽	12.57	2.68	1.92	3.57	7.33	50.52	2.85	2.1	1.37	0.73
無棣	10.94	2.77	2.49	2.94	4.99	69.22	5.41	1.82	1.32	0.5
益都	11.43	2.88	1.80	1.69	8.69	56.31	3.87	2.25	1.44	0.81
蒲台	12.13	2.83	1.12	1.71	3.42	32.85	14.5	2.15	1.08	1.07
萊蕪	16.8	7.2	1.5	2.5	9.4	44.4	13.5	3.25	2.3	0.95
齊河	12.61	2.37	1.9	2.3	8.5	64.3	2.3	1.9	1.2	0.7
桓台	10.29	2.26	1.82	9.2	4.23	42.32	2.5	1.66	1.23	0.43
博平	12.5	3.25	4.37	6.13	3.44	52.52	6.4	3.0	2.55	0.45
樓蕸	6.78	11.33	1.88	2.36	9.30	46.24	4.6	2.44	1.48	0.96
恩縣	5.89	6.43	2.54	1.42	7.27	72.59	3.67	2.16	1.49	0.87
臨邑	6.64	3.6	3.22	2.8	4.0	46.7	4.36	2.68	1.26	1.42
平原	7.3	2.7	3.55	1.74	12.96	36.96	7.85	2.38	1.2	1.18
廣饒	6.85	2.85	1.71	1.49	1.61	52.48	4.38	2.21	1.58	1.06
泰安	9.82	5.75	2.07	4.17	6.94	61.61	4.77	2.67	1.18	1.49
卽墨	10.78	4.35	4.97	2.62	9.27	53.19	3.17	1.95	1.15	0.80
朝城	8.56	4.03	2.68	4.93	14.42	56.41	3.68	4.65	1.74	2.94
博山	9.39	4.22	1.56	4.07	12.3	63.03	3.75	2.31	0.96	1.34
萊陽	12.09	4.03	2.98	6.25	17.25	47.01	4.73	2.65	1.43	1.25

（2）酒麴之糖化力

按 Lintner 氏方法(26)

取五克酒麴粉末，在室温內以 100cc. 蒸水浸之，約經六小時，過濾所得澄清濾液，卽爲酒麴中糖化酵素之原液，以移液管吸取 0.1cc. 0.2cc. 0.3cc……0.9cc 1cc. 此種濾液，移入十個乾而淨之試管中，每試管中加入 5cc. 2% 之澱粉溶液，保持 21℃. 約經一小時後，每試管中加入 5cc. Fehling 氏混合試液，置於水浴上熱之約十分鐘，取出序列於試管架上其後面，遮以白色紙，在此一羣試管中有鄰接之三管，很明顯的看出一管

，表示還原作用不及，而上浮液體，尚呈藍色，一管表示還原作用太過，上浮液體呈黃色，其中之一管，表示還元作用剛好，上浮液體呈無色，或微黃色，按 hintner 氏之規定 0.1cc 之 5% 酵素液所糖化之澱粉剛好，把 5cc Fehling 氏混合試劑完全還原，則稱此糖化力爲 100. 按此方法計算之公式如下：

$$D : 0.1 = 100 : X$$

D 爲試驗酵素液終點之 cc. 數 X 爲試驗酵素液之糖化力

如原酒麴尚有水分M%則其原酒麴之真正糖
化力F，應用如下式算出

$$F = \frac{XX100}{(100-M)}$$

茲將由此試驗所得之結果列如第二表

第二表　酒麴之糖化力

縣別	糖化力	縣別	糖化力
臨淄	16.7	汝上	15.5
文登	14.3	鄒平	42.5
博興	9.1	滋陽	9.8
鄆城	50	無棣	7.7
定陶	4	益都	17.5
費縣	6.67	蒲台	23.2
曹縣	6	萊蕪	35
金鄉	25	齊河	47
鄆城	10	桓台	30
荷澤	50	博平	4.3
濟陽	20	棲霞	15.81
諸城	16.6	恩縣	11.3
單縣	16.6	臨邑	47.3
臨清	23	平原	10.5
臨朐	20	廣饒	7.74
蓬萊	16.6	泰安	33.2
昌樂	16.6	卽墨	35
商河	25	朝城	50
淸平	20	博山	30.5
膠縣	20	萊陽	5.7
高密	15.3		
長山	12.5		
牟平	16.7		
陽信	16.7		
昌邑	25		
堂邑	33.3		
蒿化	40		
禹城	25		
安邱	30		
肥城	25		
濟甯	6.7		
陽穀	12.3		

（3）酒麴之醱酵力

按 Meisel 氏方法(27.28)

取五克酒麴粉末混於下列已滅菌之醱酵
液中

純甘蔗糖	4.00克
磷酸銨	0.25克
磷酸一鉀	0.25克
井水	50.00克

置於燒瓶中，瓶口遠以氯化鈣之U形管
，保持溫度 30℃ 經36小時醱酵終了，由燒
瓶所失之重量，算知二氧化碳氣逸出若干，
依 Meiss 氏之規定，一克純酵母能發生1.75
克之二氧化碳者，稱爲規定酵母，其醱酵力
定爲100. 今作者以一克酒麴，能逸出 1.75
克 CO_2 者，則其醱酵力亦定爲100而計算之.
其公式如下

1.75：n＝100：X　　n＝ 二氧化碳逸
出量(已知數)

由上述方法及計算公式本試驗之結果列如第

三表

第三表　酒麴之醱酵力

縣別	醱酵力
臨淄	10.04
文登	6.22
博興	7.25
鄲城	19.08
定陶	8.2
費縣	24.5
曹縣	10.97
金鄉	20.12
鄲城	15.03
荷澤	11.66
濟陽	7.45
諸城	17.8
單縣	16
臨清	18.1
臨朐	23.21
蓬萊	11.61
昌樂	15.30
商河	10.3
濟平	17.28
膠縣	14.8
高密	7.3
長山	14.9
東平	15.3
陽信	17.4
昌邑	27.4
堂邑	18.6
嵩化	14.7
禹城	27
安邱	23.8
肥城	10.5
濟甯	4.5
陽穀	2.4
汶上	6.8
鄆平	7.6
滋陽	9.8
無棣	12.5
益都	7.8
蒲台	5.4
萊蕪	20.5
齊河	22.3
桓台	24.5
博平	18.3
棲霞	7.43
恩縣	7.43
臨邑	6.86
平原	15.57
廣饒	2.29
蒙安	4.7
即墨	2.3
朝城	2.8
博山	3.8
萊陽	3.8

（二）酒麴中醱酵菌之分離

（1）酵母之分離

酒麴之種類，因產地而異，爲工作便利起見，特按下列之次序，給以羅馬楷字簡代之，如 I, II, III, 等，在各縣酒麴中，所分出之酵母種，以英文 y 代之，其在同一縣酒麴中分得酵母有二種以上時，則以 1, 2, 3 等字附於 y 字之後，以示區別，茲將所分離之各縣酒麴及其簡號，序列如下

I臨淄	II文登	III博興
IV鄲城	V定陶	VI費縣
VII曹縣	VIII金鄉	IX鄲城
X荷澤	XI濟陽	XII諸城
XIII單縣	XIV臨清	XV臨朐
XVI蓬萊	XVII昌樂	XVIII商河
XIX濟平	XX膠縣	XXI高密
XXII長山	XXIII東平	XXIV陽信
XXV昌邑	XXVI堂邑	XXVII嵩化
XXVIII禹城	XXIX安邱	XXX肥城
XXXI濟甯	XXXII陽穀	XXXIII汶上
XXXIV鄆平	XXXV滋陽	XXXVI無棣
XXXVII益都	XXXVIII蒲台	XXXIX萊蕪
IVX齊河	IVXI桓台	IVXII博平

IV XIII 栖霞　IV XIV 恩縣　IV XVII 臨邑
IV XVIII 平原　IV XIX 廣饒　IV XXIII 泰安
IV XX 卽墨　V IX 朝城　V XI 博山
V XII 萊陽

A. 酵母原液之配製

按陳駒聲先生方法(29)

a) 取容積 120cc. 之伊氏燒瓶十個,洗淨烘乾,每個加入 0.8% 生理食鹽水 30cc. 並置入少許小塊或碎形之玻璃塊,瓶口塞以棉花,置於蒸汽潔菌釜內蒸煮一小時,連續滅菌三日取出。

b) 復取 120cc. 容積之伊氏燒瓶十個,乾淨後每個加入 4% 麥芽糖之水溶液 30cc. 瓶口塞以棉花,如上述法施行滅菌。

c) 剖取各縣酒麴中心之一部分研成粉末,分別置於上述 a),b) 巳滅菌之燒瓶內,微振盪之,靜浸三日後是為酵母原液。

茲將各縣酒麴粉末之外觀及浸後酵母液之色變列表於下:

縣別	粉末色澤	水浸液色澤	糖浸液色澤
I	士黃	淺紅黃	深士紅
II	紅黃	黃棕	紅黃
III	灰白	灰黃	黃
IV	草黃	黃色	,,
V	暗黃	灰黃	暗黃
VI	灰白	,,	黃
VII	草黃	,,	,,
VIII	黃白	棕黃	紅黃
IX	黃白	,,	黃
X	黃白	,,	,,
XI	黃	黃褐	黃棕
XII	士黃	深黃	深黃
XIII	灰黃	灰黃	灰黃
XIV	草黃	黃褐	黃褐
XV	黃白	深黃	黃
XVI	黃	紅黃	黃紅
XVII	黃紅	深潟	黃褐
XVIII	棕黃	紅黃	棕黃
XIX	黃白	黃白	,,
XX	黃白	黑	深黃
XXI	淺黃	灰黃	暗黃
XXII	黃白	棕黃	紅黃
XXIII	,,	,,	,,
XXIV	,,	黃	暗黃
XXV	,,	,,	黃
XXVI	暗黃	灰黃	暗黃
XXVII	黃白	,,	黃
XXVIII	,,	棕黃	棕黃
XXIX	,,	黃	黃
XXX	,,	白	,,
XXXI	紅黃	白黃	金黃
XXXII	黃白	,,	,,
XXXIII	,,	,,	紅黃
XXXIV	,,	紅黃	金黃
XXXV	灰白	黃	,,
XXXVI	黃	,,	,,
XXXVII	白	黃白	,,
XXXVIII	黃白	金黃	黃白
XXXIX	,,	黃白	,,
XXXX	,,	,,	,,
IVXI	,,	,,	,,
IVXII	,,	金黃	紅黃
IVXIII	紅黃	,,	,,
IVXIV	,,	白黃	,,
IVXV	黃白	黃白	暗黃
IVXVI	紅黃	紅黃	紅黃
IVXVII	灰白	白黃	,,
IVXVIII	黃白	黃白	暗黃
IVXIX	灰白	黃白	紅黃
VX	黃白	,,	,,
VXI	,,	紅黃	,,
VXII	,,	,,	‥

B. 酵母之離純

a) 固體培養基之製造

　i) mayer氏培養基(30)

蒸溜水	1000 cc.
蔗糖	150 克
硝酸銨	10 克

磷酸鉀　　　　5克
硫酸鎂　　　　2.5克
磷酸鈣　　　　0.5克
瓊脂　　　　　20.0克

ii) Sabouraud 氏培養基(31)

井　水　　　1000 cc.
麥芽糖　　　40克
胃液蛋白　　10克
瓊脂　　　　20克

取上述任一種培養基，置於一立升容積之平底燒瓶中，於蒸汽滅菌釜中，連續滅菌三日，每次經一小時之久，最後趁熱取出，傾入培養管中約10d，管上塞以棉花，復如法滅菌三次，復趁熱取出，斜置於盤中，待冷凝固，隨成固體斜面培養基，以備應用。

b) 酵母之分離(32)

取直徑約 20.cm 大的二重皿 petridish 數十個，洗淨烘乾，外以棉紙包裹，置於乾熱殺菌箱中，乾熱殺菌溫度約達 160-180°C 時間歷 $1\frac{1}{2}$ 小時之久連續三次，取出每個徵掀，一邊傾入上述A之滅菌，復熔液5cc.水平式徵徵搖動，使液體平舖二重皿之底面上，待冷凝成薄片，透視之如無物焉，後以滅菌之鉑絲鈎，取每縣酵母原液少許，割線種植於此等二重皿中每縣種植三個，復以棉花紙包裹，移植於保溫箱中，溫度 25-28°C 經二日後，每日視察一次，至現有菌叢，則以滅菌之鉑絲取下，於顯微鏡下檢之，如係酵母，即移植於B之斜面培養基內，復置於保溫箱中任其繁殖。

c) 酵母之純粹培養(33)

取上述所分離之酵母，每種於細微鏡下檢視之，察其是否純粹，其不純者以Hincdner 氏懸滴法(34)培養之法，以無菌鉑絲鈎，取酵母少許，置於無菌水中，（此無菌水係以蒸溜水連續滅菌三次所製得)振盪之，使其菌叢分離，後再以無菌水稀釋之，直至每滴酵母液約合一個酵母細胞時為止，以滅菌小型移液管移取數滴，滴於二重皿內，（此內

培養基為B之滅菌復熔液所製者)經 24 小時，每個細胞，生長成一個個體菌，當後之滅菌鉑絲移植於B之斜面培養基內，俟其生長再檢查之，其獲不純者，再反覆如上述操作，直至純時為止。

所用之染色液

i) 城性色素用以染細胞澄及細胞核者

Fuchsin　　　　0.3克
純酒精　　　　5 cc.

ii) 酸性色素用以染細胞體之各部者

Eosin　　　　0.3克
純酒精　　　　5 cc.

取無菌鉑絲鈎，取少許酵母菌苔，置於已揩試清潔之載玻璃片上，復加一滴無菌水，徐徐塗抹，使之平舖後，置於空氣中，經十數分鐘待乾，滴一滴木精，使之固定後，分別滴加上述 i) ii) 色素液，經時以水輕洗之，再以酒糟洗之，復以水洗之，以蓋玻璃蓋上施行鏡檢，檢後一部分須加以保存者，以水洗之，置於空氣中，俟其自然乾燥，同時在此載玻璃之中央，滴 Balsamum Canadense Naturale 一滴，復以蓋玻璃蓋之，後稍鎮之，使膠平勻，其不須保留者，經記錄後，將其蓋玻璃與載玻璃，分別剝開，各浸於千倍昇汞木中，過三日後取出，以清水洗之待用。

經檢查結果得酵母種如下

縣別	酵母種別		
I	Iy_1	Iy_3	Iy_5
II	IIy_1		
III	$IIIy_6$		
IV	IVy_4		
V	Vy_2	Vy_8	
VI	VIy_1	VIy_2	VIy_7
VII	$VIIy_7$	$VIIy_8$	
VIII	$VIIIy_5$	$VIIIy_7$	
IX	IXy_9		
X	Xy_4		
XI	XIy_1	XIy_2	XIy_8

XII	XIIy_1				
XIII	XIIIy_1				
XIV	XIVy_1				
XV	XVy_1	XVy_2			
XVI	XVIy_1	XVIy_2			
XVII	XVIIy_1	XVIIy_2			
XVIII	XVIIIy_1	XVIIIy_2	XVIIIy_3		
XIX	XIXy_1	XIXy_2	XIXy_3	XIXy_4	XIXy_5
XX	XXy_1	XXy_2			
XXI	XXIy_1	XXIy_2	XXIy_3		
XXII	XXIIy_1	XXIIy_2			
XXIII	XXIIIy_1	XXXXy_2			
XXIV	XXIVy_1				
XXV	XXVy_1	XXVy_2	XXVy_3	XXVy_4	
XXVI	XXVIy_1				
XXVII	XXVIIy_1				
XXVIII	XXVIIIy_1				
XXIX	XXIXy_1	XXIXy_2			
XXX	XXXy_1				
XXXI	XXXIy_1	XXXIy_2			
XXXII	XXXIIy_1				
XXXIII	XXXIIIy_1	XXXIIIy_2	XXXIIIy_3		
XXXIV	XXXIVy_1	XXXIVy_2	XXXIVy_3	XXXIVy	
XXXV	XXXVy_1				
XXXVI	XXXVIy_1				
XXXVII	XXXVIIy_1				
XXXVIII	XXXVIIIy_1	XXXVIIIy_2	XXXVIIIy_3	XXXVIIIy_4	
XXXIX	XXXIXy_1				
XXXX	XXXXy_1				
IVXI	IVXIy_1	IVXIy_2	IVXIy_3	IVXIy_4	
IVXII	IVXIIy_1	IVXIIy_2			
IVXIII	IVXIIIy_1				
IVXIV	IVXIVy_1				
IVXV	IVXVy_1	IVXVy_2	IVXVy_3	IVXVy_4	
IVXVI	IVXVIy_1	IVXVIy_2			
IVXVII	IVXVIIy_1	IVXVIIy_2	IVXVIIy_3		
IVXVIII	IVXVIIIy_1	IVXVIIIy_2			
IVXIX	IVXIXy_1	IVXIXy_2			
VX	VXy_1	VXy_2			
VXI	VXIy_1				
VXII	VXIIy_1	VXIIy_2	VXIIy_3	VXIIy_4	

（2）黴菌之分離

酒麯因產地而種別，為工作便利起見，代以簡號，詳見前項，今由此頓酒麯中所分離之黴菌種，以英文字M表示之，其同一縣之酒麯，分有兩種，以上黴菌時則於M字之右側，記以1,2等字以示區別。

A.黴菌原液之配製

a)取容積250cc平底燒瓶數十個，洗淨烘乾，每個加入5％麥芽糖1％，清化蛋白2％，葡萄糖及5％酒石酸等之水溶液100cc.測其PH值至2.8，瓶口塞以棉花，如法滅菌。

b)復取容積250cc，平底燒瓶數十個，乾淨後每個加入2％，酒石酸水溶液100cc.，測其PH值至4.0，瓶口塞以棉花，殺菌如前。

c)剷取各縣酒麯之一部，研成粉末，分別置於上述a)b)已滅菌之原液內，振勻後，靜培三日，溫度18°C後檢視之。

B.黴菌之分離

a)固體培養基之製備(35,36)

甲基	麥芽糖	50克
	消化蛋白	1克
	瓊脂	20克
	井水	1000克
乙基	葡萄糖	50克
	酒石酸	50克
	井水	100克

取上述甲乙兩基溶液，分別如法滅菌，後以滅菌移液管，移取甲基10cc.傾入已滅菌之培養管中，復移入1cc.之乙基液徵搖盪之，使勻後斜置於盤中，待冷凝固，隨成固體斜面酸性培養基，其PH值為3.0

b)分離操作

操作方法與分離酵母者相似茲不復述

c)黴菌之純粹培養

取前述所分離之黴菌種，先以肉眼檢視

9614

之，查其是否雜生，如不雜生，復於顯微鏡下視之，檢其是否純粹，其不純者以鉑絲鈎取少許種植於二種皿中，由此二重皿中所生之黴菌，再精細檢查，取其純者，移植於培養基內，如是反復操作，直至純時為止。

經檢查結果得黴菌種如下

縣別　黴菌種別

I	$I M_2$	$I M_4$	$I M_5$	
II	$II M_1$	$II M_2$	$II M_4$	$II M_5$
III	$III M_1$	$III M_2$		
IV	$IV M_1$	$IV M_2$	$IV M_3$	$IV M_5$
V	V_1	$V M_2$	$V M_3$	$V M_4$
VI	$VI M_2$	$VI M_4$		
VII	$VII M_2$	$VII M_4$	$VII M_5$	$VII M_7$
VIII	$VIII M_4$			
IX	$IX M_1$	$IX M_2$	$IX M_4$	$IX M_5$
X	$X M_1$	$X M_4$		
XI	$XI M_2$	$XI M_3$	$XI M_4$	
XII	$XII M_1$	$XII M_2$	$XII M_4$	
XIII	$XIII M_1$	$XIII M_2$	$XIII M_3$	$XIII M_5$
XIV	$XIV M_1$	$XIV M_2$		
XV	$XV M_1$	$XV M_2$		
XVI	$XVI M_1$	$XVI M_2$	$XVI M_3$	
XVII	$XVII M_1$	$XVII M_2$		
XVIII	$XVIII M_1$	$XVIII M_2$	$XVIII M_3$	$XVIII M$
XIX	$XIX M_1$	$XIX M_3$		
XX	$XX M_1$	$XX M_2$		
XXI	$XXI M_1$	$XXI M_2$	$XXI M_3$	$XXI M_4$
XXII	$XXII M_1$			
XXIII	$XXIII M_1$	$XXIII M_2$	$XXIII M_3$	
XXIV	$XXIV M_1$			
XXV	$XXV M_1$			
XXVI	$XXVI M_1$	$XXVI M_2$	$XXVI M_3$	
XXVII	$XXVII M_1$			
XXVIII	$XXVIII M_1$	$XXVIII M_2$		
XXIX	$XXIX M_1$	$XXIX M_2$		
XXX	$XXX M_1$			
XXXI	$XXXI M_1$	$XXXI M_2$		
XXXII	$XXXII M_1$			
XXXIII	$XXXIII M_1$	$XXXIII M_2$	$XXXIII M_3$	$XXXIII M_4$ $XXXIII M_5$
XXXIV	$XXXIV M_1$	$XXXIV M_2$		
XXXV	$XXXV M_1$	$XXXV M_2$		
XXXVI	$XXXVI M_1$	$XXXVI M_2$	$XXXVI M_3$	$XXXVI M_4$ $XXXVI M_5$
XXXVII	$XXXVII M_1$			
XXXVIII	$XXXVIII M$			
XXXIX	$XXXIX M_1$	$XXXIX M_2$	$XXXIX M_3$	
XL	$XL M_1$	$XL M_2$	$XL M_3$	$XL M_4$
XLI	$XLI M_1$	$XLI M_2$	$XLI M_3$	$XLI M_4$
XLII	$XLII M_1$			
XLIII	$XLIII M_1$			
XLIV	$XLIV M_1$			
XLV	$XLV M_1$	$XLV M_2$	$XLV M_3$	$XLV M_4$
XLVI	$XLVI M_1$	$XLVI M_2$	$XLVI M_3$	
XLVII				
XLVIII	$XLVIII M_1$	$XLVIII M_2$	$XLVIII M_3$	
XLIX	$XLIX M_1$	$XLIX M_2$	$XLIX M_3$	
L	$L M_1$	$L M_2$	$L M_3$	
LI	$LI M_1$	$LI M_2$		
LII	$LII M_1$			

（3）細菌之分離

酒麴因產地而異，代以簡號，詳見前項，今由此類酒麴中所分離之細菌種，以英文字B表示之，其由一縣酒麴中分有兩種以上細菌時，則於B字之右側，記以1,2等數字，以示區別。

A　細菌原液之配製

a)取容積 120cc. 之伊氏燒瓶數十個，洗淨烘乾，每個加入 Dunham 氏消化蛋白溶液(37)，即消化蛋白 1% 鹽 0.5% 約 30cc. 並置入少許碎形玻璃塊，瓶口塞以棉花，置於蒸汽滅菌釜內，煮蒸一小時，連續滅菌三次。

b)取容積 120cc. 之伊氏燒瓶數十個，乾淨後，每個加入稀釋二倍之(38)新鮮牛乳 30cc. 瓶口塞以棉花，如上述法滅菌。

c)剖取各縣酒麴之一部，置於滅菌乳鉢

中在無菌室內，研成細末，分別加入上述
a,b,二種原液中，振盪後，培養三日，即可
應用。

B細菌之分離

a)固體培養基之配製

按 Cohn 氏處方另加4％明膠(39)

酒石酸銨	1．克
硫酸鎂	0.5克
磷酸鈣	0.05克
酸磷酸鉀	0.5克
水	100克

依上述處方，將各成分配好，盛於容積
約200之平底燒瓶中，在蒸汽釜中溶化之，
分貯 5cc.於已淨乾之培養管中，加棉塞滅菌
三次。

b)分離操作

方法與分離酵母操作相似茲不贅述

c)細菌之純粹培養

方法與培養酵母操作相似茲不復述

經培養結果細菌種如下

酒麴種別	細菌種別	
VI	VIB_1	VIB_2
IX	IXB_1	
X	XB_1	
XII	$XIIB_1$	
XII	$XIIB_1$	
XVI	$XVIB_1$	$XVIB_4$
VIII	$VIIIB_1$	
XX	XXB_1	
XXV	$XXVB_1$	
XXVII	$XXVIIB_1$	
XXIX	$XXIXB_1$	
XXVII	$XXVIIB_1$	
XXIX	$XXIXB_1$	
IVX	$IVXB_1$	
IVXI	$IVXIB_1$	
IVXII	$IVXIIB_1$	
IVXIII		
IVXV	$IVXVB_1$	

（三）酒麴中各種菌類之生理性質

工　酵母之生理性質試驗(40,41,42,43)

（1）生理試驗

A畫線培養

移植純酵母於斜面培養基內，以鉑絲劃
一直線，溫度 25－28°C，培養三日後，檢
視之結果如下：

酵母種	生　長　狀　態	色澤	邊緣	光澤	潤澤	突起程度	繁育速度
Iy_1	彌散全部	乳白	+	+	++	++	+++
Iy_5	→	微紅乳白	+	+	++	+	++
Iy_5	沿劃線生長上部較下部爲狹	乳白	+	+	+	++	++
IIy_1	沿畫線生長下部彌散	粉紅	+	+	++	++	++
$IIIy_6$	彌散全部	乳白	+	+	+	+	++
IVy_4	,,	,,	−	+	+	+	+
Vy_2	沿畫線生長	珊瑚紅	+	+	+	+	+
Vy_8	沿畫線生長面附有皺紋	乳白	+	+	+	+	+++
VIy_1	彌散全部	,,	−	+	++	+	+
VIy_2	沿畫線生長呈串珠狀連生	,,	+	+	+	++	+++
VIy_7	呈串珠狀連生面附有氣孔	,,	−	+	+	+	+++
$VIIy_7$	彌散全部下部較寬	,,	+	+	++	+++	++++
$VIIy_8$	,,	,,	+	+	++	++	++

Ⅷy₃	彌散全部	乳白	+	+	+	+	++
Ⅷy₅	沿畫線呈葫蘆形面附有皺紋	,,	-	+	+	+	++
Ⅸy₉	沿畫線生長	,,	+	+	++	+++	+++
Ⅹy₄	,,	,,	+	+	++	++	++
ⅩⅠy₁	線形無紋	淺黃	+	+	++	+++	+++
ⅩⅠy₂	線形有小點如雀紋	淺紅	-	-	+	+	+++
ⅩⅠy₃	線形	黃灰	-	-	+	+	+
ⅩⅡy₁	,,	黃白	-	+	++	+	+++
ⅩⅢy₁	,,	淺紅	-	+	++	+	+++
ⅩⅣy₁	,,	淺紅	-	-	+	+	++
ⅩⅤy₁	,,	淺黃	+	+	++	++	+++
ⅩⅤy₂	,,	黃白	-	+	++	+++	+++
ⅩⅥy₁	,,	,,	-	-	+	+++	++
ⅩⅥy₂	,,	桃紅	+	+	++	++	+++
ⅩⅦy₁	葫蘆形	黃白	+	+	++	++	++
ⅩⅦy₂	線形	米黃	+	-	+	+++	+++
ⅩⅧy₁	,,	淺黃	+	+	++	++	+++
ⅩⅧy₂	,,	珊瑚紅	+	+	++	++	+++
ⅩⅧy₃	,,	淺紅	+	+	++	++	+++
ⅩⅨy₁	,,	米黃	+	+	++	++	++
ⅩⅨy₂	,,	淺紅	-	+	++	++	+++
ⅩⅨy₃	,,	珊瑚紅	-	+	++	++	+++
ⅩⅨy₄	,,	,,	-	+	++	+++	+++
ⅩⅨy₅	,,	乳白	-	+	++	+++	+++
ⅩⅩy₁	,,	,,	+	+	+	+	+
ⅩⅩy₂	彌散全部	,,	+	+	+	+	+
ⅩⅩⅠy₁	線形	,,	+	+	+		++
ⅩⅩⅠy₂	,,	紅	++	++	++	+	++
ⅩⅩⅠy₃	,,	乳白	++	++	++	++	++
ⅩⅩⅡy₁	,,	白	++	++	++	+++	++
ⅩⅩⅡy₂	,,	紅	+	+	++	++	++
ⅩⅩⅢy₁	,,	白黃	+	+	++	+	++
ⅩⅩⅢy₂	,,	粉紅	+	+	++	++	++
ⅩⅩⅣy₁	,,	,,	++	++	+		+
ⅩⅩⅤy₁	,,	乳白	++	+	+	++	+
ⅩⅩⅤy₂	,,	紅	++	+	+	+	+
ⅩⅩⅤy₃	,,	淺黃	++	++	+	+	
ⅩⅩⅤy₄	,,	白黃	++	++	++	+	++
ⅩⅩⅥy₁	,,	紅	++	+	++	++	++

XⅧy₁	線形	乳白	+	++	++	+	++
XⅧy₁	,,	,,	++	++	+	+	++
XⅩy₁	線形下部呈球形	潤白	—	—	—	+	++
XⅩy₂	盡綫生長下部呈球形	乳白	—	+	+	++	++
XXy₁	,, ,,	,,	—	+	—	+	++
XXⅪy₁	彌散	,,	+	+	+	+	+
XXⅪy₂	曲綫生長	暗白	—	—	—	+	++
XXⅫy₁	直綫生長下部膨大	乳白	+	++	+	++	+
XXⅫy₁	,, ,,	紅	+	++	+	++	+
XXⅫy₂	彌散	乳白	—	+	++	+	++
XXⅫy₃	直綫生長下部膨大	,,	+	+	+	+	++
XXⅣy₁	直綫生長下部彌散	,,	+	+	+	+	++
XXⅩⅣy₂	曡線形葫蘆形下部膨大有花紋	潤白	—	+	—	+	++
XXⅩⅦy₃	曲綫膨大狀	白	—	—	—	+	++
XXⅩⅦy₄	彌散呈葉形	暗白	—	—	—	+	+
XXⅩⅤy₁	線形呈乾葉狀	乾白	—	—	—	+	++
XXⅩⅥy₁	曡形生長	潤白	—	—	—	+	++
XXⅩⅦy₁	綫形面有花紋	,,	—	—	—	+	++
XXⅩⅧy₁	綫形面有裂隙	乳紅	+	+	+	++	++
XXⅩⅧy₂	串珠連生	,,	+	+	+	++	++
XXⅩⅧy₃	線形	,,	+	+	+	++	++
XXⅩⅧy₄	線形	,,	—	—	+	++	++
XXⅩⅨy₁	線形	,,	+	+	+	++	++
ⅣXy₁	線形下部膨大	,,	+	++	+	+	+
ⅣⅪy₁	線形	,,	+	+	+	++	++
ⅣⅪy₂	彌散培基有裂隙	,,	+	++	++	+	++
ⅣⅪy₃	綫形下部曲綫	,,	+	+	++	+	++
ⅣⅪy₄	,, ,,	紅	+	+	+	+	+
ⅣⅫy₁	線形呈蚓背形之節	潤白	—	—	—	++	++
ⅣⅫy₂	線形呈下部橢圓形	乳白	—	+	+	++	++
ⅣⅫy₁	,, ,,	紅	+	+	+	+	++
ⅣⅩⅢy₁	線形	粉紅	+	+	+	+	+
ⅣⅩⅤy₁	彌散	濁白	—	+	+	—	++
ⅣⅩⅤy₂	曡係葫蘆狀	乳白	—	—	—	+	++
ⅣⅩⅤy₃	曡係生長	潤白	—	+	—	+	+
ⅣⅩⅤy₄	,, ,,	暗白	—	—	—	+	+
ⅣⅩⅥy₁	綫形	黃	+	+	+	+	+
ⅣⅧy₂	,,	,,	—	—	+	+	+
ⅣⅧy₃	,,	乳白	+	+	+	—	++

ⅣⅫy₂	線形	乳白	–	++	–	+	+
ⅣⅫy₃	彌散	,,	+	++	+	+	++
ⅣⅫy₁	線形下部彌散	紅色	+	++	+	+	++
ⅣⅫy₂	,,　　　　,,	乳白	+	+	+	++	++
ⅣⅫy₁	線形	,,	+	++	–	+	++
ⅣⅫy₂	串珠狀連生	,,	+	+	–	+	++
ⅤＸy₁	線形	,,	+	++	+	+	++
ⅤＸy₂	串珠狀連生	潤白	+	+	+	+	++
ⅤＸy₃	線形	乳白	+	++	+	+	++
ⅤＸy₄	,,	黃白	+	+	+		+
ⅤⅪy₁	,,	乳白	+	++	++	+	++
ⅤⅫy₁	,,	潤白	–	+	–	+	++
ⅤⅫy₉	,,	乳白	+	++	+	++	++
ⅤⅫy₃	,,	,,	+	+	+	+	++
ⅤⅫy₄	線形下部呈棄狀膨大	潤白	–	+	–		++

註：　邊　　線　　+ 齊整　　　– 不整齊（有皺紋）
　　　光　　澤　　++ 反光　　+ 暗光　　– 不反光
　　　潤　　澤　　++ 溼　　　+ 潤　　　– 乾
　　　突起程度　　++ 高　　　+ 低　　　– 無（平舖）
　　　發育速度　　+++快　　++稍快　　+慢

B　穿刺培養

取已溶之培養基傾入 10cc ，於培養管中滅菌後，直立待冷則凝成柱形，以無菌絲移取酵母菌苔少許，於此柱狀培養基面之中央穿刺入內，約達全柱體四分之三，後置於保溫箱中，溫度 30℃ ，任其發育四十日後，取出檢視之結果如下：

酵母種	表面生長	中間生長	氣體
Ｉy₁	+++	+++	–
Ｉy₃	+++	+	±
Ｉy₅	+++	++	–
Ⅲy₁	+++	+	–
Ⅲy₆	+++	+	–
Ⅳy₄	+++	+	–
Ⅴy₂	++	+	–
Ⅴy₈	+++	++	–
Ⅵy₁	++	+	–
Ⅵy₂	+++	+	–
Ⅵy₇	++	+	–

Ⅶy₇	+++	++	–
Ⅶy₃	++	+	–
Ⅶy₃	+++	+++	+
Ⅶy₅	+++	++	–
Ⅸy₉	++	+	–
Ｘy₄	++	+	–
Ⅺy₁	+++	+	–
Ⅺy₂	+++	+	–
Ⅺy₃	+++	+	+
Ⅻy₁	+++	+	–
Ⅻy₁	+++	+	–
Ⅻy₁	++	+	–
ⅩⅣy₁	+++	+	–
ⅩⅤy₂	+++	++	++
ⅩⅡy₁	+++	+	–
ⅩⅡy₂	+++	+	–
ⅩⅢy₁	++	+	–
ⅩⅡy₃	+++	+	–
ⅩⅡy₁	+++	+	–

ⅩⅢy₂	+++	+	−		ⅩⅩⅦy₁	++	+	−
ⅩⅢy₃	+++	+	−	ⅩⅩⅦy₁	++	+++	+
ⅩⅢy₁	+++	+	−	ⅩⅩⅧy₂	++	+	−
ⅩⅢy₂	+++	+	−	ⅩⅩⅧy₃	++	+	−
ⅩⅢy₃	+++	+	−	ⅩⅩⅧy₄	++	+++	+
ⅩⅢy₄	+++	+	−	ⅩⅩⅧy₁	+++	++	−
ⅩⅢy₅	+++	+	−	ⅣⅩy₁	++	++	−
ⅩⅤy₁	++	+	−	ⅣⅪy₁	++	+++	−
ⅩⅤy₂	++	++	−	ⅣⅪy₂	++	+++	+
ⅩⅩⅠy₁	++	++	−	ⅣⅪy₃	++	++	+
ⅩⅩⅠy₂	+++	+	+	ⅣⅫy₄	++	+++	−
ⅩⅩⅠy₃	+++	+	−	ⅣⅫy₁	++	+++	−
ⅩⅩⅡy₁	+++	+	−	ⅣⅫy₂	+++	+	−
ⅩⅩⅡy₂	+++	++	+	ⅣⅫy₁	+++	+	−
ⅩⅩⅢy₁	+++	++	−	ⅣⅩⅢy₁	+++	++	−
ⅩⅩⅢy₂	+++	++	−	ⅣⅩⅣy₁	+++	++	−
ⅩⅩⅣy₁	+++	++	−	ⅣⅩⅤy₂	++	++	+
ⅩⅩⅤy₁	+++	+	−	ⅣⅩⅤy₃	+++	+++	+
ⅩⅩⅤy₂	++	+	−	ⅣⅩⅥy₄	+++	+	−
ⅩⅩⅤy₃	+++	++	−	ⅣⅫy₁	++	++	−
ⅩⅩⅤy₄	++	+	−	ⅣⅩⅧy₃	+++	++	−
ⅩⅩⅥy₁	+++	++	−	ⅣⅩⅦy₁	+++	+	−
ⅩⅩⅦy₁	++	+	−	ⅣⅩⅧy₂	++	+++	+
ⅩⅩⅧy₁	++	+	−	ⅣⅩⅧy₃	+++	++	+
ⅩⅩⅨy₁	+++	+	−	ⅣⅩⅨy₁	+++	+++	−
ⅩⅩⅨy₂	+++	+	−	ⅣⅩⅨy₂	++	++	−
ⅩⅩⅩy₁	++	+	−	ⅣⅩⅩy₁	++	++	−
ⅩⅩⅪy₁	++	+	−	ⅣⅩⅩy₂	++	+++	−
ⅩⅩⅪy₂	++	++	−	ⅤⅩy₁	++	+	−
ⅩⅩⅫy₁	++	++	−	ⅤⅩy₂	+++	+	−
ⅩⅩⅩⅢy₁	++	+	−	ⅤⅩy₃	+++	+	−
ⅩⅩⅩⅢy₂	++	+	−	ⅤⅩy₄	++	+++	+
ⅩⅩⅩⅢy₃	+++	++	−	ⅤⅪy₁	+++	+	+
ⅩⅩⅩⅣy₁	+++	++	−	ⅤⅫy₁	++	+	−
ⅩⅩⅩⅣy₂	++	++	−	ⅤⅫy₂	++	+++	−
ⅩⅩⅩⅣy₃	+++	+++	+	ⅤⅫy₃	+++	++	−
ⅩⅩⅩⅣy₄	+++	++	−	ⅤⅫy₄	++	+	−
ⅩⅩⅩⅤy₁	+++	++	−				
ⅩⅩⅩⅥy₁	++	+	−				

註：表面生長及中間生長
+++（很多）　++（多）

　　　　+(少)　氣　+(有)　一(無)　　　　XIX y₃　　　　　士

　　　　　　C　液體培養　　　　　　　　XIX y₄　　　　　士

　　取純酵母菌苔移植液於液體培養基內經　XIX y₅　　　　　+

二日後檢視結果如下　　　　　　　　　　XX y₁　三日後生白膜　+

　酵母種　薄膜產生　混濁　　　　　　　XX y₂　　　　　　+

酵母種	薄膜產生	混濁		酵母種	薄膜產生	混濁
I y₁		士		XXI y₁		士
I y₃		一		XXI y₂		+
I y₅		士		XXI y₃		士
II y₁		+		XXII y₁		士
III y₆		一		XXII y₂		+
IV y₄		+		XXIII y₁	三日後生薄膜	
V y₂		士		XXIII y₂		士
V y₈		一		XXIV y₁	有膜產生	一
VI y₁		+		XXV y₁		一
VI y₂	五日後微有白色薄膜產生	一		XXV y₂	有膜	一
VI y₇		+		XXV y₃	有膜	士
VII y₁		+		XXV y₄	有膜	
VII y₈		一		XXVI y₁	有膜	一
VIII y₃		+		XXVII y₂		一
VIII y₅		+		XXVIII y₁		士
IX y₉	八日後呈白色薄膜面有氣泡	一		XXIX y₁	有膜	士
X y₄		士		XXIX y₂	有膜	一
XI y₁		一		XXXI y₁		士
XI y₃		+		XXXI y₂		一
XI y₃		一		XXXII y₁		+
XII y₁		+		XXXIII y₂		+
XIII y₁		+		XXXIII y₃		一
XIII y₁		+		XXXIV y₁		士
XV y₁		一		XXXXXX y₂		一
XV y₂		+		XXXIV y₃		士
XVI y₁	五日後微有白膜			XXXIV y₄		士
XVI y₃	六日後有白膜	一		XXXV y₁		士
XVII y₁		士		XXXV y₁		一
XVII y₂		一		XXXVI y₁		士
XVII y₁		+		XXXVI y₃		+
XVIII y₁		一		XXXVII y₁		士
XVIII y₃		+		XXXVII y₂		士
XIX y₁		+		XXXVIII y₃		士
XIX y₄		+				

9621

ⅩⅩ ⅩⅢy₄	一		Ⅳ ⅩⅢy₂ (前＋ 後 (後)＋	一
Ⅳ ⅩⅩy₁	一		Ⅴ ⅩⅨy₁ 有膜	一
Ⅳ Ⅹy₁	土		Ⅴ ⅩⅩy₃	一一
Ⅳ Ⅺy₁	＋		Ⅴ Ⅹy₁	土
Ⅳ Ⅺy₂	＋		Ⅴ Ⅹy₂	一
Ⅳ Ⅺy₃	土		Ⅴ Ⅹy₃	一一一
Ⅳ Ⅺy₄	一		Ⅴ Ⅹy₄	一一一
Ⅳ Ⅻy₁	土		Ⅴ Ⅺy₁	
Ⅳ Ⅻy₂ 有膜	土		Ⅴ Ⅻy₁ 有膜	土
Ⅳ ⅩⅢy₁	一		Ⅴ Ⅻy₂	土
Ⅳ ⅩⅣy₁	一		Ⅴ Ⅻy₃	
Ⅳ ⅩⅤy₁	一一		Ⅴ Ⅻy₄	一
Ⅳ ⅩⅤy₂	一一一			
Ⅳ ⅩⅤy₃	一一			
Ⅳ ⅩⅤy₄	一一一			
Ⅳ ⅩⅥy₁	一一一			
Ⅳ ⅩⅦy₂	一一一			
Ⅳ ⅩⅧy₁ 有膜	一			
Ⅳ ⅩⅧy₂	土			
Ⅳ ⅩⅧy₃	土			
Ⅳ ⅩⅧy₁	一一			

註：　混濁　　＋　二日後清
　　　　　　　土　三日後清
　　　　　　　一　四五日後清
　　　　　　一一　六七日後清
　　　　　一一一　八日後猶混

D 大羣落Giant Colonies培養

以無菌鉑絲尖端，挑取少許酵母菌菩點，植於培養基面之中央，於常溫下，任其繁殖，三十日後檢視之，結果如下：

酵母種	色澤	形　　　　態	直徑大小 mm.	突起程度
Ⅰy₁	乳白	橢圓形面平滑光潤	16	＋＋
Ⅰy₃	,,	,,　　　　,,	15	＋
Ⅰy₅	,,	,,　　　　,,	16	＋
Ⅱy₁	粉紅	呈海星形而平滑邊緣整齊	17	＋＋＋
Ⅲy₆	乳白	呈圓形面平滑	13	＋
Ⅳy₄	,,	,,	16	＋
Ⅴy₃	珊瑚紅	,,	17	＋＋
Ⅴy₈	暗白	卵圓形面有皺紋有暗磁錦狀光澤突起呈帽形	21－16	＋＋＋
Ⅵy₁	乳白	圓形面有皺紋	19	＋＋
Ⅵy₂	暗白	圓形面粗糙大氣孔邊緣有刺紋	16	＋＋
Ⅵy₇	乳白	橢丹形邊緣有皺紋	18－19	＋＋
Ⅶy₇	,,	圓形面平滑	18	＋＋
Ⅶy₈	,,	,,	16	＋＋
Ⅷy₃	,,	圓形面粗糙有輪紋	16	＋＋
Ⅷy₅	,,	圓形面粗糙有氣孔邊緣有皺紋	19	＋＋
Ⅸy₉	,,	圓形面平滑	16	＋＋

XY_4	乳白	圓形面平滑邊緣有皺紋	14	＋＋＋
XIy_1	淺黃	圓形面平滑	20	＋＋
XIy_2	淺紅	,, ,,	16	＋＋＋
XIy_3	灰暗	圓形面粗糙	23	＋＋
$XIIy_1$	黃白	卵圓形面粗糙	20	＋＋＋
$XIIIy_1$	淺紅	卵圓形面有皺紋	15	＋＋＋
$XIVy_1$	,,	圓形平滑	20	＋＋＋
XVy_1	淺黃	,,	25	＋＋
XVy_2	,,	卵圓形面有波紋	24	＋＋
$XVIy_1$	黃白	卵圓形面平滑	21	＋＋＋
$XVIIy_2$	桃紅	圓形面有皺紋	21	＋＋＋
$XVIIIy_1$	黃白	圓形平滑	25	±＋＋
$XVIIIy_2$	,,	,,	22	＋＋＋
$XVIIIy_1$	淺紅	,,	18	＋＋＋
$XVIIIy_2$	珊瑚淺	,,	17	＋＋＋
$XVIIIy_3$	淺紅	,,	19	＋＋＋
$XIXy_1$	黃白	,,	22	＋＋
$XIXy_2$	淺紅	,,	22	＋＋＋
$XIXy_3$	珊瑚紅	,,	19	＋＋＋
$XIXy_4$	,,	,,	22	＋＋
$XIXy_5$	黃白	,,	23	＋＋＋
XXy_1	乳白	,,	22	＋
XXy_2	黃白	,,	25	＋
$XXIy_1$	乳白	,,	25	＋＋＋
$XXIy_2$	紅	,,	22	＋＋
$XXIy_3$	黃白	,,	25	＋＋
$XXIIy_1$	乳白	,,	25	＋＋＋
$XXIIy_2$	深紅	,,	24	＋＋
$XXIIIy_1$	黃白	,,	20	＋＋＋
$XXIIIy_2$	粉紅	,,	30	＋＋＋
$XXIVy_1$	,,	,,	23	＋＋
$XXVy_1$	乳白	,,	30	＋＋＋
$XXVy_2$	紅	,,	24	＋＋
$XXVy_3$	粉紅	,,	28	＋＋
$XXVy_4$	黃白	,,	25	＋＋
$XXVIy_1$	紅	,,	29	＋＋
$XXVIIy_1$	黃白	,,	30	＋＋
$XXVIIIy_1$	乳白	,,	26	＋＋
$XXIXy_1$	潤白	長圓形面粗糙邊有花紋	30	＋＋

9623

XXXy₂	乳白	長圓形面粗糙邊有花紋	25	＋＋
XXXy₁	,,	圓形面粗糙邊有裂隙	16	＋＋
XXXIy₁	,,	,,	18	＋＋
XXXIy₂	晴白	圓形而平滑	20	＋＋
XXXIIy₁	乳白	,,	7	＋＋＋
XXXIIy₁	紅	圓形面平滑	17	＋＋
XXXIIy₂	潤白	,,	15	＋＋
XXXIIy₃	乳白	卵圓形而粗糙有花紋	16	＋＋
XXXIIy₁	,,	卵圓形而平滑	12	＋＋
XXXIIy₂	潤白	橢圓形而呈螺線形	6	＋＋
XXIIy₃	白	橢圓形而粗糙有花紋	25	＋＋
XXIIy₄	暗白	,,　　　,,	20	＋＋
XXXIy₁	乾白	,,　　　,,	18	＋＋
XXIXy₁	潤白	,,　　　,,	16	＋＋
XXXIIy₁	,,	,,　　　,,	20	＋＋
XXXIIy₁	乳白	圓形面潤滑而常有皺紋中間隆起	13	＋＋＋
XXXIIy₂	,,	,,	15	＋＋
XXXIIy₃	,,	,,	14	＋＋
XXXIIy₄	,,	,,	13	＋＋＋
XXIXy₁	,,	圓形面平滑中間常平而圓起呈點狀突起	16	＋＋＋
IVXyI	,,	,,	15	＋＋＋
IVXIy₁	,,	,,	14	＋＋＋
IVXIy₂	,,	,,	14	＋＋＋
IVIXy₃	,,	,,	13	＋＋＋
IVXIy₄	紅		15	＋＋
IVXIIy₁	潤白	卵圓形而平圓常平面圓	14	＋＋＋
IVXIIy₂	乳白	,,	15	＋＋
IVXIIy₁	紅	,,	19	＋＋
IVXIIy₁	粉紅	,,	20	＋＋
IVXVy₁	潤白	,,	16	＋＋
IVXVy₂	乳白	,,	16	＋＋
IVXVy₃	潤白	,,	18	＋＋
IVXVy₄	暗白	,,	16	＋＋
IVXVIy₁	黃	,,	20	＋＋
IVXVIy₂	黃	,,	20	＋＋
IVXVIIy₁	乳白	卵圓形而粗糙邊呈花蒂樣	16	＋＋
IVXVIIy₂	,,	圓形面平滑	18	＋＋
IVXVIIy₃	,,	,,	15	＋＋＋
IVXVIIIy₁	紅	,,	14	＋＋＋

Ⅳ ⅩⅢy₂	乳白	圓形面平滑	14	+++
Ⅳ ⅪⅩy₁	,,	長圓形面潤滑中間有點狀突起	20	++
Ⅳ ⅪⅩy₂	,,	,, ,,	15	++
Ⅴ Ⅹy₁	乳白	長圓形面潤滑	20	++
Ⅴ Ⅹy₂	潤白	卵圓形呈墨線狀	12	++
Ⅴ Ⅹy₃	乳白	長圓形面平滑	16	++
Ⅴ Ⅹy₄	黃白	圓形面潤滑中間突起	18	+++
Ⅴ Ⅺy₁	乳白	,,	25	++
Ⅴ Ⅻy₁	潤白	,,	14	++
Ⅴ Ⅻy₂	乳白	卵圓形面平滑	15	++
Ⅴ Ⅻy₃	,,	,, ,	15	++
Ⅴ Ⅻy₄	潤白	,, ,	26	++

E　酵母之細胞

（1）細胞之形態

將酵母經液體培養三至六日，取其沉渣 Sediment 及薄膜 Film 少許於顯微鏡下檢視之結果如下：

a洗渣

酵母種	球　形	卵圓形	橢圓形	臘腸形
Ⅰy₁	+++	+	+	
Ⅰy₃		+	+	+++
Ⅰy₅	+	+++		
Ⅱy₁	+	+++		
Ⅲy₆	+++	+		
Ⅳy₄	+++	+		
Ⅴy₃		+	+++	
Ⅴy₈	+++	+		
Ⅴy₁		+	+++	
Ⅵy₂	+	+++		
Ⅵy₇	+++	+		
Ⅶy₇	+++	+		
Ⅶy₃	++	+++		
Ⅷy₃	+	+++		
Ⅷy₇	+++	+		
Ⅸy₉	+++	+		
Ⅹy₄	+++	+		
Ⅺy₁			+++	
Ⅺy₂	+++			
Ⅺy₃			+++	
Ⅻy₁	+++	++		
ⅩⅢy₁	+++	+		
ⅩⅣy₁	+++			
ⅩⅤy₁		+++	+++	

酵母種	球　形	卵圓形	橢圓形	臘腸形
ⅩⅤy₂	+++	++		
ⅩⅥy₁	+	+++	++	
ⅩⅥy₂		+++	++	
ⅩⅦy₁				+++
ⅩⅦy₂	+++	++		
ⅩⅧy₁	+++	++		
ⅩⅧy₂		+++	++	
ⅩⅧy₃	+++	+		
ⅩⅨy₁			+	+++
ⅩⅨy₂	+++	+	+	
ⅩⅨy₃		+++	++	
ⅩⅨy₄		++	+++	
ⅩⅨy₅	+++	+		
ⅩⅩy₁	+		++	
ⅩⅩy₂	++			
ⅩⅪy₁	+++			
ⅩⅪy₂			+++	++
ⅩⅪy₃				+++
ⅩⅫy₁	+++			
ⅩⅫy₂	-		+	+++
ⅩⅩⅢy₁	+++			
ⅩⅩⅢy₂	+++			
ⅩⅩⅣy₁	+	++		
ⅩⅩⅤy₁	+++			

XXⅣy₂		+++	++
XXⅤy₃	+	+++	
XXⅤy₄	++	+++	
XXⅥy₁		+++	
XXⅦy₂			+++
XXⅧy₁	+	+++	
XXⅨy₁	+++	++	+
XXⅨy₂	++	+++	+
XXXy₁	+++	++	
XXⅪy₁	+++	++	
XXⅪy₂	+++	++	
XXⅫy₁	++	+++	
XXⅫy₁	++	+++	
XXⅫy₂	+++	+	
XXⅫy₃	+++	+	
XXⅫy₁	+++	+	
XXⅫy₂	+++	+	
XXⅫy₃	+++	+	
XXⅫy₄		+	+	+++
XXⅩⅤy₂		+++	
XXⅩⅩy₁		+	+	+++
XXⅩⅫy₁	+++	++	
XXⅩⅧy₁	++	+++	
XXⅩⅧy₂		+	+++
XXⅩⅧy₃		++	+++
XXⅩⅧy₄		++	+++
XXⅩⅨy₁	+++	++	
Ⅳ Xy₁	+++	+	
Ⅳ Ⅺy₁	+++	+	
Ⅳ Ⅺy₂		+++	++
Ⅳ Ⅺy₃		++	+++
Ⅳ Ⅺy₄		++	+++
Ⅳ Ⅻy₁	+++	+	
Ⅳ Ⅻy₂	+++	+	
Ⅳ Ⅻy₁		+++	++
Ⅳ Ⅻy₁		++	++	+++
Ⅳ Ⅴy₁		++	+++
Ⅳ Ⅵy₂	+++	++	+
XXⅥⅩy₃	+++	++	++

Ⅳ ⅩⅤy₁		++	+++
Ⅳ ⅩⅥy₁	+	+++	
Ⅳ ⅩⅥy₂	+	+++	
Ⅳ ⅩⅦy₁	+++	+	
Ⅳ ⅩⅦy₂	++	+++	
Ⅳ ⅩⅦy₃	+++	+	
Ⅳ ⅩⅦy₁	+	++	+++
Ⅳ ⅩⅦy₂	++	+++	
Ⅳ ⅩⅩy₁	+++	+	
Ⅳ ⅩⅩy₂	+	+	+++
Ⅴ Xy₁		+++	
Ⅴ Xy₂	+++	+	
Ⅴ Xy₃	+++	++	
Ⅴ Xy₄	+++	++	
Ⅴ Ⅺy₁		+++	++
Ⅴ Ⅻy₁	+++	++	
Ⅴ Ⅻy₂	+++	++	
Ⅴ Ⅻy₃		++	+++
Ⅴ Ⅻy₄		+++	++

　　　　註　+++（極多）++（多）+（少）

　　b　薄膜

酵母種	球　形	卵圓形	橢圓形	臘腸形
Ⅰy₁				
Ⅰy₃				
Ⅰy₅				
Ⅱy₁				
Ⅲy₆				
Ⅳy₄				
Ⅴy₂				
Ⅴy₅				
Ⅵy₁				
Ⅵy₂	+	+++		
Ⅵy₇				
Ⅶy₇				
Ⅷy₈				
Ⅷy₃				
Ⅷy₅				
Ⅸy₉	+++	+		
Xy₄				

XIy₁				XXXy₁	+++
XIy₂	+	+		XXXIy₁	+++
XIy₃		+		XXXIy₂	+++
XIIy₁				XXXIIy₁	+++ ++
XIIIy₁				XXXIIy₁'	
XIVy₁	+			XXXIIy₂	
XVy₁				XXXIIy₃	+++
XVy₂	+			XXXIIy₁	+++
XVIy₁	++ - +			XXXIIy₂	
XVIy₂	+			XXXIIy₃	
XVIIy₁				XXXIIy₄	
XVIIy₂	+++ +			XXVy₁	
XVIIIy₁				XXVy₁	
XVIIIy₃				XXXIy₁	
XVIIIy₃				XXIIy₁	
XIXy₁				XXIIy₂	
XIXy₂	+			XXIIy₃	
XIXy₃				XXIIy₄	
XIXy₄				XXIIy₁	
XIXy₅	+			IVXy₁	
XXy₁	+++			IVXIy₁	
XXy₂				IVXIy₃	
XXIy₁				IVXIy₄	
XXIy₂				XIVy₁	
XXIy₃				IVXIy₁	
XXIIy₁				IVXIy₂	+++
XXIIy₂				IVXy₁	
XXIIIy₁	+++ +			IVXIy₁	
XXIIIy₂				IVXVy₁	
XXIVy₁				IVXVy₂	
XXVy₁				IVXVy₃	
XXVy₂				IVXVy₄	
XXVy₃				IVXVy₁	
XXVy₄				IVXVy₂	
XXVIy₁				IVXVy₁	+++
XXVIIy₁				IVXVy₂	
XXVIIIy₁				IVXVy₃	
XXIXy₁	+++			IVXVIy₁	
XXIXy₂				IVXVIy₂	

9627

Ⅳ ⅩⅢ y_1 +++   Ⅴ Ⅹ y_4

Ⅳ ⅩⅢ y_2 Ⅴ Ⅺ y_1

Ⅴ Ⅹ y_1 Ⅴ Ⅻ y_1 +++

Ⅴ Ⅹ y_2 Ⅴ Ⅻ y_2 +++

Ⅴ Ⅹ y_3 Ⅴ Ⅻ y_3

    （2）細胞之大小   Ⅴ Ⅻ y_4 +++

酵 母 種	長 軸 直 徑	短 軸 直 徑	丹 形 直 徑
Ⅰy_1			$2.7-5.4_M$
Ⅰy_3	$7.2-12.6_M$	$3.6-5.4_M$	
Ⅰy_5	6_M	5.4_M	
Ⅱy_1	$3.6-5.4_M$	$1.8-3.6_M$	
Ⅲy_6			$3.6-7_M$
Ⅳy_4			$3.6-5.4_M$
Ⅴy_2	5.4_M	3.6_M	
Ⅴy_5			$2.7-5.2_M$
Ⅵy_1	7.2_M	3.6_M	
Ⅵy_2	5_M	3.6_M	
Ⅵy_7			$5.4-7.2_M$
Ⅶy_7			$3.6-5.4_M$
Ⅶy_8	8_M	3.4_M	
Ⅷy_3	5.4_M	3_M	
Ⅷy_5			$3.6-5.4_M$
Ⅸy_9			$3-7_M$
Ⅹy_4			$3.-6.5_M$
Ⅺy_1	$3-7.5_M$	$2-2.5_M$	
Ⅺy_2			$4.2-7.5_M$
Ⅺy_3	$4-10.25_M$	$2-3.5_M$	
Ⅻy_1			$4.5-6.25_M$
ⅩⅢy_1			$3-8.25_M$
ⅩⅣy_1			$5-8.75_M$
ⅩⅤy_1	$3.75-6.25_M$	2.5_M	
ⅩⅤy_2	$5-8_M$	$5.75-6.55_M$	
ⅩⅥy_1			$2.75-5.75_M$
ⅩⅦy_2	$5-5.75_M$	$2.5-5_M$	
ⅩⅧy_1	$3-7.5_M$	$2-2.5_M$	
ⅩⅧy_3	$5.75-6.25_M$	$3.35-5_M$	
ⅩⅨy_1			$5-8.75_M$
ⅩⅨy_2	$5-6.25_M$	$3-3.25_M$	
ⅩⅨy_3			$3.5-8.35_M$

XIXy$_1$	4—5M	2—2.5M	
XIXy$_2$			5—8.75M
XIXy$_3$	5—5.75M	2.5—3.5M	
XIXy$_4$	5—5.75M	2.5—4M	
XIXy$_5$			4.25—7.25M
XXy$_1$	5—8.75M	3.75—6.25M	
XXy$_2$			4—6.25M
XXIy$_1$			5—6.25M
XXIy$_2$	6.25—9.5M	3.75—5M	
XXIy$_3$	5—6.25M	4.55M	
XXVIIy$_1$			6.25—9.5M
XXVIIy$_2$	7.5—11.25M	5—6.25M	
XXIIIy$_1$			5—6.25M
XXIIIy$_1$			5—6.25M
XXIVy$_1$	5—9.5M	4.25M	
XXVy$_1$			5—6.25M
XXVy$_2$	6.25—8.95M	5—6.25M	
XXVy$_3$	6.25—9.5M	5—6.25M	
XXVy$_4$	5—10M	5—6.25M	
XXVIy$_1$	6.25—9.5M	5—6.25M	
XXVIIy$_1$	9.5—11.25M	5—6.25M	
XXVIIIy$_1$	5.75—6.25M	3.95—5M	
XXIXy$_1$			2.86—7.71M
XXIXy$_2$	5.14M	2.57M	
XXXy$_1$			2.57—5.14M
XXXIy$_1$			2.57—6.93M
XXXIy$_2$			2.57—7.71M
XXXIIy$_1$	2.57—5.14M	2.57—4.36M	
XXXIIIy$_1$	5.56M	2.78M	
XXXIIIy$_2$			4.17M
XXXIIIy$_3$			2.78—4.17M
XXXIVy$_1$			2.78
XXXIVy$_2$			4.17M
XXXIVy$_3$			2.78—8.34M
XXXIVy$_4$	9.73M	1.39M	
XXXVy$_1$	4.17M	2.78M	
XXXVIIy$_1$	10.28M	5.14M	
XXXVIIIy$_1$			6.95—8.34M
XXXVIIIy$_1$			

XXXVIIy₂	10.28M	7.71M	
XXXVIIy₃	10.28—5.14M		
XXXVIIy₄	12.85M	5.14M	
XXXXy₁	5.14M	2.57M	2.57M
IVXy₁			2.78—6.95M
IVXIy₁			2.78—5.56M
IVXIy₂	5.56M	2.78M	
IVXIy₃			2.78—8.34M
IVXIy₄	7.71M	1.29M	
IVXIIy₁			2.78—8.34M
IVXIIy₂			2.78—8.34M
IVXIIy₁	4.17M	2.78M	
IVXIIy₁	7.77M	1.29M	
IVXVy₁	5.56M	2.78M	
IVXVy₂			2.78M
IVXVy₃			2.78M
IVXVy₄	5.56M	2.78M	
IVXIIy₁	4.17M	2.78M	
IVXIIy₂	5.14M	2.57M	
IVXVIIy₁			2.78—8.34M
IVXVIIy₀	4.17M	1.39M	
IVXVIIy₃			8.34M
IVVIIy₁	5.56M	2.78M	
IVVIIy₂	5.56M	2.78M	
IVXIXy₁			2.78—6.95M
IVXIXy₂	12.85M	2.57M	
VXy₁	5.36M	2.57M	
VXy₂			2.57M
VXy₃			2.57M
VXy₄			7.71M
VXIy₁	4.36M	2.57M	
VXIIy₁			5.56—8.34M
VXIIy₂			2.78—6.75M
VXIIy₃	9.73M	1.39M	
VXIIy₄			5.56—8.34M

（3）細胞之組織

取培養約 24 小時之酵母檢其細胞組織再取培經 5.6 日之酵母檢其光粒等結果如下：

酵母種	空胞	顆粒	動粒	肝澱粉	光 粒
	Vacuole	graunles	Mobihty ofG	glycozen	Refractioe grains

9630

Ⅰy₁	++(+)	±	-	+	一
Ⅰy₃	+(+)	±	-	±	一個在中央
Ⅰy₅	±	±	-	±	
Ⅱy₁	+	±	-	+	
Ⅲy₆	+	±	-	+	
Ⅳy₄	+	±	-	++	
Ⅴy₂	+	±	-	+	一二不等分布兩端
Ⅴy₈	+(++)	±	-	±	
Ⅵy₁	+	±	-	+	二個在兩端
Ⅵy₂	±	±	-	+	
Ⅵy₇	++	±	-	±	
Ⅶy₇	+	±	-	±	一個在中央
Ⅶy₈	+(-)	±	-	+	
Ⅷy₃	++(+)	±	-	±	
Ⅷy₅	-(±)	±	-	+	
Ⅸy₉	±	±	-	+	
Ⅹy₄	+	±	-	+	
Ⅺy₁	±	±	-	+	
Ⅺy₂	+(-)	++	+	+	
Ⅺy₃	±	+	-	+	一二不等
Ⅻy₁	+(++)	+	+	±	
ⅩⅢy₁	+	++	+	+	
ⅩⅣy₁	±(++)	+	+	±	
ⅩⅤy₁	±	+	-	±	
ⅩⅤy₂	+	++	+	+	
ⅩⅥy₁	+	±	-	++	一或二個
ⅩⅥy₂	±	+	+	+	一或二個
ⅩⅦy₁	+	±	-	+	
ⅩⅦy₂	+(+)	++	+	+	
ⅩⅧy₁	+(-)	++	+	+	
ⅩⅧy₂	±	+	-	++	一或二個
ⅩⅧy₃	+	++	+	+	
ⅩⅨy₁	-	+	-	+	
ⅩⅨy₂	±(++)	++	+	+	
ⅩⅨy₃	±	+	-	++	多數不等
ⅩⅨy₄	±	+	-	+	,,
ⅩⅨy₅	+	++	+	++	
ⅩⅩy₁	±	+	+	+	
ⅩⅩy₂	-	-	-	+	

9631

XXIy₁	+	±	−	±	
XXIy₂	−	−	−	++	
XXIy₃	−	−	+	±	
XXIIy₁	+	−		+	有兩個
XXIIy₂	±	−		++	,,
XXIIIy₁	±	−	−	+	,,
XXIIIy₂	±	−	−	++	
XXIVy₁	−	+		+	
XXVy₁	±	−		+	
XXVy₂	+	−	−	±	有兩個
XXVy₃	±	−	+	++	
XXVy₄	+	+	−	±	
XXVIy₁	±	−	−	++	
XXVIIy₁	−	−		++	
XVIIIy₁	−	−		+	
XXIXy₁	+	+	−	+	一個在中央
XXIXy₂	+	±	−	±	
XXXy₁	+	+	−	±	一個在中央
XXXIy₁	++	±	−	±	
XXXIy₂	+	++	−	±	
XXXIIy₁	−	+		+	
XXXIIIy₁	±	±	−	++	二個在兩端
XXXIIIy₂	±	±	−	±	
XXXIIIy₃	+	++	−	++	一個在中央
XXXIVy₁	±	±	−	+	
XXXIVy₂	+	+	−	+	
XXXIVy₃	+	++	+	+	一二不等
XXXIVy₄	−	±	−	±	
XXXVy₁	+	+	−	±	
XXXVIy₁	−	±		±	
XXXVIIy₁	+	++		±	
XXXVIIIy₁	++	++	−	+	
XXXVIIIy₂	+(++)	++		+	
XXXVIIIy₃	−	++		+	
XXXVIIIy₄	±+	+	−	++	一個在中夹
XXXIXy₁	+	±		+	
IVXy₁	+	+	−	+	
IVXIy₁	+	++	−	±	
IVXIy₂	+	+	−	±	

	空胞	顆粒及勛粒		肝液素	備註
IV XI y₃	+	++	-	±	
IV XI y₄	-	±	-	±	
IV XII y₁	+	++	+	++	
IV XII y₂	+	++	+	+	一二不等
IV XIII y₁	+	±	-	±	
IV XIV y₁	-	±	-	+	一二不等
IV XV y₁	++	±	-	±	
IV XV y₂	++	±	-	+	
IV XV y₃	+	±	-	±	二在兩端
IV XV y₄	++	±	-	+	
IV XVI y₁	-	±	-	+	
IV XVI y₂	-	±	-	+	
IV XVII y₁	+	++	-	+	
IV XVII y₂	-	+	-	+	
IV XVII y₃	+	++	-	+	二個分在兩端
IV XVIII y₁	+	±	-	++	二個
IV XVIII y₂	-	±	-	±	
IV XIX y₁	+	++	-	±	
IV XIX y₂	±	±	-	±	一二不等
V X y₁	±	±	-	+	
V X y₂	++	-	-	±	
V X y₃	+	±	-	±	
V X y₄	-	++	-	±	兩個分在兩端
V XI y₁	±	+	-	+	
V XII y₁	+	+	-	+	
V XII y₂	+	+	-	++	
V XII y₃	±	-	-	+	
V XII y₄	+	+	-	++	二個分在兩端

註：　空胞　++　一個以上者
　　　　　　+　一個大者
　　　　　　±　一個小者
　　　　　　-　平匀者
　　　　（　）　內有少數
顆粒及勛粒　++（多）　+（中）
　　　　　　±（少）　-（無）
肝　液　素　++棕色　+淺棕
　　　　　　±微棕

（4）胞子之生成

取純潔硫酸鈣之粉末，乾炒一小時，溫度115°C，冷後以適當之水，攪成糊狀，傾入模型中，製出直徑 2cm. 厚 1cm. 中有0.5cm.深坑之石燕皿，置於二重皿中，於115°C 殺菌三次後，加入約至石窩皿一半高之水，以鉑絲移種酵母於此坑中，保溫 30°C，經一周後檢查，結果如下：

酵母種	胞子之形狀	胞子直徑	一車中胞子數
I y₁	-	-	-
I y₃	-	-	-
I y₅	圓形	2.7-3.3μ	1-2
II y₁	球形	2.5-2.9μ	1-2

Ⅲy₆					ⅩⅫy₂	球形	2.1—2.3M	1—3
Ⅳy₄	球形	1.8—2.7M	1—4		ⅩⅩⅢy₁	,,	2.7—3.2M	1—4
Ⅴy₂	卵形	1.6—2.5M	2—3		ⅩⅩⅢy₂	,,	2.6—3.2M	2—4
Ⅴy₈					ⅩⅩⅣy₁	,,	2.2—2.7M	3—4
Ⅵy₁					ⅩⅩⅤy₁	,,	2.7—3.3M	2—5
Ⅵy₂					ⅩⅩⅤy₂	,,	1.7—1.9M	2—3
Ⅵy₇	球形	2.5M	2		ⅩⅩⅤy₃	,,	1.8—2.M	2—3
Ⅶy₇	,,	1.9—2.2M	1—4		ⅩⅩⅤy₄	,,	2.1—2.2M	1—4
Ⅶy₈					ⅩⅩⅥy₁	,,	2.3—3.M	3—4
Ⅷy₃	球形	2.1M	2		ⅩⅩⅦy₁	,,	2.7—3.2M	4—5
Ⅷy₅	,,	2—3M	3		ⅩⅩⅧy₁	,,	1.7—1.9M	2—3
Ⅸy₉					ⅩⅩⅨy₁	,,	2.5—2.9M	1—2
Ⅹy₄	球形	1.8—2.5M	1—3		ⅩⅩⅨy₂			
Ⅺy₁					ⅩⅩⅩy₁			
Ⅺy₂					ⅩⅩⅪy₁	球形	2.7—3.3M	1—2
Ⅺy₃					ⅩⅩⅪy₂			
Ⅻy₁	球形	2—3M	1—3		ⅩⅩⅫy₁			
ⅩⅢy₁	,,	2—3M	1—2		ⅩⅩⅩⅢy₁			
ⅩⅣy₁					ⅩⅩⅩⅢy₂			
ⅩⅤy₁					ⅩⅩⅩⅢy₃			
ⅩⅤy₂	球形	2—3.5M	1—3		ⅩⅩⅩⅣy₁	球形	2.5M	2
ⅩⅥy₁	,,	1—3M	1—2		ⅩⅩⅩⅣy₂	,,	1.9—2.2M	1—3
ⅩⅥy₂	,,	1—2M	2—3		ⅩⅩⅩⅣy₃			
ⅩⅦy₁					ⅩⅩⅩⅣy₄			
ⅩⅧy₂	球形	1—2M	1		ⅩⅩⅩⅤy₁	球形	2—3M	3
ⅩⅧy₁					ⅩⅩⅩⅥy₁			
ⅩⅧy₂	球形	1—2M	1—2		ⅩⅩⅩⅦy₁			
ⅩⅧy₃					ⅩⅩⅩⅧy₁	球形	1.8—2.7M	1—3
ⅩⅨy₁					ⅩⅩⅩⅧy₂	,,	1.6—2.5M	2—3
ⅩⅨy₂					ⅩⅩⅩⅧy₃	,,	1.7—2.2M	1—3
ⅩⅨy₃	球形	1—2M	2—3		ⅩⅩⅩⅧy₄	,,	1.8—2.5M	2
ⅩⅨy₄	,,	1—2M	1—2		ⅩⅩⅩⅨy₁	,,	1.8—2.5M	2
ⅩⅨy₅	,,	2—3.5M	2		ⅣⅩy₁	,,	2.1M	1—2
ⅩⅩy₁	,,	2—3M	1—2		ⅣⅪy₁	,,	2.1M	2
ⅩⅩy₂	,,	2—2.5M	3—4		ⅣⅪy₂	,,	2.1—2.5M	2
ⅩⅪy₁	,,	1.9—2.1M	1—3		ⅣⅪy₃	,,	1.6—2.5M	1—2
ⅩⅪy₂	,,	2—2.2M	1—3		ⅣⅪy₄	,,	1.8—2.5M	2
ⅩⅪy₃	,,	1—1.8M	1—2		ⅣⅫy₁	,,	1.9—2.7M	1—3
ⅩⅫy₁	球形	2.7—2.8M	3—4		ⅣⅫy₂	,,	2.1—2.9M	1—4

IV.XIII.y₁			
IV.XIV.y₁			
IV.XV.y₁	卵形	2.1－2.9M	1－4
IV.XV.y₂			
IV.XV.y₃			
IV.XV.y₅			
IV.XVI.y₁	球形	2.5M	2
IV.XVI.y₂	,,	2.5－2.9M	1－3
IV.XVII.y₁			
IV.XVII.y₂			
IV.XVII.y₃			
IV.XVIII.y₁	球形	2.1M	2
IV.XVIII.y₂	,,	1.6－2.1M	1－2
IV.XIX.y₁	,,	1.6－2.1M	1－2
IV.XIX.y₂	卵圓形	2.1－2.7M	1－3
V.X.y₁	球形	1.6－2.5M	1－2
V.X.y₂	,,	1.8－2.7M	1－2
V.X.y₃			
V.X.y₄			
V.XI.y₁	球形	2.1M	2
V.XII.y₁			
V.XII.y₂			
V.XIII.y₃	卵形	2.5－2.7M	2－3
V.XII.y₄			

（2）酵母之性質試驗

a)生長之適溫

採取新培養之酵母液，充分振盪後於酵母未沉着之前，連以小滴管吸取 1cc. 與 1cc 1% 硫酸相混合，復由此混合液中取一滴，滴於湯馬斯氏血球計算器上（Thans-Haem-acyome tev 其上每一大格，合十六小格，

f　結果

酵母種	適　溫	死　溫
Iy₁	30 °C	45°C以上
Iy₃	30	55
Iy₅	27.7	50
IIy₁	30	45
IIIyc	30	45
IVy₄	30	55

每小格之邊長 0.05mm. 深 0.1mm. 故每一小格之容積為 0.00025mm³）之凹處，以蓋玻璃蓋之微振後，靜待二分鐘檢查之，計算五大格中，酵母細胞數細胞在格線上者，僅計算其二邊上之細胞數，其他二邊則不計入出芽尚附於母體者，作一個計，如此計算三次，取其平均值，此種酵母在各種溫度下培養，經24小時後，如上述法檢數其細胞增殖多寡，而定生長之適溫，即生長最多之溫度也。

b)死滅之溫度

將酵母培養於各種較高溫度下，經24小時，如上述法檢視其結果。

c)適宜之 pH 值

取 8% 麥芽糖及 2% 葡萄糖溶液，加入酒石酸溶液配製各種不同 pH 值之培養液，如法滅菌後移植新幼酵母，經三日後檢視之。

d)酒精抵抗力

取新培養之酵母移植於內含有不同濃度酒精之 6% 麥芽糖及 2% 葡萄糖之培養液內，在其適溫下培養三日，檢查其醱酵情形。

e)酵母之醱酵力

集取定量之酵母菌苔置於下列之培養基內。

純蔗糖	4克
磷酸銨	0.25克
磷酸鉀	0.25克
井水	59cc.

秤知重量後培養三日，再秤之由此二次所得之差計算 CO_2 逸出量按 Meissel 氏規定，發生 1.75 克之 CO_2 其醱酵為 100。

適 pH 值	精酒抗力	醱酵力
5.0－6.0	8%	63.1
5.0－6.0	16	74.2
5.5－6.5	13	72
5.5－6.5	15	75.5
5.0－6.0	13	73.2
5.0－6.0	8	73

Vy_2	30	50	5.5 — 6.5	13	74.5
Vy_3	30	55	5.0 — 5.5	13	73.6
VIy_1	30	55	5.0 — 6.5	8	60
VIy_2	30	55	5.0 — 6.5	15	72.4
VIy_7	30	50	5.0 — 6.0	16	74.3
$VIIy_7$	30	50	5.5 — 6.3	16	75.6
$VIIy_8$	30	55	5.0 — 6.0	8	73.7
$VIIIy_3$	30	55	5.0 — 6.0	16	80.2
$VIIIy_5$	30	55	5.5 — 7.0	15	72
IXy_9	30	60	5.0 — 6.5	13	20
Xy_4	30	55	5.5 — 6.5	8	75
XIy_1	33	55	6.0 — 7.5	5	5.79
XIy_2	28	60	5.5 — 7.0	15	29.20
XIy_3	33	45	5.5 — 7.0	5	10.03
$XIIy_1$	28	50	5.5 — 6.5	16	67.3
$XIIIy_1$	28	60	5.5 — 6.5	12	33.6
$XIVy_1$	28	55	5.5 — 7.0	15	33.2
XVy_1	33	55	6.5 — 7.5	5	6.4
XVy_2	28	65	5.5 — 7.0	12	36.5
$XVIy_1$	28	55	5.5 — 7.0	12	42.2
$XVIy_2$	28	50	5.0 — 7.0	8	30
$XVIIy_1$	33	60	5.5 — 6.5	8	57.3
$XVIIy_2$	33	60	5.5 — 7.0	15	37.9
$XVIIIy_1$	28	55	5.5 — 6.5	12	34.4
$XVIIIy_2$	33	50	5.0 — 6.5	8	30.5
$XVIIIy_3$	28	60	5.5 — 6.5	12	38.8
$XIXy_1$	33	55	6.0 — 7.5	12	9.4
$XIXy_2$	33	65	5.5 — 7.0	12	42
$XIXy_3$	28	60	5.5 — 6.5	8	40
$XIXy_4$	33	65	5.0 — 6.5	12	32.4
$XIXy_5$	33	60	5.5 — 6.5	16	44.3
XXy_1	30	50	5.0 — 7.0	12	80
XXy_2	30	55	5.0 — 6.0	8	20
$XXIy_1$	30	55	5.5 — 7.0	12	72
$XXIy_2$	30	50	5.5 — 7.0	12	42.5
$XXIy_3$	30	45	5.0 — 6.0	8	11.7
$XXIIy_1$	30	60	5.5 — 6.0	12	40
$XXIIy_3$	30	50	5.0 — 7.0	12	80
$XXIIIy_1$	30	59	5.5 — 6.0	12	50

$X XIII y_2$	30	45	5.0－7.0	12	55
$X XIV y_1$	30	55	6.0	12	26
$X XV y_1$	30	50	5.0－7.0	12	50
$X XV y_2$	25	55	5.5－7.0	8	60
$X XV y_3$	30	50	5.5－7.0	12	30
$X XV y_4$	30	45	5.5－6.0	12	10
$X XVI y_1$	30	50	5.5－6.0	12	45
$X XVII y_1$	30	55	5.5－7.0	12	30
$X XVIII y_1$	30	50	5.5－6.0	12	40
$X XIX y_1$	30	55	5.0－5.5	8	60
$X XIX y_2$	25	45	5.5－6.0	13	75
$X XX y_1$	30	60	5.5－6.0	15	60
$XX XI y_1$	25	50	5.0－6.0	13	70
$XX XI y_2$	27.5	50	5.0－6.0	13	60
$XX XII y_1$	27.5	50	5.5－6.5	5	50
$XX XII y_1$	30	50	5.5－6.5	5	65
$XX XIII y_2$	30	45	5.0－5.5	8	60
$XX XIII y_3$	27.5	45	5.0－5.5	8	65
$XX XIV y_1$	25	60	5.5	8	75
$XX XIV y_2$	27.5	45	5.0－5.5	13	70
$XX XIV y_3$	30	50	5.0－6.0	8	60
$XX XIV y_4$	30	50	5.5－6.5	8	65
$XX XV y_1$	30	55	5.0－6.5	13	70
$XX XVI y_1$	35	50	5.0－6.0	8	60
$XX XVII y_1$	27.5	50	5.5－6.0	13	60
$XX XVIII y_1$	32.5	55	5.5－6.5	8	70
$XX XVIII y_2$	27.5	55	5.0－6.0	13	75
$XX XVIII y_3$	30	55	5.0－6.0	13	75
$XX XVIII y_4$	27.5	55	5.5－6.5	13	70
$XX XIX y_1$	27.5	60	6.0－6.5	8	65
$IV X y_1$	27.5	60	5.5－6.5	15	65
$IV XI y_1$	25	55	5.5－6.0	15	75
$IV XI y_2$	25	55	5.0－6.0	13	80
$IV XI y_3$	27.5	55	5.5－6.0	13	75
$IV XI y_4$	25	45	6.0－7.0	5	75
$IV XII y_1$	30	55	6.0－7.0	5	75
$IV XII y_2$	27.5	55	5.0－6.0	13	70
$IV XIII y_1$	30	45	5.0－6.5	5	60
$IV XIV y_1$	30	45	5.5－6.5	8	60

微菌種					
IV XV y₁	30	55	5.5—6.0	8	70
IV XV y₂	27.5	45	6.0—6.5	8	65
IV XV y₃	27.5	45	6.0—6.5	8	65
IV XV y₄	25	45	6.0—6.5	8	60
IV XVI y₁	25	45	6.0—6.5	8	70
IV XVI y₂	25	45	5.0—6.0	5	70
IV XVII y₁	25	50	5.0—5.5	13	60
IV XVII y₂	25	45	5.5—6.0	5	65
IV XVII y₃	27.5	55	5.5—6.0	13	60
IV XVIII y₁	30	50	5.5—6.0	5	70
IV XVIII y₂	27.5	45	5.0	5	75
IV XIX y₁	27.5	55	5.0—6.0	5	70
IV XIX y₂	25	45	5.0—5.5	5	75
V X y₁	25	55	5.5—6.5	8	75
V X y₂	30	55	5.5—6.5	8	75
V X y₃	30	55	5.0—6.5	8	60
V X y₄	25	45	5.0	13	65
V XI y₁	25	45	5.0—6.0	5	70
V XII y₁	30	55	5.5—6.0	8	70
V XII y₂	30	55	5.5—6.0	13	60
V XII y₃	25	55	5.0	8	75
V XII y₄	25	50	5.0	8	50

H 微菌之生理性質試驗（44，45，46，47，48）

A 生理試驗

1）畫綫培養

移植純微菌種於斜面培養基內溫度25—28℃三日後檢視結果如下：

微菌種	菌叢色澤	聚洛形狀	胞子囊及胞子	培基色變	教育速度
I M₁	鼠灰	菌絲短而呈白色絨狀	黑色	—	+++
I M₂	暗綠	菌絲最短平紬培基而上	粉狀	—	++
I M₃	白灰	菌絲很長呈粗毛狀直立	大而黑	—	+++
II M₁	鉛灰	菌絲很長呈細毛狀蔓延	灰	紫灰色	++
II M₂	乾綠	聚絡分離	粉狀	黃色	++
II M₃	白黃	絨狀聚絡分離	黃色	—	+
II M₄	黃綠	,, ,,	綠	—	++
II M₇	灰	菌絲長呈粗毛狀	黑	—	+++
III M₁	白灰	菌絲長呈亂蔴狀	,,	—	+++
III M₂	黑灰	菌絲很長直立狀	灰	—	+++
IV M₁	暗綠	聚絡毗連菌絲很短	粉狀	—	++
IV M₂	雪白	菌絲短呈鵝絨狀	—	—	++

ⅣM₃	白灰	菌絲短而直立呈淫絨毛狀	一	一	++
ⅣM₄	灰黃	菌絲短聚絡各立	灰黃	一	+
ⅣM₆	鼠灰	很短呈塵埃狀菌絲胞弱	灰	一	++
ⅤM₁	紅白	菌絲較短呈棉花狀	一	紅色	++
ⅤM₂	白灰	菌絲較長而脆弱呈舊棉花狀	黑色	一	+++
ⅤM₃	灰綠	聚絡叢生	粉狀	一	++
ⅤM₄	黃	聚絡分離	白黃	一	++
ⅥM₁	銀灰	菌絲很長呈亂毛狀	黑	一	+++
ⅥM₂	塵灰	菌絲很長而脆弱呈直立狀	灰	一	+++
ⅥM₃	灰	菌絲很長呈絨狀	黑	一	++
ⅥM₄	白	,, ,,	黑	一	+++
ⅦM₁	鮮黃	菌絲很短聚絡分離觸立呈水樣	一	一	++
ⅦM₂	白灰	菌絲短呈淫絨毛狀	一	一	++
ⅦM₆	白	菌絲長呈嫩絨狀	一	一	++
ⅦM₇	黑灰	菌絲很長呈亂蔴狀	黑色	一	++
ⅧM₄	鼠灰	菌絲長呈直立狀而脆弱	灰色	有裂隙	+++
ⅨM₁	青綠	菌絲很短呈絨狀	一	一	++
ⅨM₂	灰綠	菌絲呈平舖狀	粉狀	黃色	++
ⅨM₃	灰	菌絲長呈絨狀	一	一	+++
ⅨM₄	黑綠	菌絲短	一	一	++
ⅨM₇	黃灰	菌絲長呈亂蔴狀	黑色	一	+++
ⅩM₁	深黃綠	菌絲短	綠色	一	++
ⅩM₂	,,	,,	,,	一	++
ⅩM₃	黃綠	,,	黃色	一	+++
ⅩM₄	鉛灰	菌絲長呈棉絨狀脆弱	一	一	++
ⅩM₈	黃綠	菌絲短呈毛刷狀	綠色	一	+++
ⅪM₂	鉛灰	菌絲很長呈亂蔴狀	黑	一	+++
ⅪM₃	灰	,, ,,	,,	一	++
ⅪM₄	鼠灰	,, ,,	,,	一	++
ⅫM₁	鉛灰	,, ,,	,,	一	+++
ⅫM₂	,,	,, ,,	,,	一	+++
ⅫM₄	黃灰	菌絲很長呈纖毛狀	,,	一	+
ⅩⅢM₁	灰白	菌絲很長呈鵝絨狀	,,	一	+
ⅩⅢM₂	灰	菌絲很長呈亂蔴狀	,,	一	++
ⅩⅢM₃	白	菌絲很長呈鵝絨狀	,,	一	++
ⅩⅢM₄	綠色	菌絲很短呈平舖狀	粉狀	一	++
ⅩⅣM₁	白灰	菌絲很長呈纖毛狀	灰	一	+
ⅩⅣM₂	,,	,, ,,	灰	一	++
ⅩⅤM₁	鼠灰	,, ,,	黑	微紅色	++

XVM₃	鼠灰	菌絲很長呈纖毛狀	黑	一	＋＋
XⅥM₁	，，	菌絲很短平舖	，，	一	＋＋＋
XⅥM₂	灰	菌絲很長呈亂蔴狀	，，	一	＋＋
XⅥM₃	黄灰	，，　　，，	一	一	＋＋
XⅦM₁	灰黄	，，　　，，	一	一	＋＋
XⅦM₂	灰	，，　　，，	灰	一	＋＋
XⅧM₁	綠白	菌絲很長呈絲狀光澤	一	一	＋＋
XⅧM₂	白灰	菌絲很長呈纖星狀	灰	二	＋＋
XⅧM₃	綠	菌絲很短呈平舖狀	粉狀	一	＋＋
XⅧM₄	黑綠	菌絲很長呈亂毛狀	，，	一	＋
XⅨM₁	灰	，，　　，，	黑	一	＋＋＋
XⅨM₃	，，	菌絲很長呈纖毛狀	，，	一	＋＋＋
XXM₁	鼠灰	，，　　，，	灰	一	＋＋
XXM₂	，，	，，　　，，	，，	一	＋＋
XXIM₁	白灰	菌絲很長呈纖毛狀	灰	一	＋＋
XXIM₂	黄灰	菌絲很短呈絨毛狀	黑	一	＋＋＋
XXIM₃	乾綠	菌絲很短平舖狀	粉狀	一	＋＋
XXIM₄	灰	菌絲很長呈纖毛狀	灰	一	＋＋
XXⅡM₁	鼠灰	菌絲很長呈絨毛狀	，，	二	＋＋
XXⅢM₁	白灰	，，　　，，	，，	一	＋＋
XXⅢM₂	暗綠	菌絲很短呈平舖狀	粉狀	一	＋＋
XXⅢM₃	藍綠	，，　　，，	，，	一	＋＋
XXⅣM₁	鉛灰	菌絲很長呈亂蔴狀	黑色	一	＋＋＋
XXⅤM₁	黄灰	菌絲很長呈絨毛狀	灰	一	＋
XXⅥM₁	灰	，，　　，，	黑色	一	＋＋
XXⅥM₂	黄白	菌絲很長呈鵝絨狀	白色	紅色	＋
XXⅥM₃	暗綠	菌絲很短呈平舖狀	粉狀	一	＋＋
XXⅦM₁	黄灰	菌絲很長呈絨毛狀	灰色	一	＋
XXⅧM₁	灰	菌絲很長呈亂絲狀存光澤	，，	一	＋＋
XXⅧM₂	綠	菌絲很短平舖狀	粉狀	一	＋＋
XXⅨM₁	灰白	菌絲很長呈亂蔴狀	黑	一	＋＋＋
XXⅨM₂	白灰	，，　　，，	，，	一	＋＋＋
XXXM₁	，，	，，　　，，	，，	一	＋＋＋
XXXIM₁	，，	纖毛狀直立	一	一	＋＋
XXXIM₂	灰綠	，，　，，	黄	一	＋＋＋
XXXⅡM₁	綠	鵝絨狀	一	一	＋＋＋
XXXⅢM₁	綠綠	纖毛狀直立	黑	一	＋＋
XXXⅢM₂	暗綠	平舖如地毯狀	粉狀	一	＋＋
XXXⅢM₃	乾綠	，，　，，	，，	一	＋＋

XXⅧM₄	鉛黑	亂蘇狀	黑	一	+++
XXⅧM₅	白灰	,,	灰	一	+++
XXⅧM₁	灰黑	織毛狀	一	黃紅	+++
XXⅧM₂	鼠灰	,,	一	一	+++
XXXM₁	鉛灰	亂毛狀	黑	一	+++
XXXM₂	灰	,,	一	一	+++
XXⅣM₁	鉛灰	,,	黑	一	+++
XXⅣM₂	,,	,,	,,	一	+++
XXⅣM₃	鼠灰	絨毛狀	,,	一	++
XXⅣM₄	灰黑	絨狀短毛	,,	一	++
XXⅣM₅	鉛灰	,, ,,	,,	一	++
XXⅧM₁	灰	亂蘇狀	,,	一	++
XXⅧM₁	,,	,,	,,	一	++
XXⅨM₁	白灰	菌絲很長呈亂蘇狀	黑	一	+++
XXⅨM₂	,,	,,	,,	一	+++
XXⅨM₃	黑綠	短亂毛狀	藍綠	藍綠	++
ⅣⅩM₁	白	鵝絨狀	一	隙裂	+++
ⅣⅩM₂	灰	,,	一	一	++
ⅣⅩM₃	灰黑	長亂蘇狀	灰	黃色	++
ⅣⅩM₄	綠黃	短絨狀	綠黃	一	++
ⅣⅪM₁	灰黑	,,	黑	一	++
ⅣⅪM₂	白灰	,,	,,	一	+++
ⅣⅪM₃	鉛灰	亂長毛狀	,,	一	+++
ⅣⅪM₄	灰白	,,	,,	一	+++
ⅣⅫM₁	鉛黑	,,	,,	一	++
ⅣⅩⅢM₁	灰黑	短舖狀	一	一	++
ⅣⅩⅣM₁	灰	纖毛直立	一	亮黃	+++
ⅣⅩⅤM₁	黃綠	短	綠粉	,,	+++
ⅣⅩⅤM₂	綠	平舖狀	,,	,,	++
ⅣⅩⅤM₃	暗綠	,,	,,	黃色	+++
ⅣⅩⅤM₄	青綠	,,	黃色	一	++
ⅣⅩⅥM₁	黃白	纖毛狀	一	隙裂	++
ⅣⅩⅥM₂	灰	絨毛狀	一	一	++
ⅣⅩⅦM₁	灰	,,	黑	一	++
ⅣⅩⅧM₁	灰白	棉花狀	,,	一	+++
ⅣⅩⅧM₂	鉛灰	亂毛狀	,,	紫色	+++
ⅣⅩⅧM₃	白灰	,,	,,	一	+++
ⅣⅩⅨM₁	灰白	,,	,,	一	+++
ⅣⅩⅨM₂	白	短毛狀	一	一	++

微菌種	色	形狀			
IV XX M_3	綠	平舖基面	-	-	++
V X M_1	藍綠	"	-	-	++
V X M_2	暗綠	"	-	-	++
V X M_3	紅	"	-	-	++
V XI M_1	白	舌苔狀	-	-	++
V XI M_2	綠	"	-	-	++
V XII M_1	"	地毯狀	粉狀	黃色	++

2) 微菌種之形態

取前述之微菌種菌絲少許，置於已揩拭清淨之藏玻璃片上復加一滴無菌水，徐徐塗抹，使之平舖後覆以覆玻璃片徵振之，移於顯微鏡下檢之結果如下：

a 生成胞子者

（1）形態

微菌種	胞子囊柄	胞子囊	中軸	胞子	接合胞子
I M_1	平滑帶狀分枝	黑球形	淺檬圓形	橢圓形	
I M_3	棕黃色帶狀分枝	,,	,,	卵圓形	
II M_1	棕色帶狀分枝	,,	,,	球形	黑球形有刺
II M_5	淺棕色帶狀不分枝	,,	棕色梨形	,,	黑球形
III M_1	淺棕色帶狀內有花紋分枝假根	棕球形	棕色蘋果形	,,	
III M_2	淺棕色帶狀分枝	褐橢圓形	棕色橢圓形	卵圓形	
IV M_6	條狀帶淺褐色有橢圓形結節有隔				
V M_2	花紋帶狀分枝				
VI M_1	帶狀有結節分枝		柿狀	球形	圓球形
VI M_2	帶狀分枝		,,	橢圓形	兩球相接
VI M_3	,,	黑球形	柿狀	球形	
VI M_7	棕色有刺狀帶具假根	,,	,,	,,	
VII M_5	帶狀分枝有結節	黑色扁球形	球形	,,	
VIII M_7	深褐色具假根	黑球形	覆杯狀	,,	
VIII M_2	帶狀分枝	褐球形	褐檸檬形	,,	
IX M_3	褐色管狀體有花紋有節分枝	,,	褐球形	,,	
X M_2	淺褐綠色管狀有節	褐絲球	淺褐色形	,,	
X M_3	,,	黑褐球	灰褐色梨形	,,	
X M_4	無色管狀分枝	褐球	褐色球形	,,	
X M_5	赤褐色分枝	黑球	,,	,,	
XI M_2	棕色管狀分枝有隔	棕黑球	棕形球	,,	
XI M_3	棕色管狀分枝	,,	帽狀	,,	
XI M_4	棕色管狀分枝有結節	,,	梨形	,,	
XII M_1	,,	,,	檸檬形	,,	
XII M_2	棕色管狀	,,	球形	,,	
XII M_4	無色管狀分枝有橢圓形結節	,,	棕色杯形	,,	
XIII M_1	棕色管狀分枝有結節	,,	球形	,,	

XⅦM₂	棕色花紋帶狀分枝	棕黑球	球形	球形
XⅦM₃	棕色帶狀	″	″	″
XⅦM₄	微棕色帶狀分枝有圓形結節	黑棕球	球形	球形
XⅣM₂	″　　″	″	檸檬形	″
XⅥM₁	無色管狀分枝有圓形結節	棕形	球形	″
XⅥM₂	″　　″	″	″	″
XⅥM₁	棕色管狀分枝	棕黑球	″	″
XⅥM₂	″　　″	″	柿形	″
XⅥM₃	棕色管狀有長圓形結節	褐球	洋梨形	″
XⅦM₁	無色管狀有長圓形結節分枝	黑球	球形	″
XⅦM₃	棕色管狀分枝	″	″	″
XⅧM₁	棕色管狀有橢圓形結節	棕色球	檸檬形	″
XⅧM₂	無色管狀分枝有圓形結節有隔	″	球形	″
XⅨM₁	棕色管狀分枝	″	杯形	″
XⅨM₂	棕色帶狀有長圓形結	″	″	″
XXM₁	節棕色帶狀分枝有橢圓形結節	棕黑球	球形	″
XXM₂	無色管狀分枝有圓形結節	黃綠形	″	″
XXIM₁	無色管狀分枝	棕球	″	″
XXIM₂	棕色管狀有橢圓形結節	″	梨形	″
XXIM₄	棕色管狀分枝有假根	″	杯形	″
XXIIM₁	棕色帶狀有圓形結節	″	″	″
XXIIIM₁	棕色管狀有斑點	棕球	棕球	長圓形
XXⅣM₁	棕色管狀面平滑分枝有結節	黑綠形	帽狀	球形
XXⅤM₁	無色管狀分枝有長圓形結節	黑球	球形	″
XXⅥM₂	棕色帶狀分枝有花紋	黑棕形球	帽形	″
XXⅦM₁	棕色管狀平滑圓形結節	棕球	球形	″
XXⅧM₁	平滑帶狀有長圓形結節	″	饅頭形	″
XXⅨM₁	棕色管狀分枝	黑球	帽形	″
XXⅨM₂	棕色管狀	″	球形	″
XXXM₁	″　　″	″	″	″
XXⅩⅢM₁	棕色管狀分枝	″	檸檬形	長圓形
XXⅩⅢM₄	棕色管狀分枝有節	棕球	帽形	球形
XXⅩⅤM₁	棕色管狀分枝	″	″	″
XXⅩⅥM₁	棕色管狀分枝	″	″	橢圓形
XXⅩⅥM₂	″　　″	″	″	″
XXⅩⅥM₃	″　　″	″	″	″
XXⅩⅥM₄	棕色管狀不分枝	″	球形	″
XXⅩⅥM₅	棕色管狀不分枝	″	″	″
XXⅩⅧM₁	″　　″	″	″	″

ⅩⅩⅧM₁	棕色管狀不分枝		棕球	球形	橢圓形
ⅩⅩⅨM₁	棕色管狀分枝有節		黑球	饅頭形	球形
ⅩⅩⅩM₂	棕色管狀不分枝		″	蘋果形	″
ⅣⅪM₁	棕色管狀分枝		″	″	″
ⅣⅪM₂	″　　″		″	″	″
ⅣⅪM₃	″　　″		″	″	″
ⅣⅪM₄	″　　″		″	″	″
ⅣⅫM₁	″　　″		″	球形	″
ⅣⅩⅢM₁	″　　″		″	覆杯形	″
ⅣⅩⅧM₁	″　　″		″	″	″
ⅣⅩⅧM₂	棕色帶狀分枝有節		″	″	長圓形
ⅣⅩⅧM₃	″　　　″		″	″	球形
ⅣⅩⅩM₁	″　　　″		″	″	″

（2）大小

微菌種	胞子囊柄（寬）	胞子囊	中軸	胞子	接合胞子
ⅠM₁	257－10.28м	129.36－254м	23.1м	2.57м	
ⅠM₇	13.86м	129.36м	55.44	4.62	
ⅡM₁	23.1м	92.4	46.2	4.62	55.44м
ⅡM₅	9.24	18.48	32.34	6.93	147.84
ⅢM₁	18.48	50.82	32.34	4.62	
ⅢM₂	9.24		36.96	6.93	
ⅣM₆	13.86			9.24	
ⅤM₃	7.71	59.11	17.99	5.14	
ⅥM₁	13.86		27.72	6.93	18.48
ⅥM₂	9.24		27.72	9.24	13.86
ⅥM₃	4.62	55.44	27.72	2.57	
ⅥM₄	13.86	147.84	41.58	4.62	
ⅦM₇	6.93	46.2	13.86	2.31	
ⅦM₇	16.17	152.46	69.3	4.62	
ⅧM₁	13.86	69.3	46.2	9.24	
ⅨM₇	23.10	143.22	64.68	6.93	
ⅩM₂	4.62	50.82	23.1	4.62	
ⅩM₃	13.86	46.2	18.48	2.31	
ⅩM₄	4.62－6.93	27.72	18.48	2.31	
ⅩM₇	11.55	69.3	36.76	2.31	
ⅪM₂	13.68	104.34	59.1	6.93	
ⅪM₃	9.24	157.08	81.24	6.93	
ⅪM₇	13.68м	69.3	46.2	4.62	
ⅫM₁	9.24	161.7	69.3	4.62	

XⅡ M_2	18.48	207.9	23.16	4.62
XⅡ M_1	13.68	69.3	46.2	6.93
XⅢ M_1	13.68	138.6	27.72	6.62
XⅢ M_2	18.48	124.74	101.64	4.92
XⅢ M_3	11.55	184.6	55.44	4.93
XⅣ M_1	13.86	69.3	46.2	6.62
XⅣ M_2	13.86	69.3	323.4	6.93
XⅤ M_1	9.24	69.3	27.72	6.93
XⅤ M_2	13.86	83.16	27.72	9.24
XⅥ M_1	4.62	27.72	13.86	4.62
XⅥ M_2	13.56	138.6	73.92	9.24
XⅥ M_3	9.24	92.4	32.74	4.92
XⅦ M_1	9.24	4.62	23.1	4.62
XⅦ M_2	13.86	175.56	92.4	9.24
XⅧ M_1	13.86	69.3	46.2	7.85
XⅧ M_2	4.62	32.34	23.1	4.62
XⅨ M_1	13.86	212.52	73.92	4.62
XⅨ M_3	9.24	55.44	23.1	6.93
XX M_1	9.24	60.06	32.34	6.93
XX M_2	4.62	46.2	27.72	6.93
XXⅠ M_1	4.62	69.3	23.10	4.62
XXⅠ M_2	9.24	73.92	32.34	5.54
XXⅠ M_4	9.24	46.2	23.10	2.31
XXⅡ M_1	11.55	73.92	23.10	6.00
XXⅢ M_1	9.24	46.2	27.72	4.62
XXⅣ M_1	9.24	115.5	55.44	6.93
XXⅤ M_1	6.93	69.3	23.10	4.62
XXⅥ M_1	9.24	101.64	55.44	6.93
XXⅦ M_1	6.93	50.06	23.10	6.93
XXⅧ M_1	4.62	50.06	32.34	6.93
XXⅨ M_1	13.9	139.0	55.6	4.67
XXⅨ M_2	13.9	139.0	55.6	5.56
XXX M_1	13.9	139.0	55.6	5.56
XXⅩⅢ M_1	13.9	139.0	55.6	5.56
XXⅩⅢ M_1	11.12	166.8	125.1	4.67
XXⅩⅤ M_1	8.34	11.12	83.4	2.78
XXⅩⅥ M_1	5.56	83.4	69.5	5.56
XXⅩⅥ M_2	13.9	111.2	83.4	2.78
XXⅩⅥ M_3	5.56	55.6	27.8	2.78

XX XVI M₄	11.12	166.8	139.0	5.56
XX XVI M₅	11.12	166.8	139.0	5.56
XX XVII M₁	8.34	139.0	83.4	4.67
XX XVII M₁	8.34	139.0	83.4	4.67
XX XIX M₁	13.9	152.9	77.84	5.56
XX XIX M₂	11.12	139.0	83.4	4.67
IV XI M₁	11.12	139.0	83.4	4.67
IV XI M₂	8.34	111.2	69.5	2.78
IV XI M₃	5.56	83.4	55.6	2.78
IV XI M₄	11.12	77.84	69.5	4.67
IV XII M₁	8.34	83.4	55.6	2.78
IV XV M₁	2.78	69.5	55.6	2.78
IV XVII M₁	8.34	41.7	27.8	2.78
IV XVII M₂	8.34	41.7	27.8	2.78
IV XVII M₃	4.17	83.4	69.5	5.56
IV XX M₁	13.9	125.1	69.5	5.56

h 生成分生芽胞者

（1）形態

微菌種	分　生　芽　胞　柄	頂　囊	梗　　子	分生芽胞
I M₄	平滑帶狀分枝			圓形
II M₂	分枝			橢圓形
II M₄	淺棕色分枝	黑球形	淺黃色梨形	球形
IV M₁	” ”　”		對稱體短棒	”
IV M₂	棕色帶狀附有刺狀斑點分枝	黑球形	短棒形	”
IV M₃	爲節生之帶狀每節生有小疣			圓形
V M₃	淺棕色不分枝	黑綠球形	棕色對稱體	”
VII M₁	呈珊瑚狀分枝有節支體有花紋			球形
VII M₂	呈亂枝狀有節			橢圓形
VII M₄	淺褐色有厚膜	球形	分枝	球形
IX M₂	淺褐色		多生體短棒形	”
X M₁	褐綠色管狀不分枝	褐綠色球		”
XIII M₄	分枝		對稱	橢圓形
XIII M₃	爲節生之帶狀分枝			圓形
XIII M₄	淺棕色不分枝	黑綠色	對稱	”
XXI M₃	棕色管狀分枝有隔	球形		長圓形
XXII M₂	棕色管狀不分枝有隔	”	長柄形	球形
XXII M₃	棕色管狀分枝有隔		短柄形	”
XXVI M₂	管狀分枝	球形	長柄形	”
XXVI M₃	分枝	”	短柄形	”
XXVII M₃	管狀分枝有隔	”	”	”

編號	分生芽胞柄	頂囊	分生芽胞
XXXI M₁	平滑帶狀分枝	棕色球	球形
XXXI M₂	,, ,,	,,	,,
XXXII M₁	棕色管狀不分枝	,,	,,
XXXII M₂	,, ,,	短棒形	,,
XXXII M₃	,, ,,	多生體短棒形	,,
XXXII M₆	棕色管狀分枝	,, ,,	,,
XXXIV M₁	,, ,,	黑球	,,
XXXIV M₂	,, ,,	,,	,,
XXXV M₂	棕色帶狀不分枝	,,	,,
XXXV M₃	,, ,,	,,	,,
IVX M₁	,, ,,	,,	,,
IVX M₂	,, ,,	棕球	,,
IVX M₃	,, ,,	,,	,,
IVX M₄	平滑帶狀分枝		對稱體短棒	,,
IVXII M₁	平滑帶狀不分枝	棕球	,, ,,
IVXV M₁	,, ,,	,,	不對稱體棒
IVXV M₂	棕色管狀分枝		,,
IVXV M₃	,, ,,		,,
IVXV M₄	,, ,,		,,
IVXVI M₁	黃棕色管狀分枝	黃綠球	,,
IVXVII M₁	棕色管狀不分枝	,,	
IVXVIII M₁	,, ,,	,,	多生體短棒形
IVXIX M₂	棕色管狀分枝		,,
IVXIX M₃	,, ,,		對稱體短棒
VX M₁	,, ,,		,, ,,
VX M₂	,, ,,		,, ,,
VX M₃	,, ,,		,,
VXI M₁	棕色管狀不分枝		,,
VXI M₂	棕色管狀分枝		對稱體短棒
VXII M₁	棕色管狀不分枝		,,

（2）大小

微菌種	分生芽胞柄	頂囊	梗子	分生芽胞	微菌種	分生芽胞柄	頂囊	梗子	分生芽胞
I M₄	2.57M			2.57M	V M₃	2.57	17.99	2.57	2.57
II M₂	2.57M		7.71M	2.57	VII M₁	7.71			6.43
III M₄	7.71M	33.41M		5.14	VII M₂	7.71			2.57
IV M₁	4.62M		6.93	4.62	VIII M₄	5.14	8.99	2.57	4.39
IV M₂	7.21	64.25		2.57	IX M₂	3.85		5.14	2.57
IV M₃	12.85		3.85	2.57	X M₁	5.14			2.57

菌種				
XII M₅	4.62		6.93	4.62
XIII M₃	2.57		7.71	2.57
XIII M₇	2.57	8.99	2.57	2.57
XXI M₃	4.62	8.99		4.62
XXII M₂	3.96	23.10	18.48	4.62
XXIII M₃	4.62		2.31	4.62
XXIV M₂	13.86		23.10	6.93
XXVII M₃	4.62	46.2	2.31	3.43
XXVIII M₂	4.62	12.56	2.31	3.42
XXXI M₁	2.78	55.6		2.78
XXXI M₂	5.56	55.6		2.78
XXXII M₁	4.17	83.7		2.78
XXXIII M₂	2.78		5.56	1.89
XXXIII M₃	2.78		5.56	1.89
XXXIII M₇	2.57		8.34	1.89
XXXIV M₁	5.56	69.5		1.89
XXXIV M₂	5.56	83.4		1.89
XXXV M₂	4.17	55.6		2.78
XXXIX M₃	4.17	55.6		2.78
IVX M₁	5.56	69.5		5.56
IVX M₂	4.17	69.5		2.78
IVX M₃	8.34	77.84		5.56
IVX M₅	2.78		4.67	2.78
IVXI M₁	8.34	46.7		2.78
IVXV M₁	8.34	56.7		2.78
IVXV M₂	2.78		4.67	1.89
IVXV M₃	2.78		5.56	1.89
IVXX M₅	2.78		4.67	1.89
IVXVI M₁	5.56	23.4		4.67
IVXVI M₂	2.78	23.4		2.78
IVXVII M₁	8.34	23.4	4.67	4.67
IVXIX M₂	2.78			1.89
IVXIX M₃	1.89		5.56	1.89
VX M₁	1.89		8.34	1.89
VX M₃	1.89		6.95	2.78
VV M₃	2.78			5.56
VXI M₁	8.34			2.78
VXI M₂	6.95		4.67	2.78
VXII M₁	6.95			2.78

3) 微菌之酸產量

用液體培養基培養已純之微菌種，經三日後溫度 25—28°C 取出以缶濾器過濾，取此濾液以 Phenolphthalein 為指示劑以 $\frac{1}{10}$ N NaoH 液滴定之至微現紅色時止，所用 $\frac{1}{10}$ N NaoH 之 cc. 數乘以 0，007 之因素而計算檸檬酸之含量結果如下：

微菌種	$\frac{1}{10}$ N NaoH 用量 cc/100cc.	檸檬酸計算量 gm/100cc.
I M₁	42	0.29
I M₄	21	0.15
I M₅	64.95	0.45
II M₁	13.37	0.09
II M₃	22.91	0.16
II M₄	21.01	0.15
II M₅	42	0.29
III M₁	47.76	0.33
III M₃	43.94	0.30
IV M₁	11.46	0.08
IV M₂	13.37	0.09
IV M₃	47.76	0.33
IV M₆	30.57	0.21
V M₁	43.94	0.31
V M₂	24.83	0.17
V M₃	15.29	0.10
V M₄	13.37	0.09
VI M₂	24.38	0.24
VI M₄	4.2	0.29
VII M₂	19.1	0.13
VII M₄	11.46	0.08
VII M₆	26.75	0.18
VII M₇	45.85	0.32
VIII M₄	43.94	0.31
IX M₁	9.8	0.01
IX M₃	36.3	0.25
IX M₄	26.75	0.18
IX M₅	28.65	0.22
X M₁	30.57	0.21

X M_3	11.46	0.08	XVI M_2	42	0.29
XI M_2	30.57	0.21	XVI M_3	43.94	0.30
XI M_3	28.65	0.22	XVII M_1	9.8	0.09
XI M_4	26.75	0.19	XVIII M_1	11.46	0.08
VII M_1	21.01	0.15	XVIII M_2	22.75	0.19
VII M_2	22.91	0.16	XIX M_1	33.3	0.23
VII M	21.01	0.15	XIX M_2	35.6	0.25
XII M_1	11.46	0.08	XX M_1	43.7	0.31
XII M_2	13.37	0.09	XXI M_1	93.2	0.65
XII M_7	15.29	0.11	XXI M_2	87.5	0.61
XII M_3	9.8	0.07	XXII M_1	60.3	0.42
XIV M_1	64.95	0.45	XXIII M_1	53.4	0.37
XIV M_2	42	0.29	XXIII M_2	72.3	0.51
XV M_1	34.38	0.24	XXIII M_3	45.0	0.32
XV M_2	30.57	0.21	XXIII M_4	37.8	0.26
XVI M_1	24.83	0.17	XXIII M_5	43.4	0.3
XVI M_2	22.91	0.16	XXIV M_1	90.5	0.63
XVI M_3	28.65	0.22	XXIV M_2	93.4	0.65
XVII M_1	19.1	0.13	XXV M_1	70.3	0.49
XVIII M_2	21.01	0.15	XXV M_2	43.3	0.3
XVIII M_1	43.94	0.31	XXVI M_1	42	0.29
XVIII M_2	42	0.29	XXVI M_2	38.7	0.27
XVIII M_3	11.46	0.08	XXVI M_3	37.5	0.26
XVIII M_4	13.37	0.09	XXVI M_4	45.4	0.31
XIX M_1	21.01	0.15	XXVI M_5	38.6	0.27
XIX M_3	22.91	0.16	XXVII M_1	53.3	0.37
XX M_1	21.01	0.15	XXVIII M_1	51.2	0.36
XX M_2	22.91	0.16	XXIX M_1	52.7	0.37
XXI M_1	24.83	0.17	XXIX M_2	48.3	0.34
XXI M_2	30.57	0.21	XXIX M_3	48.3	0.34
XXI M_3	11.47	0.08	IV X M_1	44.3	0.31
XXI M_4	13.37	0.09	IV X M_2	29.3	0.22
XXII M_1	19.1	0.13	IV X M_3	29.3	0.55
XXIII M_1	36.3	0.25	IV X M_4	78.9	0.55
XXIII M_2	26.75	0.18	IV XI M_1	33.7	0.4
XXIII M_3	11.46	0.08	IV XI M_2	22.3	0.17
XXIV M_1	30.57	0.21	IV XI M_3	25.4	0.18
XXV M_1	28.65	0.22	IV XI M_4	25.4	0.18
XXVI M_1	34.38	0.24	IV XII M_1	22.3	0.17

IV XIII M₁	29.3	0.22
IV XIV M₁	12.5	0.09
IV XV M₁	21.7	0.15
IV XV M₂	53.6	0.38
IV XV M₃	68.3	0.49
IV XVI M₁	73.8	0.52
IV XVI M₂	89.4	0.63
IV XVII M₁	13.6	0.10
IV XVII M₂	11.1	0.08
IV XVIII M₁	23.8	0.17
IV XVIII M₃	33.4	0.23
IV XVIII M₄	31.7	0.22
IV XIX M₁	31.7	0.22
IV XIX M₂	42.3	0.3
IV XIX M₃	70.3	0.49
V X M₁	75.3	0.53
V X M₂	73.5	0.51
V X M₃	78.4	0.55
V XI M₁	30.3	0.21
V XI M₂	67.3	0.47
V XII M₁	23.1	0.16

B)黴菌之性質試驗

a)適溫

培養基之成分　麥　芽　糖　4%
　　　　　　　葡　萄　糖　4%
　　　　　　　胃液蛋白　0.1%
　　　　　　　瓊　脂　2. %
　　　　　　　井　　水

移植黴菌後置於各種不同之溫度內培養，經三日檢其生長情形，其在某一溫度下生長最快者，即視爲該黴菌之適溫。

b)適宜pH值

取同前之培養基，以酒石酸及氨水配製各種不同pH值之培養液如法培養黴菌檢視其生長最佳之pH值。

c)糖化力(49)

將大米掏淨潤溼，於 20lb 磅壓力下蒸煮 1½ 小時，取出拌以少許木灰後以等量之體積，約五克分置於已滅菌之二重皿內後如

法移植黴菌絲少許，置於保溫箱內，溫度 23－28℃，培養三天後，以 25℃ 之溫水 50cc. 浸約三小時，過濾取其濾液以之糖化澱粉而測其力之大小。

d)酒精抵抗力

以酒精配製各種不同之濃度培養液如法移植黴菌培養三日，溫度 25－28℃ 取出檢其生長如何，其酒精含量較高，而猶生長者，或已不生長者，取其猶生長而濃度較高者。

e)蛋白質分解力(50)

i)酵素液之製取

將大黃豆掏淨以水浸約十二小時，豆皮膨脹無皺紋時，取出於 20lbs 壓力下蒸煮一小時，取出以等量之體積，約 5 克分置於已滅菌之二重皿中後，如法移植黴菌培養於 23－28℃ 下，經三日取出以 50cc. 常溫水浸約三小時過濾用此濾液。

ii) 0.1% 乾酪素溶液之配製

取純乾酪素一克置於燒杯中加入 50cc. 之 $\frac{1}{10}$ N NaoH，溶液複加蒸溜水 30cc. 於水浴上煮沸使溶約經十五分鐘卽冷却之，復以 $\frac{1}{10}$ N Hcl 中和之，以 Phenolphthalein 爲指示劑僅呈微鹼性後配製一立升，

iii)濃硝酸 25cc. 如飽和硫酸鎂溶液 100 cc. 之混合液

iv)方法

取試管十支各置 ii)溶液 5cc. 置於 40℃ 之水溶中，約 10 分鐘後於各管中加 i)濾液 0.1cc 0.2cc…0.1cc，仍保持 40℃ 溫度，時間約經 1 小時，加入 iii)混合液 0.5cc. 於各管中同時觀察之，其乾酪素已全爲酵素分解者，依然透明，而有未分解之乾酪素存在時則生白色沉澱。

v)計算

1cc. 或 1 克之酵素試料於 40℃ 下一小時內，能分解 1 克之乾酪素者，其蛋白質分解力爲 100 單位。

F)結果

微菌種	適温 °C	適宜 pH 値	糖化力	酒精抗力	蛋白質分解力
I M₁	30－40	6.5－7.0	18.1	3 ％	25
I M₃	20－30	7.5－8.5	20	3	20
I M₄	30－50	8.0－8.5	20	1	33.33
II M₁	30－50	8.0－8.5	20	3	25
II M₃	20－30	7.5－8.5	20	1	16
II M₇	20－30	7.5－8.0	25	1	33.33
II M₄	30－50	8.0－8.5	20	1	50
III M₁	30－50	8.0－8.5	33.33	3	50
III M₃	30	6.0－7.0	20	1	50
IV M₁	20－30	7.0－8.0	22	1	50
IV M₃	20－30	6.5－7.5	22	1	25
IV M₇	30	8.0－8.5	26	1	12.5
IV M₄	30－40	8.0－8.5	25	3	12.5
V M₁	30	6.0－7.5	33.33	1	20
V M₂	30	8.0－8.5	26	3	14.3
V M₃	30	6.5－7.5	33	1	25
V M₄	30	7.0－8.0	26	1	20
VI M₂	30	8.0	22	3	25
VI M₄	30	8.0－9.0	25	3	14.3
VII M₃	20－30	7.5－8.5	22	3	25
VII M₄	30－50	8.0－8.5	25	0.5	25
VII M₇	30	8.0	20	3	50
VII M₁	30－40	7.0－8.0	26	1	33
VIII M₄	20－40	8.0－8.5	20	0.5	33
IX M₁	30	8.0－8.5	33	0.5	50
IX M₂	30	6.5－7.0	23	0.5	33
IX M₄	30	7.0－7.5	22	—	25
IX M₇	30	8.0－8.5	26	1	33
X M₁	30－60	7.5－8.5	50	3	20
X M₄	30	7.5－8.5	26	3	14.3
XI M₂	30	6.0－6.5	25	3	20
XI M₃	30－40	6.5－7.5	20	1	16.7
XI M₄	40	6.0－7.0	18	1	25
XII M₁	30	6.5－7.5	20	1	16.7
XII M₂	50	6.5－7.5	20	0.5	14.3
XII M₄	20－30	6.5－7.5	18	0.5	25
XIII M₁	50	6.5－7.5	20	1	16.7
XIII M₃	20－30	7.0－8.5	20	3	12.5

XIIIM$_3$	30	6.0－7.0	18	0.5	12.5
XIIIM$_4$	20	6.5－7.5	18	0.5	14.3
XIVM$_1$	30－40	6.5－7.5	25	1	16.7
XIVM$_2$	40	6.5－7.5	20	0.5	20
XVM$_1$	20－30	7.0－8.0	20	1	20
XVM$_2$	30	6.5－7.5	18	1	16.7
XVIM$_1$	40	6.5－7.0	18	1	14.4
XVIM$_2$	30	6.5－7.0	25	1	20
XVIM$_3$	20－40	6.5－7.5	20	0.5	20
XVIIM$_1$	20－30	6.5－7.5	20	3	16.7
XVIIM$_2$	30	6.5－7.0	20	1	14.4
XVIIIM$_1$	40	7.0－8.5	25	3	20
XVIIIM$_2$	30	6.5－7.5	25	1	20
XVIIIM$_3$	20－30	7.0－8.0	20	1	20
XIXM$_1$	20	6.0－7.0	18	0.5	25
XIXM$_2$	30	6.5－7.5	25	0.5	20
XIXM$_3$	30	6.5－7.5	20	0.5	20
XXM$_1$	30－40	6.5－7.5	20	3	16.6
XXM$_2$	30－40	6.0－7.0	25	1	20
XXIM$_1$	20－30	6.5－7.5	25	3	20
XXIM$_2$	30－40	7.0－8.0	20	3	20
XXIM$_3$	30	6.0－7.5	16.6	0.5	25
XXIM$_4$	40	7.0－7.5	20	1	16.6
XXIIM$_1$	20－30	6.5－7.0	25	3	20
XXIIM$_2$	40－50	6.5－7.0	25	3	20
XXIIM$_3$	20－40	6.0－7.0	16.6	3	25
XXIIM$_3$	30	6.0－6.5	20	1	25
XXIVM$_1$	40	6.5－7.0	25	3	25
XXVM$_1$	30－40	6.0－7.5	25	0.5	20
XXVIM$_1$	40－50	6.5－7.0	25	0.5	20
XXVIM$_2$	20－30	6.0－6.5	20	1	25
XXVIIM$_3$	30	6.0－6.5	16.6	0.5	25
XXVIIM$_1$	40	6.5－7.5	25	3	16.6
XXVIIIM$_1$	40	6.5－7.5	20	1	16.6
XXVIIIM$_2$	30	6.5－7.0	16.6	0.5	20
XXIXM$_1$	40－50	7.0－8.0	50	3	25
XXIXM$_3$	40	7.0－8.0	33	3	20
XXXM$_1$	20－40	6.0－7.5	33	6	20
XXXIM$_1$	40	7.5－8.0	20	1	50

ⅩⅩⅪ M₃	40	7.5-8.0	25	3	33
ⅩⅩⅫ M₁	40	6.0-7.5	20	1	50
ⅩⅩⅧ M₁	20-40	6.0-7.5	50	6	33
ⅩⅩⅧ M₂	20-40	6.0-7.5	18	6	50
ⅩⅩⅧ M₃	20-40	6.0-7.5	20	1	33
ⅩⅩⅧ M₄	30-50	7.0-7.5	33	3	33
ⅩⅩⅧ M₇	50-50	7.0-7.5	26	1	33
ⅩⅩⅩⅣ M₁	40	7.0-7.5	25	1	33
ⅩⅩⅩⅨ M₂	40-50	6.5-7.5	20	1	33
ⅩⅩⅩⅤ M₁	40	6.5-7.5	59	4.5	25
ⅩⅩⅩⅤ M₃	30-40	7.0-8.0	20	1	25
ⅩⅩⅩⅥ M₁	30-40	6.0-7.5	50	6	25
ⅩⅩⅩⅦ M₂	40-60	7.0-7.5	50	6	33
ⅩⅩⅩⅦ M₃	20-40	6.0-7.5	33	3	50
ⅩⅩⅩⅥ M₄	20-40	7.0-7.5	40	4.5	50
ⅩⅩⅩⅥ M₇	30-40	7.0-7.5	40	4.5	33
ⅩⅩⅩⅦ M₁	30-60	6.5-7.5	40	4.5	25
ⅩⅩⅩⅧ M₁	30-60	7.0-7.5	50	6	20
ⅩⅩⅩⅨ M₁	30-60	7.0-7.5	50	6	25
ⅩⅩⅩⅨ M₂	30-60	7.5-8.0	33	3	33
ⅩⅩⅩⅨ M₃	20-40	6.0-7.5	20	1	50
ⅣⅩ M₁	40	7.0-7.5	25	4.5	50
ⅣⅩ M₂	30-40	7.5	26	4.5	50
ⅣⅩ M₃	30-40	7.5	33	3	33
ⅣⅩ M₄	20-50	7.0-8.0	20	1	25
ⅣⅪ M₁	30-40	6.5-7.5	33	3	20
ⅣⅪ M₂	30-50	7.0-7.5	33	3	20
ⅣⅪ M₃	40-50	7.5-8.0	33	3	25
ⅣⅪ M₄	40-50	7.5-8.0	25	2	33
ⅣⅫ M₁	40	7.5	25	2	33
ⅣⅩⅢ M₁	40	7.5-8.0	26	2	50
ⅣⅩⅣ M₁	40	7.0-7.5	25	2	33
ⅣⅩⅤ M₁	20-40	6.0-7.5	26	2	33
ⅣⅩⅤ M₂	20-40	7.0-7.5	25	2	20
ⅣⅩⅤ M₃	20-40	7.0-7.5	18	2	50
ⅣⅩⅤ M₄	20-40	7.5	25	2	33
ⅣⅩⅥ M₁	30-40	6.0-7.5	25	2	20
ⅣⅩⅥ M₂	30-40	7.5	18	2	50
ⅣⅩⅦ M₁	40-50	7.0-7.5	20	2	50

ⅣⅧM₃	40—50	6.5—7.5	33		2	33
ⅣⅧM₃	40—50	7.5—8.0	33		2.5	25
ⅣⅧM₃	40	7.5—8.0	33		3	25
ⅣⅩⅩM₃	40—50	6.0—7.5	33		3	18
ⅣⅩⅩM₃	40	7.0—8.0	26		2	18
ⅣⅩⅩM₃	60	7.0—8.0	25		2	20
ⅤⅩM₃	60	7.5—8.5	20		1	50
ⅤⅩM₃	60	7.0—8.0	18		1	50
ⅤⅩM₃	60	7.0—7.5	20		1	50
ⅤⅩⅠM₃	20	7.5—8.0	26		1	33
ⅤⅩⅠM₃	20	7.5	40		4.5	25
ⅤⅩⅡM₃	20	7.5	26		3	50

Ⅲ　細菌之生理性質試驗

A　細菌之生理試驗

1) 發育狀態 (51,52,53,54,55,56,57)

細菌種	直線培養	色澤	穿刺培養	液化性	液體培養	皮膜生成	氣體生成
ⅦB₁	不佳	乳白	表面發育良	—	一日後混	—	+
ⅦB₂	不佳	乳黃	中間發育良	—	一日後混	—	+
ⅨB₁	佳良	灰白	表面佳良	—	一日後混	斑紋形	—
ⅩB₁	佳良	灰白	表面佳良	—	一日後混	薄菲而脆	—
ⅩⅡB₁	不良	黃色	中間佳良	+	粘狀混	—	+
ⅩⅣⅤB₁	不良	黃色	中間佳良	+	粘狀混	—	+
ⅩⅢB₁	微佳	乳黃	樹枝狀	—	縶狀混	—	+
ⅩⅣB₂	微佳	白色	樹枝狀	—	縶狀混	—	+
ⅩⅧB₁	佳良	黃褐	表面佳良	—	二日後混	稠厚粘性	+
ⅩⅩB₁	佳良	黃褐	表面佳良	+	混	稠厚粘性	+
ⅩⅩⅤB₁	不良	黃白	底部佳良	+	粘性混	粘性薄	+
ⅩⅩⅧB₁	粘液狀	白	中間佳良	+	粘性混	粘性薄	+
ⅩⅩⅨB₁	菲薄不正形	黃白色	中間佳良	—	二日後混	+	+
ⅩⅩⅫB₁	流動線形	白色	中間佳良	+	二日後混	鮮黃蠟形	+
ⅩⅩⅨB₁	叢線狀	白色	中間佳良	+	二日後混	—	+
ⅣⅩB₁	不良	乳白	中間佳良	+	二日後混	—	+
ⅣⅩⅠB₁	菲薄不正形	黃白色	中間佳良	—	二日後混	—	+
ⅣⅩⅡB₁	流連線	黃色	中間佳良	—	二日後混	垢狀	+
ⅣⅧB₁	佳良	白色	表面佳良	—	二日後混	脆薄瓶壁上	+
ⅣⅩⅤB₁	佳良	灰白	表面佳良	+	—	微有薄膜	+

註　液化性　—不液化性　＋液化

2) 細胞形態 (58)

取培養己純之細菌於顯微鏡下檢視之，

3. 移植純細菌於 Cohn 氏瓊脂斜面，或精膠柱狀培養基內，或液體培養液內，溫度 25÷28°C 三日後檢查之結果如下：

氣體生成　一不生　＋生成

並測其大小結果如下：

細菌種	細胞形態	細胞大小
ⅦB₁	圓形單生	0.5M－0.8M
ⅦB₂	圓形雙生	0.8－1.1M
ⅨB₁	桿狀或球狀單生	0.8－1.3M
ⅩB₁	桿狀或球狀雙生	1.2－2.3M
ⅫB₁	長桿狀	7－10M
ⅩⅣB₁	桿狀	3－8M
ⅩⅥB₁	桿狀雙生	2.8－5M
ⅩⅦB₂	桿狀雙生	3－7M
ⅩⅧB₃	桿狀雙生	1－1.2M
ⅩⅩB₁	桿狀雙生	1－1.2M
ⅩⅩⅤB₁	長桿狀	5－8M
ⅩⅩⅧB₁	長桿狀	3－10M
ⅩⅩⅨB₁	球形單生或雙生	0.5－1M
ⅩⅩⅥB₁	短桿形	1.2－1.5M
ⅩⅩⅨB₁	球形單生	0.5－0.8M
ⅣⅩB₁	桿形單生	3－6M
ⅣⅩⅠB₁	球形雙生	0.8－1.2M
ⅣⅩⅡB₁	桿形雙生	1.2－1.5M
ⅣⅩⅢB₁	桿形雙生	2.1－2.8M
ⅣⅩⅤB₁	桿形連生	1－M

B 細菌之性質試驗

先將已純之細菌培於液體中置於各種溫度下檢其生長之適溫，再培於糖或纖維質之培基內檢其醱酵後之產物，並定其生酸力之大小(59,60)最後再於適宜培基中加入各種濃度之酒精抵抗力之大小結果如下：

細菌種	生長溫度	醋酸產	產乳酸	產醛酸	產酒精	其他產物	生酸力	醇抗力
ⅦB₁	35－45	－	＋	－	＋	－	1.1%	3 %
ⅦB₂	35－45	－	＋	－	＋	－	0.7%	3 %
ⅨB₁	25－35	＋	－	－	－	－	4.0%	6 %
ⅩB₁	25－35	＋	－	－	－	－	5.5%	8 %
ⅫB₁	35－45	－	－	＋	－	＋	0.1%	3 %
ⅩⅣB₁	35－45	－	－	＋	－	＋	0.2%	1 %
ⅩⅥB₁	35－45	－	＋	－	＋	－	0.5%	2 %
ⅩⅦB₂	35－45	－	－	－	＋	－	0.4%	2 %
ⅩⅧB₃	25－35	＋	－	－	－	－	6.0%	9 %
ⅩⅩB₁	25－35	＋	－	－	－	－	5.0%	8 %
ⅩⅩⅤB₁	35－45	－	－	＋	－	＋	0.1%	1 %
ⅩⅩⅧB₁	35－45	－	－	＋	－	＋	0.1%	1 %
ⅩⅩⅨB₁	50－60	＋	－	－	＋	＋	3.0%	5.0%
ⅩⅩⅥB₁	25－35	＋	－	－	－	－	3.0%	5.4%
ⅩⅩⅨB₁	40－50	＋	－	＋	－	－	5.5%	6.0%
ⅣⅩB₁	50－60	－	－	－	＋	＋	4.0%	5.5%
ⅣⅩⅠB₁	35－45	－	＋	－	－	－	1.0%	1 %
ⅣⅩⅡB₁	25－35	＋	－	－	－	－	3.5%	5.5%
ⅣⅩⅢB₁	25－35	＋	－	－	－	－	4.5%	6.0%
ⅣⅩⅤB₁	40－50	＋	－	＋	－	－	3.2%	6.0%

註 ＋生長 －不生

(四)有效菌種之工業應用

A 酒精工業

酒精為化學工業所必需，亦液體燃料之一種，代用汽油，銷路突增，故如何製造大

量之廉價酒精，實爲一重要問題，現國內雖有利用糖蜜及馬鈴薯，以製造酒精之工廠數家，究屬原料有限，成本過高，我國高粱，俗稱紅糧，以其種植容易，性質強健，對于壤氣候昆蟲病害等，抵抗力較大，故遍植東北，年產極豐，其所含可醱酵性糖分或澱粉很多，用爲製造酒精原料，頗較合宜，如能移植於西北後方荒蕪之地，亦救濟農村之一途，高粱在吾國北方釀造高粱酒，久已馳名，(61)以之製造酒精，因其生產率較低，未能有大規模之製造，(62)此後有人應用我國舊式之「固態醱酵」法，以高粱半工業化試製酒精，結果最高產率達 80% (63)本工作之目的，即係利用由山東酒麴中，所分得優良

酵母種，立 III y，《曾被上海中國酒精廠採用》及微菌種 Ｘ M z，用高粱爲原料，在各種壓力下，使之糊化，在各種時間內，使之糖化，及在各種溫度下，使之醱酵等，以求酒精產量最高，及合乎經濟之條件。

(1)糊化與壓力之關係(64)

取高粱《按Rask 氏方法(65)分析結果平均含澱粉55%》若干，籤去其雜質，以粉碎機破碎之，每粒高粱使成四五塊，秤取一公斤高粱粉，加 2 倍量之0.2% 鹽酸水溶液，浸漬達十小時淘出，加入加壓糊化鍋內，在各種壓力下蒸煮三小時取出，定其經糊化之澱粉量，結果如下表：

試驗號數	壓力	溫度	澱粉計算值	澱粉實驗值	糊化率
	磅	°C	克	克	%
1	20	110.7	550	452	82.18
2	30	119.5	550	481.3	87.51
3	40	126.7	550	509.5	92.64
4	50	135.6	550	530	96.36
5	60	142.8	550	530	96.36
6	70	147.	550	530	96.36

(2)糖化與時間之關係(66)

a)製種麴

取淘淨之大米，浸漬三小時，置於加壓蒸煮器內，蒸煮時間達一小時取出，將此蒸煮已熟之大米，移入種麴室內，攤於殺菌過的種麴盤內，移種微菌種加蓋放置八小時後，溫度上升，表面已生白毛，第二日觀察種麴室內之溫度爲 30°C，品溫 40°C，米粒上生黃綠色菌叢，是爲種麴之成熟。

b)製麩麴(67,68)

取麩皮若干噴水使溼，噴水之程度，以將麩皮壓於掌中後，不至散開爲度，噴水後，蒸熟約經二小時後取出，鋪於石灰床上，

冷下到溫度達 35°C 時，加種麴適量攪拌均勻，攤鋪於已消毒之麴盤中，層叠架置於麴室內，加蓋第二日視查麩麴品溫 35°C，室溫 33°C 去蓋密集堆叠之，約經半天，溫度上升至 39°C 後，將糰散開錯置之，第三天麩麴呈綠色。

c)糖化工作

取一公斤高粱粉，浸後經50磅壓力，糊化之加水配製比重 1:11 之漿膠，熱至 80°C，經半小時，以資殺菌，俟冷至 55°C，加入麩麴100 克，時時攪拌，保持至不同時間，取出定量，測其糖分多寡，以計算其糖化程度如何結果如下：

試驗號數	糖化時間	澱粉含量	糖分計算量	糖分實驗量	糖化率
	小時	克	克	克	%
1	2	530	447.56	353.3	78.94
2	3	530	447.56	397.2	88.74

3	4	530	447.56	428.5	95.74
4	5	530	447.56	445	99.43
5	6	530	447.56	445	99.43
6	7	530	447.56	443	99.43

*係按 Browon 氏反應式(69)計算，而得其化學反應式如下：

$$100 \cdot C_{12}H_{20}O_{10} + 81 H_2O \rightarrow 80 C_{12}H_{22}O_{11} + 39(C_6H_{10}O_5) \cdot C_6H_{12}O_6$$
$$32400 \qquad\qquad 27360$$

（3）醱酵與溫度之關係(70,71,72)

a.) 大量酵母之培養(73,74)

配製比重 1.09 之麥芽汁一枡，置於平底燒瓶內 a 按法殺菌，然後移入無菌室內備用，另取少量麥芽汁傾入試管內，按法殺菌後，移植酵母種置於 25°C 下保溫箱內培養之，經二日後取出，傾入上述之麥芽汁中，仍置於保溫箱中培養之。

b) 酵母膠之備製

取淨潔之大米浸漬後，蒸炎達一小時取出，配製比重 1.10 之米粥，冷至 55°C 加

入壓碎之生麥芽，約為原料十分之一強，經 2—3 小時糖化完全，復加入 1½ 之 75% 乳酸攪拌後，使溫度降低至 30°C 左右，加入上述已培養之大量酵母，經 24 小時後即可應用。

c) 醱酵工作

取定量在 50 度左右所製之糖化醪殺菌後，冷至 20°C 以下，將已培養之大量酵母膠，加入適量同時攪拌均勻，以便易於醱酵後，寘於各種溫度下任其醱酵至醱酵終了取出定量按常法(75,76,77)蒸溜之，依 Niclaux 氏法(78)測其酒精而計算其產量結果如下：

試驗號數	醱酵溫度	醱酵時間	酒精計算量	酒精實驗量	酒精產率	酒精收穫率
	°C	日	克	克	%	%
1	20	12	23.94	18.72	78.2	24.42
2	30	8	23.94	19.56	81.7	25.51
3	40	7	23.94	18.03	75.3	23.52
4	50	6	23.94	16.16	67.5	21.08

*按原料(高粱)實際用量計算之

B 甘油工業

甘油在上世紀中葉為 Pasteur 氏，(79) 由酒精醱酵中找出最高產量達 3% 及至 1863 年，Nobel 氏發明硝酸甘油可製成熱烈炸藥後，乃一躍為國防重要原料，此後關於製藥油漆樹脂以及化粧品等，無不大量需用，且其他用途亦日形增多，故每年產額總有供不應求之勢，過去均為製皂及洋燭工業副產品歐戰時德人始利用醱酵法(80,81)自糖蜜以製甘油，創甘油製造之新紀元，戰事平定後，美人繼續研究(82)亦告成功，唯養法(83,84,85)紛歧，迄無全文發表，抗戰以還，國人鑒於甘油之需要激增，且為保障民族之一種重要物品，故從事甘油工業之研究，乃為

面(86)而以醱酵方法製取者尚未多聞。現代急切之問題，唯大多偏重水解，油脂方

甲 單純固定劑之添加對於甘油醱酵之影響

Ⅰ 碳酸鈉之添加(87)

（1）碳酸鈉每次添加量之測定

取 20% 蔗糖醱酵液 100cc，若干份移種純酵母種於 25—30°C 下，培養 24 小時後，加入碳酸鈉各種量，每隔 12 小時加一次，至其全量均達五克時止醱酵經八天後取出按 Hehner 及 Steinfels 二氏方法(88,89,90)，測其甘油產量結果如下：

試驗號數	Na_2CO_3量	甘油產量	甘油率產
	克	克	%
1	0.25	2.762	13.81

2	0.50	4.34	21.7
3	0.75	3.056	15.28
4	1.00	1.923	9.6

（2）碳酸鈉添加總量之測定

取同前述之醱酵液，如法接種醱酵後，每次添加 0.5 克碳酸鈉，每日添加數次，至醱酵液中含有各種不同之碳酸鈉量之時止，醱酵經八日取出測其甘油產量結果如下：

試驗號數	Na_2CO_3總量	甘油產量	甘油產率
	克	克	%
1	5.0	4.25	21.3
2	10.0	4.027	20.14
3	15.0	3.056	15.28
4	20.0	1.563	7.81

（3）醱酵液中鹼度之影響

取同前之醱酵液，如法醱酵，加入碳酸鈉不同量，至發酵完畢取出，以規定鹽酸滴定之計算，每百糎發酵液中碳酸鈉之克數稱為鹼度並如法測其甘油產量結果如下：

試驗號數	鹼度	甘油產量	甘油產率
	克	克	%
1	2.3	2.53	12.65
2	4.59	4.25	21.3
3	6.6	3.78	18.9
4	8.37	1.67	8.35

（4）醱酵液中酸度之影響

取定量同前已醱酵之液中和後微呈酸性而蒸溜之後以規定苛性鈉滴定之計算，每百糎醱酵液中苛性鈉之克數，稱為酸度，並測其甘油結果如下：

試驗號數	酸度	甘油產量	甘油產率
	克		%
1	0.0311	2.53	12.65
2	0.0416	4.25	21.3
3	0.0388	3.78	18.9
4	0.0208	1.67	8.35

（5）酒精之生產

取定量醱酵液中和後使呈微酸性，而蒸溜之，於此蒸溜液中，依 Niclaux 氏（91）法測其酒精而計算，每百糎醱酵液中酒精之副產量結果如下：

試驗號數	酒精副產率%	甘油產率%
1	10.18	12.65
2	15.27	19.45
3	19.11	20.65
4	20.32	21.65
5	25.07	18.75
6	33.73	13.35
7	36.05	12.3
8	42.5	6.9

II 亞硫酸鈉之添加（92）

（1）亞硫酸鈉添加量之測定

取 20% 蔗糖醱酵液，加入少許無機營養鹽滅菌後，分成等量於若干醱酵瓶中，種入酵母於 30-35°C 下培養，經 24 小時，每瓶加入各種不同量之亞硫酸鈉，任其醱酵，經一周後取出，測其甘油產量結果如下：

試驗號數	Na_2SO_3量	甘油產量	甘油產率
	克	克	%
1	5.0	1.56	7.8
2	7.5	3.86	19.3
3	10.0	4.11	20.55
4	12.5	4.46	22.3
5	15.0	2.42	12.1

（2）鹼度之影響

取同前之醱酵液如前法醱酵之，俟其醱酵完畢，測其鹼度法取定量發酵液，以規定鹽酸滴定之，而計算每百糎發酵液中相當規定苛性鈉之 cc 數，稱為總鹼度，另取定量醱酵液，加入過量中性氯化鋇過濾，再如法滴定之，而如法計算，由總鹼度減去，由此次滴定所得之鹼度，其所餘之數，稱為遊離鹼度結果如下：

試驗號數	總鹼度	遊離鹼度	甘油產率
1	65.12	18.28	7.8
2	89.11	20.57	19.3
3	180.5	57.13	20.55

4	267.3	107.4	22.3

（3）副產品之生成

醱酵方法同前所述除測其酒精外，並依 Rocgurs 法(93)測其乙醛產量結果如下：

試驗號數	酒精產率	乙醛產率	甘油產率
	%	%	%
1	46.37	4.4	7.8
2	36.03	4.7	19.3
3	28.57	7.9	20.55
4	28.37	9.9	22.3

（4）時間之關係

方法同前結果如下：

試驗號數	時間	乙醛產率	甘油產率
	小時	%	%
1	24	0.52	—
2	48	0.94	2.25
3	72	2.43	9.5
4	96	4.02	14.7
5	120	6.93	18.7
6	144	8.75	20.5
7	168	9.86	21.6
8	192	9.86	21.5

III　碳酸氫鈉添加

（1）碳酸氫鈉添加量之測定

取 20% 蔗糖醱酵液 100cc. 若干份，移種酵母種於 20-30℃ 下，培養 24 小時，添加各種不同量之碳酸氫鈉，任其發酵，經八日後取出，測其甘油產量結果如下：

試驗號數	$NaHco_3$量	甘油產量	甘油產率
	克	克	%
1	1.0	1.86	9.3
2	2.0	2.57	12.85
3	4.0	2.36	13.80
4	8.0	2.28	11.40
5	16.0	2.1	10.5

（2）堿度之影響

取同前法所得之醱酵液以規定鹽酸滴定之計算，每百 cc. 醱酵液中碳酸氫鈉之克數，並測其甘油結果如下：

試驗號數	堿度	甘油產量	甘油產率
		克	%
1	0.86	1.86	9.3
2	1.38	2.2	11.00
3	1.85	2.57	12.85
4	2.35	2.65	13.25
5	2.75	2.45	12.25
6	3.3	2.40	12.00
7	3.76	2.36	11.00

（3）酸度之關係

方法同前結果如下：

試驗號數	酸度	甘油產率
1	0.019	9.3
2	0.023	11.00
3	0.028	12.85
4	0.031	13.25
5	0.026	12.25
6	0.024	12.00
7	0.022	11.80

（4）酒精之副產

取同前之醱酵液如前法醱酵後中和之微呈酸性而蒸溜之，取此定量之蒸溜液，以 Harries 氏(94,95)法，測其酒精含量而計算之結果如下：

試驗號數	酒精產率	甘油產率
	%	%
1	19.40	9.3
2	25.95	11.00
3	31.15	12.85
4	35.75	13.25
5	39.5	12.25
6	43.0	12.00
7	45.5	11.80

IV　碳酸銨之添加

（1）碳酸銨添加量之測定

試驗號數	$(NH_4)_2CO_3$量	甘油產量	甘油產率
	克	克	%
1	0.5	1.28	6.4
2	1.0	2.16	10.8

試驗號數	酒精產率	甘油產率
1	24.70	10.80
2	28.00	14.45
3	32.65	14.05
4	37.40	13.95
5	37.60	13.95
6	42.25	13.90
7	44.00	13.85

V 亞硫酸氫鈉之添加

(1)亞硫酸氫鈉之添加量之測定

試驗號數	NaHSO_3量 克	甘油產量 克	甘油產率 %
1	2.0	3.41	17.05
2	4.0	3.69	18.45
3	8.0	3.97	19.85
4	12.0	3.51	17.55
5	16.0	3.26	16.30

(2)副產品之生成

試驗號數	乙醇產率	乙醚產率	甘油產率
1	28.60	4.3	14.76
2	13.30	5.7	18.30
3	15.00	5.1	16.52
4	30.50	3.4	13.04

3	2.0	2.81	14.05
4	4.0	2.77	13.85
5	8.0	2.23	11.15

(2)城度之影響

試驗號數	城度	甘油產量 克	甘油產率 %
1	0.7	2.16	10.80
2	1.24	2.89	14.45
3	1.53	2.81	14.95
4	1.95	2.79	13.95
5	2.21	2.79	13.95
6	2.85	2.78	13.90
7	3.36	2.77	13.85

(3)酸度之關係

試驗號數	酸度	甘油產率
1	0.035	10.80
2	0.039	14.45
3	0.038	14.05
4	0.036	13.95
5	0.035	13.95
6	0.034	13.90
7	0.031	13.85

(4)酒精之副產

乙　複合固定劑之添加對於甘油醱酵之影響

I　亞硫酸鈉與亞硫酸氫鈉之複合添加

(1)亞硫酸氫鈉添加量一定

試驗號數	NaHSO_3量 克	Na SO_3量 克	乙醇之生成 克	%	甘油之產量 克	%
1	8.0	7.5	8.18	40.9	3.296	16.48
2	8.0	10.0	5.72	29.6	4.13	20.65
3	8.0	12.5	7.14	35.7	3.764	19.82

(2)亞硫酸鈉添加量一定

試驗號數	Na_2SO_3量 克	NaHSO_3量 克	乙醇之生成 克	%	甘油之產量 克	%
1	10.0	2.0	4.1	20.5	4.72	23.6
2	10.0	4.0	5.28	26.4	4.55	22.75
3	10.0	8.0	5.92	29.6	4.13	20.65

II　亞硫酸鈉與碳酸鈉之複合添加

(1)亞硫添酸鈉添加量一定

試驗號數	Na₂SO₃量 克	Xla-CO₃量 克	乙醇之生成 克	%	甘油之產量 克	%
1	10.0	4.0	2.92	14.6	4.106	20.53
2	10.0	8.0	4.336	21.68	3.706	18.53
3	10.0	12.0	5.374	26.87	2.864	14.32

（2）碳酸鈉添加量一定

試驗號數	Na₂CO₃量 克	Na₂SO₃量 克	乙醇之生成 克	%	甘油之產量 克	%
1	4.0	7.5	5.508	27.54	2.245	11.09
2	4.0	10.0	2.92	14.6	4.106	20.53
3	4.0	12.5	2.492	12.46	4.254	21.27

Ⅲ　亞硫酸氫鈉與碳酸氫鈉之複合添加

（1）亞硫酸鈉添加量一定

試驗號數	Na₂SO₃量 克	NaHCO₃量 克	乙醇之生成 克	%	甘油之產量 克	%
1	10.0	5.0	4.308	21.54	3.26	16.3
2	10.0	10.0	4.89	24.45	2.452	12.26
3	10.0	15.0	6.312	31.56	1.724	8.62

（2）碳酸氫鈉添加量一定

試驗號數	NaHCO₃量 克	Na₂SO₃量 克	乙醇之生成 克	%	甘油之產量 克	%
1	5.0	7.5	6.464	32.32	1.304	6.52
2	5.0	10.0	4.308	21.54	3.26	16.3
3	5.0	12.5	4.244	21.22	3.56	17.8

Ⅳ　亞硫酸鈉與碳酸銨之複合添加

（1）亞硫液鈉添加量一定

試驗號數	Na₂SO₃量 克	(NH₄)₂CO₃量 克	乙醇之生成 克	%	甘油之產量 克	%
1	10.0	3.0	4.964	24.82	1.48	7.4
2	10.0	6.0	3.94	19.7	3.48	17.4
3	10.0	9.0	6.1	30.5	1.164	5.82

（2）碳酸銨添加量一定

試驗號數	(NH₄)₂CO₃量 克	Na₂SO₃量 克	乙醇之生成 克	%	甘油之產量 克	%
1	6.0	7.5	4.46	22.3	2.16	10.8
2	6.0	10.0	3.94	19.7	3.48	17.4
3	6.0	12.5	3.56	17.8	3.8	19.0

Ⅴ　亞硫酸鈉與碳酸氫鈉之複合添加

（1）亞硫酸鈉添加量一定

試驗號數	Na$_2$SO$_3$量 克	Na$_2$HPO$_4$量 克	乙醇之生成 克	%	甘油之產量 克	%
1	10.0	5.0	5.738	28.69	3.62	15.1
2	10.0	10.0	4.204	21.02	4.56	22.8
3	10.0	15.0	4.72	23.6	3.7	18.5

（2）磷酸二鈉添加量一定

試驗號數	Na$_2$HPO$_4$量 克	Na$_2$SO$_3$量 克	乙醇之生成 克	%	甘油之產量 克	%
1	10.0	7.5	6.228	31.14	2.74	13.7
2	10.0	10.0	4.204	21.02	4.56	22.8
3	10.0	12.5	3.52	17.6	4.84	24.2

C　有機酸工業

有機酸中。如醋酸乳酸檸檬酸，及葡萄糖酸等，在工業及醫藥上之應用，向占重要地位，如醋酸之用於人造絲，橡皮及染色，乳酸之用於製革，檸檬酸之用於調味，葡萄糖酸之用於醫治貧血等，可由天然原料，或用化學方法，或用醱酵方法製出，抗建期中，舶來絕路，而此等有機酸之需要，反有增無己，不得不自謀解決方法，惟以國內環境關係，如儀器之昂貴，試藥之奇缺，如以化學方法製取，此等有機酸，勢難進行，乃就現狀試用醱酵方法，以求能工業應用，過去歐美學者，曾用各種微生物，如細菌微菌等，在各別環境中，使之作用已告成功，即同一種之微生物，如使之作用於各種不同之環境下，其所產之有機酸量亦不同，（96,97,98,99,010）本工作即係利用由國產酒麴中所分離之微生物，以國產碳水化合物，如糖類為原料，以醱酵方法試製各種有機酸，求其能產生大量之適宜條件。

a) 醋酸醱酵

關於醋酸醱酵之研究，首推1837年Friedrich Küzing 氏（101）所發表之理論，謂醋酸醱酵，由於微生物作用，於含酒精性物質氧化而成，其後 L. Pasteur（102）氏復證明空氣中氧氣之供給，為進行醋酸醱酵之必要條件，此後研究醋酸醱酵，多注重醋酸菌種之問題，除研究醋酸菌分類學（103）之

維質廢物，為數頗多除一部分普通用為燃料外，最近尚有注意於能分解纖維，以生產醋酸之菌種，因在農產發達之國家，農場中纖維外，其餘對於處理上，常發生很大的問題。

Langwell 氏（104）首用玉蜀黍心做培養基在60°C pH值，調整至 6.0 時，以醱酵菌醱酵之能得，醋酸 40%，此法在美國現很盛行，特別以穀類穗軸為原料者，關於此種醱酵所產之酸量，Mag 和 Herrick 二氏（105）首有相當之研究。

Smieszko 氏（106）採用一，認為純種之醱酵菌，使之醱酵百克纖維質，結果能得50% 之醋酸，友田（Tomocla）氏（107,108,）由 2% 濾紙之培養基，得醋酸量約為21-26%。

本研究之進行作者，係用由國產酒麴中所分離之醋酸菌，以之醱酵穀莖纖維質廢物在各種條件下，測其醋酸產量以求能工業利用之。

（1）培養基之訓練（109,110）

應用此種醱酵的醱酵菌，XI B$_2$ 因培養基之訓練不同，用以醱酵纖維結果，對於醋酸之產量，亦因之而異，變更培養基內之成分可以使醋酸之產量有所增減今用培養基之成分為3克纖維質物，加入 0.25克城性磷酸鉀，及各種不同量之氯化銨，用井水配製成100cc。此氯化銨之用量，對於纖維之醋酸醱酵，很有關係，用此等培養基培養在 55°C

下，經八日取出，以普通方法蒸溜後，而滴定其醋酸產量，並定其纖維質殘留量，而計算因醱酵而消耗之量結果如下：

試驗號數	NH₄CO 用量	纖維消耗量	每100克纖維之醋酸產量	每消耗100克纖維之醋酸產量
	克	%	克	%
1	0.05	18.00	6.52	36.22
2	0.10	40.50	11.71	28.91
3	0.15	65.30	12.93	18.88
4	0.20	70.70	15.40	21.78
5	0.25	72.30	16.70	23.09
6	0.30	77.50	17.95	23.3
7	0.40	77.70	18.42	23.84
8	0.50	75.40	17.20	22.81
9	0.60	69.80	16.50	23.65

除以上述適宜條件，即每100cc.井水中，含 0.25 克鹼性磷酸鉀，3克纖維質物料，及0.4克氯化銨培養訓練，能生醋酸，達 3.84% 之高量外， 如於此等培養液中，加入各種不同分量之消化蛋白質，復能增加醱酵產量（111）其增加量，亦因消化蛋白質之用量不同而異。

試驗號數	消化蛋白質用量	纖維消耗量	每百克纖維之醋酸產量	每消耗百克纖維之醋酸產量
	%	%	克	克
1	0.00	77.7	18.42	23.84
2	0.25	78.0	20.20	25.89
3	0.50	85.3	22.40	26.25
4	1.00	87.0	23.70	27.24

（2）pH 值之影響（112）

將前述之適宜培養基加入 1% 消化蛋白質後，仍在 55℃ 培養八日，每日以碳酸鈉或鹽酸調整此培養基之 pH 值二次，結果知將 pH 值，如調整僅至 7.50—7.75 時，醋酸產量最高，且其纖維消耗率，亦稍保持一定但 pH 值如增加時，即有顯著之降低。

試驗號數	pH值	纖維消耗量	每百克纖維之醋酸產量
		%	%
1	5.00	4.85	0.52
2	5.50	5.21	1.23
3	6.00	14.42	1.95
4	6.50	14.35	2.12
5	6.75	22.75	4.85
6	7.00	44.80	7.53
7	7.25	76.70	16.67
8	7.50	89.32	23.80
9	7.75	88.45	23.67
10	8.00	87.50	22.50
11	8.50	70.10	—
12	9.00	15.34	1.50

（3）溫度之影響

溫度對於醱酵作用影響殊大，在高溫下能增加醱酵速度但超過一定限度時，則反能減退，茲將用最適宜之培養基及 pH 值調整在 7.5—8.0 之間在各種溫度下，經醱酵八日後之結果如下：

試驗號數	溫度	纖維消耗量	每百克纖維醋酸產量

	°C	%	%
1	50	87.70	22.70
2	55	89.32	23.80
3	60	92.00	31.55
4	65	91.67	29.85

b) 乳酸醱酵

許多工業中乳酸常占重要地位，特於鞣酸工業，皮革工業，及染色工業，猶較重要，水解澱粉，卽能生乳酸，(113) 在商業上多利用廢牛乳，編細菌醱酵製得，(114) 後來因各種工業發達，需量突增，遂多改用澱粉等廉價原料，以醱酵方法，(115,116,117,118,119,120) 大規模製造，最近又發現利用微菌醱酵糖類 (121) 能生產品質更佳之乳酸。

本工作係利用川產七糖爲原料，以由國產酒麴中所分得之數種乳酸菌，使行乳酸醱酵試製乳酸鈣，結果尚佳，此菌種及製造方法，已被中央製藥廠採用大規模製造，行銷市面，代用舶來已年餘矣。

試驗號數	碳酸鈣添加量 %	乳酸鈣產量 克	乳酸鈣產率 %
1	0	0.25	5
2	1	0.95	19
3	2	2.50	50
4	3	4.00	80
5	4	4.00	80
6	5	4.00	80

(3) 醱酵液適宜濃度之測定

取定量含糖濃度不同之醱酵液，如法加

試驗號數	含糖濃度 %	乳酸鈣之產量 克	乳酸鈣產率 %
1	5	4.0	80
2	10	8.4	84
3	15	13.0	89.1
4	20	16.8	84

(4) 數種氮素營養品之比較

取定量 15% 蔗糖醱酵液，加入各種氮素營養品，如法醱酵，結果如下：

(1) 數種乳酸菌之比較 (122)

取 100cc. 5% 蔗糖醱酵液若干份，加入適量營養鹽，滅菌後分別種入乳酸菌於 40-50°C 下，任其繁殖，經兩周後取出定量醱酵液，以規定苛性鈉液滴定之，用 Pheuol Phthaleiu 爲指示劑計算每百 cc. 醱酵液中相當 $N/10$ 苛性鈉之 cc. 數，以定其酸度之大小結果如下：

試驗號數	乳酸菌種別	酸度
1	VIB_1	125
2	VIB_2	75
3	$XIIB_1$	50
4	$XIIB_2$	40
5	$IXXB_1$	120

(2) 碳酸鈣添加量之測定

取 5% 蔗糖醱酵液，如前法加入營養鹽並加入各種量之碳酸鈣，種入乳酸菌 $IXXB_1$ 於 40-50°C 下醱酵，經兩周取出，如前法製得乳酸鈣結果如下：

入營養鹽，並加入 3% 碳酸鈣種入乳酸菌如法醱酵結果如下：

試驗號數	氮素(營養品 類別	添加量%	乳酸鈣之生成 產品克	產率%
1	消化蛋白質	0.4	12.5	83.75
2	硫酸銨	0.4	9.5	63.65
3	碳酸銨	0.4	8.0	53.6
4	氯化銨	0.4	7.0	46.9
5	硝酸銨	0.4	2.0	13.4
6		0.0	0.5	3.35

(5)氮素營養品供給量之測定

取定量 15% 含糖醱酵液，加入不同分量之消化蛋白質，以爲氮素之供給源如法醱酵，結果如下：

試驗號數	氮素品量%	乳酸鈣之生成 克	%
1	0.0	0.5	3.35
2	0.1	4.0	26.8
3	0.5	13.0	87.1
4	1.0	13.0	87.1

(6)其他無機營養鹽之影響

取定量 15% 蔗糖醱酵液加入 0.5% 消化蛋白質，復加入適量其他無機鹽類，如法醱酵結果如下：

試驗號數	無機營養鹽添加量% NaH$_2$PO$_4$	MgSO$_4$	乳酸鈣之生成 產量克	產率%
1	—		9.	60.3
2	0.1		10	66.7
3		0.1	11	73.4
4	0.1	0.1	13	87.1

(7)溫度之影響

取定量 15% 蔗糖醱酵液，加入各種適量營養鹽，置於各種溫度下，任其醱酵結果如下：

試驗號數	醱酵溫度 °C	乳酸鈣之生成 克	%
1	25－30	9.0	60.3
2	30－35	12.0	80.4
3	35－40	13.0	87.1
4	40－50	13.0	87.1

(8)醱酵時間與產量之關係

取2立升 15% 蔗糖醱酵液，加入各種適量營養鹽，置於35－40°C下，任其醱酵每日取出定量之醱酵液，測其乳酸鈣之生成量結果如下：

試驗號數	醱酵時間 小時	乳酸鈣之生成 克	%
1	0	—	
2	24	—	—
3	48	—	—
4	72	0.5	3.35
5	96	4.5	30.15
6	120	7.0	46.9
7	144	8.5	56.95
8	168	9.0	60.3
9	192	—	—
10	216	10.0	66.66
11	240	12.0	80.4
12	264	13.2	88.44
13	288	13.0	87.1
14	312	13.0	87.1
15	336	13.0	87.1

(9)醱酵液之分析

取2立升 15% 蔗糖液加入 3.0% 碳酸鈣，0.5%消化蛋白質0.1%酸性磷酸鈉0.1%硫酸鎂，置於 35-40°C 下任其醱酵，經12

天取出，按常法分析之結果如下：

試驗號數	成　分	分析結果	
		克	%
1	遊離乳酸	0.162	
2	$CaCO_3$添辭量	0.598	
3	$CaCO_3$消失量	4.54	50.44
4	$CaCO_1$殘餘量	3.86	42.88
5	*渾發酸產量	0.953	6.38
6	酒精生成量	0.531	3.56
7	蔗糖殘餘量	1.489	9.98
8	蔗糖消耗量	13.5	90
9	**乳酸鈣產量	13.2	97.78

* 以醋酸計算之
** 按消耗之糖量計算之

(C)檸檬醱酵

檸檬酸過去全由檸檬柑橘果實類製成榨汁以石灰中和製得鈣鹽，再以硫酸分解(125)，以意大利出產最多。行銷全世界，後來美國利用醱酵方法(126)製取檸檬酸，因為原料便宜，手續簡便，產量大增，其醱酵產量占其國之全產量約近三分之二。(127)

檸檬酸醱酵有兩種方法，一種使菌體滋生於醱酵液體裏面(128)另一種使菌體繁殖於固體(129)或液體培養基之表面上(130)參與此種醱酵的菌種概為青黴黑黴或黃黴，1892年Wehmei氏首先用青黴醱酵製得檸檬酸，(131)歐戰後，Currie, Herrick, may等氏研究仍以黑黴生產力為較大(132, 133, 134)但日本高橋用黃黴醱酵，亦得相當成績，(135, 136)

至於利用酒麴中所分離之黑黴以醱酵糖類而製檸檬酸者，首推日人善田猶藏氏(137)，高橋偵造氏亦曾用酒麴中黑黴接種於澱粉糖化液中，以製取之，並均經日本政府特許專利，設廠製造。

本工作亦係選用由國產酒麴中所得之黑黴及青黴二屬黴菌以之醱酵川產蔗糖採用菌體繁殖於液體培養基表面之上一法其他各法正在繼續工作中。

(1)黴菌之選擇

取15%蔗糖醱酵液，加入少許無機營養鹽滅菌後，分盛等量於若干醱酵瓶中，復經滅菌後，分別種入各種黴菌，置於30°C下，培養之經十日後取出，定量醱酵液以Phenolphthaluin為指示劑，以規定苛性鈉液滴定之計算，每100cc醱酵液中相當$N/10$苛性鈉之cc.數，以定其酸度之大小。

試驗號數	黴菌種別	酸度
1	XXXIM₁	93.2
2	XXXIM₂	87.5
3	XXXIM₁	90.5
4	XXXIM₂	93.4
5	IVX M₄	78.9
6	IXXII M₁	89.4
7	VXII M₁	78.4

(2)糖濃度之影響

取濃度不相同之糖溶液，加入同量之無機營養鹽，滅菌後，種入黴菌 XXXV ₁ 於30°C下，任其醱酵，經十日後取出，定量以標準液滴定其酸度，並以碳酸鈣先去其中之草酸，再加熱蒸濃沉澱之過濾乾燥後稱其重量結果如下。

試驗號數	糖濃度%	酸度	檸檬酸鈣量
1	10	50.55	12克
2	15	70.77	20克
3	20	90.99	20克

(3)氮質之影響

所用之醱酵液成分如下

蒸溜水	100 cc.
蔗糖	15克
磷酸二無鈉	0.1克
硫酸鎂	0.025克
氯化鉀	0.025克
鹽酸(2N)	1cc.
硝酸銨	各種量

如法移植黴菌醱酵於30°C下，經十日取出，測其產量結果如下。

試驗號數　硝酸銨量　酸度　檸檬酸鈣量

	克/100cc	cc.	克/100cc
1	0.1	156.1	2.5
2	0.2	150.3	2.3
3	0.3	107.8	1.8

(4)硫酸鎂之影響

所用之醱酵液成分如下

蒸溜水	100 cc.
蔗糖	15 克
磷酸二氫鈉	0.1 克
氯化鉀	0.025 克
硝酸銨	0.1 克
鹽酸(2N)	1cc
硫酸鎂	各種量

如法移植微菌醱酵於 30°c 下，經十日後取出測其結果如下。

試驗號數	硫酸鎂量 克/100cc	酸度 cc.	檸檬酸鈣量 克/100cc
1	0.01	103.5	1.5
2	0.02	100.3	1.7
3	0.03	94.8	1.3

(5)碳酸鈣之影響

所用之醱酵液成分如下

蒸溜水	100 cc.
蔗糖	15 克

試驗號數	醱酵時間 日	酸度 cc.	殘餘糖量 %	消耗糖量 %	檸檬酸 克	鈣量 %
1	5	97.06	11.8	3.2	0.2	6.25
2	10	133.45	8.12	6.88	1.0	14.53
3	15	145.58	4.4	10.6	3.0	28.3
4	20	145.58	4.4	10.6	3.0	28.3

a 葡萄糖酸醱酵

葡萄糖酸，在五十年前，始有人試用醋酸菌醱酵糖類製得(141)、後來 Brown, Bertrand, Seifert 諸先生，先後用醋酸菌醱酵糖類亦告成功，(142) Hermauu 復分離一種能產葡萄糖酸的細菌，特名之爲葡萄糖酸菌，(142)最近 Molliard, Herrick 諸氏改用微菌醱酵澱粉，(143,144, 145, 146)能由百斤大米變生六七十斤之葡萄糖酸，現

磷酸二氫鈉	0.1克
氧化鉀	0.025
硝酸銨	0.1
硫酸鎂	0.02
鹽酸(2N)	1cc
碳酸鈣	各種量

如前法醱酵結果如下

試驗號數	碳酸鈣用量 克/100cc.	檸檬鈣用量 克/100cc.
1	0.0	2.4
2	3.0	2.8
3	6.0	3.0
4	9.0	3.0

(6)醱酵時間之測定

醱酵液之成分如下

蔗糖	150克
磷酸二氫鈉	1克
氯化鉀	0.25
硫酸鎂	0.2
硝酸銨	1.0
鹽酸(2N)	10cc
蒸溜水	1000cc

如法醱酵後每隔五日取出量醱酵液分析結果如之下

在還是時髦的新興的醱酵工業，多注重微菌醱酵之技術問題，(147, 184, 149)在工業上多用以製成葡萄糖酸鈣出售，此種鹽是鈣質不足病，最易吸收之藥品，銷路極廣。

本工作係採用微菌醱酵法，利用國產酒麯中所分得之微菌種，以之醱酵，川產蔗糖麥芽糖試製葡萄糖酸鈣，此項工程，現在正被中央製藥廠採用，大規模製造中，最近之將來，可望有出品應市

（1）微菌之選擇（150，151，152）

選由國產酒麴中所分離之微菌九種，使培養於定量卡氏醱酵液中（153），經一周後取出，定量以規定苛性鈉溶液滴定之結果如下：

試驗號數	微菌種別	生酸量*
1	ⅩⅩⅪⅡMₗ	93.2
2	ⅩⅩⅪMₗ	87.5
3	ⅩⅩⅩⅢMₗ	72.3
4	ⅩⅩⅩⅤMₗ	90.5
5	ⅩⅩⅩ Mₗ	93.2
6	ⅨⅩMₗ	78.9
7	ⅢⅫMₗ	89.4
8	ⅤⅪMₗ	75.3
9	ⅤⅪM₃	78.4

每 100cc. 醱酵液相當規定苛性鈉（$N/10$）之cc. 數。

（2）糖濃度之影響

取同前之醱酵液，加入各種不同之糖量，滅菌後如法移植微菌種，醱酵終了濾菌過濾去其菌體以碳酸鈣中和其濾液加熱使而再過濾，將濾液蒸濃，置於冷處，經 24 小時，則葡萄糖醱鈣結晶，析出過濾，再溶於水精製之乾燥後，秤其重量果果如下。

試驗號數	糖消耗量 %	糖之濃度 %	葡萄糖酸鈣量 克 %		葡萄糖酸計算量 克 %	
1	70	5	1.0	28.57	0.91	26.02
2	60	10	2.0	33.33	1.82	30.36
3	63.3	15	3.5	27.80	3.19	34.52
4	50	20	3.5	31.25	3.19	28.46
5	40	25	3.0	29.12	2.73	26.52

（3）碳酸鈣之影響

取前述之配製15％蔗糖醱酵液，如法移種微菌，置於40℃下，任其繁殖，經三日後取出，加入不同量之碳酸鈣復置原處於，任其醱酵經兩周後取出，如法製得葡萄糖酸鈣結果如下：

試驗號數	$CaCO_3$量 克/100cc.	糖之消耗量 克 %		葡萄酸鈣產量 克 %		葡萄酸計算量 克 %	
1	0.0	9.5	63.3	3.5	36.84	3.1	32.63
2	1.0	10.35	69	4.5	43.48	4.1	39.61
3	2.0	11.25	75	6.0	53.33	5.47	48.58
4	4.0	12.3	82	7.0	56.91	6.38	51.85
5	5.0	12.45	83	7.0	56.22	6.38	51.25
6	8.0	12.45	83	6.5	52.21	3.92	47.56

（4）氮素營養量之測定

取用之醱酵液成分如下：

蔗糖	15	克
硫酸鎂	0.025	,,
磷酸氫鈉	0.1	,,
氯化鉀	0.005	,,
蒸溜水	100	cc.
硫酸銨	各種量	

移植微菌後置於 40℃ 下任其繁殖經三日後取出加入碳酸鈣四克復經兩周取出濾菌過濾其濾液蒸濃如前法製得葡萄酸鈣結果如下：

試驗號數	氮營養量 克/100cc.	葡萄酸鈣量 克/100cc.	葡萄酸計算量 克100cc.
1	0.01	2.0	1.82
2	0.05	4.0	3.64
3	0.10	5.5	5.01
4	0.50	6.5	5.92
5	1.00	5.0	4.56

（5）溫度之影響

醱酵液之成分如下：

蔗糖	15	克
硫酸銨	0.5	,,
硫酸鎂	0.025	,,
氯化鉀	0.005	,,
磷酸氫鈉	0.1	,,
蒸水	100cc.	

法同前結果如下

試驗號數	醱酵溫度 $^\circ C$	葡萄酸鈣量 克	葡萄酸計算量 克
1	20	4.2	3.83
2	20—30	5.8	5.28
3	30—40	6.3	5.74
4	40—50	4.5	4.1

（6）醱酵時日之測定

取前述之醱酵液 110cc. 若干伙，分別種入微菌及碳酸鈣於30—40°C下，任其醱酵每隔二日取出一份醱酵液，定其中之糖分菌每重量及其生成物量結果如下：

試驗號數	醱酵日數 日	糖消耗量 克	菌體重 克	葡萄酸鈣生成 克	%	葡萄酸計算量 克	%
1	3	2.62	0.2	0.5	19.08	0.46	17.56
2	5	2.62	0.5	1.5	57.75	1.36	52.15
3	7	4.17	0.75	2.2	52.75	2.00	46.06
4	9	7.5	0.95	3.5	46.67	3.9	42.52
5	11	9.35	1.15	4.8	51.33	4.37	46.76
6	13	10.47	1.30	5.5	52.53	5.01	47.85
7	15	12.37	1.45	6.7	54.16	6.1	49.34
8	17	12.37	1.50	6.5	52.54	5.92	47.86
9	19	12.37	1.52	6.3	50.93	5.74	46.4
10	21	12.37	1.52	6.3	58.93	5.74	46.4

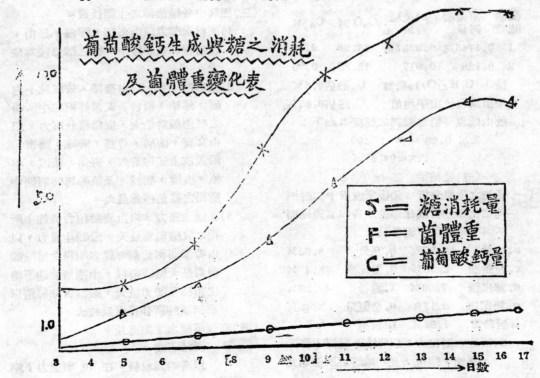

葡萄酸鈣生成與糖之消耗及菌體重變化表

S ＝ 糖消耗量
F ＝ 菌體重
C ＝ 葡萄酸鈣量

日數

（7）醱酵液之分析（154）

取前述醱酵液如前法醱酵經15日後取出分析之結果如下：

醱酵開始三日後

成 分	克/100cc.	%
蔗糖含量	12.5	83.33
葡萄酸量	0.6	24
菌體重	0.3	12

醱酵終時

糖殘餘量	2.8	18.67
糖消耗量	12.2	81.33
葡萄酸量	6.2	50.82
游離葡萄酸	0.3	2.46
菌體重	0.8	5.56

（8）葡萄酸鈣純度之檢定（155,156）

秤取重量乾燥已精製之葡萄酸鈣粉末置於坩堝中，以微火烘後灼熱半小時待冷秤知 CaO 重量，因而計算此鹽中之鈣之百分率如下。

試驗號數	葡萄酸鈣量	灼後殘盡量	CaO %	Ca %
1	0.1745克	0.0237克	13.58	9.88
2	0.128	0.017	13.35	9.79

按 $Ca(C_6H_{11}O_7)_2$ 計算 Ca 應佔9.3%

吾由試驗找出平均值 Ca 應佔9.83%

故由此製得葡萄酸鈣之純度 x 如下：

$$9.3 : 9.83 = x : 100$$
$$\therefore x = 94.61\%$$

（五）總結論

（一）酒麴之化學分析　先後完成五十二縣酒麴之化學分析其化學成分各因其產地而不同平均約得下列各數：

a. 水分　　10.22%　　b. 灰分　　3.82%
c. 粗脂肪　2.38%　　d. 還元糖　3.4%
e. 轉化糖　7.99%　　f. 澱粉　　49.25%
g. 粗纖維　5.17%　　h. 全氮量　2.42%
i. 蛋白質　1.52%　　j. 銨氮　　0.9%

2）酒麴之糖化力，以禹城，荷澤，鄒平，齊河，臨邑，及朝城等縣所產者為

最大。

3）酒麴之醱酵力，以費縣，臨縣，昌邑，禹城，安邱，及桓台等縣所產者為最大。

（二）酒麴中醱酵菌之分離，

1）酵母之分離　五十二縣酒麴共分離得有酵母 106 種，屬於 Saccharomyces 者共 63 種，屬於 Tovula 者共43種。

2）黴菌之分離　五十二縣酒麴共分離得有黴菌 128 種，屬於 mucor 者共 17 種，屬於 Rhizopuo 者共 39 種，屬於 Aspcigillus 者共 10 種，屬於 Penicillium 者共 22 種，屬於菌種不明者共 38 種。

3）細菌之分離　五十二縣酒麴共分離得有細菌 20 種，屬於乳酸菌者共 5 種，屬於醋酸菌者共 7 種，屬於酪酸菌者共 2 種，屬於纖維分解菌者共 2 種，其他菌種共 2 種。

（三）酒麴中各種菌種之生理性質。

1）酒精醱酵力以由奎鄉，膠縣，長山，及桓台等縣酒麴中所得之酵母種為最大。

2）澱粉糖化力，以由荷澤，安邱汶上滋陽，無棣，蒲台，萊蕪等酒麴中所得之縣菌種為最大，蛋白質分解力，以由文登，博興，曹縣，鄄城，濟甯，陽穀汶上無棣萊蕪，齊河，棲霞，平原，廣饒，朝城，及萊陽等縣酒麴中所得之縣菌種為最大。

3）乳酸生產力，以由費縣桓台酒麴中所得之乳酸菌為最大，醋酸生產力，以由荷澤商河萊蕪等縣者所得之醋酸酸菌為最大酪酸菌以，由臨清酒麴所得之菌種生酸力較大，纖維質分解菌以齊河酒麴所分得者為較大。

（四）有效菌種之工業應用。

A. 酒精工業。

以高粱為原料，在 50 噸壓力下糊

化澱粉在 5—6 小時之間，糖化之後，在 30°C 下醱酵之酒精之最高產量達 81%。

B．甘油工業

I）單純固定劑之添加對於甘油醱酵之影響。

1．碳酸鈉之添加，以百克糖中，應加 5 克，其甘油之最高產量達 21.7%。

2．亞硫酸鈉之添加，應為 62.5%，甘油產量為 22.3%。

3．碳酸氫鈉之添加應為 11.75% 甘油產量為 13.25%。

4．碳酸銨之添加，應為0.2% 甘油產量為 14.45%。

5．亞硫酸氫鈉之添加，應為40% 甘油產量為 19.85%。

II）混合固定劑之添加對於甘油醱酵之影響。

1．亞硫酸鈉與亞硫酸氫鈉之複合，固定其添加比例，應為 5：1，甘油產量達 23.6%。

2．亞硫酸鈉與碳酸鈉之複合，固定其添加比例，應為 5：2 甘油產量 20.53%。

3．亞硫酸鈉與碳酸氫鈉之複合，固定其添加比例，應為 3：1 甘油產量 17.8%。

4．亞硫酸鈉與碳酸銨之複合並固定其添加比例，應為 5：2 甘油產量 19%。

5．亞硫酸鈉與磷酸三鈉之複合，固定其添加其比例，應為 3：2 甘油產量達 24.2%。

C 有機酸工業

I．醋酸醱酵

在適宜培基內 PH 7.5—7.75，溫度 60°C 醋酸最高產量為 31.55%。

II．乳酸醱酵

15%糖液內含有 0.5% 消化蛋白質及其他無機鹽類，少量溫度 35—40°C 經11天乳酸鈣產量88.44%。

III．檸檬酸醱酵

15% 糖液內含有 0.2% 硝酸銨及其他少量無機鹽類，溫度 30°C 經15天檸檬酸鈣產量 28.3%。

IV．葡萄糖酸醱酵

15% 糖液內含有 0.5% 硫酸銨及其他少量無機鹽酸類溫度 30—40°C 經10天葡萄糖酸鈣產量 42.21%

西　文　撮　要

NEW APPICATION OF "CHIU-CH'U" IN MODERN CHEMICAL INDUSTR

In China, "Chiu-Ch'u" has long been used for the preparation of Kaoliang and Old winw instead of pure yeasts. The purpose of the present investigations is how to make use of "Chiu-Ch'u" in modern chemical industry. In the course of investigation during last about ten years, samples have been collected from 52 hsiens out of the total number 108 hsien in Shantung province. The results obtained are summarized bellow:

I) The chemical constituents, diastatic power and fermenting power of the original "Chiu-Ch'u" have been determined.

II) 106 types of yeast, 128 types of mould and 20 types of bacteria have been

isolated.

III Cultural, morphological and physiological characteristics of the isolated types of yeast, mould and bacteria were thoroughly investigated.

IV) Industrial experiments using the isolated microro—organisms:

A. Alcoholic fermentation,—

Using sorghum grain as raw material, yield of alcohol 81.7%.

B. Glycerol fermentation,—

Using Na_2SO_3 as fixing agent, yield of glycerol 22.3%;

using mixture fixing agent($Na_2SO_3 + Na_2HPO_4$), 24.2%

C. Organic acid fermentation,—

1. Acetic acid: Raw material cellulose fermenting solution, containing 0.4% NH_4Cl, 0.25% K_2HPO_4, 1% peptone, pH value 7.5—8.0, fermented at 60°C. for 8 days, yield: 31.55% (Acetic acid).

2. Lactic acid: Cane sugar solution containing 0.2% KH_2PO_4, 0.05% $MsSo_4$. $7H_2O$, 0.01% NaCl and 0.5% peptone, fermented at 35—40°C. for 11 days, yield: 88.44% (Casalt).

3. Citric acid: Cane sugar solution containing 0.1% Na_2HPO_4, 0.025% KCl, 0.02% $MgSo_4$.$7H_2O$. 0.2% NH_4NO_3 and 1cc. 2N HCl, fermented at 30°C. for 15 days, yield: 28.3% (Casalt).

4. Gluconic acid: Cane sugar solution containing 0.5% $(NH_4)_2$ So_4, 0.1% Na_2HPO_4, 0.025% $MgSo_4$.$7H_2O$, and 0.005% KCl, fermented at 30—40°C. for 10 days, yield: 42.21% (Casalt).

參 考 書 誌

1. 西文發表於中國化學工程雜誌第三卷第一期，15—29，1934.

2. 國立山東大學化學系試驗室研究報告第五年，1935.

3. 大公報科學副刊 1936.

4. 中華教育文化基金董事會特約研究論文.

5. 科學 中國科學社 第二十五卷第一二期 62, 1941.

6. Allen P. W.: Industrial Fermentation 110—111, 1926.

7. Smyth H. F. & Obold W. L.: Industrial Microbiology 105, 1930.

8. Ibid: 23, 1930.

9. Allen P. W.: Industrial Fermeation 105, 1926.

10. Thom C: The Penicilla 72 1930.

11. Smyth H. F. & Obold W. L.: Industrial Microbology 23 1930.

12. Thom C. & Church B.: The Rspergilli 123, 1923.

13. Smyth H. F. & Obold W. L.: Indutrial Microbology 23, 1930.

14. Ward, Lockwood, Tabenkin & Wells: Ind. Eng. Chem. 30, 1233, 1938.

15. Allen P. W.: Industrial Fermentation 104—5, 1326.

16. Smyth H. F. & Obold W. L.: Ind-

ustrial Microbiology 39, 1930.

17. Allem P. W.: Indrial Fermentation 296-310, 1926。

18. Ibid: 106-1926.

19. Uuderkofler L. A., Chrisiensen L. M., Fulmer E. I.: Ind. Eng Chem. 28, 350, 1936.

20. Underkofler L. A., Eulmer E.T. & Rayman M. M. M.: Ind. Eng. Chem. 29, 1290, 137.

21. Underkofler L. A., & Hunter J. E.: Ind. Eng. Chem. 30, 480, 1938.

22. Gallowan & Burgess: Applied Mycology & Bacteriology 110-125, 1940.

23. Smith G: An Introdumtion to Industrial Mycology 275-282, 1930.

24. Skinner & Leclerc: A. O. A. C. 1930.

25. Konig J; Chemie dur Menschlichen Nahrungs und Genussmittel 1910.

26. Waksman S. A. & Davison W. C: Enzymes 162-65, 1926.

27. Eoth G: Handbuch der Spititus Fabrikation 611, 1929.

28. Allen: Commercial Organic Arganic Analysis I, 290, 1923.

29. Chen T. S: Microbiological Studies of Chinese Fermentation Products (Unblished) 1930.

30. 齊藤賢道：醱酵菌類檢索便覽。1933.

31. 高松豐吉：化學工業全書第十册 1925.

32. Jorgensen A: Micro-organisms and Fermentation 42-44, 1925.

33. 古在由直：醱酵化學研究法 38, 1930.

34. Giltner W: Laboratory Mannal in General Microbiology 82. 1926.

35. Henrici A. T: Moulds, Yeasts and Actinomycetes 25-29 1930.

36. 宮路憲二：應用微菌學 164, 1938

37. Giltner W: Laboratory Manual in General Microbiology 42, 1926.

38. Lohnis F. & Fred E. B: Text book of Agriculrural Bacteriology 69, 1923.

39. Lutman B. F: Microbiology 36 1929.

40. Guilliermond A: The Yeasts 1930.

41. Jorgensen A: Micro-organisms 211-389, 1925.

42. Lutman B. F: Microbiology 121-144, 1929.

43. Henrici A. T: Moulds, Yeasts & Actinomycetes 182-208, 1930.

44. Jorgensen A: Micro organisms 158-210, 1925.

45. Lutman B. F: Microbiology 72-104, 1929.

46. Henrici A. T: Molds Yeasts and Actinomycetes 41-86, 1930.

47. Thom C: The Penicillia 1930.

48. Thom C. & Church B: The Aspergilli 1923.

49. Rona P: Praktikum der physiologischen Chemie I, Fermentmethoden 180, 1931.

50. Waksman S. A. & Davison W.C: Enzymes 204, 1926.

51. Buchan E. D: Bacterilog 127-38, 1930.

52. Lutman B. F: Microbiology 165-171, 1929。

53. Lohnis F. & Fred E. B: Text book of Agricultural Bacterilogy 86-138, 1923.

54. Eyre W. H: Bacteriologixal Techniquo 1930.

55. Kolmer J. A. & Boerner F: Approved Laboratory Technic 380-533, 1941.

56. Henrici A. T: The Biology of Bateria 211-219, 193.4

57. Sharp W. B: Practical Microbiogy and Public Health 18-78, 1938.

58. Jorgensen A: Micro-organisms 65-157, 1925.

59. 田中芳雄：有機化學製造工業化學 中卷 509, 1935.

60. 田所哲太郎：微生物化學概論 148-160, 1935.

61. 黃海化學工業研究社：高粱酒之研究 1930,

62. 南開大學應用化學研究所報告書： 第一卷 1930

63. K. C. Chang & T. T. Kang: J. Chem. Eng. China II, i, 102-5 1933.

64. Monier-Williams: Power Alcohol 40-42, 1922.

65. Mangels C. E: Cereal Laboratory Methods 40-41, 1935.

66. 黑野勘六：醸造學各論要義 279, 1930.

67. Undurkofler L. A., Fulmer E. I., & Schone L: Ind. Eng. Chem. 31, 734, 1939.

68. Ibid: Ind. Eng. Chem. 32, 544, 1940,

69. Plimmer R. H. A: The Chemical Charges and Products Resulting from Fermentations 19, 1903.

70. Martin G: Industrial and Manufaoturing Chemistry I, 291, 1922

71. Underkofler L. A, Mcpherson W. K. & Fulmer E. I: Ind. Eng. Chem. 29, 1160, 1937.

72. Harden A: Alcoholic Fermentation 109-146, 1932.

73. Nowak C. A: Modern Brewing 139-151, 1934.

74. Wilfert A: Presshefefabrikation 30, 1905.

75. Mintosh J. G: Industrial Alcohol 31-47, 1923.

76. Wright F. B: Distillation of Alcohol 33-81, 1933.

77. Foth G: Handbuch der Spiritusfabrikation 477-87, 1929.

78. Niclaux: Annales des Fermentions tl, 449-461, 1936.

79. Smith G: An Introduction to Industrial Mycology 279, 1938.

80. Neuberg & Reinfurth: Biochem. Z. 92, 234, 1918.

81. Ioid: Biochem. Z. 106, 281, 1920.

82. Neuberg & Kobel: Biochem. Z. 188, 211, 1927.

83. Connstein W. & Ludeck K: Ber. b. deut. Chem. Ges. 52B 1385 —1391, 1919.

84. Eoff J. R, Linder W. V. & Beyer G. F: J. Ind. Eng. Chem. 11, 838, 1919.

85. Klein & Fuchs: Biochem. Z. 213, 40, 1929.

86. Guillauden A: Ind. Eng. Chem 297, 729-733, 1937.

87. Klein: Hdb. d. Pflanzeuanalyse IV Bd. 1263, 1933.

88. Moldenhauer W: Chemisch-technisches Praktikum 182–3, 1925.

89. Jamieson G. S: Vegetable Fats and Oils 375–3, 1932.

90. Fulmer E. I, Hickey R. J & Uuderkofler L. A: Ind. Eng. Chem. 12, 729, 1940.

91. Niclaux: Anuales des Fermentations 449–461, 1936.

92. Bernhauer: Garungschemisches Prak ium 92–98, 1936.

93. Allen's: Commercial Organic Analysis I, 334, 1923.

94. Harries E. J: Analyst 62, 729, 1937.

95. Ibid: Quartery J. Phar. & Pharco. 11, 2, 276, 1938.

96. Molliard M. C. r. 174, 881, 1922.

97. Bernhauer: Biochem. Z. 172, 324, 1926.

98. Ibid: Biochem. Z. 197, 287, 1928,

99. Schobber: Jahrb. Wiss. Bot. 72 1, 1930.

100. Smith G: An Introduction to Industrial Mycology 278–9, 1938.

101. Kutzing F: J. Pr. Chem. 11, 385 – 409, 1837.

102. Pasteur L: Etudes sur la vinaigre, Paris, 72, 1868.

103. 日本醸造協會雜誌

104. Langwell H: J. Soc. Chem. Ind. 51, 988, 1932.

105. May O. E. & Herrick H. T: U. S. Dept. Agr. Circ. 216, 1932.

106. Smiesz-ko S: Zentbl. Bakt. Parasiten K. II, 88, 403, 1933.

107. Tomoda Y: J. Soc. chem. Ind. Japan, Suppl 35, 554B, 1932.

108. Ibid: 36, 436, 1933.

109. Nowak C. A: Modern Brewing 98, 1934.

110. Sherwood F. F. & Fulmer E. I: J. Phys. Chem. 30, 738, 1926.

111. Veldhuis M. K, Christensen L. M. & Fulmer E. I: Ind. Eng. Chem. 28, 430, 1936.

112. Jorgensen H. & Sorensen S. P. L: Wasseustoffionenkonzentration 1935.

113. Martin: Industrial and manufacturing chemistry 318, 1922.

114. Chon: Practical Organic Chemistry 305, 1930.

115. Talum E. L, Peterson W. H: Ind. Eng Chem. 27, 1493-4, 1935.

116. Cori C. F. & Cori G. T: J. Biol. Chem. 81, 389, 1929.

117. Gabriel C. B. & Gawford F. M: Ind. Emg. Chem. 22, 1163, 1930.

118. Pederson C. S. Peterson W. H. & Fred E. B: J. Biol. Chem. 68, 160, 1926.

119. Talum E. L, & Peterson W. H: & Ered E. B: Biochem. J. 26 846, 193.

120. Friedemann T. E. & Graeger J. B: J. Biol. Chem. 100, 291, 1933.

121. Ward, Lockwood, Tabenkin & Wells: Ind. Eng. Chem. 30, 30, 11, 1233, 1938.

122. Bernhauer: Garungschemisches Praktium 125–130, 1936.

123. Smyth H. F. & Obold Wl L: Praktium 125-130, 1936.

124. Klein: Hdb. d. Pflanzenanalyse IV Bd. 1233, 1933.

125. Martin: Indutrial and Manufac-

turing Chemistry 374, 1922.

126. Thom C. & Church B: The Aspergilli 1923.

127. Challengr F: J. Ind. Chem. 5, 181, 1929.

128. Charles & Thom: The Penicillia 1930.

129. Cahn F. J: Ind. Eng. Chem. 27, 201-204, 1935.

130. Doelger W. P. & Prescott S. C: Ind. Chem. Eng. 26, 1142-9, 1934.

131. Wehmer: Beiträge zur Kenntnis ein heimischer Pilze 1893.

132. Currie J. N : J. Biol. Chem. 31, 15-37, 1917.

133. Wells P. A! & Herrick H. T: Ind. Eng. Chem. 30, 255, 1938.

134. Wells P. A, Moyer A. J. & May O. E: Am. Chem. Soc. 58, 555, 1936.

135. 宮路憲二：應用微菌學339, 1938.

136. Takamine Jokichi: Ind. Eng Chem. 6, 824-838, 1914.

137. 越智主一郎：最新化學工業大全（商務）13, 464, 1935.

138. Bernhauer: Garungschemisches Praktium 199-202, 1936.

139. Smyth H. F. & Obold W. L: Industrial Microbiology 23, 1930.

140. Klein: Hdb. d. Pflanzeuanalyse IV Bd. 1385, 1933.

141. 宮路憲二：應用微菌學 277, 1938,

142. 田所哲太郎：微生物化學概論 136—7, 1935.

143. Molliard M: C. r. 174, 881, 1922.

144. May O. E. Herrick H. T? Thom
C.] & Church M. B: J. Biol. Chem. 16, 417-422, 1927.

145. May O. E. Herrick H. T, Moyer A. J! & Hellbach E: Ind. Eng. Chem. 21. 1198, 1929.

146. May O. E. Herrick H. T, Moyer. A. J. & Wells P. A: Ind. Eng Cem. 26, 575, 1934.

147. Herrick H. T, Hellbach R, & May O. E: Ind. Eng. Chem. 9, 27, 681-3, 1935.

148. Wells P. A, Moyer A. J, Stubbs J. J, Herrick H. T. & May O. E: Ind. Eng. Chem. 29, 653-6, 1937.

149. Wells P. A., Moyer A. J, Stubbs J. J, Herrick H. T, & May O. E: Ind. Eng. Chem. 29. 776-781, 1937.

150. Bernhauer: Garungschemisches Praktium 195-7 1936.

151. Smyth H. F. & Obold W. L. Industrial Microbiology 45, 1930.

152. Klien: Hbd. d. Pflanzeuanalyse IV Bd. 1538, 1933.

153. Gastrack E. A, Porges N, Wells N, Wells P. A. & Moyer A. J: Ind. Eng. Chem. 30, 782-789, 1938.

154. Porges N. Clark T. F. & Gastrock E. A: Ind. Eng. Chem. 32, 1, 1940.

155. New & Nonofficial Remedies 158-159, 1938.

156. Remington's Practice of Pharmaoy 705-707, 1936.

附記：本文在分離酵母工作中承蘇業績鍾桂榮二同學多方對忙附此誌謝

乙 炔 氣 汽 車

李 漢 超

經濟部中央工業試驗所

一、前言

抗戰以來，液體燃料之問題日趨嚴重，現國防路線均已斷絕，非自力更生實無以自給，根據經濟部液體燃料管理委員會之統計吾國每年需要之汽油量為60,000,000加侖，現時除少量之汽油可由甘肅油礦供給外，主要須依賴他種代替品， 在目前不外下列三種：

1. 助力酒精（從糖精及高粱製造）
2. 裂化植物油（如桐油棉籽油等）
3. 發生爐煤氣（用木炭或白煤等作燃料）

近據經濟部中央工業試驗所之統計，則由上列三種之汽油代替油，每年約可替代汽油37,500,000加侖即從。

1. 助力酒精10,000,000加侖
2. 裂化植物油20,000,000加侖
3. 發生爐煤氣（以2000輛改裝計 7,500,000加侖

所能代替之數量為總需要量之62.5%每年尚不足37.5%即22,500,000加侖，此不足之數量，極宜自增加上述三種替代品之產量及另覓新替代品二方面着手。

乙炔氣（C_2H_2）用之于氣焊及點燈，在我國已屢見不鮮，此乙炔之熱力值頗高，堪作一汽車動力燃料之用，而製造乙炔之原料為石灰（Quicklime）及焦煤（Coke）在在四川產量亦豐製造之方法亦簡，實戰時一良好之替代品也。

二、乙炔氣發生器之構造概要

因乙炔氣之發生乃電石（CaC_2）與水起作用而成 $CaC_2+H_2O——CaO+C_2H_2$ 故水量之多寡即影響乙炔氣量多少，本設計用原有之汽油箱為水箱，以原有之汽油唧筒用以作打水唧筒，隨引擎轉速之快慢自動增減打水量之多少，而入發生爐，另有調節器及化氣器，以自動調節乙炔氣與空氣之混合比例，視需要而定，再有減壓器以維持進入汽缸之乙炔氣壓力一定，並附有儲氣袋以儲存車停後之餘氣，且作第二次發動時之用。

本乙炔氣發生器，計有發生爐，濾清及冷卻器，減壓器，煤氣化氣器，調節器，儲氣袋，水箱等七部份組成茲分述之如下：

1. 乙炔氣發生爐：見附圖一爐身為圓筒形，以半分鐵皮捲成。

　　A為進水口，B為出氣口，C為爐蓋，D為盛乙炔籃，E為水管，F為安全凡爾，G為出灰門，全爐重100磅，全長為五呎六吋，直徑為15吋，每次可裝300磅乙炔，每爐乙炔相當15加侖汽油，可行駛200公里左右，爐裝於車身後部車架下面，不佔車上有效地位，裝乙炔時，將爐蓋揭開將盛電石籃抽出裝入再放入爐內即可，手續甚簡。

2. 濾清及冷卻器：構造見附圖二，此濾清及冷卻器，亦為鐵皮製成。

　　A為內套係鐵皮製成，上鑽許多大孔，套外裝一層紗布，套內可裝木炭屑G蓋開時此套可隨時取出清理，B為進氣管，煤汽爐內所生之煤氣由B入經A套濾清前再進D管與外界冷空氣接觸而冷卻，再由C出

以達減壓器，冷却管D內凝結之水份，可由放水考克F放出，E爲除灰蓋相當，時期開放，以除積灰。

3.減壓器見附圖三　A爲氣瓣，B爲彈簧，C爲薄膜，D爲進氣口，E爲出氣口，高壓煤氣由D進入，如超過一定壓力，則頂動薄膜（可由上彈簧調節至所需壓力）使A氣瓣向上，將門關住，使煤氣不進，當壓力降低至所需之壓力時則薄膜恢復原狀，A氣瓣又開，如此高壓煤氣降至一定低壓方由E氣口出。

4.調節器見附圖四　A爲進氣口，B爲出氣口，C爲活瓣，D及E爲控制接頭它之另一端連於化氣器之Venturi部份利用所生之部分填空管理混合氣體之強度比例，引擎速率增至甚高時，則它之作用遏剩，氣體過濃此時由D以管制之，D之另一端爲一Pilot管亦置化氣器中，引擎速率增高時D管壓力加大適得E之反作用是以可將過濃之混合氣體製淡此爲調節器之大概。

5.化氣器見附圖五　A爲煤氣進口，與調節器連，B爲出氣口與引擎之進氣歧管相連，C爲氣油進口，D爲針瓣，此瓣開時可用氣油行駛，關時則全用煤氣行駛。

6.儲氣袋：係橡皮製成，儲存一部份煤氣，以作車發動時之用，車行駛時則水由水箱用唧筒打入發生爐內以生煤氣可不經此裝而徑住引擎但停車後冰錐不加入爐，但作用尚未完成仍有一部份煤氣發生則可儲入此袋以作下次開車發動時之用。

7.水箱：利用原有之汽油箱，裝水入內，即可再用原打汽油之唧筒將此水打至發生爐不須另行添製也。

8.全車之裝置：見附圖六。由水箱將水用唧筒打入爐內，經作用後發生乙炔氣出經過濾清及冷却器，經過濾清及冷却後水份及灰份均已除去再經減壓器使壓力降低至一定數量後即送至調節器，化氣器與空氣作適當之混合後而入引擎此煤氣行經路線之大概也。

三、乙炔氣行駛汽車特點

1.動力問題：每磅汽油完全燃燒需要空氣15磅，即$15 \times 13 = 195$立方呎每磅汽油之熱值爲 20500 B.T.U. 故每立方呎汽油混合氣體強度 ，含$20500/195 = 105$ B.T.U. 熱值每立方呎乙炔氣完全燃燒需要空氣11.93 立方呎每立方呎乙炔氣之熱力值爲1437 B.T.U. 故每立方呎乙炔氣混合氣體強度含$1437/(11.93 + 1) = 110$ B.T.U. 熱量致其他容積效率比較效率機械效率均相差甚微，故用乙炔氣與用汽油作汽車燃料所生之動力相仿。

2.起動：起動迅速，較用汽油無遜色。

3.清潔：所生煤氣經過濾清器後，即甚清潔較發生爐煤氣車及植物油車均爲清潔。

4.改裝簡單價廉：改裝手續較用木炭或白煤爲燃料之煤氣爐爲簡便不佔車上之有效地位每套之價格在大量製造時根據目前市價僅在一萬五千元左右。

四、電石 CaC_2 與汽油之價格比較

一磅電石之製成需用電2度（每度\$0.60）電費爲$2 \times 0.6 = \$1.20$
　　　石灰1磅　（每磅\$0.16）　　　　　0.16

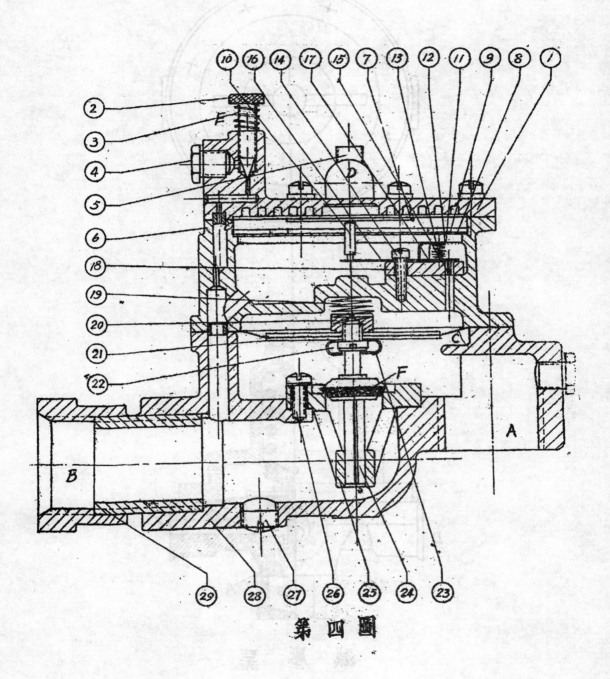

第 四 圖

9679

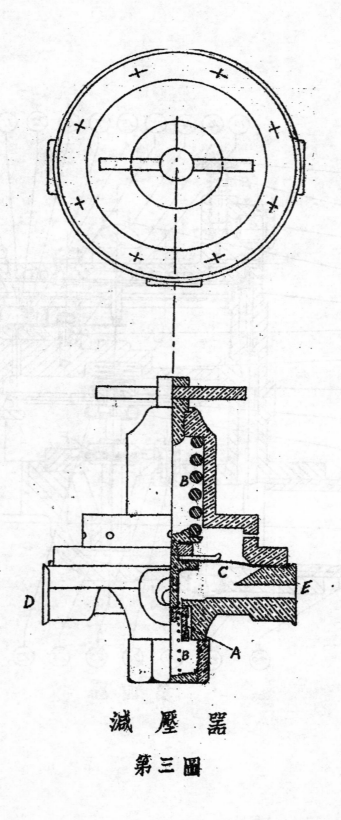

減 壓 器

第 三 圖

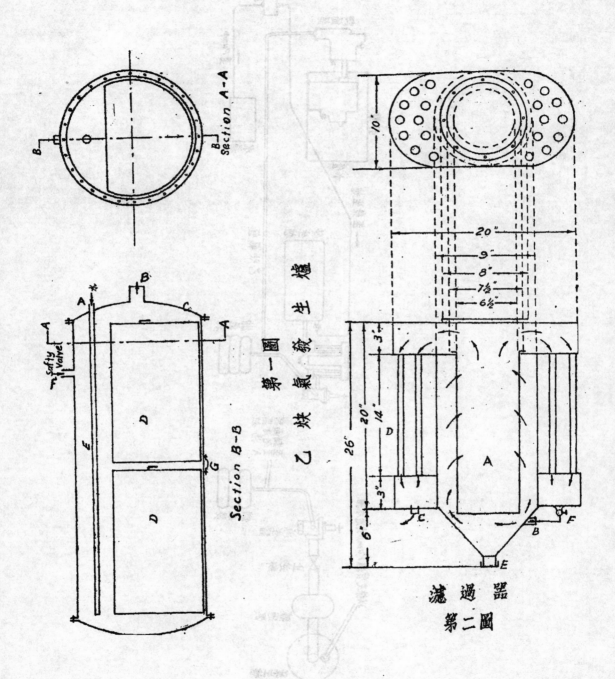

Section A-A

Section B-B

Safty
Valve

第一圖

乙炔氣發生爐

濾過器
第二圖

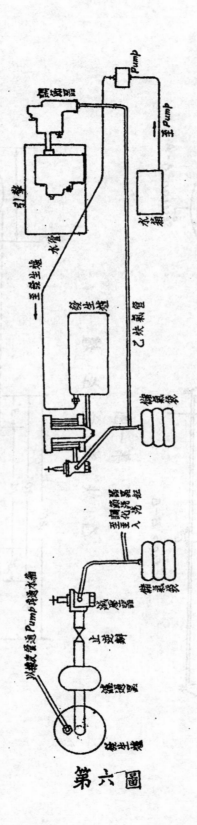

第六圖

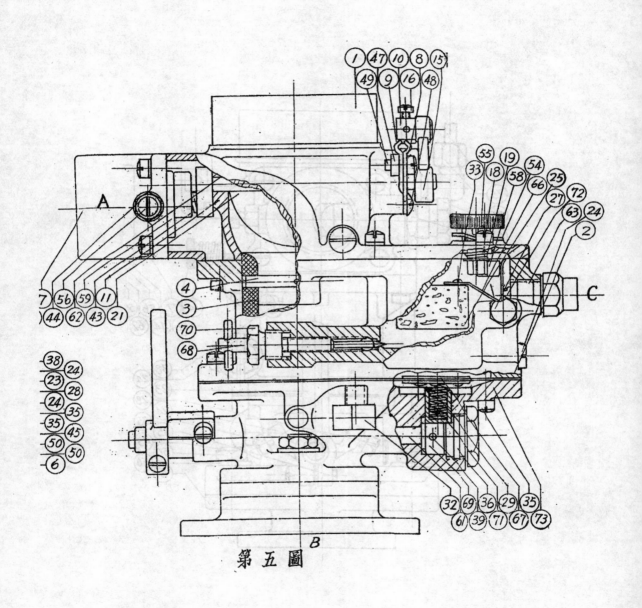

第 五 圖

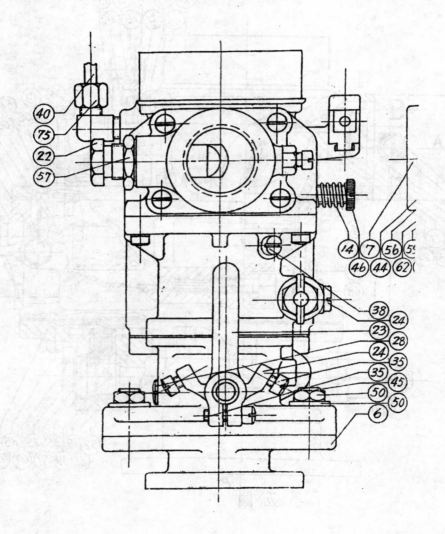

9684

焦煤0.8磅	（每磅$0.50）	0.40
（外貨）炭精棒0.035磅	（每磅$120.00）	4.25
（自製）炭精棒0.035磅	（每磅 46.00）	1.40

則一磅電石製造之成本炭精棒用外貨者爲 $ 6.00

自製者爲 $ 3.10

目前之市價一磅乙炔爲 $ 8.00

根據計算及試車結果20磅電石所生之乙炔氣量行駛汽車相當於一加侖油

一加侖汽油之目前市價爲 $ 95.00 ……………………（1）

20磅電石目前市價爲 $160.00 ……………………（2）

20磅電石之實際成本（用外炭精） $ 120.00（每磅以$6.00計）……（3）

20磅電石之實際成本（用自製炭精） $ 60.99（每磅以$3.00計）……（4）

依目前市價用電石行駛汽車約爲用汽油之1.68倍

但如利用自製炭精利用水力大量製造，價格再加以統制則每磅電石價格三元足矣，如此則用電石約爲用汽油之63.2%左右。

五、電石之產量及推廣之可能性

重慶現有三廠製造電石，平均每廠每日出產五噸即每日總產量爲15噸亦即每小時產量爲 $15 \times 2000/24 = 1250$ 磅，每磅電石之製造完成需電2度（2KWH）故其需電爲 $1250 \times 2 = 2500$ 瓩小時（度）此2500度之電，利用渝市非最高負荷電量已足每日所產15噸電石可供 600 輛小汽車，平均每車每日行30哩，相當於每日代替1300加侖汽油，即每年替代 $1300 \times 360 = 466000$ 加侖汽油，如在各地增設敏廠，利用非最高時負荷電壓，而不致影響其他工業用電，照目前之產量增加十餘倍，當非難事，若以增加15倍計則年可代替汽油7,020,000加侖如此又可代替不足之汽油數總之11.7%當屬易事也，現後方各省石灰到處均有，焦煤產量亦豐，製造原料，固是問題，將來西南各省之水力如均經利用發電，則利用此種電力以造電石，旣屬合理亦屬可能，值茲戰時，各省固可以用作代替一部份汽油，即戰後內地諸省，液體燃料運送不便之地，仍可大量採用也。

西 藏 歌 舞

1 藏文歌詞涵義高深節律嚴謹其歌詞分佛教歌詞（如頌、唱、贊、歌等）及民間情歌（如漢人小曲小調，多係六言四句韻文）兩大類抗戰軍與爲增強藏民抗戰情緒起見復仿照漢人流行抗戰歌曲編有新體歌詞以供僧民歌詠

2 藏民舞蹈向以拉薩舞式爲標準又其沿革係西藏舞蹈與印度舞蹈參合而成今表演八種每種姿態不同情節溫柔表情細膩象徵佛教慈悲之旨

3 藏舞爲佛教儀式之一平時使用樂器甚多茲因運輸困難僅攜來笙笛筯三種

真空速表之研製與試飛結果

林 士 諤

摘 要

最近飛機上所用之空速表，使之指示飛機經過空氣中之速度，係利用皮特管原理）(Pirt-glaic Tule) 使空氣經過飛機之速度變爲動壓(Dynamic Pressure) 然後用儀器測量此壓力，使之間接指示空速，惟因此動壓與空氣密度成正比例，致高空飛行時，因空氣密度較海平面爲低，故通常所用之空速表，其指示空速，在高空時較眞空速爲低，高度愈增，其差誤亦愈大，在兩萬呎高度時，此誤差可多至百分之四十，在三萬呎誤差可達百分之六十。

本文所論之「眞空速表」係將普通空速表上指示動壓儀器內，增加一高度表上所用之「抽眞空感壓盒」(Evacualcd Anesoid) 該盒在高空時，自動膨脹，調整指針度數，使之在任何高度均能指示眞正之空速，該表之外觀及使用法與通常空速表無異，重量亦無增加。經地面及空中（一萬五千呎）試驗結果，誤差亦未超過普通空速表所允可之限度，對航行及轟炸均增加甚多之便利也。

西藏佛教歌舞

佛 教 歌 詞：

歡迎中國工程師學會聯合年會

（一） 偉大的佛教頌歌
（二） 佛教對人類的貢獻
（三） 佛教對國家的忠貞
（四） 佛教與人生的歸宿

黃土及黃水之認識

沙 玉 清

國立西北農學院

引 言

語云：「水爲萬物之源，土爲萬物之母。飲資於水，食資於土，飲食者人之命脈也，而營衞賴之，」故曰「水去則營竭，穀去則衞亡。」水土二事，於民族生存關係之重要，於此可見。

黃土爲我國西北最普遍之土壤。「禹貢」分天下爲九州，其述雍州之言曰，「厥土惟黃壤，厥田惟上上。」所謂雍州，卽今之秦嶺以北，陝甘兩省之地，黃壤者，卽今之黃土也。科學上黃土之定義曰「黃土者，乃一種壞質泥灰土，多孔隙，無層次，含石灰質而乏可型性，當其崩裂時，每成垂直之牆壁。」

吾人在此區域內，致力農功水利建設，欲求地盡其利，物盡其用，事功垂諸永久，對於營衞是賴，生息相關之一水一土，必先知其性能，辨其宜忌，而得明確之認識，著者不敏，謹將數年來研究一得，槪述如後，至希當世賢達有以敎之。文中所有圖表公式，因篇幅所限，僅能列其最後結果。至於各公式推演來源，計算方法，以及試驗經過，另有專篇報告，暫從略。

第一章 黃土之地質及地理

（一） 黃土之分佈

1. 世界的分佈 黃土在世界上分佈極廣，據 V.Tillo（一八九三）之估計，世界黃土面積，約佔地球陸地面積百分之四，但 Keilhack（一九二〇）估計則爲百分之九·三。V.Tillo 並計算各洲黃土分佈之比例，估各洲面積之百分數：在亞洲爲百分之三，歐洲爲百分之七，北美爲百分之五，南美爲百分之十。此種百分率，含有極深刻之意義，蓋黃土爲最肥沃之土壤，凡大陸黃土覆蓋之區，皆有「世界倉庫」之稱，而人口亦因之較爲稠密。

2. 中國的分佈 中國黃土之面積，自北緯三〇度至四〇度，包括黃河流域之全部，約二十萬方公里。（見第一圖）

3. 厚度及高度 黃土層之厚度及高度，以甘肅、山西、陝西爲最，約六〇至八〇公尺，最厚處亦不能超過三〇〇公尺，前人估計厚至八〇〇公尺，殊非事實，歐洲與北美黃土層厚約一五至二〇公尺，而多腦河下游，最厚處爲八〇公尺，密士失必河下游爲三〇公尺。至於黃土分佈之高度，各地差異至鉅，在歐洲常發現於海拔三〇〇至六〇〇公尺之間，而中國則自海拔五〇至七八〇〇公尺間，最近據周昌芸先生調查，在西康尚有黃土之遺跡，其海拔三六〇〇公尺左右。

亞歐美三洲黃土之總量，其平均厚度，以一〇公尺計，則有一三萬立方公里，若以鋪蓋中國全境，平均厚度，可達一三公尺，掩蓋全球平均厚約一公尺。

（二） 黃土區域之地貌

1. 分類 黃土區域之地貌極爲特殊，就大體言槪可分經「丘陵」、「狹谷」、「台階」、「河谷」四種。

2.丘陵　丘陵爲介於兩山之間緩坡寬展之小盆地。蓋黃土以深厚之土層，覆蓋昔日之山嶽，使崎嶇地形，變爲平坦丘陵，自高處察之，地貌殊屬簡單，而成起伏之波形。黃土丘陵之平坦地面常不甚廣闊，然亦有達一〇至二〇公里者（見第二圖）

3.狹谷　黃土層內常有深狹之谷，寬約一至一·五公尺而深在一〇至一五公尺間，兩側壁立，不倒不塌，此種狹谷概係受地面雨水侵蝕而成。

4.台階　黃土區域之地形，概作台階狀，地面自河谷低處，昇至兩岸高地必經若干台階，而每一台階，則均甚平坦。蓋高台地與低台地之間，每有天然土壁爲界，高低相通之道，多利用狹谷，通稱「夾道」。吾人行經其中，兩旁黃土壁立，僅見頭上天光一線而已；，及出夾道，則豁然開朗，平坦如前。每一台階，寬約數公里至數十公里，台階相差之高度，自十數公尺至百數十公尺，而一台階之中，又往往有小型之台階，大部爲農民因地制宜人力造成之梯田。

5.河谷　河流行經黃土區域，輒造成台階狀之「河谷」，在黃河汾河上游，最爲顯著，兩岸黃土壁立，冲積面積殊小，下游則冲積地面逐漸寬展，而壁立之黃土層，距河床亦漸遠，自下而上，形成若干台階，如渭河中下游之頭、二、三道原然。

6.特殊地形　黃土地面受雨水侵蝕，常成各種特殊地形，如「黃土井」「黃土岩脈」「黃土塔」等。

（三．）　黃土之生成

1.生成之假說　黃土之生成，久經世界各國地質學家之討論，惟其中一部，迄今猶爲爭論之資料，顧從前研究黃土，所以難有成就者，其主要原因，在於多數地質學家研究範圍，僅限於地球一隅，次則黃土易受雨水之淋洗，而完全喪失其原有特性，且若干區域之土，其生成與冰期之洗積有密切關係，因而涉及許多未解決之冰期問題。

黃土生成之假說，先後共有二十餘種之多，如海成、河成、湖成、溪成、原地生成、風成、霜霧作用、冰成、宇宙成因、火山成因、河冰成因、風與冰成、風與河成、溪河成因、原地風化與溪成、變質作用、湖與溪成、有機成因、漂霉成因等是，可謂五花八門盡人類思想之能事矣。惟一般見解以風成之說較爲合理。

2.著者之假說　自一九一〇年奧人霍畢克（Hoerbiger）創「宇冰學說」（Welteis lehre）使吾人對於宇宙之觀念得一深遠之認識。著者乃就世界各國學者對於黃土之性質及地質氣候情形，重新加以探討。堅信今日覆蓋地面深厚之黃土，即係第三月球併入地球時，月體泥土及岩屑之遺跡，其理由如下：

一、黃土之顆粒有極多圓角之微細顆粒，必經巨大之機械力作用始能造成，决非自然風化或冲積而成者。

二、全地球黃土之理化性質及成份均各相同，可見必出於同一來源。

三、黃土之分佈不受海拔高度限制，無論山巔深谷，均可發現其遺跡。

四、黃土成時普遍覆蓋地球表面，惟黃土最易受雨水冲蝕，故現時地球上所留之黃土，概在雨水缺乏之區。

五、黃土成於洪積世（冰期及最新世）故與冰期有密切關係。Soegel 曾稱每一冰期有一層黃土，冰期發達最盛時，亦即黃土生成最盛時。冰期共有三期之多，故黃土層數亦應與其相當。（第四圖）

六、中國北方之地文期，經維理士B.Willis 安特生 Andersson,T.G. 德日進 P.Teilhard de Chardin 巴爾博 Barbour G.B. 諸先生之研究發明極多，巴爾博解釋中國北方地文期之經過如下表：

第一表　中國北方之地文期

地文期	地　質　作　用	地質時代	化石及氣候
北台期	長時期之剝蝕造成剝蝕平原。	中　新　統	
南嶺期	玄武岩噴發及斷裂上掀諸作用。	中　新　統	
唐縣期	經南嶺期上掀之後，復剝蝕成一中年地形。	上　新　統	
保德期	沉積作用其岩層覆於唐縣期浸蝕面上。	上　新　統	三趾馬及其他化石產紅土中其近山堆屑之沉積則係礫石化石甚少。
汾河期	地盤復上昇，剝蝕復新，造成新溝偉谷。	上　新　統	氣候潮濕
三門期	沉積作用其沉積物（礫石紅土或砂泥土等）常位于汾河期所成之河谷中。	洪　積　統	有介殼及其他化石多種，俱產于湖沉積中。
清水期	因水量變遷之關係，至剝蝕復新將巳成之三門沉積多少切割同時又有玄武岩流之噴展	洪　積　統	氣候溫濕
馬蘭期	即黃土冰積期	洪　積　統	氣候乾風力勁有鴕鳥蛋等化石
板橋期	黃土冰積後之剝蝕	自第四紀末以至現代界限不易分	

據上表華北地文期與「宇冰學說」所擬想之第三月球併入地球時，地質上所生之變動，完全符合。（第五圖）

3.生成年齡　　黃土生成迄今約五萬餘年。

（四）　西北旱災週期

1.旱災週期　西北黃土區域之旱災，相傳有一定週期，俗謂「十年一大旱，五年一小旱。」茲統計關中最近六十年間之旱災，平均每十二年一次，如下表：

第二表　西北旱災之週期

旱　災　時　期	經歷年數	相隔年數
光緒三年（一八七七）	一	
光緒十八年（一八九二）	一	十五
光緒二十七年（一九〇一）	一	九
民國二年（一九一三）	一	十一
民國十七年（一九二八）	一	十五
民國二十五年（一九三六）	一	八

2.太陽黑子與旱災週期　按「宇冰學說」，地球雨水之補償，一由於天河之「巨冰」，一由於太陽輻射之「細冰」，而細冰之多寡復視太陽中黑子之數量而定，蓋黑子者，乃天河中之巨冰，投入太陽，燃燒而化為細冰，隨光壓輻射於宇空之中，補給地球雨澤之源也。西北居大陸內地，雨澤來源，受海洋濕氣之影響較小，得自宇冰者必多。著者本此理想，研究太陽黑子數量與西北旱災之關係，發見太陽黑子之週期，最長者為一七・一年，最短者為七・三年，平均為一一・一三年。（約十二年）而西北旱災發生之時期，適逢黑子最少之年。（見第六圖，圖中虛線因抗戰時間，不易收得該項材料，由著者按其平均週期，推算而得者。）

3.長期預報　近代氣象學家，常依據太陽黑子，作天氣之長期預報，如預測來年之水旱，每多失敗，考其原因，實由於預測地區逼近海洋，（如預測南京之雨景）受海洋濕氣（颱風雨）之影響至鉅，氣象因素複雜，難期有一定規則。至於我國內地如陝西、甘肅、寧夏、青海、四川、新疆、蒙古等省，氣象因素簡單，以太陽黑子數量，作水旱長期預測之根據，定準確可靠。

（五）　黃土與人類歷史

1.史前發現　黃土易於耕作，且極肥沃，有史以前，即有人類居住其上，最初當為草原之游牧民族，其後乃進化而為農耕民族。

原始人類，發現於第三紀後期，故在黃土生成之全部時期中，均有人類之遺跡，例如黃土區域挑掘渠井，往往發現原人所用之器具，及居住或舉火地點，所有世界各黃土區域中發得之種種史前遺物，皆為研究先史之有力證據。

瑞典地質學家安特生（Dr.J.G.Anderson）氏，於民國初年（一九一八至一九二一）在我國西北黃土區域內，搜集若干有俠值之古生物及考古材料。又一九二三年居留天津之法國教士德日進神父（Père Teilhard de chardin）及桑志華神父（Père E.Licent）亦曾在寧夏河套之黃土層下，發現許多舊石器時代之石器，安氏根據此種材料，證明我國在先史以前，即有人類（震旦人或稱北京人）居住於西北黃土區域。

2.黃土與農業　黃土草原，雖遠在石器時代，農業已漸發軔，蓋其物理性質優良，雖原始農具，亦易耕作，且極肥美，利於作物滋長，我先民早已知之。所謂「地肥饒，可都以糞」，「沃土千里，帝王萬世之業。」故世界黃土區域，皆為農業之發源地，亦即人類文化之母也。相傳我國農業，始於后稷教民稼穡，其教稼台即在今之武功。關中為標準其黃土區，是則我國農業，與世界各古國同發軔於黃土區域，可無疑也。

我國南部土壤，需充分施肥，方可豐收；而北方有時雖不施肥，若雨水調潤，亦可豐收。所謂「一年收而足三年食。」且有數處黃土區域，農民竟謂施肥，或非必要（例如西康）者，蓋黃土不特本身肥沃，具具相當之自然施肥能力。農作物每年由表土所吸去之礦物成份，或可由下層土壤經毛細管作用補充之。

山西北部，黃土高原耕地，擴展至海拔二，〇〇〇公尺，且有少數地點，達二，四〇〇公尺者，甘肅黃土耕地，可達二，八〇〇公尺，而西康竟有達三，六〇〇公尺者，但海拔過高，則氣候嚴寒，農作物生長時期短促，故作物之質量，皆遜於汾渭平原。

3.黃土與人口　黃土肥沃，故能給養大量人口，我國各省耕地面積內之人口密度，將雨澤豐沛之水稻區域除外，則真黃土區域之人口較沖積黃土區為密，如下表：

第三表　黃土與人口之關係

土　質	地　點	每半方公里之人數
眞黃土	陝西關中	三二〇
眞黃土	山西武鄉	二二五
眞黃土	河南開封	二二五
冲積黃土	河北鹽山	一五〇
山坡黃土	安徽來安	一五〇
水稻區	江蘇武進	四三〇
水稻區	浙江鎮海	四一〇

4.黃土與獨立文化　黃土區域，爲發展獨立文化之基礎，尤以我國及波斯土耳其斯坦諸邦爲最著。上古文化與肥美之黃土及水利灌漑，有密切關係，據多數學者研究結果，謂我國上古文化，初由帕米爾東移至甘肅西部之安西，然後始蔓延於東部黃土區域。當今漢學家(Sinologist)亦多以西北黃土區域爲我國文化之搖籃地，尤以甘肅爲甚，此種見解，與我國古籍所載完全相同；至於吾華文化是否曾受西來印度，日耳曼文化之影響，則不甚可考。總之：黃土區域之特性，與我國文化有莫大關係，尤以純粹之水利稼穡文化（或稱灌漑農業文化）而缺少畜牧事業，爲可注意。

我國名都古邑，概在黃土區域，如山西南部、河南中部、陝西渭河平原，其中尤以長安洛陽開封三城之歷史爲最悠久；而漢唐之燦爛文化，莫不由黃土區域所產生也。

5.黃土區域之交通政策　黃土區域，溝谷縱橫，地形特殊，交通阻梗，雖有道路，必穿經深狹之夾口，車馬行走其間，異感困難，故防禦險要口，即足阻止敵人前進；反之若關隘一旦爲敵人所佔，亦不易將其驅逐，且可從此蔓延滋擾，爲害無窮。故廣火黃□□帶之關隘建築，始終爲我國歷代帝王之政策。蓋此種關隘，不特利於防守，且亦

便於進攻，如關中古有四塞，號稱天府，即其明例。

6.黃土與民族崇尚　人類與黃土發生最關切之關係者，莫若我國，我國爲黃帝子孫、黃種國家、黃河攜黃土而入黃海，「黃」爲我國最神聖之色彩。君主時代，凡地上一切，皆爲帝王所有，所謂「普天之下，莫非黃土；率土之濱，莫非王臣。」古稱「天玄地黃」「黃」即大地之表記。

昔日宮殿廟宇，所蓋之琉璃瓦，亦皆黃色；而天子出宮時，所經之道路，亦滿鋪黃土；甚至冬季，黃土降落於屋宇器皿之上，有引以爲瑞者。凡此均足以表示民族崇尚與黃土之密切關係。蓋先民生於斯，長於斯，老於斯，葬於斯，凡衣食住行，一切皆不能離開黃土；而吾華數千年來之燦爛文化，亦莫不孕育於此。

第二章　黃土之理化性

（一）　黃土之成分

1.成份　黃土係石英、長石、石灰質（碳酸鈣）及其他物質混合而成。中以石英爲主，約佔百分之六十至七十。黃土顆粒之形狀如第七圖。

2.粘質及石灰質　長石在黃土中，約佔百分之一〇至二〇，爲風化而成細微粘質之主要成分。至於土內石灰質，因雨水內含有二氣化碳，易於溶解，而成酸性碳酸鈣，如下式：

$$CaCO_3 + H_2O + CO_2 \rightleftharpoons Ca(HCO_3)_2$$

酸性碳酸鈣易在土粒孔隙內移動，或集於一處，俟水份蒸發，復化爲石灰質，常包裹於石英小粒上成一薄膜，間亦膠結而成塊粒者，或則填包織細根管，在蒸發強烈之處，石灰質每聚疊而成塊狀結核。俗名「土蘿」，更多則成「石蘿層」。武功農學院頭道原之黃土層內鑽探結果，計有石蘿層九層，平均每七、八公尺一層。（見第24圖）

石灰質有增加黃土粘合之能力，黃土壁

可直立數十公尺，不倒不塌者，卽此故也。

3.肥分　黃土之化學成分，除氮素含量較低，磷酸成分中平外，其餘各種營養要素，均極豐富，尤以鉀及石灰質爲高，鉀之成分約在百分之二、三之間，石灰質含量，在百分之十左右，茲將西北山西、陝西、甘肅三省黃土成分，列表如次：

第四表　中國西北部黃土之化學成分

成分\地點	SiO_2	Al_2O_3	FeO_3	TiO_2	P_2O_5	$Caco_3$	$Mgco_3$	Na_2O	K_2O	SO_2	H_2O	PH
會寧	59.30	11.45	3.87	0.60	0.20	14.90	4.58	1.80	2.17	0.20	0.96	8.12
武功	60.63	11.86	4.86	0.48	0.17	9.23	3.26	1.79	2.22	0.21	1.36	8.68
太原	61.23	11.35	4.70	0.70	0.18	13.40	3.95	1.65	2.10	0.20	0.64	8.52

4.酸度　黃土因含有大量之石灰質，故皆呈鹼性，其PH值（酸度），概在八至八·五之間，極宜棉、麥、豆、黍以及其他旱糧之生長，故我國西北黃土區域之農業問題，不在土壤，而在水利，苟水量充足，灌漑得宜，卽可豐收，如寧夏關中各渠，卽其良證。

（二）　黃土之物理性

1.粒配度　黃土顆粒大小分配之程度曰「粒配度」。世界各地黃土，均無顯著區別。如下表：

第五表　黃土之粒配度

砂	直徑大於〇·五公厘	百分之〇一〇·五
中　砂	〇·五一〇·二公厘	百分之〇·五一三·〇
細　砂	〇·二一〇·一公厘	百分之一·〇一七·〇
粗　壤	〇·一一〇·〇五公厘	百分之八·〇一四·〇
細　壤	〇·〇五一〇·〇二公厘	百分之五〇一六〇
粉粒與粘粒	直徑小於〇·〇二公厘	百分之一六一三六·

黃土之粒配度，可用累積曲線（積分曲線）法或分級曲線（微分曲線）法表示之。第八圖爲武功眞黃土之粒配度，以上列兩種曲線表示之。

黃土之顆粒，直徑概在〇·五公厘至〇·〇一公厘之間，不沙不粘，宜耕宜植，在農業上爲最理想之土壤。

2.結構　黃土之結構，極爲鬆散多孔，常呈「團粒」狀，倘經雨水淋洗，其中之石灰質漸被溶去，乃變爲「單粒」結構。其性較原來緊密，不易透水，型性隨之增大。

黃土中常存有細微孔管（俗稱根管），管徑每在〇·二公厘以上。肉眼卽能辨之，管壁常蒙石灰質薄膜一層，此種根管，概波

垂直方向，但亦有兩旁分枝者；其深度可下達十餘公尺。

黃土層內，常有垂直之裂隙，近地面處，每因腐植質而稍變黑，且常為石灰質所淺包。

3.黃土分類　黃土可分一、眞黃土，二、壤質黃土，三、沙質黃土（次生黃土）。「禹貢」所指之「黃壤」，即「眞黃土」也。

眞黃土係第三月球併入地球解體之遺骸，沉積於地球之後，迄今仍未改變其原形及位置。眞黃土具有石灰膠結質，故富有「眞粘着力」。此種粘着力雖在潤濕狀態下，亦不消失。與堅硬粘土之「假粘着力」相反。

蓋「假粘着力」，由於毛管水之表面壓力而產生，水分充溢時，即行消失。

壤質黃土則係眞黃土沉積水中，或由雨水沖洗之淤積，或由耕作之踐踏而成者，其粒配度雖與眞黃土無異，但其物理性質則大受改變，迥然不同矣。

黃土之性質，隨土內之「土粒」、「水份」、「膠質」、「空氣」四要素而變，故可稱為「四相土質」。

4.黃河之土質　我國河工，對於黃河土質概分一、黃土，二、膠土，三、素土，三種。著者分析各種土質之性質，列表如下：

第六表　黃河之土質

土類	土名	土粒直徑（公厘）	水分	石灰質	粘土質	空氣
一、黃土	眞黃土	〇・〇五—〇・〇一	二〇—四〇%	八—一〇%	一—五%	—
二、膠土（淤土）	新淤	〇・〇二—〇・〇五	三〇—六〇%	〇	五—一〇%	〇
	老淤	〇・〇二—〇・〇五	三〇—五〇%	〇	一〇—三〇%	—
	硬淤	〇・〇二—〇・〇五	一〇—二〇%	〇	一〇—二〇%	—
	稀淤	〇・〇二—〇・〇五	六〇—七〇%	〇	一〇—三〇%	〇
三、素土	沙土	〇・五—〇・二	一〇—二〇%	〇	〇	—
	流沙	〇・五—〇・二	三〇—四〇%	〇	〇	—
	淖沙	〇・五—〇・二	四〇—六〇%	〇	〇	—
	螞蟻沙	二・〇—〇・五	三〇—四〇%	〇	〇	—
四、沙膠	沙膠	〇・一—〇・〇五	二〇—三〇%	〇	〇	—

5.比重　黃土之主要成分為石英、長石、碳酸鈣、故其比重亦與三者相近，平均為二・五七。

6.容重　乾燥黃土之單位容積重量曰「容重」，約為一・五（即一立方公尺黃土重一・五公噸）壤質黃土約為二・〇。

7.孔隙率及孔隙係數　黃土內孔隙之容積與該土總容積之比率，曰「孔隙率」。常以n示之。如下式：

$$n = \left(1 - \frac{r}{s}\right) \cdot 100\% \quad\cdots\cdots\cdots(1)$$

式中n為孔隙率，r為容重，s為比重。

黃土內之孔隙容積與其乾燥固體容積之比，曰「孔隙係數」。常以ε示之。孔隙率

與孔隙係數之關係，如下式：

$$E = \frac{n}{1-n} \cdots\cdots\cdots\cdots (2)$$

8.含水量　土內孔隙，苟全為水份填滿曰「飽和」。飽和時所需之水量，曰「飽和水量」。常以W示之，如下式：

$$W = \frac{E}{r} \cdot 100\% \cdots\cdots\cdots\cdots (3)$$

設土內所含水量，僅佔孔隙之一部，餘為空氣所佔者，則將該土之含水量除以孔隙之容量，而稱之曰「濕度」，常以G示之，如下式：

$$G = \frac{W \cdot r(1-n)}{n} \cdots\cdots\cdots\cdots (4)$$

土內所有孔隙，全為水分填充時，則G等於一。

9.夯壓之影響　普通黃土堤工，或用潮溼之真黃土，或用壞質黃土，經滾壓夯實後，孔隙容積隨之減少。普通約自百分之五〇，縮至百分之四〇，隄岸因之堅密鞏固。

真黃土上，漸加壓力，達三・二方公分公斤時，孔隙率可自百分之五十五縮至百分之四十七，壞質黃土則自百分之四十三減至百分之三十七。平均減少百分之十。但黃土一經受壓縮小，即不易恢復膨大。蓋土質之膨大性，視其所含之粘質量而定。與土中所含粘質部分，常極微少，是以黃土膨脹性愈微，則其粘化程度愈弱，愈近真黃土也。

（三）　黃土內水分之循環

1、吸水力及保水力　黃土富孔隙性，狀如海綿，故能吸收多量水分，而由土粒孔隙之毛管力固持之。然後再由蒸發作用，逐漸散失。

著者曾取武功乾燥真黃土一塊，長寬高各為十公分，置於水面，在十二分鐘內，水即由毛管迅速上昇至土頂（十公分），吸收之水分，相當於四公分之雨量。但黃土內水分之蒸發極緩，此四公分之雨量，約需經一星期後，始能完全蒸乾。著者繼將武功附近之土壤，各置於直徑六公分，高約二十七公分之圓筒內，先加水至飽和，然後逐漸測定其蒸發損失量，結果如下表：

第七表　黃土之蒸發量

土　　　　　類	二十天後損失之水量（公厘）	與水面蒸發之比率
清　　　　　水	88	1
稻　　田　　土	75	0.85
渭　惠　渠　沙	65	0.74
真　　黃　　土	62	0.71
真黃土（土面括毛）	59	0.67
壞　質　黃　土	44	0.59
壞質黃土（土面括毛）	31	0.35

由此可見黃土吸水及保水之能力，較任何土壤為大，對於植物根部水分之供給，最為適宜，而合理想之條件也。

2.水分循環　黃土層內之垂直裂際，以及微細根管對於土內水分之循環，居極重要地位，雨水由裂際迅速滲入土層深處，達不透水層而止。故黃土高原，無生成水塘湖泊之可能。而此滲下之水，日後復由土粒間之

毛管作用，螺綫上昇，輸送至植物根部，而行蒸發。（第九圖）

陝諺：「黄蓋墟，力量大似牛。」蓋墟爲不易透水之土質，黄土層水分保蓄其上，於農業最利。

（四）黄土於水內之崩解

1.崩解係數　今取黄土一塊，切成每邊長一公分之立方土塊，投於蒸餾水內，初見微脹，結成泥殼。土內空氣，暫不發出，迨集積至一定程度，乃衝出泥殼，發生微細爆裂現象，如是重復多次，土塊乃崩解而成一泥錐。其經過之時間，可定名曰：「崩解係數」。如下表：

第八表　黄土之崩解係數

黄土類	原狀風乾	揑和風乾	揑和潮溼
眞黄土	0.5分鐘	4分鐘	約1小時
壤質黄土	1.5—2分鐘	6—10分鐘	>24小時
渭惠渠淤土	8—10分鐘	50—60分鐘	——
夯實土壤	5.0分鐘	15—18分鐘	——

此種「崩解係數」，可用以研究各種黄土，對於抵抗水流冲蝕之能力。

2.沙性與粘性　黄土土質，粘份缺乏，概屬「沙性土質」。於沙質黄土尤爲顯著；倘該土質已經強裂之石灰化作用，發生與粘着力，或則已得充分之粘土化作用，漸變爲「粘性土質」。

3.流水冲解　黄土遇流動之水，最爲危險，著者曾將黄土加水揑成直徑一公分之泥丸，置於極緩之水流內，經八分鐘卽現冲刷，至二十分鐘，則全部冲解。

（五）黄土之透水性

1.透水率　黄土層內透水之速率，視土質之結構及水壓比降而定，如下式：

$$V=KS \quad \cdots\cdots\cdots\cdots(5)$$

式中V爲流速 (m/sec)，S爲比降，K爲透水率 (m/sec)。

原生之眞黄土，其透水率，較既經揑壓者，常可大至百餘倍，具有根管之眞黄土，其透水率，可大於緊密之壤質黄土者，約百倍。

2.透水率與孔隙率　透水之方向，與根管平行者，其透水率，較與根管正交者，常大二．三倍。普通各種黄土之K值，相差極鉅，蓋黄土透水之難易，每視根管之多寡而定，而與黄土之孔隙率，無一定之比例也。

著者測驗武功眞黄土之透水率(Cm./min.)，平均在頭道原爲$K=4.99.\overline{10}^4$，二道原爲$K=4.67.10^{-4}$，三道原爲$K=4.35\times10^{-4}$，可見愈近渭河灘地，透水率愈減。

3.試驗技術　測定黄土之透水率，苟用較小之水壓（卽S小），每因土質膨脹，增塞孔隙，透水率有逐漸減小之現象。反之，在較高之水壓時，土內細粒易被水帶去。透水率逐漸增大，終至全部破壞。

（六）黄土之塑性

1.阿太伯稠性限度　近代研究土壤之塑性，常以阿太伯（AHerberg）氏之稠性限度爲標準。分爲下列四種：

一、糜性限度　土質含水過多，則稀爛如糜，達此限度，始得揑和成形。

二、粘性限度　此時土質，可直接粘於其上。

三、塑性限度　此時土質經充分搦揑，

即可搓成徑約小於四公厘之線條，但苟將泥條稍曲，則折成小段。

四、縮性限度　此時容積，已不復因乾收縮。

2.塑性與粘性限度　黃土之塑性限度，視土內所含沙實之成分而定。沙實愈高，則「塑性限度」與「塑性係數」（即黏性限度與塑性限度之差）愈小，而其黏性與塑性限度愈相接近）直至合而為一），反之，黃土之壞化與粘化程度愈高，則其塑性亦愈大。

著者測驗定武功黃土之塑性，平均得黏性限度為百分之二七·二，塑性限度為百分之二二·五，縮性限度為百分之一七，塑性係數為百分之四·七。

3.塑性與土類　各種黃土之塑性限度，均極相近，故用以區別黃土之種類，殊不適宜、但用以鑑別黃土、沙土、粘土及壞質黃土之性質，手續極為迅捷可靠。

（七）　摩擦力與粘着力

1.摩擦試驗　測定土之內摩擦角，極為不易，輒受試驗條件，切機性能之影響，致獲完全錯誤之結果，不可不慎。試驗時，應密切注意土質之勻和，並防止蒸發，及土質之擠出，而所加之剪力，應正在切面，且須分配不均。此外對於土探肉之進水出水，亦須注意。

試驗用土樣在某項垂直載重下，應有充分時間，使得完全沉定，（即無再行壓縮之可能）。倘此種沉定尚未充分，則一部分載重，由孔隙內水分承受之，所有土顆粒，即不能完全相接，摩擦力亦因之無法完全產生。而所測得之摩擦係數，每介乎零與最大摩擦（在完全沉定時）之間。近代因最新式切機之創製，此種理想之條件，已可完成一部。

2.可侖布理論　據可侖布（Coulomb）氏理論，凡粘質土壤之抗剪力強度，可用下式計算得之。

$$S = C + P + \tan \theta \quad \cdots\cdots\cdots\cdots (6)$$

式中 S 為抗剪力強度，C 為單位面積之

粘着力，P 為垂直壓力，θ 為內摩擦角（摩擦係數 $f = \tan \theta$）。

3.實測結果　黃土為「四相土質」已如前述，故性質極為複雜，應採取工程實地之土樣，個別測定之。黃河下游沖積黃土（沙性）之內摩擦角約為十七度，粘着力約為每平方公分〇·〇四公斤。故得該黃土之抗剪力公式為。

$$S = 0.04 + P + \tan 17° \quad \cdots\cdots\cdots (7)$$

美國 Marshall 壩，建於厚約十五公尺之眞黃土層上（見第十圖）。築成後，發生滑動破壞。經詳細測定，知該黃土地基之摩擦角僅為六度，粘着力為每平方公分〇·一七五公斤，滑面上之平均壓力為每平方公分三·三二公斤，故抗剪力強度為每平方公分〇·五一公斤，而實際之剪力為每平方公分〇·六公斤，故得該壩之安全率，僅為〇·八四。

4.粘着力　普通粘性土質受壓後，常有一部分摩擦阻力，在壓力除去之後，不能恢復，而發生黏着力現象。此種黏着力可視為土粒受壓經久擴大之接觸面，在還原被阻時，所生之摩擦阻力也。此種理解，對於壞質黃土之力學性極為適合。眞黃土因有石灰質膠結而生「眞粘着力」，故其性質與固結體相似，而抗剪力強度變化之原因，較為複雜。在加壓之初，其力學性則依從固體定律而變，但石灰膠結逐漸破壞以後，則改從「一相土質」定律（如沙）。反之，若該黃而質潤澤已有一部分壞化者，則依從「二相土質」定律（如壞土）。後者即在除去壓力後發生一種「接觸黏着力」，而原有之「膠結黏着力」即形消失。

備作試驗既經擾動之黃土樣以及夯壓築堤之黃土，常無起始粘着力。抗剪曲線，輒通過零點。原生眞黃土之黏着力，視其石灰質成分顆粒勻度，以及加壓之經過而定。

（八）　黃土之載重力

1.試驗方法　測定黃土地基之載重力，

可直接挖一土坑，深及建築物底層，舉行之。近代更有在鑽探孔內完成者，黃土區域之潛水位，常極低下，挖坑毫無困難，可實地觀察土質情形，並採取試驗土樣。

2.載重係數　載重試驗，以測定載重P與陷量S之關係，而定P—S曲線，試驗時載重之重量逐漸增加，達陷量急增，破壞而止，此時載重限度，曰「陷量限度」。在此限度以前，載重與陷量常成正比，而爲一直線。「陷量限度」又稱「彈性限度」。將彈性限度之載重P，除以陷量y，即得「載重係數」C。即 $C=\dfrac{p}{y}$， 地基土質之載重係數」，以及陷量限度，彈性限度，每視載重受壓之面積而定。苟面積改變，所得之數值亦異，極應注意。載重係數測定後，即可推算地基土質之力學性。

3.試驗時間　載重之時間，對於透水困難，粘結緊密之土質，關係至鉅，每次載重增加，須俟陷量沉定後舉行。蓋孔隙內水份擠出，需要相當時間，苟不及時，則所得之陷量較小，載重係數，因較確當者爲高，其黃土之透水性大。故於時間之影響，不易覺察，但於緊密之壤質黃土，此數因子，必加注意。

4.受壓面積　載重試驗用大壓面者，（如1×1m,）與小壓面（如70×10cm）者，所得之結果迥異，設二者之單位壓力相等，則大面積之陷量，較小面積爲鉅。故吾人根據試驗結果，推斷一重要建築物之陷量，必先作兩三種大小不同面積之試驗，以明瞭面積大小與陷量之關係，但此種關係，隨土性而異，難得一律，僅能定其大綱而已。

5.面積定律　由載重試驗，所得之「面積陷量曲線」，及 $P=cy$ 之關係，即可求得「載重係數——面積」曲線，但此種載重係數，由平均壓力P，及堅硬之承壓板之陷量所測得者，對於計算鐵軌道渣等基礎問題，常不適用。

6.溼度與載重力　黃土受雨水浸潤，倘過度潮溼，則一部分石灰質溶解。「眞粘着力」因之消失，但黃土本身之重量，仍未減小，因此下層黃土之構造，逐漸損毀根管塞閉，而生緊密作用，因此在潮溼部分之黃土壓力局部加重，呈不平衡狀態。此種不平衡之程度，每與溼度成正比。故吾人試驗黃土地基之載重，應就各種不同溼度，分別研究之。（見第十一圖）

7.壓力方向　黃土受壓，垂直方向（順根管）之陷量，常較橫向（垂直根管）者爲小，倘地基有承受水平力之可能者，則載重試驗，須在兩種不同之方向舉行之。

8.震動試驗　黃土受震動性之載重，其陷量常較靜止之載重爲大，欲決定此種影響，則在作靜力試驗外， 並應作動力載重試驗。

（九）　黃土受冰凍作用

1.冰凍作用　土壤生成之過程中，受冰凍作用影響至鉅。孔隙內水份，因冰凍使液體變爲固體，體積陡增百分之九．一一，所生之壓力，可達二，五○○氣壓，故土壤之構造，每經一次冰凍， 即有顯著之破壞或變更。

2.增加粘性　眞黃土之黏性、較低，常不能直接用作土壩壩心。補救之法。可先將黃土翻倒成堆，略加水份，經嚴冬冰凍，粘性稍增後，再行使用，惟此種凍過壞質黃土吸水過多，幾全成可塑狀態。因之，施工時，常以水分過高，粘着工具，大感困難。但新挖之原生壞質黃土，則無此現象，極便工作。

3.增加含水量　冰凍有使土質疏鬆之作用；孔隙量增加，含水量亦隨之變大，此種情形，對於工程實施殊爲不利，應注加意。

第三章　黃水之水理

（一）　黃水之物理性

1.含泥量　黃土區域河渠之水流，常含

黃土而呈黃色，名曰「黃水」。黃水內所含之泥量曰「含泥量」。「含泥量」常以黃水內含泥之重量，佔黃水總重量之百分數示之。如下式：

$$P = \frac{W_s}{W_w} \times 100 \quad\text{…………………(8)}$$

式中 P 為含泥量，W_s 為含泥之重量，W_w 為黃水之重量。

2. 比重 黃水之比重，隨含泥量多寡而增減。如下式：

$$W = \sqrt{\frac{100+p}{100+p/S}} \quad\text{…………………(9)}$$

式中 W 為黃水之比重，S 為黃土之真比重（約為二・六〇）P 為含泥量。

3. 滯性率及勛滯性率 黃水含泥，其「滯性率」較清水者大。黃水之「滯性率」除以「比重」，則得「勛滯性率」。對於黃水流速之計算，關係至切，茲將普通溫度下（攝氏十八度至二十度）黃水之「比重」，「滯性率」，及「勛滯性率」三者列表如下：

第九表　黃水之含泥量，比重，滯性率及滯率表

含泥量 P	比　　重	滯性率T/sec.m.	勛滯性率m²/sec
0（清水）	1	0.00000103	0.00000103
5	1.03	0.00000122	0.00000118
10	1.05	0.00000140	0.00000134
20	1.12	0.00000181	0.00000162
30	1.17	0.00000220	0.00000191
40	1.22	0.00000265	0.00000218
50	1.26	0.00009314	0.00000249

4. 沖刷量及淤積量 真黃土之容重常較沖積黃土者為小。（前者約為一・四五，後者約為二）故同一土重，在河流上游沖刷之土容量，應較淤積之土容量為大。例如黃河每年平均流量為一・二一〇每秒立方公尺，含泥量為三・三，即每秒輸泥量重為

1.210×1.02×0.033＝40.6公噸。

相當上游沖刷之真黃土量三四・四（四〇・六除以一・四五）立方公尺，下游淤積土量三〇・三（四〇・六除以二）立方公尺。

（二）　黃土之流速公式

1. 滿寧公式 近代計算河渠流速，以滿寧（manning）公式為最簡便，且亦相當準確，其式如下：

$$V = \frac{1}{n} R^{\frac{2}{3}} S^{\frac{1}{2}} \quad\text{………………(10)}$$

式中 V 為流速(m/sec)，R 為徑深(m.)，S 為比降，n 向稱「糙率」。但 n 之值，不僅視河床粗糙之程度而定，且與斷面形式、水流渦勛情形，含泥量、多寡有關。其間關係頗為複雜，僅稱「糙率」殊欠適當，著者取其倒數 $\left(\frac{1}{n}\right)$ 命名曰「暢率」M（其因次為 $m^{\frac{1}{3}}sec^{-1}$）河床「暢率」愈大，則流水愈覺暢也，如下式：

$$V = MR^{\frac{2}{3}} S^{\frac{1}{2}} \quad\text{……………(11)}$$

2. 黃土河渠之「暢率」 河渠之「暢率」，與流速成正比，選擇確當之「暢率」，向極困難。蓋「暢率」差十之一，則流速隨之差十之一，匪特影響工程經濟，甚且發生

不良後果，（如選定M過大，則生淤積；反之，則冲刷渠床。）不可不懼，關於黄土河渠之「暢率」，著者規定如下：

$$黄河 \quad M=64-\frac{467}{\sqrt{Q}} \quad \cdots\cdots (12)$$

$$渠道 \quad M=70-\frac{2.75}{\sqrt{Q}} \quad \cdots\cdots (13)$$

3.滿寧式之缺點　滿寧流速公式，因便於計算，故取 S 之指數為 $\frac{1}{2}$，R 之指數為 $\frac{2}{3}$，但實際不止此數，且非一定值，對於選擇「暢率」，乏一定標準，該式未計及含泥量。在含泥量較大之處，應加校正。

4.著者公式　按河渠之流速，得以後列之指數公式求之。

$$V=MR^b S^c \quad \cdots\cdots\cdots (14)$$

式中 M 為「暢率」，其值隨河床每單位面積之摩擦力「F」，及水流渦動之程度，（包括含泥量）而定。渦動之程度，可稱「渦率」，以「R_e」（Reynolds, Number）表之，單位面積摩擦力「F」，及「渦率」「R_e」，得以下列二式示之：

$$F=\frac{SR}{V^2} \times 2g \quad \cdots\cdots (15)$$

$$R_e=VR/K \quad \cdots\cdots (16)$$

式中 S 為比降，R 為徑深，V 為流速，g 為重力加速率，K 為黄水之「勁滯性率」（隨含泥量而變，見第九表）-因得「暢率」M 之公式如下。

$$M=\left(\frac{2g}{AK^m}\right)^{\frac{1}{2-m}} \quad \cdots\cdots (17)$$

式中 b、c、各為 R 及 S 之指數，常隨比降 S 而變，如下：

$$b=\frac{1+m}{2-m} \quad \cdots\cdots (18)$$

$$C=\frac{1}{2-m} \quad \cdots\cdots (19)$$

上列三式中之 A，及 M·值，如下表：

第十表　河渠之m及A值表

河渠	m	A
黄河	$0.2\,LogS+1.043$	$10^{13}\ m-4$
渠道	$0.13\,LogS+0.561$	$10^{20}\ m-4$
木槽	$0.01\,LogS+0.636$	$10^{50}\ m-4$

本式形式上，似較滿寧式為複雜，但精密程度則遠過之（差率約為百分之二），且決定「暢率」，有一定法則，不若滿寧式對於暢率之選定，全憑經驗，有是可招致極端差誤。（如設計渭惠渠所選之暢率為五十五，而實際為七十一，其差率為百分之二十五。）

5 著者簡式　普通河渠之水力要素如流速 V，比降 S，徑深 R，含泥量 P 等，常在一定之範圍內變更，茲就其實用上之平均值，定簡式如下：

$$河流： \quad V=\frac{102}{1+9.0025p}R^{0.686}S^{0.572}\cdots \quad \cdots\cdots (20)$$

$$渠道： \quad V=\frac{78}{1+0.002p}R^{0.60}S^{0.535}\cdots \quad \cdots\cdots (21)$$

$$渡槽： \quad V=\frac{100}{1+0.001p}R^{0.535}S^{0.51}\cdots \quad \cdots\cdots (22)$$

黄土河渠，河床概為淤泥細沙，頗為潤滑，且乏水草，故其「暢率」常較清水河渠者為大，黄水含泥量增加，水流凝滯，「暢率」隨之減低但其影響殊小，例如第20式黄河之含泥量，增百分之四，始影響流速百分之一，含泥量至百分之四十，始影響流速百分之十。

（三）　黄水含泥量

1.飽和量　黄土河渠，含泥量之多寡，每視流水本身含泥之能力，及上游供給之泥量而定。黄水含泥量達最高點，曰「飽和點」。該時之含泥量曰「飽和量」「P_s」。倘黄水之含泥量，低於飽和量，則尚有餘力，

摄取泥土，而生冲刷；反之，則生部份淤積。

2.著者含泥量公式　著者研究黄水「飽和含泥量」「P_s」，得公式如下：

$$P_s = 6500S \sqrt[4]{\frac{R}{V^3}} - \frac{0.074}{\sqrt[3]{P_e}} \quad \cdots\cdots(23)$$

式中S爲比降，R爲徑深，V爲流速，R_e爲渦率。假定渠道之平均流速，得以滿寧式示之，代入第23式，則得如下：

$$P_s = \frac{6500S^{\frac{5}{8}}}{M^{\frac{3}{4}}R^{\frac{1}{4}}} - \frac{0.074}{\sqrt[3]{R_e}} \quad \cdots\cdots(24)$$

由上式，研究流水含泥之能力可得結論如下：

一、含泥之能力，與比降$S^{\frac{5}{8}}$成正比，蓋 S 愈大，則流水所具之能力愈大，挾運之泥土，亦愈多。

二、含泥能力與「暢率」四分之三方$M^{\frac{3}{4}}$成反比。蓋暢率M愈大，則河床愈光，其因黄水擦過床面，所激起之向上分力愈微，渦動愈減，故含泥能力愈弱。

三、含泥能力與徑深$R^{\frac{1}{4}}$成反比。蓋徑深愈大，則黄水愈深，水壓愈大，黄水擦過床面所激起之向上分力愈微，其所影響之範圍亦愈小，含泥能力隨之愈減。

四、含泥能力與「渦率」$R_e^{\frac{1}{8}}$成正比，蓋渦動程度愈高，則黄水內部之激動愈烈，含泥能力愈增，但其影響較上列三者爲微。

3.含泥量之分佈　黄土河渠斷面內之含泥量，各點不同，隨水深而異。普通「水面含泥量。」「P_o」，常較水底者「P_b」爲小，設水深爲H，則平均含泥量「P_m」之位置，以及「P_m」與水面含泥量「P_o」之關係，可規定如下式：

$$P_m之位置 = KH（自水面量起）\cdots(25)$$
$$P_m = Cp_o。\quad \cdots\cdots(26)$$

上式K,C二值，均爲常數，視水深 H 而定，如下表：

第十一表　含泥量公式係數表

H 公尺	K	C
0.6	0.60	1.8
0.6—0.8	0.55	1.6
0.8—1.2	0.50	1.4
1.2—1.4	0.45	1.2
>1.4	0.40	1.1

4.含泥量之測定　黄土河渠之含泥量，隨含泥能力及上游供給之泥量而變，已如前述。在一定斷面內，各點之含泥量，固不相同，即在斷面內之某一定點，其含泥量亦因流水脈動之作用，時刻變化，最大時可差至百分之五十。故採取水樣，僅用普通玻璃瓶，在頃刻間即灌滿者，殊不適宜，應改用「球胆採泥袋」採泥。灌水時間，於水面能在二十五分鐘以上，水底在二百二十分鐘以上，則無差誤。（即所得之值，始爲該點之平均含泥量）如下表：

第十二表　採泥時間與差率之關係

採泥地點	採泥灌水時間（分鐘）									
	5	10	20	40	60	50	100	150	200	220
水　底	±50	±47	±40	±31	±24	±18	±14	±7	±2	0
水　面	±7	±3	±1	0	0	0	0	0	0	0

「球胆採泥袋」之構造，殊爲簡單，即用一足球橡皮胆，去其皮管而換裝一銅管，管徑約六公厘，長約十五公分，該管附設於一測桿上，以便採取某一定點之含泥量，「採泥袋」下水時，管口須側向下游，至某一定點後，始急轉管口，使正對上游，以便黃水流入。俟袋內灌滿後，即行倒轉管口而提出水面。（見第十二圖）

「球胆採泥袋」不僅爲採取黃水樣之利器，且可同時測定該點水流之流速如下式：

$$V = \frac{Q}{c \cdot a \cdot t} \quad\cdots\cdots\cdots\cdots\cdots\cdots(27)$$

式中V爲流速，t爲灌水時間，Q爲t時間內灌入袋內之黃水總量，a爲銅管之斷面積，C爲銅管流速係數。流速係數C值須經事先「率定」。如農院水利系所用之採泥袋之流速係數如下：

C＝0.905　V＞0.55m/sec
C＝0.680　V≦0.55m/sec

（四）　黃土河流之巡流率

1. 巡流率　在某一定時間內，河流流出之水量，與該流域所受雨量之比曰「巡流率」。眞黃土區域，氣候乾燥，（雨量四〇〇公厘）相對溼度極低，降水之由蒸發損失者頗大，且黃土高原，概呈台階狀，土質疏鬆，吸收大量水份，至原土容積之百分之五十至六十。故黃土河流之巡流率，常較他種土質流域爲小，如我國黃河巡流率爲一九·八，洭河爲七·三，屬世界河流中之最小者，（楊子江爲三九·一）

在潮溼區域，（雨量六〇〇公厘）黃土層上，常蓋壤質黃土一層，其巡流率較眞黃土爲高，如我國淮河爲百分之二十，德國萊因河爲四四·二％，歐爾貝河爲二七·八％

2. 巡流率試驗　河流之巡流率，與降雨強度（以每小時公厘計）及地面坡度，關係最切，茲就武功張家崗眞黃土地面，用人工雨淋法，測得降雨強度，地面坡度，對於巡流率之關係如下表。

第十三表　黃土之巡流率

降雨強度 mm/hr		60	120	180	240
地面坡度	0°	0	1	17	48	62
	10°	8	35	54	53
	20°	11	37	56	53
	30°	14	40	66	52

由上表可見：地坡平，雨量強度小者，全部雨量，均可爲黃土吸收。故巡流率極小，降雨強度及地坡增大，則巡流率隨之增大。最高時可達六六％。但降雨強度至240mm/hr，巡流率反漸見縮小，此種視象，殊爲奇特。蓋降雨強度大，則地面土粒，制蝕迅速，土層之垂直根管，以及微細裂隙，均不及爲細泥閉塞，滲透反較易也。

西北降雨強度鮮有超過120mm/hr.者。普通暴雨約在60mm/hr,左右，故巡流率最高以二〇％爲限。

3. 巡流率與冲刷量試驗　黃土地面，受雨水冲刷之程度，與降雨強度，關係最切。茲用人工雨淋法，在武功張家崗眞黃土地面，詳作試驗，發見降雨強度在60mm/hr,以下，冲刷殊小，但增至150－180mm/hr,左右，則冲刷土量特增，巡流黃水之含泥量，可至五四％。

茲將不同地面坡度，在各種不同之降雨強度下，經十分鐘內，每平方公尺所冲刷之泥量，如十四表：

可見在普通降雨，黃土受雨水之冲刷，殊爲微小，但遇暴雨，降雨強度增至（120mm/hr,）每小時一百二十公厘，則含泥量可突增至二七％。但此後雨強雖再行增高，而含泥量不隨之增高，至五〇％爲最大限度。

本試驗所用之地面，係鏟平之原生眞黃土面。實際上黃河上游之地面，經多冰凍，或由人畜踐踏，表土疏鬆異常，驟遇暴雨（降雨強度及八〇mm/hr,）傾注而下，加之兩岸崩坍，含泥量，可常較試驗者爲高。寧

夏青銅峽二十九年七月一日測得黃河含泥量
爲三三‧九六％，涇河含泥量春漲爲三○％
，夏漲爲五○％，龍門於二十三年八月八日
，測得含泥量爲三八％，均其著例也，

第十四表　降雨强度與冲刷率

降雨强度 mm/hr,	冲 刷 泥 量 Kg/m²			含 泥 量 ％		
地 面 坡 度	0 ％	20 ％	60 ％	0 ％	20 ％	60 ％
6 0	0.8	0.4	0.53	0.8	20	25.1
120	0.12	5.0	5.0	2.2	27	27.7
150	0.71	5.4	9.5	5.3	27	47.3
180	0.20	7.4	19.1	3.1	28	34.7

（五）　黃土區域之侵蝕

1.黃土面積　我國黃土區域河流，冀黃

土之面積及其所佔總流域面積之百分率，據
翁文灝先生曾有下列之估計。

第十五表　中國黃土之面積

流　域	黃 土 區 域	黃土面積(平方公里)	估總面積之百分率(％)
潮 白 河	密雲及其附近區域	一，〇〇〇	五
永 定 河	桑乾河及洋河區域	七，五〇〇	
	大 同 西 北	二，〇〇〇	
	大 同 之 南	五〇〇	
	總　　　計	一〇，〇〇〇	二一
大 清 河	臨 城 盆 地	八〇〇	
	太 行 山 束 麓	一，二〇〇	
	總　　　計	二，〇〇〇	九
滹 沱 河	山 西 北 部 盆 地	三，六〇〇	
	太 行 山 束 麓	八〇〇	
	總　　　計	四，四〇〇	一八
滏 陽 河	沿 太 行 山	九〇〇	九
衞 河	漳 河 地 盆	二，五〇〇	
	其 他 面 積	一〇〇	
	總　　　計	三，五〇〇	一三

黄　河	蘭 州 以 上 高 原	六〇，〇〇〇	
	蘭 州 至 寧 夏	五五，〇〇〇	
	渭 水 流 域	二六，〇〇〇	
	清 水 流 域	二，〇〇〇	
	洛 水 流 域	一六，〇〇〇	
	汾 河 流 域	二，〇〇〇	
	西 安 至 觀 音 堂	一，〇〇〇	
	洛 水 流 域	二，〇〇〇	
	其 他 面 積	一五，〇〇〇	
	總　　　　計	一八八，〇〇〇	一九
中國北部	黄 土 總 面 積	二〇九，〇〇〇	一〇〇

黄土所佔面積，自地質圖上量得者，當較事實上之面積爲少。以在比例尺較小之圖上，必面積較大者，始能於圖上繪出，黄土掩蓋稍薄者，尤時加棄置。但河流所經之黄土面積愈廣，侵蝕速度愈增，含泥景隨之愈大。

2. 侵蝕速率　自各河流之各該流域，黄土地面侵蝕之速率，據翁文灝先生估計如下表：

第十六表　黄土地面之侵蝕率

河　　名	一年之侵蝕（公厘）	侵蝕一公尺所需年數
潮 白 河	〇·〇三六	二七·八〇〇
永 定 河	〇·三六四	二·七五〇
大 清 河	〇·〇三四	二九·四〇〇
滹 沱 河	〇·〇四五	二二·二〇〇
滏 陽 河	〇·〇四五	二二·二〇〇
衛　　河	〇·〇七〇	一四·三〇〇
黄　　河	〇·三二六	三〇六〇

按我國西北黄土之厚度，設以三十公尺計算，而每年之侵蝕速度，平均以〇·三三公厘計，則約需九萬年後，方可侵蝕殆盡，但此種估計，僅能定其概觀，事實上河流年齡愈老，則比降愈小，侵蝕力亦隨之減弱。

第四章　黄土之地基

（一）　載重力

1.許可載重力　乾燥之眞黃土層（含水率在百分之十以下），對于普通建築，可視爲中上等地基，載重在每平方公分二至三公斤左右，常不生顯著之陷量。惟建築物既成之後，苟有雨水或溝渠之水，侵入基底，當石灰質被溶，而生空隙，則於上部建築，最爲危險，不可不嚴加法意。

2.陷量　黃土容積之縮小，苟由土內孔管之收縮，約有百分之二、三。故於十公尺厚之黃土層，即可生陷量二十至三十公分。此種陷量，於重要建築常不允許，故爲防止日後過度之陷量，必須採用平基，或則改用較深之基礎。

（二）　黃土平基

1.平基載重力　壞質黃土之平基，與微軟冲積土相似，苟壞質黃土，由冲積而成者，則土質緊密，常爲良好地基。其堆積緊密之程度，則可採取原土樣，在實驗室內測定之。或由鑽孔管內，試驗之。

2.實測結果　導淮委員會對於蔣壩土質（廢黃河淤土卽壞質黃土），曾作實地測驗，測得該土壤之彈性限度爲每方公分七·三公斤，陷量y爲〇·五公分。故載重係數，

$$C = \frac{p}{y} = \frac{7.3}{0.5} = 14.6 \text{ Kg/cm}^2.$$ 測驗所用之載重面積爲 30×30 cm. 並決定安全載重、爲每方公分四公斤。

津浦路黃河鐵橋第二橋墩，用沉函法造成。沉函底深至二公尺時曾用一八千平方公分之平板試之。壓力昇至每方公分十六公斤，則板之陷量爲一一五公厘，故得載重係數 $C = \frac{16}{11.5} = 1.4 \text{ Kg/cm}^2$，而該橋墩實際之壓力爲每方公分六公斤，故對於陷量極爲安全。

（三）　黃土樁基

1.樁基載重力　黃土層內樁基，對於含水較少之眞黃土，夯樁不易穿入。惟有潮濕之黃土層，或潤濕之壞質黃土，夯樁穿入極易。

普通樁基之載重，槪由樁之皮面摩擦力承受之，平均每方公尺二·三至二·七公噸，如下表。

細壞泥	1.8－2 t/m²
沙性粘質河床冲積土	3　　 t/m²
軟壞土	3－4 t/m²

上列樁之載重力，僅指一樁而言。至於結合若干樁，而成一「樁組」，其載重總力，當非各樁載力之總和。

2.實測結果　一九一一年建築津浦路之黃河鐵橋，曾作樁載試驗，得每樁約可載重一五〇公噸。而現時每樁之實際載重，平均爲六〇至七〇公噸，故其安全率爲二·〇至二·五。

導淮委員會在邵伯淮陰劉澗三處，建築船閘，對於樁基載力，曾作詳細之試驗，該閘基土質，係廢黃河淤沙，地下水位極高，用靜載重試驗，測得樁之皮面摩擦力爲每方公尺二公噸。倘用錘擊公式計算，所得之值，僅爲靜載重試驗值之50%。

第五節　黃土土工

（一）　黃土土工

1.挖土及裝土　眞黃土挖掘極易，屬頭二級土質，挖時先用尖頭鎬使土掘鬆，繼用鍬裝筐，載車，在黃土內工作較鬆沙尤爲省力。

壞質黃土苟經較強之風化與粘化者，則屬第三級土質。可用闊口鎬鬆土，再用大鍬裝土。

黃土久經乾燥，常堅結成塊，挖掘不易；但過淫之黃土，常粘着挖土工具，出土困難，其於壞質黃土，尤爲顯著，施工大受影響，故在久旱或雨天施工，極爲不利。

2.土工與雨量　著者分析西北黃土土工每人平均工作能力，與各該月平均月雨量之關係如下表。

第十七表　黃土土工與雨量之關係

平均月雨量(公厘)	每人土工能力(公方)
〇	三・五——四
五〇	五・五　六・〇
一〇〇	六・五 — 七・〇
一五〇	七・五——七・八
二〇〇	七・八 - 八・〇
二五〇	六・二 - 六・五
三〇〇	三・〇 — 三・五

可見工作能力最大之月雨量，在二〇〇公厘左右，過此則驟低落。普通工人，每人工作能力，平均爲四・五公方，挖土與塡土之單價，約爲二比一。

3.運土　取運土料，近宜用籃，遠宜用手推小車，苟用敷軌之手推鐵斗更屬迅捷。

4 鐵斗經驗公式　導淮委員會據需鴻基君研究淮陰船閘工程，得一輕便鐵道斗車運土之經驗公式，如下：

$$T_1 = 1.1 + L. \qquad \cdots\cdots\cdots\cdots (28)$$

$$T_2 = 1.1 + 0.8L \qquad \cdots\cdots\cdots\cdots (29)$$

式中 T_1 爲上行坡道運土每一公方（立方公尺）所需之工時（每一工人一小時之工作）； T_2 爲下行坡道運土每一公方所需之工時。L爲推運距離，以百公尺計，該公式測驗範圍，上行坡度最大爲百分之三・五，下行車坡度，最大爲百分之八。運土距離在一，〇〇〇公尺以內。

5.屹立能力　黃土具有「眞粘着力」，且能保持深度，故其屹立能力，較任何土質爲大。我國黃土壁立，有超過一〇〇公尺者，設乾燥黃土之重量以每一立方公尺一・三公噸計，則立壁之底面壓力，則立壁之底面壓力，可至每一方公尺一三〇公噸。按土壁屹立之能力，全視土質之「抗拉力」及「抗剪力」而定。苟黃土內石灰質之「眞粘着力

」，一旦消失，而粘化作用逐漸增強，則立壁必將傾坍，蓋由黃土內之長石，粘化而成粘質土時，不特其體積驟形膨大，滑動性亦因之加重故也。

6.垂直根管成因　黃土壁之崩塌常沿根管，而呈垂直之分裂，黃土層內垂直根管之成因，說者不一，今試以「宇冰學說」解之。蓋黃土自第三月球解體，裂爲碎片，磨成微塵，徐徐降至地面，溼則膨脹，燥則龜裂。土中石灰質溶而後結，結而後溶，年復一年，土層愈積愈厚，垂直壓力與之俱增，而橫向壓力無有也。土層內之空氣及水分，均由抵抗力最小之上下方向進出，經長期冷熱乾溼之變遷而演成今日之垂直根管。此種現象不難在試驗室內重演證明之。

7.土壁崩塌　黃土崩塌，概呈垂直裂面，是以黃土區域之天然地形，莫不呈階台狀態。苟台壁日久坍裂則堆成一比一之側坡，我國農夫，將此種坍塌之土，移至田間，以減地面坡度，兼作肥料，經數千年之經營，而演成今日黃土高原觸目皆是之梯田。

8.土壁冲刷　黃土受雨水潤澤，屹立之能力大爲減低，惟平常雨水以及冰凍，爲害殊微，蓋黃土易吸雨水，繼則蒸發，炭酸鈣結於壁面成一硬皮，但遇過量之雨，則易刷成深溝，或冲爲「陷穴」（第三圖），故在梯田內之排水系統，應十分講求。有時在急坡之黃土路面，或兩側水溝，雨後發生橫溝深穴，亦宜注意。

9.土層滑動　黃土區域，土地崩坍現象，由於黃土本身者鮮，而由於下部之第三系粘土，或已壞化層之收縮滑動者多。黃土直壁因之向後倒仰。（第十五圖）

10地震崩裂　我國西北甘寧等省受賀蘭山斷裂帶，涇源斷裂帶，武都折斷帶，武威折斷帶，之關係，地震時起，深厚之黃土山隨之崩裂釀成巨災者史不絕書。如民國九年十二月，隴西地震，死二十餘萬人，民國十六年五月，武威地震，死二百五十萬人，牛

羊二十二萬頭，倒坍村莊一萬九千餘座，房舍四十一萬八千餘間。

11側坡 黃土層內挖溝，作埋管排水等臨時用者，雖深至八公尺或十公尺時，兩壁仍可直立，無需側坡，至於建築灌溉渠道，或鐵道與路堤，常予以二比一（橫一豎二）之側坡，黃土坡面，或道路側溝易為雨水冲刷者，則應種植艸皮保護之。

涇惠渠引水渠之側坡規定，切土為一比十（橫一豎十），填土為一比一。

隴海路規定路堤兩旁坡度，概為三比二，路塹坡度，則視土質情形而定，斜者為一比一，陡者為一比十，凡高深路塹，大抵分作數台級。最下一層，多為一比十；最上一層，則為一比一或一比二，分級處另留一公尺之平台。

12側坡崩塌 黃土側坡之崩塌，常由於底層不固，而非由土之本身，已如前述。如坡脚土質鬆散不堅者，則應施防護工程。

（二） 黃土隧洞

1.涵洞挖工 黃土屹立能力強大，故在土內挖掘隧洞，毫無困難。如洛惠渠及隴海路之隧洞，除少數特殊情形外，均極順利。

2.涵洞舖工 黃土涵洞內，略加舖面，即可保持永久，惟渠道之隧洞，遇有水分穿入洞基，則基土陷落，舖工毀損就極為危險。

3.挖洞程序 隴海路挖洞工程進行順序：先開導坑（1），次及兩旁（2），而後砌拱，每四公尺留一接縫。迨砌拱完畢，始挖下面（3）。砌側牆，最後砌底。（第十六圖）

（三） 房屋建築

1.屋基陷落 黃土層內常有「空穴」，故在黃土層上，建築房屋，輒易遭災害，例如昔日所建之房屋，近因交通工具震動加劇，而生陷落者，屢見不鮮。

2.窰洞 我國西北晉甘陝諸省，人民窰居者甚多，擇壁立土崖，鑿成窰洞。每洞進深約八公尺至十公尺，洞頂高約四公尺至五公尺，洞寬視黃土之強弱而定，含石灰質較高者，可至四‧五公尺以上，石灰質少者，約三公尺。平均為三‧五公尺至四公尺。洞之側牆直高二公尺，其上則為半圓或橢圓之拱。

掘洞時期，以適在雨後，土尚未乾亦不過溼之時為佳。挖掘既易，且可將挖出之土，堆築廣場或打圍牆，亦最堅固。有時將土崖削去一部，作门字形，則三面挖窰，可得窰洞七孔至九孔。前面築一圍牆及大門，即成一四合院，極形簡單，有時由全部挖下而成者曰「地窰」（第十七圖）窰洞在雨少之區，保護得宜，可維持至百年以上。

（三） 黃土路工

1.土路現狀 築路工程向憑經驗，而由土工原理，加以處理者尚鮮；惟近代則漸用科學方法，研究此種重要問題。

我國黃土區域之道路，向無特設之路面，厯經獸蹏殘踏，大車狹輪輾壓，路面無時不受破壞，風起塵揚，路基漸向下降，經長久之磨蝕，而成極深之溝，名曰「衚衕」。雨時路面，經車輛捏壓，變為壞性黃土，泥濘沒脛，馬蹄不前，或兩崖崩坍，車輛即無法通行。

2.土路改良 舊有土路之缺點，概言之，一為排水不良，二為大車之輪太狹，改良之法，惟有另定路線，昇高路基，使排水通暢，基土堅實，雨後即行修理，乾時稍將路面鏟平，並加滾壓。至於路基本身，則可由車輛行駛，而自行壓實之。至於民間大車，除解裝膠輪者外，悉禁在公路上行駛，只准在路旁廣闊之排水溝內行駛。此種黃土路面，苟保養得宜，極有價值。

3.車輛陷入路面 黃土層潛水面較高之區，如寧夏及河灘附近，道路每屆春令，車輛常有陷入之現象，交通困難，此種陷入之原因，由於入冬路面積雪，或潛水上昇，在路面逐漸凍結，至來年春暖，雪化冰融，路面漸溼，因蒸發極強，路面乾燥，但在凍冰

層上，常有積水。（第十八圖）此種狀態，殆關危險，普通載重車輛，極易陷入。我國夏寧大車，車輪特高，雖陷入路面，仍能在硬層上行駛也。

4.凍害防止　道路受凍害之防止，可將路面凍線（約深五〇公分）以上之壞質黃土，全部挖去，而填以沙礫，或碎石，並鋪適當之路面；或則在路面黃之下，鋪沙礫一層，以隔斷上昇毛管水份，兼利排水。但黃土區域，沙礫缺乏，此種改良方法，欲普遍推行，殊為困難。

（四）　黃土層下礦工

我國西北各省，重要礦層，每為黃土所覆蓋。開採時對於上層黃土之下陷，應加注意。（第十九圖）例如洛惠渠第五號洞，因流沙過多，洞頂黃土層隨之下陷。普通黃土地面下陷後常形成窪坑，雨水匯集，沿垂直之裂縫下注，成帶有水壓之泥漿，甚關危險。

第六章　黃土水工

（一）　黃土堤工

1.黃土密材　真黃土經充分溼壓硪打，即不易透水；壞質黃土，透水更難，故水功上常可用作隔水「密材」。但土面不可還與流水接觸，（即用作「護材」）以免洗蝕。此種「密材」，應置於不受凍害之處，且前水位下降之時，不致乾燥，而生龜裂。黃土之毛管力較高，故用作「密材」，次於粘土，真黃土內，缺乏膠性粘質，故屬「不完全密材」，但壞質黃土，則屬「完全密材」。

2.運渠　運渠經過沙層滲漏鉅大者，可於渠床鋪厚約四〇公分之壞質黃土一層防止之，其上並覆沙礫一層，厚約六〇公分，藉資保護。

黃河下游，沙多淤少，沙土堤以膠泥包之，名曰「包淤」，以防漏水。

3.土壩　建築土壩可以壞質黃土作隔水壁，（第二十圖）或全用壞質黃土造成者。

在黃土區域，其他材料缺乏，故以人工夯實之壞質黃土造成者，較為得計。如我國洪澤湖之明堤，長五十公里，乃世界最著名之黃土堤工。

4.護堤　黃土固為堤工極好之材料，但易受雨淋冰漸、沖刷之害，保護之法，惟有種植草皮、堆砌河磚碎石、或其他薪木護岸工程。在黃土區域，石材缺乏，於堤坡內外兩脚，最宜多種柳樹防護之。

5.含水率　築堤所用黃土之含水率，以百分之二十為最佳。

6.水中取土　黃河下游，築堤無土，常用水中取土之法，先定堤基，隨用船載土，築成圍壩，出水二尺，用草料防護，俟淤土停積，隨將壩內水撒乾，然後起土。

7.五宜二忌　在河旁築堤，俗有五宜二忌。地勢宜審，取土宜遠，壞頭宜薄，硪工宜密，驗收宜嚴。一忌隆冬，恐土凍結難融，重夯亦難夯實。二忌盛夏，恐水漫灘，無土可取也。故興修大工，多在春秋二季。

（二）　黃土渠工

1.斷面形　黃土渠道之斷面，兩側垂直，漸向渠床平坦，常呈半橢圓形，水面印在橢圓形之長軸。設水面寬度為b，水深為d，斷面積為A，則斷面積與水面寬乘水深之比，曰「形率」F，如下式：

$$F = \frac{A}{B.d} \quad \cdots\cdots(30)$$

黃土渠斷面之「形率」，約在〇‧八五至〇‧九八之間。「形率」愈大，則渠愈寬淺，愈近天然安定式河流，普通安定黃土灌溉渠，水深d與水寬B之關係，如下式：

$$B = 7.85d^{1.61} \quad \cdots\cdots(31)$$

2.側坡及頂寬　渠道側坡，施工時常用者，為一比一至一比一‧五。放水以後，兩側沖蝕而成垂直，或三比一之坡。堤根單薄每有滑坍之慮，故在填土部份，或堤頂兼作道路者，用較坦之坡度（一比一‧五）為宜。（見第二十一圖）

堤頂出水高，幹渠爲一・○至一・五公尺，支渠爲○・五公尺，堤頂寬度，不得小於一・五公尺。

3.流速　黃土渠之流速，最小須能保持在○・七秒公尺，最大以不超過一・二秒公尺爲宜。

黃土渠「臨界流速」V_0，視徑深及含泥量而定，著者規定公式如下：

$$V_0 = (0.45 - 0.34 \log P_S) \sqrt{R} \quad \cdots\cdots (32)$$

式中V_0爲臨界流速，P_S爲含泥量，R爲徑深。

4.比降　黃土渠之比降，視流量與含泥量而定。通常以二・○○○分之一至二，五○○分之一爲宜。概如下表：

第十八表　黃土渠之比降

渠類	流量 C.m.S.	含泥量	比　　　　降
大渠	10－100	2－1	$\frac{1}{3,000} \sim \frac{1}{5,000}$
中渠	2－10	8－2	$\frac{1}{1,000} \sim \frac{1}{3,000}$
小渠	0.1－2	25－8	$\frac{1}{300} \sim \frac{1}{1,000}$

5.含泥量　黃土渠道含泥之能力，視比降S，徑深R，及流速V而定，已如前述，可由著者含泥量公式，（第24式）計算得之，茲不復贅。

6,滲渠損失　渠道之滲漏損失，視渠水面與地下水位之距離而定・黃土高原之地下水位，常極深下，故對於滲漏損失，不可忽視。滲漏量大小與渠道斷面形，及渠床土質有密切關係，（如第二十二圖）圖中a，滲漏量值爲V，與透水係數K相等。圖中b渠道之滲漏量爲一・五至二K。在較寬之渠道，通可自動變爲一・○至一・四K（如圖中C）設地下水位降低，則滲漏量仍大於K。至於地下水位較淺者，（如d）則V值漸縮小於K，例如V僅爲○・一K。苟地下水位

高於渠水位，則潛水滲入渠內，故欲研究渠床之漏水量，應視其平衡狀態，以及渠床至潛水面間土質之滲水能力，潛水之傾度，潛水之流速而定。是以滲漏損失量，在水位較高之處如（d），由渠道形式，及渠床K値公式，推論計算者，常無價值，且易引入差誤，應深加注意。

7.挖方與填方　黃土區域內，舉辦渠工，應就自然地形，極力避免填方，而以挖方爲主，蓋以挖方工易而費省，將來管理方面極易，人工挖土，可深至十公尺，過此則人力不逮，且出土亦艱。

（三）黃土河工

1.黃土河流　地球上行經黃土區域之河流，以我國黃河爲最著。餘則流域內黃土之壞化程度已高，或黃土所蓋地面，僅屬支流之一部分，故黃土河流之特性，較不顯著。茲將各國黃土河流列舉如下。

中國：黃河，淮河，沽河等

北美　Mississippi, Mossourc等。

南美　Parana, Pampas等。

德國　Rhein, Main, Neckar, Elbe, Glotzer, Gverlitzer, Neisse, 等。

奧國　Donau, Thaya, March, Theiss, Pruth等。

蘇聯　Djnestr, Bug, Dnjepr, Don, Oka等。

中央亞細亞　Syr-Darja, Amu-Darja 等。

2.黃河問題　按著者含泥量公式（24式），黃水含泥之能力，與比降成正比例。河流上游比降較大，含泥量亦大，至下游比降漸緩，含泥能力減弱，故必有一部分之黃土淤積，於中下游河床內，如黃河，在陝州（比降爲○・○○○八一）每年輸泥量爲七八七，三六五，○○○公噸，於灤口（比降爲○・○○○一一）則爲四九三，○四五，○○公噸，故每年淤積於陝灤間河床內者爲

二九四，三二〇，〇〇〇公頃。

河床淤高，則河槽之斷面積縮小，遇異漲洪水，槽不能容，勢將漫決成災，此爲黃河爲患主因，故黃河問題應分爲三：

（1）如何防止地面黃土之冲刷。

（2）如何減低上游之含泥能力。

（8）如何促進下游之含泥能力。

3. 防止地面冲刷 防止黃河上游地面冲刷，應平治階田，開抉溝洫，種植苜蓿。此種方策，固爲治本清源之計，但需時極長，將來成效，亦難預測，故僅可視爲長期治河之補助工程。

4. 減低上游含泥能力 按著者公式，黃水之含泥能力，與比降成正比。故減低上游河道之比降，即可減低其含泥能力，減低比降之法，應擇適當地點，建設谷坊。此種谷坊，可兼作引水之攔河大壩，以灌溉兩岸農田。黃河上游各支流，均可用此法整治之。

5. 促進下游含泥能力 黃河下游之比降，受海面水位及地形之限制，最愈近河口愈弱，故欲增加比降以促進黃河水含泥能力，殆爲不可能之事。故著者含泥量公式（第24式），假定黃水之比降不變，則其含泥能力，復與徑深「R」成反比例，與暢率「M」亦成反比例。故欲促進黃河下游含泥能力，惟有減小徑深「R」及減小暢率「M」二策，茲分述如下：

（1）減小徑深，即採用寬大堤距，使成淺廣之河槽。例如黃河下游，假定洪水量爲八〇〇〇秒立方公尺，比降平均爲〇·〇〇〇一一，（洪水峯前可增三倍約爲〇·〇〇〇三三），水深，堤寬，流速，含泥量，四者之關係如下表。

第十九表　水深，流速，堤寬與含泥量之關係

水深（m）	流速（m/sec）	堤寬（m）	含泥量（%）
0.2	0.16	250.000	1.88
0.5	0.35	47.000	1.33
1.0	0.58	13.800	1.08
2.0	0.93	4.450	0.90
4.0	1.50	1.330	0.75
6.0	1.96	674	0.67
8.0	2.42	435	0.62

可見徑深愈小，水深愈淺，流速亦減，故寬堤內之流速，應以一·〇秒公尺爲最小限制，蓋過此限度，含泥量雖仍可增大，但洪水峯過後，水位下落，灘上流速，驟降爲零，所含泥沙，必將淤積而下矣。

明潘季馴鑒於黃河下游，堤渠太寬，流速過小，河床日仰，乃倡「以堤束水，以水攻沙」之說，惟此種理論，有一定限制，後世不察，以爲隄愈束狹，則攻沙之力愈大，

上游泥沙，必可由下游築堤，輸之入海，終達水田地中行之境地，但事實上適得其反，蓋隄愈狹，則河水愈深，水深則徑深增大，按著者公式，（第24式）徑深增大，則含泥能力反形減小。故黃河上游泥沙，大部淤積於河槽，由寬束狹之處，（即冀魯豫交界之區）溢決之災，遂亦集中於是。

（2）減小「暢率」。按黃河暢率，與流量成正比例，見第12式，故減小流量（即將

黄河分疏爲若干支河入海。）即可減小「暢率」，而增黄水之含泥能力。

大禹治水，廝二渠，北播九河，同爲逆河以入海。賈讓中策，主多開漕渠於冀州地，使民得以溉田，分殺水怒。王景修汴渠隄，自滎陽東至千乘海口千餘里，十里立一水門，令更相洄注，無復潰漏之患，均暗合此減小暢率；促進含泥能力之原理，而河得以大治者也。

關於黄河根本治導之方策，本文因篇幅所限，僅能提其大綱，至於詳細規劃，當另著專文討論之。〔見拙著大禹治水之科學精神（黄河治本探討）〕

（四）農田水利

1. 灌溉排水　黄土物性優良，且極肥沃，爲最理想之土壤，已如前述。惟黄土區域雨澤缺乏，分佈不勻，故灌溉水利成爲農業之基礎。語云「國之本在農，農之本在水利。」故我國農業，爲「灌溉農業」。

氣候潮溼之平原區域內，黄土經粘化而成壤質黄土，或在黄土冲積層內，排水漸見重要。惟黄土內含有細坲（直徑等於〇・〇五至〇・〇一公厘）成份頗高，透水不易，故於排水實施，較爲困難。

黄土層內，富石灰層，故黄土區域內之水性，常屬「硬性」，水份蒸發而礆質集積地面。如寧夏黄河兩岸，遍地白色，號稱「銀川」。

2. 土壤水份　每次灌溉水份之多寡，視該田土能保留之水量而定。所謂田間毛管水量，即灌溉一日後，（重力水已盡滲入下部）保留在土粒之毛管水量。黄土之田間毛管水量平均如下表：

第二十表　黄土之田間平均毛管水量表

土類	萎凋水量 mm/m.	急需灌溉水量 mm/m.	田間毛管水量 mm/m.	作物可利用之水量 mm/m.
真黄土	170	230	320	90
壤質黄土	100	180	280	100

可見黄土之田間毛管水量，平均在 300 mm/m. 左右，苟農作物之根深爲一公尺（棉花），則每次灌水以不超過$100 \times 1.0 = 100$mm. 爲原則。否則過多之水份，不能保留在土粒之間，而成重力水滲入地下，作物不能利用。

涇惠渠棉田灌溉後，每次規定澆水 76 mm.頗爲合理。

黄土經灌溉後，水份之運動。見第二十三圖。

3. 黄水肥力　黄水含有淤泥，能增厚田土，改良沙礆，且具有肥田作用，漢人之歌曰：「涇水一石，其泥數斗，且溉且糞，長我禾黍」，可見黄水灌田之肥力，久爲農民所認識。

黄水灌田，其含泥顆粒，應以小於〇・一公厘者爲限，較粗部份，須設法攔阻或排除之。

黄水內除所含之泥質固體成份外，尚有化學成分，其平均值如下表）

第二十一表　黄土之化學成分

成分	含量 P.P.m.（百萬分之一）
硫酸基（SO_4）	60
氯（Cl）	35
礆質（Na_2CO_3）	80

可見黄水灌田，其化學成分，雖無害作物，但水分蒸失後，礆質集積地面，肥田變瘠，故黄土區域冲積平原，以及河灘附近，潛水位，離地面僅在二・五公尺以內者，對

於灌溉系統之排水問題，應深加注意。

4.蓄水　黃土區域，屬「半乾燥帶」，雨量缺乏，（約六〇〇公厘）且分配不勻，百分之八十於夏季），故蓄水工作，極爲重要，但黃水含泥，建築水庫堰塘，輒易淤塞，成效難期，惟有廣開溝洫，使雨水滲入黃土層內，蓄於地下，供作物吸收，或鑿井汲出，或泌泉流出，以資農用。

5.溝洫制度　溝洫爲黃土區域農業之特有制度，我國古代「井田制」之遺意也。其制在田面沿等高線方向開溝，使夏季雨水，匯集於溝，而滲入地下，供明春棉麥發育生長之用；倘遇潦年雨水過多，或潛水位過高之處，則由溝洫排洩之。皖北阜陽蒙城一帶，地極低窪，號稱「湖地」，農民於田之四周開溝，深一、二公尺，寬三至六公尺，以挖出之土，均置田上，增其高度。溝之面積，平均佔地面十分之三。計其收穫，無溝者，每畝收麥五十斤，有溝者百五十斤，耕作良好者，可達三百斤。且溝之岸坡，可植箕柳茅草之屬，溝底可種水稻茡薺等，實際上地面并無廢棄也。

6.放淤　黃河下游，屢經改道，黃水落淤細粒者爲佳壤，粗細者則爲沙田。且因黃河水面，常高出隄外田地，河水外滲，潛水上升，土變鹼性，是以沿黃河一帶，沙鹼之田，所佔面積極大。卽以山東而論，已有近十萬頃之數，其他若河南河北兩省亦甚夥。

改良沙鹼地之法，惟有引用黃水放淤，旣可肥田，且可沖鹼。著者主張，黃河自孟津以下，卽應擇適當地點，分疏爲若干支河，由支河分爲幹渠，更分爲無數支渠農渠，如人體血絡，黃河其大動脈也。使上游每年流出黃水黃土，平均分佈於魯豫冀廣大之三角洲上，宜灌宜漑，田園錦繡，不讓江南專美矣。（詳細規劃，見拙著黃河治本探討）

（五）　黃土層潛水之利用

1.潛水量　眞黃土之孔隙率，約爲土總容積百分之四十五，故全渥之飽和黃土，其含水率亦如上數，壤質黃土之孔隙較小，其飽和含水率約爲百分之四十二，凡受壓力之飽和黃土，或壤質黃土層，其含水率常較未經受壓者爲大，黃土層內潛水面，與地面間之含水率，各處變化甚大，有時且雜有厚約一至二公尺極溼之土層，例如張家崗之黃土層內，在土深二十二公尺處，含水率幾達飽和，其下漸復形減少（第二十四圖）。

2.潛水運動　眞黃土較壤質黃土，易於透水，二者透水比率約爲一比四。黃土內潛水之運動，視潛水面坡度，及土質之透水率而定。普通潛水面坡度爲百分之七時，潛水流速，約爲〇·〇〇九秒公厘。坡度爲百分之六十時，流速增至〇·五六秒公厘。可見黃土內潛水之行動，極爲蠕緩。潛水面坡度，達百分之五十以上，始能發現較顯明之潛流。

3.丘形潛水面　降雨之時，潛水上游水量增大，潛水坡度亦卽隨之加急。蓋需較大之流速，以增加流量也。此種潛水面坡度，在黃土層內，常成「丘」形。潛水向丘之四周流散，其坡度有時可達百分之十。例如洛惠渠第五號洞，鐵鑵山之丘形潛水面坡度約爲百分之三，（第二十五圖）在透水較易之土壤，則無此種丘形潛水面。

4.鑿井　黃土層內鑿井，其作用僅爲一蓄水窖，且其集水區域微小有限，大旱之年，輒易乾涸。倘欲吸取大量潛水，則非開鑿數個深井，互相設管聯絡而汲取之。

黃土層久經乾燥，暴雨驟降，僅能潤溼土面一至二公尺，大部雨水，流入溝谷，影響井泉之水量殊微。

5.涵洞　乾燥黃土層內，邱陵也伏，建築隧洞，對於丘形潛水面，最應注意，須沿洞線，作有系統之鑽探，詳測其潛水位而定之。

在飽和之黃土內（卽在潛水面下）築鑿隧洞，因黃土透水不易，排除尙無甚困難，惟黃土層上常雜有沙層，該沙層或逕由土層

裂隙，與地面相通，雨時水灌沙層，遇之卽爲帶有水壓之「流沙」「淤泥」，於洞工進行，至爲不利。洛惠渠第五洞，卽爲此種流沙所阻。

6.坎穽　「坎穽」傳爲道光年間，林則徐所創制，而傳至中央亞細亞，波斯，土耳其斯坦，阿富汗，西印度俾路芝一帶之黃土高原內，爲用至廣。德名Karis，英名Karee，均爲「坎」字之譯音。

坎穽之制，自黃土原脚，穿一隧洞，或分爲數枝，深入黃土層原內，遠及十數里，達透水層，集其滲透之水，尊出洞外，引入渠道，灌溉田疇。（第二十六圖）「坎穽」無蒸發損失，是其最大利點，卽在大旱之年，亦無慮枯涩，且流量恆一，四季不變，我國西北各省黃土高原內，宜擇地大量推行，以拯荒旱。

7.涸澤排水　黃土區域內，施行鑿澤，因黃水富於浮質，且難透水，故欲使澤水面下降，或令沼澤乾涸，極爲不易。

黃土層下有透水沙礫者，則在黃土層內，常無澤水。土層內僅含有少量之重力水與毛管水。此種水份，排除甚易，對於涵洞工事，毫無困難。例如武功張家崗黃土層下，昔爲黃河冲積沙礫，澤水面與渭河水面相平，終年鮮有變更。（第二十七圖）

第七章　黃土之利用

（一）　土牆及土坯

1.土牆　真黃土爲築牆最佳之材料，將半乾半涇之土，堆於夾板內，用木（石鐵等）砧夯實之，可成極堅固之牆，如黃河流域重要都市之城牆兩側加磚鑲面，更爲堅固，至於鄉村各寨子之圍牆，聞常有建於二百年以前者，牆基近地面，雨時潮涇，剝蝕較易，牆根兩側，雖剝蝕極深，上部仍屹立不倒。凡建築住宅之圍牆，牆面苟塗麥草黃泥一層，則風雨淋蝕，大可防止。

2.土坯　土坯視製坯時土內水分，分乾坯涇坯二種，乾坯之含水率，均在塑性限度左右，卽以半乾半涇之真黃土，夯實而成。製坯夯錘，常爲石製，重約十公斤，每夯二十四次，則成一坯。涇坯，含水率常在塑性限度以上，常加水製坯，陰乾而成者，甘肅多用之。寧夏製坯，常引黃河泥水，灌於地面，候淤籍乾，則以鏟劃分成坯塊，名曰「垡墼」。

土坯乾三星期後，抗壓力可至每平方公分五公斤。抗拉力可至每平方公分一至二公斤，視製坯時之含水率及夯實之程度而異。普通製坯時之含水率，以百分之二十爲最適宜。

土坯之尺度，各地不同，河南河北爲 $6 \times 2 \times 12$ 寸，陝西爲 $8 \times 2 \times 12$ 寸甘肅爲 $5 \times 15 \times 30$ 公分。

土坯牆最忌潮涇，牆脚應砌磚牆保護，常以麥草黃泥，及麥穀黃泥，靡平壓平之，或用石灰泥更好，而上再以灰漿粉刷一薄層。（在黃土上粉刷灰漿，漿內應加牛皮膠，否則易於剝脫。）倘坯內攙和多纖物質，如草莖棉花，則更固實，卽在半乾時運送鋪砌，亦不致破碎。

鋪砌坯牆，常分露側式露頭式兩種，前者砌坯易於平整，且較結實，後者則工作較速，坯數減少。

麥草黃泥粉刷房屋，常用於石灰缺乏之地，黃泥粉刷之房屋，乾燥較石灰膠泥爲速，利於提早居住。有時在木材上塗泥一層，卽可防火災。

（二）　窰業

真黃及壤質黃土，均爲燒磚瓦之原料，如我國黃土區域之城牆及住宅，內係坯砌外則鑲磚一層，成極堅固耐久之牆，此外各種陶器如水缸排水管，均可由黃土燒製成之。

（三）　洋灰業

黃土可作洋灰之原料，如土耳其斯坦，烏羅加（Uruguays）等地洋灰廠，均以黃土

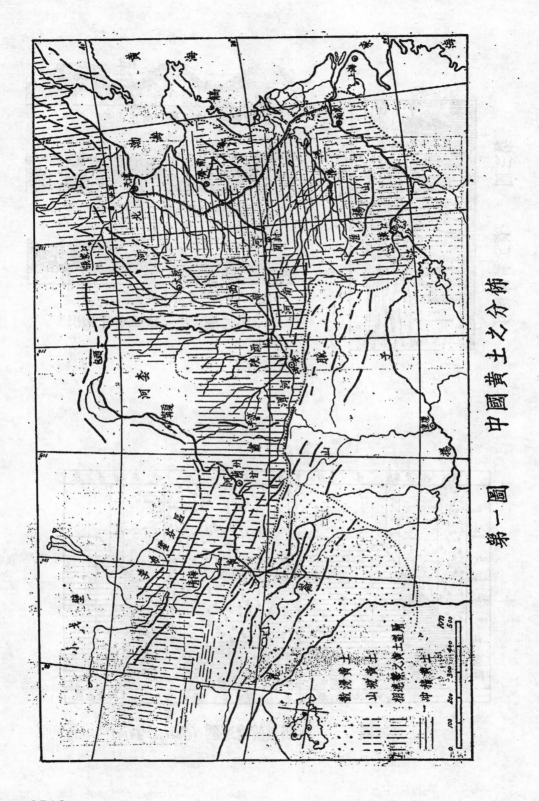

第 一 圖　　中 國 黃 土 之 分 佈

9713

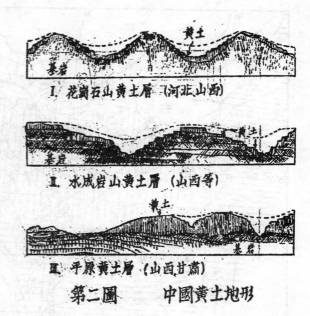

I. 花崗石山黃土層 (河北山西)

II. 水成岩山黃土層 (山西等)

III. 平原黃土層 (山西甘肅)

第二圖　　中國黃土地形

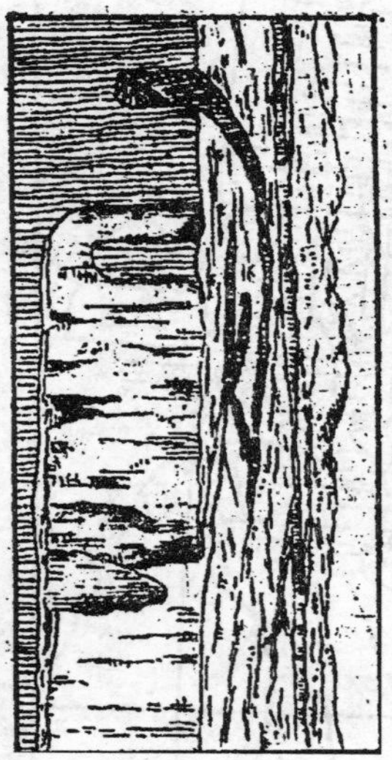

第三圖　黃土特殊地形

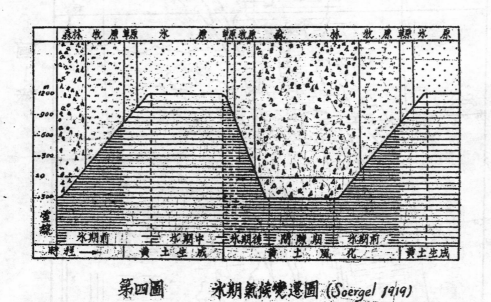

第四圖　　冰期氣候變遷圖 (Soergel 1919)

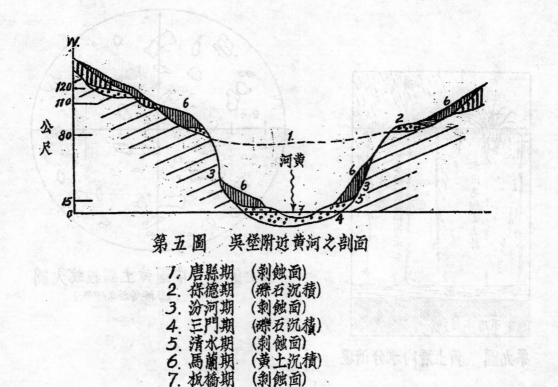

第五圖　吳堡附近黃河之剖面

1. 唐縣期　（剝蝕面）
2. 保德期　（礫石沉積）
3. 汾河期　（剝蝕面）
4. 三門期　（礫石沉積）
5. 清水期　（剝蝕面）
6. 馬蘭期　（黃土沉積）
7. 板橋期　（剝蝕面）

第六圖　　太陽黑子週期與西北旱災之關係

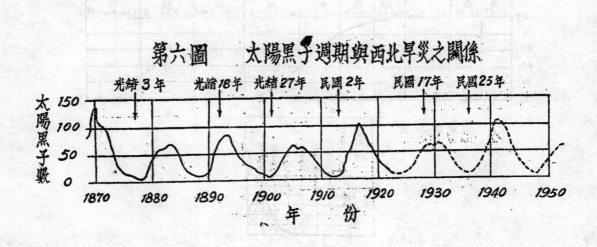

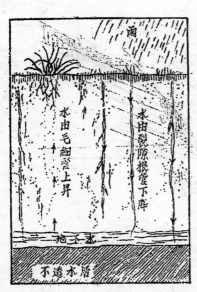

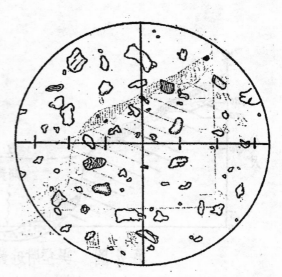

第九圖　黃土層內水分循環

第七圖　中國黃土顆粒放大圖
（每格等於0.1mm.）

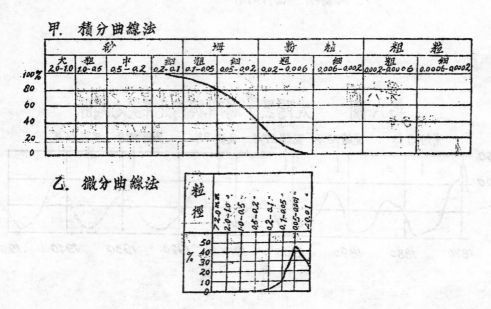

甲. 積分曲線法

乙. 微分曲線法

第八圖　黃土粒配度表示法

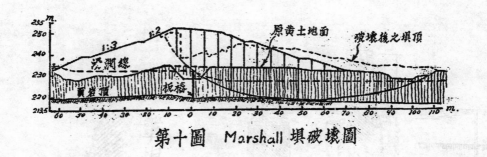

第十圖 Marshall 壩破壞圖

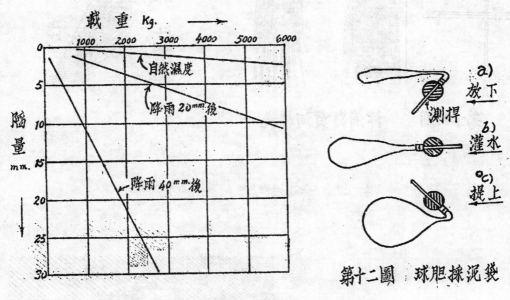

第十一圖 地基載重與濕度之關係

第十二圖 球胆採泥器

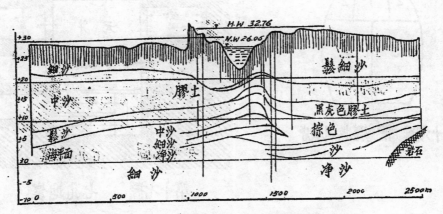

第十三圖 津浦路黄河鐵橋地基圖

9717

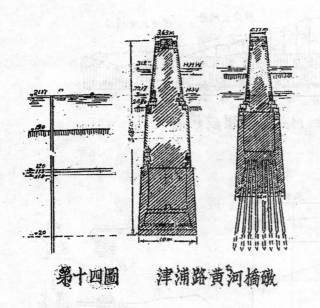

第十五圖　土層滑動

第十四圖　　津浦路黄河橋礅

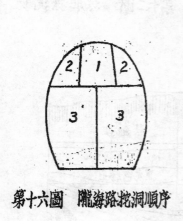

第十六圖　隴海路挖洞順序

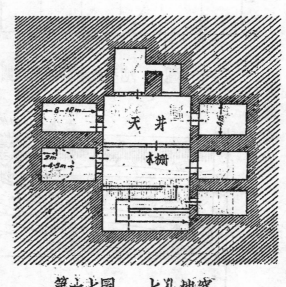

第十七圖　　七孔地窖

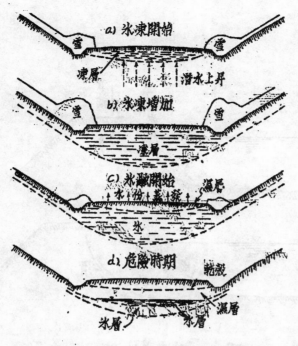

第十八圖　氷凍之作用

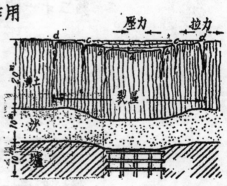

第十九圖　黃土層之下隃

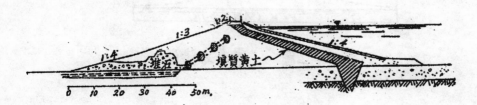

第二十圖　德國 Koberbach 壩

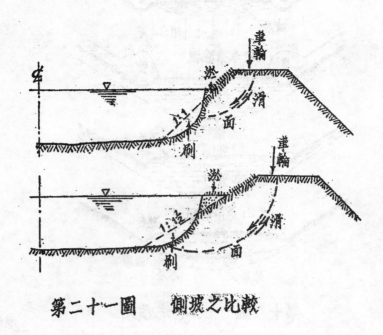

第二十一圖　側坡之比較

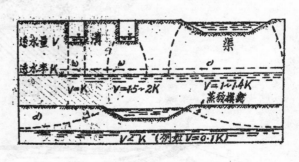

第二十二圖　渠道之滲漏

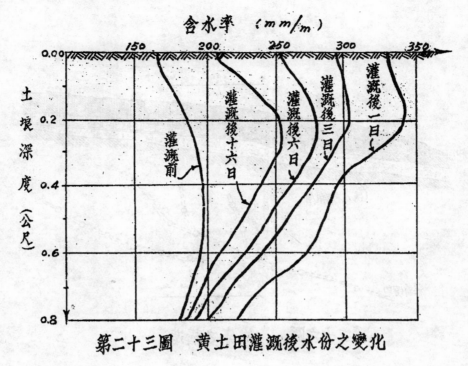

第二十三圖　黃土田灌溉後水份之變化

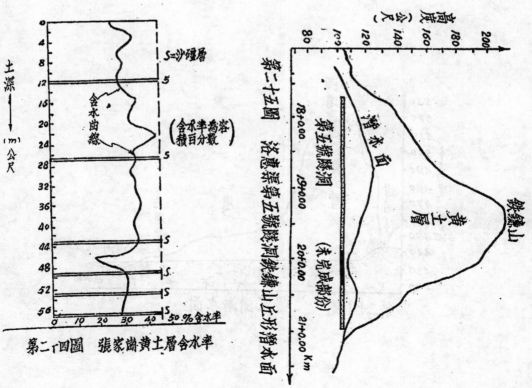

第二十四圖　張家崗黃土層含水率

第二十五圖　沿惠深第五號隧洞鳯翔山正形潛水面

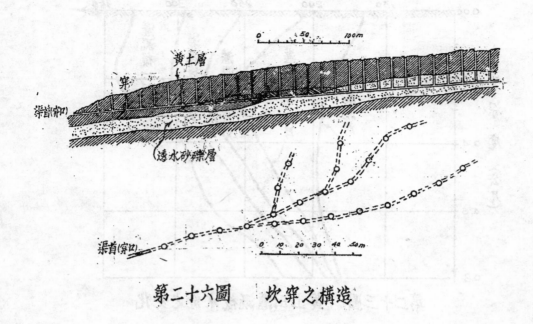

黃土層

穿

渠首(穿口)

透水砂礫層

渠首(穿口)

第二十六圖　坎穿之構造

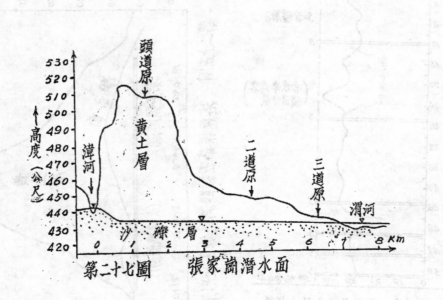

第二十七圖　張家崗潛水面

為原料，用乾法製造之。

（四）　鑄工

黃土顆粒細勻，可作鑄工模型沙，對於精細金工，尤為適宜。

（五）　醫藥

黃土可作藥用，以因其具有吸收之特性，在人體內可作「清瀉劑」，作用與骨炭粉相似，有時亦可用作塗劑，如皮膚遇有傷口，則以黃土塗之，在黃土區域舉辦工程，遇有工人患腸胃潰瘍等病者，可逕以黃土調治之。

本草綱目，載黃土主治痢冷，熱赤白，腹內熱毒，絞結痛下血，取乾土水煮三五沸，絞去滓婆服一二升，又解諸藥毒中丙毒，合口椒毒、野菌毒、杖毒傷未破，湯火傷灼，蜈蚣螫傷，均可用乾黃土末調醋塗之即愈。

結　言

黃土黃水之性質，及其對於工學上之種種問題，已如上述，吾人在此廣大黃土區域內，從事農功水利之建設，對茲基本學理及設計數字，向極缺乏，且漫無標準。蓋黃土土質，隨含水量而變，黃水水性，隨含泥量而變。其間關係，至為微妙複雜，一般工程師常難加以判斷，昧然進行，輒易陷入錯誤，一旦困難發生，再行探討其理由，則過遲矣。

黃土黃水之性能，其對於農功水利之關係，尚有極多問題，應急待解決者。國立西北農學院農業水利學系及武功水工試驗室，刻正集中精力對此問題，作有系統之研究，並整理過去之經驗，加以學理之證實，深望各界賜予匡助指導，俾黃土及黃水工學之基本學理，得逐步闡明，而誠切實貢獻於我國學術界也。

震盪體系之穩定度

陳　宗　善

（原係英文送登中國電機工程學會出版之電工雜誌）

9724

西北工程問題參考資料

（第二） 論文索引　地質土壤水文氣象

參 考 期 刊 一 覽 表

期刊名稱（簡名）	出版處所	起訖卷數
貳 畫		
力行月刊	第七軍分校力行月刊社	4:6
叁 畫		
山東建設月刊（山東建設）	山東省建設廳	1:4
工商半月刊（工商）	工商訪問局	2:13至7:11
工商學誌	工商學院	8:1
工程	中國工程師學會	7:1至9:4
工程週刊	中國工程師學會	1:9至5:13
大路週刊（大路）	大路週刊社	:19
工藝季刊（工藝）	工藝季刊社	1:1至6:2
土壤季刊	地質調查所	1:4
土壤特刊（乙種）	地質調查所	:1至2
土壤專報	地質調查所	:1至19
肆 畫		
天山月刊（天山）	天山月刊社	1:1至3
中央大學農學週刊（中大農學）	中央大學	1:2
文化建設月刊（文化建設）	文化建設月刊社	1:6:7
中央銀行月報	中央銀行	4:6
中行農訊	中國銀行總管理處	:1至6
方志月刊（方志）	中國人地學會	6:11至8:10
水利月刊（水利）	中國水利工程學會	1:3至12
水利特刊	中國水利工程學會	3:6
水利週刊	陝西水利局	:21至45
支那礦業時報		:76至78
內政消息	內政部	:10
中國地質學會誌	中國地質學會	4:1至13:4
中國科學美術雜誌		19:3
中國建設	中國建設協會	1:5至8:3
中國商業循環錄	中國經濟調查所	:11
中國經濟	中國經濟研究會	3:8
中國經濟週刊		21:7
中華農學會會報	中華農學會	140至141

水　文

蘭州：工程師聯合年會音樂會

歌　詞　一　班

靑天白日滿地紅

山川壯麗，物產豐隆，炎黃世胄，東亞稱雄；毋自暴自棄，毋故步自封，光我民族，促進大同，創業
維艱，緬懷諸先烈，守成不易，莫閑務近功，同心同德，貫澈始終，靑天白日滿地紅。

同　唱　中　華　　　　　　　　　吳挹芬詞

同唱中華，中華偉大，山河壯麗朗天下，禮樂詩書，文物光華，固有文化須啓發，光我民族，振我華
夏，世界和平維繫它；同唱中華，中華偉大，願我中華兒女齊奮發。

凱　旋　歌

高聲唱，高聲唱，高聲唱凱旋之歌；高聲唱，高聲唱，高聲唱凱旋之歌！四海同唱凱旋歌，高聲唱，
高聲唱，高聲唱凱旋之歌，歌聲雄壯裂山河！高聲唱，高聲唱，高聲唱凱旋之歌，四海同唱凱旋歌，
大旗舞處動歌聲；勇士成功寧捨身，鐵馬金戈仇盡退，熙熙四海慶昇平！中華萬歲，中華萬歲，中華
萬歲萬萬歲！

旗　正　飄　飄　　　　　　　　　韋瀚章詞

旗正飄飄，馬正蕭蕭，槍在肩，刀在腰，熱血似狂潮，旗正飄飄，馬正蕭蕭，好男兒，好男兒，報國
在今朝，快奮起，莫作老病夫；快團結，莫貽散沙嘲，快團結，快奮起，團結奮起，奮起團結。旗正
飄飄，馬正蕭蕭，槍在肩，刀在腰，熱血似狂潮，旗正飄飄，馬正蕭蕭，好男兒，好男兒，報國在今
朝，國危家破，禍在眉梢，求生存，須把頭顱拋，戢天仇怎不報？不殺敵人恨不消，快團結，快奮起
，團結奮起，奮起團結，旗正飄飄，馬正蕭蕭，槍在肩，刀在腰，熱血似狂潮，旗正飄飄，馬正蕭蕭
，好男兒，好男兒，報國在今朝。

勝利歡唱　　　　　　　　　　　　　　　　吳覺鵬詞

抗戰了五年，愈戰而愈强，勝利漸變，激昂雄壯，抗戰五年，愈戰而愈强，日本軍閥，從此滅亡，浩蕩的黃河在歡唱，太陽在天空也喜氣洋洋，勝利的光芒，放射在疆場，今天我來高聲歌唱，La,La,La,La,中華民族，自由解放。

玉門出塞　　　　　　　　　　　　　　　　羅家倫詞

左公柳拂玉門曉，塞上春光好，天山溶雪灌田疇，大漠飛沙旋落照，沙中水草堆，好似仙人島，過瓜田碧玉叢叢，望馬羣白浪滔滔，想乘槎張騫定遠班超，漢魂先烈經營早，當年是匈奴右臂，將來是歐亞孔道，經營趁早，經營趁早，莫讓木蘭兒射西域盤鵰！

將來的中國（爲中國工程師第十一屆聯合年會而作）　　　　吳覺鵬詞

我們大家高聲的齊聲歡唱，祖國已脫去了破舊的衣裳，抗戰了五年半，勝利旗在飄揚！將來的中國是那樣輝煌，大家變得强壯，太陽也暖羊洋；從焦土中廢墟上建起那摩天的廈，和那寬敞的工場，繁榮的都市和那整齊的農莊，電氣要像血液，使祖國要流暢，機械要像背膂，把祖國來支撐，馬達要像歐喉，使和諧的歌唱，祖國永遠是堅強！我們一面要勞動，一面再來歌唱，要建築在中華兒女的血汗上，要建築在日本兵的火葬場，祖國變成了現實世界的燦爛偉大，偉大燦爛的天堂！

工程雜誌第十五卷第五期

民國三十一年十月一日出版

內政部登記證　　警字第788號

編　輯　人　　吳承洛

發　行　人　　中國工程師學會　羅　英

印　刷　所　　中新印務公司（桂林太平路）

經　售　處　　各大書局

本刊定價表

每兩月一期　全年一卷共六期　逢雙月一日發行	
零售每期國幣二十五元 預定全年國幣一百五十元	
會員零售每期國幣十元 會員預訂全年國幣六十元	訂購時須有本總會或分會證明
機關預定全年國幣一百元	訂購時須有正式關章

廣告價目表

地　　　　位	每　期　國　幣
外　底　封　面	2000元
內　封　裏	1500元
內　封　裏　對　面	1200元
普　通　全　面	1000元
普　通　半　面	600元
繪　圖　製　版　費　另　加	

四川絲業股份有限公司

※ 資本國幣叄千萬元 ※

─ 業 務 ─

製造改良蠶種
　發售蠶農，
　增加農村副業，
　安定農村經濟。

製造高級生絲
　專供同盟國
　及國內航空軍用
　，增加抗戰實力
　，爭取盟國最後
　勝利。

製造普通生絲
　供給國內織
　綢廠織造綢緞等
　以補綿紗不足。

總公司　重慶陝西路九十二號
電話　四一七八六
電報掛號　四〇一八號

各區辦事處
　南充　東平城井門
　三台　學東大街
　南部　仁和　北蔡家場　上海門外

製種場
　巴中
　西充縣
　南部
　仁亭台
　三中
　鹽廠
　關中

製絲廠
　第一廠　重慶磁器口
　第二廠　南充磁器口
　第三廠　重慶平安寺
　第四廠　南充城門外
　第五廠　三台萬安井
　第六廠　樂山嘉樂井
　第七廠　關中東台井
　南充庫
　重慶廠
　冷藏莊

公園　北學仁平和城街路
平城井門街　西大街二二〇號

瞱川南　共八十九所分設川東川北二十一縣區域內

李子壩
儀鳳街

東林鑛業股份有限公司

出　產

大　河　嵐　炭

一　號　洗　焦　　二　號　洗　焦

塊　煤　　屑　煤

◀ 火　力　強　大 ▶

◀ 訂　價　低　廉 ▶

總　公　司

重慶林森路二三四號　　電話四一〇五八　　電報掛號 三八一〇

鑛廠辦事處

南川萬盛鎮腰子口　　電報掛號叢林溝三八一〇

營　運　處

綦江蒲河鎮　電報掛號叢林溝三八一〇

9738